中央民族大学国家"985工程"项目
ZHONGYANG MINZU DAXUE GUOJIA JIUBAWU GONGCHENG XIANGMU

Resource Biology

资源生物学

主　编／周宜君

副主编／高　飞　韦善君　冯金朝

中央民族大学出版社
China Minzu University Press

图书在版编目（CIP）数据

资源生物学/周宜君主编. —北京：中央民族大学出版社，2009.8（2018.1重印）
ISBN 978-7-81108-756-7

Ⅰ.资… Ⅱ.周… Ⅲ.生物资源 Ⅳ.Q-9

中国版本图书馆 CIP 数据核字（2009）第 152894 号

资源生物学

主　　编	周宜君
责任编辑	满福玺
封面设计	布拉格
出 版 者	中央民族大学出版社
	北京市海淀区中关村南大街 27 号　邮编：100081
	电话：68472815（发行部）　传真：68932751（发行部）
	68932218（总编室）　　68932447（办公室）
发 行 者	全国各地新华书店
印 刷 者	北京宏伟双华印刷有限公司
开　　本	787×1092（毫米）　1/16　印张：25
字　　数	568 千字
版　　次	2009 年 12 月第 1 版　2018 年 1 月第 2 次印刷
书　　号	ISBN 978-7-81108-756-7
定　　价	60.00 元

版权所有　翻印必究

前 言

　　自古以来，世界上众多的生物物种作为人类赖以生存的资源被认知和利用，从狩猎、采集、驯养、引种栽培到现今的人工改造生物，无不显示出人类的智慧和创造力。自进入 20 世纪以来，生产的发展、科技的进步、人口的骤增，使人类对自然资源的需求与日俱增，对资源生物的需求规模不断扩大。大量砍伐森林植被、草原过度放牧日趋严重，对资源生物的掠夺式开发使物种数量骤减乃至绝灭，水土流失、草原荒漠化，导致人类居住的地球环境不断恶化，生物多样性丧失，生态平衡遭到破坏。

　　直到 20 世纪中叶，人们意识到保护环境、保护生物多样性、维持生态系统平衡对人类的生存和发展至关重要，保护物种、避免生物多样性丧失带来的灾难成为全人类共同关注的问题。因此，对资源生物的开发、利用、保护和培植已引起了世界各国的普遍重视，各国已经采取一些相应措施：一方面，通过制定法律、签署公约对资源生物的利用和保护加以约束和规范；另一方面，通过采取就地保护和迁地保护等方式对珍稀濒危物种加以保护，大量运用现代科学技术，提高资源生物的利用价值，保护珍稀濒危物种等。

　　资源生物属于可更新资源，只有在良好的生态系统中和合理利用的条件下，资源生物才能不断得到更新和增殖。开发利用资源生物，不仅要认识到资源生物具有的价值，更重要的是必须了解资源生物存在的特性，并采取合理有效的手段，在保护生物物种、维持生态系统平衡的前提下，开发利用资源生物。这正是资源生物学的核心研究内容所在。

　　资源生物学是资源科学与生物科学交叉而产生的一门应用性边缘学科，其研究对象是各类资源生物，包括资源植物、资源动物和资源微生物。资源生物学的核心内容是根据资源生物的特性，运用资源科学的理念，渗透和借鉴生态学基本理论，合理开发利用资源生物，保护生物多样性，以实现资源生物的永续利用。学习资源生物学的学生一般已经具备了植物学、动物学和微生物学的基本知识，本书主要着眼于如何使学生从资源角度正确理解认识生物物种的特性和价值、资源生物开发与保护的关系。根据多年的教学和科研实践，编者查阅了大量的相关文献资料，参考了其他高校相关课程的教学内容和体系，汲取其精华部分，融入我们的理念，对资源生物学的内容进行整合编写，力求给读者以明确的框架体系、丰富的知识内容和拓展的思维空间。本书的特点在于：

1. 内容丰富、知识面广

　　本书分为资源植物篇、资源动物篇和资源微生物篇、资源生物的利用与保护篇，共 4 篇 12 章。资源植物篇、资源动物篇和资源微生物篇为各论部分，每一篇分别介绍了资源生物（植物、动物和微生物）的基本特征、地理分布、开发价值和利用情况等，并

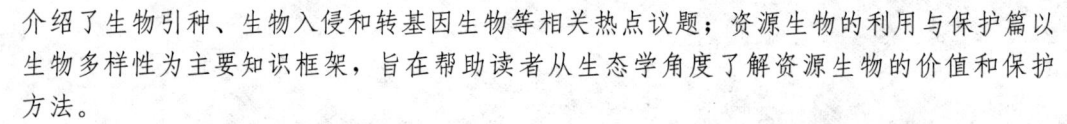

介绍了生物引种、生物入侵和转基因生物等相关热点议题；资源生物的利用与保护篇以生物多样性为主要知识框架，旨在帮助读者从生态学角度了解资源生物的价值和保护方法。

2. 层次清楚、详略得当

为了便于学习和掌握，本书各论部分的每一篇首先对于资源植物、资源动物和资源微生物进行概述，包括资源生物（植物、动物和微生物）的特点、分类、价值和分布；在具体涉及每一类资源生物时，从生物学角度分别就形态特征、繁殖特征和生态特征进行介绍，主要从资源生物的用途和人类利用的方式等方面阐述资源生物的价值，如药用价值、食用价值、科学研究价值和生态价值等，旨在引导读者从资源生物自身特点和生态学角度去认识每一类资源生物存在的价值和开发利用中应该注意的问题。

3. 关注热点、重视现实

人口、粮食、资源、环境、能源是当今世界所面临的五大危机。利用现代生物技术进行转基因生物研究、开发利用生物能源和特种生境资源植物等已成为人们寻求解决危机的途径和关注热点；同时微生物中蕴藏着丰富的资源，是可以给人类带来福祉的一类资源生物。本书将这些内容作为独立章节分别进行介绍，有利于使读者拓展对资源生物理解的思维空间。

本书第一章由周宜君、冯金朝编写，第二章由周宜君编写，第三章由周宜君、冯金朝、高飞编写，第四、第五、第六章由高飞编写，第七、第八章由周宜君编写，第九章由高飞编写，第十、第十一章由韦善君编写，第十二章由周宜君编写。在资料收集的过程中，赵竹、丁宁、耿玉珂、周立敬、程文静、赵丹华、刘卓周等同学做了大量的工作，在此表示感谢。

本书在写作过程中，参考借鉴了国内外学者的论文和学术著作，引用了相关的图片资料，在此表示感谢。

本书得到中央民族大学国家"985 工程"项目和国家重点基础研究发展计划（2006CB100100）项目资助。

由于编者水平和编写时间有限，本书可能存在许多不足之处，请读者批评指正。

周宜君

2009 年 7 月

目 录

第一章　绪论 ··· 1
　第一节　资源与资源科学 ··· 1
　　一、资源的基本含义 ·· 1
　　二、资源科学 ··· 3
　　三、资源管理和资源政策 ··· 4
　第二节　资源生物学及其发展 ··· 6
　　一、资源生物的基本含义 ··· 6
　　二、资源生物的特性 ·· 7
　　三、资源生物的价值 ·· 8
　　四、资源生物学的发展 ·· 9
　第三节　资源生物学的技术和方法 ··· 10
　　一、资源生物调查 ··· 10
　　二、资源生物保护 ··· 10
　　三、资源生物引种与驯化 ··· 11
　　四、现代生物技术的应用 ··· 11
　　五、化学技术的应用 ·· 12
　　六、资源生物利用中的生态学理论的应用 ·· 12

第一篇　资源植物

第二章　资源植物概述 ··· 17
　第一节　资源植物与植物多样性 ·· 17
　　一、资源植物的定义 ·· 17
　　二、植物及其多样性 ·· 17
　第二节　资源植物的基本特征和分类 ··· 22
　　一、资源植物的基本特征和价值 ··· 22
　　二、资源植物的分类 ·· 23
　第三节　中国资源植物地理分布与特点 ·· 28
　　一、中国资源植物的地理分布 ··· 28
　　二、中国资源植物的特点 ··· 28

第三章　资源植物与价值 ·· 34

第一节　藻类植物资源与价值 ·· 34
　一、藻类植物的生物学特征 ·· 34
　二、藻类植物资源的价值 ·· 35
第二节　地衣植物资源与价值 ·· 39
　一、地衣植物的生物学特征 ·· 39
　二、地衣植物资源的价值 ·· 40
第三节　苔藓植物资源与价值 ·· 41
　一、苔藓植物的生物学特征 ·· 41
　二、苔藓植物资源的价值 ·· 42
第四节　蕨类植物资源与价值 ·· 44
　一、蕨类植物的生物学特征 ·· 44
　二、蕨类植物资源的价值 ·· 45
第五节　裸子植物资源与价值 ·· 49
　一、裸子植物的生物学特征 ·· 49
　二、裸子植物资源的价值 ·· 50
　三、中国裸子植物面临的威胁及其保护问题 ·························· 51
　四、裸子植物资源举例 ·· 52
第六节　被子植物资源与价值 ·· 54
　一、被子植物的生物学特征 ·· 54
　二、被子植物资源的价值 ·· 56
　三、被子植物资源的利用 ·· 56

第四章　特殊生境资源植物 ·· 84
第一节　特殊生境资源植物概述 ·· 84
　一、特殊生境 ·· 84
　二、特殊生境植物及其分类 ·· 85
　三、特殊生境植物与环境的相互作用关系 ······························ 85
　四、特殊生境资源植物的开发利用价值 ································· 86
第二节　旱生资源植物 ··· 87
　一、旱生植物的地理分布 ·· 87
　二、旱生植物的分类 ·· 88
　三、旱生植物适应干旱环境的特点 ·· 90
　四、中国旱生资源植物 ·· 92
第三节　盐生资源植物 ··· 99
　一、盐生植物的概念 ·· 99
　二、中国盐生植物的地理分布 ··· 100
　三、盐生植物的分类 ·· 102
　四、植物适应高盐土壤环境的机制 ·· 103

五、中国盐生资源植物 105
　　六、中国盐生资源植物的特点和开发利用原则 109
第四节　耐低温资源植物 110
　　一、植物对低温环境的适应 111
　　二、中国耐低温植物的分布范围和生态适应性特点 113
　　三、中国耐低温资源植物 115
第五节　耐涝资源植物 117
　　一、涝害对植物的影响 117
　　二、植物适应淹涝环境的机制 119
　　三、中国耐涝资源植物 121

第五章　资源植物引种与生物入侵 123
第一节　资源植物的引种 123
　　一、资源植物引种的理论基础 124
　　二、资源植物引种的目的 124
　　三、资源植物引种对象的选择 126
　　四、中国资源植物引种情况 127
第二节　生物入侵 127
　　一、生物入侵的概念 127
　　二、中国生物入侵现状 128
　　三、生物入侵的主要途径 130
　　四、生物入侵对生态环境的危害 131
第三节　中国外来入侵植物 132

第六章　转基因植物 141
第一节　转基因植物概述 141
　　一、外源目的基因的分离 142
　　二、植物表达载体的构建 143
　　三、植物基因转化受体系统的建立 145
　　四、植物基因转化方法 147
　　五、转基因植株的筛选与鉴定技术 149
　　六、植物转基因技术存在的主要问题 151
第二节　转基因植物发展现状 152
　　一、国际转基因植物产业化现状 153
　　二、中国转基因植物研究与产业化现状 156
第三节　转基因植物对生态环境的影响 156
　　一、转基因植物对环境可持续发展的贡献 157
　　二、转基因植物的生态安全性风险 158

第二篇　资源动物

第七章　资源动物概述 ················· 165
第一节　资源动物与动物多样性 ················· 165
　一、资源动物的定义 ················· 165
　二、动物及其多样性 ················· 166
第二节　资源动物的基本特征和分类 ················· 173
　一、资源动物的基本特征和价值 ················· 173
　二、资源动物的分类 ················· 174
第三节　中国资源动物地理分布与特点 ················· 178
　一、中国动物的地理分区 ················· 179
　二、中国资源动物的特点 ················· 180

第八章　资源动物与价值 ················· 186
第一节　原生动物资源与价值 ················· 186
　一、原生动物的生物学特征 ················· 186
　二、原生动物资源的价值 ················· 187
第二节　多孔动物资源与价值 ················· 188
　一、多孔动物的生物学特征 ················· 189
　二、多孔动物资源的价值 ················· 189
第三节　腔肠动物资源与价值 ················· 190
　一、腔肠动物的生物学特征 ················· 190
　二、腔肠动物资源的价值 ················· 191
第四节　线虫动物资源与价值 ················· 192
　一、线虫动物的生物学特征 ················· 192
　二、线虫动物资源的价值 ················· 193
第五节　环节动物资源与价值 ················· 194
　一、环节动物的生物学特征 ················· 194
　二、环节动物资源的价值 ················· 195
第六节　软体动物资源与价值 ················· 196
　一、软体动物的生物学特征 ················· 197
　二、软体动物资源的价值 ················· 198
第七节　节肢动物资源与价值 ················· 199
　一、节肢动物的生物学特征 ················· 200
　二、节肢动物资源的价值 ················· 201
第八节　棘皮动物资源与价值 ················· 207
　一、棘皮动物的生物学特征 ················· 207
　二、棘皮动物资源的价值 ················· 208

第九节　鱼类资源与价值 ………………………………………………………………… 209
　一、鱼类的生物学特征 ………………………………………………………………… 209
　二、鱼类资源的价值 …………………………………………………………………… 211
第十节　两栖类资源与价值 ……………………………………………………………… 214
　一、两栖类的生物学特征 ……………………………………………………………… 215
　二、两栖类资源的价值 ………………………………………………………………… 216
　三、两栖类资源的保护 ………………………………………………………………… 219
第十一节　爬行类资源与价值 …………………………………………………………… 219
　一、爬行类的生物学特征 ……………………………………………………………… 220
　二、爬行类资源的价值 ………………………………………………………………… 220
第十二节　鸟类资源与价值 ……………………………………………………………… 224
　一、鸟类的生物学特征 ………………………………………………………………… 224
　二、鸟类资源的价值 …………………………………………………………………… 227
　三、鸟类资源的保护 …………………………………………………………………… 236
第十三节　哺乳类资源与价值 …………………………………………………………… 237
　一、哺乳类的生物学特征 ……………………………………………………………… 237
　二、哺乳类资源的价值 ………………………………………………………………… 239
　三、哺乳类动物资源的保护 …………………………………………………………… 255

第九章　资源动物引种与生物入侵 ……………………………………………………… 258
第一节　资源动物的引种与驯化 ……………………………………………………… 258
　一、资源动物引种驯化的目的和意义 ………………………………………………… 258
　二、资源动物引种驯化应遵循的原则 ………………………………………………… 259
第二节　资源动物引种的成功实例 …………………………………………………… 261
　一、牛蛙的引种 ………………………………………………………………………… 261
　二、罗非鱼的引种 ……………………………………………………………………… 261
　三、中华鳖的引种 ……………………………………………………………………… 262
第三节　中国外来动物入侵 …………………………………………………………… 263
　一、中国外来动物入侵的整体情况 …………………………………………………… 263
　二、几种重要的外来入侵动物 ………………………………………………………… 264
第四节　处理好资源动物引种与防控外来动物入侵的关系 ………………………… 269

第三篇　资源微生物

第十章　资源微生物概述 ………………………………………………………………… 273
第一节　资源微生物和微生物多样性 ………………………………………………… 273
　一、资源微生物的定义 ………………………………………………………………… 273
　二、微生物及其多样性 ………………………………………………………………… 273
　三、资源微生物的重点研究领域 ……………………………………………………… 276

第二节　资源微生物的基本特征和分类 …………………………………………… 277
　　一、资源微生物的基本特征 ………………………………………………………… 277
　　二、资源微生物的价值 ……………………………………………………………… 279
　　三、资源微生物的分类 ……………………………………………………………… 279
第三节　资源微生物自然分布与开发利用程序 …………………………………… 285
　　一、土壤 ……………………………………………………………………………… 285
　　二、水体 ……………………………………………………………………………… 286
　　三、空气 ……………………………………………………………………………… 286
　　四、极端环境 ………………………………………………………………………… 287
　　五、资源微生物的开发利用程序 …………………………………………………… 288

第十一章　资源微生物与价值 …………………………………………………… 292
第一节　原核资源微生物的利用 …………………………………………………… 292
　　一、原核微生物的生物学特征 ……………………………………………………… 292
　　二、原核资源微生物的价值 ………………………………………………………… 296
第三节　真核资源微生物与价值 …………………………………………………… 318
　　一、真核微生物的生物学特性 ……………………………………………………… 318
　　二、真核资源微生物的价值 ………………………………………………………… 323
第三节　非细胞资源微生物与价值 ………………………………………………… 344
　　一、非细胞微生物的生物学特征 …………………………………………………… 344
　　二、非细胞微生物资源的价值 ……………………………………………………… 346

第四篇　资源生物的利用与保护

第十二章　资源生物的利用与保护 ……………………………………………… 353
第一节　生物多样性的基本含义 …………………………………………………… 353
　　一、遗传多样性 ……………………………………………………………………… 354
　　二、物种多样性 ……………………………………………………………………… 354
　　三、生态系统多样性 ………………………………………………………………… 354
　　四、景观多样性 ……………………………………………………………………… 355
第二节　生物多样性的价值 ………………………………………………………… 355
　　一、生物多样性的直接价值 ………………………………………………………… 355
　　二、生物多样性的间接价值 ………………………………………………………… 355
　　三、生物多样性的选择性使用价值 ………………………………………………… 357
　　四、生物多样性的文化价值 ………………………………………………………… 357
　　五、生物多样性的伦理价值 ………………………………………………………… 357
第三节　生物多样性的丧失 ………………………………………………………… 358
　　一、生物多样性丧失的表现 ………………………………………………………… 358
　　二、生物多样性丧失的原因 ………………………………………………………… 359

三、人为因素对生物多样性的影响 ·· 362
　　四、中国生物多样性现状 ·· 363
　第四节　生物多样性的保护措施 ·· 365
　　一、《生物多样性公约》与国际生物多样性日 ································ 366
　　二、生物多样性的保护措施 ·· 368

主要参考文献 ·· 383

第一章 绪 论

资源是人类赖以生存和发展的物质和能量基础。人类社会的发展史在某种意义上可以说是人类认识资源、开发利用资源的历史。资源科学是研究资源的形成、演化、质量特征与时空分布及其与人类社会发展相互关系的科学。在众多的资源类别中，属于自然资源重要组成部分的资源生物不仅给人类提供生存的物质和能量，而且也是人类在农业、林业、畜牧业、渔业中经营的主要对象。资源生物是生态系统的重要组成部分，是生物圈的主要维护者。研究资源生物的特点、价值和开发利用，为资源生物的可持续开发和利用提供理论和技术基础是资源生物学的主要任务。生态学是研究有机体与周围环境关系的学科，也是一门从共性到个性、从一般到特殊的学科。因此，资源生物学（Resource Biology）是资源科学与生物科学交叉而产生的一门应用性边缘学科，与人类的生存和发展关系非常密切，其研究对象是各类资源生物，根据资源生物的特性，运用资源科学的理念，渗透和借鉴生态学基本理论，合理开发利用资源，以实现资源生物的永续利用。

第一节 资源与资源科学

一、资源的基本含义

资源（resource）概念源于经济学，是作为生产实践的自然条件和物质基础提出来的，具有实体性，是人类社会生存与发展的最基本的物质基础。从词义上看，中文的"资源"是指"资财的来源"。《辞海》对资源的解释是"资财之源，一般指天然的财源"。由于科学的发展，使资源的概念从内涵到外延都有了较为深入的发展，其内容包括无形资源和有形资源。广义上，人类在生产、生活、精神上所需求的物质、能量、信息、劳动力、资金和技术等皆属于资源范畴。根据资源的特点，人们通常将资源分为自然资源和社会资源。狭义上，资源仅指自然资源。资源是人类赖以生存和发展的物质和能量基础，人类社会的发展史在某种意义上可以说是人类不断认识资源、开发利用资源的历史。人类社会的每一次重大进步，都紧紧伴随着对资源的认识、开发、利用的深化。显然，资源是相对于人类而言的，随着人类的存在而存在，随着人类的发展而发展。认识到资源与人类的这种依附关系对于讨论资源生物学是非常重要的，资源生物学的产生与人类社会的发展密切相关。

（一）自然资源

自然资源是指人类可以利用的自然生成的物质和能量，是人类生存与发展的物质基础，是自然环境中与人类社会发展有关的，能被利用、产生使用价值并影响劳动生产率的自然诸要素。根据中国生态学家马世骏教授的观点，自然资源是指自然界形成的可供给人类生活与生存的物质与能源（包括生命和无生命部分）。他又根据自然资源的转化、属性和运动，将自然资源分为三个部分：生物资源、矿物资源和生态环境资源。

生物资源是一类可再生资源或可更新资源，包括资源植物、资源动物和资源微生物，这类资源的特性都具有生长、繁殖、发育和调节的能力。

矿物资源是一类无生命资源，不具备生长、繁殖和再生能力。一般认为矿物资源是一类非再生资源或不可更新资源。地球上的矿物资源随着不断地被消耗，越来越少，直到耗尽。

生态环境资源是在一定地区特定条件下形成的恒定资源，而且是多种自然因素相互结合形成的，或称之为生态资源，例如热量、光能、风、山地、水分以及此类因素共同形成的生态环境等。

1972年，联合国环境规划署（United Nations Environment Programme，UNEP）将自然资源定义为"在一定时间、一定空间条件下能产生经济价值，以提高人类当前及将来福利的自然环境因素和条件的总称"。这一概念具有两层含义：

（1）资源。在现代生产力发展水平下，为了满足人类的生活和生产需要被利用的自然物质和能量。

（2）潜在资源。由于经济技术条件的限制，虽然知道某些资源的用途，但现在无法利用，或者虽然现在没有发现其用途，但随着科学技术的发展，将来有可能被利用。

自然资源具有有限性、区域性、整体性和多用途性等特点，其中有限性是自然资源的最本质的特征。自然资源在数量上是有限的，资源的分布存在数量或质量上的地域差异，每个地区的自然资源要素彼此相连，任何一种自然资源都有多种用途，因此开发利用自然资源不仅要合理规划、因地制宜，而且需要对自然资源进行综合研究、综合利用。

自然资源包括有形的土地、水体、动植物、矿产和无形的光、热等资源。自然资源的类型有多种划分方法：

（1）依据其在地球上存在的层位，分为地表资源和地下资源。前者指分布于地球表面上及空间中的土地、地表、水生物和气候等资源；后者指埋藏在地下的矿产、地热和地下水等资源。

（2）依据其在人类生产和生活中的用途，分为劳动资料性自然资源和生活资料性自然资源。前者指作为劳动对象或用于生产的矿藏、树木、土地、水力、风力等资源；后者指作为人们直接生活资料的鱼类、野生动物、天然植物性食物等资源。

（3）依据其利用限度和资源特性，分为再生资源和非再生资源。前者指可以在一定程度上循环利用且可以更新的水体、气候、生物等资源，亦称为"非耗竭性资源"；后者指储量有限且不可更新的矿产等资源，亦称为"耗竭性资源"。

(4) 依据其数量及质量的稳定程度，分为恒定资源和亚恒定资源。前者指数量和质量在较长时期内基本稳定的气候等资源；后者指数量和质量经常变化的土地、矿产等资源。

(5) 依据其圈层特征，分为土地资源、生物资源、水资源、气候资源、矿产资源、海洋资源。

(6) 依据其利用方式，分为农业资源、药物资源、能源资源、旅游资源等。

（二）社会资源

社会资源是指自然资源以外的其他所有资源的总称，是人类通过自身劳动，在开发利用自然资源过程中的物质和精神财富，即与开发利用自然资源密切相关的人力、资本、科技与教育等。社会资源包括人力资源、智力资源、信息资源、技术资源、管理资源。

社会资源具有易变性、不平衡性、社会性和继承性等特点。社会资源的易变性是社会资源的最重要特征。随着社会的发展和进步，人类不断创新、扩展科学技术知识，提高劳动技能，更新生产科研设备，提高经营管理水平、积累各种经济技术信息，各种社会资源也得以更新、扩展和积累，通常对社会资源的改造比自然资源更为方便。社会资源的不平衡性是指其发展和分布上的不平衡性。由于自然资源分布的不均一，政治、经济发展、投资、资金分布等方面的不平衡，直接或间接导致了社会资源的不平衡，经济技术基础较好的地区，其经济资源、智力资源、信息资源、技术资源等社会资源相对集中。社会资源的社会性表现在一切社会资源都是社会劳动的产物，不同的社会阶段，具有不同的种类、数量和质量的社会资源，不同的民族、文化，不同的外界条件，不同的社会活动方式，都会形成不同种类、数量、质量的社会资源。社会资源的不断积累、发展、壮大，不仅来源于人类在现实生活中对社会资源的不断更新、扩展，而且也来源于对前人创造的社会资源的继承。

根据其特点，社会资源可划分为有形资源和无形资源。有形资源包括人力、物力、财力等；无形资源包括技术、知识、组织和社会关系等。

（三）自然资源和社会资源的关系

自然资源和社会资源是相互依存、相互作用的统一体。资源开发过程实质上是一个社会资源对自然资源发生作用的过程，是在人类作用下，自然资源在其形态、价值、能量等方面流动的一个过程，这一过程受自然规律和社会经济规律的共同支配。资源开发过程是人类对自然界和人类对其本身的干预和改造的过程，必然要使原自然生态系统发生变化，进而产生相应的生态环境问题，人类可通过对社会资源的改善来改变这些生态环境问题的性质和程度。

由于自然资源和社会资源各自存在的特点，发展中国家通常以自然资源作为战略资源，而发达国家通常以社会资源作为战略资源。

二、资源科学

资源科学属于经济科学范畴，是作为生产实践的物质基础提出的。资源科学的研究目的是为了更好地开发、利用、保护和管理资源，协调资源与人口、经济、环境的关系，促使其向有利于人类生存与发展的方向行进。

资源科学的研究对象是资源。对资源的分类方法较多，类型多样。根据资源的属性和不同的分类依据可将资源划分为多种类型（表1-1）。根据资源的特点和研究的内容可将资源科学划分为综合资源学、部门资源学和社会资源学三个体系（表1-2）。

表 1-1 资源的分类

分类依据	分类
资源属性	自然资源　社会资源
分布特征	全球资源　地域资源
认识阶段	历史资源　现实资源
组合方式	单项资源　复合资源

表 1-2 资源科学的类别

分类体系	分类
综合资源学	资源地理学　资源生态学　资源经济学　资源信息学　资源法学
部门资源学	气候资源学　生物资源学　水资源学　土地资源学　矿产资源学　能源资源学　药物资源学　海洋资源学
社会资源学	旅游资源学　人力资源学　资本资源学　科技资源学　教育资源学

值得注意的是，人类活动对资源系统有着重要的影响。区域资源的合理开发能够促进当地的经济发展，而将新技术、新方法应用于资源科学研究，能够使资源得到最大、最有效的利用。反之，如果不合理地开发与利用，不仅会对资源系统产生众多负效应，而且将造成资源的浪费或破坏。

三、资源管理和资源政策

开发利用自然资源、保护资源与加强资源管理同等重要，资源保护是全球可持续发展战略的重要内容之一。1980年，联合国环境规划署（UNEP）、世界自然基金会（WWF，旧称 World Wildlife Fund Intenational——世界野生生物基金会，现在更名为 World Wide Fund for Nature）、国际自然保护联盟（International Union for Conservation of Nature，IUCN）共同发布的《世界自然保护战略》中首次使用了"为实施可持续发展而进行的自然资源的保护"概念。资源保护成为世界环境与发展委员会关于人类未来的报告——《我们共同的未来》中的关键词。在该报告中，资源保护被定义为"人类子孙后代从周围环境获得的最大利益"，该报告将开发、发展与保护规定为连续且互补的行为，从而促使人类树立这样一种观念——缺乏保护的开发，是一种妨碍可持续发展的开发，没有开发的保护对人类来说是一种毫无意义的保护。所以，对资源保护概念的理解可以扩展到资源利用领域，也可以表述为：过度地使用和浪费造成资源短缺，同样把稀缺的资源用于低效益而不能持续的利用，也是一种浪费。为此，资源保护的方向可以包括：

第一，理论与实践相结合，对资源保护的问题给予更积极、更广泛的具有某些新意的理解。因为经济增长采用无限制地消耗光、太阳能、水、土地、能源矿产等社会性财富扩大私有财富的方式，除了引发资源制约问题出现以外，还带来其他两个问题，即环境问题和社会问题，经济社会再生产的基础必然受到威胁。由此而言，造成资源短缺及过度开发，与其说突破的是自然性极限，倒不如说是社会性极限。

第二，资源保护是经济社会发展到一定阶段的产物，因而要在判断经济社会发展阶段的基础上，确定一定时期的资源保护水平。

第三，应促使人们关注与经济社会发展有关的资源因素，并提醒人们必须向新方向转变。而实现这种观念转变，需要建立和完善一套具有可操作性的强化资源保护体系的改革措施与法律规范。

资源管理是经济管理的一个重要内容，受国民经济管理体制的规范。资源管理通过法制管理、行政管理、经济管理（税收政策、价格政策）相互配合进行。资源管理中法制建设十分重要，只有有法可依、有法必依，才能实现资源的法制化管理，提高管理效率。为加强资源管理的法制化，中国已经制定了一系列的相关法律。中国现行的自然资源管理的法律法规主要包括以下 8 个方面：

（1）土地资源管理。《中华人民共和国土地管理法》和《中华人民共和国水土保持法》。

（2）森林资源管理。《中华人民共和国森林法》。

（3）水资源管理。《中华人民共和国水法》。

（4）草原资源管理。《中华人民共和国草原法》。

（5）水产（渔业）资源管理。《中华人民共和国渔业法》和《中华人民共和国水产资源繁殖保护条例》。

（6）野生动植物保护管理。《中华人民共和国野生动物保护法》和《中华人民共和国野生植物保护条例》。此外，在森林和渔业法律中，对野生动植物的保护也有相关规定。

（7）环境保护管理。《中华人民共和国环境保护法》。

（8）地方性农业自然资源法规。各地根据农业自然资源法律，结合本地实际制定的相应法规。

对资源的法制化管理必将对资源的可持续发展起到巨大的作用。通过资源管理法律体系的完善、执法能力的增强和监督机制的健全，资源的法制化管理水平将进一步提高，进而增强对资源的合理开发利用，促进国民经济的可持续发展目标的实现。

资源政策是指国家为实现一定时期内社会经济发展战略目标而规定的、指导资源开发、利用、管理、保护等活动的原则，是协调资源、经济与环境之间关系的有力武器，也是加强资源环境管理、维护各方资源权益的重要依据。具有权威性、强制性、相对稳定性、差别性、灵活性、综合性和广泛性等特征。

作为发展中国家的中国，开发利用资源是发展经济的重要途径之一。为合理利用资源，在国家实施的资源开发政策中，明确规定所有资源为全民所有，全面规划、合理利用资源，建立资源节约型国民经济体系，加强资源性资产管理，加强资源保护。保护土地、水域、水生生物、矿产、森林、草地、野生动植物等资源，实行资源保护政策（即国家为预防、治理自然灾害和人类活动所造成的资源系统破坏而制定并施行的政策），其目的在于长期保持一个良好的人类生产和生活的资源环境。

第二节　资源生物学及其发展

资源生物学是资源科学与生物科学交叉而产生的一门应用性边缘学科，其研究对象是具有资源属性的生物物种，研究其对人类具有的价值特点，包括被人类直接使用的价值（如药用价值、食用价值、工业用价值等）和间接价值（如资源生物在维系自然生态系统平衡中的价值）；研究资源生物的特性（如再生性、周期性、地域性等），并根据其特性，渗透和借鉴生态学基本理论，运用资源科学的理念，合理开发利用资源生物，以实现资源生物的永续利用。

一、资源生物的基本含义

资源生物是具有资源属性的生物物种的统称，通常称为生物资源。考虑从生物具有的资源属性角度谈及生物物种的价值，本书中将生物资源称为资源生物，即与生物资源概念等同。

联合国《生物多样性公约》对生物资源做了定义：生物资源是指对人类具有实际或潜在用途或价值的遗传资源、生物体或其部分、生物种群或生态系统中任何其他生物组成部分。从狭义上讲，作为自然资源的有机组成部分，资源生物是生物圈中一切能产生经济意义和使用价值的动物、植物、微生物有机体以及由它们所组成的生物群落的总和，是生态系统中最具经济意义的重要组成部分，对人类具有一定的现实和潜在价值，是自然界中生物多样性的物质体现。从广义上讲，存在于自然界中的所有生物都具有存在价值，是生态系统中的组成成员，因此所有生物都可以视为资源。认知自然界中所有的生物物种是人类的终极目标，但是由于生物物种种类繁多，分布地域甚广，并且一些物种（特别是低等生物如细菌、病毒）适应环境变异较快，所以目前人类认识水平还远不能达到认知众多的生物物种，更不能谈及对所有生物物种的开发和利用。

资源生物包括基因、物种、生态系统三个层次。根据资源生物地理分布特征，通常将其分为陆地资源生物和海洋资源生物两大类。陆地资源生物包括野生资源动物、野生资源植物、驯化动物、栽培植物和资源微生物；海洋资源生物包括海洋资源动物、海洋资源植物、海洋养殖生物和海洋资源微生物。

由于资源定义为对于人类某一方面有用的物质、能量和信息等自然界客观存在的要素及其集合体，因此有害的物质则不应归属于资源范畴，但因为人们的视角不同、认识水平的不足、利用的方式不同或技术手段的差异，同一物质可以成为有用的，也可以成为有害的。因此"有用"与"有害"是相对的。

二、资源生物的特性

新陈代谢、生长繁殖、遗传变异和对环境的适应性是生命有机体区别于其他非生命体的四大特征。与无生命的矿产资源不同，资源生物是具有生命属性的有机体，在良好的生态系统和合理利用的条件下，可以不断得到更新和增殖；在人为破坏、掠夺和其他不合理利用方式或急性逆向演替的条件下，资源生物会退化、减少，以至于绝灭；资源生物中的各物种间存在密切的联系，物种的分布还具有强烈的地域性；受地域自然环境的影响，资源生物的结构和分布具有明显的地域差异和组合特色，从而形成各不相同的地域资源开发特色和初级产业结构。研究资源生物的特性，是开发利用资源生物的前提，也是合理、有效利用生物这类资源的理论基础。

（一）系统性

任何生物物种在自然界中都不是单独存在的，而是形成一种系统关系，即个体离不开种群，种群离不开群落，群落离不开生态系统，资源生物具有结构上的等级性。自然界由各种各样的生态系统组成，每一个生态系统又包括各个组成部分，各组成部分之间又有错综复杂的关系，改变其中某一个成分，必将会对系统内的其他组成部分产生影响，以至于影响整个生态系统。生物物种彼此之间相生相克，使整个生态系统成为协调的整体。因此，森林的砍伐、外来生物物种的引入对当地资源生物的系统性会产生一定的影响。

（二）地域性

生物不能离开特定的生态环境综合体而生存，生物与其生存的环境具有辩证统一的关系。由于地球表面所处的纬度和海陆位置的差异，地球形成了各种各样的环境条件，使资源生物在区域分布上形成了明显的地域性，不同的地区具有不同的资源生物。如属于热带动物的长臂猿只能分布在热带森林地区，而属于寒带动物的北极熊只能分布在北极。而植物分布的地域性更加明显，热带雨林与高寒地区的植物种类、形态特征等差异很大。资源的地域差异可视为资源的宏观空间差异。掌握资源的地域性，是人类因地制宜开发利用当地资源生物的重要依据。

（三）可更新性

即再生性，资源生物可以通过繁殖而使其数量和质量恢复到原有的状态。资源生物的更新有一定周期，其时间因种而异，如草本植物的更新周期约100天，浮游生物的更新周期为1年。资源生物的更新有一定的条件和限度，资源利用的强度不宜超过资源的更新能力。资源生物有其脆弱性的一面，生物个体所具有的遗传物质并不能代表该种生物的基因库，它存在于生物种群中，当某一生物种群的个体减少到一定数量时，该种生物的基因库便有丧失的危险，从而导致该物种的绝灭，使生物多样性受到破坏。实际生产中的伏季休渔即是尊重资源生物的可更新性具有一定周期的规律，使资源生物保持一定的数量，实现持续利用而采取的措施。

（四）周期性

资源生物的周期性是生命现象特有的时间上的层次序列，表现为数量周期性和质量周期性。生物周期性的存在与光照、温度等生态因子密切相关，可分为日周期、季节周期、年周期。为人们所熟知的鱼类的洄游、鸟类的迁徙和一些动物的休眠现象都是动物周期性的具体体现。而流行于中国民间的二十四节气气候农事歌（如"惊蛰天暖地气开，冬眠蛰虫苏醒来，冬麦镇压来保墒，耕地耙耱种春麦；白露夜寒白天热，播种冬麦好时节，灌稻晒田收葵花，早熟苹果忙采摘"等）是农民根据多年的种植农作物积累的经验所总结并传承下来的，节气中所使用的词汇往往具有较深的寓意。如芒种为每年的6月5日左右，"芒"指有芒作物如小麦、大麦等，"种"指种子；芒种指麦类等有芒作物成熟，夏种开始。中国农民关于节气的把握是对植物周期性特点的最好运用。由于绝大多数的资源生物的生长繁殖都有明显的周期性，有规律可循，为此生产上应依据资源生物的周期性采取适时收获、适时捕捞、适时放牧等措施。

（五）有限性

资源生物的更新能力有一定限度，并不能无限制地增长下去。生物的种类多样，生存环境不同，生长速度、繁殖周期、繁殖方式、繁殖能力等皆不相同。在自然界中生物种群增长是有限的，因为生物种群增长所需要的资源（食物和空间等）是有限的，种内、种间关系和气候等因素也会抑制生物种群的增长。生物物种、种群的持续生存，不仅需要有保护良好的栖息地，而且要有足够的数量达到最低种群密度，过低的数量因近亲繁殖而使种群的繁殖能力和生活力衰退。由于资源生物本身具有有限性，因此人类利用资源生物的强度上要受到限制，否则过度利用必将导致物种的绝灭。

（六）增殖性

增殖性是指在一定条件下资源生物的利用价值不断提高的一种资源属性。对资源生物进行有效的投入、借助现代科学技术是实现资源生物增殖的关键条件。一方面动植物经过驯养，其资源价值均有不同程度的提高，一个优良的新品种，一旦培育成功和推广，每年都会创造巨大的经济效益；另一方面对每一种资源生物进行综合利用，变废为宝，是提高资源生物价值的重要途径，如沙棘（*Hippophae rhamnoides* L.）是胡颓子科沙棘属一种落叶灌木或小乔木，具有耐寒、耐旱、耐盐碱、耐瘠薄、固氮能力强、适应性广、生命力旺的特点。研究表明，沙棘的根、茎、叶、花、果，特别是沙棘果实含有丰富的营养物质和生物活性物质，因此沙棘是一种集生态效益、经济效益和社会效益于一身的资源植物，充分利用可以提高沙棘的价值。此外，充分运用生态学原理，认识物质循环和能量流动规律在资源开发中的意义，也可以提高资源生物的价值。如将养猪、养鸡、养鸭、沼气工程、养蚯蚓、种植果树等生产过程合理地组合在一起，可以实现物质循环和能量流动，并能实现经济效益和生态效益"双赢"的目标。

三、资源生物的价值

资源生物为人类生存提供物质和能量，是人类生存和繁衍所依存的资源。其价值体现在直接价值和间接价值两个方面。

（一）直接价值

资源生物的直接价值与资源生物消费者对其直接利用，满足生活、生产需要有关，由消费使用价值和生产使用价值组成。

（1）消费使用价值。不经过市场流通，直接被消费者利用的自然产品的价值。这种消费使用价值在国民生活中占有相当重要的地位，例如薪材作为能源、野生生物的采集等都属于消费使用价值。

（2）生产使用价值。商业收获性的、用于市场上正式交换的产品的价值。生产使用价值是资源生物的价值在国民收入中的唯一反映。

（二）间接价值

资源生物的间接价值主要体现在与生态系统的功能有密切的关系，包括非消费使用价值、选择价值和存在价值。也有将非消费使用价值作为间接价值，而将选择价值和存在价值单独列出。

（1）非消费使用价值。光合作用固定的太阳能通过绿色植物进入食物链，植物通过传粉达到基因交流，植物保持水土与调节气候，对污染物的吸收及分解以及维持生态环境的自然平衡等属于资源生物的非消费使用价值。

（2）选择价值。主要指为防止将来野生生物的不断绝灭，建立自然栖息地，保持尽可能多的基因库，尤其是那些具有或可能具有重要经济价值的物种。

（3）存在价值。是指对于有些物种和栖息地，尽管人们并不期望去利用这些资源生物，但其存在价值也受到重视，期望后代能够从这些生物物种的存在中得到多方面的好处。

四、资源生物学的发展

人类对资源生物的利用可以追溯到远古时代，自从有了人类的存在，就离不开对资源生物的利用。人类对资源生物的利用可分为三个阶段：第一阶段，直接利用野生资源生物阶段，对有用野生资源生物的辨别与认识。这是人类利用资源生物的最原始的阶段，人们通过实践不断认识、利用资源，以满足最基本的生活需要。第二阶段，以引种、驯化、选种、育种为主的阶段，人类从狩猎者、采集者逐渐变成养殖者和种植者。这是人类利用资源生物的较高级阶段，提高了资源生物的利用效率。第三阶段，人类利用现代科学技术，用化学合成、生物技术改造资源生物。这是人类利用资源生物的最高级阶段，充分运用人类的智慧才能，以满足人类的更高需求。

随着人类对资源生物认知、开发和利用以及带来的诸多问题的出现，作为资源科学与生物科学交叉而产生的一门应用性边缘学科——资源生物学逐渐形成。其研究任务在于，认识资源生物的特性和对人类的价值，运用资源科学的理念，渗透和借鉴生态学基本理论，达到合理有效开发利用资源生物、实现资源生物永续利用的目标。资源生物学的发展趋势主要有三个方向：微观、宏观和综合方向。微观方向与现代科学技术相结合，运用现代科学技术改造资源生物，提高资源生物的价值，如转基因技术的应用；宏观方向与生态学相结合，充分认识资源生物在自然生态系统中的地位和作用，以保护生物多样性、维系生态系统平衡为主要目标；综合方向是指向着多学科、交叉学科方向发展。如与化学相结合形成了化学生物学，利用化学分析、化学合成等技术不仅可以了解资源生物中的有效成分，而且通过化学合成相应的活性物质以解决资源生物匮乏的问题等。在资源生物的调查和保护方面，"3S"技术〔地理信息系统（Geographic Information System，GIS）、全球定位系统（Global Positioning System，GPS）和遥感遥测系统（Remote Sensing，RS）的统称〕发挥了重要作用。多学科的应用为资源生物的研究、开发利用和保护开辟了广阔的道路。

第三节　资源生物学的技术和方法

　　人类认识资源、利用资源的历史就是一部人类社会的发展史。20世纪中期由于人类对资源的大规模开发利用以及由此带来的一系列生态环境问题的出现，人类开始意识到资源合理利用与有效保护的重要性。据美国《新闻周刊》2009年7月22日报道，地震、飓风、野火都是人力所不能控制的灾难，但世界上一些最致命的灾难（如核泄漏事故、雨林开荒、工业采矿、过度渔猎、海洋污染等）基本都是人类自己引起的，追求能源、食物以及享受，已经几乎毁掉了地球。尽管过度渔猎和开采正被制止，但其长期影响已经威胁到世界生态系统和人类的生存。因此合理有效利用资源、保护生物多样性成为现今世界关注的热点问题。资源生物学中的技术和方法不仅包括如何认知资源生物和其价值，而且还包括如何提高资源生物的价值和如何保护生物多样性等。

一、资源生物调查

　　地球上的生命是经过几十亿年发展进化的结果，是人类赖以生存的物质基础，但目前对资源生物的了解还远远不够。科学家们估计，地球上的生物物种可能在300～1 000万种，但现在已经描述定名的仅170万种，许多物种还没有被发现，它们有可能是重要的资源生物，具有潜在的价值，因此开展资源生物的调查十分重要。进行野外生物物种的调查，了解某一地区存在的生物的种类、分布、种群数量和消长规律等情况，可以为开发利用和保护生物物种提供重要的基础数据。通过建立资源数据库和动态监测体系，并根据资源的态势及其用途对资源进行总体评价，建立定性与定量相结合的、客观的评价体系。除了常规使用的动物、植物野外调查方法外，近些年来，"3S"技术在资源生物调查中发挥了重要的作用，它可以快速查明生态环境中的沙漠化、水土流失、林草、冰雪、绿洲系统等问题的现状，为各级政府进行生态环境综合治理、生物物种保护等提供基础数据和科学依据。此外，现代网络技术也应用于资源调查、利用和保护中，如中国科学院以分散在全国各地9个野外实验站为基础形成了中国科学院生态站网络系统，与其他部门的主要野外站结合，可以形成一个包括多种资源类型的生态网络系统，并通过互联网达到资源共享的目的。

二、资源生物保护

　　由于生态环境恶化和对资源生物的过度开发等因素导致了生物物种的减少甚至绝

灭，即生物多样性的丧失，已经成为全球关注的问题。要从根本上改变生物多样性不断损失的现状，需要对生物多样性丧失和生态系统服务功能退化的直接和间接驱动力采取积极有效的措施。要实现资源、人口和环境的协调发展，对资源生物实行保护性开发是非常必要的。应研究不同区域、不同类型资源的特点，然后提出相应的保护对策。生物多样性的保护主要采取两种措施：就地保护和迁地保护。建立自然保护区或国家公园是就地保护的主要方式，可以在原来生境中对濒危动植物实施保护；而建立动物园、植物园是迁地保护的主要方式，特别是对于因失去了原有生存环境的珍稀生物物种，迁地保护是重要的保护物种的手段。

三、资源生物引种与驯化

有目的地将外地或国外的植物或动物种类引入国内或当地被称为引种（introduction）。通过引入外地的生物物种，可以丰富本地的资源生物种类，加速本地经济的发展。在很多情况下，引种区的各种环境因子与种源区可能存在一些差异，引种生物需要经过较长时间的适应，使其对一些环境因子的耐受范围发生适当调整，甚至生理习性、形态结构也可能发生一定程度的变化，以适应新的环境条件，这就称为驯化（acclimatization）。资源生物的引种和驯化是提高资源生物的价值和丰富生物多样性的重要手段。此外在引种过程中要特别重视生物入侵物种对生物多样性破坏的问题。

四、现代生物技术的应用

现代生物技术的发展不仅能够提高资源生物的价值，而且也是保护珍稀物种资源的有效途径。人们早已知道，通过杂交育种，可以汇集两个物种的优良性状，如骡（$2n=63$）是马（$2n=64$）和驴（$2n=62$）的杂交后代，身体比驴大，近似于马；四肢长而强壮，体力比驴强；性情温顺活泼，寿命比马和驴都长，抗病力、耐力以及适应环境的性能都很强，常用来拉车和驮载。而现代杂交育种技术的应用为人类带来更大的福祉，如培育的杂交水稻、杂交小麦具有许多优良性状（如抗病性、高产量等），被广泛应用于现代农业生产。

转基因技术的应用可以实现远缘杂交，使生物物种获得许多能够稳定遗传的性状（如抗虫、抗病、抗逆、高产、优质等），甚至使其具备特殊药用价值和营养价值，如转Bt基因棉花具有抗棉铃虫的性状。由于转基因生物可以根据人类的需要，赋予转基因生物优良的遗传性状，所以转基因技术发展很快。自1983年首次获得转基因植物后，至今已有35科120多种转基因植物获得成功，到现在国际上已有30个国家批准数千例转基因植物进入田间试验，涉及40多种植物。当然转基因生物的安全评价问题伴随着转基因技术的研究也受到人们的关注。

细胞工程技术在资源生物保护利用，特别是保护珍稀生物物种中发挥重要的作用。例如通过微繁殖（micropropagation）技术为种质保存提供了新方法，很多种质资源在离体条件下，通过减缓生长和低温处理而达到长期保存的目的，并可进行不同国家、地区间的种质资源的收集、互换、保存和应用，即建立"基因银行"实现种质资源的共享。通过细胞培养可以生产大量的有用次生代谢产物，包括名贵药物、香精、色素等成分，不仅能够实现植物产品的工业化生产，而且成为保护珍稀生物物种的重要手段。如对红豆杉细胞大量培养在中国获得初步成功，从细胞培养物中得到贵重的抗癌药物紫杉醇（Paclitaxel）。借助细胞工程技术可以快速繁殖优良、濒危物种和新品种，通过体外受精、细胞核移植技术、胚胎分割、胚胎融合等技术达到快速繁殖的目的，也可能创造出高产牛、瘦肉型猪等新品种。通过胚胎工程、克隆技术等进行大熊猫、东北虎等珍稀动物的繁殖是人们正在研究的课题。

五、化学技术的应用

化学中的许多方法（如化学分析和化学合成等）可应用于资源生物的研究，包括生物有效成分的提取、化合物的分离、化合物的结构与性质认识以及化学合成有活性生物物质，不仅有助于人们对资源生物的价值有更加深入的了解，同时通过化学合成有效活性物质，可以解决因资源匮乏带来的原料不足的问题。

六、资源生物利用中的生态学理论的应用

在资源生物开发利用中，必须准确地认识和把握资源生态系统的结构和功能，才有可能真正使资源服务于人类，并减少资源开发潜在的生态环境负效应。因此在资源生物学研究中应该侧重于研究资源生物的开发利用及其对环境的影响，研究在人为干扰下生态系统内在的变化机制、规律，寻求资源的开发利用与保护对策。资源生物学的特点表现在通过对资源生物总体特征与属性的研究，从更高的层次上考察资源与环境的关系，为优化资源配置与环境保护提供理论依据与基本对策。因此加强资源生物学的研究也可以深化生态学理论，揭示生态与环境的本质，将生态学从实验室推向国民经济建设的潮流中，使之与资源开发及其产生的环境问题紧紧地联系起来，使理论得到应用。

（一）物质循环规律在资源生物开发中的应用

物质循环是指在生态系统中物质被生产者和消费者吸收、利用以及被分解、释放，又再度吸收的过程。物质循环是自然界物质运动的最基本形式，自然界的物质不断地运动着，它们可以从一种物质变为另一种物质，也可以从一种形态变为另一种形态，但是它们都服从物质不灭定律。

(1) 变"废"为宝，实现物质循环再生。从物质循环的角度来看，世界上并不存在生态学意义上的废物，每一个开发资源项目或工厂生产出来的产品皆可以看成是更大系统的子系统的一部分，是物质循环的一个环节。这启发人们在资源的开发利用过程中，采取生态工艺和工程措施相结合的办法，综合利用资源，以提高资源的利用率和产出率。

(2) 发展节约型生态农业，高效利用资源。生态农业是指运用生态学原理，在环境与经济协调发展的思想指导下，应用现代科学技术建立起来的多层次、多功能的综合农

业生产体系。生态农业涉及多种生态学原理，其中最重要的规则是物质循环。生态农业主张以适当、合理的投入，科学的管理，获得较高的效益。目前，中国农业的水分有效利用率只有10%，化肥有效成分利用率只有30%左右，改变这种资源浪费的有效途径就是发展生态农业。中国自20世纪80年代初就开始了生态农业的建设，已经取得了令人瞩目的成就，涌现出一批生态农场或生态村。利用农业资源，在空间上按乔木、灌木、草本对植物进行配置，达到充分利用地面上的光、热、气和地下的水土肥资源的目的。在资源生物学和生态学原理指导下，应用现代最新科技成果，先进的管理手段、有机地组合农、林、牧和种、养相结合，形成稳定、持久、高效的复合农业生态系统。

（二）能量流动的原则在资源生物开发中的应用

生命和生态系统中一直在进行能量的转换。生态系统中植物、动物、微生物的数量、种类及其之间的关系，都服从热力学定律。绿色植物将光能转化为食物内的化学能，当食物被其他动物摄食后，又转换为其他类型的能量。由于能量不会消失，一种类型能量的数量，总是等于转化后成为另一种能量的数量。其次，能量在转换的过程中，总有能量的损失，如太阳能大部分变为热能耗散掉，只有少部分能被植物利用，转换为化学能。应充分利用资源空间，发展立体农业，实行农林结合、农牧结合、林牧结合，形成多层次的农业复合生态系统，以提高光能的利用率。

在生态系统中能量的转换过程通过食物链完成，合理有效地利用，不仅可以提高经济效益，而且减少环境污染，实现经济效益和生态效益"双赢"的目标。例如，位于南京的一个生态农场将养猪、养鸡、养鸭、沼气工程、养蚯蚓、种食用菌和种果树等生产过程合理地组合在一起。农场将鸡粪作为猪的部分饲料，猪粪投入沼气池作为沼气的发酵原料，产出的沼气用来烧饭、照明，沼液和沼渣用来喂鱼、种食用菌、养殖蚯蚓和作为果园的肥料；鱼塘为鸭提供活动场所，鸭粪下塘作为鱼的饵料；塘泥作为果园的肥料；果园内养殖蚯蚓；猪粪、鸡粪、菌渣作为蚯蚓的饵料；蚯蚓改良果园土壤，蚯蚓粪为果园提供肥料，蚯蚓作为鸡的饲料。整个农场的模式见图1-1。

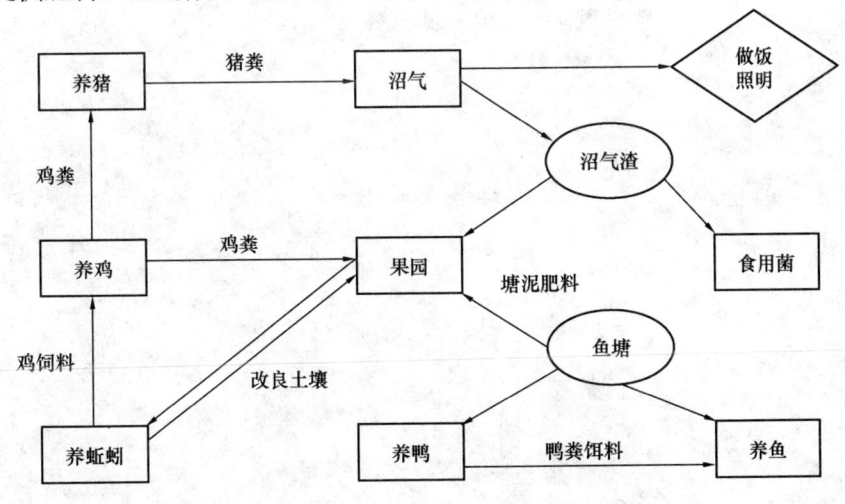

图1-1 一个生态农场的模式图

农场内各种农产品生产互相协调，互惠互利，实现了对物质和能量的多级利用，表现出明显的优越性，是值得大力提倡的生态农业的最有效方式之一。

进入 21 世纪，所面临的主要挑战之一是如何实现可持续发展的目标，以满足全世界人类的生活需要。深入开展资源生物学的研究，根据资源生物学的一些基本规律，优化资源配置，提高资源的产出率、利用率，实现资源的高效利用，这对于人均资源占有量较少的中国具有特别重要的意义。同时，应加强科普宣传，使广大人民群众认识资源生物的可持续利用的重要性，从而提高保护资源生物的意识。

思考题

1. 简述资源的基本含义。
2. 简述资源生物的基本含义和价值。
3. 简述资源生物的特性。
4. 从资源生物具有的特性讨论开展伏季休渔的必要性。
5. 简述人类对资源生物的利用的历程及对人类的生存发展的作用。
6. 讨论资源生物学中的技术和方法。

第一篇　资源植物

第二章

资源植物概述

第一节 资源植物与植物多样性

一、资源植物的定义

资源植物是资源生物的一个重要组成部分，由于资源植物本身的特性，不同的学者对资源植物的理解有所不同。根据国内一些著名学者对资源植物的定义，将这些概念划分为狭义和广义概念两种。中国著名学者吴征镒院士将其定义为一切有用植物的总和，这是资源植物的狭义概念；而广义上则认为资源植物是指一切植物的总和，中国资源植物是指中国土地上的一切植物的总和，某一地区的资源植物是指某一地区的一切植物总和。目前对资源植物的理解为资源植物是在目前的社会经济技术条件下人类可以利用与可能利用的植物，包括陆地、湖泊、海洋中的一般植物和一些珍稀濒危植物。

资源植物既是人类所需食物的主要来源，还能为人类提供各种纤维素、食品和药品，在人类生活、工业、农业和医药上具有广泛的用途。自古以来，资源植物都是人类赖以生存的物质基础的重要组成部分，过去、现在和将来人类始终离不开资源植物。人类向资源植物宝库无穷无尽地索取"绿色物品"、"绿色能源"和"绿色环境"，通过资源植物的深层开发，使看似无用的植物转变为有用的植物，使单一用途的植物变为多种用途的植物，将野生变为家生、外地种变为本地种、低产植物变为高产植物。

二、植物及其多样性

植物与动物的主要差异表现在：①多数植物固定生活，少数低等植物可以运动；②多数植物具有相当坚韧的细胞壁；③多数植物具有丰富、持久而活跃的胚性组织；④大多数植物能够进行光合作用，具有叶绿素因而被称为绿色植物，与之相对应的为非绿色植物。绿色植物担负整个地球生命的营养合成，非绿色植物起分解作用或称为矿化作用，使地球生机盎然，循环往复，永无休止。

（一）植物的基本特征

1. 植物细胞与组织

植物细胞是植物生命活动的基本单位。植物细胞包括细胞壁、原生质体两部分。高等植物和绿藻等细胞壁的主要成分是多糖，包括纤维素、果胶质和半纤维素，不同的植物细胞在多糖组成的细胞壁上添加了木质素、木栓质等成分，细胞壁中含有许多具有生理活性的蛋白质。细胞壁可以支持和保护其中的原生质体，防止细胞吸涨破裂，在多细胞植物体中，细胞壁能保持植物体的正常形态，参与植物的多种很多生理活动，如植物细胞的生长、物质的吸收、运输、分泌、细胞间的相互识别等。植物细胞质中含有多种细胞器，其中质体是植物细胞特有的细胞器，叶绿体能进行光合作用，白色体与植物细胞的营养贮藏有关，有色体使植物的花果着色。

单细胞植物仅由一个细胞构成完整的植物体，可以独立完成各种生命活动。多细胞植物在个体发育中，具有相同来源、相同或不同的形态结构的细胞构成组织。植物的组织分为分生组织与成熟组织。分生组织具有细胞分裂能力；成熟组织由于细胞分化失去了分裂能力成为具有特定功能的细胞群，按功能分为营养组织、保护组织、基本组织、输导组织、机械组织与分泌组织等。

植物细胞具有全能性。植物体细胞尽管在生长发育过程中分化形成根、茎、叶等不同器官或组织，但它们具备相同的基因组，在遗传上具有全能性，只要培养条件适合，离体培养的细胞具有发育成完整植株的潜在能力。至今，大约对上千种植物根、茎、叶、花、果的体外培养形成了植株。

2. 植物的营养器官和繁殖器官

植物的营养器官和繁殖器官的形成与植物的进化水平密切相关。低等植物结构简单，如真核藻类中的衣藻植物体仅为1个细胞，兼有营养和繁殖两种功能；稍进化的植物由几个或多个相同细胞组成各种形态的群体或丝状体，但没有细胞分化，如绿藻中的水绵；进而出现有一定细胞分化的植物体，出现表皮、皮层和髓的分化，如石莼；归于高等植物的苔藓在外观上有了茎、叶的分化，无维管组织，为拟茎叶体，根为假根；蕨类植物真正有了根、茎、叶的分化，具有维管组织；种子植物是进化水平最高的高等植物，在外形上有很发达的根、茎、叶营养器官，生殖器官也有了高度分化，植物体内部的组织结构复杂多样。

种子植物是地球上最为茂盛的植物类群，有27万种左右，尽管其大小、形态和分布存在着各种差异不同，但在结构和发育过程中具有共同规律。个体发育从种子开始，在适宜的条件下，成熟的种子萌发形成幼苗，进一步发育形成具有根、茎、叶分化的植物体。当发育到一定阶段时，顶芽或侧芽由营养生长向生殖生长转化，进一步形成花、果实、种子。在种子植物个体发育过程中，根、茎、叶与植物营养物质的吸收、合成、运输和储藏有关，称为营养器官，植物体的生长为营养生长；花、果实、种子与植物产生后代有关，称为繁殖器官，植物体的生长为生殖生长。一般来说，种子植物是由营养生长后进入生殖生长，即首先形成具有根、茎、叶分化的植物体，进一步生长发育形成花、果实、种子。

3. 植物的营养与运输

植物生长发育需要水、矿物营养、CO_2。水、矿物营养主要来源于土壤，CO_2则来源于空气。

水是植物生活不可缺少的条件，植物体始终处于水分吸收和排出的动态平衡中，植物体内水分的吸收和运输对植物的生长至关重要。根系是植物吸收水分的主要器官，吸水的部位主要是根尖，包括分生区、伸长区和根毛区，其中根毛区吸水能力最强。陆生植物根系从土壤中吸收的水分，要通过茎、叶的运输，运送到植物体的各部。植物一生要吸收大量的水分，但只有1%~3%用于组成植物体，其余大部分（97%~98%以上）通过蒸腾作用而散失。植物的蒸腾作用绝大部分是通过叶片表面的气孔进行的。蒸腾作用是植物吸收和运输水分的重要动力，蒸腾流可作为盐类和其他多种物质在植物体内运输的载体，以满足各个器官生命活动的需要，气孔不仅是蒸腾过程中水蒸气从体内排到体外的主要出口，而且也是光合作用吸收 CO_2、呼吸作用吸收 O_2 的主要入口。

植物正常生命活动需要的矿质元素主要是靠根系从土壤中的无机盐获得。植物对矿质元素的吸收、运输和同化通称为矿质营养。矿质元素在植物体内可以离子的形式运输，也可以某些有机物形式运输。根系吸收的矿质元素主要通过木质部导管向上运输。

绿色植物吸收光能，同化 CO_2 和 H_2O，制造有机物并释放 O_2 的过程称为光合作用（photosynthesis）。光合作用产生糖类等有机物质，并储藏能量。叶片是进行光合作用合成有机物的主要部位，植株各器官、各组织所需要的有机物，主要由叶片供应。植物叶中的光合作用产物的长距离运通通过韧皮部进行，运输有机物质的管道为筛管。

4. 植物的繁殖方式

植物的繁殖方式可分为营养繁殖（vegetative propagation）、无性生殖（asexual reproduction）和有性生殖（sexual reproduction）三种类型。

（1）营养繁殖。是指植物营养体的一部分从母体分离开直接形成新个体的繁殖方式。植物界中普遍存在着营养繁殖，如单细胞藻类以细胞分裂方式产生新的个体；多细胞的藻类植物体发生断裂，每一断裂片形成一个新个体；多种被子植物特别是多年生植物的营养繁殖能力很强，植株上的营养器官或脱离母体的营养器官具有再生能力，也能通过产生不定根、不定芽发育成新植株，有些植物的块根、块茎、鳞茎等有很强的营养繁殖能力，所产生的新植株在母体周围繁衍，形成大群的植物个体。营养繁殖是无性的过程，产生的后代变异较少。长期以来，人们利用这一特性繁殖植物，并创造了许多人工营养繁殖技术，如扦插、压条、嫁接等。建立在植物细胞全能性的理论基础上的植物细胞与组织培养技术，已成为植物快速繁殖的有效途径。

（2）无性生殖。是指植物营养生长到一定时期，进入生殖生长阶段，产生具有生殖功能的细胞，这些细胞不经过两性的结合可直接发育成新个体的繁殖方式，这种具有生殖功能的细胞称为孢子（spore），因而无性繁殖也称为孢子繁殖（spore reproduction）。藻类、苔藓、蕨类植物的孢子生殖发达且不产生种子，称为孢子植物。

植物的营养繁殖和孢子生殖都是无性的方式，没有有性过程，其遗传物质来自于单一亲本，子代的遗传信息与亲代基本相同，有利于保持亲代的遗传特性。无性过程的繁殖速度快，产生孢子数量大，有利于大量快速地繁衍种群。

(3) 有性生殖。通过两性细胞的结合形成新个体的一种繁殖方式。有性生殖最常见的方式是配子交配（gametic copulation），植物体产生的性细胞为单倍体（配子，gamete），两个配子结合形成合子（zygote），由合子发育形成新个体。根据两配子间的差异程度，有性生殖分为三种类型：同配生殖（isogamy）、异配生殖（heterogamy）和卵式生殖（oogamy）。有性生殖中，配子是单倍体，合子为二倍体，合子含有两个亲本所提供的遗传信息，由合子发育形成的新个体具有一定的变异，对环境具有较强的适应性。

5. 植物生长发育与调控

植物的生长发育是一个极其复杂的过程，在各种物质代谢和能量代谢的基础上，表现为发芽、生根、长叶，植物体长大并开花、结果，最后衰老死亡。高等植物生长发育的特点是：①由种子萌发到形成幼苗，在其生活史的各个阶段总在不断地形成新的器官，是一个开放系统；②植物生长到一定阶段，光、温度等条件调控着植物由营养生长转向生殖生长；③在一定外界条件刺激下，植物细胞表现高度的全能性；④固着在土壤中的植物必须对复杂的环境变化做出多种反应。植物体的生长发育始终受到一系列外部和内部因素的控制。

影响植物生长发育的外部环境因子主要包括温度、光、水分和各种刺激等。

温度是控制植物生长和发育的重要环境因子。每一种植物都有适合自己生长发育的温度范围，而且植物在整个生活周期中的最适温度随生长发育阶段的改变而变化。多年生植物在春季发芽、夏季旺盛生长、秋季生长逐渐停止与冬季进入休眠，也主要与一年四季的温度变化及光照变化相适应。温度不仅对植物营养生长阶段的器官的生长发育具有较大影响，而且对植物的生殖生长也具有调控作用，一些植物需要经过一定时间的低温处理才能诱导开花，称为春化作用（vernalization），如一些二年生植物（萝卜、白菜）和一些冬性一年生植物（冬小麦）。

光是控制植物生长和发育的最重要环境因子。光是光合作用的基本条件和能量输入源。在植物的生长发育中，光是重要的环境信号，可以调控组织的分化和器官的发育，包括对种子萌发、茎叶的发育、芽的休眠、叶子脱落、开花等的诱导和控制。其中光对植物的成花诱导最为典型，许多植物只有经过适宜的日照处理才能诱导开花。

植物激素（hormone）是一些在植物体内合成的微量的有机生理活性物质，它们能从产生部位运送到作用部位，在低浓度（$\leqslant 1\mu mol/L$）时可明显改变植物体某些靶细胞或靶器官的生长发育状态。植物激素对植物体的生长、细胞分化、器官发生成熟和脱落等多方面具有调节作用，对于植物的生长发育是必不可少的。大约有300种由微生物和植物产生的次生代谢物对植物的生长发育具有调节活性，公认的五大类植物激素包括：生长素、细胞分裂素、赤霉素、脱落酸和乙烯。前三类都是促进生长的物质，而脱落酸和乙烯主要是与器官休眠、成熟和植物的衰老等过程有关的一类物质。在植物体中，五大类植物激素往往是协同参与植物生长发育的调控。如生长素和乙烯的相对水平控制着细胞生长的速度和发育的方向，生长素水平的提高最后可诱导乙烯的生成，组织和细胞的生长就会被乙烯的作用所抑制。近年来，水杨酸和茉莉酸也作为植物激素，二者在植物抵御逆境胁迫中发挥了重要作用。

研究结果表明，外部环境因子和植物激素的作用都是通过细胞内的信号传导途径和

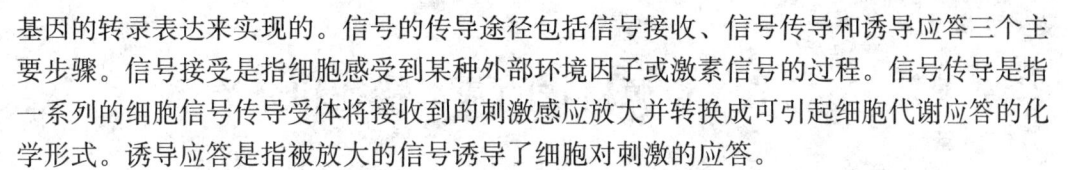

基因的转录表达来实现的。信号的传导途径包括信号接收、信号传导和诱导应答三个主要步骤。信号接受是指细胞感受到某种外部环境因子或激素信号的过程。信号传导是指一系列的细胞信号传导受体将接收到的刺激感应放大并转换成可引起细胞代谢应答的化学形式。诱导应答是指被放大的信号诱导了细胞对刺激的应答。

（二）植物的多样性

植物多样性表现在诸多方面，如种类繁多，类型多样，基因型丰富，分布广泛等。

1. 种类繁多

据估计植物种类总数达 50 万种，主要分布于热带地区。如热带巴西亚马逊河有极其丰富的种类，且种群数量巨大。

2. 类型多样

表现为植物体的大小、形态、营养方式、生活习性和繁殖方式等。

（1）大小。最小的为单细胞藻类，如螺旋藻和小球藻。大的植物如巨杉高达 142m，杏仁桉则高达 155m，而独木可以成林的榕树，覆盖地面的面积可达足球场大小。

（2）形态。包括单细胞个体、单细胞群体、多细胞的丝状体和叶状体，有根、茎、叶分化的草本、木本（半灌木、灌木、乔木）的复杂植物体。

（3）营养方式。①自养（autotrophic）：绿色植物，体内有叶绿素，吸收光能，进行光合作用，将无机物合成为有机物，并释放氧气；②异养（heterotrophic）：非绿色植物，体内不具有叶绿素，通过矿化作用分解无生命的有机体，将复杂的有机物分解成简单的无机物，再为绿色植物所利用，如腐生的真菌和高等的有花植物水晶兰、大花草、天麻等。

（4）生活习性。生存时间较短的植物如某些单细胞藻类和少部分生活于沙漠中的十字花科植物；一年生植物：在一年内完成生活周期；二年生植物：在第一年生长，第二年开花结实；多年生植物：多年生长，每年都开花结果，如巨杉可生长 3 500 年。

（5）繁殖方式。以营养繁殖产生后代，植物界中普遍存在；以孢子繁衍后代，如低等植物、苔藓、蕨类等孢子植物；以种子繁衍后代，如裸子植物、被子植物等种子植物。

3. 基因型丰富

植物在生存、繁衍中为适应环境不断发生变异，形成不同的基因型。同时由于人工驯化栽培，产生了许多新的生活型或栽培种，丰富了植物物种。如中国的水稻品种有 5 万个，大豆品种有 2 万个。小黑麦是小麦和黑麦的属间杂交种。随着分子生物学技术的发展，转基因技术成为培育适合人们需要的植物物种的手段之一，也丰富了植物的基因型。

4. 分布广泛

从茂密的热带雨林到寒带西伯利亚冻土高原，甚至南极、北极，从平地到高山，从海洋到陆地，极端干旱的沙漠环境都分布有不同的植物类群。如南极的荷兰石竹、北极的北极柳。

第二节　资源植物的基本特征和分类

一、资源植物的基本特征和价值

（一）资源植物的基本特征

1. 再生性

资源植物可自然更新和人工繁殖，可以持续利用。但由于植物的再生和繁殖有一定的周期，因此要掌握资源植物自然生长规律，研究它们的合理采收量，才能达到有效利用和长期利用的目的。

2. 有限性和可解体性

资源植物是可再生资源，但不是取之不尽、用之不竭的。有些植物自然繁殖率低，如果遭遇人类活动的干扰和自然灾害，会威胁到植物种群的生存和繁衍。当种群中的个体减少到一定数量时，该种植物的遗传基因库就有丧失的危险，从而可能导致物种的消失，也就意味着人类永远失去了这个物种，失去了它们给人类提供财富的能力。

3. 区域性

由于各地理区域的温度、日照条件等存在差异，资源植物具有强烈的地域性。所有植物都有它的适合生长的地理区域。如热带、亚热带地区生长的许多植物，不能在寒带地区生长发育；相反，高寒地区生长的植物，不能在热带地区生长发育。湿润地区生长的植物在干旱地区不能生长，干旱地区生长的植物在湿润地区也很难生长发育。植物生长发育的地域性，是引种栽培、提高品种质量的重要限制因素之一。

在植物种类适生区域内的不同生态条件，对植物有些成分的积累具有一定的影响。中国的中药材，由于生长环境的差异，其有效成分在数量上或质量上也会有一定的差异，人们经过长期的实践，发现某一地区的某一种药材的疗效最好，形成了"道地药材"的说法。

4. 多样性和多用性

资源植物是多种植物的总和，有其独特的多样性，即物种多样性、遗传多样性和生态系统多样性。中国约有高等植物3万种，所有植物都是有用的，只是由于条件所限，一些植物尚不知用途。各种植物都可以为人类提供财富，所以我们要利用并保护植物物种。对某一地区的资源植物保护来说，不仅要保护该地区的植物物种的数量，还要重视保护物种的遗传多样性和生态系统多样性。

植物的多用性是以植物给人类提供财富为标准，包括植物各种营养器官的利用、某一器官的多层次利用（综合利用），不仅可以提高资源植物的利用率，也可以满足人和环境或人类生产活动的需要，如园林植物、防风固沙等植物的利用。

人类开发利用资源植物变植物无用为有用，变单一用途为多种用途，变低级用途为深层次用途的过程是与当时社会经济条件相适应的。如油茶在中国长江流域以南的许多

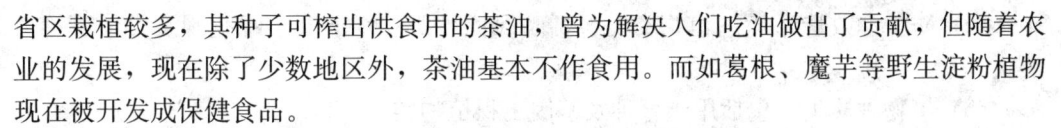

省区栽植较多，其种子可榨出供食用的茶油，曾为解决人们吃油做出了贡献，但随着农业的发展，现在除了少数地区外，茶油基本不作食用。而如葛根、魔芋等野生淀粉植物现在被开发成保健食品。

5. 相似性

植物种群内有许多相似性。在某一种植物中发现有某种有用成分，在其他近缘种中就可能寻找到，这为寻找新的经济植物提供了思路，对资源植物的开发利用极为有用。如中国以胡卢巴、田菁等植物胶替代印度、巴基斯坦的瓜尔胶。

6. 种质性

植物的种质不仅存在于繁殖器官中，而且还存在于营养器官、组织和细胞中。在自然条件下，植物营养繁殖也是物种延续种质的方法。在人工条件下，人们可以利用生物技术来建立种质库，将离体培养的植物器官、组织和细胞在低温或超低温下保存。需要时，可以随时取出，再生成植株，发挥保护物种的作用。

7. 光转换性

植物是自养性生物，能够直接利用太阳能，制造有机物，将太阳能转化为化学能并贮藏于有机物中，在一定条件再释放出来或转化为热能。

(二) 资源植物的价值

作为资源生物的一个重要组成部分，资源植物不仅具有重要的直接价值，而且其间接价值在资源生物的价值体现中具有不可替代的地位。

1. 资源植物的直接价值

资源植物不仅是人类所需食物的主要来源，还能为人类提供各种纤维素和药品，在人类生活、工业、农业和医药上具有广泛的用途，在人类生活中有着极其重要的作用。

2. 资源植物的间接价值

植物进行光合作用固定太阳能，制造有机物，进入食物链。通过传粉达到基因交流；植物能够保持水土、调节气候、吸收和分解污染物，在维持生态环境平衡中发挥重要的作用。

二、资源植物的分类

资源植物分类是资源植物开发利用和保护的基础。资源植物分类依据的原则主要涉及用途和学科研究方向两类。现多采用按用途分类，但是由于资源植物的多样性和多用性，按用途分类也存在不足之处。

中国著名植物学家吴征镒院士对野生资源植物提出的分类原则是目前许多学者引用的分类方法。该原则将野生资源植物分为五大类：

(1) 食用植物类。包括淀粉类、蛋白类、食用油类、维生素类、饮料类、香料色素类、动物饲料类、蜜源植物类。

(2) 药用植物类。包括中草药类、化学药原料类、兽药类、植物性农药类。

(3) 工业用植物类。包括木材类、纤维类、鞣质类、染料类、芳香油类、植物胶类、树脂类、工业用油脂类、经济昆虫寄主类。

(4) 防护和改造环境用植物类。包括防风固沙类、绿肥类、绿化观赏类、环境监测类。

(5) 植物种质类。包括用于育种及基因工程植物类。

（一）根据用途的分类

为便于开发利用，一些学者依据资源植物的用途和所含化学物（有用成分）性质不同，将资源植物分为21种类型。

1. 淀粉植物

包括食用和工业用淀粉。淀粉是植物的储藏物质，多存在于植物的种子、果实、茎、块茎、根茎与块根中。淀粉是人类的重要食品和热能的主要来源，可制作成淀粉粥、粉丝、粉皮、糖和酒等，在浆纱、印染、制革及冶金、铸造工业中也得到应用。中国野生植物中蕴藏着大量的淀粉，如橡子、榛子、葛根、蕨根等是淀粉植物的主要种类。中国种子植物中含有淀粉、糖丰富的植物有34科71属，其中双子叶植物有19科38属，单子叶植物有15科31属。

2. 油脂植物

包括食用和工业用油脂。脂类作为人体能量来源，所发出的热量比蛋白质和糖类高1~2.5倍。在世界油脂生产和消费中，食用油脂占80%左右。含有不饱和脂肪酸较多的植物油脂对人体具有较好的作用，很多植物油具有抗菌和消炎作用。中国含油率在10%以上的野生油脂植物有1 000多种，其中有些含有特种不饱和脂肪酸，如γ－亚麻酸等，对人体极具有营养保健价值。蝴蝶果、文冠果等是很好的食用油源。植物油脂在工业上有多种用途，如在纺织、造纸、印染、制革工业中作为辅助剂，在塑料和洗涤业中作为增塑剂、引发剂和稳定剂。可供工业用的种类如油桐、风吹楠等。

3. 蛋白质和氨基酸植物

蛋白质是人和动物的重要营养物质，由多种氨基酸组成的高分子化合物，此外有8种氨基酸为人体必需氨基酸。植物蛋白质主要来自于植物的种子，大豆是迄今世界上最主要的植物蛋白来源。许多植物的茎、叶具有含量较高的蛋白，且常含有人体必需的多种氨基酸，如苜蓿的叶和茎的蛋白质含量高，是适口性极好的牧草。中国资源植物中含蛋白质和氨基酸丰富及含量较高的植物有35科270多种。重要的有豆科、苋科、蓼科、十字花科、禾本科等。

4. 药用植物

药用资源植物是一类经过人类使用，证明可以作为治病、防病和具有保健价值的资源植物。植物药是人类利用最早的资源植物之一。迄今为止，中国仍有85%以上的人口在沿用中草药治疗疾病，中医中药在保障中国人民身体健康长寿中发挥重要的作用。中国民间的兽用药大多数来自于植物。根据最新统计，中国药用植物超过8 000种以上，而今收载于药书中的有6 000余种，其中属于高等维管束植物约为5 000种。重要的药用植物有毛茛科、菊科、小檗科、罂粟科、唇形科、茄科植物等。

5. 维生素类植物

维生素是人和动物维持生命和正常生长需要的必需物质，需要量少，但有极强的生理活性，在人体内有调节代谢和生理催化等方面的作用，这类物质多需从外来食物中获取。植物体中维生素的含量因种类、产地、采摘的时期和部位不同而有很大的差异。植物的果实含有大量的维生素,有些植物的叶、花中也含有大量的维生素 B 族类化合物。在中国资源植物中,含维生素类较丰富的植物有 18 科 25 属 80 余种。

6. 糖与非糖甜味剂植物

人对甜味非常敏感,甜味剂是人们日常生活中不可缺少的物质。甜味剂分天然甜味剂和合成甜味剂。天然甜味剂包括糖类及其衍生物和非糖甜味剂两类。糖类甜味剂(如蔗糖、葡萄糖、麦芽糖和果糖)是日常生活中消费量最大的食用甜味物质,这类糖在人体内被吸收、积存转化为能量,属于能量糖类。近年来人们开始重视研发低热能甜味剂,现在利用或有利用价值的天然的低热能甜味剂多属于糖醇类(如山梨醇、木糖醇),糖醇广泛存在于植物和动物中。一些植物的果实、叶片和根中含有非糖甜味物质(如甜叶菊苷、甘草苷),甜度很高,安全无毒。中国资源植物中发现含有甜味剂的植物(包括少数引入种和国外种)有 22 科 30 余种。

7. 纤维植物

纤维或纤维植物可供直接利用,编织绳索、草帽、麻袋、席、筐等,作填充物。植物的茎干和木材,可用于建筑房屋、架桥、制造家具;纤维是纺织和造纸的重要原料。同时纤维植物是重要的能源,煤炭是古代植物被埋藏于地下,经过长期高温、高压、炭化后形成的。近年来因增加食用植物纤维有预防直肠癌的作用,提倡食用含植物纤维的物质。中国纤维植物资源丰富,重要的有 480 余种,分属于 30 多科 55 属之中,重要的包括荨麻科、锦葵科、梧桐科、椴树科、桑科等。

8. 植物色素类植物

色素包括植物色素、动物色素、微生物色素、矿物色素与合成色素。色素作为染料,不仅广泛用于纺织、印染、油墨、油漆、涂料、橡胶、塑料制品、陶瓷、玻璃等工业中,也用于糖果、糕点和饮料等食品工业生产中。来源于植物的植物色素依据化学组成和性质的不同分为:叶绿素类(叶绿素)、多烯色素类(胡萝卜素类、叶黄素类)、酚类色素(花色素、花黄素类、植物鞣质)。植物色素有许多优点,不会产生公害,不污染环境,许多是无毒的,特别是那些可食植物中存在的色素,可以提取用于食品染色。现在已知属于植物性的天然染料约 1 500 种,分布于藻类、地衣类、苔藓类和种子植物在内的各类群中,以种子植物最为丰富。中国色素类资源植物,仅高等植物就有 29 科 52 属 80 余种。

9. 植物胶与果胶植物

植物胶与果胶广泛分布于植物界,是植物细胞壁的组成成分之一。植物胶(树胶)是一类无定形、透明或半透明物质,有时从植物茎干、树皮或根部流淌出来,在植物果实、种子中含量也较高。从化学上看,植物胶属于天然多糖类高分子化合物,与水结合成黏性液体,不溶于乙醇、丙酮、乙醚等有机溶剂。植物胶被广泛用于工业中。如阿拉伯胶在食品工业中用于糖果,作为结晶防止剂和乳化剂,瓜尔豆胶、田菁胶被广泛用于纺织、造纸、印染、涂料、选矿和食品加工中。果胶广泛存在于水果、蔬菜和其他植物的果实、茎皮和绿叶中,在植物体内一般以原果胶、果胶和果胶酸三种形态存在。果胶广泛用于食品工业中作为添加剂(如果酱、果冻、果汁、蔬菜汁、饮料及糖果等),具有调和、增稠、乳化与胶凝的特性,安全无毒。同时果胶对人体具有较高的医学功能,如在预防糖尿病、降低血压等方面具有功效。当前食用果胶生产的主要来源是苹果渣和柑橘皮。

10. 树脂植物

树脂是植物体内含有的一种胶体状物质,常存在于某些植物的根、茎、叶、果实和种子的树脂细胞、树脂道、乳管、瘤及其他储藏器官中。含这类树脂的植物或植物的某个部分,在经受人为或自然机械损伤后,便会从体内分泌出来。树脂是一类由高分子化合物组成的复杂混合体,多带苦味,有芳香气。从植物体内刚分泌出来时多呈流质胶体,在与日光和空气接触之后固化。含有芳香油的树脂为香树脂,与日光接触后,呈半固体状黏稠胶体状态,入地多年后成为琥珀。通常将树脂分为:香树脂酸类(松树脂)、硬树脂类和树胶树脂类。裸子植物中的大多数植物均含有树脂,尤其是松柏类。被子植物中最有名的是漆树的漆树脂,是很好的涂料——油漆。

11. 芳香油植物

芳香植物是一类含有挥发性物质的植物,从植物体内提取的这类称为"精油"或"芳香油"。芳香油可以存在于整株植物,有的仅存在于枝叶、茎皮、木材、根部或花、果实及种子中,一般含量较低,在1%以下,有的可达2%~4%,少数能达到5%。研究表明,在植物芳香油组分中,绝大部分的化合物属于萜类及其衍生物(如薄荷脑等),还有非萜类芳香油,如大蒜油和洋葱油的成分。植物芳香油是香精、香料工业的重要原料来源,香精、香料广泛应用于日用化妆品和食品工业。芳香油还具有药用价值。如利用熏衣草油可作为医治神经心跳、头痛的药物。香精油还具有驱虫、杀虫效果。如除虫菊、艾叶。中国芳香植物资源十分丰富,在已知的世界3 000多种植物香精中中国产1 000余种,但被研究和开发利用的仅100多种。

12. 鞣料植物

鞣质是有机酚类复杂化合物的总称,又称为单宁,栲胶是鞣质的商品名称,是从含有鞣质植物中浸提出来的产品。鞣质广泛分布于植物中,是植物细胞液的主要成分之一。在植物的各种器官中,常以根、树皮、木材及果实中含量最高。鞣质主要应用在纺织、印染、制革工业中,在墨水制造、硬水软化、石油化工、陶瓷、建筑、医药等方面上也有应用。鞣质用于食品中,在茶叶、咖啡、可可、葡萄和槟榔中加入鞣质,会使这类食品及其加工产品具有特别的风味。鞣质本身也是染料和媒染剂。中国含鞣质的资源植物十分丰富,目前已知含鞣质较多的植物有300余种,但真正符合经济开发要求的鞣质植物仅有几十种。生产上常被利用的有凤尾蕨、落叶松、铁杉、云杉、油松、粗榧等。

13. 橡胶植物

橡胶和硬橡胶是一类高分子不饱和性的碳氢化合物,具有高弹性与变性能力,具有不透气、不透水、不导电、防磁、耐磨、抗化学腐蚀等特性。橡胶与钢铁、石油并列为工业的三大支柱。橡胶及其制品广泛用于交通运输、机械制造、工业设备、建筑器材与电气、国防、医疗设备制造和日常生活用品(如鞋、衣物、玩具等)中。世界上含橡胶和硬橡胶植物有2 000余种,著名的是巴西橡胶树、橡胶草和银膠菊。

14. 饲用植物

饲料是发展畜牧业的物质基础。目前中国已发现有开发利用潜力的饲料植物500余种。除豆科、禾本科外，还有许多植物可以作为饲料，如毛茛科、玄参科、伞形科、旋花科等。此外，鱼虾的饵料有螺旋藻、小球藻等；蚕饲料有桑叶、马桑、柞树等。

15. 能源植物

由于能源紧张，能源植物包括作为生物燃料的高植物生物量、含油脂高、芳香油高、高糖和淀粉植物的利用开始为人们所重视。自古以来，能源植物与人类生活密切相关，薪柴就是植物能源，在现实生活中主要指可以替代石油的能源植物。植物油脂如黑皂树油、食品加工的废油、豆科的油楠的树脂可以直接代替石油作为动力燃料，桉类的枝叶蒸馏油也是极好的燃油。由淀粉和糖类转化来的乙醇也是极有开发潜力的植物能源。

16. 园林花卉植物

包括各类草皮、行道树、观赏花卉和盆景等，都是现代生活不可缺少的。中国是花卉的宝库，从南到北，从高山到平原，从寒带到热带，到处都有出类拔萃的观赏植物，如菊花、兰花、梅花、牡丹、百合以及珙桐、水杉、鹅掌楸、樱花、棕榈植物等，都是闻名世界的观赏植物，如今欧美各国庭院中多有来自中国的花卉和竹类。

17. 土农药植物

土农药在中国民间应用已久，常与有毒植物联系在一起。土农药资源植物包括一些可以防病与毒杀害虫的植物，如马桑、除虫菊、臭椿、雷公藤、藜芦属、鱼藤属、假木贼属。现在研究的问题是如何提取高效、易降解、无农药残留的杀虫成分，以替代现有的化学农药。

18. 蜜源植物

蜜源植物通常是指蜜源多、花期长、蜜质优良无毒、适合放蜂的优良植物。中国已发现的蜜源植物有300多种，分布于全国各地。著名的有椴树、槐树、紫穗槐、荞麦、油菜、紫云英、枣树及樱属植物等。

19. 经济昆虫寄主植物

中国已发现的各种经济昆虫寄主植物有50多种。例如五倍子蚜虫寄主植物有提灯藓和盐肤木等，胭脂虫寄主植物为仙人掌，白蜡虫的寄主植物为白蜡树、女贞树。

20. 环境保护植物

指对人类生态环境能起到一定保护作用的资源植物。包括防风固沙、水土保持、沿海滩涂利用、盐碱地改良、改土增肥以及抗污染等作用。这些植物常常是生长快、枝叶茂密、根系发达、固土保水能力强，有抗风、耐旱、耐盐碱的种类，种植后能够迅速覆盖地面和起到改善局部环境作用的植物，如防风固沙植物有木麻黄、相思树、锦鸡儿、沙枣、柠条、柽柳、沙拐枣、沙打旺等，改土增肥植物有田青、紫云英、马桑和一些固氮植物。还有一些植物能够吸收有害气体和物质，具有净化空气、环境和改善水质，以及具有监控环境的作用，碱蓬可监测环境中的汞的含量，凤眼莲能快速富集水中的镉，并清除酚类物质，芹菜、柑橘等对SO_2有较大的抵抗力，栀子、银杏、紫杉对NO_2有耐受性。对有害气体敏感的植物可以作为监控植物，如菠菜、黄瓜、燕麦对SO_2敏感，棉花、木槿、夹竹桃对 NO_2 敏感等。

21. 植物种质资源

种质资源包括 DNA、基因组、细胞、器官等具有实用或潜在实用价值的遗传功能材料及其相关信息，是关系到人类生存和经济可持续发展战略的重要资源，也是生物科学研究的基础材料。目前国际上已将生物遗传资源的占有和利用及研究情况当作衡量一个国家综合国力的标志之一。植物种质资源主要用于农作物的品种改良，不仅丰富了人们对大农业的需要，也不断地改变植物界。中国植物种质资源极为丰富，在这些种质资源中，有起源于 3 亿年前古生代保存下来的松叶兰，有源于 1 亿年前中生代的里白、苏铁、银杏等古老残遗种，还有紫杉科、松科的许多古老孑遗种类，其中有很多是中国的特有种或特有属。中国是世界上重要的植物种质资源多样性中心，也是世界重要的植物种质资源库。

（二）根据植物分类系统分类

根据植物分类系统，资源植物包括藻类植物、地衣植物、苔藓植物、蕨类植物、裸子植物和被子植物中具有资源属性的植物种类。其中苔藓植物、蕨类植物、裸子植物统称为颈卵器植物，蕨类植物、裸子植物和被子植物统称为维管植物，裸子植物和被子植物统称为种子植物。

第三节 中国资源植物地理分布与特点

一、中国资源植物的地理分布

中国位于世界上最辽阔的欧亚大陆东南部，东南濒临太平洋，西北深处欧亚大陆的腹地，西南与欧亚次大陆接壤，有 9.6×10^6 km² 的广阔疆域；在气候方面，中国地跨寒温带、温带、暖温带、亚热带和热带；在土壤方面，自东北向南依次为棕色泰加林土、山地灰棕壤、山地棕壤、山地黄壤、红壤和砖红壤性土。因而，中国东半部植被明显反映着纬向地带性，自北向南依次出现针叶林、针阔叶混交林、落叶阔叶林、常绿阔叶林和季雨林、雨林。受海陆分布地理位置的影响，来自太平洋的东南季风和来自印度洋的西南季风成为中国降水的主要来源，形成了东南部湿润，西北部趋向半干旱、干旱的环境。自东南向西北，依次出现了森林、草原和荒漠景观。

二、中国资源植物的特点

（一）中国的植被分区

根据气候、土壤和植被类型以及植物资源分布的特点，可把中国资源植物分为东北区、华北区、西北区、黄土高原区、青藏高原区、华中区、云贵高原区和华南区 8 个区域。

1. 东北区

包括黑龙江、吉林、辽宁省和大兴安岭以东内蒙古自治区的一部分。东北区冬季气候寒冷而漫长，土壤肥沃，多冻土和沼泽。该区地处中国寒温带和温带湿润、半湿润季风气候区，水湿条件较好，资源植物非常丰富。植被属于东北北部寒温带针叶林区域和东北温带针阔叶混交林区域。

大、小兴安岭和长白山地区保存着大片森林，是中国最大的材用植物基地。大兴安岭北部及其支脉伊勒呼里山地为寒温带针叶林区，植物种类较贫乏，维管植物仅800多种，以兴安落叶松［*Larix gmelinii*（Rupr.）Kuz.］为优势种，间或为樟子松（*Pinus sylvestris var. mongolica*）和白桦（*Betula platyphylla*）混交的植被。长白山地区有温带针阔叶混交林，主要由红松（*Pinus koraiensis*）、云杉（*Picea koraiensis*）、冷杉（*Abies nephrolepis*）、长白落叶松（*Larix olgensis*）、紫椴（*Tilia amurensis*）、糠椴（*T. mandshurica*）、水曲柳（*Fraxinus mandshurica*）等构成混交林。

东北区药用资源植物丰富，约有600种，人参（*Panax ginseng*）最为著名。纤维植物——乌拉草（*Carex meyeriana*）被誉为"东北三宝"之一。东北区是中国重要的商品粮基地之一，也是中国大豆的主产区。位于东北区的松辽平原盛产羊草（*Leymus chinensis*）。

2. 华北区

包括河北大部、河南北部、山东、安徽和江苏北部及燕山、太行山、伏牛山等地。华北区为中国第一大平原，具有暖温带气候特征，夏季炎热多雨，冬季晴朗干燥，春季多风沙。植被属于暖温带落叶阔叶林区域，由各种落叶栎（*Quercus sp.*）和桦（*Betula sp.*）等构成。间有赤松（*Pinus densiflora*）、华北落叶松（*Larix principis-rupprechtii*）和油松（*P. tabulaeformis*）等针叶树种。

华北区是中国"道地药材"，"北药"的产区，河北的安国有"药都"之称。仅河北省药用植物的初步统计，就有1 000种左右，是资源植物中种类最多、数量最大的地区之一，如黄芩（*Scutellaria baicalensis*）和柴胡（*Bupleurum chinense*）等是畅销品种。华北平原是中国重要粮仓之一，是中国小麦、玉米、棉花和杂粮等的重要产区。华北区有栽培和野生果树100多种，是苹果、梨、桃、板栗、核桃、红枣等的重要产区。此外华北区还是大葱、白菜等蔬菜的主产区。

3. 西北区

西北区指大兴安岭以西、黄土高原和昆仑山以北的广大干旱和半干旱的草原和荒漠地区，包括宁夏、新疆全部，河北、山西、陕西三省北部，内蒙古、甘肃大部和青海的柴达木盆地，地域辽阔，占国土总面积的1/3以上。西北区是中国降水量最少，而蒸发量最大的干旱地区。除了境内的天山、阿尔泰山等高大山体植被垂直分布明显，森林带植物种类丰富外，整体上资源植物较贫乏，由超旱生的小半灌木和灌木构成的稀疏植被。常见的有梭梭（*Haloxylon sp.*）、沙拐枣（*Calligonum mongolicum* Turcz.）、柽柳（*Tamarix sp.*）等。在水源地附近和地下水较高的荒漠地区，常有胡杨（*Populus diversifolia*）的分布。

西北区药用资源植物较丰富，如甘草（*Glycyrrhiza*）、麻黄（*Ephedra*）资源十分丰富，宁夏枸杞（*Lycium barbarum*）、雪莲（*Saussurea involucrata*）、肉苁蓉（*Cistanche deserticola*）等著名的药用植物也在此分布。西北区内草原群落和莎草沼泽的牧草资源丰富，主要的种类有羊草（*Aneurolepidium chinense*）、大针茅（*Stipa grandis*）等。西北区生长的苹果、库尔勒香梨（*Pyrus bretschneideri*）、葡萄（*Vitis* sp.）等品质优良，独具特色。在天山西部，至今还保存有野苹果、野杏、野核桃林，是重要的果树种质资源。经济作物哈密瓜、白兰瓜和西瓜闻名中外。

4. 黄土高原区

位于黄河中游，西起日月山，东至太行山，北界长城，南达秦岭，地跨青、甘、宁、内蒙古、陕、晋、豫7个省（区）。远在两千多年前的西周、春秋时代，这里气候湿润、水草丰茂。大约在明清以后，开垦加剧，自然植被受到极大破坏，造成了水土流失严重的局面。黄土高原区植物种类较为贫乏，仅山区分布有辽东栎、山杨、白桦、油松等。药用植物种类较少，但分布广，产量较大，如柴胡、防风（*Saposhnikovia divaricata*）等。

5. 青藏高原区

包括西藏、青海南部以及四川的甘孜和阿坝两州。这里是世界最高的高原，被誉为"世界屋脊"，平均海拔4 000~5 000 m，并有许多具有冰川的山峰。高原环境光照充足，气温低，形成了以高寒灌丛、高寒草原、高寒草甸等组成具有特色的高寒植被。本区的东南部，气候温暖湿润，形成有针阔叶混交林和针叶林的森林植被，由云南松（*Pinus yunnanensis*）、高山松（*P. densata*）等构成。

青藏高原区所产的冬虫夏草（*Cordyceps sinensis*）为名贵的滋补药材。青藏高原天然草地面积辽阔，牧草资源十分丰富，常见的有紫花针茅（*Stipa purpurea*）、碱茅（*Puccinellia distans*）、高山早熟禾（*Poa alpina*）等。青稞（*Hordeum vulgate* var. *nudum*）、油菜（*Brassica campestris* L.）等是主要的作物。

6. 华中区

本区指秦岭—淮河以南，北回归线以北，云贵高原以东的中国广大亚热带地区。主要包括陕西南部的汉中盆地、四川盆地、长江中下游地区、广东和广西北部、台湾北部和福建的北部。华中区由于季风环流势力强大，行星风系环境系统被改变，形成了温暖湿润的气候，发育了以常绿阔叶林为主的亚热带植被，资源植物非常丰富，被子植物总数达14 600种，约占全国总数的1/2。群落结构可以分为乔木层、灌木层和草本层。华中区是中国的第三大林区，常见树种为锥属（*Castanopsis*）、青冈属（*Cyclobalanopsis*）和柯属（*Lithocarpus*）。杉木（*Cunninghamia lanceolata*）广布本区，是中国亚热带地区主要造林树种和材用树种之一。华中区的经济林木十分著名，自古以来，就广为栽培和利用，是油料、饮料、工业原料的重要来源。如油茶（*Camellia japonica*）、油桐（*Vernicia fordii*）、漆树（*Toxicodendron vernicifluum*）、盐肤木（*Rhus chinensis*）等。本区的果树以柑橘类为主，其中主要包括甜橙（*Citrus sinensis*）、宽皮橘（*C. reticulata*）、柚（*C. grandis*）、金橘（*Fortunella margarita*）等。

华中区特有植物极为丰富，是世界珍稀植物宝库。保存着多种第三纪残存的孑遗植物，如水杉（*Metasequoia glyptostroboides*）、银杏（*Ginkgo biloba*）、银杉（*Cathaya* argyrophylla)、水松（Glyptostrobus pensilis）、金钱松（Pseudolarix kaempferi）、白豆杉（Pseudotaxus chienii）、百山祖冷杉（Abies beshanzuensis）、香果树（Emmenopterys henryi）、鹅掌楸（Liriodendron chinense）等。华中区是中国南方"道地药材"，"浙药"和部分"南药"、"川药"的产区。其中栽培历史悠久的药用植物有地黄（Radix Rehmanniae）、芍药（Paeonia Lactiflora）、牡丹（Paeonia suffruticosa）、白术（Atractylodes macrocephala）、薄荷（Mentha haplocalyx）、延胡索（Corydalis yanhusuo）、藏红花（Crocus sativus）、天门冬［Asparagus cochinchinensis（Lour.）Merr.］、白芷（Angelica dahurica）、藿香（Agastache rugosa）、川芎（Ligusticum chuanxiong Hort.）、补骨脂（Psoralea corylifolia Linn.）等多种。主要作物有水稻、薯类、豆类、麦类、甘蔗、油菜、芝麻、茶等。

7. 云贵高原区

包括云南高原、贵州高原和广西盆地的北部。云贵高原区地势起伏较大，属亚热带高原盆地气候。由于受印度洋气流影响，大部分地区春温高于秋温，春季干旱而夏秋季多雨，植被多属亚热带常绿阔叶林。贵州高原东部树种与华中区相似。除杉木、马尾松（Pinus massoniana Lamb）广为栽培外，锥栗属（Castanopsis）的种类在林区占优势，如栲树。

云贵高原区是"贵药"和"云药"的重要产地，重要的有黄连（Coptis chinensis）、贝母（Fritillaria cirrhosa）、白芨（Bletilla striata）和冬虫夏草等。水稻、小麦、甘薯、甘蔗、蚕豆、花生、油菜、烟草等是主要作物。

8. 华南区

位于中国的最南部，包括北回归线以南的云南、广西、广东的南部、福建省福州以南的沿海狭长地带及台湾南端、海南岛和南海诸岛。该区属热带气候，属于热带和南亚热带热带雨林和季雨林区域。热带雨林终年常绿，树木高大，群落结构可以分为乔木层、灌木层和草本层，但附生、绞杀、寄生植物普遍存在，茎花和板状根明显。主要有蝴蝶树（Heritiera parvifolia）、青皮（Vatica astrotricha Hance）和龙脑香科（Dipterocarpaceae）植物。季雨林则为半常绿或落叶，主要有木棉［Gossampinus malabarica（DC.）Merr］、榕树（Ficus sp.）和望天树（Parashorea chinensis）等。红树林分布于热带海滩，主要以红树科（Rhizophoraceae）等植物为主。

华南区所产的优良用材树种如海南紫荆木（Madhuca hainanensis）、格木（Erythrophloeum fordii）等，盛产茶叶、咖啡、可可、三叶橡胶（Hevea brasiliensis）、油棕（Elaeis gunieensis）、剑麻（Agave sisalana）等重要经济林木。热带果树有椰子（Cocos nucifera L.）、香蕉（Musa nana）、菠萝（Ananas comosus）、柑橘（Citrus reticulata Banco）、番木瓜（Carica papaya）、芒果（Mangifera indica Linn）、橄榄［Canarium album（Lour.）Raeusch］、龙眼（Dimocarpus longan）、荔枝（Litchi chinensis）等。此外，还有野荔枝、野香蕉、野生柑橘等的生长。华南区药用植物不仅丰富，且颇具特色。主要的有萝芙木（Rauvolfia verticillata）、三七（Panax pseudo-ginseng）、龙脑香（Dipterocarpus aromatica）、海南粗榧（Cephalotaxus hainanensis）、槟榔（Areca catechu）等。牧草较为丰富，主要有野古草（Arundinella anomala）等。

主要作物有水稻、麦类、玉米、甘薯、木薯、甘蔗、豆类等，保存着野生稻、野生瓜、豆类等重要的作物种质资源。

（二）中国资源植物的特点

中国疆域辽阔，气候类型多样，地貌类型丰富，植被类型复杂，西南部又有着青藏高原的隆起，加之因植物区系发生与形成的历史因素，从而使中国成为世界上资源植物最丰富的国家之一。

1. 植物种类众多，资源丰富

据统计，中国现有种子植物 25 700 多种，蕨类植物 2 400 多种，苔藓植物 2 100 多种，合计约有高等植物 3 万种，为全世界近 30 万种高等植物的 1/10，中国高等植物种类数量位居第三位。中国的各类资源植物都很丰富，如纤维植物有 480 多种，淀粉植物有 160 多种，油脂植物 500 多种，芳香植物 1 250 多种，鞣质植物 280 多种，药用植物 8 000 多种。

2. 区系组成复杂，珍贵植物众多

中国植物区系组成复杂。在种子植物中，属世界广布的植物有 51 科 108 属；属热带分布的有 168 科 1 467 属；属温带分布的有 77 科 931 属，属古地中海与泛地中海地区分布的有 7 科 278 属。

中国地史古老，植物区系中含有大量的古老植物科和属，存在许多残遗植物，如裸子植物中的苏铁科、银杏科、麻黄科和买麻藤科，上述各科仅含 1 属，银杏属为中国特产。银杉、金钱松、水杉都是著名的孑遗植物。

中国种子植物中含有的单型属和少型属多达 1 141 属，其中为中国所特有的有 190 多属，中国是世界上公认的 12 个生物多样性最为丰富的国家之一，也是世界上种子植物区系的重要发源地之一。

3. 园林花卉资源丰富

中国是世界上园林花卉资源最丰富的国家，所拥有的种类超过 7 500 种，占世界总数的 60%～70%，园林花卉资源在国际上位列第一位，有"世界园林之母"的誉称。中国具有许多传统的名花，而且经过人工培育后种类更为丰富，如牡丹品种达 470 多种，菊花品种达 3 000 多种。中国的珍稀观赏树木种类多，如银杏、苏铁、水杉、金钱松和珙桐等。

4. 药用植物资源丰富

中国的药用植物资源丰富，民间应用历史悠久，据统计，目前药用植物在 8 000 种以上，其中收载于药书中的，包括少数低等植物在内共有 6 000 多种，高等植物 4 800 多种，包括苔藓类 40 多种，蕨类植物 400 多种，裸子植物仅 100 种，被子植物 4 300 多种。在药用植物中，中国特产的道地名中药材很多，如人参、当归、黄芪、五味子、甘草、三七、杜仲等外国人早已把中国作为"世界药库"。

5. 栽培植物种类繁多

中国是一个古老的农业大国，不仅是世界上许多栽培作物的起源地之一，也是世界上果树栽培大国。农作物中粮食作物、油料作物、蔬菜、糖料作物和纤维植物有 100 余种，饲用植物 400～500 种，果树 300 种。

6. 资源植物分布地区差异大

中国地域辽阔，自然环境差别大，资源植物分布不均，种类和群体数量变化很大。热带、亚热带湿润地区资源植物丰富。从生物物种的多样性来看，海南、云南雨林、季雨林中分布的种类最多。中国资源植物多半种类分布于华南和西南地区，华中、华东、华北、东北依次居后，西北地区最少。地区不同，资源植物也各有特点，南方的热带、亚热带资源植物是北方地区所没有的，北方和西北地带的资源也是南方少有的，这种地区性资源差异明显地反映在农业资源及耕作制度上。

思考题

1. 简述资源植物的基本含义和组成。
2. 简述植物的基本特征和植物多样性特点。
3. 讨论资源植物的间接价值。
4. 讨论资源植物的分类方法。
5. 讨论中国资源植物多样性和分布特点。

第三章

资源植物与价值

第一节 藻类植物资源与价值

一、藻类植物的生物学特征

藻类植物（Algae）是一类比较原始的低等植物，物种繁多、形态各异。世界上已知的藻类植物有 3 万多种，根据细胞构造、所含色素、生殖方式等，一般将藻类植物分为绿藻门、裸藻门、轮藻门、金藻门、黄藻门、硅藻门、甲藻门、蓝藻门、褐藻门和红藻门等。有些学者根据藻类细胞的结构特征，将藻类分为原核藻类和真核藻类，其中原核藻类包括蓝藻门和原绿藻门。藻类植物，特别是绿藻被认为可能是高等植物的共同祖先。图 3-1 为单细胞、群体、丝状体、片状体绿藻。

（一）形态特征

植物体没有真正的根、茎、叶的分化，多为单细胞群体、丝状体、叶状体或管状体。大小差异较大，单细胞藻类为几个微米，多细胞藻类如海带长达几米，巨藻则可长达百米以上。藻类植物含有叶绿素等多种光合色素，能够进行光合作用，独立生活。而不同的色素组成标志着进化的不同方向，是划分门的主要依据。藻类的色素主要有四类：叶绿素、藻胆蛋白、胡萝卜素和叶黄素。

（二）繁殖特征

藻类植物的生殖有营养生殖、无性生殖和有性生殖。藻类植物的生殖器官多为单细胞。虽然少数高等藻类的生殖器官由多细胞组成，但其中的每个细胞都参与生殖作用，而且，生殖细胞的周围无不育细胞构成的保护层。藻类植物的合子萌发不形成胚。

（三）生态特征

藻类分布的范围极广，对环境条件要求不严，适应性较强，在只有极低的营养浓度、极微弱的光照强度和相当低的温度下也能生活。绝大多数种类生活在水生环境中，只有少数种类生活在潮湿的土壤、树皮、岩石或较干燥的地方。从热带到两极，从积雪的高山到温热的泉水，从潮湿的地面到不很深的土壤内，到处都有藻类分布。温度是影响藻类地理分布的主要因素，光照是决定藻类垂直分布的决定性因素，水体的化学性质

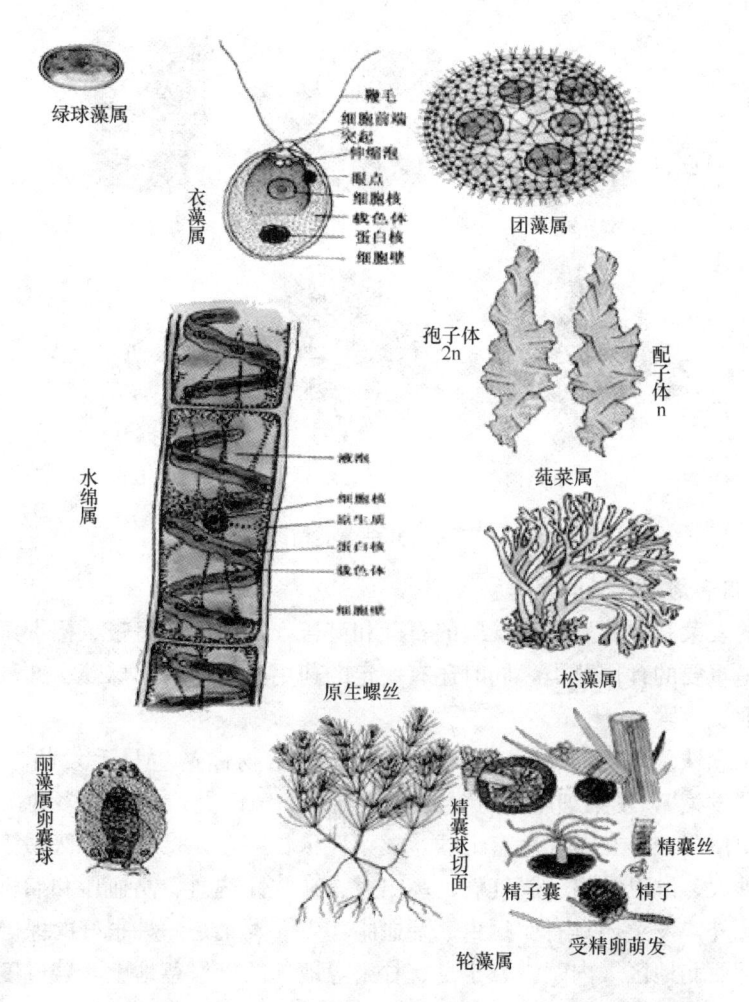

图 3-1　单细胞、群体、丝状体、片状体绿藻（引自叶创兴等，2006）

也是藻类出现及其种类组成的重要因素，如蓝藻、裸藻容易在富营养水体中大量出现，并时常形成水华；硅藻和金藻常大量存在于山区贫营养的湖泊中；绿球藻类和隐藻类在小型池塘中常大量出现。此外，生活于同一水域的各藻类相互间的影响对它们的出现和繁盛也有重要作用，某些藻类能分泌出抑制其他藻类的形成和发展的物质。

根据藻类植物的生态特征，一般将藻类植物分为浮游藻类（如硅藻门、甲藻门和绿藻门的单细胞种类）、漂浮藻类和底栖藻类（固着生长在一定基质上，如蓝藻门、红藻门、褐藻门、绿藻门的多数种类生长在海岸带上）。

二、藻类植物资源的价值

藻类植物资源不仅具有重要的生态价值，而且具有重要的经济价值。其经济价值主要来源于因为其所含各种化学成分的丰富性，如很多藻类具有很高的营养价值，体现在兼有药用和食用价值。同时许多藻类可以作为工业原料。图 3-2 为几种藻类植物。

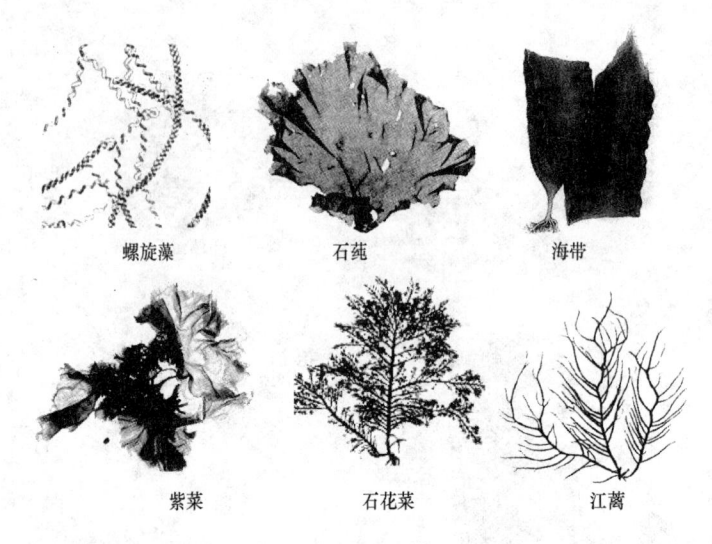

图 3-2 几种藻类植物

(一) 食用和药用价值

蓝藻门的发菜和螺旋藻，绿藻门的石莼和浒苔，褐藻门的海带、裙带菜，红藻门的紫菜等不仅是重要的食用藻类，同时还有一定的药用价值。从小球藻、红藻、褐藻等藻类中可以提取抗生素。

(1) 发状念珠藻（$Nostoc\ flagelliforme$）。因植物体丛生呈毛发状，干燥时黑褐色，故俗称"发菜"，发菜细胞内所含的蛋白质在20%以上，并含有多种矿物质和纤维素。食用历史悠久，早在汉代就有记载。发菜性味甘寒，无毒。据中医书籍中介绍，发菜对甲状腺肿大、淋巴结核、脚气病、鼻出血、缺铁性贫血、高血压和妇科病等都有一定的疗效。此外，发菜还具有驱蛔虫、降血脂功效。发菜是一种很好的保健蔬菜。发菜主要产于中国西北地区（内蒙古、宁夏、甘肃等地）的干旱草地上，若过度采收会造成发菜资源及其生态环境的极大破坏。

(2) 螺旋藻 [$Spirulina\ princenp$（W. et West）West]。植物体短丝状，呈螺旋形卷曲，能够进行旋卷和弯曲运动。其细胞内的蛋白质含量高达45%～49%（干重），是一种具有很高食用价值的蛋白质资源。经试验证明，螺旋藻在降低胆固醇和血脂、抗癌、治疗贫血及微量元素缺乏、增进免疫、调整代谢机能等方面都有积极作用，被联合国粮农组织和联合国世界食品协会推荐为"21世纪最理想的食品"。螺旋藻也可以作为饲料，应用于渔业和畜牧业生产中。

(3) 石莼（$Ulva\ lactuca$），亦称海白菜、海青菜。植物体为黄绿色扁平的膜状体，基部以固着器固着于岩石上，生活于海岸潮间带。干石莼含蛋白质、维生素、麦角固醇、甘露糖、半乳糖、酸性多糖、糖醛等，其中蛋白质3.61%、粗纤维6.89%。可药用，具有清热、利尿、祛痰、软坚、解毒之功效，可用于治疗大小便不利、疝积、脐下结气等症。

(4) 海带（$Laminaria\ japonica$）。海带的孢子体形大，褐色，明显分为固着器、柄、带片三部分，带片扁平状。海带是一种经济价值非常高的海藻，其海带干品中含粗脂肪、粗蛋白、粗纤维、维生素、钙、铁、碘等，与菠菜、油菜相比，除维生素C外，其粗蛋白、糖、钙、铁的含量均高出几倍、几十倍。海带体内的碘能促进炎性渗出物的吸收，并能使病态组织崩溃和溶解，可纠正因缺碘引起的甲状腺机能不足，对缺碘性甲状腺肿大有特殊的治疗作用。海带聚糖硫酸盐可清除血脂，可作为动脉粥样硬化病人的血脂清除剂。海带氨酸有降压作用。海带根合剂有镇咳平喘的作用。

（5）裙带菜 [*Undaria pinnatifida* (HarV.) Suringar]，又称海芥菜。作为食用海藻，裙带菜中含有多种营养成分，其所含蛋白质、钙、维生素等均比一般海藻高，其味道也超过海带。裙带菜性凉，味甘咸，有清热、生津、通便之功效。

（6）甘紫菜（*Porphyra tenera*）。紫菜的生活史中出现两种类型的植物体：一种为极薄的紫红色叶状体，即配子体；另一种为丝状的孢子体。甘紫菜含粗脂肪、粗蛋白、粗纤维、维生素、碘等，特别是蛋白质的含量高。紫菜作为食品，味道鲜美，营养丰富。紫菜性味甘咸寒，具有化痰软坚、清热利水、补肾养心的功效，用于治疗甲状腺肿、水肿、慢性支气管炎、咳嗽、脚气、高血压等症。

（二）工业价值

藻类在工业上的用途主要是提取各种藻胶、碘、甘露醇等原料。

褐藻胶为组成细胞壁的重要成分，主要是褐藻酸和褐藻酸盐，广泛应用于食品工业、纺织工业和医药卫生等领域。在食品工业中可用作稳定剂，如常用于冰激凌、巧克力牛奶、冰牛奶等的制作中；还可作增稠剂，如代替果胶做果酱、果冻、色拉、调味汁、布丁等。纺织工业中用作印花布浆，印出的花色鲜艳，上色量高；褐藻胶可以纺出人造纤维，用作止血纱布。医药卫生中用褐藻胶作代血浆、止血剂、止血粉、抗凝血剂，还用于制作胶囊及药片崩解剂。褐藻胶普遍存在于褐藻类中，如海带、裙带菜、裂叶马尾藻 [*Sargassum siliquastrum* (Turn.) C. Ag.] 等。其中裙带菜的褐藻胶含量比海带高。

琼胶（琼脂），主要成分为多聚半乳糖的硫酸脂，广泛应用于食品工业、医药及科研领域。食品工业中，琼胶用于焙烤食品、糖果、乳制品、肉类和鱼类罐头食品的制作及酒、酱、醋的酿造中。在科学实验中用于培养基的制作，工业中用于日用化学品的制作。红藻是提取琼胶的藻类，如石花菜（*Gelidium amansii*）、江蓠（*Gracilaria confervoides*）可生产大量琼胶。

卡拉胶，由硫酸基化的或非硫酸基化的半乳糖和3,6-脱水半乳糖通过 α-1,3 糖苷键和 β-1,4 糖苷键交替连接而成的大分子聚合物，可用作凝固剂、增稠剂、黏合剂、悬浮剂、乳化剂和稳定剂。在食品工业中可用于可可牛奶、速溶咖啡、速溶茶、水果、牛奶布丁、罐头、糖果、果汁、啤酒、调味品、保健食品等生产中。在日用化学工业中，可用于牙膏、润肤剂、洗发剂、洗涤剂、感光材料、水彩颜料、天然橡胶等生产。红藻是提取卡拉胶的藻类，如石花菜、江蓠、角叉藻（*Chondrus ocellatus* Holm.）、麒麟藻（*Eucheuma spinosum* J. Ag.）

甘露醇在糖及糖醇中的吸水性最小，并具有爽口的甜味，用于麦芽糖、口香糖、年糕等食品的防黏，也可用作糖尿病患者用食品、健美食品等低热值、低糖的甜味剂。在工业方面可用于塑料行业，合成硬质泡沫塑料、制松香酸酯等。甘露醇在医药方面是良好的利尿剂，降低颅内压、眼内压及治疗肾药、脱水剂，也用作药片的赋形剂及固体、液体的稀释剂，可治疗肝炎、休克、青光眼、糖尿病等。褐藻是提取甘露醇的藻类，如海带、裙带菜等。

大量的硅藻细胞壁沉积在湖底和海底，成为硅藻土，硅藻土广泛用作过滤剂、添加剂、绝缘剂、磨光剂，而且在水泥、造纸、印刷、牙科印模等方面具有重要用途。

（三）生态价值

藻类是淡水、海水生态系统中的初级生产者。藻类通过光合作用固定 CO_2，使之转化为碳水化合物，并释放 O_2，藻类是浮游动物和某些贝类、虾类和鱼类的直接或间接的天然饵料，是水生生态系统中食物链金字塔的基础，为水域生产力提供基础。在某种意义上可以认为，没有藻类，水生生态系统将不能维持，其他一切生物将不能生存。

许多蓝藻具有固氮作用，是地球上提供化合氮的重要生物，也是可利用的重要生物氮肥资源。目前已知固氮蓝藻有150多种，中国已报道的固氮蓝藻约有30种。试验表明，稻田中放养固氮蓝藻可增产7%～15%。

不同的藻类对水质的要求不同，有些藻类仅能生活在养分贫乏和中等养分的清洁水中，也有一些种类喜生于有机质丰富的富营养化水体中。如果水体受到某些重金属或化学物质污染，绝大多数藻类均不能生存，仅有极少数种类对某些重金属或化学物质抗性强的藻类可以生长，因此可以根据水体中藻类的种类、数量进行水质监测。一些藻类在生长代谢中吸收水体中的N、P等各种元素，可以利用这些藻类的吸收和富集作用治理水体污染以达到净化水质的目的，如已经利用衣藻、小球藻和栅藻进行生物污水处理，因此藻类在维持水体中的物质循环中具有重要的意义。

由于淡水受到污染，呈富营养化（nutrien enriched）状态，在一定条件下，一些藻类（如蓝藻、绿藻、硅藻等）大量繁殖，在水面漂浮一层有异味和有颜色的浮沫，称为"水华"（water blooms）。水华的出现加剧了水质的污染：由于大量消耗了水中的溶解氧，造成水中的鱼、虾等水生动物缺氧死亡，藻类产生的毒素对水生生物、人、畜带来危害。当海水受到污染，使海水富营养化，一定条件下浮游生物大量繁殖，引起海水发生颜色变化的现象称之为赤潮（red tide）。赤潮的颜色有红褐色、黄褐色等多种，主要与引起赤潮的生物种类有关，其中藻类生长是主要的因素（如甲藻、硅藻等）。与水华的危害相同，赤潮的出现不仅造成水体缺氧，同时，有几种甲藻产生的毒素可使贝类、鱼类以及以鱼为食的鸟致死，会造成海水养殖受到重创的严重后果。富营养化的根源来自农业上施用的化学肥料、工业废水、生活污水、饲养场粪便以及海水养殖本身过量喂养的饲料。此外，人们如果食用含甲藻毒素（一种神经毒素），会损伤大脑神经导致记忆力丧失。水华和赤潮带来的影响很大，防止其发生不仅要尽量避免水体污染，同时还应深入研究其形成机制，并对其发生的每一进程进行预测，寻求更加具有针对性的控制措施。

（四）科学研究价值

作为先锋生物的蓝藻，由于其生物学特征（如单细胞原核生物，结构简单，光合自养生物，适应性强，分布广），成为基因工程研究的理想材料。目前将基因转入蓝藻中主要用于处理环境污染和制备药物。

绿藻中的单细胞衣藻（*Chlamydomonas*）因体内具有一个大的叶绿体（占细胞总体积40%~60%以上），并易于培养，操作方便，衣藻的基因组和衣藻叶绿体基因组序列比较清楚，衣藻成为叶绿体基因工程的理想模式材料。1988年Boynton首次采用基因枪法成功地转化衣藻叶绿体，近年来国内外许多科学工作者采用不同的转化方法转化衣藻叶绿体，并建立了衣藻叶绿体外源基因表达体系。

（五）能源价值

研究表明，藻类含有大量的生物油脂，含油达20%~70%，而且它们的光合作用效率高，生长迅速，不仅可生产生物柴油或乙醇，还有望成为生产氢气的新原料，因此是具有开发潜力的生物质能源植物。微藻资源丰富，不会因收获而破坏生态系统，可大量培养而不占用耕地。如果在中国广阔的沿海和内地水域大规模种植工程高油含量藻类，那么生物柴油的生产规模扩大，可成为解决能源危机的途径之一。中国在海洋微藻制取生物柴油方面已取得可喜成果。

第二节　地衣植物资源与价值

一、地衣植物的生物学特征

地衣植物（Lichen）是由真菌和藻类共生所形成的一类特殊的植物类型，它是由真菌缠绕着1~2种具有光合作用的藻类组成的共生复合体。构成地衣的藻类通常是蓝藻和单细胞或丝状的绿藻，菌类大多数是子囊菌，少数是担子菌，极少数是半知菌。地衣中真菌占植物体大部分，藻类成层或成群包含在地衣内部，彼此紧密地结合在一起成为独立的植物体。地衣中藻类和真菌是一种互惠共生关系，真菌吸收外界环境中的水分和无机盐，供给藻类；藻类含有光合色素，能够进行光合作用，制造有机养料，供给自身和真菌使用。全世界地衣有500余属，25 000余种。中国已有记载的约有200属，近2 000种。

（一）形态特征

根据生长形态的不同，地衣可分为三种类型，即壳状、叶状和枝状（图3-3）。壳状地衣的植物体扁平成壳状，紧贴在岩石、树皮和土表等基质上，叶状体不易与基质分离。叶状地衣的植物体呈薄片状的扁平体，形似叶片，植物体的一部分黏附于物体上，可以剥离。枝状地衣的植物体呈树枝状或须根状，直立或下垂。

（二）繁殖特征

地衣的繁殖方式有营养繁殖、无性生殖和有性生殖三种类型，其主要的繁殖方式为营养繁殖，地衣中的菌、藻共同进行，地衣体的部分断离，产生粉芽、珊瑚芽等。各种营养繁殖结构脱离母体后，均可在适宜条件下形成新个体。

（三）生态特征

由于地衣植物是共生植物，适应能力强，分布广，通常生长在岩石、树皮和土壤的

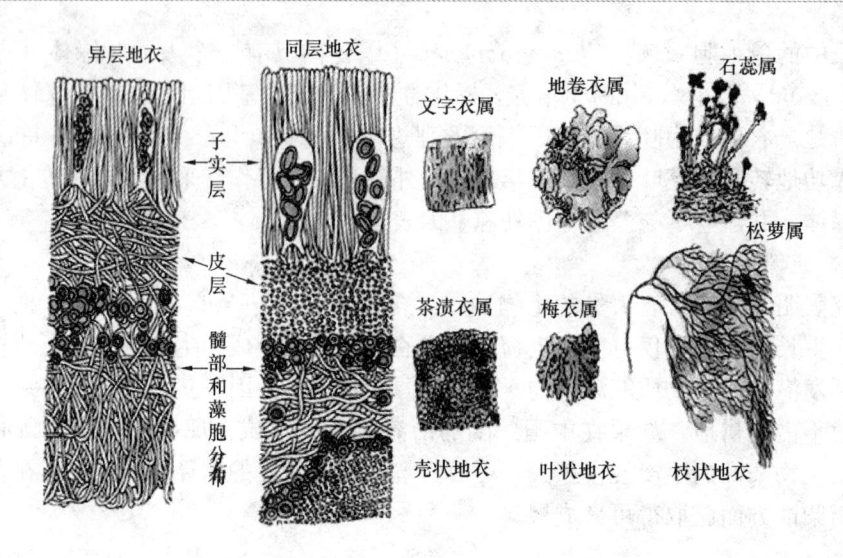

图3-3 地衣结构与形态（引自叶创兴等，2006）

表面，也能生长在其他植物不易生长的岩石绝壁上、沙漠中、北极寒冷地带和热带高温地区。

二、地衣植物资源的价值

地衣含有多种独特的化学物质，具有特殊的活性。地衣酸是地衣的重要代谢产物。许多种地衣可供用、食用或作饲料、饮料等。此外，地衣在生态环境方面具有重要的作用。

（一）药用价值

地衣中含有地衣多糖、异地衣多糖、地衣酸等。地衣多糖、异地衣多糖在抗癌方面具有很高的活性。地衣中的松萝酸、地衣硬酸、原地衣硬酸等具有很强的抗菌活性。

(1) 环裂松萝（*Usnea diffracta* Vain.）。枝状地衣，又称仙人头发、龙须草等。植物体丝状，淡灰绿色，基部着生在树干或岩石上，易与皮部分离。生于深山的老树枝干或高山岩石上，呈悬垂条丝状。含有破茎松萝酸、松萝酸、环萝酸、地钱酸、油酸、亚油酸、地衣聚糖等化学成分。从中提取制得的地衣酸钠盐，具有很强的抗菌与抗原虫作用，对于白喉杆菌、结核杆菌、金黄色葡萄球菌、肺炎球菌、分枝杆菌、链球菌、炭疽等有很强的抑制作用；松萝酸及挥发油亦有抗菌作用。松萝酸钠及其制剂，可应用于各种创伤的伤口感染，能促进化脓病灶或脓腔的坏死组织脱落。干燥的地衣体又称老君须，别名云雾草。全草药用，能强心、利尿、祛风湿、通经络、止咳平喘、明目。主治结膜炎、角膜云翳、耳鸣、白带、风湿疼痛、肺结核、慢性支气管炎、外伤感染、烧伤等症。

(2) 石耳 [*Umbilicaria esculenta* (Miyoshi) Minks]。叶状地衣。叶状体草质，近圆形，直径达12cm，常着生于林中悬崖陡壁岩石上。石耳含有水溶性地衣多糖，具高度抗癌活性。

(二) 工业价值

地衣可做工业原料。如海石蕊地衣可提取色素制成染料、石蕊试纸或酸碱度指示剂。地衣是一种提取香料的原料,梅衣属的一些种类,含有一种芳香油,是配制香水、化妆品的原料。

(三) 生态价值

地衣在土壤形成中有一定作用。生长在岩石表面的地衣,所分泌的多种地衣酸可腐蚀岩面,使岩石表面逐渐龟裂和破碎,加之自然的风化作用,逐渐在岩石表面形成了土壤层,为其他高等植物的生长创造了条件。因此,地衣常被称为"植物拓荒者"或"先锋植物"。

地衣对大气污染十分敏感,在工业区和人口密集的城市如果有一定量的 SO_2 时,地衣就会生长不良或死去。根据地衣的这一特性,常用地衣作为大气污染监测生物。根据各类地衣对 SO_2 的敏感性,有人提出无任何地衣存在的区域为 SO_2 严重污染区,只有壳状地衣生长的区域为 SO_2 轻度污染区,有枝状地衣正常生长的区域为无 SO_2 污染的清洁区。此外,附在茶树、柑橘树上的地衣,因菌丝钻入寄主皮层内吸取营养,可造成对寄主的危害。云杉、冷杉的树冠上常挂满松萝,严重时可导致树木死亡。

第三节 苔藓植物资源与价值

一、苔藓植物的生物学特征

苔藓植物(Bryophyta)是一类小型的非维管高等植物。其中较简单的种类与藻类相似,成扁平的叶状体;比较高等的种类已有假根和类似茎、叶的分化。生殖器官为多细胞构造,且有不育细胞组成的保护层。雌性生殖器官称颈卵器,故将苔藓植物与蕨类植物、裸子植物一起称为颈卵器植物。受精卵均发育成胚。因此将苔藓植物归于有胚植物、高等植物之中。全世界苔藓植物约有 26 000 种,中国约有 2 800 种。通常分为三纲,即苔纲、角苔纲、藓纲。

(一) 形态特征

苔藓植物体内没有维管束,植株矮小,高度一般不超过 20 cm。苔藓植物的生活史中有两种类型的植物体,配子体和孢子体,配子体在世代交替中占优势。配子体为小型绿色自氧的单倍体植物体,有两种类型:一种为简单扁平的叶状体,即苔类;另一种为有类似茎、叶的分化的茎叶体,即藓类。孢子体的形态简单,绝大多数由孢蒴、蒴柄和基足三部分组成。孢子体不能独立生活,生长于配子体上,依靠基足从配子体中吸收养料。

(二) 繁殖特征

苔藓植物营有性生殖和无性繁殖。在有性生殖中,配子体(n)上产生多细胞构成的精子器(antheridium)和颈卵器(archegonium)。精子器产生精子,精子有两条鞭毛借水游到颈卵器内,与卵结合成为合子(2n),合子在颈卵器内发育成胚,胚依靠配子体的营养发育成孢子体(2n),孢子体不能独立生活,只能寄生在配子体上。孢子体最主要部分是孢蒴，孢蒴内的孢原组织细胞经多次分裂再经减数分裂，形成孢子（n），孢子散出，在适宜的环境中萌发成新的配子体；在无性生殖中，配子体依靠胞芽行营养繁殖，胞芽生于叶状体上表面的绿色胞芽杯中，成熟后脱落，散发于体外落地生长而发育形成新个体。图3-4为泥炭藓及生殖器官的结构特征。

图3-4 泥炭藓及生殖器官（引自叶创兴等，2006）

（三）生态特征

苔藓植物分布很广，大多数生于阴湿环境中，或生于树干及树叶上，有的种类则生于裸露的岩面和极度干旱的环境中。其中藓类植物比苔类植物耐低温，因此在温带、寒带、高山、冻原、森林和沼泽常形成大片群落。南极大陆非常繁茂。

二、苔藓植物资源的价值

苔藓植物不仅具有重要的药用价值、而且由于苔藓植物一般都有很大的吸水能力，尤其是当密集丛生时，其吸水量高时可达植物体干重的15～20倍，而其蒸发量却只有净水表面的1/5，这一重要特性使之在保水方面发挥独特的作用，在生态保护方面具有重要的意义。图3-5为几种苔藓植物。

暖地大叶藓　　白发藓　　蛇苔

图3-5 几种苔藓植物

（一）药用价值

苔藓植物有的种类可直接用于医药方面。真藓科中的暖地大叶藓［*Rhodobryum giganteum* (Hook.) Par.］，全草煎服可镇静安神，对治疗心脏病有显著疗效，其体内含有高度不饱和的长链脂肪酸，如廿二碳五烯酸，是种子植物所不能制造的。大叶藓煎剂，具有软化冠状动脉、调整心率等功效。大金发藓（*Polytrichum commune*，即本草中的土马骔），有清热解毒作用，全草能乌发、活血、止血、利大小便。一些仙鹤藓属（*Atrichum*）、金发藓属等植物的提取液，对金黄色葡萄球菌有较强的抗菌作用，对革兰氏阳性菌有抗菌作用。蛇苔［*Comocephalum conicus* (L.) Dun.］可解热毒、消肿止痛，捣碎外敷可治毒蛇咬伤，晒干研末用麻油调敷可治烫伤。地钱（*Marchantia polymorpha* L.）煎汁内服，用于治疗黄疸性肝炎及肺结核，外用治疗疮毒。由泥炭藓形成的泥炭中蒸馏出来的泥炭醇是医治皮肤病的良药。

一些提灯藓科（Mniaceae）中的许多种，以及羽藓属（*Thuidium*）、青藓属（*Brachythecium*）、同蒴藓属（*Homalothecium*）、灰藓属（*Hypnum*）等是五倍子蚜虫生活史中必需的冬寄主。当冬季来临时，五倍子蚜虫从夏寄主——漆树科盐肤木（*Rhus chinensis*）等上转移至苔藓植物上越冬，形成了蚜虫—盐肤木类植物（夏寄主）—苔藓植物（冬寄主）—蚜虫的循环，研究五倍子蚜虫生活史与苔藓植物的关系对于倍酸的生产具有重要意义。

（二）园林价值

苔藓植物因其具有很强的吸水、保水能力，园艺上广泛用于花卉苗木移栽过程中根部的包扎，尤其是用在一些异地运输过程中，它能有效地保护花卉苗木的根毛少受损伤，同时维持了根际小环境的湿度，有效提高移栽成活率。人们常将狭叶白发藓（*Leucobryum bowringii*）、南亚白发藓（*Leucobryum neilgherrense*）以及丛叶白发藓（*L. scalare*）与细沙、土混合用于杜鹃花的栽培。土壤中添加这些藓类后，不仅使土壤有效地保水、通气，而且也增加了土壤酸度和腐殖质的含量。在扦插苗木的苗床中添加切碎的苔藓，还可以抑制霉菌的生长。

泥炭藓或其他藓类所形成的泥炭，可作为燃料及肥料。目前全世界有40余个国家开采泥炭资源，然而，泥炭开采后最不利的因素是对原有环境造成的破坏，其恢复需要经历较长时间。

（三）生态价值

苔藓植物能继蓝藻、地衣之后，生活于沙碛、荒漠、冻原地带及裸露的石面或新断裂的岩层上，在生长的过程中，能不断地分泌酸性物质，溶解岩面，本身死亡的残骸亦堆积在岩面之上，年深日久，即为其他高等植物创造了生存条件，因此，它是植物界的拓荒者之一。

苔藓植物有很强的适应水湿的特性，特别是一些适应水湿很强的种类，如泥炭藓属（*Sphagnum*）、湿原藓属（*Calliergon*）、镰刀藓属（*Drepanocladus*）等，在湖边、沼泽中大片生长时，在适宜的条件下，上部能逐年产生新枝，下部老的植物体逐渐死亡、腐朽，因此，在长时间内上部藓层逐渐扩展，下部死亡，腐朽部分愈堆愈厚，可使湖泊、沼泽干枯，逐渐陆地化，为陆生的草本植物、灌木、乔木创造了生活条件，从而使湖泊、沼泽演替为森林。因此苔藓植物在湖泊演替为陆地和陆地沼泽化等方面具有重要作用。

苔藓植物对自然条件较为敏感，在不同的生态条件下，常出现不同种类的苔藓植物，因此，可以作为某一个生活条件下综合性的指示植物。如泥炭藓类（*Sphagnum sp.*）多生于中国北方的落叶松和冷杉林中，金发藓（*Polytrichum commune*）多生于红松和云杉林中，而塔藓（*Hylocomium splendens*）多生于冷杉和落叶松的半沼泽林中。中国南方一些叶附生苔类（liverwort）多生于热带雨林内。

与地衣植物类似，苔藓植物也可以作为检测空气污染程度的指示植物，其敏感程度仅次于地衣。大气污染反应在苔藓植物体上最敏感的部位是叶片。苔藓植物的叶片构造简单，只有一层细胞，SO_2等有毒气体可以从背腹两面侵入叶细胞，使苔藓植物无法生存。通常呈现的症状有：①出现明显的黑斑或褐化现象；②叶片下表面产生特殊的银灰色光泽；③植物体内叶绿体遭受破坏，导致苔藓植物叶片的褐化或白化，或出现严重的黄萎症状；④长期污染下的苔藓植物群落发生严重衰退，在污染地区的物种多样性将不断减少直至苔藓种群消失。

如果空气中湿度过大，由于藓类能吸收空气中水湿气，使水长期蓄积于藓丛之中，亦能促成地面沼泽化，而形成高位沼泽。如高位沼泽在森林内形成，对森林危害甚大，可造成林木大批死亡。

第四节　蕨类植物资源与价值

一、蕨类植物的生物学特征

蕨类植物（Pteridophyte）又称羊齿植物（fern），是进化水平最高的孢子植物，也是最原始的维管植物（vascular plant），在世代交替中以孢子体占优势地位。蕨类植物的有性器官为精子器和颈卵器，蕨类植物和苔藓植物、裸子植物一起统称为颈卵器植物。蕨类植物大都为草本，少数为木本。蕨类植物通常可分为水韭纲、松叶蕨纲、石松纲、木贼纲和真蕨纲等5纲，全世界蕨类植物约12 000种，中国约有2 600种。中国西南地区、长江以南各地以及台湾等地的蕨类植物非常丰富，云南省号称"蕨类王国"，有1 000多种蕨类植物。

（一）形态特征

蕨类植物孢子体发达，有根、茎、叶之分，不具花。

(1) 根。主根均不发育，通常为不定根，具有较好的固定和吸收能力，常着生在根状茎上。

(2) 茎。有地上的气生茎（aerial stem）和地下的根状茎（rhizome）之分。通常以根状茎存在，少数为直立茎。多数为二叉分枝，有维管组织，形成中柱。木质部以管胞、韧皮部以筛胞运输水分和营养物质。

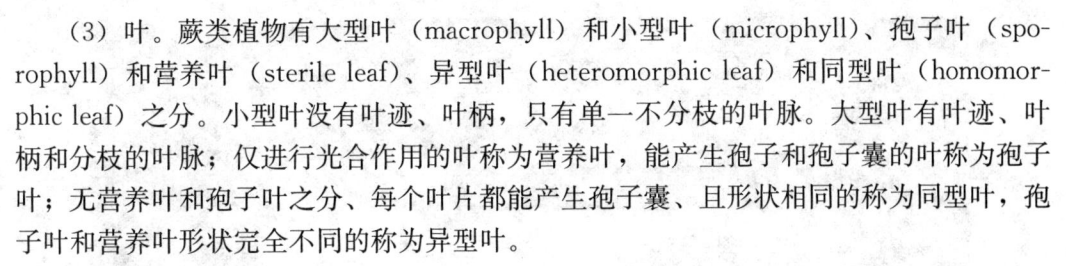

（3）叶。蕨类植物有大型叶（macrophyll）和小型叶（microphyll）、孢子叶（sporophyll）和营养叶（sterile leaf）、异型叶（heteromorphic leaf）和同型叶（homomorphic leaf）之分。小型叶没有叶迹、叶柄，只有单一不分枝的叶脉。大型叶有叶迹、叶柄和分枝的叶脉；仅进行光合作用的叶称为营养叶，能产生孢子和孢子囊的叶称为孢子叶；无营养叶和孢子叶之分、每个叶片都能产生孢子囊、且形状相同的称为同型叶，孢子叶和营养叶形状完全不同的称为异型叶。

（二）繁殖特征

蕨类植物营孢子繁殖。在小型叶蕨类植物中，孢子囊单生于孢子叶叶腋或叶基。孢子叶通常聚生于枝顶呈穗状或球状，称为孢子叶穗或称为孢子叶球。在大型叶蕨类植物（较进化的真蕨类）中，孢子囊通常着生在孢子叶的背面、边缘或聚生在一个特化的孢子叶上，往往由多数孢子囊集成群，称为孢子囊穗或称为孢子囊群。水生蕨类的孢子囊群生在特化的孢子果内。孢子大多为同型，萌发成雌雄同株的配子体。异型孢子分别萌发成雌、雄配子体。蕨类植物的配子体又称为原叶体（prothallium），由单倍体的孢子萌发产生，体微小，生活时期短，无根、茎、叶分化，具有单细胞假根。大多数蕨类的配子体为背腹分化的叶状体，能独立生活，腹面生有精子器和颈卵器。精子器产生多鞭毛的精子，受精环境需要有水的存在。精卵结合后形成合子，在配子体上发育成胚，由胚发育成孢子体，幼孢子体需要在配子体上生活一段时间，长大后配子体死亡，孢子体独立生活。

（三）生态特征

蕨类植物世代交替明显，孢子体占优势。蕨类植物分布广泛，在平原、草地、沟溪、山地、林下和淡水中均有生长，其中以热带和亚热带地区的种类较多。但由于蕨类植物的维管组织分化程度不高，受精过程需要水，对陆生环境的适应能力不强，新生的植物只能存活在肥沃的地方。因此，不容易在整年干燥的地方或四季变化极大的地点看见它们的踪迹。

二、蕨类植物资源的价值

蕨类植物具有很高的经济价值，具有多种用途。多数可以作为蔬菜食用，一些种类具有药用价值，许多种类蕨类植物株形奇特、姿态幽雅，叶色青翠，可以作为园林植物，具有独特的观赏价值。此外，蕨类植物可以作为土壤、气候等的指示植物，在工业、农业生产上蕨类植物也有应用。图3-6、图3-7为几种蕨类植物。

（一）药用价值

蕨类植物是重要的中草药资源，据不完全统计，至少有100余种蕨类植物具有药用价值，有许多种类自古以来就被广泛用于医药上，如石松（*Lycopodium japonicum*）、卷柏［*Selaginella tamariscina*（Beauv.）Spring］、狭叶瓶尔小草（*Ophioglossum thermale*）、铁线蕨（*Adiantum capillus-veneris* L.）、贯众（*Cyrtomium fortunei*）、有柄石韦［*Pyrrosia petiolosa*（Christ）Ching］、问荆（*Equisetum arvense* L.）等，有的是全草入药，有的是采用根状茎入药。

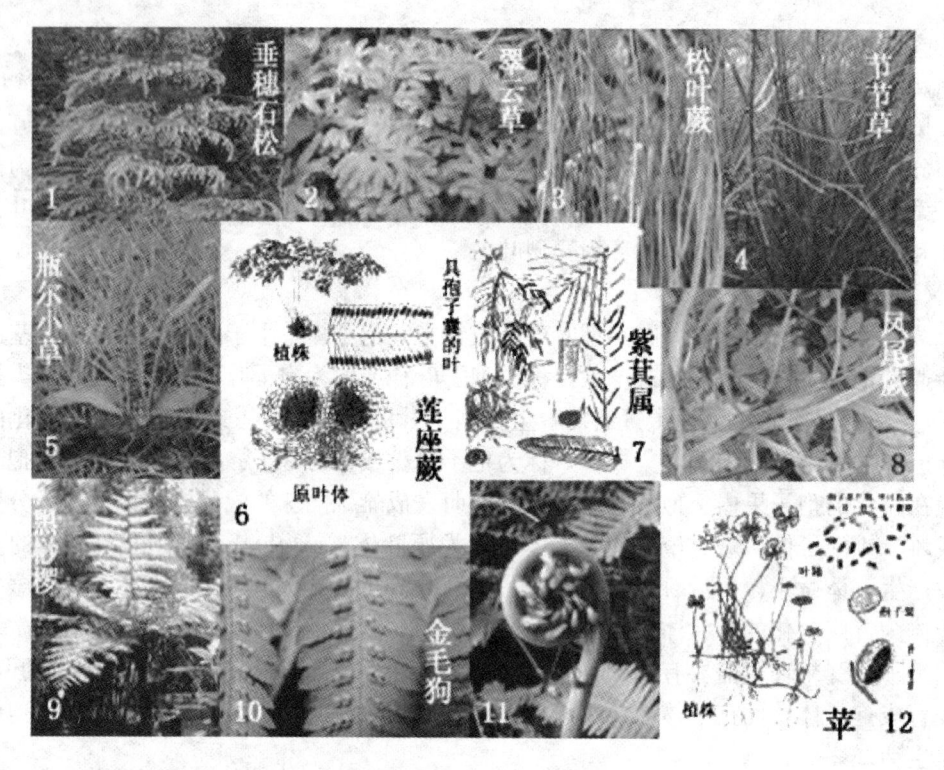

图 3-6 几种蕨类植物（引自叶创兴等，2006）

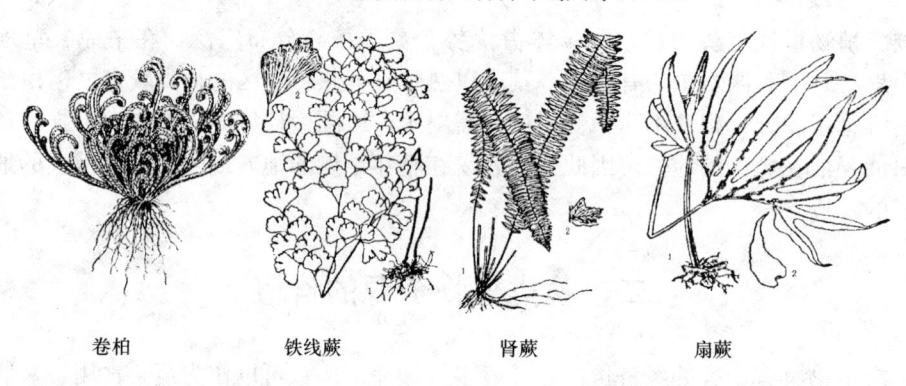

图 3-7 几种具有经济价值的蕨类（引自赵建成等，2002）

（1）石松。多年生草本，生于林下或灌丛中，能够在不同温度的湿润气候下生长。全草入药，含多种生物碱，具有祛风活血、镇痛强壮、利尿通经之功效。用于治疗肝炎、痢疾、关节酸痛、手足麻痹、外伤出血等。

（2）卷柏。多年生草本，主茎短而直立，生于山坡石缝处。耐旱，干旱时植物体拳状卷曲，遇水潮湿舒展翠绿，故有"长生不死草"、"还魂草"、"还阳草"之称。全草入药，含苏铁双黄酮、穗花杉双黄酮、芹菜素、扁柏双黄酮、海藻糖、异柳杉素等。具有收敛止血、理血疏风之功效。内服治疗便血、吐血、尿血、哮喘、跌打损伤等；外敷治外伤出血。

（3）铁线蕨。根状茎，叶片卵状三角形，多生于阴湿的沟边、溪旁及岩壁之上。全草入药，含铁线蕨酮、铁线蕨素、黄芪苷、烟花苷、异槲皮苷等多种化合物。具有清热利湿、消肿解毒、止咳平喘、利尿通淋之功效，用于治疗颈淋巴结核、痢疾、蛇伤、肺热咳嗽、吐血、牙痛与跌打损伤等。

（4）贯众。植株高达 30～80 cm，根状茎直立或斜升生于石灰岩缝中或阴湿沟边。根状茎入药。含异槲皮苷、紫云英苷、冷蕨苷、贯众苷、黄绵马酸等化合物。具有清热解毒、止血之功效，对于驱除绦虫、蛔虫有特效。也可用作除虫农药。

（二）食用价值

多种蕨类植物可供食用，如在幼嫩时可做蔬菜的有蕨菜（*Pteridium aquilinum*）、毛蕨（*P. revolutum*）、菜蕨（*Callipteris esculenta*）、紫萁（*Osmunda japonica*）、西南凤尾蕨（*Pteris wallichiana*）、水蕨（*Ceratopteris thalictroides*）等，不但新鲜时做菜用，亦可加工成干菜，以供食用。许多蕨类植物的地下根状茎，含有大量淀粉，可酿酒或供食用，如食用观音座莲（*Angiopteris esculenta*），其地下茎重量可达 20～30 kg。

（1）蕨。为欧洲蕨的变种，又称蕨菜。植株高约 1 m，根状茎。分布极为普遍，常生于海拔 200～1 000 m 处的山坡、草地及林下。喜阳、耐寒、耐旱，对土壤要求不严格。蕨的嫩叶称为"蕨菜"，可鲜食，也可盐渍或做干菜。蕨菜中含有蛋白质、胡萝卜素、抗坏血酸、钙、磷、铁等，是一种味道鲜美，营养十分丰富的山野菜，也是中国出口日本及东南亚的重要土特产品。其中还含有 1-印满酮类化合物等，具有安神、降压、利尿、解热、祛风湿等功效。蕨根茎富含淀粉，专称"蕨粉"，可作饼干、饴糖、粉条、粉皮、凉粉，也可用于酿酒和提取酒精。

（2）紫萁。植株高 50～80 cm，根状茎。紫萁分布于中国秦岭以南的暖温带以及亚热带地区，生长于林下、溪边的酸性土壤上。紫萁嫩叶可以鲜食，也可经加工后制成"薇菜干"。薇菜干营养丰富，含糖类、胡萝卜素、核黄素、抗坏血酸等。紫萁的根茎也可供药用，为中药"贯众"之一种，具有清热解毒、祛淤、杀虫、止血之功效。

（三）园林价值

有不少种类的蕨类植物，由于具有独特、美观、优雅、别致的体形，且无性繁殖力强，可作盆景，绿化庭园和住宅。目前在温室、庭园或盆景中广泛栽培的蕨类植物有肾蕨 [*Nephrolepis cordifolia*（L.）Presl]、鸟巢蕨 [*Neottopteris nidus*（L.）J. Sm.]、桫椤 [*Alsophila spinulosa*（Wall. ex Hook.）Tryon]、二叉鹿角蕨（*Platycerium bifurcatum*）、扇蕨（*Neocheiropteris palmatopedata*）等。这些蕨类不仅形态美观雅致，而且具有药用价值。

（1）肾蕨。主要用于露地栽培及室内盆栽观叶，作吊篮式盆栽，还是主要的切叶材料。此外，肾蕨也具有药用价值，肾蕨的块茎及全草入药，具有清热解毒、止咳、止泻之效。治瘰疬、疝气、痢疾、中毒性消化不良、支气管炎、小儿疳积、烫伤等。

（2）鸟巢蕨。是重要的大型观叶植物，悬吊于室内或栽植于植物园、花卉园的树干或岩石上可增添野趣。鸟巢蕨也具有药用价值，全草入药，具有强筋壮骨、活血化淤之功效。治跌打损伤、骨折、阳痿等。

（3）扇蕨。分布于中国西南地区亚热带山地林下，其叶形奇特，是观赏蕨类植物中的佳品。为多年生草本，生于海拔 1 500～2 700 m 的密林或山石上。随着森林的砍伐，分布区日益缩减。扇蕨是药中珍品，中药名为"半把伞"，有清热利湿、理气、通便之功效。可治疗慢性胃炎、胃腹胀满、便秘痢疾、膀胱炎、咽炎、风湿关节痛等。

(4) 桫椤。分布于贵州、四川、广东和台湾等地。常成片生于林下沟谷、溪边或林缘湿地，常数十成百株构成优势群落。桫椤树干色彩斑斓，是著名的大型树生观赏蕨类。南方可栽于庭院中的阔叶树下，北方盆栽则成为观赏珍品。桫椤属植物约230种，中国有15种。桫椤也具有药用价值，茎干为中药"龙骨风"，具有祛风湿、强筋骨之效。

(5) 鹿角蕨。原产于亚、非、澳三洲，株形奇特，大叶下垂，是室内装饰的珍贵种类。鹿角蕨属共12种，为著名的观赏蕨类。鹿角蕨是多年生附生草本，增生很快。以腐殖叶、聚积落叶、尘土等物质作为营养。

(四) 生态价值

蕨类植物对外界自然条件的反应具有高度的敏感性。不同种属蕨类植物的生存要求不同的生态环境条件。蕨类不但可以作土壤指示植物，反映土壤的酸碱性性质，而且可以作气候指示植物。

(1) 土壤指示蕨类。铁芒萁（狼萁）（*Dicranopteris linearis*）分布于中国西南、华南与华中地区，生山坡林下，是中国暖温带、热带、亚热带气候区强酸性土或酸性岩石的指示植物。酸性土的指示植物还有石松科、紫箕科、蹄盖蕨科、乌毛蕨科、球子蕨科的一些蕨类。凤尾蕨科的蜈蚣草（*Pteris vittata* L.）以及铁线蕨科的铁线蕨，是中国暖温带、亚热带和热带气候区的钙土和石灰岩的指示植物。碱性石灰岩或钙质土壤的指示植物还有中国蕨科、乌毛蕨科、三叉蕨科、水龙骨科的一些种类。有的蕨类耐旱性强，适宜于较干旱的环境，如旱蕨（*Pellaea nitidula*）、粉背蕨（*Aleuritopteris pseudofarinosa*）等；相反地，有的蕨类只能生于潮湿或沼泽地区，如沼泽蕨（*Thelypteris palustris*），绒紫萁（*Osmunda claytoniana*）。因此，从生长的某种蕨类植物，可以标志所在地的地质、岩石和土壤的种类、理化性、肥沃程度以及空气中的湿度等，借此判断土壤与森林的不同发育阶段，有助于森林更新和抚育工作。

(2) 气候指示蕨类。蕨类植物的不同种类，可以反映出所在地的气候变化情况。桫椤生长的区域表明为热带、亚热带气候地区；鸟巢蕨的生长区域表明为高湿度气候环境；生长鳞毛蕨〔*Dryopteris filix-mas*（L.）Schott〕的地区为亚寒带或北温带的气候。

此外，一些蕨类植物可以作为矿物指示植物，生长石松的地方，一般与铝矿有密切关系。木贼的某些种可作为某些矿物（金）的指示植物，对勘探某些矿藏有参考价值。蕨类植物可以检测当地环境是否被污染。

有的水生蕨类为优质绿肥，如满江红〔*Azolla imbricata*（Roxb.）Nakai〕，生长在水田或池塘中，满江红常与蓝藻中的鱼腥藻共生，由于鱼腥藻能固定大气中的氮气，因而可提高稻田氮素营养，也可以作为绿肥，同时还是家畜、家禽的优质饲料。满江红幼时呈绿色，生长迅速，常在水面上长成一片。秋冬时节，它的叶内含有很多花青素，群体呈现一片红色，所以叫做满江红。

（五）珍稀种类

蕨类植物中具有珍稀种类，其中一些为国家珍稀保护植物。桫椤为世界上最古老的活化石，中生代曾在地球上广泛分布，是唯一幸存下来的木本蕨类之一，是研究物种形成和植物地理分布关系的理想对象。桫椤生长缓慢，生殖周期长，生活环境要求温和而湿润，由于森林植被缩小，气候趋于干燥，使其数量日益减少，加之茎干可入药和栽培附生兰类，桫椤已经成为渐危种，处于濒危状态，被列为国家一级保护植物。中国的鹿角蕨（*Platycerium wallichii* Hook.），产于云南省盈江县的山地森林中，数量甚少，为中国特产稀有植物，被列为国家二级保护植物。扇蕨因数量极少，为渐危种，被列为三级国家重点保护植物也是中国特产的珍奇蕨类之一，在蕨类分类研究方面有重要学术价值。

第五节 裸子植物资源与价值

一、裸子植物的生物学特征

裸子植物（Gymnospermae）介于蕨类和被子植物之间的一大类群。它保留着颈卵器，具有维管束系统，能产生种子，因此裸子植物与苔藓植物、蕨类植物一起统称为颈卵器植物，与蕨类植物、被子植物一起统称为维管植物，与被子植物一起统称为种子植物，但种子裸露，没有果皮包被，故被称为裸子植物。

裸子植物是一群古老的植物，它从泥盆纪发生，在石炭纪、二叠纪（Permian）最为兴盛，到中生代（Mesozoic）逐渐衰退。根据《中国植物志》第七卷，现代裸子植物分为苏铁纲（Cycadopsida）、银杏纲（Ginkgopsida）、松杉纲（Coniferopsida）和买麻藤纲（Gnetopsida）4纲，9目，12科，71属，近800种。其中松杉纲包括的种类最多，分布最广，构成了许多现代的植被类型。中国是世界上裸子植物种类最多、资源最丰富的国家，有250种，分属于4纲，8目，10科，34属，其中有7属51种由国外引入栽培。一些种类是第三纪的孑遗植物或称为"活化石"植物，还有一些种类是中国特有植物。

（一）形态特征

裸子植物孢子体，皆为多年生木本植物，大多数为高大的乔木，少数为灌木或藤木（如热带的买麻藤）。有强大的主根和发达的根系，枝条常有长、短枝之分。茎单轴分枝，除买麻藤纲外，裸子植物木质部为管胞（tracheid），韧皮部为筛胞（sievecell），无伴胞。具有形成层和次生生长，网状中柱，出现了髓部，木质部与韧皮部为内外并生型。具有旱生型的结构，如树皮粗厚，叶多为针形、条形、鳞片状，表面具厚的角质膜，发达的下皮层，下陷的气孔，叶肉细胞内壁突起成皱褶，更适应陆生环境。

（二）繁殖特征

（1）胚珠裸露，产生种子。孢子叶大多数聚生或球果状，孢子叶球（strobilus）单生或多个聚生成各种球果状。全部裸子植物均为单性，多同株，少异株。小孢子叶（雄蕊）聚生成小孢子叶球（雄球花），每个小孢子叶下面生有贮满小孢子（花粉）的小孢子囊（花粉囊）；大孢子叶（心皮）聚生成大孢子叶球（雌球花），胚珠裸露，不为大孢子叶所包被。

（2）具有颈卵器。除百岁兰属、买麻藤属外，其他种类的裸子植物具有颈卵器，产生于雌配子体的近珠孔端，但结构简单，埋藏于胚囊中，比蕨类植物的颈卵器更为退化。

（3）配子体退化。雄配子体由小孢子发育而成的花粉粒，多数种类仅由4个细胞组成：2个退化的原叶细胞、1个生殖细胞和1个管细胞。雌配子体由大孢子发育形成。雌、雄配子体皆无独立生活能力，完全寄生于孢子体上。

（4）形成花粉管。花粉粒由风力（少数例外）传播，经珠孔直接进入胚珠，在珠心上方萌发，形成花粉管，进入胚囊，将由生殖细胞所产生的精子直接送到颈卵器内，精子与卵细胞结合完成受精作用，因此受精作用不再受到水的限制。

（5）具多胚现象。裸子植物中普遍具有两种多胚现象（polyembryony）。由一个雌配子体上的几个或多个颈卵器的卵细胞同时受精，形成多胚称为简单多胚现象（simple polyembryony）；由一个受精卵在发育过程中，胚原组织分裂为几个胚，称为裂生多胚现象（cleavage polyembryony）。

二、裸子植物资源的价值

裸子植物一般耐寒，分布广泛，是地球植被中森林的重要组成部分。其材质优良，是极好的工业用材，其种子可以药用和食用，终年长绿、树形优美，是园林绿化的主要树种，同时裸子植物具有许多古老的孑遗物种，具有重要的科学研究价值。

（一）食用和药用价值

许多裸子植物的种子可食用或榨油，如华山松、红松、香榧、买麻藤等的种子可以炒熟食用。近年研制开发的松花粉是一种极具有推广价值的营养保健品。药用种类很多，三尖杉和红豆杉的枝叶和种子中含有三尖杉酯碱和紫杉醇，具有抗癌活性，对多种癌症的治疗具有显著疗效。银杏的种子（白果）、麻黄是著名的药材。

（二）工业价值

裸子植物的材质优良，是建筑、飞机、家具、器具、舟车、矿柱及木纤维等工业原料。如东北的红松、南方的杉木。多数松杉林植物的枝干可割取树脂用于提炼松节油等副产品，树皮可提制栲胶。

（三）生态价值

（1）森林的主要组成部分。裸子植物大多为乔木，是组成地面森林的主要成分，由裸子植物组成的森林，约占世界森林总面积的80%。中国裸子植物的种数虽然仅为被子植物种数的0.8%，但其所形成的针叶林面积却略多于阔叶林面积，约占森林总面积的52%。裸子植物在水土保持和维护森林生态平衡方面发挥了重要的作用。

裸子植物的适应性强，具有重要的生态价值和经济价值，因此，裸子植物成为森林更新造林、防风固沙、荒山造林的主要树种，目前首选针叶树种包括冷杉、云杉、杉木、油松、马尾松等。由于地理、气候不同，中国各地裸子植物的分布物种也不同。东北、华北及西北地区的针叶林中裸子植物物种较少，如东北的大、小兴安岭的落叶松林、红松林占主要地位。在西南地区针叶林中裸子植物物种丰富。在华南、华中及华东地区除原生针叶林外，常见大面积的人工杉木林、马尾松林和柏木林。

（2）园林绿化。大多数的裸子植物都为常绿树，树形优美，寿命长，易修剪，为园林绿化的重要树种，如苏铁、银杏、雪松、油松、白皮松、华山松、金钱松、水杉、巨杉、金松、侧柏、圆柏、南洋杉、罗汉松等，其中雪松、金松、南洋杉、金钱松、巨杉被誉为世界五大庭院树种。

（四）珍稀种类

裸子植物中具有多种孑遗种类，分别被列为国家一级、二级重点保护植物。由于中国疆域辽阔，气候和地貌类型复杂，裸子植物区系具有种类丰富，许多是北半球其他地区早已绝灭的古残遗种或孑遗种，并常为特有的单型属或少型属。如特有单种科——银杏科（Ginkgoaceae）；特有单型属有水杉（Metasequoia）、水松（Glyptostrobus）、银杉（Cathaya）、金钱松（Pseudolarix）和白豆杉（Pseudotaxus）；半特有单型属和少型属有台湾杉（Taiwania）、杉木（Cunninghamia）、福建柏（Fokienia）、侧柏（Platy-cladus）、穗花杉（Amentotaxus）和油杉（Keteleeria）以及残遗种，如多种苏铁（Cycas sp.）、冷杉（Abies sp.）等。

三、中国裸子植物面临的威胁及其保护问题

虽然中国具有极为丰富的裸子植物物种及森林资源，但由于多数裸子植物树干端直、材质优良和出材率高，所以其所组成的针叶林常作为优先采伐的对象，裸子植物资源受到强烈的人类活动的威胁和破坏。20 世纪 50 年代中国最大的针叶林区——东北大、小兴安岭及长白山区的天然林被不同程度地开发利用，60 年代至 70 年代另一大针叶林区——西南横断山区的天然林又相继被采伐，仅在交通不便的深山和河谷深处的山坡陡壁，以及自然保护区内尚有天然针叶林保存。华中、华东和华南地区，因人口密集和经济发展的需求，中心地带的各类天然针叶林多被砍伐，代之而起的是人工马尾松林、杉木林和柏木林。随着各类天然针叶林采伐和破坏，原有生态环境发生改变，加快了林下生物消失和濒危的速度。同时，具有重要观赏价值和经济价值的裸子植物亦破坏严重，如攀枝花苏铁（Cycas panzhihuaensis）、贵州苏铁（C. guizhouensis）、多歧苏铁（C. multipinnata）和叉叶苏铁（C. micholitzii）均在新发现或新的分布点发现后就遭到大肆破坏。三尖杉（粗榧）属（Cephalotaxus）和红豆杉（紫杉）属（Taxus）植物自 60 年代和 80 年代末至 90 年代初发现为新型抗癌药用植物后，就立即遭到大规模采伐破坏，使资源急剧减少。

在中国科学院植物研究所建立的中国濒危植物数据库中，裸子植物有 71 种，占总数（392 种）的 18.1%。对中国裸子植物的保护已受到关注，已建立了以残遗或濒危裸子植物为保护对象的保护区，另一些裸子植物物种已列为在其产地所建保护区的主要保

护对象。为保持中国在裸子植物类群上的优势，应禁止或限制天然针叶林的采伐；采伐时必须选择适宜的采伐方式，确保天然更新。

四、裸子植物资源举例

（一）苏铁

Cycas revolute Thunb.。苏铁纲（Cycadopsida）植物。见图3-8。

在古生代末期二叠纪兴起，在侏罗纪（Jurassic）相当繁盛，现存仅9属100余种，分布在热带和亚热带。中国有苏铁属1属20余种均为保护对象。苏铁作为观赏植物栽培。其主干柱状通常不分枝，顶端丛生大型羽状复叶，幼叶拳状，茎中具有发达的髓部和厚的皮层。苏铁雌雄异株，花形各异，雄花长椭圆形，挺立于青绿的羽叶之中，黄褐色；雌花扁圆形，浅黄色，紧贴于茎顶。苏铁茎内髓部和种子富含淀粉，可供食用。种子除含淀粉外，亦含油，可入药，有收敛、止咳及止血功效。

（二）银杏

Ginkgo biloba L.。别名：白果树，公孙树。银杏纲（Ginkgopsida）植物。见图3-9。

图3-8 苏铁（引自赵建成等，2002）　　图3-9 银杏（引自赵建成等，2002）

银杏是中国特产的中生代孑遗植物（relict plant），现全世界广泛栽培。目前仅中国浙江天目山有野生状态的银杏树。银杏为落叶大乔木，多分枝，枝有长的营养枝和短的结实枝之分；叶扇形，顶端2裂，有长柄，叶脉多为二叉状分枝。茎具永久性的次生形成层，木材占很大的比例；有发达主根和根系。雌雄异株。种子近球形，成熟时黄色，外皮白粉。银杏生长速度极慢，常被人们称为"公孙树"，其种子的中种皮白色，核果状，故又称"白果树"。"银杏"这一雅号也由此而来。

银杏具有重要的经济价值，不仅可以药用、食用，还是园林绿化所选用的优良树种。银杏树形优美，叶形别致，春季叶色嫩绿，秋季叶色鲜黄，寿命很长，是园林绿化和行道树的珍贵树种，在中国寺庙和历史名胜处常见有数百年或千年以上的古银杏树。银杏属国家重点保护树种。银杏材质柔而纹理直，呈淡褐色，可供建筑、雕刻、绘图板、家具装饰及玩具等特种工艺用材，属珍贵的用材树种。银杏种子药食兼用，具有润肺、止咳、强壮功效。银杏叶可提取银杏内脂，用于治疗心、脑血管疾病；银杏叶也可制成保健饮品的银杏茶。

（三）金钱松

Pseudolarix amabilis。别名：金松。松杉纲（Coniferopsida）植物。见图 3-10。

金钱松是金钱松属中唯一的种，为中国的单属单种特有植物、著名的古老残遗植物，被列为国家二级保护植物，分布于中国长江中下游亚热带地区。落叶乔木，树干通直，高可达 40m，胸径 1.5m。枝有长枝和短枝之分。叶条形、柔软、扁平。在短枝上的叶成簇密生，平展成圆盘形，秋天叶呈金黄色，状似铜钱，极为美丽，金钱松由此而得名。金钱松适于生长在土层肥厚、排水良好的中性或酸性的沙质土壤中。早在 1852 年就被引种到英国。金钱松作为世界五大庭院树种之一现已在世界各地庭院和植物园中广泛引种栽培。

金钱松的种子可榨油。木材黄褐色，结构粗略，但纹理通直，又耐潮湿，可供建筑、桥梁、船舶、家具等用材。根皮入药，名为"土槿皮"或"土荆皮"，具有杀虫疗癣，燥湿止痒的功能，可用于治疗手脚癣，神经性皮炎，湿疹，疥癣瘙痒，癞痢头等症。金钱松有较强的抗火性，在落叶期间如遇火灾，即使枝条烧枯，主干受伤，次年春天主干仍能萌发新梢，恢复生机。由于金钱松特殊的分类地位——松科金钱松属唯一的物种，金钱松对研究植物系统发育有一定的科学意义。

（四）水杉

Metasequoia glyptostroboides Hu et Cheng。松杉纲（Coniferpsida）植物。见图 3-11。

水杉是中国特产的珍贵孑遗植物，分布于四川省与湖北省交界处，现各地普遍种植，并在 50 多个国家和地区引种栽培。水杉属植物在中生代白垩纪及新生代约有 10 种，曾广布于亚洲东部、北部及北美。第四纪冰期之后，仅存水杉 1 种在中国局部地区有少量生长。1943 年，植物学家王战教授在四川万县发现了幸存的水杉。1946 年，由植物分类学家胡先骕教授和树木学家郑万钧教授共同研究定名。自从在中国发现仍然生存的水杉后，曾引起世界震动，被誉为植物界的"活化石"。以后在湖北利川市水杉坝发现了残存的水杉林，又相继在四川石柱县冷水与湖南龙山县珞塔、塔泥湖发现了 200～300 年以上的大树。水杉对古植物、古气候、古地理和地质学及裸子植物系统发育的研究有重要意义。水杉为落叶乔木，高达 35～41 m，胸径 1.6～2.4 m，雌雄同株，为喜光性树种，根系发达。水杉不仅是园林绿化的优良树种，而且也是重要的工业用材。水杉树干通直挺拔，枝叶秀丽，生长快，播种插条均能繁殖，适应力很强，为著名的庭院、绿化树种，也是荒山造林的良好树种，水杉的心材紫红，材质细密轻软，是造船、建筑、桥梁、农具和家具的良材，同时也是质地优良的造纸原料。

图 3-10 金钱松
（引自中国植物志）

图 3-11 水杉
（引自赵建成等，2002）

图 3-12 红豆杉
（引自朱太平等，2007）

（五）红豆杉

Taxus chinensis，松杉纲（Coniferpsida）植物。见图 3-12。

红豆杉属（紫杉属），中国有 4 种，是中国特有的第三纪子遗植物，被列为国家一级重点保护植物。常绿乔木，多分枝，无树脂道，雌雄异株、异花授粉，成熟种子核果状或坚果状，生于红色肉质的杯状假种皮中。其木材细密，色红鲜艳，坚韧耐用，为珍贵的用材树种。其枝叶、根、树皮能提取紫杉醇，可治糖尿病或提取抗癌药物。

红豆杉属植物是世界上公认的濒临绝灭的天然珍稀抗癌植物，全世界有 11 种，主要分布于北半球的温带至热带地区。从红豆杉的地域分布上看，美国、加拿大、法国、印度、缅甸和中国等地都有分布，但属亚洲的储量最大，其中中国的红豆杉占全球储量的一半以上，而云南的红豆杉储量又是中国最多的。

1971 年，美国的两位化学家成功地从红豆杉的树干中分离出一种物质，命名为紫杉醇（Paclitaxel，商品名为 Taxol），并发布了它的化学结构。1982 年，紫杉醇在临床实验中被验证为对卵巢癌、睾丸胚胎癌、乳腺癌等癌症具有特效，且毒副作用远远小于当时发现的其他抗癌物质。1992 年，紫杉醇正式通过美国食品与药物管理局（FDA）认证，被批准上市。

自然界中的紫杉醇主要存在于红豆杉树的全身，而树皮的含量最高，达万分之一左右。但红豆杉是一种缓生树种，全世界非常稀少，美国早已将其列入保护树种。

中国红豆杉属所有种均为国家一级保护野生植物。由于紫杉树中的紫杉醇含量很低，每生产 1kg 紫杉醇，需用紫杉树皮 30t。资源量本来就有限的红豆杉属植物远远不能满足市场需求，大量树皮的采集也带来了毁灭性的破坏，濒临绝灭的红豆杉已被国家禁伐。为保护好这一宝贵的自然资源，促进资源增长和合理利用，应在红豆杉原生地划建自然保护区，建立专门保护机构，严厉打击乱砍滥伐、乱采滥剥及非法经营红豆杉的行为，并通过大力引种繁育，发展红豆杉资源，探索科学合理利用的途径。

第六节　被子植物资源与价值

一、被子植物的生物学特征

被子植物（Angiosperm）是植物演化阶段最后出现的植物种类，是现代植物界中最高级、最繁茂和分布最广的一个类群。由于被子植物具有真正的花，而被称为有花植物（flowering plants，或显花植物）。被子植物具有极其广泛的适应性，这与它的结构复杂化、完善化是分不开的，使它在生存竞争、自然选择的矛盾斗争过程中，不断产生新的变异，产生新的物种。例如被子植物的种子藏在富含营养的果实中，提供了生命发展很好的环境；受精作用可由风作传媒，大部分则是由昆虫或其他动物传导，使被子植物能广为散布。已知被子植物共 1 万多个属，约 20 万种，占植物界的一半，中国有 3 123 属，约 3 万种。

与其他植物类群相比，被子植物的高级性主要表现在繁殖器官的结构和生殖过程的特点方面。

（一）形态特征

被子植物孢子体高度发达和分化。被子植物的孢子体，在形态、结构、生活型等方面，比其他各类植物更完善化、多样化。

（1）形态上：有乔木、灌木、藤本、草本，形态各异，大小不同。

（2）生活型：有水生、沙生、石生和盐碱地生的植物；有自养的植物，也有附生、腐生、寄生的植物；有一年生、二年生、多年生草本植物。

（3）解剖构造上：输导组织的木质部中有导管，韧皮部有筛管和伴胞，输导组织的完善使体内物质运输畅通，适应性得到加强。此外，也使机械支持能力加强，能够供应和支持总面积大得多的叶片，增强光合作用的效能。

（二）繁殖特征

（1）具有真正的花。典型的被子植物的花由花萼、花冠、雄蕊群、雌蕊群4部分组成。花萼、花冠的出现为增强传粉的效率，以达到异花传粉的目的创造了条件。被子植物花的各部在数量上、形态上有极其多样的变化，这些变化是在进化过程中，适应于虫媒、风媒、鸟媒、或水媒传粉的条件，被自然界选择，得到保留，并不断加强造成的。

（2）具有雌蕊，形成果实。雌蕊由心皮所组成，包括子房、花柱和柱头三部分。胚珠包藏在子房内，得到子房的保护，避免了昆虫的咬噬和水分的丧失。子房在受精后发育成为果实。果实具有不同的色、香、味，多种开裂方式；果皮上常具有各种钩、刺、翅、毛。果实的所有这些特点，对于保护种子成熟，帮助种子散布起着重要作用，它们的进化意义也是不言而喻的。

（3）具有双受精现象。双受精现象，即2个精细胞进入胚囊以后，1个与卵细胞结合形成合子（2n），另1个与2个极核结合，发育为胚乳（3n），为幼胚的发育提供营养，具有更强的生活力。所有被子植物都有双受精现象，这也是它们有共同祖先的一个证据。

（4）配子体进一步退化。被子植物的配子体达到了最简单的程度。被子植物的小孢子（单核花粉粒）发育为雄配子体，大部分成熟的雄配子体仅具2个细胞（2核花粉粒），其中1个为营养细胞，1个为生殖细胞，少数植物在传粉前生殖细胞分裂1次，产生2个精子，所以这类植物的雄配子体为3核的花粉粒。被子植物的大孢子发育为成熟的雌配子体称为胚囊，通常胚囊只有8个细胞：3个反足细胞、2个极核、2个助细胞、1个卵细胞。被子植物的雌、雄配子体均无独立生活能力，终生寄生在孢子体上。配子体的简化在生物学上具有进化的意义。

被子植物包括双子叶植物（Dicotyledoneae）和单子叶植物（Monocotyledoneae）2个纲。双子叶植物一般具有的特征为：主根发达，常为直根系；茎中的维管束呈环状排列，有形成层，能进行次生生长使茎加粗；叶脉常为网状脉；花基数常为4或5；花粉粒常具有3个萌发孔；种子中的胚常具有2片子叶。单子叶植物一般具有的特征为：主根不发达，常为须根系；茎中的维管束呈星散排列，只有初生组织；叶脉为平行脉或弧形脉；花基数常为3；种子中的胚具有1片顶生子叶。

被子植物是物种最多的类群。被子植物分类的主要依据是植物各部器官的形态学特征（根、茎、叶、花、果实、种子及其附属物）。植物器官形态演化的过程，通常是由简单到复杂、由低级到高级的，但在器官分化和特化的同时，伴随着简化的现象。例如，裸子植物没有花被，被子植物通常有花被，但也有某些类型失去了花被。茎、根器官的组织也是有简单逐渐变为复杂，但草本植物类型中又趋于简化。这种由简单到复杂，最后由复杂趋于简化的变化过程，也是植物体适应环境的结果。

二、被子植物资源的价值

被子植物与人类的关系十分密切，是人类重要的植物资源。在依据植物资源用途和所含化合物（有用成分）性质不同所分为21种植物资源类型中，被子植物是其中的重要类群。人类的大部分食物都来源于被子植物，如谷类、豆类、薯类、瓜果和蔬菜等。被子植物为建筑、造纸、纺织、油料、纤维、树脂、鞣酸、食糖、香料、饮料等提供原料。在被子植物中具有多种药用植物，具有治病、防病和保健作用。绿色植物具有调节空气和净化环境的重要作用，释放 O_2，同时从空气中吸收 CO_2，是人类和一切动物赖以生存的物质基础。被称之为显花植物的被子植物，其花形、花色各异，种类繁多，栽种花卉已成为人们美化环境、调节空气和净化环境的重要时尚。在现今能源紧张的情况下，开发能源植物成为人们关注的问题，而开发的对象主要为被子植物。总之，对于人类来说，被子植物不仅具有重要的经济价值，而且具有重要的生态意义。

三、被子植物资源的利用

根据用途可将被子植物划分为21种类型。下面仅就药用植物和能源植物两方面介绍。

（一）药用植物

药用植物是一类经过人类使用，证明可以作为治病、防病和具有保健价值的资源植物。植物药是人类利用最早的资源植物之一。在中国、印度、阿拉伯等国家和南美地区，很早以来，当地居民就有利用草药治疗疾病的经验。根据国际自然保护联盟（IUCN）和世界自然基金会（WWF）统计，现在发展中国家仍然有75%～95%的农村居民依靠用中草药治疗疾病。

中华民族自古以来就有用中草药治病、防病和养身的习惯，积累了丰富的经验，如成书于东汉的《神农本草经》和成书于西汉的《黄帝内经》是中医药学早期的两本奠基著作。

明朝伟大的医药学家李时珍以毕生精力、亲历实践、广收博采并实地考察，对本草学进行了全面的整理总结，修改了古代医书中存在的错误，编著了《本草纲目》。《本草纲目》是中国医药宝库中的一份珍贵遗产，是对16世纪以前中医药学的系统总结，被誉为"东方药物巨典"，对人类近代科学以及医学方面影响很大。

尽管自20世纪大量合成药物问世，给中草药带来巨大的冲击，但是植物药通常毒副作用小，而且一种植物药常含有多种有效成分。此外，中医讲究组方治病，多靶点、多环节和多层次发挥药物的协同作用，达到治病、防病、扶正、固本以减轻或消除毒副作用的效果。迄今为止，中国仍有85%以上的人口在沿用中草药治疗疾病，中医中药在保障中国人民身体健康长寿中发挥了重要的作用。

近年来，在中国编辑出版的中国中草药（药用植物）专著和辞典已有数部，所记载的药用植物内容也十分详尽。此外，由于近代药物化学、药理学、临床实践等方面研究的深入，对中草药的药用部位、含有的活性成分、药效等获得了众多的研究成果，不仅成为筛选与生产有效药物的重要手段和依据，而且活性成分的研究还可以为合成药物或半合成新药提供仿制模式。根据统计，现今国际上约有27%的新药是通过对植物药物的化学研发而开发出来的。

中国的药用植物根据需要和使用情况可以分为三类：

（1）大宗品种。即常用的、需要量大、资源多，相对容易获得的种类。如金银花、菊花、黄连、黄芩、地黄、防风、柴胡、天冬、桔梗、党参、藿香、荆芥、薄荷等。

（2）小宗品种。即需要量较少，资源分布不广和较难得到的种类。如三七、肉桂、辛夷、栀子花、诃子、五味子等。

（3）珍贵品种。即药用价值高，资源量稀少和难于采到的种类。如天麻、人参、虫草、石斛、肉苁蓉、七叶一枝花、藏红花等。

中国药用植物资源种类虽然丰富，但由于过去管理保护不够，长期采挖，导致一些药源日趋减少，有的种类濒临绝灭。现在被列为国家重点保护的药用植物有168种，其中属于一级保护的有5种，二级保护的51种，三级保护的114种。

1. 中国药用被子植物的资源概况

中国现存被子植物共226科、2 946属、约25 500种，其中药用种类有213科、1 957属、10 027种，其中双子叶植物179科、1 606属、8 598种，单子叶植物34科、351属、1 429种。被子植物各科的药用种数相差很大，最多达778种（菊科），最少仅含1种，其中，含100种以上的有33科，50~99种的19科，10~49种的72科，10种以下的88科。

在33个药用大科中，双子叶植物有27个科，即菊科、豆科、唇形科、毛茛科、蔷薇科、伞形科、玄参科、茜草科、大戟科、虎耳草科、罂粟科、杜鹃花科、蓼科、报春花科、小檗科、荨麻科、苦苣苔科、樟科、五加科、萝藦科、桔梗科、龙胆科、石竹科、葡萄科、忍冬科、马鞭草科和芸香科。单子叶植物有6个科，即百合科、兰科、禾本科、莎草科、天南星科和姜科。上述33科约占药用被子植物科数的16%，但所占药用种数却占了65%。

药用种数接近100种的科有卫矛科、夹竹桃科和葫芦科。种数较多的科还有茄科、木犀科、十字花科、爵床科、紫金牛科、景天科、茶科、防己科、马兜铃科和紫草科、堇菜科等。

药用种主要集中在一些较大的属。被子植物中含50个药用种以上的属有乌头属、紫堇属、铁线莲属、蓼属、蒿属、小檗属、马先蒿属、杜鹃花属、悬钩子属、凤毛菊属、卫矛属、珍珠菜属、鼠尾草属、龙胆属和贝母属。这15个属隶属于12个科，仅占各科药用总属数的3%，而所含药用种数却达30%。

在被子植物中，药用种数不足 10 种的有 88 科，其中 27 科仅含有 1 种药用种，这些科有的是单种科，有的是寡种科。主要药用植物有杜仲（*Eucommia ulmoides* Oliv.）、马尾树（*Rhoiptelea chiliantha* Diels et Hand）、连香树（*Cercidiphyllum japonicum*）、伯乐树（*Bretschneidera sinensis*）、猪笼草［*Nepenthes mirabilis* (Lour.) Druce］、番木瓜（*Carica papaya* L.）、珙桐（*Davidia involucrata*）、锁阳（*Cynomorium songaricum*）、大血藤（*Sargentodoxa cuneata*）、苦槛蓝（*Myoporum bontioides*）和旱金莲（*Tropaeolum majus* L.）等。

中国被子植物有 190 个特有属，含药用资源的有 60 余属，如明党参属、羌活属、川木香属、知母属、地构叶属、通脱木属、杜仲属、枳属、喜树属、珙桐属、香果树属、独叶草属和太行花属等。中国被子植物特有属药用植物的资源概况见表 3-1 和表 3-2。

表 3-1　中国双子叶植物特有属药用植物（引自郭巧生，2007）

名称	拉丁学名	所属科名	药用部位	主要功效
羽叶点地梅	*Pomatosace filicula*	报春花科	全草	清热，祛淤血
子宫草	*Skapanthus oreophilus*	唇形科	根（民间）	月经不调
异野芝麻	*Heterolamium debile*	唇形科	全草（民间）	清热解毒，理气和胃
四棱草	*Schnabelia oligophylla*	唇形科	全草（民间）	清热解毒，祛风除湿，活血通络
动蕊花	*Kinostemon ornatum*	唇形科	全草	清热解毒，利水消肿
四轮香	*Hanceola sinensis*	唇形科	地上部分	清热解毒，消肿止痛
地构叶	*Speranskia tuberculata*	大戟科	地上部分	祛风除湿，舒筋活血
大血藤	*Sargentodoxa cuneata*	大血藤科	藤茎	活血止痛，祛风除湿
巴豆藤	*Craspedolobium schochii*	豆科	根（民间）	祛风除湿，活血止血
杜仲	*Eucommia ulmoides*	杜仲科	树皮	肾虚腰痛，胎动不安
珙桐	*Davidia involucrata*	珙桐科	根或果皮	清热解毒，收敛止血，止泻
青钱柳	*Cyclocarya paliurus*	胡桃科	叶（民间）	祛风，止痒，止痛，可用于治顽癣
岩白菜	*Bergenia purpurascens*	虎耳草科	根状茎	补肾，明目，活血调经
牛鼻栓	*Fortunearia sinensis*	金缕梅科	枝叶、根（民间）	益气，止血
半枫荷	*Semiliquidambar cathayensis*	金缕梅科	根、叶（民间）	祛风止痛，除湿
刺萼参	*Echinocodon lobophyllus*	桔梗科	全草（民间）	肺结核，支气管炎
同钟花	*Homocodon brevipes*	桔梗科	全草（民间）	清热止咳
虾须草	*Sheareria nana*	菊科	全草（民间）	清热解毒，利水消肿
全唇苣苔	*Deinocheilos sichuanense*	苦苣苔科	全草	跌打损伤
小花苣苔	*Chiritopsis repanda*	苦苣苔科	全草	烫伤
半蒴苣苔	*Hemiboea henryi*	苦苣苔科	全草	清热，利湿，退黄疸
腊梅	*Chimonanthus praecox*	腊梅科	花蕾	清热解暑，理气开郁，治烫伤
喜树	*Camptotheca acuminata* Decne	蓝果树科	叶、果实、根	清热解毒，散结消瘿
翼蓼	*Pteroxygonum giraldii*	蓼科	块根（民间）	清热解毒，凉血止血，祛湿

续表

名称	拉丁学名	所属科名	药用部位	主要功效
匙叶草	Latouchea fokiensis	龙胆科	全草（民间）	清热止咳，活血化淤
金凤藤	Dolichopetalum kwangsiense	萝藦科	枝、叶（民间）	解蛇毒
青龙藤	Biondia henryi	萝藦科	地上部分	祛风通络，活血止痛
马蹄香	Saruma henryi L.	马兜铃科	全草（民间）	祛风散寒，理气止痛，消肿排脓
尾囊草	Urophysa henryi	毛茛科	根状茎（民间）	活血化淤，生肌止血
鸡爪草	Calathodes oxycarpa	毛茛科	全草（民间）	解表散寒，祛风除湿
铁破锣	Beesia calthifolia	毛茛科	根状茎（民间）	清热解毒，祛风
星果草	Asteropyrum peltatum	毛茛科	地上部分	清热解毒，消炎
香果树	Emmenopterys henryi	茜草科	根（民间）	温中和胃，降逆止呕
马蹄黄	Spenceria ramalana	蔷薇科	根（民间）	清热解毒，涩肠止泻
天蓬子	Atropanthe sinensis	茄科	根	镇痛
马尿泡	Przewalskia tangutica	茄科	根及种子	镇惊，消肿止痛，治毒疮
云南双盾木	Dipelta yunnanensis	忍冬科	根	发表透疹，解毒止痒
裸蒴	Gymnotheca chinensis	三白草科	全草（民间）	消食，利水，解毒
明党参	Changium smyrnioides	伞形科	根	润肺化痰，养阴和胃，解毒
川明参	Chuanminshen violaceum	伞形科	根	养阴清肺，健脾助运
滇芹	Sinodielsia yunnanensis	伞形科	根（民间）	解表利水，祛风止痛
宽叶羌活	Notopterygium forbesii	伞形科	根及根状茎	解表散寒，祛风除湿，止痛
城口东俄芹	Tongoloa silaifolia	伞形科	根（民间）	祛风湿，强筋骨，止血
宽果丛菔	Solms-Laubachia eurycarpa	十字花科	根或全草	内服治肺病咳血，外用治刀伤
金铁锁	Psammosilene tunicoides	石竹科	根（民间）	散淤止痛，消肿排脓，治蛇伤
贯叶连翘	Hypericum perforatum	藤黄科	未成熟果实	疏肝和胃，理气止痛，消积化滞
通脱木	Tetrapanax papyriferus	五加科	茎髓	清热，利水渗湿，通淋，通乳
贵州八角莲	Dysosma majorensis	小檗科	根状茎	滋阴补肾
细穗玄参	Scrofella chinensis	玄参科	全草（民间）	清热，退黄疸
疏毛翅茎草	Pterygiella duclouxii	玄参科	全草（民间）	牙痛及咽喉肿痛
岩匙	Berneuxia thibetica	岩梅科	全草	祛风散寒，止咳平喘，活血通络
长穗花	Styrophyton caudatum	野牡丹科	根（民间）	子宫脱垂，脱肛
败蕊无距花	Stapfiophyton degeneratum	野牡丹科	全草（民间）	蛇伤
异药花	Fordiophyton faberi	野牡丹科	全草	凉血止痢
血水草	Eomecon chionantha	罂粟科	全草（民间）	清热解毒，活血止痛，止血
裸芸香	Psilopeganum sinense	芸香科	全草（民间）	消积止呕，解表利水，平喘
钟萼木	Bretschneidera sinensis L.	钟萼木科	树皮（民间）	祛风散寒，活血止痛
长蕊斑种草	Antiotrema dunnianum	紫草科	根（民间）	养阴清热，利湿解毒，散淤消肿
盾果草	Thyrocarpus sampsonii	紫草科	全草（民间）	清热解毒，消肿，止泻

表 3-2 中国单子叶植物特有属药用植物（引自郭巧生，2007）

中文名	拉丁学名	所属科名	药用部位	主要功效
地涌金莲	*Musella lasiocarpa*	芭蕉科	花	收敛止血，汁液可解酒及草乌中毒
知母	*Anemarrhena asphodeloides*	百合科	根状茎	清热除烦，滋阴降火
小鹭鸶草	*Diuranthera minor*	百合科	根	清热解毒，健脾利湿
独花兰	*Changnienia amoena*	兰科	根状茎（民间）	凉血，解毒

2. 中国药用植物的资源分布

资源药用植物因受环境影响，有强烈的地域性。如一般"南药"，像砂仁、益智、豆蔻、儿茶、胡椒和槟榔等，只分布于热带；而桂皮、辛夷、木通、勾藤、黄柏和吴茱萸等，主要生于亚热带；茯苓、天冬、防风、川芎、女真子、连翘、花椒和山茱萸等，产于温暖带；甘草、麻黄、胡卢巴、锁阳与肉苁蓉适生于西北干旱地区；天麻、秦艽、雪莲花、龙胆和雪上一枝蒿则生于高寒山区。

药用植物或药材也常因为产地不同，有用成分及其药性会发生变化，所以中药有"道地药材"之说，"道地药材"是在长期生产实践应用中，于一定地区生态环境条件下生长或人工栽培与加工出来的优质药材。

1983 年中国开始进行了较为全面的中药资源普查（除台湾、香港、澳门外）。按照东北、华北、西北、华中、华南和西南等六大地区划分，由于气候、地域等多方面原因，六大地区药用植物种类数量存在较大差异。见表 3-3。

表 3-3 中国药用植物资源的地区分布（引自郭巧生，2007）

地区	行政区	植物总数	药用植物科数	药用植物种数
东北地区	辽宁	2 200	189	1 237
	吉林	2 200 以上	181	1 412
	黑龙江	2 200 以上	135	818
华北地区	北京	1 482	148	901
	天津	1 049	133	621
	山西	2 100 以上	154	953
	山东	3 100 以上	212	1 299
	陕西	3 000～4 000	241	2 278
	河北	2 845	181	1 442
	河南	3 979	203	1 963
西北地区	宁夏	1 839	126	917
	新疆	3 000 以上	158	2 014
	甘肃	2 000 以上	154	1 270
	内蒙古	2 271	132	1 070

续表

地 区	行政区	植物总数	药用植物 科数	药用植物 种数
华中地区	上海	1 450	161	829
	江苏	2 596	212	1 384
	安徽	3 500 以上	250	2 167
	江西	5 000 以上	205	1 576
	浙江	3 797	239	1 833
	湖北	3 717	251	3 354
	湖南	4 000	221	2 077
	四川（含重庆）	9 254	227	3 962
华南地区	海南	4 200	—	2 500
	广东	6 616	182	2 513
	福建	4 703	245	2 024
	广西	8 000 以上	292	4 035
西南地区	青海	2 000 以上	106	1 461
	西藏	5 520	—	1 460
	贵州	5 593	275	3 927
	云南	15 000	265	4 758

（1）东北地区。包括辽宁、吉林和黑龙江 3 个省，药用植物种类最多的是吉林省。

辽宁省共有 2 200 种植物，药用植物 1 237 种，主产的药用植物有人参、细辛、五味子等。辽宁东部山区资源丰富，本溪、丹东、抚顺等地的种类较多。

吉林省共有 2 200 种植物，药用植物 1 412 种，主产的药用植物有人参、五味子、党参等。浑江、通化、延边资源丰富，种类较多。长白山是中国中药资源的宝库之一，在出产的 1 242 种植物中，药用植物有 900 多种。

黑龙江省共有 2 200 种植物，药用植物 818 种，主产的药用植物有人参、五味子、龙胆等。大、小兴安岭的资源丰富，种类较多。

（2）华北地区。包括北京、天津、山西、山东、陕西、河北和河南 7 个省和直辖市，药用植物种类最多的是陕西省。

北京市共有 1 482 种植物，药用植物 901 种，主产的药用植物有黄芩、知母、苍术等。

天津市共有 1 049 种植物，药用植物 621 种，主产的药用植物有酸枣、菘蓝、茵陈等。燕山及太行山麓的盘山资源丰富，种类较多。

山西省共有 2 100 种植物，药用植物 953 种，主产的药用植物有黄芪、党参、远志等。晋东南和雁北地区的资源丰富，种类较多。

山东省共有 3 100 种植物，药用植物 1 299 种，主产的药用植物有金银花、北沙参、栝楼等。烟台、临沂和潍坊地区的资源丰富，种类较多。

陕西省共有 3 000～4 000 种植物，药用植物 2 278 种，主产的药用植物有天麻、杜仲、山茱萸等。汉中、安康、商洛等地的资源丰富，种类较多。秦巴山地是陕西三大自然生态区之一，药用植物有 1 500 多种。

河北省共有 2 845 种植物，药用植物 1 442 种，主产的药用植物有知母、黄芩、防风等。保定、石家庄和邢台的资源丰富，种类较多。

河南省共有 3 979 种植物，药用植物 1 963 种，主产的药用植物有地黄、牛膝、菊花等。南阳、信阳、洛阳等地的资源丰富，种类较多。

(3) 西北地区。包括宁夏、新疆、甘肃和内蒙古 4 个省或自治区，药用植物种类最多的是新疆维吾尔自治区。

宁夏回族自治区共有 1 839 种植物，药用植物 917 种，主产的药用植物有枸杞、甘草、麻黄等。固原和银川等地的药用植物种类相对较多。六盘山和贺兰山是资源较集中的地区，其中贺兰山有药用植物 310 种，六盘山有药用植物 423 种。

新疆维吾尔自治区共有 3 000 多种植物，药用植物 2 014 种，主产的药用植物有甘草、伊贝母、红花等。伊犁、塔城和昌吉等地的资源丰富，种类较多。

甘肃省共有 2 000 多种植物，药用植物 1 270 种，主产的药用植物有当归、大黄、甘草等。陇南和甘南等地的资源丰富，种类较多。

内蒙古自治区共有 2 271 种植物，药用植物 1 070 种，主产的药用植物有甘草、麻黄、芍药等。大兴安岭、阴山和贺兰山区等地的资源丰富，种类较多。

(4) 华中地区。包括上海、江苏、安徽、江西、浙江、湖北、湖南、四川和重庆等 9 个省或直辖市，药用植物种类最多的是四川（含重庆）。

上海市共有 1 450 种植物，药用植物 829 种，主产的药用植物有西红花、丹参、菊花等。

江苏省共有 2 596 种植物，药用植物 1 384 种，主产的药用植物有桔梗、薄荷、银杏等。连云港、南京和苏州等地的资源丰富，种类较多。

安徽省共有 3 500 多种植物，药用植物 2 167 种，主产的药用植物有白芍、牡丹、菊花等。六安、铜陵和淮南等地的资源丰富，种类较多。黄山是安徽省资源具有代表性的区域，药用植物有 1 476 种，占全省药用植物的 68%。

江西省共有 5 000 多种植物，药用植物 1 576 种，主产的药用植物有枳、栀子、荆芥等。吉安、赣州和抚州等地的资源丰富，种类较多。庐山是亚热带地区的天然植物园，共有 2 331 种植物，其中 60% 以上的植物可以供作药用。

浙江省共有 3 797 种植物，药用植物 1 833 种，主产的药用植物有浙贝母、延胡索、白芍等。淳安、绍兴和常山等地的药用植物种类相对较多。天目山药用植物丰富，有 800 多种。

湖北省共有 3 717 种植物，药用植物 3 354 种，主产的药用植物有茯苓、黄连、独活等。神农架和恩施地区的资源丰富，种类较多。

湖南省共有 4 000 种植物，药用植物 2 077 种，主产的药用植物有厚朴、木瓜、黄精等。怀化、湘西和益阳等地的资源丰富，种类较多。

四川省和重庆市共有 9 254 种植物，药用植物 3 962 种，主产的药用植物有川芎、黄连、乌头等。

（5）华南地区。包括海南、广东、福建和广西4个省或自治区，药用植物种类最多的是广西壮族自治区。

海南省共有4 200多种植物，其中当地特有的500多种，药用植物2 500种，主产的药用植物有槟榔、阳春砂、益智等。

广东省共有6 616种植物，药用植物2 513种，主产的药用植物有阳春砂、益智、巴戟天等。汕头、肇庆和韶关等地的资源丰富，种类较多，其中粤北山区常见药用植物有700多种。

福建省共有4 703多种植物，药用植物2 024种，主产的药用植物有莲、泽泻、乌梅等。三明、建阳、福州和宁德等地的资源丰富，种类均在1 000种以上。

广西壮族自治区共有8 000多种植物，药用植物4 035种，主产的药用植物有罗汉果、广金钱草、鸡骨草等。

（6）西南地区。包括青海、西藏、贵州和云南等4个省或自治区，药用植物种类最多的是云南省。

青海省共有2 000多种植物，药用植物1 461种，主产的药用植物有大黄、贝母、甘草等。玉树藏族自治州、贵德县和门源回族自治县等地的资源丰富，种类较多，

西藏藏族自治区共有5 520种植物，药用植物1 460种，主产的药用植物有羌活、胡黄连、大黄等。

贵州省共有5 593种植物，药用植物3 927种，主产的药用植物有天麻、杜仲、天冬等。黔东南地区的资源丰富，种类较多。

云南省共有15 000种植物，占中国高等植物总数的50%以上，药用植物6 157种，主产的药用植物有三七、灯盏花、石斛等。云南省三七产量占中国总产量的98%，灯盏花产量占中国总产量的95%，砂仁和石斛占中国总产量的70%。

（7）台湾和香港地区

台湾省共约有4 300种植物，其中特有植物种占42.9%。根据《台湾药用植物资源名录》收载，台湾省栽培和野生的药用植物约有2 583种。

香港地区共有植物2 420种。根据《香港中草药》收载，药用植物有600种左右。

民族医药在中国历史悠久，是中国医药史上的一朵奇葩。民族药是指在中国除汉族外，各少数民族在本民族区域内使用的天然药物，有独特的医药理论体系，以民族医药理论或民族用药经验为指导。中国55个少数民族中有50%以上有自己的民族医药，如藏药、蒙药、瑶药、壮药、维药等，约有30%的民族药有独特的医药理论体系。目前中国民族药有3 700多种，占现有中药资源的30%左右。如记载的藏药约有3 000种，其中药用植物2 172种。

3. 药用被子植物资源举例

（1）人参，*Panax ginseng* C. A. Mey.。别名：山参、园参、黄参、血参、神草、鬼盖、土精、地精、百尺杵。五加科植物。见图3-13。

多年生草本植物，喜阴凉、湿润的气候，耐寒性强，可耐-40℃低温，生长适宜温度为15℃～25℃，要求昼夜温差小的森林环境，土壤为排水良好、疏松、肥沃、腐殖

质层深厚的棕色森林土或山地灰化棕色森林土，pH 为 5.5～6.2。多生长于海拔 500～1 100 m山地缓坡或斜坡地的针阔混交林或杂木林中，产于吉林长白山脉、辽宁、黑龙江、河北、山西、湖北等地。

栽培者为"园参"，野生者为"山参"。多于秋季采挖，洗净；园参经晒干或烘干，称"生晒参"；山参经晒干，称"生晒山参"，蒸制后，干燥，称"红参"。

根茎入药。性味甘、微苦、温。入脾、肺经。有补元气、固脱生津、安神功效。用于虚脱、劳伤、食少、倦怠、心悸、自汗、晕眩、健忘、阳痿、尿频、消渴、妇女崩漏等症。

叶可入药。性味甘、苦、寒。有清肺、生津止渴功效。

人参花加红糖制后泡茶饮，有兴奋作用。

人参中含有多种人参皂苷，还含有山柰素、三叶豆苷和人参黄酮苷等。药理研究证明人参对中枢神经有兴奋和抑制作用、抗疲劳、降血压和强心、提高机体免疫功能、降血糖、促进性腺活性、溶血、止血及促进骨髓细胞生成素升高等作用。

药性类别：滋补理气、养生药。

人参是珍贵的中药材，以"东北三宝"之称驰名中外，在中国药用历史悠久。长期以来，由于过度采挖，资源枯竭，人参赖以生存的森林生态环境遭到严重破坏，而且人参的自然繁殖缓慢。以山西五加科"上党参"为代表的中原产区（即山西南部、河北南部、河南、山东西部）早已绝灭，目前东北参也处于濒临绝灭的边缘。目前，东北的野生人参也极为罕见，因此，保护本种的自然资源有其特殊的重要意义。

人参已列为国家珍稀濒危保护植物，长白山等自然保护区已进行保护。其他分布区也应加强保护，严禁采挖，使人参资源逐渐恢复和增加。东北三省已广泛栽培，近来河北、山西、陕西、湖北、广西、四川、云南等省区均有引种。

（2）三七，*Panax pseudo-ginseng* Wall.。别名：人参三七、田七、假人参、盘龙七，明代著名的药学家李时珍称其为"金不换"。五加科植物。见图 3-14。

图 3-13　人参（引自吴其濬，2008）　　图 3-14　三七（引自吴其濬，2008）

多年生草本，高达 60 cm，生于山坡丛林下。它的生长条件要求冬暖夏凉、无严寒与酷暑，潮湿的特定环境，即低纬度、高海拔区域，故其分布范围仅局限于中国西南部海拔 1 600～2 000 m，北纬 23.5°附近的狭窄地带。主产云南、广西、四川和西藏，但以云南文山壮族苗族自治州和广西靖西县、那坡县所产的三七质量较好。现多栽培于海拔 800～1 000 m 的山脚斜坡或土丘缓坡上。

根茎入药。性味甘、微苦、温。入肝经。有补气血、抗缺氧、降血压、降血脂、止痛消肿功效。最近还发现有抑癌作用，因此三七越来越受到人们的重视。三七除根外，其茎、叶、花、果都有相同的效用。

三七中含有三萜总皂苷8%～12%，组成成分与人参皂苷接近，主要有人参二醇、人参三醇等。此外，还含有黄酮苷、淀粉、蛋白质、油脂等。

药理研究证明，三七可扩张血管，降低血管阻力，增加心输出量，减慢心率，降低心肌耗氧量和毛细血管的通透性，三七具有止血、镇痛、降血压、降血脂、抗缺氧、抗疲劳等作用。

药性类别：滋补理气、养生药。

三七与人参、西洋参共同组成人参家族。在人参家族的三大成员中，三七的药效成分含量最高。清代名医赵学敏在他所著的《本草纲目拾遗》中说："人参补气第一，三七补血第一，味同而功亦等。"称三七为"中药之最珍贵者"。现代研究发现，三七的化学成分、药理作用和临床应用与人参有相似之处。其人参总皂贰含量超过人参。美籍华人植物药大师朱其岩在深入研究三七的药效成分后，提出一份报告说：三七所含的化学成分超过任何一种中国参、高丽参、美国花旗参产品，赞叹："三七是人参之王。"在心血管病防治方面三七比人参有明显的优势。

（3）杜仲，*Eucommia ulmoides* Oliv.。别名：丝绵木、丝棉皮、扯丝皮、丝连皮、玉丝皮、思仙、思仲、石思仙、檰。杜仲科植物。见图3-15。

落叶乔木。喜阳光充足、温和湿润气候，耐寒性较强，生于海拔300～500 m的低山、谷地或疏林中。分布于陕西、甘肃、浙江、河南、湖北、四川、贵州、云南等地，自然分布区年平均温度13℃～17℃，年降水量500～1 500 mm。以阳光充足，土层深厚肥沃、富含腐殖质的沙质壤土、黏质壤土栽培为宜。现江苏、四川、安徽、湖北、湖南、河南、贵州、云南、江西、广西等地都有种植。用种子、扦插、压条、分蘖、嫁接繁殖，以种子繁殖为主。

图3-15 杜仲
（引自吴其濬，2008）

树皮入药（杜仲皮）。味甘、微辛、温。有降血压、补肝肾、强筋骨、安胎等功效。

杜仲含杜仲胶、树脂和多种糖苷、如杜仲苷、杜仲醇、珊瑚苷等。

叶也含有杜仲胶，供药用。

药性类别：活血化淤，镇痛药。

从杜仲树皮的形态特征可分为粗皮杜仲（青冈皮）与光皮杜仲（白杨皮）两种类型，栽培以光皮杜仲为优。为了保护资源，一般采用局部剥皮法。在清明至夏至间，选取生长15～20年以上的植株，按药材规格大小，剥下树皮，刨去粗皮，晒干，置通风干燥处。

（4）羌活，*Notopterygium forbesii*。别名：大头羌、宽叶羌活、竹节羌、川羌、裂叶羌活。伞形科植物。见图3-16。

图3-16 羌活
（引自中国植物志）

多年生草本植物。喜凉爽湿润气候，耐寒，稍耐阴，生于海拔 2 000～4 200 m 的林缘、灌丛下、沟谷草丛中。主产于四川（称川羌活）、甘肃、青海（称西羌活）。此外，陕西、云南、新疆、西藏等地亦产。适宜在土层深厚、疏松、排水良好、富含腐殖质的砂壤土栽培，不宜在低湿地区栽种。

根茎入药。味苦、温。有解表、散寒、去湿止痛等功效。用于治疗风寒感冒、头痛、牙痛、鼻炎、腰腿酸痛、疮疡痈肿等症。

羌活含有挥发油 1.45%～2%，油中主要成分有蒎烯、柠檬烯、萜品烯醇等。

同属植物竹节羌活（*Notopterygium incisum* Ting ex H. T. Chang），产于陕西西北、四川及西藏等地。根茎入药，性味、功用同羌活。

药性类别：清热解表、发散风寒药。

（5）甘草，*Glycyrrhiza uralensis* Fisch。别名：甜草根、红甘草、粉甘草、粉草。豆科植物。见图 3-17。

图 3-17 甘草
（引自中国植物志）

多年生草本，高 30～100 cm。喜干旱气候，生于向阳干燥的钙质草原、河岸沙质土等地，分布东北、西北、华北等地。主产内蒙古、甘肃；其次为陕西、山西、辽宁、吉林、黑龙江、河北、青海、新疆等地。可在土层深厚，排水良好，地下水位较低的沙质壤土栽种，涝洼和地下水位高的地区不宜种植，土壤酸碱度以中性或微碱性为好，在酸性土壤中生长不良。用种子和根状茎繁殖，以根状茎繁殖生长快。甘草地上部分每年秋末死亡，根及根茎在土中越冬，翌年春 3 月—4 月从根茎上长出新芽，长枝发叶。甘草抗寒、抗旱和喜光，是钙质土的指示植物。

根（根）茎入药。性味甘、平。有补脾益气，清热解毒，祛痰止咳，缓急止痛，调和药性等功效。用于脾胃虚弱，倦怠乏力，心悸气短，咳嗽痰多，腹痛、四肢挛急疼痛，痈肿疮毒，缓解药物毒性、烈性。中医常用调和诸药。

甘草含有甘草甜素、甘草酸、甘草次酸、甘草萜醇、甘草苷、异甘草苷。

药理研究表明，甘草有调节胃酸、具肾上腺皮质素样作用，还有镇咳、解毒和抗菌等功效。

与甘草同属植物，有光果甘草（*G. glabra* L.），产于甘肃、青海和新疆。胀果甘草（*G. inflata* Bat.），产于西北。圆果甘草（*Glycyrrhiza squamulosa*），产于东北、华北和西北。

药性类别：滋补理气、养生药。

（6）枸杞，*Lycium chinense*。别名：西枸杞、白刺、山枸杞、白疙针。茄科植物。见图 3-18。

落叶灌木，喜光，稍耐阴，喜干燥凉爽气候，较耐寒，适应性强、耐干旱、耐碱性土壤，喜疏松、排水良好的沙质壤土，忌黏质土及低湿环境。可丛植于池畔、台坡，也可作河岸护坡，或作绿篱栽植、树桩盆栽。分布中国各地，主产宁夏、河北、山东、江苏、浙江、江西、湖北、四川、云南、福建等省。日本、

图 3-18 枸杞
（引自赵建成，2002）

朝鲜、欧洲及北美也有分布。

果实入药。性味甘、平，入肝、肾经。有滋肾补血、养肝明目功效。用于血虚阴亏、腰背酸痛、头晕等症。

根皮（地骨皮）也可入药，性味甘、淡、寒。入肺、肾经。有清热、凉血功效。

枸杞含有甜菜碱、玉米黄质、酸浆红素、枸杞甾酮等，含有多种氨基酸、胡萝卜素、维生素和矿物元素等。

宁夏枸杞（*Lycium barbarum* L.），产于西北、河北和内蒙古等地，有栽种。果大，品质好，性味、功效与枸杞相同。

枸杞在祖国的传统医学中具有重要的地位，其药用价值备受历代医家的推崇。它是传统名贵中药材和营养滋补品。现代医学研究证明：枸杞有免疫调节、抗氧化、抗衰老、抗肿瘤、抗疲劳、降血脂、降血糖、降血压、补肾、保肝、明目、养颜、健脑、排毒、保护生殖系统、抗辐射损伤16项功能。枸杞除了当中药使用外，也是卫生部规定的既是食品又是药品的中药材。枸杞作为药品其应用早已相当广泛。

药性类别：滋补理气、养生药。

(7) 肉苁蓉，*Cistanche deserticola* Y. C. Ma。别名：大芸、苁蓉、查干告要（蒙语），也称沙漠人参。列当科植物。见图3-19。

多年生寄生草本，高80～100 cm，茎肉质肥厚，不分枝。生于海拔225～1 150 m的荒漠中，适于生长沙漠环境。寄生在藜科植物梭梭（*Haloxylon ammodendron* Bunge）、白梭梭（*Haloxylon Persicum*）等植物的根上。主产于内蒙古、陕西、宁夏、甘肃、青海、新疆。

全草入药。性味甘、咸、温。有补肾壮阳，补血、润肠通便功效。用于阳痿、遗精、血虚、腰膝酸痛、便秘等。

肉苁蓉含有生物碱。

药性类别：滋补理气、养生药。

肉苁蓉不仅为名贵中药，也是古地中海残遗植物，对于研究亚洲中部荒漠植物区系具有一定的科学价值，为濒危种。肉苁蓉由于被大量采挖，其数量已急剧减少。据调查，每千株寄生植物梭梭中，仅有7株肉苁蓉。又因梭梭是骆驼的优良饲料和当地群众的燃料，因此过度放牧和大量砍挖梭梭，也促使肉苁蓉处于临危的境地。因此应建立较大面积的以保护肉苁蓉为重点的梭梭保护区，严禁砍伐梭梭和采挖肉苁蓉，并积极进行人工繁殖，扩大其分布区。

(8) 薯蓣，*Dioscorea opposita*。别名：山药、怀山药、淮山药、山薯、山芋。薯蓣科植物。见图3-20。

多年生草本植物，茎蔓生，常带紫色，块根圆柱形，叶对生，卵形或椭圆形，花乳白色，雌雄异株。块根含淀粉和蛋白质，可食用。通称山药。

薯蓣为单子叶植物，有10属650种，广布于全球的温带和热带地区，中国有薯蓣属1属，约80种。

山药原产于中国北方，现主产区河南，目前在河南、河北、山东、山西和南方的广西、福建、广东、台湾地区都有广泛种植，日本和韩国也有种植。但以古怀庆府（今河

图 3-19　肉苁蓉（引自中国植物志）　　图 3-20　薯蓣（引自吴其濬，2008）

南省焦作市境内）所产山药最为地道，被称为怀山药或怀山。淮山药是怀山药的误称，同怀山药。

作为中药最重要的补益药材之一，怀山药与其他常用的补药，如人参、党参、黄芪等相比，最大的区别，也是它的最大优点，是无任何副作用。因此被历来医家评价为"温补"、"性平"，是"药食同源"的典范，即可以当成正常食物充饥使用，适宜于任何人群、任何体质，包括老人、儿童、孕妇和其他特殊人群，这也是为何怀山药在中药药方中出现频率最高的根本原因。

药性类别：滋补理气、养生药。

（9）地黄，*Rehmannia glutinosa* Libosch.。别名：酒壶花、山烟、山烟、山白菜。玄参科植物。见图3-21。

地黄为多年生草本植物。株高10～30 cm，全体密被白色长腺毛，根肉质。茎紫红色。也多基生，莲座状，卵形至长椭圆形，边缘锯齿。总状花序顶生，花萼筒状，花冠紫红色，花期4～5月。蒴果卵形至长卵形，种子细小。

主要分布于河南、辽宁、河北、山东、浙江，但名气最大的为产于古怀庆府今河南省焦作市所辖之县（市）区的地黄，即怀地黄。

常生长于沙质土壤、荒坡、路边，耐贫瘠、干旱，喜温和气候及阳光充足之地，性耐寒，耐干旱，怕积水。作为中国传统的中药材而广泛栽培，其根茎供药用。地黄，因其地下块根为黄白色而得名。

一般于秋季采挖，去芦头、须根，得到鲜生地，味甘、苦、寒。入心、肝、肾经，有清热凉血、生津功效；根烘至八成干，内部变黑，捏成团状，为生地黄，性寒，味甘，有滋补养血功效；生地加黄酒蒸至黑润，为熟地黄。味甘，微温，有补肝、肾、养血功效。

药性类别：滋补理气、养生药。

（10）当归，*Angelica Sinensis* (Oliv.) Diels.。别名：干归、秦归、云归、西当归、岷当归。伞形科植物。见图3-22。

多年生草本。茎带紫色。基生叶及茎下部叶卵形，复伞形花序，花白色，花果期7～9月。以根入药。

生于高寒多雨山区。主产甘肃、云南、四川；多为栽培。出产于甘肃岷县（位于兰

图 3-21　地黄（引自中国植物志）　　　图 3-22　当归（引自朱太平等，2007）

州南方偏东）的当归品质最佳，称为"岷当归"。

当归含藁本内脂（ligustilide）、正丁烯酰内酯、阿魏酸、烟酸、蔗糖和多种氨基酸，以及倍半萜类化合物等。

当归性温，味甘、辛。具有补血活血，调经止痛，润肠通便功效。用于血虚萎黄、眩晕心悸、月经不调、经闭痛经、虚寒腹痛、肠燥便秘、风湿痹痛、跌扑损伤、痈疽疮疡。当归对妇女的经、带、胎、产各种疾病都有治疗效果，中医称当归为"女科之圣药"。

药性类别：滋补理气、养生药。

（二）能源植物

世界能源的日趋枯竭和生态环境的日渐恶化，对人类的生存和国家的经济发展产生了巨大的威胁，生物质能源的开发利用越来越成为全世界关注的焦点。能源植物作为未来生物质能源的主要来源之一，开发利用前景广阔，将成为 21 世纪新型能源研究的热点。

1. 能源植物的定义和分类

能源植物是指可以用作能源的植物，又称为石油植物或生物燃料植物。能源植物通常是指那些利用光能效率高，具有合成较高还原性烃的能力，可产生接近石油成分和可替代石油使用的产品的植物以及富含油脂、糖类、淀粉类、纤维素等的植物。

能源植物除直接燃烧产生热能外，也可通过物理方法、化学方法和生物方法转化成固态、液态和气态燃料。

能源植物种类繁多，生态分布广泛，包括生活在陆地的木本植物和草本植物以及生活在淡水和海洋中的各种水生植物，特别是一些特殊的藻类。目前全世界已发现的能源植物主要集中在夹竹桃科、大戟科、萝摩科、菊科、桃金娘科以及豆科，品种主要有绿玉树、续随子、橡胶树、西蒙德木、甜菜、甘蔗、木薯、苦配巴树、油棕榈树、南洋油桐树、黄连木等。根据能源植物的化学成分及其用途，可以将能源植物分为五类：

（1）富含糖的能源植物。主要有甘蔗、甜高粱、菊芋等，用于生产燃料乙醇。

（2）富含淀粉的能源植物。主要有玉米、木薯、马铃薯、甘薯等粮食作物和蕉芋、葛根、橡子、野百合、魔芋等野生植物，用于生产燃料乙醇。

（3）富含纤维的能源植物。主要有芒草、柳枝稷、桉树等，用于生产生物柴油和燃气（甲烷）。

（4）富含油脂的能源植物。主要有油菜、棕榈、向日葵、花生等，用于生产生物柴油。

（5）富含类似石油成分的能源植物。主要有麻疯树、油楠、续随子、绿玉树等，用于生产生物石油、生物柴油。

不同种能源植物生产乙醇的情况见表3-4。

表3-4 能源植物生产乙醇比较（引自卢振举，2006）

原料	产量（t/hm²）	糖或淀粉（%）	乙醇产率（L/t）	乙醇产量（kg/hm²）
甘蔗	70	12.5	70	4 900
木薯	40	25	150	6 000
甜菜	45	16	100	4 300
玉米	5	69	410	1 050
小麦	4	66	390	1 560
稻米	5	75	450	2 250
甜高粱	34.5	14	80	1 760

2. 国外能源植物的开发利用

国外能源植物的开发利用较早。自20世纪70年代以来，许多国家先后制订了有关生物能源的开发研究计划，如美国的能源农场、巴西的酒精能源计划、日本的新阳光计划、印度的绿色能源工程等。特别是自从诺贝尔奖获得者美国加利大学的化学家卡尔文（Melvin Calvin）于1986年在加利福尼亚种植了大面积的能源植物获得成功以来，世界各国投入大量的人力、物力、财力从事能源植物的研究和开发，并且大面积种植和工业转化利用，取得了一系列研究成果和良好的经济效益。

（1）能源植物利用的种类

发达国家用于规模生产生物柴油的原料有大豆（美国）、油菜子（欧共体国家）、棕榈油（东南亚国家）；美国和巴西等国家利用甘蔗、甜高粱、玉米、木薯等生产燃料乙醇。日本、爱尔兰等国家利用植物油下脚料及食用回收油作为原料生产生物柴油。

世界上富含油的植物达万种以上，已发现的40多种石油植物和柴油植物主要集中在夹竹桃科、大戟科、萝摩科、菊科、桃金娘科以及豆科。产油植物大体有三类：①大戟科植物，其植物油可制成类似石油的燃料，大戟科的巴豆属制成的液体燃料可供柴油机使用；②豆科植物；③其他木本植物，如油棕榈树、南洋油桐树、澳大利亚的阔叶木棉等。

有些植物含油率很高，如木姜子种子含油率达66.4%，黄脉钓樟种子含油率高达67.2%。全球开发利用的主要能源植物见表3-5。

表 3-5 全球开发利用的主要能源植物（引自费世民等，2005）

植物名称	科属	生物学特征	原产地	用途
苦配巴	豆科香脂苏木属	常绿乔木	巴西亚马逊流域	生产柴油
香槐	豆科香槐属	落叶乔木	欧洲、美国	生产汽油
海桐花	海桐花科海桐花属	常绿小乔木或灌木	菲律宾	生产汽油
木棉	木棉科木棉属	乔木	澳大利亚、印度	生产重油
麻疯树	大戟科麻疯树属	落叶灌木或小乔木	美洲	生产柴油
黄鼠草	菊科苦荬菜属	多年生草本	美国	生产石油
桉树	姚金娘科桉属	乔木	澳大利亚	生产汽油
棕榈	棕榈科棕榈属	乔木	巴西热带雨林	生产燃油

关于木质纤维素能源植物的研究近年来也受到普遍关注。纤维素质原料是地球上最丰富的可再生资源，植物干重的 35%～50%是纤维素，20%～35%是半纤维素，还有 5%～30%是木质素。全球光合作用产生的植物生物量每年高达 $1.1×10^{12}$ t，纤维素质原料占全球生物量的 60%～80%。

美国在生物能源计划中确定了生产纤维素类物质潜力大的 34 种草本植物和 125 种木本植物，其研究集中在柳枝稷、柳树和枫树等。在多年生草本木质纤维素作物中，研究最多的是禾本科根茎类植物，其中芒、柳枝稷、芦竹等是较理想的能源植物，如每公顷柳枝稷大约可转化 500L 燃油乙醇。

（2）不同国家的能源植物利用情况

巴西是世界燃料乙醇发展的先驱，首先推出了国家乙醇计划，充分利用本国甘蔗资源优势，形成了高水平的燃料乙醇生产技术。巴西一种野生的汉咖树，体内含有 15%的酒精；还有一种油棕榈树，每公顷可年产 10 000 kg 生物柴油。有一种名叫"苦配巴"的乔木，每株成年树每年能产 10～15 kg 生物柴油。在巴西高原的热带雨林中发现近千种这类植物，可从其所产生的乳液中用简单的工艺就能得到高品质的液态燃料。

美国是世界上最大的以谷物为原料生产生物燃料乙醇的国家。此外，美国还大力发展其他能源植物，如美国的美洲香槐，从这种大戟科植物中能得到约 1 600 L（合 10 桶）燃料油；加利福尼亚州生长的黄鼠草，1 hm² 可提炼 1 t 石油。此外，还建立了三角叶杨、桤木、黑槐、桉树等石油植物研究基地。

欧洲国家在大力发展生物质燃烧发电的同时，加强了能源植物的开发利用。欧洲使用较多的是马铃薯，用于生产燃料乙醇，利用油菜生产生物柴油。欧洲是世界上生物柴油生产及使用的主要地区，以德国、法国、意大利和捷克为主。

澳大利亚有一种古巴树，也称柴油树，从成年树中每棵每年可获得约 25L 燃料油，且这种油可直接用于柴油机；有一种叫阔叶木棉的植物，能提取类似于重油的燃料油；有两种多年生野草桉叶藤和牛角瓜，其茎叶中提炼出一种白色汁液，可以制取石油。

在亚洲，日本是发展生物柴油最早的国家，也是亚洲第一生物柴油生产大国。日本发现一种芒属植物"象草"，是一种理想的石油植物，1 hm^2 平均每年可收获12 t 生物石油，比其他现有的任何能源植物都高产，而且种植成本还不到种植油菜的1/3，可是变成石油所产生的能量却相当于用菜籽油提炼的生物柴油的2倍。

马来西亚的原始森林中，有一种叫银合欢树的豆科植物，其汁液含油量很高，被誉为"燃烧的木头"，其燃烧能力可达到石油的2/3以上。另外，泰国从南洋油桐中提取石油物质。

3. 中国能源植物的开发利用

中国是利用能源植物较早的国家，但在能源植物的大规模生产和开发利用方面起步较晚。自20世纪70年代初开始，湖南省林科院开始从事油茶、油桐、核桃、光皮树、油橄榄、好好芭等木本油料树种的研究。"七五"期间，四川省计划委员会开展了"野生植物油作柴油代用燃料的开发应用示范"项目研究，四川省林业科学研究院等单位对攀西地区野生小桐子（麻疯树）的适生地环境、栽培技术、生物柴油提取与应用等进行了较为深入的研究。"八五"期间，中国科学院开展了"燃料油植物的研究与应用技术"项目研究，湖南省林科院完成了光皮树油制取甲脂燃料油的工艺及其燃烧特性研究；"九五"期间，湖南省林科院完成了"植物油能源利用技术"和"能源树种绿玉树及其利用技术的引进"项目研究，编写了《能源植物（燃料油植物）种类资源量调查研究》报告，完成了《中国能源植物（燃料油植物）特征登记汇总表》的汇编，掌握了中国能源油科植物的种类分布特点及资源量，确定了选择利用原则，划分了燃料油植物类型。"十五"期间，中国林科院对中国的黄连木和文冠果等主要燃油木本植物进行了中国资源分布的调查。

中国幅员辽阔，地域跨度大，水热资源分布多样，能源植物种类丰富多样，主要分布在大戟科、樟科、桃金娘科、夹竹桃科、菊科、豆科、山茱萸科、大风子科和萝摩科等。早在1982年就分校了1 581 份植物样品，收集了974 种植物；编写成了《中国油脂植物》、《四川油脂植物》等。据统计，中国3 万种维管束植物中具有能源开发价值约4 000 种。现已查明的能源油料植物（种子植物）种类为151 科 697 属 1 553 种，占中国种子植物的5%。其中油脂植物138 科 1 174 种，挥发性油植物83 科 449 种。能源油料植物的集中分布区域为亚热带至热带区域，在山区往往与常绿阔叶林或落叶阔叶林相伴生，而且以野生为主，野生种占总数的75.4%，栽培植物种则很少。

中国在生物柴油研究和开发利用技术方面取得了显著成绩，先后研制开发了脂肪酸烷基酯的生产方法、棉籽油皂脚料合成脂肪酸甲酯的专利技术、高酸值动植物油脂共沸蒸馏酯化—甲酯化技术、短链脂肪酸酯作为酰基受体的酶法生物柴油技术等。在生物酶法生产生物柴油技术方面，利用固定化脂肪酶技术，将动植物油脂废气物转化为柴油获得成功。

在燃料乙醇研究和项目开发方面，中国主要以玉米为原料，同时正积极开发甜高粱、薯类、秸秆等其他原料生产乙醇。纤维素类原料主要是作物秸秆和废木材等，以利用纤维素类物质为目的的能源植物研究较少。中国主要的能源植物见表3-6。

表 3-6 中国主要的能源植物

植物名称	科属	生物学特征	用途	分布
麻疯树 J. curcas L. 别名：小桐子、麻疯木、青铜木、臭油桐、假花生等	大戟科 Euphorbiaceae 麻疯树属 Jatropha	落叶小乔木。热带树种。喜光阳性植物，耐干旱瘠薄，适生范围广，干热河谷地区常见	种仁含油率一般 35%～50%，最高可达 60% 以上 制取生物柴油	广东、广西、福建、四川云南、贵州、海南等地
黄连木 P. chinensis 别名：楷木、黄楝树、药木、黄木连、木蓼树、鸡冠木	漆树科 Anacardiaceae 黄连木属 Pistacia	落叶乔木。耐干旱瘠薄，喜光	种子含油率 42%，出油率 20%～30% 制取生物柴油	四川、贵州、云南、福建、广东、广西等地有自然分布或人工栽培
光皮树 C. wisoniana 别名：光皮梾木、斑皮抽水树	山茱萸科 Cornaceae 梾木属 Cornus	落叶灌木或乔木。耐寒，喜深厚、肥沃而湿润的土壤，在酸性土及石灰岩土生长良好	果肉和果核均含油脂，干果含油率 33%～36%。出油率 25%～30% 制取生物柴油	黄河流域至西南各地分布，主产区为亚热带季风气候区，如贵州、四川等
绿玉树 E. tirucalli 别名：光棍树、光枝树、绿珊瑚、白乳木、神仙棒、青珊瑚等	大戟科 Euphorbiaceae 大戟属 Euphorbia	灌木或小乔木。喜温暖气候，好光照，喜高温高湿，不耐寒，适宜排水好的土壤	茎干中的白色乳汁中碳氢化合物含量很高。乳汁含油量达 70% 可制取石油	在热带和亚热带广泛分布，中国南方地区均有栽培和野生分布。如广西、海南岛等
续随子 E. lathyris Linn 别名：千金子，小巴豆	大戟科 Euphorbiaceae 大戟属 Euphorbia	二年生草本。喜阳光，生长适应性强，耐贫瘠土地	含有类似石油成分的碳氢化合物，种子含油率为 43.3%，最多达 81.2% 制取石油和柴油	中国各地分布，如内蒙古、广西、云南、西藏等都有栽培或野生分布
乌桕 S. sebiferum (Linn.) Roxb. 别名：桼子树、柏树、木蜡树、木油树、木梓树、虹树、蜡烛树	大戟科 Euphorbiaceae 乌桕属 Sapium	落叶乔木。喜光，耐寒性不强，喜湿润、深厚的土壤，在溪边堤旁生长最好	种子出油率达 40% 以上 制取生物柴油	中国南方各地广泛分布。主产长江流域及珠江流域
蓖麻 R. communis	大戟科 Euphorbiaceae 蓖麻属 Ricinus	一年生或多年生草本。喜高温、不耐霜，而耐碱、耐酸，适应性很强	种子含油率 50%，主要成分为蓖麻酸（占 87% 以上） 制取生物柴油	中国各地分布，华北、东北最多；热带地区如广西有半野生的多年生蓖麻

续表

植物名称	科属	生物学特征	用途	分布
油楠 *S. glabra* Merr. ex de Wit 别名：科楠、脂树、蚌壳树柴油树、青梅树或青皮树	云实科 （苏木科） Caesalpiniaceae 油楠属 *Sindora*	热带常绿乔木。适应性强，耐干旱，喜阳光高温。适应于赤（红）黄壤山地、微酸性生境	树干含油状液体，可直接用于柴油机，出油率高达90% 生产生物柴油	主要分布于海南岛
油桐 *V. fordii*（Hemsl.） 别名：油桐树、桐油树、桐子树、光桐、三年桐、罂子桐、中国木油树、虎子桐等	大戟科 Euphorbiaceae 油桐属 *Vernicia*	落叶小乔木。阳性树种，以向阳坡地、土壤深厚肥沃、保温和排水良好的地方生长最好	种仁含油率51%～70% 制取生物柴油	长江流域各省均有栽培。主产四川、贵州、湖南、湖北等

4. 民族地区的能源植物

中国少数民族主要分布于西部地区，其特点是土地广阔、人员稀少，资源生物及其分布差异很大。因此，民族地区生物能源的研究与开发利用应当依据其特定的自然环境条件、生物资源状况、少数民族文化、经济和社会发展水平等进行科学规划和合理利用。

中国西部地区根据自然环境条件，大致可以分为三大类型：西北干旱区、西南山地区和青藏高原区。

（1）西北干旱区

西北干旱和半干旱地区是中国蒙古族、维吾尔族、回族等少数民族的主要聚集区。由于气候干燥，降水稀少，资源生物相对缺乏。在自然环境条件中，光热资源较为丰富，荒漠土地面积大，因此在保护野生资源植物的基础上，可以适度发展栽培林木和能源作物。

中国西北地区多为荒漠地区。植被稀疏，结构简单，主要由旱生植物组成，其中能源植物种类较少。常见富含淀粉的荒漠植物有11科18属19种，多为草本植物；主要植物种包括：矮大黄、何首乌、鹅绒委陵菜、沙蓬、狼毒、锁阳、黄精、玉竹、穿龙薯蓣、山丹、花蔺等。常见含油的荒漠植物有28科64属92种，包括木本植物46种、草本植物45种和藤本植物1种等；主要植物种包括：木本植物中的核桃、胡桃揪、巴旦杏、山桃、阿月浑子、山杏、桃叶卫矛、文冠果，草本植物中的播娘蒿、蒙古苍耳，藤本植物中的南蛇藤等。还有油松、山李子、臭椿、蒙古黄榆、刺山柑、乌苏里鼠李、石竹、芝麻菜、牛心朴、香薷、天仙子、红花等含油植物。含油量40%以上的油脂植物13种，其中巴旦杏、阿月浑子和野巴旦杏的出油率达50%，油核桃和文冠果出油率高达70%。

木质纤维类植物可用来生产压缩成型燃料、燃料乙醇、裂解油燃料和燃气等。在西北干旱地区，可以选择花棒、杨柴、沙枣、柠条、沙柳、沙拐枣、梭梭、胡枝子、紫穗槐、沙蒿、油蒿等灌木植物。多年生草本纤维素植物也是具有潜力的能源作物，可以选择芨芨草、远东芨芨草、羽茅、拂子茅、赖草、沙鞭、青紫披碱草等。

此外，利用大量适宜的荒漠地，可以适度发展以能源作物为原料的燃料乙醇和生物柴油等产业。其中在新疆地区可以发展油葵子、棉花子、甜高粱等能源作物；在宁夏地区可以发展马铃薯等；在甘肃地区可以发展油菜子、马铃薯等；内蒙古能源植物资源蕴藏丰富，可利用的资源植物1 000多种，还有丰富的农作物秸秆。

(2) 西南地区

中国西南地区聚集的少数民族众多，包括藏族、彝族、傣族、壮族、苗族等。其地形地貌复杂，自然环境条件较好，资源生物丰富，是中国能源植物种类最多的地区。在野生资源植物中，糖类和淀粉类植物、纤维植物、油脂植物等生物能源非常丰富，估计可利用的能源植物总数在1 000种以上，其中油料植物达300多种，可以开发利用的生物能源潜力巨大。

可以用于生物燃料油的树种有三类：生物柴油树种、生物汽油树种和生物乙醇树种。其中生物柴油树种是指子实能直接用于提炼生物柴油的木本植物；主要植物种以大戟科树种为多，如麻枫树、乌桕、石栗、蝴蝶果、重阳木、白背叶、毛桐等；樟科的黑壳楠、闽楠等；无患子科掌叶木、全缘栾树、栾树和无患子等；漆树科黄连木、盐肤木和漆树等；山茱萸科的光皮树、灯台树等；大枫子科的毛叶山桐子和山桐子等；壳斗科的长柄水青冈和光叶水青冈等；茶茱萸科的小果微花藤等。生物汽油树种是指可作为提取汽油的能源树种；主要植物种包括油桐和乌桕。生物乙醇树种是指果实含有丰富的淀粉，主要用于制取乙醇的木本植物；主要植物种以壳斗科树种为主，有麻栎、栓皮栎、白栎、石栎、小叶栎、苦槠、丝栗栲、青冈栎和板栗等坚果淀粉含量大于30%以上的树种。

在贵州地区，麻疯树是具有特色的林业能源植物。此外，油桐、油茶、乌桕、生漆、油橄榄、核桃和板栗等经济油料树种也是重要的生物能源。在广西地区，除油桐、油茶外，可作为生物柴油原料林开发的主要树种还有小桐子、蓖麻、石栗、光皮树、黄连木及绿玉树等。在云南地区，麻疯树、光皮树等是主要的生物能源树种；其热带能源植物非常丰富，含油量≥30%的能源植物有158种。在四川地区，也有许多能源油料植物，除攀西地区野生麻疯树外，还引入了银合欢（新西兰）、好好芭（美国）、桉树（澳大利亚）、光棍树（非洲）、橡胶树、椰子树、油棕树等。

在能源作物利用方面，贵州的油菜是主要经济作物，可以用于生物柴油生产；玉米和马铃薯可以作为燃料乙醇生产的主要原料。云南的生物能源作物主要有甘蔗、玉米、薯类、大豆、油菜等，可以重点利用甘蔗、木薯、甘薯、马铃薯等生产生物酒精，利用油菜发展生物柴油。广西可以利用丰富的甘蔗、木薯等能源作物发展燃料乙醇生产。

(3) 青藏高原区

青藏高原地区是藏族的主要聚集区。由于高原地区自然环境复杂，地形地貌多样，海拔较高，气候独特，气温低，形成了多样的资源生物，其中林业资源和草地资源中具有丰富的糖类和淀粉类植物、纤维植物、油脂植物等生物能源。

西藏具有丰富的资源植物，野生植物9 600多种、高等植物6 400多种。野生植物中既有药用植物、树脂树胶类植物，又有油料植物、纤维植物和淀粉植物。常见的树种有乔松、高山松、云南松、喜马拉雅云杉、喜马拉雅冷杉、急尖长苞冷杉、铁杉、大果红杉、西藏落叶松、西藏柏和圆柏等。其中，以云杉、冷杉和铁杉组成的针叶林带分布最为广泛。西藏草地资源植物丰富，有2 600多种，分属于83个科、557个属，其中以莎草科、禾本科和杂类草等为主要种类，可以作为木质纤维类能源植物。西藏的主要油料作物有油菜子等，可以用于生产生物柴油。此外，还可以发展木柴、作物秸秆等生物质能源。

青海地区具有较为丰富的木质纤维类植物，主要植物种有长穗偃麦草、中间偃麦草、布顿大麦草、赖草、大赖草等多年生草本纤维素植物。利用大量适宜的盐碱地，可以大规模种植油菜子等能源作物，发展生物燃油产业；还可以发展马铃薯，作为生产乙醇的原料。青海于20世纪60代初开展马铃薯育种工作，相继培育成高原4号、下寨65、青薯168、青薯2号等多个优良品种，这些品种淀粉含量和平均产量都比较高，为发展马铃薯生产做出了贡献。

5. 能源植物开发利用的存在的问题、对策与建议

目前，中国对能源植物的开发和利用还处于摸索阶段，存在诸多问题。能源植物原料资源相对匮乏，生物柴油原料短缺，供应量随季节变化；原料的栽培技术及油脂加工技术不成熟，成品生产力不高等；生物柴油理化性质也限制了其应用，如生物柴油油脂的分子较大（约为石化柴油的4倍）、黏度较高（约为石化柴油的12倍）导致其喷射效果不佳，挥发性低、不易雾化，造成燃烧不完全，形成燃烧积炭，影响发动机运转效率。中国在能源植物开发利用方面应从以下方面开展工作。

（1）能源植物调查与评价。根据国内外能源植物研究情况，按照碳水化合物类（包括糖类、淀粉类和纤维素类）、油脂类和烃类（含类似石油成分）能源植物对中国不同区域内的重要能源植物做重点考察和收集，摸清能源植物在中国分布的基本格局和资源数量，并对其潜在的开发利用价值、途径和技术方法进行评价，为中国能源植物战略资源储备和筛选优良能源植物提供参考和科学依据。

（2）新型能源植物培育。对重要的能源植物，在研究其生物学特性和主要化学成分的基础上，开展选择育种研究工作。选择产量高且出油率高的品种（系），利用杂交育种、诱变育种（辐射诱变、化学诱变、航天育种、离子束注入诱变育种）等方法培育新型的能源植物。

（3）能源植物规模化种植。对具有良好前景的能源植物，充分利用大量的荒山荒地等非粮食生产土地，选择适宜地区，通过丰产栽培试验示范，提出高产栽培配套技术与最佳发展模式，使能源植物种植规模化，为能源植物的开发利用提供充足的原料。

（4）能源植物利用与生态保护。中国西部地区是能源植物开发利用的重点区域。能源植物的开发利用要与生态保护有机结合，以实现生态、经济和社会的可持续发展。特别是中国西北地区，要加强规模化种植后对植被恢复、水土流失、沙漠化土地治理、水文效益以及生态系统的影响等方面的研究；在西南地区，要重视能源植物的推广对当地生物多样性与植被生态系统的影响等方面的研究。

6. 能源植物资源举例

（1）麻疯树，*Jatropha curcas* L.。别名：小桐子、麻疯木、青铜木、臭油桐、假花生等。大戟科植物。见图3-23。

麻疯树为多年生木本植物，喜光，根系粗壮发达，具有较强的耐干旱瘠薄能力，枝、干、根近肉质，组织松软，含水分、浆汁多、有毒性而又不易燃烧，抗病虫害，生长迅速，生命力强，在部分地方可以形成连片的森林群落，适于在贫瘠和边角地栽种。原产美洲，现广泛分布于亚热带及干热河谷地区，非洲的莫桑比克、赞比亚等国，澳大利亚的昆士兰及北澳地区，美国佛罗里达的奥兰多地区、夏威夷群岛地区等均有分布。

中国引种有 300 多年的历史。野生麻疯树分布于两广、琼、云、贵、川等省。

麻疯树原为药用栽培植物，近年又发现其种子含油量高，是国际上研究最多的能生产生物柴油的能源植物之一。麻疯树有很高经济价值，是世界公认的生物能源树。其种仁是传统的肥皂及润滑油原料，并有泻下和催吐作用，油渣可作农药及肥料。

麻疯树 3 年可挂果投产，5 年进入盛果期。果实采摘期长达 50 年，果实的含油率为 60%～70%，经改性后的麻疯树油可适用于各种柴油发动机。与化石柴油相比，麻疯树油是一种绿色柴油，对环境友好（麻疯树油硫含量低，SO_2 和硫化物排放量比 0 号柴油低 10 倍），低温启动性能好（无添加剂冷凝点达 −20℃），润滑功能强（喷油泵、发动机缸体和连杆的磨损率低，使用寿命长），安全性能好（闪点高，不属于危险品，运输、储存方便），燃料性能佳（十六烷值高，燃烧性能好于柴油，燃烧残留物呈微酸性，使催化剂和发动机机油的使用寿命加长），而且具有可再生性。麻疯树油优于国内 0 号柴油，达到欧洲二号排放标准。因而麻疯树被称为生物柴油树，是最有种植潜力的油料作物品种。

由于麻疯树种植可用扦插法繁殖，而且成活率高，生长速度快，头年就有收成，产量逐年增加，果实采摘可达 50 年。近年来，由于退耕还林的推动，各地大量种植。目前仅四川一地的麻疯树资源量即在 26 万亩以上，可产种子 $1.7×10^5$ t，可提炼麻疯树油 $6.0×10^4$ t。未来中国麻疯树种植面积至少可达 3 000 万亩以上，预计可产柴油 580 多万 t（按每亩每年产干果 650 kg，每 kg 果可榨取 0.3 kg 柴油计算），显示了良好的资源开发利用前景。麻疯树不但人工造林容易，天然更新能力强，还耐火烧，可以在干旱、贫瘠、退化的土壤上生长。适宜在热带、亚热带以及雨量稀少、条件恶劣的干热河谷地区种植，是保水固土、防沙化、改良土壤的主要选择树种。麻疯树具有极强的生育繁殖能力，枝叶浓密，林地郁闭快，落叶易腐不易燃，改良土壤能力强。生长在陡坡上的麻疯树林成为良好的生物防火隔离带。

（2）好好芭，*Simmondsia chinensis*（Link）Schneider。别名：霍霍巴、荷荷巴、浩浩芭。西蒙得木科植物。见图 3-24。

图 3-23　麻疯树（引自朱太平等，2007）

图 3-24　好好芭

西蒙得木属植物。好好芭是英文名 jojoba 的音译，系原产于北美的一种沙漠常绿小灌木，是西蒙得木属的唯一种，雌雄异株，在良好的生长条件下成年植株高 3m 以上，植株寿命可达 100～200 年。

好好芭起源于质地较粗、混有砾石和黏土的半干旱荒漠地区，年降水量为 80～450 mm。好好芭具有较强的适应能力，根系发达，抗旱、抗盐碱等抗逆性强，是优良的水土保持植物。但好好芭仍属中等需水植物，是需水不耐涝的植物。好好芭的耐低温性较差，已有研究表明，好好芭基本能够适应河南省新野县和北京市的环境土壤气候，但好好芭在两个地区还不能在自然条件下过冬，需种植在温室或者加装塑料防寒棚的条件下才能顺利过冬。

好好芭由于其种子中所含的特种植物油而受到全世界的瞩目，其干种子的出油率达50%～60%，好好芭油无色无味，抗氧化能力极强，未加工的油97%以上成分是直链蜡酯，其中87%以上的酯是20～22个碳原子的双链。两条链通过酯键相连。而普通的植物油是16～18个碳原子的脂肪酸。好好芭油被称为液体蜡（liquid wax），其特性是高黏度系数，高闪点和燃点，可耐300℃高温而不燃烧，高稳定性和高冰点，可存30年而不变质。此外，好好芭油还具有高绝缘性的特性，这些性质和抹香鲸油极其相似，是目前唯一可替代鲸油的特种植物油，使得好好芭的经济价值和市场前景陡然增加，好好芭油被誉为沙漠"液体黄金"。研究表明，好好芭油是生物柴油的良好原料，埃及和阿联酋的研究人员认为好好芭油本身就是一种潜在的发动机燃料。目前好好芭油已经市场化，主要用于润滑剂（高级润滑油）、黏合剂、食品、电气绝缘、化学工业、药品、阻燃剂以及化妆品等行业。美国已有多家公司专营好好芭化妆品，含有好好芭油成分的化妆品价格普遍较高。

好好芭作为新兴油料作物的优点是其他传统作物无法替代的，如"多年生"这一特性，种植和管理可以逐年减少投入和消耗；耐旱、耐瘠薄土壤，可以使其不和目前传统的优势农作物争地、争水和争肥；能够种植在荒漠和山坡的良好特性也非常适合人多地少的国家和发展中国家，特别是像中国这样干旱、半干旱土地，丘陵坡地面积占主要分布的地理环境，尤其适合推广种植好好芭这种新能源作物。

好好芭适应在干旱地区种植，防风固沙，有助于改善沙漠生态环境，被誉为"沙漠克星"。2003年，国际上的好好芭商业种植面积超过了7 000hm^2，主要分布在美国和阿根廷。好好芭的生产开始于美国西南部干旱、半干旱和墨西哥等地。目前，好好芭已经种植到世界范围内的广大地区，如拉丁美洲的秘鲁、智利、阿根廷、巴西，非洲的埃及、苏丹、肯尼亚、津巴布韦、博茨瓦纳、南非、纳米比亚、摩洛哥，中东地区的以色列、科威特、沙特阿拉伯，亚洲的印度，欧洲的意大利、西班牙，大洋洲的澳大利亚、新西兰。好好芭的种植不仅创造了巨大的经济价值，而且产生了良好的生态效益。

中国是在1978年将好好芭首次由美国引入，自1980年起，先后在云南、广东、福建、广西、湖南、湖北、浙江、陕西、贵州、河南、四川、新疆等十多个省、自治区进行了试种。经过多年的努力，在四川、云南的引种试验取得成功。在云南永胜县、四川攀枝花市和会东县的好好芭生长较好，生长量、结实量和种子含油量都达到或超过原产地水平。

当前好好芭油的全球潜在产量是每年3 500吨左右。据估计，现在全世界的好好芭油需求量为每年64 000～200 000吨，由于天然产量很少，所以好好芭的生产前景一片光明。

好好芭因其唯一的油脂特性而取代鲸油作为重要的工业原料，并因其在种植业的高经济效益而成为21世纪以来最有发展前景的作物之一。好好芭具有对极端生态环境的极强抗性，并且作为油料作物更具有广泛用途和高经济价值而获得"来自沙漠的液体黄金"之美育。好好芭的成功种植和产业化,被认为是美国农林业科学界20世纪取得了一项重大科研成果,《华尔街文摘》尊其为"本国的十大顶级科技贡献之一"。21世纪以来,中国将好好芭引种推广列入科技部"星火计划"、国家"948"计划和农业部"农业引智"计划,开始大规模的种植开发,形成了良好的发展势头。结合中国西部地区生态环境建设工程,推广、扩大好好芭的栽培面积,建立优质高产的种植园区,进一步开发好好芭油系列产品,不仅可以起到保持水土、改善生态环境的作用,还可以增加当地农民的收入,具有显著的生态、经济、社会效益。可以说,好好芭油作为能源的应用研究可以成为新的市场开拓方向,也将成为新的研究热点。

(3) 光皮树,*Cornus wisoniana*。别名:光皮梾木、斑皮抽水树。山茱萸科植物。见图3-25。

梾木属落叶灌木或乔木。光皮树树皮白色带绿,斑块状剥落后形成明显斑纹。叶对生,椭圆形至卵状椭圆形,基部楔形,背面密被乳头状小突起及平贴的灰白色短柔毛。圆锥状聚伞花序顶生。花小,白色。核果球形,紫黑色。花期5月,果期10~11月,核果球形,紫黑色。

光皮树喜光,耐寒,耐碱、耐干旱瘠薄、喜深厚、肥沃而湿润的土壤,在酸性土及石灰岩土生长良好。光皮树主要分布于长江流域至西南各地的石灰岩区,黄河及以南流域也有分布。

光皮树每年平均产干果50kg,多可达150kg,果肉和核仁均含油脂,干全果含油率33%~36%,油脂主要含C16和C18系脂肪酸,其中亚油酸含量近50%,可用于生产柴油。

以光皮树油为原料生产的生物柴油与石化柴油燃烧性能相似,是一种安全、洁净的生物质燃料油,光皮树是理想的生物柴油原料油料树种之一;光皮树油还可食用;光皮树木材细致均匀、坚硬。可供建筑、家具、雕刻、农具及胶合板等用;光皮树还是良好的蜜源植物;光皮树枝叶茂密、树姿优美、树冠舒展、初夏满树银花,是理想的行道树、庭荫树。

(4) 文冠果,*Xanthoceras sorbifolia* Bunge.。别名:文冠木、文官果、土木瓜、木瓜、温旦革子。无患子科植物。见图3-26。

图3-25 光皮树　　图3-26 文冠果(引自中国植物志)

文冠果属植物,落叶小乔木或灌木,高可达8m。树皮灰褐色,粗糙条裂;小枝幼时紫褐色,有毛,后脱落。奇数羽状复叶互生。花杂性,整齐,白色,基部有由黄变红之斑晕；蒴果椭圆形，径 4~6 cm，具有木质厚壁。花期 4~5 月；果熟期 8~9 月。

文冠果是中国特有的树种，原产中国北部干旱寒冷地区。喜光，也耐半阴；耐严寒和干旱，不耐涝；对土壤要求不严，在沙荒、石砾地、黏土及轻盐碱土上均能生长，但以肥沃、深厚、疏松、湿润而同期良好的土壤生长好。深根性。主根发达，萌蘖力强。在国家林业局公布的中国适宜发展生物质能源的树种中，文冠果被确定为中国北方唯一适宜发展的生物质能源树种。

文冠果是中国特有的优良木本油料树种。文冠果种子含油量为 45%~50%，种仁含油量为 70%。文冠果油可食用，还是制造油漆、机械油、润滑油和肥皂的上等原料。果皮可以提取糠醛，种皮可制活性炭，花味甘可食，叶子经加工可作饮料，油渣经加工可作精饲料等。同时文冠果又是改善生态环境、绿化、美化国土的一种园林观赏树种。

文冠果在播种当年就有花芽形成，2~3 年即可开花结果。10 年生树每株产果 50kg 以上，30~60 年生树单株产量也在 15~35 kg 以上。

（5）油桐，*Vernicia fordii*（Hemsl.）。别名：油桐树、桐油树、桐子树、光桐、三年桐、罂子桐、中国木油树。大戟科植物。见图 3-27。

图 3-27 油桐
（引自中国植物志）

油桐属植物。油桐是中国特有经济林木，它与油茶、核桃、乌桕并称中国四大木本油料植物。油桐为落叶乔木，高 3~8 m。叶互生，叶卵形，或宽卵形，长 20~30 cm，宽 4~15 cm，先端尖或渐尖，叶基心形，全缘或三浅裂。圆锥状聚伞花序顶生，花单性同株；花先叶开放，花瓣白，有淡红色条纹。核果球形，先端短尖，表面光滑。种子具厚壳状种皮。种仁含油，高达 70%。油桐种子榨出的油叫桐油。

世界上种植的油桐有 6 种，以原产中国的三年桐和千年桐最为普遍。三年桐学名油桐，又名光桐，长得快，结果早，产量高。千年桐学名木油桐，因果皮有皱纹，所以又称龟背桐。

油桐环境适应性强，在山坡地、平地、石山地等均可栽培。

桐油和木油色泽金黄或棕黄色，含不饱和脂肪酸 94% 以上，是天然植物中化学性质极为活泼的植物油，是优良干性油，有光泽。它们具有不透水、不透气、不传电、抗酸碱、防腐蚀、耐冷热等特性，桐油除可以产生物柴油外，还是良好的环保型新型化工产品原料，在工业上广泛用于制漆、塑料、电器、人造橡胶、人造皮革、人造汽油、油墨等制造业。油桐是中国传统的出口商品，占世界总产量的 70%。

（6）黄连木，*Pistacia chinensis*。别名：楷木、黄楝树、药木、黄木连、木蓼树、鸡冠木。漆树科植物。见图 3-28。

黄连木属。落叶乔木，高达 30 m，胸径 2 m，树冠近圆球形；树皮薄片状剥落。通常为偶数羽状复叶，小叶 10~14，披针形或卵状披针形，长 5~9 cm，先端渐尖，基部偏斜，全缘。雌雄异株，圆锥花序，雄花序淡绿色，雌花序紫红色。核果径约 6 mm，初为黄白色，后变红色至蓝紫色，若红而不紫多为空粒。花期 3~4 月，先叶开放；果 9~11 月成熟。

原产于中国，分布很广，北自黄河流域，南至两广及西南各省均有，其中以河北、河南、山西、陕西等省最多。

喜光，幼时稍耐阴；喜温暖，畏严寒；耐干旱瘠薄，抗病力强。对土壤要求不严，微酸性、中性和微碱性的沙质、黏质土均能适应，常散生于低山丘陵及平原。深根性，主根发达，抗风力强；萌芽力强。生长较慢，寿命长。对 SO_2、HCl 和煤烟的抗性较强。

黄连木种子富含油脂，含油率高达 42.5%，是一种木本油料树种，曾被用作食用油。近年发现，用中国黄连木种子生产的生物柴油碳链长度集中在 C17～C19，理化性质与普通柴油非常接近，是一种优质的生物柴油。

（7）绿玉树，*Euphorbia tirucalli*。别名：光棍树、绿珊瑚、龙骨树、神仙棒、龙骨树、乳葱树、白蚁树。大戟科植物。见图 3-29。

图 3-28　黄连木（引自朱太平，2007）　　图 3-29　绿玉树（引自中国植物志）

热带灌木或小乔木。原产非洲，在美国、马来西亚、印度、英国、法国等许多热带和亚热带地区也有较长的栽培历史，在中国香港的部分地区、台湾的澎湖列岛、海南西部和南部沿海也有分布。绿玉树在南方温暖地带可以露地栽培，在长江流域及其以北地区要在温室培养。

绿玉树高达 4～9 m，性状强健，耐旱、耐盐和耐风，喜温暖（25℃～30℃），好光照，耐半阴，在贫瘠的土壤也可生长，但以排水良好的土壤为佳。绿玉树不长叶子，茎干干净、光滑，圆柱状，无叶片，是较为奇异的观茎植物。

绿玉树全株含有带毒的白色乳液树脂，可当作催吐剂及泻剂。绿玉树的茎干中的白色乳汁中含有丰富的烯、萜、醇、异大戟二烯醇、天然橡胶、三十一（碳）烷和三十一烷醇等 12 种烃类物质，其成分接近石油成分，不含硫，可以直接或与其他物质混合成原油，作为燃料油替代石油。

绿玉树还可作为沼气的原料，具有可再生、可生物降解、对环境无污染或低污染和能持续利用的特点，其沼气产量是一般嫩枝绿草产气量的 5～10 倍，榨汁后剩余的纤维还可用作造纸原料或生活燃料，是极具市场前景和竞争力的"绿色"能源。

（8）甜高粱，*Sorghum dochna*。别名：糖高粱、芦粟、甜秫秸、甜秆、二代甘蔗。因其上边长粮食，下边长甘蔗，所以又叫"高粱甘蔗"。禾本科植物。见图 3-30。

甜高粱为高粱属一年生草本植物，为普通粒用高粱的变种。生长在干旱地区，具有抗旱、耐涝、耐盐碱等特性，在中国中西部很多干旱、半干旱地区都可以生长。

甜高粱生物产量高，它株高5m，最粗的茎秆直径为4~5 cm，茎秆含糖量很高，因而甘甜可口，可与南方甘蔗媲美。甜高粱可以生食、制糖、制酒，也可以加工成优质饲料。一般鲜生物产量亩产4 000~8 000 kg，产子种450 kg。甜高粱叶子可作饲草喂牲口，高粱穗脱粒以后所剩的苗子还可以制作笤帚、扫帚、炊帚，真可谓全身是宝。

甜高粱作为生物质能源有广阔的发展前景。甜高粱乙醇转化率高，是可再生能源作物。用甜高粱生产酒精，其单位面积生产效率比其他作物高。每公顷甜高粱每天合成的碳水化合物可生产48L酒精，而玉米为15L，小麦为3L。在能源供应日益紧张的今天，甜高粱作为一种新型的可再生的绿色能源作物，又是粮秆兼收的作物，可以有效地减轻或消除与粮食争地的矛盾，成为保证粮食安全和能源安全的双赢举措。

(9) 菊芋，*Helianthus tuberosus* Linn.。别名：洋姜、鬼子姜。菊科植物。见图3-31。

图3-30　甜高粱 　　　　　　　图3-31　菊芋

向日葵属的多年生草本植物（能形成地下块茎的栽培种）。原产于北美，现在中国各地普遍栽培。地下块茎富含菊糖等果糖多聚物。菊芋茎直立，扁圆形，有不规则突起，茎高2~3 m。叶卵形，先端尖，绿色，互生。头状花序，花黄色。块茎无周皮，瘦果楔形，有毛。依块茎皮色可分为红皮和白皮两个品种。

菊芋块茎味甜适口，是佐餐佳品。块茎中菊糖含量较高，菊糖水解后的果糖，可用于医药及制作糖果、糕点等。块茎还是制淀粉和酒精的工业原料。菊芋地上部茎叶和地下部块茎营养丰富，是优良的家畜饲料。夏秋季节植株顶部遍开盘状黄花，形如菊，有美化宅舍作用。

菊芋耐寒、耐旱能力特强，幼苗能耐1℃~2℃低温，块茎可在−40℃~−25℃的冻土层内能安全越冬。繁殖力强，种植简易，一次播种多次收获，产量极高，管理粗放，根系特别发达，有保持水土的作用。

菊芋是一种优秀的生态经济型植物。亩产块茎可达1 500 kg左右，在不影响固沙的前提下，种后第三年即可适当收获。它的块茎即可食用，又可通过深加工制成淀粉、菊糖、食品添加剂、酒精、保健品等。菊芋的叶和茎秆还可用做饲料。可见，菊芋在治沙、固沙的同时，还具有很大的开发利用价值，特别适合开展沙地产业化经营。

(10) 木薯，*Manihot esculenta*。别名：木番薯、树薯。大戟科植物。见图3-32。

木薯属植物。灌木状多年生作物。茎直立，木质，高2~5 m，单叶互生掌状深裂，纸质，披针形。单性花，圆锥花序，顶生，雌雄同序。雌花着生于花序基部，浅黄色或

· 82 ·

带紫红色，绿色。雄花着生于花序上部，吊钟状，同序的花，雌花先开，雄花后开。蒴果，矩圆形，种子褐色，根有细根、粗根和块根。块根肉质，富含淀粉。

木薯为世界三大薯类（木薯、甘薯、马铃薯）之一。木薯属有100多个种，木薯为唯一用于经济栽培的种，其他均为野生种。木薯起源于热带美洲，广泛栽培于热带和部分亚热带地区，主要分布在巴西、墨西哥、尼日利亚、玻利维亚、泰国、哥伦比亚、印尼等国。中国于19世纪20年代引种栽培，现已广泛分布于华南地区，广东和广西的栽培面积最大，福建和台湾次之，云南、贵州、四川、湖南、江西等省亦有少量栽培。

图3-32　木薯
（引自中国植物志）

木薯适应性强，耐旱耐瘠。在年平均温度18℃以上，无霜期8个月以上的地区、山地、平原均可种植；最适于在年平均温度27℃左右，日平均温差6℃～7℃，年降雨量1 000～2 000 mm且分布均匀，pH 6.0～7.5，阳光充足，土层深厚，排水良好的土地生长。

木薯的主要用途是食用、饲用和工业上开发利用。木薯块根可食，可磨木薯粉、做面包、提供木薯淀粉和浆洗用淀粉乃至酒精饮料。木薯是热带湿地低收入农户的主要食用作物。作为生产饲料的原料，木薯粗粉、叶片是一种高能量的饲料成分。在发酵工业上，木薯淀粉或干片可制酒精、柠檬酸、谷氨酸、赖氨酸、木薯蛋白质、葡萄糖、果糖等，这些产品在食品、饮料、医药、纺织（染布）、造纸等方面均有重要用途。木薯作为潜力巨大的能源植物，是中国发展生物质能源产业的重要资源。用木薯制取燃料乙醇，既有广阔的市场前景，又是解决中国能源安全的一条重要途径。

思考题

1. 简述藻类植物的生物学特征和价值。
2. 简述地衣植物的生物学特征和价值。
3. 简述苔藓植物的生物学特征和价值。
4. 简述蕨类植物的生物学特征和价值。
5. 简述裸子植物的生物学特征和价值。
6. 简述被子植物的生物学特征和价值。
7. 简述被子植物的药用价值。
8. 简述开发生物质能源的意义。

第四章

特殊生境资源植物

第一节 特殊生境资源植物概述

一、特殊生境

植物基本上是固定生长的，不能像动物那样，为了自身更好地生存，改变自己的生活环境。因此，自然环境在为植物提供了光照、温度、水分、土壤等必要条件的同时，又严格地限制了植物的生长发育和分布。地球表面的物理化学及生物因子分布的不均一性，导致形成了各种各样的区域性生态环境，致使资源植物表现出明显的地域性特点。可以认为：没有一种植物能够在所有的生境生存，也没有一种生境对所有植物都适宜。

为了与普通生态环境相区别，将那些在结构和功能上具有明显的特殊性（或异质性），并导致生态元的数量或品质明显不同的生态环境称为特殊生境。特殊生境也可简单地理解为受地理和气候及人类活动等因素影响而造成的环境条件和生物种类都明显不同于普通生态环境的自然生境或人工生境，例如沙漠干旱生境、高海拔高寒生境、喀斯特石漠生境、沼泽地湿地生境、滩涂盐碱地生境及环境污染生境等。

对于某一种或者某些种类的植物来说，在其一个生活周期中，往往会出现一些不利于其生长发育的环境条件。"逆境（environmental stress）"是对植物生长和生存不利的各种环境因素的总称，又称为"胁迫"。逆境条件往往涉及多种多样的环境因素，为研究方便，这些环境因素被人为地划分为两大类，即非生物逆境（abiotic stress）和生物逆境（biotic stress）。非生物逆境指与植物生长有关的各种环境因素，包括温度、光照、空气和土壤水分、土壤酸碱度和肥力水平等生态因子；生物逆境指由各种生物造成的影响植物生长发育的因子，包括有害昆虫和微生物对植物的侵袭、草食性动物的噬咬以及其他各种人为因素等。特殊生境的主要限制性生态因子包括水分、温度、光照等。

二、特殊生境植物及其分类

植物在地球上长期适应和进化的结果造就了资源植物的多样性，即不同生境中分布着多种多样的植物物种和生态类型，保证了资源植物的丰富性和生态系统的稳定性。不同物种对生境适应范围不同，不同生境中的资源植物丰富程度也不相同。生活在特殊生境中的植物，具有进化产生的适应其所在生境中的异常环境条件的能力，因此具有普通生境植物所不具备的特点和利用价值，特别是拥有对各种恶劣环境条件的较高耐受能力。特殊生境植物往往能够忍耐或抵御特殊的气象因子，如冷、热、旱、涝或地理土壤因素如高海拔、营养缺陷土壤等条件，利用其长期进化获得的适应性结构、生理途径和代谢产物、繁殖方式及生活周期实现一定的生存和繁殖状态。

由于中国存在着大量的干旱沙漠地带、高海拔地带、滩涂盐碱地带等特殊生境，生存在这些地区的种类丰富的特殊生境植物成为一大类有开发价值的重要的资源植物。这些特殊生境植物按植物学分类系统进行分类可归于各个科属中；按照用途，可分为药用植物、油料植物、香料植物、色素植物、淀粉植物、食用植物、纤维植物、固沙植物、能源植物、污染环境修复植物等；按照其生长的地理位置和气候等环境条件划分为不同生态类型；按照其所适应的生境特点分为耐寒植物、耐热植物、耐盐碱植物、耐旱植物、耐涝植物、耐缺素（如铁、硼、磷、钾等营养元素）植物、耐阴植物、耐污染植物等。

地球上温度、光照、雨量和风的季节性变化，对植物的生存和生理过程有强烈的影响。植物在自然界中经常遇到环境条件的剧烈变化，其幅度超过了植物正常生活的范围，这种变化对植物来说就是所谓的逆境或胁迫。植物在长期的进化和适应过程中，不同环境条件下生长的植物对环境产生了适应能力，即能采取不同的方式抵抗各种胁迫因子。植物对各种胁迫因子的抵御能力称为抗性（stress resistance）。

三、特殊生境植物与环境的相互作用关系

虽然植物的生存环境可以对植物的生长发育造成明显的影响，但是植物也可以通过改变自身来适应环境变化，甚至可以在一定程度上改变环境。

根据植物所遭受胁迫的持续时间长短不同来划分，植物至少可以通过4个层次的反应来适应环境。①针对环境因子的一些轻微的、短暂的变化，植物可以通过一些可逆的形态和生理生化水平的变化来适应逆境，如植物往往通过积累脯氨酸等小分子物质以应对干旱和高盐胁迫；②针对环境因子的一些短暂的或者更长时间的变化，植物可以通过基因的表达调控来适应逆境；③对于持续时间长达植物的多个世代的逆境胁迫，植物可以启动一些表观遗传学（epigenetics）的机制，通过非DNA序列的变化，使植物对逆境产生类似"记忆"的效应，以增强植物对于逆境的适应能力；④在持续很长时间的逆境中，植物通过中性突变和自然选择，最后形成适应逆境的能力。

植物也能影响环境。由于植物在生态系统中处于生产者的地位，为其他生物生产赖

以生存的有机物，在储存太阳能的同时，在生态平衡的维持中也发挥着关键性的作用。植物能够增加大气的氧气含量，净化空气，提高空气质量；防止水土流失，防止土地荒漠化；改善地区气候，维持生物多样性等。

四、特殊生境资源植物的开发利用价值

（一）经济价值

分布于广袤的特殊环境中的特殊生境植物种类丰富，可为人类提供各种药品、食品、饲料、能源、化妆品、香料和工业原料以及用作多种观赏植物。很多特殊生境植物是重要的中药材，如生长在高山寒冷地带的天山雪莲、红景天、藏红花和长白山人参，生长在沙漠地区的甘草、麻黄草、肉苁蓉和锁阳等；生活在沙漠地区的食用植物有沙葱和沙芥等，大兴安岭寒温带林区的笃斯越橘、黄芪、蕨菜、黄花香等是具有特殊风味和营养的食用植物；生长于热带沙漠的好好芭是新兴的能源植物；生长在高山寒冷地带的天山雪莲和藏红花分别可用于化妆品和食用香料；西北干旱荒漠生境中特有的塔里木怪柳、伊犁凤毛菊、新疆兔唇花等具有较高观赏价值。

（二）生态价值

植物在生态系统中一般处于生产者的地位，在脆弱且逐渐恶化的特殊生境生态系统中，特殊生境植物群落的维持更是起着至关重要的作用。特殊生境植物能够保护特殊生态环境，维护生态平衡。如胡杨、梭梭、沙拐枣、沙棘、沙米等沙漠植物具有防风固沙的作用，可以有效抑制沙漠的扩张；蜈蚣草、商陆和印度芥菜等植物具有修复重金属污染的土壤的作用，可以用于工业污染地区的生物修复。女贞、榆树、桧柏、梧桐，丁香和木槿等植物对大气污染物中的 SO_2 和氯化物具有抗性；而水葫芦等水生植物能够净化水体中的污染物。

（三）科学研究价值

特殊生境植物可为生命科学研究提供多种多样的抗逆基因，研究具有极端逆境耐受能力的特殊生境植物的抗逆机制，有助于人类加深对于植物适应环境分子机制的认识，可为人类进一步改造传统作物的抗逆性能提供理论基础。例如生活在海滨盐碱地和内陆盐湖地区的盐生植物盐芥（*Thellungiella halophila*），由于其与模式植物拟南芥（*Arabidopsis thaliana*）的亲缘关系较近、生命周期短、结实能力强等特点，已经成为国内外实验室研究植物耐受高盐、低温和干旱逆境的模式植物。类似的研究较多的特殊生境植物还有生活于天山寒区的耐冻植物高山离子芥（*Chorispora bungeana*）、生活于青藏高原的耐冷植物短柄草［*Brachypodium sylvaticum*（Huds.）Beauv.］、耐寒复苏植物牛耳草［*Boea hygrometrica*（Bunge）R.］以及耐旱和耐盐碱植物星星草（*Puccinellia tenuiflora*）。

目前，由于人类工业化进程和温室效应的影响，大量特殊生境的生态环境正在发生一些不利的变化。如中国中西部地区，包括内蒙古自治区、陕西省、甘肃省和新疆维吾尔自治区的干旱、半干旱地区的荒漠化趋势正在加重，很多地区沙化严重。必须采取有效措施，遏制这些地区生态环境的进一步恶化，保护这些地区的生物多样性。这些地区

的生态保护的核心问题之一就是保护特殊生境的植物群落。中国西部地区的另一个重要问题是地区经济的发展，繁荣地区经济的重要举措之一是加强对当地资源植物的开发利用。因此解决好特殊生境植物的保护和开发利用的关系，是实现中国西部地区经济和生态环境可持续发展的核心问题之一。

在以下内容中将按照不同类型特殊生境介绍分布的资源植物基本情况，阐述各种特殊生境资源植物的开发利用特点。

第二节　旱生资源植物

没有水就没有生命，水是植物生长必需的营养物质之一。在各种外界生态因素对植物的影响中，影响最大的是植物生长环境中水分的供应状况。根据植物对水分的需求，通常将植物分为三种类型：需在水中完成生活史的植物叫水生植物（hydrophytes）；在陆生植物中适应于不干不湿环境的植物叫中生植物（mesophyte）；适应于干旱环境的植物叫旱生植物（xerophytes）。当然，这三者的划分不是绝对的，因为即使是一些很典型的水生植物，遇到旱季仍可保持一定的生命活动。

一般来说，旱生植物是指在干旱环境中生长，能忍受较长时间干旱条件，但仍能维持体内水分平衡和正常生长发育的一类植物。自然界中旱生植物主要分布在各种类型的干旱、半干旱地区。

一、旱生植物的地理分布

中国地理纬度跨度大，根据降水量和蒸发量的相对大小，可将中国划分为湿润、半湿润、干旱和半干旱四类地区。湿润地区年降水量大多在 800 mm 以上；半湿润地区年降水量在 400～800 mm；半干旱地区年降水量在 200～400 mm，干旱地区年降水量在 200 mm 以下。

根据 2006 年 6 月 28 日土壤墒情资料，中国土壤干旱区主要在华北、西北东部和浙江、福建、广东、四川和西藏等地，其中以内蒙古和西北东部旱情最重。中国西北、华北地区干旱缺水是影响农林生产的重要因子，南方各省虽然雨量充沛，但由于各月分布不均，也时有干旱发生。

（一）干旱环境的分类

植物在其生长周期内，经常受到干旱环境的威胁。干旱可分为大气干旱、土壤干旱和生理干旱三种类型：

（1）大气干旱。指空气过度干燥，相对湿度过低，常伴随高温和干风。这时植物蒸腾过强，根系吸水补偿不了失水，从而受到伤害。中国西北、华北地区常有大气干旱发生。

（2）土壤干旱。是指土壤中没有或只有少量的有效水，这将会影响植物的吸水，使其水分亏缺引起永久萎蔫。当大气干旱持续时间较长时即导致土壤干旱，使土壤含水量降低到萎蔫系数以下，植物根毛大量死亡，降低了吸收能力，而植物地上器官蒸腾强烈，水分供不应求，生长受阻，甚至干枯死亡。土壤干旱对农业收成影响较大。

（3）生理干旱。有时植物的生活环境中水分并不缺乏，但因其他生态因素的影响，如土壤盐分过多或酸性过强，或温度过低等原因，土壤水分难以被植物利用。在这种情况下，植物也会出现萎蔫现象。例如，盐碱土壤常常造成植物的生理干旱。

大气干旱如持续时间较长，必然导致土壤干旱，所以这两种干旱常同时发生。在自然条件下，干旱还常伴随着高温，所以干旱的伤害可能包括脱水伤害（狭义的旱害）和高温伤害（热害）。

（二）中国沙漠的分布

很多旱生植物分布在沙漠中以及沙漠周边地带。中国沙漠主要分布在黄土高原以西的西北地区，从西向东主要有：塔克拉玛干沙漠、古尔班通古特沙漠、库姆塔格沙漠、柴达木盆地沙漠、巴丹吉林沙漠、腾格里沙漠、乌兰布和沙漠、库布齐沙漠和毛乌素沙漠9个沙漠，总面积为 6.13×10^5 km^2。塔克拉玛干沙漠位于新疆南疆塔里木盆地，是中国面积最大的沙漠，达 3.65×10^5 km^2，也是中国沙漠中流沙分布最广的一个；第二大沙漠为新疆北部准噶尔盆地的古尔邦通古特沙漠，面积 5.11×10^4 km^2，是中国最大的固定和半固定沙漠；内蒙古西部的巴丹吉林沙漠居第三位，面积为 5.05×10^4 km^2，是中国沙丘最高大的沙漠；面积最小的沙漠是乌兰布和沙漠，仅 1.1×10^4 km^2。其他沙漠面积在 1.5 km^2 ~ 4.2×10^4 km^2。贺兰山以西沙漠处于干旱荒漠地带，沙漠以流动沙丘为主；贺兰山以东沙漠地处荒漠草原—干旱草原地带，沙丘中一部分为流沙外，以固定、半固定沙丘为主。

二、旱生植物的分类

（一）根据植物形态分类

旱生植物根据形态可分为多浆液植物（仙人掌、芦荟、景天科的植物等）、少浆液植物（麻黄）和深根性植物。

（二）根据不同旱生环境分类

旱生植物通过在不同的旱生环境中长期适应，形成了不同的适应类群。常见的有沙生植物、肉质旱生植物和盐生植物。

（1）沙生植物。指适应于沙地生境的植物。这些地区经常风沙弥漫，土地贫瘠干旱。沙丘20 cm之内的表层经常处于干燥状态，地表温度变化剧烈，在夏季午间可高达60℃~80℃，而夜间又降到10℃以下。沙生植物例如梭梭，叶片退化为鳞片状，以茎进行光合作用。有的植物体的茎、叶密生白色绒毛，可反射强光，免遭灼伤。沙鞭株高1 m，根系十分发达，主根长2.5 m，侧根2.7 m。沙芦草和沙芥等植物具有由沙粒形成的根套，这层固结的沙粒，有使根系免受灼热沙粒的灼伤和流沙的机械伤害的作用。又如细枝岩黄芪等植物具有储水组织，雨后将由根吸入的水储存于薄壁组织中，以维持生命活动。白刺具耐沙暴沙埋的能力。当风沙将它的枝条掩埋后，枝向下生出许多不定根，枝上长枝，从而适应沙暴生境。

近年研究表明，沙生植物要能在沙漠地区生存，除了能够耐受干旱以外，还必须能够耐受营养缺乏。这样，一方面要发展出某种机制以减少水分的丧失，同时又需要维持高效能的光合作用。沙生植物要维持这种生理上的平衡，可以称为"水分—光合作用的综合关系"。而它们的形态结构也就随着这些生理上的要求，发生某些适应性变化。

(2) 肉质旱生植物。这类植物的茎或叶肉质，多分布于沙漠或石砾环境中，如仙人掌科植物具有厚肉质的储水茎，茎中的薄壁组织特化为储水组织，能贮备充足的水分。叶退化成刺，体表角质层十分发达，气孔数量少，下陷。这类植物根系发达但分布较浅，以利于在降雨季节吸收土壤中大量水分，且蒸腾作用小。芦荟属、景天属和龙舌兰属等植物，叶子肥厚肉质，储水组织十分发达，能储存大量水分，平日对水的消耗量又很低，其适应干旱的形态结构与生理特性和仙人掌相类似。

(3) 盐生植物。指能在盐碱土生境中生活的植物。一般植物在盐碱土上生长不良，尤其当土壤表层含盐量超过 0.6% 时，大多数植物不能正常生长。盐生植物在外形上常见叶片小而厚，多茸毛或叶表面的角质层或蜡质层发达，气孔下陷。在内部结构上，栅栏层发达，胞间间隙小，细胞液的渗透压高，从而适应盐碱地生理干旱的环境，如叶肥厚多汁的盐角草。

(三) 根据适应机制分类

旱生植物对干旱的适应和抵抗能力、方式有所不同，据此旱生植物可分为两种类型。

(1) 避旱型植物。这类植物有一系列防止水分散失的结构和代谢功能，或具有膨大的根系用来维持正常的吸水。景天科酸代谢植物如仙人掌夜间气孔开放，固定 CO_2，白天则气孔关闭，防止较大的蒸腾失水。一些沙漠植物具有很强的吸水器官，它们的根冠比在 30:1~50:1，一株小灌木的根系就可伸展到 850 m^3 的土壤。

(2) 耐旱型植物。这些植物具有细胞体积小、渗透势低和束缚水含量高等特点，可忍耐干旱逆境。植物的耐旱能力主要表现在其对细胞渗透势的调节能力上。在干旱时，细胞可通过增加可溶性物质来改变其渗透势，从而避免脱水。耐旱型植物还具有较低的水合补偿点 (hydration compensation point)，水合补偿点是指净光合作用为零时植物的含水量。一种锈状黑蕨能忍受 5 天相对湿度为 0 的干旱，胞质失水可达干重的 98%，而在重新湿润时又能复活。苔藓、地衣、成熟的种子耐旱能力也特别强。

(四) 根据自身适应特点分类

根据旱生植物自身适应的特点，分为短期生长植物、休眠植物、深根植物和多肉植物。

(1) 短期生长植物。在水分充足的情况下，这些植物会在短短的 1 个月或更短的周期内生根、生长和开花，并以种子形式抵抗干旱，如果长期没有水分和雨水，它们将失去生命力。

(2) 休眠植物。以植株体本身抵抗干旱，整个植株如同枯萎的干草，一旦有一点水分，就可以恢复勃勃生机。同样地，如果没有水分的滋润，长期下去，也会在极度干涸下死亡。

(3) 深根植物。通过极其发达的根部，汲取土壤深层的地下水，当未来地下水分也越来越少时，而它们的根也不会无限生长，将会失去生存的机会。

（4）多肉植物。一般体形变圆，用于储藏水分，根系也比较发达。水多时能储存起来，干旱时则减少使用，短期的雨水往往够它们存活很长时间。

多肉植物可分为以下几种类型：

①叶多肉植物：通常茎不发达，叶子是主要的储藏水分器官，但是，它们往往要求环境特殊，如莲花掌、生石花喜凉爽、温暖，适应性差，在极度的气候环境下将被淘汰。

②茎多肉植物：通常叶不发达（如仙人掌），有退化倾向，有的叶已基本退化，能进行光合作用的部位和叶绿素减少，生长常常迟缓。

③茎干（块根类）多肉植物：这类植物主要靠膨大茎干储藏水分，在水分充足时，茎叶同时参与生长和蓄水工作，干旱时叶子脱落，而茎干通常含有叶绿素，通过茎干工作，维持生存，强大的根能够吸收储藏更多水分，如猴面包树、纺锤树等。

三、旱生植物适应干旱环境的特点

（一）旱生植物的形态结构

旱生植物具有旱生形态，在体内水分饱和时其单位叶面积平均蒸腾量不比中生、水生植物少，但与含水量相比，体表面积小，所以一定鲜重的蒸腾量少。由于其叶表面的角质层很发达，所以在干燥条件下气孔关闭时其蒸腾量则比中生、水生植物少得多。旱生植物中肉质植物和根系强大的植物，其渗透势都相当高，但多数为渗透势较低的植物。

旱生植物有发达的旱生形态和生理适应，特别是种子植物中的旱生植物，对于干旱具有多种的适应形式：有些具有发达的根系，能充分利用土壤深层的水分，并及时供应地上器官，使其不致枯萎；有些具有特殊的形态结构能有效地减少体内水分的损失；有些具有发达的储水组织；有些只能通过降低生理活动来忍受干旱的恶劣环境。

旱生植物在形态结构上的特征，主要表现在两个方面：一方面是增加水分摄取；另一方面是减少水分丢失。

发达的根系是增加水分摄取的重要途径。例如，沙漠地区的骆驼刺地面部分只有几厘米，而地下部分可以深达15m，扩展的范围达623m^2，这样可以更多地吸收水分。

为减少水分丢失，许多旱生植物叶面积很小。例如，仙人掌的许多植物，叶片化成刺状；松柏类植物叶片呈针状或鳞片状，且气孔下陷；夹竹桃叶表面被有很厚的角质层或白色的绒毛，能反射光线；许多单子叶植物，具有扇状的运动细胞，在缺水的情况下，它可以收缩，使叶面卷曲，尽量减少水分的散失。

另一类旱生植物具有发达的储水组织。例如，美洲沙漠中的仙人掌树，高达15～20m，可储水2t左右；南美的瓶子树、西非的猴面包树，可储水4t以上。芦荟、仙人掌、景天等植物有大量薄壁组织，能储存大量水分。在特别干旱的季节里，猪毛菜能靠休眠渡过逆境，待到降雨后又重新生长。有的叶片上有蜡膜；有的茎叶上具白色表皮毛，利于反射阳光；有的细胞内渗透压高，有的根系十分发达，有利于主动吸水。

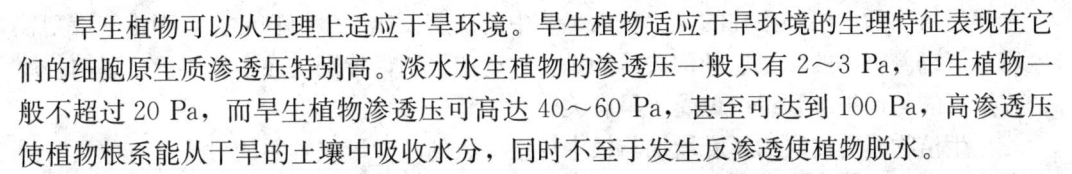

旱生植物可以从生理上适应干旱环境。旱生植物适应干旱环境的生理特征表现在它们的细胞原生质渗透压特别高。淡水水生植物的渗透压一般只有 2~3 Pa，中生植物一般不超过 20 Pa，而旱生植物渗透压可高达 40~60 Pa，甚至可达到 100 Pa，高渗透压使植物根系能从干旱的土壤中吸收水分，同时不至于发生反渗透使植物脱水。

(二) 旱生植物的生态适应性

一般在严重缺水和强烈光照下生长的植物，植株往往变得粗壮矮化。地上气生部分发育出种种防止过分失水的结构，而地下根系则深入土层，或者形成了储水的地下器官；另一方面，茎干上的叶子变小或丧失以后，幼枝或幼茎就替代了叶子的作用，在它们的皮层细胞或其他组织中可具有丰富的叶绿体，进行光合作用。

另外，沙漠地区的很多木本植物，由于长期适应干旱的结果，多成灌木丛，这对于在沙漠上生长具有优越性。至于许多生长在盐碱地的盐生植物，或旱—盐生植物，由于生理上缺水，也同样形成一般旱生植物的结构。

(1) 根的适应性变化。一般对于植物地下部分的根系生长的了解，远不及地上的茎、叶。这是由于根系扎入土中，观察研究比较困难。而且，旱生植物很多是深根性的根系，研究就更不容易。现在知道旱生植物的根部大致会有下列一些干旱适应性变化。

旱生植物有较高的根/茎比率。有的主根的生长可以很深，例如滨藜 (*Atriplex patens*) 地上的茎干虽然只有 1~2m 高，但是主根却可深达 4~5m。

根系有不同程度的肉质化，这种肉质化主要是一些薄壁细胞的增加，但并不是单纯皮层部分的增加。根的皮层层数反而减少。有人认为这样可以使中柱与土壤更为接近。有些旱生植物中还可以发现皮层中分布有石细胞，但是它们的生理功能还不清楚。

内皮层细胞壁加厚，凯氏带变宽。凯氏带的变宽可能与旱生的性状有一定的关系。在极端的情况下，凯氏带可以整个包围内皮层细胞的径向壁和横向壁，例如白刺 (*Nitraria retusa*) 根会出现这样的情况。

沙生植物往往形成分离的维管柱，这是由于木栓层的形成，或维管束之间皮层薄壁细胞的坏死，隔开了维管组织的结果。木质部比较发达，这可能更有效地输送水分。

(2) 茎的适应性变化。茎是地上的重要部分，经受干旱的影响，远比根部显著，也比较容易观察。茎在形态上发生以下干旱适应性变化。

沙漠里生长的多年生植物的叶子往往严重退化，例如有些具节的蓼科植物，各种沙拐枣 (*Calligonum* sp.) 就是显著的例子，也可能它们的叶子在漫长的旱季开始之前就已经脱落了。有些旱生植物，例如蒿 (*Artemisia* sp.)、红沙 (*Reaumuria* sp.) 和滨藜 (*Atriplex* sp.)，在旱季的时候，正常叶子脱落后，可代之以一些形状较小的、更为旱生性的叶子。有些植物，例如霸王 (*Zygophyllum dumosum*)，在旱季小叶脱落以后，含有叶绿体的叶柄仍可保留下来，进行光合作用。

有些旱生植物的幼枝代替了叶子的功能，例如各种梭梭 (*Haloxylon* sp.) 和沙拐枣 (*Calligonum* sp.)，茎上已不发育出叶片 (或有一些非常退化的鳞片叶)，却在幼小的绿色枝条上进行光合作用，形成所谓同化茎。这些枝条有的以后也可能脱落。有些沙漠植物的枝条，在干旱季节可以及时枯死，以减少水分的蒸发，同时使植物体内需水的程度减到最低限度，但是一到雨季，它们又能够迅速长出新的枝条。

旱生植物的皮层和中柱的比率较大，茎中的皮层要比中生植物的宽，而维管束则较紧密，围绕着窄小的髓。这种构造可能是一种适应机制，特别是在木栓层形成以前，厚的皮层可能与保护维管组织免受干旱有关。

旱生植物茎中皮层的厚度增加与根中皮层层数的减少形成鲜明的对比。有些具节的藜科植物，例如假木贼（*Anabasis* sp.）和梭梭（*Haloxylon* sp.），皮层肉质化，并能进行光合作用。到了夏天十分干旱时，可逐渐剥落，而在韧皮部薄壁细胞中产生出木栓层，保护了内部的维管组织。

(3) 叶的适应性变化。叶是有花植物的主要进行蒸腾作用的器官，所以为了减少蒸腾，旱生植物的叶的结构变化最为明显，这在20世纪已引起了很多植物学家们的注意。马克西莫夫指出，生长在干旱地区的植物，在缺水条件下，蒸腾作用将减少到最低限度。如前所述，很多沙生植物的叶已退化，或只有少数叶存留，幼茎往往代替叶进行光合作用。

旱生植物的叶小而厚或多茸毛，在结构上表皮细胞的细胞壁厚，角质层发达。有些旱生植物种类的表皮为复表皮而且气孔下陷，例如夹竹桃的叶。另一种类型的旱生植物叫做肉质植物，它们的叶片肥厚多汁，叶内有发达的薄壁组织，储存大量水分。例如芦荟、景天、马齿苋等。仙人掌的叶片退化，茎肥厚、多浆呈绿色，代替叶行光合作用。

目前一般认为，大致有三种环境因素引起植物叶表现出干旱适应现象：①水分的缺乏；②强烈的光照；③氮素的缺乏。沙漠地区生长的植物的叶子的旱性结构表现得最为突出。

四、中国旱生资源植物

中国西部地区，如内蒙古、陕西、宁夏、青海、新疆等省和自治区具有大量的干旱区域和沙漠。在这些区域生长着多种多样的旱生植物。下面介绍一些具有经济和生态价值的旱生植物。

(一) 药用旱生植物

常见的药用旱生植物主要包括锁阳、麻黄、北沙参、苦豆子、肉苁蓉、甘草等。

(1) 锁阳，*Cynomorium songaricum* Rupr.。别名：锈铁锤、地毛球。锁阳科植物。见图4-1。

锁阳为多年生肉质寄生草本，高30～60cm，全株棕红色。茎圆柱形，大部分埋于沙中，基部稍膨大，具互生鳞片。肉穗花序顶生，长圆柱状，暗紫红色，花杂性。果实坚果状。种子有胚乳。花期5～6月，果期8～9月。

生长在沙漠地带，大多寄生于蒺藜科植物白刺（*Nitraria sibirica* Pall.）等植物的根上。主产于甘肃河西走廊，内蒙古阿拉善盟、新疆阿勒泰、青海海西亦有出产。

锁阳为药食兼用的名贵中药材，能补肾阳，益精血，润肠通便，用于腰膝痿软，阳痿滑精，肠燥便秘。

(2) 草麻黄，*Ephedra sinica*。麻黄科植物。见图4-2。

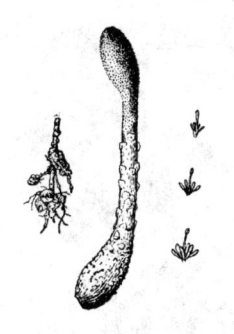

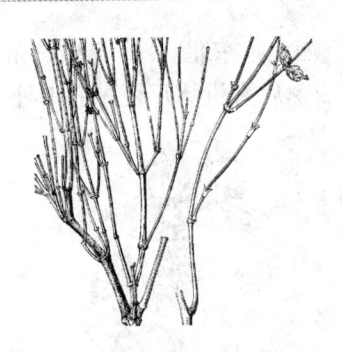

图 4-1　锁阳（引自朱太平，2007）　　图 4-2　草麻黄（引自中国植物志）

草麻黄为多年生草本植物，高 0.5m 左右，伏地而生，根长 0.5～0.7m，粗 2～6cm，棕红色，枝杆粗 0.1～0.15cm，土色。针叶直接向上生长，长 40～50cm，粗 1～2mm。夏日为绿色，秋日变为淡黄色，冬日为枯黄色，来年春夏返为嫩绿色，夹有淡黄色。株最多可达 240 多针，少的几十余针，当年生一叉枝最少为 14 针。果结针叶上，果直径 0.1～0.2mm，初为绿色，冬为黄色。

主产于河北、山西、内蒙古、甘肃等地。雨后萌发，生长迅速，喜干旱沙漠、戈壁气候，有较强耐旱适应性。

草麻黄为中药材，中药材麻黄为其草质茎。为中国植物图谱数据库收录的有毒植物，草麻黄全草及种子有毒。用于提取麻黄碱等植物药成分。

（3）苦豆子，*Sophora alopecuroides* L.。别名：草本槐、苦豆根。豆科植物。见图 4-3。

苦豆子为落叶灌木。根直伸细长，多侧根。茎直立，上部分枝，高 30～60cm。全株密被灰白色平伏绢状柔毛。奇数羽状复叶，互生。总状花序生于分枝顶端，长 10～15cm。荚果念珠状，长 5～12cm，密生平伏短毛，内有种子 6～12 粒。种子宽卵形，黄色或淡褐色，长 4～5mm。

广泛分布在中国西北干旱区域的温带荒漠区域和温带草原区域，北纬 37°～50°、东经 75°～123°。随着气候带的延伸，呈东西长、南北较窄的带状分布，包括新疆、内蒙古全境，甘肃、宁夏、青海、陕西、山西、河北北部、辽宁、吉林、黑龙江西部。

苦豆子对水分生态因子的适应性比较广。多数情况下为盐中生植物，生长于低湿地的冲积性草甸土或轻盐化的草甸土上，地表偶有盐霜分布，也可生长在沙壤质的草甸盐土或结皮盐土上。它又是一种沙生植物，具一定程度的耐旱能力，可生长于沙区的地下水位较高的沙地或沙丘上。

苦豆子根可入药，与同属植物苦参（*Sophora flavescens*）有同等疗效，清热、解毒、燥湿、杀虫。藏医用于治疗咳嗽与解热，疗效良好。

苦豆子也可作稻田、瓜地的绿肥，是固沙植物和蜜源植物。

（4）罗布麻，*Apocynum venetum* Linn.。别名：茶叶花。夹竹桃科植物。见图 4-4。

罗布麻为多年生草本，高 1～2m，全株含有乳汁。茎直立，无毛。叶对生，椭圆形或长圆状披针形，具由中脉延长的刺尖。聚伞花序生于茎端或分枝上，花期 6～7 月。

果期8～9月（西北、东北）。菁葖果长角状，熟时黄褐色，带紫晕，长10～15cm，直径3～4mm，成熟后沿粗脉开裂，散出种子，种子多数。

图4-3 苦豆子 　　图4-4 罗布麻（引自中国植物志）

主产于新疆，在辽宁、吉林、内蒙古、甘肃、陕西、山西、山东、河南、河北、江苏及安徽北部等地也有分布。罗布麻有较强的耐盐碱、耐寒、耐旱、耐沙、耐风等特性，对土壤要求不严，但应以地势较高、排水良好、土质疏松、透气性沙质土壤为宜，常生长在盐碱荒地、沙漠边缘、海岸及戈壁滩上。

罗布麻可作为药材、保健食品和天然纤维原料。

（二）食用旱生植物

(1) 沙芥，*Pugionium cornutum*。别名：沙萝卜、沙白菜、沙芥菜。十字花科植物。见图4-5。

沙芥为一年生或二年生高大草本，植株高0.5～2m。根肉质，圆柱形，粗壮。茎直立，多分枝，光滑无毛，微具纵棱。叶肉质，基生，叶莲座状，具长柄；茎生叶羽状全裂，但较小，裂片少，常呈条状披外形，茎上部叶条状披针形或披针状线形。总状花序顶生或腋生，花多数。短角果，革质，横卵形，长约1.5cm。有4个或更多的角状刺。花期6～7月，果期8～9月。

分布于内蒙古、陕西、宁夏、甘肃等地，生长于草原地区沙地或半固定与流动的沙丘上。

沙芥可以作为药材和蔬菜。

(2) 沙枣，*Elaeagnus angustifolia* L.。别名：桂香柳、香柳、银柳。胡颓子科植物。见图4-6。

图4-5 沙芥（引自朱太平等，2007） 　　图4-6 沙枣（引自朱太平等，2007）

沙枣为灌木或乔木，高3～10m。树皮栗褐色至红褐色，有光泽，树干常弯曲，枝条稠密，具枝刺，嫩枝、叶、花、果均被银白色鳞片及星状毛；叶具柄，披针形。花小，银白色，芳香。果实长圆状椭圆形，直径为1cm，果肉粉质，果皮早期银白色，后期鳞片脱落，呈黄褐色或红褐色。

分布在西北各省区和内蒙古西部。少量分布在华北北部、东北西部，大致在北纬34°以北地区。天然沙枣林集中在新疆塔里木河、玛纳斯河、甘肃疏勒河，内蒙古的额济纳河两岸。

沙枣生活力很强，有抗旱，抗风沙，耐盐碱，耐贫瘠等特点。天然沙枣只分布在降水量低于150mm的荒漠和半荒漠地区，与浅的地下水位相关，地下水位低于4m，则生长不良。沙枣侧根发达，根幅很大，在疏松的土壤中，能生出很多根瘤，其中的固氮根瘤菌还能提高土壤肥力，改良土壤。侧枝萌发力强，顶芽长势弱。枝条茂密，常形成稠密株丛。枝条被沙埋后，易生长不定根。

沙枣可以食用、药用，叶和果为优质饲料，有防风固沙作用，是西北地区主要造林树种之一。

（3）白刺，*Nitrariatangutorum* Bobr.。别名：地枣、地椹子、沙樱桃等。蒺藜科植物。见图4-7。

白刺为匍匐性小灌木。常匍匐地面生长，株高30～50cm，多分枝，少部分枝直立，树皮淡黄色，小枝灰白色，尖端刺状，枝条无刺或少刺；叶互生，密生在嫩枝上。花序顶生，蝎尾状聚伞花序，花瓣黄白色。果实近球形，径5mm左右，果实成熟时初为红色，后为黑色，酸、涩，有甜味，含多种人体需要的微量元素。花期5～6月，果熟期7～8月。

分布于中国的西北沙漠地区及华北、东北沿海地区，张家口坝上、天津、沧州、东营等地都有野生，主要有白刺和小果白刺两种。

白刺的环境适应性极强，耐旱、喜盐碱、抗寒、抗风、耐高温、耐瘠薄，为荒漠地区及荒漠平原典型植物，生长于荒漠草原及荒漠，生于沙漠边缘、湖盆低地，河流阶地的微盐渍化沙地和堆积风积沙的龟裂土上。

白刺可食用和饲用。

（4）沙葱，*Allium mongolicum*。别名：蒙古韭、野葱、山葱。百合科植物。见图4-8。

图4-7　白刺（引自中国植物志）　　　　图4-8　沙葱（引自中国植物志）

沙葱为多年生草本。植株呈直立簇状，株高15～20cm。具根茎，鳞茎柱形，簇生。基生叶细线形。花葶圆柱形。多数小花密集成半球形和球形的伞形花序，鲜淡紫色至紫红色。

原产于中亚。分布于中国内蒙古、甘肃等省区。种子寿命长，在沙土中埋几年还可发芽。沙葱在降雨时生长迅速，干旱时停止生长，耐旱抗寒能力极强，半年不降雨，遇雨后仍可快速生长。叶片可忍受−5℃～−4℃的低温，在−10℃～−8℃时叶片受冻枯萎。地下根茎在−45℃也不致受冻。

沙葱叶可做蔬菜食用；茎可药用；植株可应用于园林观赏。

(5) 沙棘，*Hippophae rhamnoides* Linn.。胡颓子科植物。见图4-9。

沙棘为落叶灌木或乔木，高5～10m，具粗壮棘刺。枝幼时密被褐锈色鳞片。叶互生，线性或线状披针形，两端钝尖，下面密被淡白色鳞片；叶柄极短。雌雄异株。花先叶开放，短总状花序腋生于头年枝上；花小，淡黄色。果为肉质花被筒包围，近球形，橙黄色。花期3～4月，果期9～10月。

中国是沙棘属植物分布区面积最大，种类最多的国家。有多个亚种：中国沙棘亚种，中亚沙棘，西藏沙棘，肋果沙棘，蒙古沙棘，柳叶沙棘，云南沙棘和江孜沙棘。目前有山西、陕西、内蒙古、河北、甘肃、宁夏、辽宁、青海、四川、云南、贵州、新疆、西藏等19个省和自治区都有分布。生于河边、高山、草原。

沙棘可以药用，沙棘果和油具有很高的药用价值；也可作为保健食品食用。

(三) 饲用旱生植物

(1) 沙蓬，*Agriophyllum squarrosum*。别名：沙米、登相子。藜科植物。见图4-10。

沙蓬为一年生草本，高20～100cm。幼时全株密被分枝毛，后脱落。茎直立，坚硬，多分枝。叶互生，无柄，披外形至条形。花序穗状，无总梗，通常1～3个着生于叶腋。胞果卵圆形，扁平，除基部外，周围略具翅。种子圆形、扁平。

分布于中国东北、华北、西北及河南、西藏等地区；蒙古、西伯利亚和中亚地区也有分布。

沙蓬是一种耐寒、耐旱的沙生植物，是亚洲大陆干旱、半干旱地区各种类型的流动、半流动及固定沙地上的一个广布种，是流沙上的先锋植物。浅根性，主根短小，侧长，向四周延伸，多分布于沙表层。

图4-9 沙棘（引自朱太平等，2007）　　图4-10 沙蓬（引自朱太平等，2007）

沙蓬生长在荒漠及荒漠草原地区，是重要的饲用植物。骆驼终年喜食，有些牧民认为是骆驼的催肥牧草之一，山羊、绵羊仅采食其幼嫩的茎叶；牛和马采食较差。也仅吃幼嫩部分。开花后适口性降低，各种家畜不食或少食。沙蓬不仅是一种重要饲用植物，也是固沙先锋植物，在治沙上有一定意义。沙蓬种子可作药用，能发表解热，主治感冒发烧、肾炎。

(2) 疏叶骆驼刺，*Alhagi sparsifolia*。别名：骆驼刺。豆科植物。见图4-11。

疏叶骆驼刺为半灌木。高60～130cm，茎枝灰绿色，有针刺，刺长1.2～2.5cm。单叶互生，宽倒卵形或近圆形。总状花序腋生，总花梗刺状，花数朵，花冠紫色。荚果串珠状，弯曲，不开裂。

在中国内蒙古、甘肃和新疆等地均有分布；也分布在中亚地区、伊朗、阿富汗、巴基斯坦和印度。

疏叶骆驼刺有较发达的根部，地上部很小。据报道，疏叶骆驼刺地下部为地上部的30倍以上。地下根蘖、不定根和侧根极多，一株疏叶骆驼刺地下部可占据100～500m³的土地，根入土深达12m，最深达30m，能保证在荒漠地区，极为炎热干旱的夏季得到正常供水，故能在干旱的生境条件下良好生长。

疏叶骆驼刺主要用于饲用，是适口性较好的牧草，也是一种较好的蜜源和药用植物，还具有良好的固沙能力。

(四) 生态旱生植物

(1) 胡杨，*Populus euphratica* Oliv.。别名：胡桐。杨柳科植物。见图4-12。

胡杨为落叶乔木。具有异形叶：卵圆形、披针形和中间过渡形。花期5月，果期6～7月。胡杨系古地中海成分，是第三纪残遗的古老树种，在6000多万年前就在地球上生存。胡杨长期适应极端干旱的大陆性气候，对温度大幅度变化的适应能力很强。喜光，喜土壤湿润，耐大气干旱，耐高温，也较耐寒，能忍受荒漠干旱，对盐碱有极强的忍耐力。适生于10℃以上积温2 000℃～4 500℃的暖温带荒漠气候，在积温4 000℃以上的暖温带荒漠河流沿岸、河滩细沙沙质土上生长最为良好。能够忍耐极端最高温45℃和极端最低温−40℃的袭击。胡杨耐盐碱能力较强，在1m以内土壤总盐量在1‰以下时，生长良好；总盐量在2‰～3‰时，生长受到抑制；当总盐量超过3‰时，便成片死亡。胡杨的根可以扎到地下10m深处吸收水分，其细胞还有特殊的功能，不受碱水的伤害。

图4-11 疏叶骆驼刺（引自中国植物志）　　图4-12 胡杨（引自中国植物志）

主要分布在新疆南部、柴达木盆地西部，河西走廊等地。

胡杨具有防风固沙、绿化观赏和科学研究价值，属于国家三级保护植物。

(2) 梭梭，*Haloxylon ammodendron*（C. A. Mey.）Bunge。别名：琐琐、名盐木，梭梭柴，查干（蒙语）。藜科植物。见图4-13。

梭梭为大灌木或成灌丛状。树高3~8m，干形扭曲。树皮浅灰色或灰褐色。当年生枝条浓绿，光滑多汁，具关节。叶退化呈小鳞片状，顶端钝，贴生于节。花两性，黄色。果实背部横生半圆形膜质翅，扁圆形，暗黄褐色。种子小，种皮薄，暗褐色。

图4-13　梭梭

分布在中国北纬36°~48°、东经60°~111°的干旱沙漠地带。一般长在湖盆周围或冲积平原、湖盆洼地及盐土湖积平原，或沙丘间。被沙压后形成梭梭沙堆，逐渐在沙梁上形成林分。在山前洪积冲积扇沙砾质戈壁上一般呈小片疏林或散生状态分布。

梭梭为优质薪材和饲料，是珍贵药材肉苁蓉的寄主，还是一种防风固沙植物。

(3) 柽柳，*Tamarix chinensis* Lour.。别名：金条、黄金条、三春柳、观音柳、西湖柳、红柳。柽柳科植物。见图4-14。

柽柳为落叶灌木或小乔木。叶互生，披针形，鳞片状，小而密生，呈浅蓝绿色。小枝下垂，纤细如丝，婀娜可爱。总状花序集生于当年枝顶，组成圆锥状复花序；花粉红色，夏秋开花，有时一年开三次花。蒴果10月成熟，通常不结实。柽柳的老枝红紫色或淡棕色。由于生活在恶劣环境中，叶子变得很小，像鳞片一样密生于枝上，每个叶子只有1~3mm长。在绿色的嫩枝顶部生出圆锥形的花序，花小而密，粉红色，淡雅俏丽。柽柳的花期很长，为5~9月。

图4-14　柽柳（引自中国植物志）

柽柳为温带及亚热带树种，产于中国甘肃、河北、河南、山东、湖北、安徽、江苏、浙江、福建、广东、云南等省区。黄河流域及沿海盐碱地多有栽培。喜光、耐旱、耐寒，亦较耐水湿。极耐盐碱、沙荒地，根系发达，萌生力强。

柽柳可以作为绿化观赏、防风固沙、改造盐碱地及用作牲畜饲料。

(4) 沙冬青，*Ammopiptanthus mongolicus*（Maxim.）Cheng f.。别名：蒙古黄花木、蒙赫－哈尔加纳、冬青。豆科植物。见图4-15。

沙冬青为常绿灌木，多分枝，树皮黄色；枝黄绿色或灰黄色，幼枝密被灰白色平伏细毛。叶为掌状三出复叶，少为单叶，或三角状披针形。总状花序顶生，具8~10朵花，花冠黄色，荚果扁平，线状长圆形，无毛，先端有短尖，含种子2~5个；种子球状肾形，直径约7mm。

分布于内蒙古、甘肃（民勤、兰州）、宁夏（陶乐、吴忠、中卫）等地区。分布区为大陆性气候，春季干燥，多大风，夏季炎热，冬季寒冷，7月平均温22℃~25℃，1

月平均温-10℃～14℃，年降水量50～200mm或更低，多集中以夏季。沙冬青为常绿超旱生植物，喜沙砾质土壤，或具薄层覆沙的砾石质土壤，不见于沙漠或石质戈壁。多生于山前冲积、洪积平原，山涧盆地，成条带状或团块状分布。

沙冬青对于研究豆科植物的系统发育、古植物区系、古地理及第三纪气候特征，特别是研究亚洲中部荒漠植被的起源和形成具有较重要的科学价值。沙冬青为国家三级保护植物，是古老的第三纪残遗种，为阿拉善荒漠区所特有的建群植物。沙冬青还有药用价值。

（五）观赏类旱生植物

二色补血草，*Limonium bicolor*。蓝雪科植物。见图4-16。

二色补血草为多年生草本，高达60cm。茎丛生，直立或倾斜。叶多根出，匙形或长倒卵形，基部窄狭成翅柄，近于全缘。花茎直立，多分枝，花序着生于枝端而位于一侧，或近于头状花序。蒴果。花期7～10月。

多生于盐碱地。分布辽宁、陕西、甘肃、山东、山西、河南、河北、江苏、内蒙古等地。

图4-15 沙冬青（引自中国植物志）　图4-16 二色补血草（引自中国植物志）

二色补血草可以药用、观赏用。

第三节　盐生资源植物

一、盐生植物的概念

（一）盐生植物和非盐生植物

根据植物对盐渍环境的适应能力，可将植物分成盐生植物（halophyte）和非盐生植物（nonhalophyte）或甜土植物（glycophyte）。Greenway等提出（1980）在含有$3.3×10^5$Pa（相当于70mmol/L单价盐）以上盐分的生境中生长的自然植物区系为盐生植物。凡是在上述生境中不能正常生长的植物区系就是非盐生植物。

实际上，盐生植物和非盐生植物并没有一条明确的界限。根据植物对盐胁迫的反应，可分为三大类：即盐生植物、中度耐盐植物和盐敏感植物。

（1）盐生植物，主要是指真盐生植物。这类植物的耐盐阈值（耐盐阈值又称极限盐度，植物生长在该盐度范围内，50%以上的植物能正常生长，超过该盐度时，则50%以上的植物生长受到抑制，产量下降，这一盐度即为该种植物的极限盐度，即植物正常生长的最大盐度范围。）范围比较大，在低盐浓度的环境中可以促进其生长，只有当盐浓度达到一定高水平时，生长才会受到抑制。例如，海蓬子属、猪毛菜属、碱蓬属、盐节木属中的植物。

（2）中度耐盐植物，是指那些在低度盐分下其生长不受影响，但也不被促进，在高盐度下生长立即受到抑制。这一类植物中，既包括一部分盐生植物，如灯草科的一些植物：海乳草、海滨车前、铁杆蒿等，也包括一部分非盐生植物：如甜菜、大麦、棉花等。

（3）盐敏感植物，即一般的非盐生植物（包括大部分农作物），耐盐阈值十分低。

（二）盐生植物的生存环境——盐渍土壤

盐生植物一般生长在盐渍土壤中。盐碱土是盐土、盐化土壤以及碱土、碱化土壤的总称，又称盐渍土壤。中国的盐碱土，除新疆的哈密、土郜托、塔里木河沿岸以及松花江一带小面积的硝酸盐盐土外，主要是由 Na^+、Ca^{2+}、Mg^{2+} 三种阳离子及 CO_3^{2-}、HCO_3^-、Cl^-、SO_4^{2-} 四种阴离子组成的12种盐土，其中，钠盐是造成土壤盐分过高的主要盐类。

盐土是指地表土层中含有大量可溶性盐类的土壤。目前国内计算含盐量的指标以及计算平均含盐量的土层深度目前还没有完全统一的标准。暂用标准为：表层土壤含盐量在0.6%~2%的为盐土。中性盐中氯化物对植物的危害大于硫酸盐，在表层土壤氯化物含量超过0.6%和硫酸盐超过2%时，对植物都会造成极大的危害，甚至使多数植物死亡（主要指非盐生植物）。当表层土壤中性盐含量超过2%时，对大部分农作物可产生不同程度的危害，这种土壤成为盐化土壤，或者盐渍化土壤。盐土和盐化土壤总称为盐土类土壤。

碱土是指表层土壤中含碱性盐为主的土壤。这类土壤的溶液呈强碱性，pH$\geq$8.5，一般含可溶性盐很少，土壤胶体吸附一定数量的交换性钠。

中国的盐碱土通常包括滨海盐土、草甸盐土、沼泽盐土、洪积盐土、残余盐土、碱化盐土6个亚类，碱土包括草甸碱土、草原盐土、龟裂碱土3个亚类。

二、中国盐生植物的地理分布

中国盐生植物的种类约占世界盐生植物总数的1/5~1/4。盐生植物的分布与盐碱土地的分布密切相关，中国的滨海地带、山区、干旱、半干旱和沙漠地带，以及中国许多其他地区都分布有盐渍土壤。中国盐渍土壤总面积为14.87亿亩，其中活性盐渍土壤约5.54亿亩，残余盐渍化土壤（包括残余盐土和绝大部分含水溶性盐的荒漠土壤）为6.73亿亩，潜在盐渍化土壤为2.6亿亩。按中国土壤化学特征，将中国土壤分成8个土壤盐渍区。

（一）内陆盆地极干旱盐渍土区

主要为新疆塔里木盆地和柴达木盆地一带，这个地区属温带荒漠区，气候极端干旱，年降雨量在50mm以下，是中国最干旱地区，干燥度大于16。土壤以荒漠盐土为主。大部分表土（0～20cm）含盐量为10%～30%，下层含盐量大多在3%。

这个地区的盐生植物都属极度旱生盐生植物，最常见的植物为超旱生盐生植物，例如，合头草（*Sympegma regelii*）、盐生假木贼（*Anabasis salsa*）、红砂（*Reaumuria soongorica*）、珍珠猪毛菜（*Salsola passerina*）、中麻黄（*Ephedra intermedia*）等。

（二）内陆盆地干旱盐渍土区

包括新疆北部准噶尔盆地以及甘肃西北部和内蒙古西部一块地区，属温带荒漠和暖湿带荒漠区。来自山区的水盐汇入盆地。另外，准噶尔盆地的西部和西北部有许多大型湖泊，如艾比湖、新玛纳斯湖和艾里克湖等，这些湖是水分和盐分的归宿地，如艾比湖湖滨地下水矿化度多在30g/L以上，盐渍土遍布。

这个地区的盐生植物较为丰富，种类繁多，类型多种多样，如藜科植物有20余属，100余种，如盐节木属（*Halocnemum*）、盐穗木属（*Halostachys*），以及豆科、菊科、桦木科、莎草科植物等。

（三）内蒙古高原干旱盐渍土区

主要为内蒙古自治区以及宁夏回族自治区和甘肃省的东部。属温带，年均温度2℃～8℃，最冷月均温度为－25℃～－10℃，绝对最低温度为－40℃左右，最热月均温度为1℃～24℃，全年无霜期有100～180天，年降雨量为250～410mm，干燥度为2.0～4.0。这个地区中，禾草类和半灌木类植物特别丰富。

（四）东北平原半干旱半湿润盐渍土区

主要为黑龙江省、吉林省西部和内蒙古自治区的东部。该地区的土壤以碱化盐土和碱土为主，其中碱化盐土以碳酸钠等盐类为主，pH＞10，该地区气温年平均温度为2.7℃～4.7℃，最高温度为35℃～40℃，最低温度为－40℃～－30℃，无霜期较短，仅有130～165天。年降雨量为400～500mm，70%～80%的降雨量集中在6～9月份。年蒸降比为3～4，干燥度为1.0～1.25。降雪期较长，可达6～7个月。

盐生资源植物较前两个地区要丰富一些。草本盐生植物种类较多。在碱化盐土区域，主要生长着角果碱蓬（*Suaeda corniculata*）、碱茅（*Puccinellia distans*）、獐毛（*Aeluropus sinensis*）、木地肤（*Kochia prostrata*）等。在碱土地区，主要生长的盐生植物有羊草［*Leymus chinensis*（Trin.）Tzvel.］、狼针草（*Stipa baicalensis* Rosh.）、马蔺（*Iris ensata* Thunb）等。

（五）黄淮海平原草原半干旱半湿润盐渍土区

该地区由黄河、淮河、海河3条水系冲积而成，黄河横贯平原中部，构成平原中一道天然分水岭。由于局部积盐的差异，平原地表出现大小不等的盐斑。河流对水盐运动的影响主要是地上河或季节性河水补给地下水，导致和加重了土壤的盐渍化。冲积扇和冲积平原的交接洼地，是积盐较重的地区。

这个区域的盐生植物的耐盐能力不是很突出，多是一些轻度耐盐的盐生植物。例如，碱蓬（*Suaeda glauca* Bge.）、芦苇（*Phragmites australis*）、中亚滨藜（*Atriplex* centralasiatica Hjin.）等，一些中等耐盐的盐生植物，如盐地碱蓬［S. salsa（L.）Pall.］等。

（六）滨海盐渍土区

该区域主要为河北东部沿海、山东东北部和东南沿海海滨以及江苏东北部沿海海滨地段。该地区属暖温带，年均温度为8℃～14℃，最冷月均温度为－13℃～－2℃，绝对最低温达－30℃～－20℃，最热月均温度为24℃～28℃。全年无霜期为180～240天，属海滨区，年降雨量600mm左右。该地区为海潮可以侵袭的地区，土壤含盐量较高，可达2.0%～6.0%。

该区域盐生植物种类较少，主要生长着一些抗盐较高的盐生植物。例如，欧洲盐角草（Salicornia europaea）、大米草（Spartina anglica）、芦苇、盐地碱蓬等。还有不少地方寸草不生。

（七）西藏高原高寒和干旱盐渍土区

主要分布在西藏自治区北部，其海拔高度均在4 000m以上，气温较低，年均降雨量150～200mm，干燥度在4～16。年均温度为－4℃～0℃，最冷月均温度为－12℃～－18℃，最低可达－42℃～－22℃，最热月均温度为8℃～10℃，全年无霜期最多不过一个月，有的只有半个月，甚至全年有霜。这个地区的盐生植物种类较少，以垫状矮半灌木为主，其种类也很少。

（八）热带亚热带海滨盐渍化沼泽区

主要指中国热带和亚热带的广东、广西、福建、台湾和海南沿海的海湾和河口盐渍化沼泽地区。该地区年均温度为21℃～25.5℃，最冷月均温度为12℃，极端低温在0℃～6℃，年降雨量1 400～1 200mm。低潮积水带或位于低潮线以上、高潮线以下的中间地带，都是红树林植物生长的地方。

三、盐生植物的分类

根据植物与盐分的关系，盐生植物可划分成不同的类型。Breckle将盐生植物划分为三个生理类型：真盐生植物（euhalophyte）、假盐生植物（pseudohalophyte）、泌盐植物（recretohalophyte）。这是目前使用最为普遍的一种盐生植物分类方式。

（一）真盐生植物

即人们常说的稀盐盐生植物或积盐盐生植物。这类植物的茎或叶肉质化，有的甚至叶片退化，具有明显的旱生结构。大量吸收盐分并通过离子区隔化将盐分局限于液泡以及老叶中是这类植物的一个重要特点。与此同时，植物大量吸水以保持细胞膨压，稀释体内盐分，并通过老叶或茎的脱落减轻盐分危害。老叶（茎）脱落导致群落土壤盐分富集，对其他低耐盐植物具有抑制作用，这有助于与其他种的竞争。真盐生植物主要分布于高盐生境中，一定的土壤盐分能够刺激其生长，当土壤盐分超过其生态适应的阈值时，生长量的下降也比较缓慢，是盐生植物中最抗盐的一类。真盐生植物主要是藜科各属中的种类，大部分真盐生植物采取C4碳同化途径。

（二）假盐生植物

又名拒盐植物，主要为禾本科的碱茅属、芦苇属、茇茇草属、赖草属等属中的种类。这类植物根系具有特殊的解剖结构和输导系统，在盐渍环境中通过减少对盐分的吸收或减少盐分的向上运输，将盐分控制在根中来减轻盐害。拒盐植物一般分布于盐分较轻的生境中，在无盐生境中常常生长更好，提示这类盐生植物并非生理需盐植物。

（三）泌盐盐生植物

泌盐植物通过盐腺或盐囊泡将过多的盐分排除体外，以此逃避盐胁迫。泌盐盐生植物的耐盐能力种间差异很大。这类植物中的柽柳、滨藜在无盐环境中也能良好生长。泌盐植物并非生理需盐植物，而是典型的兼性盐生植物。泌盐植物主要分布于双子叶植物中的 11 个科 17 个属以及禾本科中的 35 个属中。泌盐结构有盐腺与盐囊泡之分，盐囊泡结构主要存在于藜科的滨藜属（*Atriplex*）中。

四、植物适应高盐土壤环境的机制

土壤中过高的盐分能降低土壤的水势，使植物根系吸水困难，导致植物体内缺水，而且诱导 ABA 等激素的产生，影响叶片的气孔开度和光合作用的效率，最终植物的生长受到严重的影响。在长期进化过程中，植物演化出了多种复杂而精确调控的机制来适应高盐环境。

总体来说，植物适应高盐土壤环境的机制分为三大类：一为避盐，阻挡过多盐分进入体内，或者将体内过高的盐分排出体外；二为稀盐，植物将体内过多的盐分转移到植物体内的某些部位，如液泡或者衰老的叶子；三为耐盐，植物通过代谢调整来耐受体内过高的盐分。实际上，具体植物种类的高盐适应机制可能不限于以上所说的某一种类型。

（一）避盐机制

（1）根系对土壤盐分的阻挡作用。植物蒸腾失水量是植物体内水分的 30～70 倍。假如土壤水分中所有的可溶性物质都按比例随根系吸收的水分进入植物体内，那么植物体内这些物质的含量将是土壤溶液中的 30～70 倍。实际上，植物只允许土壤溶液中很小一部分的溶质进入体内。起作用的就是根系对土壤盐分的阻挡作用。所有植物的根系都具有不同程度的拒盐能力。根系拒盐的机制与内皮层凯氏带对离子进入的阻挡有关。

另外，一些植物的根茎部在阻止地上部分过高的 Na^+ 含量方面具有重要作用。实验表明茎基部在对地上部分 Na^+ 向地下部分的再运输的调控过程中起着关键作用。

总的来说，植物的根或根茎部将盐分阻挡于根外或重新将地上部分的 Na^+ 运回根部，在植物抗盐性中具有关键作用，是植物抗盐能力的基础。如果没有根系对土壤盐分的阻挡，即使植物地上部分具有很完善的耐盐机制，也无法在高盐环境下生存。

（2）通过盐腺或盐囊泡将盐分分泌到体外。一些盐生植物如柽柳属、滨藜属及某些单子叶植物的茎或叶上具有盐腺或盐囊泡，能够将植物体内的盐分排出体外，从而避免过多的盐分对体内组织的伤害。

盐腺一般由几个细胞构成。例如，二色补血草的盐腺。盐离子由收集细胞进入分泌细胞后，在某种压力的作用下盐离子从角质层的小孔压出。双子叶植物的盐腺一般比较复杂，而单子叶盐生植物的盐腺结构相对简单，一般只由两个细胞组成，但仍具有很强的泌盐能力。

盐囊泡的结构一般比较简单，比如，滨藜的盐囊泡。盐囊泡由表皮毛转化而来，只有1个柄细胞和1个囊状细胞。柄细胞将盐分从叶肉细胞运至囊状细胞，因此囊状细胞中的盐分能达到很高的浓度。由于风、雨或触摸等机械力量的作用，囊状细胞破裂，将盐分排出。

泌盐是一个需要消耗能量的主动过程。无论盐腺还是盐囊泡，其分泌的盐分中主要是Na^+、Cl^-，其他离子所占比例很小。

(二) 稀盐机制

茎组织对蒸腾流中的离子能起到一定的缓冲作用。实验发现，大麦茎中Na^+和Cl^-含量自茎基部到茎尖依次降低。结果使幼叶离子中的离子含量远比老叶中的低，从而保护幼叶不受到离子伤害。

Na^+区隔化是另外一种重要的稀盐机制。盐地碱蓬等盐生植物能够将细胞内积累的盐离子转移到代谢不活跃的液泡中，从而降低盐胁迫对其他细胞器的损害，以抵抗高盐胁迫。Na^+进入液泡主要受液泡膜上Na^+/H^+反向转运蛋白调节，其动力来源于液泡膜的H^+质子泵。Na^+区隔化调节不仅使细胞质中Na^+浓度降低到不伤害胞质正常代谢的水平，还能获得较低的渗透势，但需要消耗大量能量。

植物地上部分还可以采取肉质化方式对进入体内的盐分产生适应。所谓肉质化是指植物的叶片或茎等器官的薄壁细胞大量增加，可吸收和储存大量水分，使体内的盐分得到稀释，从而免受过高盐含量的伤害。盐角草和盐节木是茎肉质化的植物，而叶肉质化的植物有碱蓬和盐爪爪等。

(三) 耐盐机制

(1) 渗透调节。渗透调节是指植物受到高盐胁迫时，细胞内溶质主动增加的过程，而并非由于组织失水而引起的溶质的相对增加。根系与地上部分都具有渗透调节能力，但地上部分不像根系那样可以阻挡盐分。

渗透调节物质包括两大类，即无机离子和有机小分子物质。参与渗透调节的无机离子主要有Na^+、K^+和Cl^-等离子；参与渗透调节的有机小分子有三大类，即糖类，如海藻糖、蔗糖；甜菜碱及其衍生物；醇类及各种氨基酸。无机离子主要区域化于液泡中，而有机小分子主要存在于胞质中。虽然植物体内的渗透调节物质主要是无机离子，有机物只占一小部分，但由于成熟的细胞中胞质一般只占整个细胞体积的5%左右，因此胞质中的有机小分子浓度还是很高的，它们可以平衡胞质与液泡以及胞质与外界的渗透势。盐生植物与非盐生植物胞质中的酶对盐分的敏感性没有差异，因此盐生植物胞质中有机小分子的积累对酶所起的保护作用，有利于维持盐渍环境下植物生理代谢的正常进行。

(2) 代谢途径的调整。渗透调节中需要大量的能量。所以，消耗植物积累或合成渗透调节物质对植物耐盐性的提高具有一定意义，但对植物的生长却是不利的（与非盐渍环境下生长的植物相比）。

一些植物在受到盐胁迫时采取产生新代谢途径来适应环境。盐生植物獐毛在低盐浓度下是C3植物，高盐环境下其叶片PEPase活性增高，向C4途径转化。

（3）活性氧的清除。盐胁迫条件下，植物体内会累积大量的活性氧（Reactive Oxygen Species，ROS），例如过氧化氢、超氧阴离子、羟自由基、单线态氧等自由基。活性氧分子有很强的氧化能力，性质活泼，对生物功能分子有破坏作用，包括引起膜的过氧化作用。盐生植物在系统进化过程中，形成了清除这些自由基或活性氧的保护体系，该体系由保护酶系统和非酶自由基清除剂组成。保护酶系统主要有超氧化物歧化酶（SOD）、过氧化氢酶（CAT）、过氧化物酶（POX）、抗坏血酸过氧化物酶（AsAPOD）等；非酶自由基清除剂主要有还原性谷胱甘肽（GSH）、抗坏血酸（AsA）、维生素E等。

五、中国盐生资源植物

（一）药用盐生植物

大约有100种盐生植物都具有药用价值，其中有一些是重要的中草药，例如豆科的甘草属植物、黄芪属植物，蒺藜科的白刺属植物，锦葵科的蜀葵属植物，白花丹科的补血草属植物，夹竹桃科的罗布麻属植物，茄科的枸杞属植物等。其中很多药用盐生植物也是旱生植物。

（二）饲用盐生植物

中国主要的饲用盐生资源植物有：碱蓬、小獐毛、结缕草、羊草、猪毛菜、碱茅、芨芨草、大麦草、星星草、海乳草等。

（1）碱蓬，*Suaeda glauca* Bge.。别名：盐蓬、碱蒿子、盐蒿子、老虎尾、和尚头、猪尾巴、盐蒿。藜科植物。见图4-17。

碱蓬为一年生草本，茎直立，圆柱形，高达30～100cm，花单生或2～3朵有柄簇生于叶腋的短柄上，呈团伞状，花被于果期呈五角星状。

图4-17 碱蓬（引自中国植物志）

分布于东北、西北、华北、河南、山东、江苏、浙江等地。

碱蓬性喜盐湿，要求土壤有较好的水分条件，但由于茎叶肉质，叶内储有大量的水分，故能忍受暂时的干旱。种子的休眠期很短，遇上适宜的条件便能迅速发芽出苗生长。但大多数种子在夏季雨后迅速发芽出苗。在碱湖周围和在盐碱斑上多星散或群集生长，可形成纯群落。

碱蓬为饲用盐生植物，可食用。种子含油较多，可作肥皂、油漆。可用于印染、玻璃工业，是化学工业的原料。

（2）小獐毛，*Aeluropus littoralis* (Gouan) Parl.。别名：艾斋味克（维吾尔语）。禾本科植物。见图4-18。

小獐毛为多年生草本。秆直立或倾斜，基部生鳞片状叶，多分枝，生殖枝高5～25cm。叶鞘多聚生于秆的基部；叶片扁平或内卷。圆锥花序稳状，分枝单生，紧贴主轴；小穗卵形颖卵形。

图4-18 小獐毛（引自赵可夫等，2005）

一般在 4 月初萌发，6 月上旬开花，8 月下旬至 9 月初开始枯黄。

分布于新疆和甘肃。国外在蒙古、伊朗、中亚和西伯利亚以及欧洲均有。

小獐毛是中生匍匐根茎型禾草，是盐化低地草甸草场的重要组成植物。主要分布于草原低地、占据一些大河流三角洲、河岸阶地、河间及盐渍化湖盆低地和冲积扇缘洼地。小獐毛根茎发达，耐践踏，再生力也强，在许多过牧的草场上，其他植物难以生存，竞争能力强的小獐毛成为优势种。

小獐毛的适口性较好，各种家畜均采食，马、牛利用比羊好，羊喜食其开花前较幼嫩的枝叶，在开花后，草质虽然有所下降，但仍为各种家畜采食。冬季，小獐毛仍能保留一部分枝叶，在冬季草场上家畜也都非常愿意采食。但在禾本科牧草中，小獐毛蛋白质含量偏低，灰分含量较高。小獐毛是盐碱较重地区重要的放牧饲草，它的分布多靠近平原农区，因此也是发展近田养畜的重要牧草资源。小獐毛还是多风沙地区优良的固沙植物，还可用于绿化城市铺建草坪。

(3) 猪毛菜，*Salsola collina* Pall.。别名：扎蓬棵。藜科植物。见图 4-19。

猪毛菜为一年生草本，高可达 1m。茎近直立，通常由基部多分枝。叶条状圆柱形，肉质，长 2～5cm，宽 0.5～1mm，先端具小刺尖，基部稍扩展下延，深绿色或有时带红色，光滑无毛或疏生短糙硬毛。穗状花序。果期背部生出不等形的短翅或草质突起。胞果倒卵形，果皮子膜质；种子横生或斜生。5 月开始返青，7～8 月开花，8～9 月果熟。果熟后，植株干枯，于茎基部折断，随风滚动。

分布于东北、华北、西北、西南、河南、山东、江苏、西藏等省区；朝鲜、蒙古、巴基斯坦、中亚细亚及欧洲等国家均有分布。

猪毛菜适应性、再生性及抗逆性均强，为耐旱、耐碱植物，有时成群丛生于田野路旁、沟边、荒地、沙丘或盐碱化沙质地，为常见的田间杂草。

猪毛菜是中等品质的饲料。幼嫩茎叶，羊少量采食。调制后猪、禽喜食。其饲用部分为幼苗及嫩茎叶，6～7 月割取全草，切碎可直接喂猪、禽，也可发酵饲用。8 月以后，茎秆硬，饲用价值降低。猪毛菜果期全草可为药用，治疗高血压，效果良好。

(4) 碱茅，*Puccinellia distans*。禾本科植物。见图 4-20。

图 4-19　猪毛菜（引自赵可夫等，2005）　　图 4-20　碱茅

碱茅为多年生草本，须根发达，深达 1m，茎秆直立或基部略膝曲，疏丛型，高 30～60cm，叶长 3～7cm，宽 5～7mm，通常内卷；圆锥花序开展，长 8～18cm，小穗含

3~4朵小花。颖果纺锤形，种子黄褐色，千粒重0.55 g。

分布于中国的辽宁、河北、西藏和新疆。

碱茅适应性强，喜湿润和盐渍性土壤，抗寒、耐旱、耐盐碱性极强，能在海拔3 700m的高寒山区，气温达－36℃时安全越冬。干旱时叶片卷成筒状，以减少水分散失，在土壤pH为8.8时能良好生长，土壤pH达9~10时仍能生长，是典型的改良盐碱地的优良牧草。

碱茅主要用于牧草。碱茅生长势强，春季返青早，生长快，在营养生长期草质柔软，营养好，适口性好，适时刈割，可调制干草或放牧。一般亩产青草1 600~2 100kg、干草350~450kg。也用于盐碱土地区草坪建植和公路护坡。

(5) 芨芨草，Achnatherum splendens。别名：积机草、席萁草。禾本科植物。

芨芨草为多年生草本。须根具沙套。多数丛生、坚硬，草丛明显，脉间有毛。草丛高50~100cm，丛径50~70cm。叶片坚韧，长30~60cm。圆锥花序长40~60cm，开花时呈金字塔形展开，小穗长4.5~6.5mm，灰绿色或微带紫色；颖膜质，披针形或椭圆形。

在中国北方分布很广，从东部高寒草甸草原到西部的荒漠区以及青藏高原东部高寒草原区均有分布，如黑龙江、吉林、辽宁、内蒙古、陕西北部、宁夏、甘肃、新疆、青海、四川西部、西藏高原东部等。在国外，芨芨草分布于亚洲中部和北部，如蒙古、俄罗斯等。

芨芨草根系强大，耐旱、耐盐碱，适应黏土、沙壤土。芨芨草的分布与地下水位较高、轻度盐渍化土壤有关，地下水位低或盐渍化严重的地区不宜生长。芨芨草具有广泛的生态可塑性，在较低湿的碱性平原以至高达5 000m的青藏高原上，从干草原带一直到荒漠区，均有芨芨草草甸分布，但它不进入林缘草甸，是盐化草甸的重要建群种。

芨芨草为中等品质饲草，对于中国西部荒漠、半荒漠草原区，解决大牲畜冬春饲草具有一定作用，终年为各种牲畜所采食，但时间和程度不一。骆驼、牛喜食，其次马、羊。在春季，夏初嫩茎为牛、羊喜食，夏季茎叶粗老，骆驼喜食，马次之。霜冻后的茎叶各种家畜均采食。芨芨草也是一种良好的纤维植物，可用于编织、造纸和造作扫帚。

(三) 生态盐生植物

(1) 红树，红树科（Rhizophoraceae）的植物。红树科有14属，100余种，分布于东南亚、非洲及美洲热带地区。中国有6属，11种。见图4-21。

乔木或灌木，高2~4m。有支柱根。聚伞花序，着生于小枝上已落叶的叶腋位置。果实倒卵形，褐色或榄绿色。种子在母体发芽，胚轴柱形，略弯曲，绿紫色，长20~40cm。花、果期近全年。

分布于海南和华南沿海地区，生于海边含盐滩涂地区。

红树林是热带、亚热带港湾滩涂特有的木本植物群落。它在维护河口区的生态平衡、促进海洋渔业和水产养殖业的发展，以及拒浪固滩护岸、净化水体等方面均起着重要的作用。

(2) 盐节木，*Halocnemum strobilaceum* (Pall.) Bieb.。藜科植物。见图 4-22。

盐节木为半灌木。高 20~40cm。茎自基部分枝，小枝对生，有关节，老枝近互生，木质，枝上有对生缩短成芽状的短枝。叶对生，鳞片状。花序穗状。胞果两侧扁，种子卵形或圆形，褐色。

图 4-21 红树（引自赵可夫等，2005）　图 4-22 盐节木（引自中国植物志）

主要分布于中国新疆、甘肃北部等地。俄罗斯、蒙古、阿富汗、伊朗和非洲北部也有分布。

盐节木为适中温盐生多汁小半灌木，是多汁盐柴类半灌木、小半灌木荒漠的重要组成植物，也是盐土荒漠中分布最广的一种植物，见于各地区盐土低地、盐湖滨、扇缘和洼地的潮湿盐土上，山前冲积平原的结壳盐土上也有分布。

盐节木是盐湖周围以及地下水埋深较浅、重度盐渍生境的重要生态防护植物种类，对防治土壤荒漠化有重要的作用。盐节木是盐漠中适口性较差，利用价值不大的植物。夏季植株含盐量较高，家畜一般不采食。秋季以后植株干枯，骆驼采食。含粗蛋白质较高，是骆驼秋季抓膘牧草。

（四）工业盐生植物

盐角草，*Salicornia europaea* L.。藜科植物。见图 4-23

盐角草为一年生草本，高 10~30cm，全株苍绿色。茎直立，具节。叶退化为鳞片状，顶端锐尖，基部连合成鞘状，边缘膜质。穗状花序。胞果卵形，包于膨胀的花被内。种子长圆形，种皮革质。花果期 6~9 月。

分布于中国的辽宁、河北、山西、陕西、宁夏、甘肃、内蒙古、青海、新疆、山东和江苏北部。国外朝鲜、日本、俄罗斯（东部西伯利亚）、印度和欧洲一些国家以及非洲、北美各国也有分布。

盐角草是典型的耐盐植物，生长在盐碱地、盐湖边，海边、河边湿地，能生长在含盐量高达 0.5%~6.5% 高浓度潮湿盐沼中。盐角草是不长叶子的肉质植物，茎的表面薄而光滑，气孔裸露出来。植物体内含水量可达 92%，所含的灰分可达鲜重的 4%，干重的 45%。

盐角草种子含油量较高，是一种生物能源植物。全草为提炼碳酸钠的原料。盐角草全株有毒，牲畜如啃食过量，易引起下泻。

（五）观赏类盐生植物

观赏用盐生植物有马蔺，盐角草，补血草等。

马蔺，*Iris lactea var. chinensis*。别名：马莲（花、草）、马兰（花）、紫蓝草、兰花草、箭秆风、蠡实。鸢尾科植物。见图4-24。

马蔺为多年生草本宿根植物。高10～60cm，密丛生。根状茎粗短，须根长而坚硬。叶基生，多数，坚韧，条形，无主脉，灰绿色，两面具稍突起的平行脉。花葶直立，高10～30cm，顶生1～3朵花，蓝紫色或天蓝色。种粒大，近球形，千粒重为23～27g。马蔺在北方地区一般3月底返青，4月下旬始花，5月中旬至5月底进入盛花期，6月中旬终花，11月上旬枯黄。马蔺色泽青绿，花淡雅美丽，花蜜清香，花期长达50天以上，绿期长达280天以上。

广泛分布于东北、华北、西北等地。从生态学角度看，以草原区分布较为普遍。马蔺抗逆性强，尤其耐盐碱，耐盐碱，耐践踏，根系发达，生长于荒地路旁、山坡草丛、盐碱草甸中，是盐化草甸的建群种。

马蔺为观赏、药用、固沙、纤维植物。还可用于水土保持，盐碱地、工业废弃地改造等。全株入药，有清热、止血、解毒的作用。叶可作绑扎及草编材料。

图4-23 盐角草（引自中国植物志） 图4-24 马蔺（引自朱太平，2007）

六、中国盐生资源植物的特点和开发利用原则

（一）中国盐生资源植物的特点

中国新疆、内蒙古、宁夏等中西部地区丰富的盐生植物是宝贵的潜在资源植物，从开发利用的角度来看，中国的盐生资源植物具有以下特点：

（1）数量大、种类多。中国盐生资源植物按用途可分为药用植物、食用植物、绿化观赏植物、饲用植物、纤维植物、国家濒危保护及新疆特有植物、蜜源植物和生态防护植物等，每一类别中都包括几十种的盐生资源植物。这些盐生植物种多数分布很广，资源丰富，如甘草、罗布麻、柽柳、芦苇、黑果枸杞、白刺等，为盐生资源植物的集约化经营和规模化开发奠定了基础。

（2）空间分布具有多样性。盐生资源植物种类的多样性总是与生境的多样性相联系的。在中国众多的盐生资源植物中，绝大多数植物天然分布于轻、中度的盐渍生境中，并可形成大面积的单种群落，适合在轻、中度盐渍生境中栽培、推广；也有一些植物如柽柳、黑果枸杞、白刺、碱蓬等，既可分布于轻、中度盐渍生境中，又天然分布于重度盐渍生境中，并形成单种群落；空间分布的差异性和多元化为土地的合理利用和资源的科学培植提供了条件。

(3) 集多种用途于一体。大多数盐生资源植物除了具有生态保护的作用外，还有多种经济用途，如补血草属植物既是良好的生态植物，也是极佳的观赏花卉资源，还是良好的药用植物；柽柳既是形态优美的绿化观赏植物，又是良好的蜜源植物、优质的纤维植物和宝贵的药用植物。

(4) 珍稀特有种较多。尽管有些盐生资源植物分布范围较窄，资源数量有限，但它们却是中国的特有种，或属于国家重点保护植物，是重要的植物基因资源。

(二) 中国盐生资源植物开发利用原则

目前中国多数盐生资源植物的开发主要处于原材料开发阶段，或只是对野生资源的挖掘开发，对一些重要的盐生资源植物尚未实现人工栽培，开发利用的技术含量低，主要是出售原材料，或只进行产品的粗加工，对产品的深加工和综合利用不够。对资源的掠夺式开发使生态环境遭受巨大破坏，资源数量急剧减少，经济效益不高。因此中国的盐生植物资源开发利用方面，应遵循以下原则：

(1) 加强生态保护，适度开发。环境保护和资源开发利用协调同步进行。目前，由于对肉苁蓉等盐生植物的过度开发，中国西部生态环境遭受严重破坏，资源植物数量急剧减少，一些重要资源植物甚至濒临绝灭，加强资源保护已成为当务之急，尤其对一些稀少的和重要的资源植物应以保护为主。在保护的基础上，通过人工栽培和扩大繁育实施规模开发。

(2) 加强盐生资源植物开发利用的计划性。应统筹规划，合理布局，规模经营。任何一种资源都有其主产区，主产区内资源丰富，品质优良，便于规模开发。在其主产区以外还存在零散分布区。在进行开发利用时，应对主产区和非主产区采取不同的开发策略，考虑对生态环境的影响程度，实施分类经营。

(3) 坚持综合利用，提高深加工技术含量。大多数盐生资源植物具有多种用途，经过综合开发和产品的系列深加工，注入更多的技术含量，才能在有限的开发数量的基础上，获得更大的经济效益。

(4) 加强盐生资源植物的相关科学研究。如通过实验室和田间种植试验研究，加强盐生植物的营养机制研究。增进对于盐生植物营养机制的了解，完善盐生植物田间种植的经验和技术，发展盐土农业和海水灌溉农业是未来农业的发展方向。

(5) 加强盐生资源植物基因资源的研究、开发和利用。通过实验研究，分离、鉴定更多的盐胁迫相关基因，筛选在植物抗盐机制中起重要作用的基因，并通过转基因技术，改造传统作物，扩大传统作物在盐碱地区的产量。

第四节 耐低温资源植物

低温是影响植物生长发育与地理分布的主要环境因素之一。不同种类的植物对低温的耐受能力不同。很多热带和亚热带植物不能经受冰点以上的低温，而分布在高纬度地带的寒带植物和生长于高原和高山地区的高原和高山植物可以耐受长期的低温。

研究耐低温资源植物,一方面可有利于寒冷地区的农牧业开发,促进当地经济发展;另一方面,还可以为提高传统作物的抗寒性提供理论依据和基因资源。

一、植物对低温环境的适应

植物生长对温度的反应有三基点,即最低温度、最适温度和最高温度。超过最高温度,植物就会遭受热害。低于最低温度,植物将会受到寒害(包括冷害和冻害)。温度胁迫即是指温度过低或过高对植物的影响。

(一)冷害对于植物的影响

(1)冷害。0℃以上的低温对植物生长造成的伤害称冷害(chilling injury)。植物对冷害的适应与抵抗能力称为植物的抗冷性(chilling resistance)。

在中国,冷害经常发生于早春和晚秋,对作物的危害主要表现在苗期与子粒或果实成熟期。种子萌发期的冷害,常延迟发芽,降低发芽率,诱发病害。如棉花、大豆种子在吸胀初期对低温十分敏感,低温浸种会完全丧失发芽率。低温下子叶或胚乳营养物质发生泄漏,这为适应低温的病菌提供了养分。苗期冷害主要表现为叶片失绿和萎蔫。水稻、棉花、玉米等春播后,常遭冷害,造成死苗或僵苗不发。作物在减数分裂期和开花期对低温也十分敏感。如水稻减数分裂期遇低温(16℃以下),则花粉不育率增加,且随低温时间的延长而危害加剧;开花期温度在20℃以下,则延迟开花,或闭花不开,影响授粉受精。晚稻灌浆期遇到寒流会造成子粒空瘪。10℃以下低温会影响多种果树的花芽分化,降低其结实率。果蔬储藏期遇低温,表皮变色,局部坏死,形成凹陷斑点。在很多地区冷害是限制农业生产的主要因素之一。

根据植物对冷害的反应速度,可将冷害分为直接伤害与间接伤害两类。直接伤害是指植物受低温影响后几小时,至多在1天之内即出现伤斑,说明这种影响已侵入细胞内,直接破坏原生质体活性。间接伤害主要是指由于引起代谢失调而造成的伤害。低温后植株形态上表现正常,至少要在5~6天后才出现组织柔软、萎蔫,而这些变化是代谢失常后生理生化的缓慢变化而造成的,并不是低温胁迫直接造成的。

(2)冷害对植物的生理生化影响。冷害对植物的影响不仅表现在叶片变褐、干枯、果皮变色等外部形态上,更重要的是在细胞的生理生化上发生了剧烈变化。

①膜透性增加。在低温冷害下,膜的选择透性减弱,膜内大量溶质外渗。用电导率仪测定可发现,植物浸出液的电导率增加,这就是细胞膜遭受破坏的表现。

②原生质流动减慢或停止。把对冷害敏感植物(番茄、烟草、西瓜、甜瓜、玉米等)的叶柄表皮毛在10℃下放置1~2min,原生质流动就变得缓慢或完全停止;而将对冷害不敏感的植物(甘蓝、胡萝卜、甜菜、马铃薯)置于0℃时原生质仍有流动。原生质流动过程需ATP提供能量,而原生质流动减慢或停止则说明了冷害使ATP代谢受到抑制。

③水分代谢失调。植株经冰点以上低温危害后,吸水能力和蒸腾速率都明显下降,其中根系吸水能力下降幅度更显著。在寒潮过后,作物的叶尖、叶片、枝条往往干枯,甚至发生器官脱落。这些都是水分代谢失调引起的。

④光合速率减弱。低温危害后蛋白质合成小于降解，叶绿体分解加速，叶绿素含量下降，加之酶活性又受到影响，因而光合速率明显降低。

⑤呼吸速率大起大落。植物在刚受到冷害时，呼吸速率会比正常时还高，这是一种保护作用。因为呼吸上升，放出的热量多，对抵抗寒冷有利。但时间较长以后，呼吸速率便大大降低，这是因为原生质停止流动，氧供应不足，无氧呼吸比重增大。特别是不耐寒的植物（或品种），呼吸速度大起大落的现象特别明显。

⑥有机物分解占优势。植株受冷害后，水解大于合成，不仅蛋白质分解加剧，游离氨基酸的数量和种类增多，而且多种生物大分子都减少。冷害后植株还积累许多对细胞有毒害的中间产物——乙醛、乙醇、酚、α-酮酸等。

（二）冻害对植物的影响

冰点以下低温对植物的危害叫做冻害（freezing injury）。植物对冰点以下低温的适应能力叫抗冻性（freezing resistance）。在世界上许多地区都会遇到冰点以下的低温，这对多种作物可造成程度不同的冻害，它是限制农业生产的一种自然灾害。

冻害发生的温度限度，可因植物种类、生育时期、生理状态、组织器官及其经受低温的时间长短而有很大差异。大麦、小麦、燕麦、苜蓿等越冬作物一般可忍耐$-12℃\sim-7℃$的严寒；有些树木，如白桦、网脉柳可以经受$-45℃$的严冬而不死；种子的抗冻性很强，在短时期内可经受$-100℃$以下冷冻而仍保持其发芽能力；某些植物的愈伤组织在液氮下，即在$-196℃$低温下保存4个月之久仍有活性。

一般剧烈的降温和升温以及连续的冷冻，对植物的危害较大；缓慢的降温与升温解冻，植物受害较轻。植物受冻害时，叶片就像烫伤一样，细胞失去膨压，组织柔软、叶色变褐，最终干枯死亡。

冻害主要是冰晶的伤害。植物组织结冰可分为两种方式：胞外结冰与胞内结冰。

（1）胞外结冰，又叫胞间结冰，是指在温度下降时，细胞间隙和细胞壁附近的水分结成冰随之而来的是细胞间隙的蒸汽压降低，周围细胞的水分便向胞间隙方向移动，扩大了冰晶的体积。

（2）胞内结冰，指温度迅速下降，除了胞间结冰外，细胞内的水分也冻结。一般先在原生质内结冰，后来在液泡内结冰。细胞内的冰晶体数目众多，体积一般比胞间结冰的小。

（三）植物在低温环境中的适应性变化

植物为了抵抗冬季低温，在生长习性和生理生化方面表现出有各种各样特殊的适应方式。

（1）生长习性变化。一年生植物主要以干燥种子形式越冬；大多数多年生草本植物地上部死亡，而以埋藏在土壤中的地下茎、根等越冬；落叶木本植物则以休眠芽越冬。

（2）生理生化变化。植物在冬季来临之前，随着气温的逐渐降低，体内发生了一系列适应低温的生理生化变化，抗寒能力增强。

①含水量及水分存在形式的变化。入秋后，随着气温和土壤温度的下降，组织的含水量降低，而束缚水的相对含量增高。由于束缚水不易结冰，也减少了细胞结冰的可能性，同时也可防止细胞间结冰引起的原生质过度脱水。

②呼吸减弱。抗冻性强的植物随温度的缓慢降低，植物的呼吸作用逐渐减弱，消耗减少，有利于糖分等物质的积累。

③生长停止，进入休眠。随着秋季日照的缩短和气温的降低，植物体内的激素发生了明显变化，主要表现为生长素和赤霉素减少，ABA增多并被运输到茎的尖端，抑制了细胞分裂与伸长，使生长停止，形成休眠芽。

④保护物质积累。在温度下降过程中，一些大分子物质趋向于水解，使细胞内可溶性糖（如葡萄糖、蔗糖等）含量增加。可溶性糖是植物抵御低温的重要保护性物质，能降低冰点，提高原生质保护能力，保护蛋白质胶体不致遇冷变形凝聚。除可溶性糖以外，脂肪也是保护物质之一，可以集中在细胞质表层，使水分不易透过，细胞内不易结冰，还能防止过度脱水。

⑤低温诱导蛋白质的产生。在低于植物正常生长温度刺激下合成一些特异性的新蛋白称为低温诱导蛋白，也称冷响应蛋白、冷激蛋白，包括同工酶、抗冻蛋白、胚胎发育晚期丰富蛋白等。同工酶能代替低温下不能合成的酶蛋白行使功能；抗冻蛋白具有减少冻融过程对类囊体膜等生物膜的伤害、防止某些酶因冰冻而失活的功能；胚胎发育晚期丰富蛋白是一类低温诱导、水分胁迫、胚胎发育晚期以及外源ABA处理都能丰富表达的蛋白质。低温诱导蛋白多数高度亲水，它们的大量表达具有减少细胞失水和防止细胞脱水的作用，有助于提高植物对冰冻胁迫的抗性。

二、中国耐低温植物的分布范围和生态适应性特点

中国耐低温植物主要分布在两大寒冷地区，一是中国北方的高纬度地区（如黑龙江和新疆），这里气候寒冷干燥；另一类是高原和高山地区，如青藏高原，这些地区分布的植物不仅能够耐受低温和干旱，还长期受到强紫外线和强风的胁迫。

与分布于热带、亚热带和温带的植物相比，分布在寒冷地区的耐低温植物具有明显较强的低温耐受能力和生态适应性。下面分别介绍高山植物（alpine vegetation）和寒带植物（cryoflora）的低温环境生态适应情况。

（一）高山植物

高山植物主要分布在树木无法生存的高原和高山地区。在中国的青藏高原，高山植物一般分布在海拔4 500m以上、雪线以下的高山带。这里气候非常寒冷，没有夏季，年平均气温在0℃以下，昼夜温差高达35℃～50℃，气压低，太阳辐射强，常年强风频繁，降雨很少，大气相对湿度较低。在植物生长期内，存在着物理干旱或生理干旱。由于物理风化强烈，生物作用微弱，土壤质地粗疏。

适应于这种严酷的自然环境，高山植物发展出一系列的适应性特征。高山植物一般体积矮小，茎叶多毛，有的还匍匐着生长或者像垫子一样铺在地上，成为所谓的"垫状植物"。"垫状植物"是植物适应高山环境的典型形状之一。它们在青藏高原海拔4 500～5 300m的高山区生长。高3～5cm，个别较大的高也不过10cm左右，直径约20cm。一团团垫状体就好像一个个运动器械中的铁饼，散落在高山的坡地之上。流线型（或铁饼状）的外表和贴地生长，能抵御大风的吹刮和冷风的侵袭。另外它生长缓

慢、叶子细小、可以减少蒸腾作用而减少对水分的消耗，以适应高山缺水的恶劣环境。

(1) 形态及解剖学特征

①根。高山植物大都为浅根系，根沿地表近水平分布，即使是长根向下到一定深度后也会弯曲成水平状，或其根端向上翘起到土壤表层。出现这一现象的原因可能是土壤的低温严重影响到根系的生理功能，使水分的吸收受到限制。

②茎。高山植物普遍低矮、近地，有的呈垫状或绒毡状。"垫状"习性的形成，是极端环境条件长期作用的结果，其中低温、强风作为主导因素起着决定性作用。当然，紫外光的重要作用也值得重视，紫外光能促进花青苷的形成，抑制生长素的活性，阻碍茎的延长。

与同其他类型的植物相比，高山垫状植物对残酷的综合自然环境具有更强的适应能力，它们的生存、繁衍，为其他类型植物的迁入改造了土壤，积累了有机质，甚至为其他植物在其上面生长发育提供了一种温床。因此，垫状植物对改善高山生态环境，特别是那些少植被或植被稀疏地区的生态环境，维持生态平衡具有重要意义。

③叶。叶片是植物进化过程中对环境变化较敏感且可塑性较大的器官，其结构特征最能体现环境因子的影响或植物对环境的适应。长期生长在高山地区的植物，叶片大都缩小且加厚，有的还特化成鳞片状、条状、柱状或针状。

④花。高山地区有利于植物生长的季节很短，开花则被限制在一个更短的时期内，但大多数高山植物仍能开花。与植株相比，高山植物的花相对较大，花的颜色都比较鲜艳，具有虫媒花的典型特征。

(2) 超微结构特征

①叶绿体。正常条件下，高山植物的叶绿体大多呈椭圆形或梭形，沿细胞壁分布。然而，在部分高山植物中，随着海拔的升高，叶绿体由规则的椭圆形变为球形或近似球形，同时，在分布上趋向于向细胞中央移动。资料显示，在高温干旱和水分胁迫下，叶绿体也会出现形状变圆、位置内移的现象，并认为叶绿体的这种变化是对逆境胁迫的一种反应。

被膜保持完整是叶绿体完成正常生理功能的前提条件，研究发现，部分高山植物叶绿体被膜模糊不光滑，部分区域膜解体，这与严寒和强辐射有关。

与低海拔植物相比，高山植物的叶绿体基粒片层数普遍较低，往往不超过20层，并且随着海拔的升高，基粒垛叠程度呈下降趋势。具有较少的基粒片层可能是高山植物对低温和强辐射环境的一种适应，基粒片层少可以避免捕获过多光能而对叶绿体造成潜在伤害。

部分高山植物中存在叶绿体类囊体膨大的现象，但其叶绿体结构仍保持完整，因此，高山植物的类囊体膨大可能是对特殊环境的一种适应，是长期自然选择的结果，这一点与盐生植物类囊体的膨大相似。

高山植物叶绿体内淀粉粒往往较多，而且在个别植物中，还存在巨大淀粉粒的现象。淀粉粒在叶绿体中的积累可能是高山植物对低温环境的一种适应。

②线粒体。高山植物叶肉细胞中线粒体含量非常丰富，常常多个聚集在一起，线粒体个体小，结构清晰，但嵴的数目较少。逆境条件下线粒体数目增多，可能是对严酷生

态条件耗能大的补偿，从而保证胁迫过程中能量的供应。

③叶绿体和线粒体的空间位置。正常情况下，线粒体在细胞中的分布是随机的，而在逆境胁迫下，这种分布则表现出一定的特殊性。生长于高山地区的植物，其细胞中的线粒体呈现出不均一分布，常与叶绿体伴生，并将叶绿体包围起来。线粒体和叶绿体在距离上的靠近，可能是高山植物细胞的一种巧妙"安排"，这种"安排"缩短了能量运输的距离，有利于迅速将线粒体产生的ATP运到叶绿体中。

总之，高山植物能适应并改造着环境，使其有利于自己的生长发育。它们的垫状体呈流线型，贴伏在地面上，抵抗着冷风的吹袭。在高山强烈的阳光照射下，垫状体内部的温度，比周围空气和土壤的温度稍高，而且增热较快，散热较慢，昼夜温差较小，因而能够适应高山的严寒冰冻。

高山环境降水很少，但垫状体内的细沙、残叶蓄存着较多的水分。另外它们微弱的生理活动、生长的极度缓慢以及细小的叶片，又减少了蒸腾作用对水分的消耗。垫状植物一般具有粗大而深长的主根，以适应高山粗疏的土壤基质和在寒冷、干旱环境下生长发育的要求。垫状植物就是这样通过自己形态、生态和生理特性的改变，以适应高山地区以低温为主，兼有其他多种限制性生态因子的不利环境。

（二）寒带植物

寒带植物，亦称低温植物（cryophyte），指生长于高于森林界线的高纬度地带（寒带）的植物。寒带植物生长期短，因温度较低生长缓慢，有低矮的草本植物、灌木与苔藓植物、地衣植物共同生长。一般叶小型，由于含有花色素，很多呈红色。纬度越高，一年生植物越少而多年生植物增加。多数具有在地表附近或地里的越冬芽。

三、中国耐低温资源植物

高原和寒带等低温地带由于自然条件独特，造就了一些独特的资源植物，如珍稀药用植物雪莲、藏茵陈、红景天等。开发利用这些宝贵的资源能够为人类提供更多的疾病治疗药物。但是由于地处寒冷地带的植物生长极为缓慢，所以低温地带的生态环境十分脆弱，加之全球"温室效应"，使这里的原始植被大面积退化，湿地萎缩、湖泊干涸、雪线上升、冰川消融、森林面积锐减等，造成水土流失加剧，致使荒漠化和沙漠面积不断扩大。同时，一些人为的因素，如滥挖滥采药用植物等，也对高原和寒带生态环境造成了一定程度的危害。

鉴于以上所述的情况，在开发利用低温地带的资源植物的同时，一定要非常注意保护低温地带脆弱的生态系统。以下介绍一些有开发潜力的低温资源植物。

（1）雪莲，*Saussurea involucrata* Kar. et Kir. et Maxim.。菊科植物。见图4-25。

雪莲为多年生草本，高15~25cm；根状茎粗，黑褐色；基部残存多数棕褐色枯叶柄纤维；茎单生，直立，中空，直径2~4cm，无毛。叶密集，近革质，绿色，叶片长圆形或卵状长圆形。头状花序，聚集于茎端呈球状，总苞半球形，花蕊紫色，长约14mm。瘦果长圆形。花期7月，果期8月。

凤毛菊属雪莲亚属植物有20余种，绝大部分产于中国青藏高原及其毗邻地区，在中国的新疆、青海、四川、云南也有分布。

雪莲生长在海拔 4 800～5 800m 的高山流石坡以及雪线附近的碎石间，通常生长在高山雪线以下。气候多变，最高月平均温度 3℃～5℃，最低月平均温度 －21℃～－19℃，年降水量约 800mm，无霜期仅有 50 天。土壤以高山草甸土为主，有机质含量为 8.5～11%，含氮量 4.5%～10%。雪莲在这种高山严酷条件下，生长缓慢，至少需要 4～5 年后才能开花结果。但是，由于生长期短，它能在较短的时间内迅速发芽、生长、开花和结果。

雪莲为名贵药材。雪莲根、茎、叶、花均有丰富的生物碱、黄酮类、内脂、甾体类等，药用价值极高。

(2) 红景天，*Rhodiola rosea* L.。景天科植物。见图 4-26。

图 4-25 雪莲（引自中国植物志）　　图 4-26 大花红景天（引自中国植物志）

红景天为多年生草本植物。高 10～20cm。根粗壮，圆锥形，肉质，褐黄色，根颈部具多数须根。根茎短，圆柱形，被多数覆瓦状排列的鳞片状的叶。从茎顶端之叶腋抽出数条花茎，花茎上下部均有肉质叶，叶片椭圆形，边缘具锯齿，先端尖锐，基部楔形，几无柄。聚伞花序顶生，花红色。7～9 月采收。

红景天通常为红景天属植物的泛称，有 90 多种，分布于中亚和西伯利亚一带。中国有 73 种，主要分布在东北、甘肃、新疆、四川、西藏及云贵等省。

小丛红景天 [*Rhodiola dumulosa* (Franch.) S. H. Fu.] 生长在青藏高寒地带、海拔 3 000～6 000m 终年积雪的向阳坡上。

库页红景天（*Rhodiola sachalinensis* A. Bor.）多生长在长白山区 1 800～2 300m 的高山冻原带和岳桦林带；在山顶部的溪流两侧、山坡沟谷、岩石缝及石塘内群生，其所在土壤多为山地苔原土及生草森林土，土层较浅、沙石较多，土壤 pH 为 5～6。高山冻原带为全光照射，岳桦林内光照度为 30%～40%。其所处环境，冬季严寒漫长，夏季凉爽短暂，年平均气温－5℃～2℃，高山冻原带 1 月份平均气温－24℃，7 月份平均气温低于 10℃，年降雨量 800～1 000mm，冬季积雪很厚，无霜期 70～100 天。

红景天为药品、保健食品。地下块根及根茎入药，可提取红景天甙，具有抗衰老、抗缺氧、抗疲劳、抗辐射、抗肿瘤、抗病毒、增强脑机能和改善心肌功能等作用。

(3) 微孔草，*Microula sikkimensis* (Clarke) Hemsl.。别名：兰花花。紫草科植物。见图 4-27。

微孔草为草本。茎高 15~40cm，有开展的刚毛，常自下部起分枝。基生叶和茎下部叶有长柄，长达 15cm，宽达 2.8cm，两面有短糙毛；中部叶有柄，卵形或椭圆状卵形；上部叶无柄，渐小。花序短，有密集的花，花冠蓝色。小坚果卵形。

分布于陕西西南部、甘肃、青海、四川西部、云南西北部（中甸以北）西藏东部和南部。生长在高原的草坡或村边和田边草地。全世界共有 30 种和 8 个变种，中国均有分布，其中 26 种为中国特有种，主要分布于青藏高原及其毗邻高寒地区。锡金微孔草和西藏微孔草分布最广，是青藏高原的常见杂草。经分析，其种子的含油率高于月见草种子，且种子油的脂肪酸优于月见草油，是有开发价值的油科植物。也可以为保健食品。

图 4-27 微孔草（引自中国植物志）

（4）藏茵陈，藏茵陈是藏医学中用于治疗肝胆病、血液病等的特有药用资源植物，主要指龙胆科獐芽菜属的部分药用植物。广义的藏茵陈是龙胆科（Gentianaceae）獐牙菜属（Swertia）、花锚属（Halenia）、扁蕾属（Gentianopsis）的多种植物，狭义的藏茵陈一般指獐牙菜属川西獐牙菜（S. mussotii）、抱茎獐牙菜（S. franchetiana）、四数獐牙菜（S. tetraptera）、祁连獐牙菜（S. przewalskii）。另外花锚属花锚（H. ellipitica D. Don）、扁蕾属扁蕾 [G. barbata (Froel.) Ma] 也为常用的藏茵陈资源植物。

全世界有 100 多种獐牙菜属植物作为藏茵陈的主要来源，中国大约有 79 种，主要分布在西南部至喜马拉雅地区。其中，青海獐牙菜属药用植物约 10 种 3 变种，主要为川西獐牙菜、抱茎獐牙菜、祁连獐牙菜等，相对集中分布于青海的海东、海北、海南、黄南等地区。

藏茵陈为珍贵药材。藏茵陈性凉、味苦、富含维生素 C、维生素 B 和人体所需的多种微量元素和多种氨基酸，具有清肝利胆、退黄清热之功效。主要用于黄疸性肝炎、病毒性肝炎、胆囊炎以及血液病、胃病、退烧缓泻、消化不良、急性骨髓炎、急性菌痢、结膜炎、咽喉炎以及烫伤、血虚、头晕、高血压、月经不调等，并有滋补作用。藏茵陈是历史悠久的贵重八珍藏药之一。

第五节 耐涝资源植物

植物缺水会造成干旱，但是水分太多形成涝害（flood injury），也会影响植物的生长发育。

一、涝害对植物的影响

（一）淹涝胁迫

水分是最重要的生态环境因子之一，水分的过多或过少决定植物的生长、分布及群

· 117 ·

体结构。水分过多对植物的伤害称为涝害（flood injury），也称为淹涝胁迫、水淹胁迫，植物对积水或土壤过湿的适应力和抵抗力称植物的抗涝性（flood resistance）。

典型的涝害是指地面积水，淹没了作物的全部或一部分。在低湿、沼泽地带、河边以及在发生洪水或暴雨之后，常有涝害发生。涝害会使作物生长不良，甚至死亡。中国几乎每年都有局部的洪涝灾害，而6~9月则是涝灾多发时期，给农业生产带来很大损失。

（二）涝害对植物的影响

水分过多对植物的危害，不在于水分本身，主要问题是水中含氧量少，缺氧给植物的形态、生长和代谢带来了一系列的不良影响。

（1）对呼吸作用的影响。淹涝胁迫阻碍氧气和其他气体在土壤与空气之间的交换，土壤环境逐步变成缺氧。植物根系的能量代谢由有氧呼吸转变成缺氧代谢。因此，淹涝条件下植物产生大量无氧呼吸产物，如乙醇、乳酸等，使代谢紊乱，受到毒害。

耐缺氧能力差的旱生植物（如玉米、大麦、马铃薯、豌豆）主要通过糖酵解代谢、乙醇发酵和乳酸途径获得生长所需能量，呼吸代谢消耗的糖中70%变成了乙醇和乳酸，只有5%形成丙氨酸。耐缺氧能力强的沼泽植物（如水稻、菖蒲）通过多条代谢途径，如乙醇发酵、磷酸戊糖途径、脂类代谢、不完整的三羧酸循环来获得ATP以抵抗淹涝胁迫。

（2）对光合作用的影响。淹涝胁迫下植物的茎秆并不被淹没，但植物的地上部分生长和代谢与根系的代谢是紧密相关的，根系的缺氧环境影响叶片的光合特性。植物对淹涝胁迫的初期反应是气孔关闭，CO_2的扩散阻力增加；随着淹涝时间延长，与光合作用相关的酶活性逐渐降低；叶绿素含量下降，叶片早衰，绿叶面积减少，叶片脱落死亡。已经证实许多旱生植物，如番茄、小麦、辣椒、大豆等遭受淹涝后，叶片气孔出现关闭，气孔导度降低，光合速率下降；对淹涝胁迫敏感的植物而言，淹涝胁迫引起气孔关闭和光合作用的下降之间有密切的关系。淹涝胁迫也会导致叶绿素含量降低及叶绿素a/叶绿素b比率的升高。

（3）对矿物质营养的影响。淹涝胁迫明显改变植物的营养关系，主要表现在三个方面：①蒸腾强度减弱，矿质营养从根系运输到地上合组织的数量减少；②缺氧降低了根系细胞ATP浓度，削弱了根系主动吸收矿质营养的能力；③土壤厌氧条件改变了许多矿质元素的可利用状态。

土壤短期淹水后，通常能增加P、Mn^{2+}、Fe^{2+}、SiO_2在土壤中的浓度，但长期渍水或处于深水淹涝则会使速效P、Zn的含量极为缺乏，而还原性有毒物质Fe^{2+}、Mn^{2+}、H_2S过量积累对植物造成毒害，此外，缺氧代谢产生的有机酸的积累对水稻也会造成伤害。

（4）对内源激素的影响。淹涝胁迫导致植物地上部分的乙烯、ABA、生长素含量增加，而赤霉素和细胞分裂素的含量降低。正常生长条件下，根系合成的ABA向地上部运输较少，而地上部合成的ABA向根系运输的多；淹涝可能加速了地上部的ABA的合成，减少了向根系运输的数量。淹涝胁迫使茎尖中生长素的浓度上升，可能是地上部乙烯和ABA含量增加后，抑制茎部生长素向根系的转运。淹涝初期，植物地上部分的赤霉素和细胞分裂素的浓度下降，这可能是淹涝胁迫直接阻断了其合成，并减少从根部向叶片运输。当茎基部出现不定根时，二者的浓度又开始上升。但是至少赤霉素还可以在茎叶组织中合成。

（5）对植物根系形态的影响。淹涝胁迫下，水稻、玉米等作物幼苗的根系生长、干物质积累大幅度下降，初生根的侧根、根毛减少，并逐步发黑死亡，同时诱导不定根发生，根系主要由不定根组成。淹水还引起新生不定根的组织结构发生显著变化，伸长区内大量皮层细胞解体，融合形成通气组织，使根内部孔隙度大幅度增加。

（6）对植物叶片形态的影响。植物个体生长具有整体性，地上部分生长发育好坏与根系正常与否密切相关。淹涝胁迫下，植物根系对水分和矿质营养的吸收能力显著下降，可供植物茎叶部分使用的水分和矿质营养急剧减少。对湿生植物（如水稻、菖蒲）而言，由于它们发达的通气组织，部分淹涝对其生长发育影响不大；完全淹水才会导致生长发育减慢，叶面积减少、植株伸长、生存率降低。对于玉米、小麦、豌豆、番茄等旱生植物而言，部分淹涝就会导致植株生长显著降低，老叶衰老加速，嫩叶上气孔的开度逐步减少并最终关闭。完全淹水对植物叶片细胞的伤害更为严重。

（三）耐涝植物

植物在对水分的长期适应过程中逐步演变，分化出了不同的生态类型。水分过多（淹涝）对植物生长发育产生了影响，也产生了具有不同耐涝能力的植物。耐缺氧能力差的旱生植物，如玉米、大麦、马铃薯、豌豆。耐缺氧能力强的沼泽植物，如水稻、菖蒲。沼泽作物中，水稻比藕更抗涝。水稻中，籼稻比糯稻抗涝；糯稻又比粳稻抗涝。

二、植物适应淹涝环境的机制

不同植物抗涝能力有差异。如旱生作物中，油菜比马铃薯、番茄抗涝；荞麦比胡萝卜、紫云英抗涝。而同一植物不同发育阶段的抗涝能力也不同。如水稻一生中以幼穗形成期到孕穗中期最易受水涝危害，其次是开花期，其他发育阶段期受害较轻。

（一）形态适应机制

（1）诱发不定根，根系生长表面化。在水涝胁迫下，植物根系诱发不定根形成。不定根伸长区内有发达的通气组织形成，使根内部组织孔隙度大幅提高。不定根根尖细胞具有较高细胞分裂能力和生理活性，根系氧气摄取和运输能力明显改善。

在淹涝条件下，有些植物根系表层化并且变细，根毛增多，根系能减少氧气在细胞中扩散的阻力，又不会形成根中部细胞的缺氧，还可以增加根系表面积，有利于氧气的吸收。一些深根植物对淹涝所致缺氧的适应策略是根部细胞间形成大量通气间隙，这样便于氧气扩散，生长在深层土壤中的根系，也可以获得氧气。

（2）形成根际通气组织。由于根系和微生物活动消耗氧气，根系的厌氧环境增进植物乙烯的生成和积累，淹没根系的水又会通过抑制乙烯的释放而加剧这种积累。乙烯浓度增加促进纤维酶的活性，在酶的作用下，根尖皮层组织中细胞分离或部分皮层细胞崩溃，形成通气组织。形成根际通气组织的生理生态意义在于提供根系呼吸代谢所需的氧气，调节根际氧化势，排泄废气等。

（二）代谢适应机制

（1）能量代谢的调整。淹涝所致缺氧所引起的无氧呼吸使体内积累有毒物质，而耐缺氧的生化机制就是要减少有毒物质的积累，或对有毒物质积累产生耐受性。某些植物（如甜茅属）淹水时刺激糖酵解途径，以后即以磷酸戊糖途径占优势，通过这种代谢调整消除了有毒物质的积累。一些耐涝植物通过提高乙醇脱氢酶活性以减少乙醇的积累。如耐涝的大麦品种比不耐涝的大麦品种受涝后根内的乙醇脱氢酶的活性高。

在涝害胁迫时，除了发酵途径外，在有些植物中还存在磷酸戊糖途径和苹果酸代谢作为能量供应的补充。

（2）脯氨酸积累。逆境下植物叶片中积累游离脯氨酸，原因在于：①叶片组织多种酶活性降低，脯氨酸氧化受阻，造成游离脯氨酸积累。②谷氨酸合成脯氨酸的速度增加。脯氨酸可提高植物细胞原生质渗透压，防止水分散失以及提高原生质胶体的稳定性，从而提高植物体抗性。在短时淹水下，活性酶活性增强，但随受害时间延长这些酶的活性下降。

（3）特定蛋白质的表达。植物抗逆性途径大多与蛋白质尤其是酶有关。研究表明在涝渍胁迫下，植物体内诱导合成了一些新的蛋白或酶类物质。一些耐涝植物，如水稻和稻稗，在氧胁迫下糖酵解代谢酶类的活性明显被促进，这样就可以在代谢上适应水涝胁迫所造成的缺氧生境。目前已克隆了一些与植物抗涝性相关的基因，主要是编码厌氧胁迫蛋白的基因、SOD 酶基因、植物血红蛋白等。

（三）涝害所致缺氧胁迫的避性和耐性机制

植物抗涝性的强弱与其对缺氧的适应能力密切相关。植物的抗缺氧性大致可归纳为对缺氧胁迫的避性和耐性。

避缺氧性是指植物通过增强对氧的吸收和在体内的扩散或减少向外的逸失，维持组织中适宜的氧水平，以保障其正常的生理功能，这是一种主动的、积极的抗性方式；耐缺氧性则指组织中氧水平已经降低到正常生理要求以下时，植物通过某些生理生化机制减轻缺氧对细胞和组织的伤害，以维持生存，这是一种被动的抗性方式，但对于在严重缺氧条件下保证种的延续是有利的。

植物的避缺氧性，表现在形态解剖适应性方面，通气组织和不定根的形成、皮孔增生、叶柄偏上生长以及根的向氧性生长可增强氧的吸收与扩散，质外体障碍（apoplastic barrier）的形成能够减少体内氧的逸失；植物激素如乙烯、生长素、ABA 和赤霉素及其调节作用、ACC 合成酶、木葡聚糖内转葡糖基酶和纤维素酶等为植物避缺氧性的形态解剖变化提供了一定的生理生化基础。

在植物的耐缺氧性方面，氧化磷酸化、发酵途径、磷酸戊糖途径、硝酸盐还原作用、胞质 pH 的维持与加强可提供维持植物在低氧环境下各项正常生理功能必要的能量与内部环境；厌氧多肽如乙醇脱氢酶、丙酮酸脱羧酶等糖酵解和发酵途径酶类诱导与活化机制的研究，可揭示代谢调控作用的分子基础；活性氧产生的抑制与清除、非酶清除剂（如抗坏血酸、谷胱甘肽、维生素 E 等）和活性氧清除酶类（SOD、POD、CAT 等）以及使还原态抗氧化剂再生的酶的活化等，可减轻淹水胁迫下活性氧积累对植物的伤害。

总之，植物的抗涝性是一个受多因素控制的非常复杂的性状，各因素之间往往还有交叉作用。

三、中国耐涝资源植物

了解植物的耐涝特性，有助于人类加强对各种沼泽和湿地的开发利用。在滩涂地带大量种植耐涝资源植物，既可以获得丰厚的经济效益，还有利于沼泽和湿地生态环境的保护。

研究植物的耐涝机制，克隆鉴定更多的耐涝关键基因，可以促进对传统农作物的遗传改良，提高作物的耐涝性，拓展作物种植面积，保持未来粮食供应的可持续发展。

人类对于耐涝资源植物的利用由来已久。如全球产量最大的作物——水稻就是典型的耐涝植物。水稻是中国最重要的粮食作物，种植面积约占粮食作物总面积的30%，总产却占粮食总产的40%。稻米是中国50%以上人口的主食。水稻还是科学研究用的模式植物之一，其基因组已经被破译，科研人员正在培育具有各种抗逆性、口感和品质的优良水稻品种。

以下介绍其他几种重要的耐涝资源植物。

(1) 芦苇，*Phragmites australis*。禾本科植物。见图4-28。

芦苇为多年水生或湿生的高大禾草，生长在灌溉沟渠旁、河堤沼泽地等。芦苇的植株高大。茎秆直立，秆高1~3m，节下常生白粉。叶鞘圆筒形，无毛或有细毛。叶舌有毛，叶片长线形或长披针形，排列成两行。圆锥花序分枝稠密，向斜伸展。具长、粗壮的匍匐根状茎，以根茎繁殖为主。

芦苇在中国广泛分布，其中东北的辽河三角洲、松嫩平原、三江平原，内蒙古的呼伦贝尔草原和锡林郭勒草原，新疆的博斯腾湖、伊犁河谷及塔城额敏河谷，华北平原的白洋淀等地区是大面积芦苇集中的分布地区。芦苇一般生长于池沼、河岸、河溪边多水地区，常形成苇塘。

芦苇不仅保土固堤，还可以药用、饲用。

(2) 荷花，*Nelumbo nucifera*。别名：莲花、芙蕖、水芝、水芸、水目、泽芝、水华、菡萏、水旦、草芙蓉。睡莲科植物。见图4-29。

图4-28 芦苇（引自赵可夫等，2005）　　图4-29 荷花（引自朱太平，2007）

荷花为多年生水生植物。根茎（藕）肥大多节，横生于水底泥中。叶盾状圆形，表面深绿色，被蜡质白粉背面灰绿色，全缘并呈波状。叶柄圆柱形，密生倒刺。花单生于花梗顶端、高托水面之上，有单瓣、复瓣、重瓣及重台等花型。花色有白、粉、深红、淡紫色或间色等变化。花托表面具多数散生蜂窝状孔洞，受精后逐渐膨大称为莲蓬，每一孔洞内生一小坚果（莲子）。花期6～9月，每日晨开暮闭。果熟期9～10月。荷花栽培品种很多，依用途不同可分为藕莲、子莲和花莲三大系统。

荷花在中国各地都有分布。可食用（莲子、莲藕等）、药用（莲子等）和观赏用。

（3）菱角，*Trapaceae natans*。别名：芰、水菱、风菱、乌菱、菱角、水栗、菱实、芰实。菱科植物。见图4-30。

菱角为一年生水生草本。生长在湖里，菱角藤长绿叶，茎为紫红色，夏末秋初开花，花单生于叶腋，白、黄或淡红色小花。菱花受粉后，没入水中，长成果实，即一般所称的菱角，秋季收果。果实为坚果，垂生于密叶下水中，必须全株拿起来倒翻，才可以看得见。菱按果实外观的角数分为三类：四角菱、两角菱和圆角菱。带壳菱角用水洗干净后，表皮黑亮，剥壳后的菱角米呈灰白色。

图4-30 菱角（引自中国植物志）

菱角在中国南方，尤其以长江下游太湖地区和珠江三角洲栽培较多。

菱角可以药用、食用。菱肉含淀粉24%、蛋白质3.6%、脂肪0.5%，幼嫩时可当水果生食，老熟果可熟食或加工制成菱粉，风干制成风菱可储藏以延长供应。菱叶可做青饲料或绿肥。

思考题

1. 简述特殊生境和逆境的概念。
2. 如何理解特殊生境资源植物的开发价值。
3. 简述植物适应干旱环境的特点，并举例说明旱生资源植物的开发价值。
4. 简述盐生植物的概念、分类和地理分布情况。
5. 简述植物适应高盐环境的机制，并举例说明盐生资源植物的开发价值。
6. 简述植物如何适应低温环境，并列举几个有开发价值的低温资源植物。
7. 简述植物如何适应淹涝环境，并列举几个有开发价值的耐涝资源植物。
8. 讨论与普通的资源植物相比，特殊生境资源植物的特点，在特殊生境资源植物开发利用中需要注意的问题。

第五章

资源植物引种与生物入侵

植物引种是人类有意识地从他地区向本地区（他国向本国、他洲向本洲）引进新植物种或品种的行为。植物引种是丰富一个地区生物多样性的一条捷径，可能给一个地区的经济发展带来很大的益处。

但是，植物引种在给人类带来巨大经济利益的同时，也增加了生物入侵的风险。生物入侵是指某种生物从外地自然传入或人为引种后成为野生状态，并对本地生态系统造成一定危害的现象。外来生物在其原产地有许多防止其种群恶性膨胀的限制因子，其中捕食和寄生性天敌的作用十分关键，它们能将其种群密度控制在一定数量之下。因此，那些外来种在其原产地通常并不造成较大的危害。但是一旦它们侵入新的地区，失去了原有天敌的控制，其种群密度则会迅速增长并蔓延成灾。植物引种与生物入侵没有必然的联系，但植物引种是可能造成生物入侵的一条途径。

必须重视在植物引种过程中可能发生的生物入侵。一方面要积极开展植物引种工作，发挥优良植物品种对地区经济推动的价值；另一方面又要十分重视对植物引种的管理。植物引种要遵循科学的方法，要对拟引进的植物进行科学评价和风险评估，不要盲目引种。要树立对国家生态安全负责的态度。只有加强管理、严格按法定程序开展植物引种工作，才能最大限度地避免因植物引种而引起的生物入侵。

第一节 资源植物的引种

植物引种（plant introduction）是从外地或外国引进一个本地区或本国所没有的植物，经过驯化（acclimatization）培育，使其成为本地区或本国的一个栽培物种。

最早的引种可以上溯到汉朝的张骞出使西域，从印度、伊朗等中西亚国家带回了十几种植物，如核桃、葡萄、石榴、蚕豆、苜蓿等，这些植物至今还被广泛栽培，供人们食用。西方资产阶级革命和工业革命后，出于对资源的大量需求，以英国为代表的资本主义国家派出大量人员到世界各地收集植物资源，掀起了世界范围内大规模的植物引种活动。英国的两个皇家植物园（伦敦、爱丁堡各1个）分别收集植物达5万种以上，极大地丰富了英国的物种。在此基础上英国的园艺得到了发展，成为世界园艺学的中心。

一、资源植物引种的理论基础

各种植物种类各有自己的分布区域。如北半球的松科植物分布广泛，数量众多，成为广大地区植物群落中的优势种。但是松科植物中除了松属中的南亚松跨越赤道以南到印度尼西亚的苏门答腊岛以外，其余在南半球完全没有自然分布。又如，栎属植物在北半球的温带、亚热带广泛分布，但在南半球分布很少，只有少数种见于赤道附近的热带地区的高山，如南美洲的哥伦比亚和亚洲的印度尼西亚爪哇岛。

植物物种的自然分布范围与该物种的发生历史、适应能力、传播能力和条件、分布中的障碍以及分布区适宜该物种范围的大小等因素有关。如在白垩纪，水杉广泛分布于北美洲、西欧、格陵兰、西伯利亚、日本北部及中国东北地区并向南传播，经冰期后，大部分地区的水杉都已绝灭，现在水杉的自然分布仅限于湖北、四川、湖南三省的狭窄范围。

虽然各种植物局限于一定的自然分布范围，但是它们并不是不能在其他地区生存，由于传播上的障碍（如海洋、山岭、不同气候带等）使其不能或很难扩散到其他区域，这种自然障碍造成了目前很多植物只分布于特定的区域内；另外，有些地区本地的植物很少，但并不是说这些国家或地区不适宜生长更多的植物，只是由于许多植物不能自然传播进来，或者因地质时代的气候变化，许多植物因不能适应变化而绝灭。

引种就是用人为传播，克服植物在传播上的障碍距离，以扩大特定植物的栽培范围。通过植物引种，可以大大增加某一地区或某一国家的植物种类，有利于提高一个地区的资源植物多样性。如原产美国东部的资源植物刺槐具有护坡保土的功能，在贫瘠的沙土地栽植，有改良土壤的显著效果。所以刺槐被许多国家引种，已经成为世界温带及北亚热带地区引种最广泛的树种之一。中国的刺槐栽植的范围极广，面积很大，特别是辽阔的华北平原和低山、东北平原的南部、西北黄土高原及华东、华中和西南等地大面积栽植。栽植面积之广已超过刺槐的原产地。

二、资源植物引种的目的

植物引种的主要目的在于增加本地区资源植物种类的多样性，为当地提供经济效益高的资源植物，为地区经济和地区生态环境的协调可持续发展服务。基于此，植物引种的对象涉及林木、蔬菜、水果、粮食、花卉、牧草及环境保护等多种资源植物。

（一）用材林树种

多个国家在人工用材林引种外来树种取得了显著成效，特别是在人工速生用材林方面。通过引种外来树种可以缩短轮伐期，提高单位面积生长量，特别是引种桉树、松树、杨树及许多豆科树种。松树及杨树还能提供优良的造纸原料；松树适应贫瘠的地理条件，在原来没有松树的国家更为明显，如新西兰、澳大利亚、南非、智利、阿根廷和秘鲁。

(二) 次生林改造及天然林采伐迹地更新树种

改造次生林及天然林采伐迹地更新是林区工作的重要任务。应优先考虑优良的乡土树种。如果缺乏适宜的乡土树种，或乡土树种生长缓慢或造林技术有困难时，适当引进外来树种多数情况下能收到良好的效果。中国采伐迹地更新及次生林改造的任务很大，可以考虑从别的国家和地区引进适合的外来树种，以加速这一工作的进行。

(三) 防止土壤侵蚀及固沙造林树种

水土流失是许多国家土地利用中的严重问题。很多国家选用了优秀的外来树种，在营造水土保持林和固沙造林方面取得了比较好的效果。水土保持树种以根系发达，耐干旱瘠薄，萌芽性强的植物为宜，以豆科树种最多，如刺槐、黑荆树类、银合欢、紫穗槐、降香黄檀等。在中国，刺槐及紫穗槐早已引进，目前栽植较为广泛，银合欢及黑荆树也有引进，但栽植数量不多。

(四) 城市绿化树种

城市绿化已发展为城市林业。城市绿化对于保护和改善城市环境、减轻污染、降低噪音、调节城市气候、美化环境等方面具有重要作用。同时，城市环境特殊，特别是由于工业的发展，"三废"处理不当，使空气和土壤污染严重。因此，城市绿化树种的选择特别要注意抗污染能力的大小。城市公园及道路两侧还可以栽种合适的抗污染和绿化植物，可以增进城市的美观，也可以降低城市污染程度。中国的银杏、水杉已经广泛引种于许多国家的城市。银杏为抗污染力强的树种，并且还有吸收放射性微尘的功能。

(五) 丰富林产品种类

林产品种类很多，而且还在不断发现和增加。重要的林产品包括香料（丁香油及依兰香、檀香、安息香、龙脑香）、多种桉油（主要用叶子为原料）、药材（如金鸡纳、儿茶、萝芙木、胖大海、肉豆蔻、肉桂、槟榔等）、油料（油棕、油橄榄、牛油果、椰子、冬青油）、调料（桂皮、胡椒、月桂）、树脂（多种松脂产品、贝壳杉脂、冷杉脂、加拿大树脂胶）、饮料（茶、咖啡、可可、巴拉圭茶、可拉）、糖料（糖槭、糖棕）、染料（苏木精、乌木精、靛蓝类、藤黄、红木等）、橡胶（巴西橡胶、印度橡胶、马来胶、阿拉伯胶）等。林产品种类极为丰富，各地应根据气候、土壤等实际情况，引种适宜树种进行栽培，用以增加经济收入。从各国的引种经验看，许多林产品引进到一个新地区后，常常成为某种林产品的商品产地。如猕猴桃是中国华中、华东、西南广泛分布的藤本植物，新西兰引种后，经过选种育种，已成为当地重要的果品之一。

(六) 薪炭林树种

自从20世纪70年代发生能源危机以来，全球各国开始注意到广大农村能源问题的严重性。一些偏僻农村的燃料主要靠薪炭林。据联合国粮食及农业组织（FAO）调查，估计全世界有15亿人口（主要是在发展中国家）的烹调和取暖主要靠烧柴，每年烧木材约占木材总消耗量的47%。有些国家地因缺乏燃料，要焚烧大量秸秆和畜粪，导致秸秆不能还田，畜粪不能作肥料，影响土壤肥力，使农作物难以增产。解决这个问题的办法有多个途径，其中可行的办法之一就是广泛营造薪炭林。薪炭林树种要求生长快、产量高，能适应贫瘠的地理条件；并且最好能萌芽更新。现在，很多国家常常引种外来速生树种作为薪炭林的树种，主要的有桉树，特别是巨桉、柳叶桉、赤桉、大叶桉、大叶相思、朱樱花、新银合欢、铁刀木等。中国薪炭林问题也很重要，除了发展传统薪炭林培育技术，有计划地扩大种植面积外，还应引进一些速生树种。

三、资源植物引种对象的选择

搜集材料、选好材料是引种成功的首要条件。在引种植物的选择方面，要重点考虑以下因素：

（一）植物的分类地位

引种植物演化程度高的种类比引种原始的植物易于成功。由于演化程度高的物种在系统发育中所经历的生态条件复杂多样，其适应当代各种新生态环境的潜在适应力也愈高，故引种驯化成功的可能性也愈高。如引种被子植物比裸子植物易于成功，引种单子叶植物比双子叶植物易于成功，引种草本植物比木本植物易于成功等。

（二）植物的习性

植物的习性不同，环境适应性也不同，由低纬度向高纬度引种其耐寒性、适应性程度由低向高的顺序是：常绿乔木──→落叶乔木──→落叶灌木──→宿根草本。

（三）植物的潜在环境适应性

许多植物存在不同程度的潜在适应性，通常将通过各种技术处理、选择和培育改变植物的遗传特性。使之适应新的环境的能力称之为潜在适应性。许多植物原来分布不广，但可以在其自然分布区以外的广大地区引种成功，如原产北美的火炬树（$Pinus\ brutia$）在中国长江流域及华北、东北都能生存，欧、亚许多国家也都引种成功。

（四）植物种源生境类型

植物分布于各种复杂的环境中，形成了不同的类型，这为引种选材提供了条件。如在北方地区对乌桕（$Sapium\ sebiferum$）、苦楝（$Melia\ azedarach$）的引种成功说明，引种选材要从生境最近似处搜集、选择最易成功。现代林木引种，强调种源类型分析与种源产地的选择，因地制宜，适地、适树已显得越来越重要。

（五）栽培植物的区划

栽培植物的区划在一定程度上反应了该栽培植物的适应范围，是植物引种必须参照的依据，可大大减少引种的盲目性。

总之，在引种材料的选择上，原产地和引种地距离越近（包括水平与垂直距离），成功的可能性越大。北种南移，应从分布区的最南引种；南种北移，应从分布区的最北引种。高山种下引，平原种上引，则应分别从最下限或最上限引种，使两地间的生态条件尽量靠近，则比较易于成功。

要成功进行引种，还要进行植物原产地和引种目的地两地区之间生境因子比较分析。一般认为，植物原产地和引种目的地两地区之间生境因子接近程度越高，引种越容易成功。

引种相关的生境因子主要包括温度、降雨、光、水、土壤等因素。其中，温度是植物引种驯化的生存环境条件中最重要的，同时也是最难进行人工调节的主要生态因子，对于引种成败往往起到决定性作用。温度因素具体包括年、月均温，年积温，极端最高、最低温及其出现期与持续期；降雨量与湿度也是一个重要因素，如果将中国东部湿润地区的植物向西部干旱地区引种，降雨因素将成为关键限制因子；光包括光照、光强与光质，南北之间植物引种存在日照长短的差别，不同海拔高度之间引种，存在光质及光强的问题，了解各种植物所需的光照长短特性有利于植物的引种成功；土壤的类型及土壤的酸碱度对植物的引种也有极大的影响，尤其对耐盐植物的引种成功至关重要。

四、中国资源植物引种情况

中国幅员辽阔，地形条件复杂多样，形成多种多样的生态气候区，为许多外来植物的生长提供了优越条件和场所，提高了外来资源植物引种成功的可能性。

半个多世纪以来，中国从国外引种了大量的外来树种，如松属树种（*Pinus*）、桉属树种（*Eucalyptus*）、杨属树种（*Populus*），木材生产量大大提高，成为目前用材人工林的主要树种；木麻黄属树种（*Casuarina* sp.）广泛用于营建沿海防护林带；落羽杉属树种（*Taxodium*）广泛种植于平原湖区农田林网，起到了重要的防风和农田防护的作用；城市绿化采用的悬铃木（*Platanus* sp.）、火炬树（*Rhus typhina*）等树种，美化了城市景观；金合欢属（*Acacia*）树种引种栽培对改良土壤和水土保持起到了巨大作用；刺槐（*Robinia pseudoacacia*）、紫穗槐（*Amorpha fruticosa*）等树种成为北方许多地区最重要的水土保持树种之一。到目前为止，中国引种的外来资源植物根据用途的不同可分为以下几大类：

(1) 牧草或饲料。空心莲子草、水葫芦、三叶草、赛葵、梯牧草、紫花苜蓿。

(2) 环保绿化植物。空心莲子草、线叶金鸡菊、圆叶牵牛、紫茉莉、铜锤草、孔雀菊。

(3) 药用植物。含羞草、决明、土人参、望江南、美洲商陆、洋金花。

(4) 蔬菜。尾穗苋、反枝苋、茼蒿、芫荽、菊苣等。

(5) 草坪植物。地毯草、巴拉草、多花黑麦草。

(6) 用材林树种。绒毛桦、欧洲云杉、日本冷杉、欧洲赤松、桉树。

由于出于不同的经济目的，一些外来物种引入中国后，大部分尚未带来严重的危害，但少数植物已给中国带来严重经济损失，即造成了程度不同的生物入侵现象。

第二节 生 物 入 侵

一、生物入侵的概念

生物入侵（biological invasions）是指当外来物种进入一个新的地区并能存活、繁殖，形成野生种群，其种群的进一步扩散已经或即将造成明显的生态和经济后果的现象。造成生物入侵的外来物种称之为外来入侵种（alien invasive species）。外来物种是指那些出现在其过去或现在的自然分布范围及扩散潜力以外（即在其自然分布范围以外或在没有直接或间接引入或人类照顾之下而不能存在）的物种、亚种或以下的分类单元，包括其所有可能存活、继而繁殖的部分、配子或繁殖体。外来入侵物种往往具有生态适应能力强、繁殖能力强、传播能力强等特点；被入侵生态系统具有足够的可利用资源、缺乏自然控制机制、人类进入的频率高等特点。外来物种的"外来"是以生态系统来定义的，不是所有的外来物种都是入侵物种。发生生物入侵的物种必须具备两个条件：一是外来的，不是本土原有的；二是外来物种对本土生态系统造成了危害。具备了上述两个条件，外来物种才被称为入侵物种。

由于生物入侵会对当地生态环境造成很大影响，因此生物入侵已被列为当今世界最为棘手的三大环境难题（生物入侵、全球气候变化和生境破坏）之一。中国已经成为遭受外来入侵生物危害最严重的国家之一，面临的防治形势越来越严峻。

二、中国生物入侵现状

（一）中国外来入侵生物的主要种类

在地球上出现生命时物种入侵与分布扩张就存在了，但人类活动加快了这种扩张的速度。随着中国对外开放的逐步深入，与国外的交往也越来越密切，境外危险性有害生物传入中国的风险也在加大。农业部统计数据显示，目前入侵中国的外来生物已达400余种，部分入侵生物的情况见表5-1。

表5-1 中国现有部分入侵生物（引自齐艳红等，2004）

类别	物种	类别	物种
哺乳类	海狸鼠（獭狸）（*Myocastor coypus*）	植物	土荆芥（*Chenopodium ambrosioides*）
	麝鼠（*Ondatra zibethicus*）		喜旱莲子草（*Alternanthera philoxeroides*）
	褐家鼠（*Rattus norvegicus*）		刺花莲子草（*Alternanthera pungens*）
			苋属（*Amaranthus*）
鸟类	小葵花凤头鹦鹉（*Cacacatua sulpurea*）		仙人掌（*Cactaceae*）
	加拿大雁（*Anser canadensis*）		马缨丹（*Lantana camara*）
			刺茄（*Solanum aculeatissimum*）
			车前属（*Plantago* sp.）
两栖类	牛蛙（*Rana catesbeiana*）		异檐花属（*Triodanis* sp.）
			藿香蓟（*Ageratum conyzoedes*）
鱼类	胎鳉（*Poeciliidae*）		豚草（*Ambrosia artemisiifolia*）
	河鲈（*Perca fluvitatilis*）		三裂叶豚草（*Ambrosia trifida*）
	食人鲳（*Piranhas*）		假高粱（*Sorghumha lepense*）
	鰕虎鱼（*Gobiidae*）		凤眼莲（*Eichhornia crassipes*）
	麦穗鱼（*Pseudorasbora parva*）		白酒草属（*Conyza*）
	食蚊鱼（*Gambusia affinis*）		毒麦（*Lolium temulentum*）

续表

类别	物种	类别	物种
昆虫	白蚁（Termite）		一年蓬（Erigeron annuus）
	松突圆蚧（Hemiberlesia pitysophila）		薇甘菊（Mikania micrantha）
	美国白蛾（Hyhantria cunea）		紫茎泽兰（Eupatorium adenophorum）
	蔗扁蛾（Opogona sacchari）		飞机草（Eupatorium odoratum）
	湿地松粉蚧（Oracella acuta）		空心莲子草（Alternanthera philoxeroides）
	美洲斑潜蝇（Liriomyza sativae）		北美一枝黄花（Solidago altissma）
	南美斑潜蝇（Liriomyza huidobrensis）		大米草（Spartina anglica）
	稻水象甲（Lissorhoptrus oryzophilus）	真菌	甘薯长喙壳菌（Ceratocystis fimbriata）
	美洲大蠊（Periplaneta americana）	软体动物	福寿螺（Ampullaria gigas）
	德国小蠊（Blattella germanica）		褐云玛瑙螺（Achatina fulica）
	苹果绵蚜（Eriosoma lanigerum）		非洲大蜗牛（Achatina fulica）
	马铃薯甲虫（Leptinotarsa decemlineata）	线虫动物	松材线虫（Bursaphelenchus xylophilus）
	西花蓟马（Frankliniella occidentalis）	甲壳类	克氏螯虾（Procambius clarkii）
	红脂大小蠹（Dendrkctomus valens leconte）		

据不完全统计，近10年来，中国入侵生物的数量呈上升趋势。例如，到20世纪90年代初传入中国的杂草60余种，害虫32种，病害26种。到21世纪末传入中国的外来草本植物107种，75个属，90个有害植物种，有害动物37种，害虫32种，病原菌32种。2008年中国外来入侵植物数据库（http://www.agripests.cn）收录了中国外来入侵植物229种，外来入侵昆虫82种，外来入侵微生物51种。在国际自然保护联盟（IUCN）公布的全球100种最具威胁的外来生物中，中国已经有50余种。

2003年3月，国家环保总局公布了首批入侵中国的16种外来物种名单：紫茎泽兰、薇甘菊、空心莲子草、豚草、毒麦、互花米草、飞机草、水葫芦、假高粱、蔗扁蛾、湿地松粉蚧、强大小蠹、美国白蛾、非洲大蜗牛、福寿螺、牛蛙。这16种外来物种在中国形成严重危害，每年入侵的林地面积已达 1.50×10^6 hm²，农田面积超过 1.40×10^6 hm²，由此造成农林业直接经济损失每年已达574亿元。

在入侵物种中，以陆生植物为最多，占59%，其余依次是无脊椎动物、微生物、水生植物、鱼类、哺乳类和两栖爬行类。从入侵生物的源地来看，主要是来自于美洲，占所有入侵物种的58%，欧洲、亚洲、非洲、大洋洲次之。

（二）中国外来入侵生物的分布特征

生物入侵已经遍及中国，在中国34个省、市、自治区中，除了西藏自治区部分无人区外，都不同程度地受到了各种各样入侵生物的危害和影响。生物入侵现象在中国的分布很不均衡，呈现一定的区域特性。中国生物入侵主要集中在华南、华东和华中区，华北和东北次之，西北区最少。入侵生物的数量随着纬度的增加而减少，其分布呈现出不规则的纬度地带性特征。东北区和华北区主要入侵生物有豚草、白蛾等；西南区主要有飞机草、紫茎泽兰、空心莲子草等。其中飞机草从中国云南南部传入，现已广泛分布于云南、广西、贵州、四川的很多地区并以较快的速度向北推移。

入侵生物在中国地域上的危害程度明显呈由南向北、由东向西递减的趋势，这和中国入侵物种主要通过远洋运输途径相一致。广东、福建、广西等省区气候适宜多数外来物种生活，生物多样性复杂，因此成为中国入侵生物影响最严重的区域。

三、生物入侵的主要途径

千万年来，海洋、山脉、河流和沙漠为物种和生态系统的演变提供了天然的隔离屏障。然而近几百年间，随着交通工具的发达，运输业、旅游业的发展越来越快，借助人的帮助，外来物种冲破天然的阻隔，远涉重洋到达新栖息地，繁衍扩散成为入侵物种。因此生物入侵的根本原因是人类活动把这些物种带到了它们不应该出现的地方。从某种意义上说，生物入侵是人类的一些对生态环境安全不负责任的行为的结果。

（一）有意人为引进

（1）作为有积极价值的资源生物。有些资源生物在原产地具有很好的经济价值，如牛蛙原产地是美洲，具有个体大、生长快、肉味鲜美等特点，因此被作为有用物种从古巴引进中国。但是由于养殖管理不善，没有认识到牛蛙对当地物种的影响，在中国部分地区实行稻田、菜地自然放养，逐渐形成自然种群。还有福寿螺、克氏原螯虾、獭狸等外来入侵物种都是出于养殖目的引进到国内，因野生放养或弃养后，在野外形成自然种群，对当地动物区系中的土著种造成一定的危害，并对当地的农业经济造成一定影响。

（2）作为有观赏价值的资源生物。引起广泛关注的入侵植物——水葫芦，1901年作为观赏植物引入中国，此后被作为猪饲料推广。食人鲳作为观赏鱼类引入中国，由于其"嗜杀成性"的本性，食人鲳的存在将会给当地生态平衡带来严重的危机，造成社会经济效益大量损失。

（二）无意人为引进

现代社会中国际贸易往来愈加频繁，先进的交通工具及观光旅游事业的发展很快，为外来物种长距离迁移、传播、扩散到新的生存环境创造了条件。

（1）随人类交通工具带入。豚草多发生于铁路公路两侧，最初是随火车从朝鲜传入。新疆的褐家鼠和黄胸鼠则是通过铁路系统从内地传入。船舶压仓水带来了近百种外来海洋生物，尤其是外来赤潮生物种加剧了中国沿海赤潮现象的发生。压舱水转移外来生物入侵已成为海洋的四大威胁之一。

（2）随国际农产品和货物带入。假高粱是20世纪七八十年代从美洲国家的进口粮食中传入中国的。1986—1989年，中国各口岸截获植物检疫中发现的250多种危险性病害，截获的有害杂草子达300多种。中国海关多次查获号称"松树癌症"的松材线虫。

（3）动植物引种中带入。如毒麦传入中国便是随小麦引种带入，它与小麦的形态极为相似，很易混杂于引种的小麦中。

(4)旅游者带入。中国海关多次从入境人员携带的水果中查获地中海实蝇、橘小实蝇等;北美车前草可能是由旅游者的行李黏附带入中国。

需要强调的是,有的入侵生物并不是只通过一种途径传入,可能有两种或多种途径交叉传入。在时间上并非只有一次传入,可能是两次或多次传入。多途径、多次数的传入加大了外来生物定植和扩散的可能性。自由贸易的强化、经济全球化和贸易与旅游的大幅度增长,为物种偶然的或有意的传播提供了比以往更多的机会。一次次飞机航班、一艘艘远洋轮船、一位位在各大陆之间跋涉的旅行者,都可能携带着物种"登陆"一个陌生的环境。中国绝大多数入侵物种都是通过交通工具和运输货物进入中国的。

(三)自然传入

外来入侵物种还可通过风力、河流自然传入,鸟类等动物还可传播杂草的种子,例如紫茎泽兰是从中缅、中越边境自然扩散入中国的。薇甘菊可能是通过气流从东南亚传入广东,麝鼠主要是由俄罗斯进入新疆和东北地区的。

四、生物入侵对生态环境的危害

外来物种侵入后,在生态系统中占据适宜的生态位,种群迅速增殖,发展成为当地新的优势种,影响本土生态系统的结构和功能,打破原有生态系统平衡,对当地生态安全产生及其不利影响。生物入侵的危害是多方面的,主要表现在:破坏生态环境、威胁人类健康、危害农林业和经济发展。

(一)严重威胁生物多样性

外来入侵物种形成优势种群之后,首先对当地生态安全的威胁就是对生物多样性的冲击,包括遗传多样性、物种多样性和生态系统多样性。国际上已经把生物入侵列为除栖息地被破坏以外造成生物多样性丧失的第二大因素。

对遗传多样性冲击是指当本地的次生植被被入侵种分割、包围和渗透,使本土生物种群进一步破碎化,有些入侵种还可与同属近缘种、甚至不同属的种杂交,导致本地种的遗传基因受到侵蚀。如加拿大一枝黄花可与假蓍紫菀杂交,入侵种与本地种的基因交流可导致对本地种的遗传侵蚀。

外来入侵物种在侵入地失去了原产地的各种生态因子制约,所以能够疯狂生长形成大面积的优势群落,使依赖于当地生物多样性的物种生存受到威胁,导致本地种的绝灭,生态系统受到破坏,破坏物种多样性。

生态系统多样性受到的威胁是指由于生态系统中关键种在外来植物的影响下被迫改变或是消失,导致食物链中断或是发生改变,甚至可以使整个生态系统改变或是破碎。例如牧豆树在巴基斯坦地区已经成了一个可怕的树种,其分泌的毒素抑制了本地植物的生长,导致了本地植物物种锐减,原有的生态链被完全打破,生态系统变得十分脆弱,一旦有破坏性天敌介入,系统将会在短期内土崩瓦解。而曾经被当作观赏植物的凤眼莲,入侵乌干达的维多利亚湖、卢旺达的喀格拉河流域、南美的亚马孙流域、美国佛罗里达州和夏威夷等地方的湿地生态系统,并对这些地方的河流、湖泊、水库和池塘的生态系统结构和功能构成威胁。

(二)破坏景观的完整性和自然性

入侵种在造成生物多样性丧失的同时也改变着整个景观要素或者说改变生态系统的组成和结构,形成相对均一、单调的景观。如原产中美洲的紫茎泽兰,仅云南省发生面积就高达 247 km²,还以每年 10 km 的速度向北蔓延,不但危害农牧业生产,而且使植被恢复困难。外来植物中,杂草所占比例较大,而外来杂草会传播病虫,使草坪病虫害加重,增加了草坪养护的费用,并可能因此缩短草坪的使用寿命,从而影响草坪的美观,降低其使用价值。

(三)对人类生存环境造成严重影响

外来植物的入侵还会对环境造成严重的影响,威胁人类的生产生活。外来植物可降低土壤营养水平,主要是由于落叶的营养贫乏或难以分解,从而造成入侵地的火灾和土壤含氮量的降低,外来杂草中的一些盐生植物还能积累盐分改变入侵地土壤的 pH 值等。单一的人工桉树林会造成林下灌木和草本植物稀少,引起较为严重的水土流失。

(四)威胁人类健康

外来入侵物种不仅对生态环境和国民经济带来巨大的损失,而且直接威胁人类健康。豚草和三裂叶豚草分别于 20 世纪 30 年代和 50 年代传入中国东南沿海,随后向其他地方扩散蔓延,现分布在东北、华北、华东、华中地区的 15 个省(市)。豚草所产生的花粉是引起人类花粉过敏症的主要病原物,可导致"枯草热"症。除了疯牛病、口蹄疫,古今中外由于有害生物危害人类健康和农业生物的安全,给人类带来的灾难是十分严重的。公元 5 世纪下半叶,鼠疫从非洲侵入中东,进而到达欧洲,造成 1 亿人死亡;1933 年猪瘟在中国传播流行造成 920 万头猪死亡;1997 年中国的香港地区发生的"禽流感"事件中销毁了 140 万只鸡。

(五)危害农林业和经济的发展

近年来,松材线虫、湿地松粉蚧、松突圆蚧、美国白蛾等森林入侵害虫严重发生与危害的面积逐年增加;豚草、紫茎泽兰、飞机草、薇甘菊、空心莲子草、水葫芦、大米草等肆意蔓延,已到了难以控制的局面。据专家估算,全国每年因生物灾害给农业带来的损失占粮食产量的 10%～15%,棉花产量的 15%～20%,水果蔬菜的 20%～30%。全国每年仅 10 余种主要外来入侵生物造成的损失就达 574 亿元,这还不包括外来入侵生物通过改变生态系统所带来的一系列水土、气候变化等不良影响从而产生的巨大间接经济损失。

第三节 中国外来入侵植物

下面简要介绍中国目前危害比较严重的一些外来入侵植物的传播情况、主要危害及其防治方法。

(一)紫茎泽兰

Eupatorium adenophorum,菊科植物。见图 5-1。

茎紫色,被腺状短柔毛,叶对生,卵状三角形,边缘具粗锯齿。头状花序,直径

6 mm，排成伞房状，小花白色。高 1~2.5 m。

紫茎泽兰原产美洲的墨西哥至哥斯达黎加一带，1935 年从中缅、中越边境传入中国云南南部，现已广泛分布于云南、广西、贵州、四川的很多地区，并以很快的速度向北推移，目前在云南发生面积达数万公顷。紫茎泽兰可以侵入草场、林地和撂荒地，其发生区以满山遍野密集成片的单优植物群落出现，导致原有的植物群落衰退和消失。由于其对土壤肥力的吸收力强，能极大地消耗土壤养分，对土壤可耕性的破坏极为严重。

紫茎泽兰中含有震颤醇素、四室泽兰醇，马、牛、羊若误食，将会出现不孕或肌肉紧张、阵发性痉挛，甚至死亡现象。1979 年在云南省 52 个县 179 个乡，就有 5 015 匹马因误食紫茎泽兰而发病，其中 3 486 匹马死亡。

控制方法：(1) 化学防治。配方有：①0.6%~0.8% 的 2,4-D 溶液；②0.3%~0.6% 的 2,4-D 丁酯和 2,4,5-T；③5.0% 氯酸钠溶液。如要杀死成株，可在花期使用氯酸钠粉。(2) 人工及物理防除。人工防除是目前最有效的防除方法之一，在秋冬季人工挖除紫茎泽兰全株，晒干烧毁，对于经济价值高的农田、果园和草地具有很好效果。在有条件的地区，可采用轮式或履带式拖拉机驱动的旋转式刀具进行机耕。

(二) 薇甘菊

Mikania micrantha，菊科植物。见图 5-2。

图 5-1 紫茎泽兰

图 5-2 薇甘菊

草质藤本。茎细长，匍匐或攀缘，多分枝，被短柔毛或近无毛，幼时绿色，近圆柱形，老茎深褐色，具多条肋纹。茎中部叶三角状卵形至卵形，长 4~13 cm，宽 2~9 cm，基部心形，偶近戟形，先端渐尖，边缘具数个粗齿或浅波状圆锯齿，两面无毛，基出 3~7 脉。叶柄长 2~8 cm，上部的叶渐少，叶柄亦短。头状花序，在枝端常排成复伞房花序状，花序梗纤细，顶部的头状花序花先开放，依次向下逐渐开放。

薇甘菊原产于中、南美洲。1919 年在中国的香港出现，20 世纪 80 年代初由中国香港扩散到深圳，目前遍及珠江三角洲、广西东部地区。薇甘菊生长极为迅速，繁殖力极强，花、果、茎、根均可再生，一天可生长 10 cm。它遇树攀缘、遇草覆盖，能爬到树林的顶部蔓延开来,使树木得不到阳光窒息而死,素有"植物杀手"之称。深圳是受薇甘菊侵害的重灾区,受害面积超过 2 700 hm^2,林荫道、公园、自然保护区都发现了薇甘菊。在深圳梧桐山、仙湖植物园,深圳水库周围等地,薇甘菊危害发生率已达 60%。在国家级自然保护区内伶仃岛,海拔 6～160 m 的范围内都有分布,覆盖了全岛 467 hm^2 山林中的 40%～60% 的面积。在该岛生活着的猕猴、穿山甲、蟒蛇、鸟类等面临着严重的食物短缺局面,岛上的 80% 的植物包括红树林的生存受到严重威胁。

控制方法:(1)人工防除。包括人工拔除和火烧的方法,效果较差,对人工清除的时间选择,清除方式及清除后的土地恢复尚待深入探讨。(2)应用化学除莠剂或其他化学物质的防除控制。(3)国外正在利用天敌昆虫和病原菌进行生物防治研究。

(三)豚草

Ambrosia artemisiifolia,包括普通豚草和三裂叶豚草,菊科植物。见图 5-3。

一年生草本,属自然归化植物。高 30～150 cm,无毛或有柔毛。叶片 2～3 回羽状分裂,两面有细短毛或表面无毛。雄性头状花序黄绿色,直径 2.5～5 mm,雌花总苞顶端有 4～7 细尖齿,结果时残存瘦果上部。风媒传粉。花果期 7～9 月。

豚草原产北美洲,20 世纪四五十年代传入中国,现广泛分布于东北、华北、华中、华东、华南的 15 个省(市)。它的生长力和繁殖力及与其他植物争水、争肥、争阳光的能力特别强,消耗水分和肥料的能力是大田作物、谷物植物的两倍以上,还能释放酚酸类、聚乙炔、倍半萜内酯及甾醇等化学物质,对禾本科、菊科等一年生草本植物有明显的抑制、排斥作用,可使许多经济作物和粮食作物减产,甚至颗粒无收,是一种世界性恶性杂草。

豚草的花粉能诱发枯草热病和支气管哮喘或皮炎。据有关资料介绍,空气中如果存在 30～50 粒豚草花粉,就能诱发上述花粉病。人们吸入豚草的花粉后,首先出现鼻痒、咽痒、眼痒、连续喷嚏、流清水鼻涕和咳嗽等症,接着便感到胸闷、气喘,严重的还可导致肺气肿、肺心病等。大量豚草的开花对人口密集的城市带来的将是严重的后果,在前苏联的克拉斯诺尔达地区,豚草花粉让 1/7 的人丧失劳动能力;日本大阪每到 6～7 月份,大批居民为躲避花粉病外出旅游;中国南京市哮喘病人中,60% 以上是由豚草花粉引起的。

控制方法:国内外学者提出了许多卓有成效的防治措施如引入天敌、种植替代植物、施加除草剂、人工拔除等。国外报道危害豚草的昆虫、线虫、壁虱和真菌达 400 多种,食叶类中有前途的是叶蛾、卷叶蛾、象甲以及种子害虫食蝇和雄花上发育的长角象甲,同时也发现锈病菌有很高的致病性。对中国豚草分布区的天敌昆虫和病原菌调查结果表明,没有专一性天敌昆虫和强致病力的病原菌能加以利用。1987 年、1988 年和 1990 年中国先后从加拿大和澳大利亚等国引进了豚草条纹叶甲(*Zygogramma suturalis*)、豚草卷蛾(*Epiblema strenuana*)。

(四)飞机草

Eupatorium odoratum,菊科植物。见图 5-4。

高达 3～7 m,根茎粗壮,茎直立,分枝伸展。叶对生,卵状三角形,先端短渐尖,边缘有粗锯齿,有明显的三脉,两面粗糙,被柔毛及红褐色腺点,挤碎后有刺激性的气味。头状花序排成伞房状，花冠管状，淡黄色，柱头粉红色。瘦果狭线形，有棱，长 5 mm，棱上有短硬毛。

图 5-3　豚草（引自中国植物志）　　图 5-4　飞机草（引自中国植物志）

飞机草原产于中美洲。1920 年作为香料引入泰国，1934 年在中国云南南部发现。因传播速度极快，故名飞机草。由于种子和地下茎均可繁殖，繁殖力和竞争性都很强，密集成丛或成片，在植被严重破坏的地段、陡坡、火烧迹地与农隙地形成片状单一优势植物群落，严重危害原生植物与草场。现广泛分布海南、广东和云南的很多地区。飞机草的叶子上含有毒的香豆素，会引起皮肤红肿、起泡，误食则引起头晕、呕吐，会使家畜、鱼类中毒，还会影响其他草本植物的生长。该植物还是叶斑病原虫的中间寄主。在西双版纳自然保护区的蔓延已使穿叶蓼等本地植物处于绝灭的边缘，依赖于穿叶蓼生存的植物性昆虫同样处于绝灭的边缘。在海南岛，只要是飞机草入侵的地方，其他本地物种就很难生长，使海南岛的生物多样性遭受严重威胁。

控制方法：先用机械或人工拔除，紧接着用除草剂处理或种植生命力强，覆盖好的作物进行替代，此外，用天敌昆虫 *Pareuchaetes pseudooinsulata* 控制有一定效果。

（五）加拿大一枝黄花

Solidago canadensis L.。别名：黄莺、麒麟草。菊科植物。见图 5-5。

多年生草本，具有长的根状茎，茎直立。高 0.3~2.5 m，全部或仅上部被短柔毛。叶互生，披针形，头状花序，黄色，花色泽亮丽，在花市上被称为"幸福草"，常用于插花中的配花。

加拿大一枝黄花原产地北美，1935 年作为观赏植物引入中国，各地作为花卉种植，在浙江、上海、安徽、湖北、江苏、江西等地已有逸生成为恶性杂草。主要生长在河滩、荒地、公路两旁、农田边、农村住宅四周，根状茎发达，繁殖力极强，传播速度快，生长优势明显，生态适应性广阔，与周围植物争阳光、争肥料，直至其他植物死亡，从而对生物多样性构成严重威胁。可谓是黄花过处寸草不生，故被称为生态杀手、霸王花。

控制方法：(1) 焚烧。将其花穗剪去，将地上部分和块状茎拔出，之后将这些尽快集中焚烧干净，防止种子、根状茎和拔出部分的传播扩散。(2) 药剂防治。在加拿大一枝黄花的出苗季节和开花前后，利用药剂对植株进行防治，防治的药剂主要利用草甘膦和洗衣粉 5∶1 的比例混合在其幼苗期进行防治；也可使用其他灭生性除草剂进行防治。(3) 加强绿地农田管理。

（六）毒麦

Lolium temulentum，禾本科植物。见图 5-6。

图 5-5　加拿大一枝黄花　　　　　图 5-6　毒麦

一年生或越年生草本，高 50~110 cm。秆疏丛生，直立。叶鞘较松弛，长于节间。叶舌膜质，长约 1 mm。叶片无毛或微粗糙。花序穗状，小穗含 4~7 花，单生而无柄，侧扁。颖果矩圆形。

毒麦原产欧美洲地中海地区，现广布世界各地。1954 年中国从保加利亚进口的小麦中首次发现。在中国除西藏和台湾外，各省区都曾有过报道。它是一种混生在麦田中的杂草，其本身无毒，但由于有一种真菌寄生在花穗上而产生毒麦碱，对人脑、脊髓、心脏具有麻醉作用。人误食含 4% 毒麦的面粉，就可能引起头晕、恶心、呕吐、昏迷、痉挛甚至死亡。它也可导致家畜家禽中毒。

控制方法：(1) 凡从国外进口的粮食或引进种子以及国内各地调运的旱地作物种子，要严格检疫，混有毒麦的种子不能播种，应集中处理并销毁，杜绝传播。(2) 在毒麦发生地区，应调换没有毒麦混杂的种子播种。麦收前进行田间选择，选出的种子要单独脱粒和储藏。有毒麦发生的麦田，可在毒麦抽穗时彻底将它销毁，连续进行 2~3 年，即可根除。(3) 北方可在小麦收获后进行一次秋耕，将毒麦子翻到土表，促使当年萌芽，在冬季冻死。(4) 发生毒麦的麦田与玉米、高粱、甜菜等中耕作物轮作，尤其与水稻轮作，防治效果很好。

（七）互花米草

Spartina alterniflora，禾本科米草属几种宿根性草本植物的总称。见图 5-7。

秆高 1~1.7 m，直立，不分枝。叶长达 60 cm，基部宽 0.5~1.5 cm，先端渐狭成丝状，叶舌毛环状，长 1~1.8 cm。圆锥花序由 3~13 个长 5~15 cm 直立的穗状花序组成，小穗长 10～18 mm，覆瓦状排列。

互花米草原产于北美大西洋岸，是一种多年生滩涂草本。1979 年南京大学从英美等国引进。由于它具有耐碱、耐潮汐淹没、繁殖力强、根系发达等特点，曾被认为是保滩保堤、促淤造陆的最佳植物。该草具有非常发达的地下茎，依靠地下茎及种子繁殖。一株互花米草靠地下茎繁殖，一年可以发展到几十株，高达上百株。种子量大，一株可结种子几十粒甚至上百粒，草子可随海潮四处漂流，它能以每年数百公顷的速度急速蔓延。它的根系相当发达，通常是草有多高、根就有多深。大面积、高密度的互花米草在沿海地区造成了严重的生态灾难，使沿海养殖的贝类、蟹类、藻类、鱼类等多种生物窒息死亡。与海带、紫菜等争夺养分，使其产量逐年下降。堵塞航道，给海上渔业、运输业甚至国防等带来不便。影响海水交换能力，导致水质下降，并诱发赤潮。与沿海滩涂本地植物竞争生长空间，致使海滩上大片红树林消失，威胁本地生物多样性。

控制方法：(1) 人工及机械清除效率低，可使用塑料薄膜使其窒息死亡，埋葬或是反复焚烧能达到 90% 的消灭率。(2) 除草剂通常只能清除地表以上部分，对于滩涂中的种子和根系效果较差。对于大米草（$Spartina\ anglica$），一次性施用除草剂精吡氟禾草灵 Fluazifop (Fusilade) 和吡氟乙草灵（盖草能）Haloxyfop (Gallant) 能达到 90% 以上的杀灭率，但是若想完全清除该杂草则需要反复喷施。(3) 生物防治，如光蝉被认为是有效的。

（八）假高粱

$Sorghum\ halepense$。别名：名石茅、阿拉伯高粱。禾本科植物。见图 5-8。

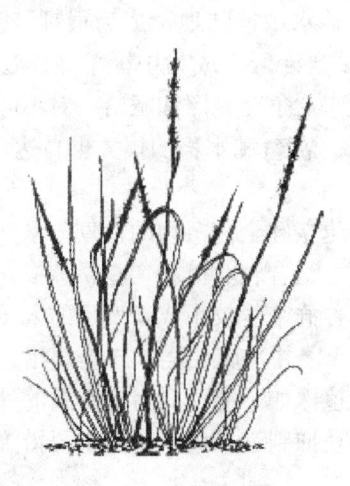

图 5-7　互花米草 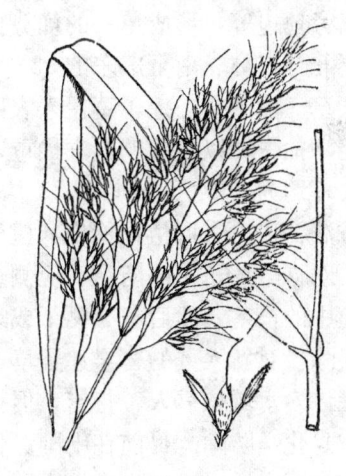　　　　　　　　　图 5-8　假高粱

多年生草本，有根茎。秆高 100～150 cm，径约 5 mm。叶片阔线形至线状披针形，长 20～70 cm，宽 1～4 cm，顶端长渐尖，基部渐狭，无毛，中脉白色粗厚，边缘粗糙。圆锥花序长 15～50 cm，小枝顶端着生总状花序，穗轴与小穗轴均被纤毛。无柄小穗椭圆形，长约 5.5 mm，宽约 2 mm，成熟时为淡黄色带淡紫色。

假高粱原产地中海地区，现已广泛分布于世界热带和亚热带地区，包括欧洲 11 个国家、亚洲 16 个国家和地区、非洲 4 个国家、美洲 8 个国家以及大洋洲诸国。中国已在华南、华东以及西南部分省份的大中城市周围有发现。假高粱长得像高粱，但茎秆、子粒中含有少量氰化物。这种植物常混入进口的种子中，是高粱、玉米、小麦、棉花、大豆、甘蔗等多种作物地里的杂草。它生命力极强，庄稼地里有假高粱，农作物将减产20%左右。不仅如此，假高粱的根有很强的穿透力，一株假高粱的根系长度加起来能有一千多米，如果长在堤坝上，对堤坝的安全也会产生威胁。因此，一旦假高粱落地生长，消灭起来难度很大。

控制方法：被中国列为禁止输入的检疫对象，对混在进口种子中的种子，可用风选等方法去除；配合伏耕和秋耕除草，将其根茎置于高温、干燥环境下；用暂时积水的方法，抑制其生长；用草甘膦或四氟丙酸钠等除草剂防治。

（九）空心莲子草

Alternanthera philoxeroides。别名：水花生、喜旱莲子草、空心苋等。苋科植物。见图5-9。

水生型植株，无根毛，茎长达1.5～2.5 m；陆生型植株可形成直径达1 cm左右的肉质储藏根，有根毛，株高一般30 cm，茎秆坚实，节间最长15 cm，直径3～5 mm，髓腔较小。叶对生，长圆形至倒卵状披针形。头状花序具长1.5～3 cm的总梗。花白色或略带粉红。

空心莲子草原产巴西。1892年首先在上海附近岛屿出现，20世纪50年代曾作为猪饲料推广栽培。在引进初期，它确实对中国养猪业做出巨大的贡献。然而，由于它适应能力非常强，不怕旱涝，根系扎得很深，在池塘、沟渠、稻田、旱田、果园、河流、房前屋后、路旁地边等，形成单一的优势群落，覆盖水域或陆地，成为很难清除的杂草。现已分布于北至吉林、南至广东的23个省、市、自治区，成为中国旱地作物危害最严重的一种杂草。由于空心莲子草侵入农田，与农作物争夺光照和肥料，对不同作物造成了巨大的经济损失，以番薯的损失最重，达63%；莴苣和水稻的损失也高达45%左右；小麦的损失率约为36%。

控制方法：(1) 采取植物检疫，建议在中国建立健全该植物的检疫体系。(2) 机械人工防除。对喜旱莲子草的防治，应侧重于预防。结合农业措施，在耕翻换茬时花大力气挖除在土中的根茎，然后务必晒干或烧毁；在种群密度较小或新发现的入侵地手工拔除，进行根除。对新入侵的喜旱莲子草，深挖1 m，并彻底焚烧，连续3年，能起到根除效果。在许多水域依靠人工打捞，但打捞后的植株如不能及时得到有效的处理又会死而复活。(3) 化学防除。目前在中国，化学防除是抑制喜旱莲子草的主要措施之一，草甘膦、使它隆、农达、水花生净等在国内应用较多。

（十）水葫芦

Eichhornia crassipes。别名：凤眼莲、水浮莲、水凤仙。雨久花科植物。见图5-10。

水上部分高30～50 cm，或更高。茎具长匍匐枝。叶基生呈莲座状，宽卵形、宽倒卵形至肾状圆形，光亮，具弧形脉；叶柄中部多少膨大，内有多数气室。花紫色，上方一片较大，中部具黄斑。蒴果卵形。

水葫芦原产南美洲。在原产地巴西由于受生物天敌的控制，仅以一种观赏性种群零散分布于水体，1844年在美国的博览会上曾被喻为"美化世界的淡紫色花冠"。自此以后，水葫芦被作为观赏植物引种栽培，现已在亚、非、欧、北美洲等数十个国家造成危

图 5-9 空心莲子草（引自朱太平，2007）　　图 5-10 水葫芦（引自中国植物志）

害。19世纪期间引入东南亚，1901年作为花卉引入中国，此后作为畜禽饲料引入中国内地各省，并作为观赏和净化水质的植物推广种植，后逃逸为野生。由于其无性繁殖速度极快，现已广泛分布于华北、华东、华中、华南和西南的19个省（市），尤以云南（昆明）、江苏、浙江、福建、四川、湖南、湖北、河南等省的入侵严重，并已扩散到温带地区，如锦州、营口一带均有分布。水葫芦是世界上漂浮型水草中危害最严重、蔓延最广泛的杂草之一，目前泛滥全球水域，已被列为世界十大害草之一。

该草具有很强的生命力和繁殖力，既可有性繁殖又可无性繁殖，而它的种子在水底土壤中的寿命可长达数十年之久。在适宜条件下每5天就能繁殖一新植株，一朵花大约结300粒种子。由于它生长迅速，很快就能盖满水面，降低水中溶解氧含量，使水下的生物得不到阳光和空气，最后死亡，形成物种单一的优势植物群落。同时水葫芦的残体在水中腐烂，构成对水质的二次污染，使厌氧的微生物大量滋生，有益微生物大量死亡，水体变黑发臭，污染环境。水葫芦引入滇池以后，疯长成灾，到20世纪80年代，水面上全部生长着水葫芦，其覆盖度近100%。水葫芦的扩散蔓延严重破坏水生生态系统的结构和功能，导致大量水生动植物的死亡。滇池的主要水生植物已由20世纪60年代以前的16种、水生动物68种，到20世纪80年代大部分水生植物相继消亡，水生动物仅存30余种。因水葫芦堵塞河道，影响航运，破坏景观，已成了令人头痛的恶性杂草。

控制方法：(1) 人工打捞。手拔、铲除或用特制的采集机器。不断排水，将池塘或湖泊放干可以有效控制凤眼莲。(2) 生物防治。最有效的生物控制媒介为两种象鼻虫水葫芦象甲 *Neochetina bruchi* 和 *N. eichhorniae*，以及一种水葫芦螟蛾（*Sameodes albiguttalis*）。(3) 用草甘膦、农达和克芜踪等除草剂在短时间内有效。但对于大量凤眼莲生长的地区则很少使用除草剂，即使有收效也并不明显。(4) 除草剂和天敌昆虫协调防治也取得了较好的研究进展。

思考题

1. 什么叫植物引种？简述植物引种的目的。
2. 简述选择植物引种对象的原则。
3. 何谓生物入侵？简述生物入侵的途径。
4. 简述生物入侵对生态环境的影响。
5. 举例说明生物入侵的危害性。

第六章

转基因植物

根据联合国公约《生物安全议定书》的定义，转基因生物（Genetically Modified Organism，GMO；或 Living Modified Organism，LMO）是指凭借现代生物技术获得的遗传材料新异组合的活生物体。实际上就是通过以 DNA 重组技术为代表的现代生物技术，将外源 DNA 导入生物体的基因组，引起遗传改变，这种改变了遗传组成的生物，就是转基因生物。通过现代生物技术获得的改变了遗传组成的植物，被称为转基因植物。

植物转基因技术是指把从动物、植物或微生物中分离到的目的基因，通过各种方法转移到植物的基因组中，使之稳定遗传并赋予植物新的农艺性状，如抗虫、抗病、抗逆、高产、优质等，甚至使其具备特殊药用价值和营养价值。由于植物转基因可以根据人类的需要，赋予转基因植物优良的遗传性状，植物转基因技术发展很快，自从 1983 年首次获得转基因植物后，至今已有 35 科 120 多种植物转基因获得成功。从 1986 年首批转基因植物被批准进入田间试验，到现在国际上已有 30 个国家批准数千例转基因植物进入田间试验，涉及 40 多种植物。

虽然植物转基因技术的应用对农业生产带来了重大变革和机遇，但转基因植物的出现也对生态环境有着显著的影响，特别是转基因植物的生态安全性备受关注。应该将转基因植物的风险与其给农业、消费者和环境带来的利益进行衡量和比较，定量评估转基因植物的风险程度，长期监测转基因植物的潜在生态风险，制定风险预防与治理策略，以最大限度地控制转基因植物商业化生产过程中的生态风险，稳步推动转基因植物的研究和开发。

第一节 转基因植物概述

早在 1985 年，美国科学家 Beachy 等设想将病毒的外壳蛋白基因转入植物基因组中，看其能否起到类似于交叉保护现象的作用以控制病毒病害。1986 年他们将烟草花叶病毒（TMV）U1 株的外壳蛋白基因转入了烟草细胞，结果转基因烟草植株及其后代产生了明显的抗病性。自此，随着分子生物学技术的飞速发展，植物转基因研究突飞猛进地发展起来。

植物转基因技术（transgenic technology）也被称为植物基因工程技术（plant genetic engineering），是指以植物为对象，采用重组 DNA 技术，将外源目的基因导入到受体植物的基因组中，最后获得外源目的基因正确表达和稳定遗传的新植物品种的技术方法。

植物基因工程操作流程可分为：①外源目的基因的分离；②植物表达载体的构建；③植物基因转化受体系统的建立；④植物基因转化；⑤转基因植株的筛选与鉴定。

一、外源目的基因的分离

在确定目的基因之前，必须对该基因的背景有尽量多的了解。通过查阅相关学术书籍、科研论文等科研文献，或者进行实验科学研究，了解目的基因的核酸序列和氨基酸序列，了解目的基因在生物体内的表达模式、调控规律，掌握目的基因在体内所具有的生物学功能。比如，如想通过转基因技术提高植物对于有害昆虫的抵抗能力，可以考虑选择能产生对昆虫有毒害作用，但是对植物本身、对于食用植物的人和动物无害的蛋白质基因，苏云金芽孢杆菌毒蛋白基因（Bt）就是这样的目的基因。

苏云金芽孢杆菌（*Bacillus thuringiensis*）为革兰氏阳性菌，在芽孢形成过程中产生称为 δ—内毒素的杀虫伴胞晶体蛋白，这些蛋白具有很高的杀虫活性。根据国内外的相关研究，Bt 蛋白杀虫机理为：由于螟虫的肠内环境是碱性的，与 Bt 基因作用后会产生原毒素，而产生毒杀作用。而哺乳动物的胃液为强酸性，肠胃中也不存在与 Bt 毒素结合的受体，当 Bt 蛋白进入到哺乳动物肠胃中后，在胃液的作用下，几秒钟之内就能全部降解。迄今没有发现 Bt 蛋白对螟虫类昆虫以外的生物有致毒现象。Bt 蛋白只对螟虫是名副其实的毒蛋白，对哺乳动物、鸟、鱼以及非目标昆虫均无害，而且由于很容易被降解，也不会给土壤等带来污染。由于以上原因，Bt 基因成为较早被广泛应用于植物转基因技术的目的基因之一。

除了抗昆虫病害以外，常见的外源目的基因按照其转基因的要实现的目的，可以分为抗环境胁迫、提高品质等几大类。具体分类和各类型的代表性基因见表 6-1。

表 6-1 常见外源目的基因的分类

育种目标	代 表 基 因	代表基因的作用
抗除草剂	Bar, phosphinothricin N-acetyltransferase（PAT）的基因	抗除草剂草丁膦
抗虫性	*cryIAb*	抗欧洲玉米螟
抗病性	Xa21	抗白叶枯病，广谱抗病
环境胁迫耐受性	吡咯啉-5-羧酸合成酶（1-Pyrroline-5-Carboxylate Synthetase, P5CS)	抗干旱胁迫和盐胁迫
提高品质	铁蛋白（ferritin）	提高种子铁含量
生物反应器	单纯疱疹病毒 2（HSV-2）的人源化抗体基因	生产抗体
消除环境污染物	γ-谷氨酰半胱氨酸合成酶（γ-glutamylcysteine synthetase）	消除铬等重金属污染

确定了目的基因之后，可以采取以下几种途径来获取目的基因。

(一) 化学合成法

如果已知某种基因的核苷酸序列，或根据某种基因产物的氨基酸序列可以推导出该多肽编码基因的核苷酸序列，则可以利用 DNA 合成仪通过化学合成法合成目的基因。

(二) 直接 PCR 分离

如果已知某种基因的核苷酸序列，可以利用这些信息合成该基因编码区两侧的 PCR 引物，然后以 mRNA 为模板，利用逆转录酶合成与 mRNA 互补的 DNA（complementary DNA，cDNA），再以 cDNA 为 PCR 模板，直接通过 PCR 反应，获得目的基因全长序列。

(三) 基因组 DNA

分离组织或细胞的染色体 DNA，利用限制性核酸内切酶将染色体 DNA 切割成基因水平的许多片段，其中含有目的基因片段。将它们与适当的克隆载体拼接成重组 DNA 分子，继而转入受体菌扩增，使每个细菌内都携带一种重组 DNA 分子的多个拷贝。这样得到了存在于细菌内、由克隆载体所携带的所有基因组 DNA 的集合，称为基因组 DNA 文库（genomic DNA library）。建立基因文库后需要结合适当筛选方法从众多转化子菌落中筛选出含有某一基因的菌落，再进行扩增，将重组 DNA 分离、回收，最后获得携带目的基因的细菌克隆。

(四) cDNA

以 mRNA 为模板，利用逆转录酶合成与 mRNA 互补的 DNA（cDNA），再复制成双链 cDNA 片段，与适当载体连接后转入受体菌，扩增为 cDNA 文库（cDNA library），然后再采用适当方法从 cDNA 文库种筛选出目的 cDNA。

二、植物表达载体的构建

多数植物基因转化方法在进行转基因前，必须构建携带了目的基因的植物表达载体。转基因植物表达载体的具体方法和程序可以参考植物基因工程相关的书籍和文章。研究表明，植物表达载体的构建与目的基因在受体植物中的正确表达、转基因植株的筛选、鉴定以及转基因植物的生态安全性、转基因植物产品的食用安全性密切相关。所以，在进行植物表达载体构建时，必须重点考虑以下相关因素。

(一) 启动子的选用

选择转录活性足够强的植物启动子是植物表达载体构建时首先要考虑的问题，因为外源基因表达量不足往往是得不到理想的转基因植物。由于启动子在决定基因何时，以何种强度表达方面起关键作用，所以在需要外源目的基因高表达时，可以考虑选用一些强启动子，如绝大多数双子叶转基因植物均使用花椰菜花叶病毒 CaMV35S 启动子，单子叶转基因植物主要使用来自玉米的泛素（Ubiquitin）启动子和来自水稻的肌动蛋白 Actin 1 启动子。在这些组成型表达启动子的控制下，外源基因在转基因植物的所有部位和所有的发育阶段都会高效表达。

目前特异表达启动子受到越来越多的关注。由于外源基因在受体植物内持续、高效的表达不但造成浪费，往往还会影响植物的正常形态，改变植物的生长发育模式。为了使外源基因在植物体内有效发挥作用,同时又可减少对植物的不利影响,目前越来越多的特异表达启动子的开始被应用于植物转基因技术。已发现的特异性启动子主要包括器官特异性启动子和诱导特异性启动子。例如,种子特异性启动子、果实特异性启动子、根特异性启动子、损伤诱导特异性启动子、化学诱导特异性启动子、光诱导特异性启动子、热激诱导特异性启动子等。这些特异性启动子的应用使外源目的基因可以在特定的组织器官中表达,也可以在特定的生长条件下表达。例如,瑞士 CIBA-GEIGY 公司使用受水杨酸及其衍生物诱导的 PR-IA 启动子控制转基因烟草中 Bt 毒蛋白基因的表达,通过向植物喷洒水杨酸及其衍生物等廉价、无公害的化学物质,诱导抗虫基因在虫害重发生季节表达,取得较好的病害防治效果。

在植物转基因研究中,使用天然的启动子有时候不能取得令人满意的结果。对现有启动子进行改造,构建复合式启动子也是一种重要的途径。

(二) 多基因共转化策略

多数的植物转基因研究都是将单一的外源目的基因转入受体植物。但有时由于单个基因表达强度不够或作用机制单一,不能获得理想的转基因植物。如将两个或两个以上的能起协同作用的基因同时转入植物,将会获得比单基因转化更为理想的结果,这一策略在培育抗病、抗虫等抗逆性转基因植物方面已得到应用。例如,根据抗虫基因的抗虫谱及作用机制的不同,可选择两个功能互补的基因进行载体构建,并通过一定方式将两个抗虫基因同时转入一个植物中去。王伟等将外源凝集素基因和蛋白酶抑制剂基因同时转入棉花,得到了含双价抗虫基因的转化植株。Barton 等将 Bt 杀虫蛋白基因和蝎毒素基因同时转入烟草,其抗虫性和防止害虫产生抗性的能力大为提高。

一些功能相关的基因,比如植物中的数量性状基因、抗病基因等,大多呈"基因簇"的形式存在。如果将某些大于 100 kb 的大片段 DNA,如植物染色体中自然存在的基因簇或并不相连锁的一系列外源基因导入植物基因组的同一位点,那么将有可能出现由多基因控制的优良性状,或产生广谱的抗虫性、抗病性等。而且,大片段基因群或基因簇的同步插入还可以在一定程度上抑制转基因带来的位置效应,减少基因沉默等不良现象的发生。美国的 Hamilton 和中国的刘耀光分别开发出了新一代载体系统,即具有克隆大片段 DNA 和借助于农杆菌介导直接将其转化植物的 BIBAC 和 TAC,这两种载体对于实现多基因控制的品种改良具有潜在的应用价值。

(三) 筛选标记基因的删除和安全筛选标记基因的利用

筛选标记基因是指在植物转基因时能够使转化植株从众多的非转化植株中筛选出来的标记基因。它们通常可以使转基因植株产生对某种选择压(如抗生素等)具有抗性的产物,从而使转基因植株能够在添加这种选择压的培养基上正常生长,而非转基因植株则表现出对此选择压的敏感性,不能存活。目前常用的筛选标记基因主要有两大类:抗生素抗性酶基因和除草剂抗性酶基因。前者可产生对某种抗生素的抗性,后者可产生对除草剂的抗性。使用最多的抗生素抗性酶基因包括 npt II(产生新霉素磷酸转移酶,抗卡那霉素)、hpt(产生潮霉素磷酸转移酶,抗潮霉素)和 $Gent$(抗庆大霉素)等。常用的抗除草剂基因包括 $EPSP$(产生 5-烯醇式丙酮酸莽草酸-3-磷酸合酶,抗草甘膦)、GOX(产生草甘膦氧化酶、降解草甘膦)、bar(产生 PPT 乙酰转移酶,抗 Bialaphos 或

glufosinate)等。

近年来,转基因植物中筛选标记基因的生物安全性已引起全球关注。例如,人们担心转基因植物的抗生素抗性标记基因转移进入人或动物的病原菌中,从而引起这些病原菌对抗生素的抗性,使抗生素失去效力。另外,转基因植物通过传粉将某些基因转移进野生近源杂草已有很多报道,人们担心转基因植物的抗除草剂基因转入杂草,会造成某些杂草难以人为控制。为了避免转基因植物所带来的不安全因素。近年来在筛选标记的使用方面已有了一些新的改进。主要的方法有筛选标记的去除和安全筛选标记基因的利用。

(1) 筛选标记的去除。抗生素抗性基因和除草剂抗性基因虽然有利于转化体的筛选,但它们对植物的生长并非必要。如果能剔除转基因植株的筛选标记基因,将是提高安全性的最好方法。例如,Dale 等利用 Cre/lox 重组系统,先将一种筛选标记插入 lox 位点,再与目的基因相连,转入植物细胞。在第二轮转化时,将另一种筛选标记与 Cre 序列连接后再转入已转化的细胞,在 Cre 重组酶的作用下,第一种筛选标记可被删除。挑取已失去第一筛选标记的植株,待开花结子后,从后代分离群体中挑选没有第二种筛选标记的植株,即为已完全剔除了筛选标记的转基因植株。另外,将筛选标记基因和目的基因分别构建在不同的载体上,通过共转化,然后从后代的分离群体中挑选,也可获得无筛选标记的转基因植株。

(2) 生物安全的选择标记基因的选用。利用生物合成基因作为筛选标记基因,提高安全性。如某些支链氨基酸(Lys、Thr、Met、Ile)的合成都要经过天冬氨酸合成途径。其中 Lys 是由天冬氨酸激酶和二羟基吡啶酸合酶催化合成的,两种酶都受 Lys 的反馈抑制。细菌来源的这两种酶由于对 Lys 不敏感,因此可作为植物转化的筛选标记,在含 Lys 的培养基中转基因植株能够存活,而非转基因植株则因死亡而被淘汰。

(四) 无抗性标记的转基因体系的选用

近年来,一些与植物细胞分化相关的基因已被克隆。比如拟南芥的 *PAG22*、*AltPT*、*CKI1*、*ESR1*、*CHK1* 和 *SERK* 等基因在植物细胞中表达后可促进细胞的分化。如果将这类可促进植物细胞分化的基因与目的基因串联并用于遗传转化,就可以在不含细胞分裂素的培养基中选择培养得到转化细胞,从而避免了对抗性选择标记的使用。De Vetten 等将含有目的基因但无其他任何标记基因的双元载体导入强毒性农杆菌菌株 AGL0 中,并分别与茎外植体进行共培养,收获外植体上的再生芽培养、诱导成苗,PCR 鉴定显示转化的阳性率平均为 4.5%,进一步分析 220 株 PCR 阳性的转基因植株中 100 株(45%)出现了预期的表型。这表明结合应用强毒型农杆菌菌株、PCR 鉴定筛选技术和优化的基因转化载体,即使在没有使用标记基因的条件下也能获得大量含目的基因的转基因植株。

三、植物基因转化受体系统的建立

植物转基因受体系统是指选择合适的器官、组织或细胞进行转基因后,能通过组织培养或其他途径再生出新生植株的无性繁殖体系。选择、建立良好的植物遗传转化受体系统是植物转基因成功的关键因素之一。目前已发展了多种有效的植物转基因受体系统，适应不同转化方法的要求和不同的转化目的。在进行具体的转基因操作时，应根据植物种类、基因载体系统及实验设备等各种因素选择使用。

（一）愈伤组织受体系统

外植体经组织培养所产生的愈伤组织，是植物基因转化常用的受体系统之一。该系统特点表现在：①愈伤组织是由脱分化的分生细胞组成，易接受外源DNA，转化率较高；②多种外植体都可经组织培养诱导产生愈伤组织，可应用于多种植物基因转化；③愈伤组织可继代扩繁，因而由转化愈伤组织可培养获得大量的转化植株；④从外植体诱导的愈伤组织常是由多细胞形成，本身就是嵌合体，因而分化的不定芽嵌合体比例高，增加了转基因再生植株筛选的难度；⑤愈伤组织所形成再生植株无性系变异较大，转化的目的基因遗传稳定性较差。

（二）原生质体受体系统

植物原生质体是去除细胞壁后的"裸露"细胞，具有分化的全能性，可以在适当的培养条件下诱导出再生植株。由于原生质与外界环境之间仅隔一层细胞膜，研究人员可利用一些物理或化学的方法改变细胞膜的通透性，使外源DNA进入细胞内整合到染色体上并表达，从而实现植物基因转化的目的。迄今为止已有水稻、小麦、玉米、烟草和番茄等250多种高等植物原生质体培养获得成功，为利用原生质体进行基因转化奠定了基础。

（三）种质系统

种质系统是指以植物的生殖细胞如花粉粒、卵细胞为受体细胞进行基因转化的系统。现在已建立了多种直接利用花粉和卵细胞受精过程进行基因转化的方法，如花粉管通道法、花粉粒浸泡法和子房注射法等。种质系统的优点表现在：①生殖细胞不仅具有全能性，而且接受外源遗传物质的能力强，导入外源基因成功率高，更易获得转基因植株；②生殖细胞是单倍体细胞，转化的基因无显隐性影响，能使外源目的基因充分表达，有利于性状选择，通过加倍后即可成为纯合的二倍体新品种。因此，利用生殖细胞作为转基因受体，与单倍体育种技术结合，可简化和缩短复杂的育种纯化过程；其缺点在于利用植物自身生殖细胞进行遗传操作只能在短暂的开花期内进行。因此，常受到季节及生长条件限制。

（四）胚状体受体系统

胚状体是指经体细胞胚发生而形成的在形态结构和功能上类似于有性胚的结构，也称为体细胞胚。有些植物本身在自然条件下其珠心组织或助细胞就可自发地形成胚状体。植物组培过程中，一些体细胞及单倍体细胞也诱导形成胚状体。这些胚状体与经受精过程形成的有性胚一样，在一定条件下可发育成完整的植物体。该系统的主要特点如下：①组成胚状体的胚性细胞接收外源DNA能力很强，是理想的基因转化感受态细胞，而且这些细胞繁殖量大，同步性好，因此转化率很高；②胚状体个体间遗传背景一致，无性系变异小，成苗快，数量多，而且还可以制成人工种子，有利于转基因植株的生产及推广。目前普遍认为胚状体是比较理想的基因转化受体系统。

（五）直接分化芽系统

直接分化芽是指外植体细胞以组织培养，越过愈伤组织阶段而直接分化形成的不定芽。现在已建立了一些植物由叶片、幼茎、小叶、胚轴和茎尖分子组织等外植体诱导形成直接分化芽的再生体系。直接分化芽受体系统有以下优点：①直接分化芽是由未分化的细胞直接分化形成，体细胞无性系变异小。因此，导入的外源目的基因可稳定遗传，尤其是由茎尖分生组织细胞建立的直接分化芽系统遗传稳定性更佳。②该系统应用于基因转化，操作简单、周期短，特别适于无性繁殖的果树花卉等园艺植物；其缺点在于，不定芽的再生常起源于多细胞，所形成的再生植株也可出现较多的嵌合体。再者，由外植体诱导直接分化芽产生，技术难度大，不定芽量少，因此，基因转化频率低于其他几种受体系统。

受体系统的建立主要依赖于植物细胞及组织培养技术。目前包括粮食作物、经济作物、蔬菜、果树、花卉和林木等在内的许多植物，都已建立了成熟的组织及植株再生体系，这为植物基因转化提供了较好的受体系统。但是，在具体从事基因转化工作时，应根据植物种类、目的基因载体系统和导入基因方法等因素，选择和优化受体系统，以获得理想的转化效率。

四、植物基因转化方法

在转基因植物的研制过程中，关键步骤之一是通过特定的方法将外源基因导入受体植物细胞内，使之发生定向的、永久性的遗传变异，即所谓的植物遗传转化。目前已经发现不同种类的植物遗传转化的条件不同。为了方便有效地将外源基因导入植物体内，研究人员在不断地探索、发展新的植物遗传转化方法，这些方法有各自的优缺点和应用领域。目前应用到植物转基因技术中的遗传转化方法主要有农杆菌介导转化法和外源基因直接导入法。

（一）农杆菌介导转化法

即以根癌农杆菌的 Ti 质粒和发根农杆菌的 Ri 质粒为载体，将目的基因整合到受体细胞基因组上。农杆菌在侵染植物伤口时，可将其携带质粒上的一段 DNA（T-DNA）整合到植物基因组上，并在植物体内表达。农杆菌作为一种天然载体系统被广泛应用到植物基因转化中，成为植物基因转化的首选方法。

农杆菌介导的转基因方法具有以下优点：不需要专门仪器；宿主范围广，包括大多数双子叶植物和少数单子叶植物；插入外源基因的片段较大，可达 50 kb 以上；转化率明显高于其他直接转化方法；外源基因整合到植物基因组上的拷贝数较少，多为单拷贝；整合的外源基因变异小，后代的分离规律也遵循孟德尔遗传规律。该方法的缺点是受宿主范围和菌株特异性等因素的限制。对于大多数单子叶植物，特别是禾本科作物来说，使用农杆菌介导转化法转化成功的报道较少，原因在于单子叶植物对根癌农杆菌不敏感，它难以附着或结合到这些植物细胞表面。

（二）外源基因直接导入法

外源基因直接导入法的主要优点是不受宿主范围的限制，也不需使用特定的载体。

这为那些使用难以通过农杆菌介导转化法导入外源基因的植物提供了一条有效途径。根据原理的不同，外源基因直接导入法可分为两大类：化学法和物理法。化学法直接导入主要以原生质体为受体，借助于特定的化学物质诱导外源 DNA 直接导入植物细胞的方法。目前主要的化学法直接导入包括 PEG 法和脂质体介导法；物理法直接导入主要是基于一些物理因素对细胞膜的影响，或者通过机械损伤直接将外源 DNA 导入植物细胞。原生质体、细胞、组织及植物器官都可以作为受体。物理法比化学法更具有广泛性和实用性。常用的物理法主要包括基因枪法、电激法、显微注射法、激光微束穿刺法、超声波导入法、碳化硅纤维介导法、DNA 孵育法和花粉介导法等。

(1) PEG 法。聚乙二醇（PEG）是一种细胞融合剂，水溶性，pH 4.6～4.8，因多聚程度不同而异。PEG 可以使细胞膜之间或使 DNA 与膜形成分子桥，促使相互间的接触和粘连，即具有细胞黏合作用。PEG 还可引起细胞膜表面电荷的紊乱，干扰细胞间的识别，因而能促进原生质体融合和改变细胞膜的通透性，并且在与二价阳离子的共同作用下，使外源 DNA 形成沉淀，这种沉淀形成的 DNA 能被植物原生质体主动吸收，从而实现外源 DNA 进入受体细胞。

PEG 融合法操作简单，处理量大，融合频率高，而且不影响再生，基本上克服了再生植株是嵌合体情况的发生，而且不需要昂贵的仪器设备。其缺点是仍需进行原生质体培养、处理时间长、不易掌握、常形成多元原生质体融合体。

(2) 脂质体介导法。脂质体（liposome）是根据生物膜的结构和功能特性，人工用脂类化合物合成的双层膜囊。用脂质体包装外源 DNA 分子或 RNA 分子，导入原生质体或细胞，可以实现植物遗传转化。有两种具体方法：其一是脂质体融合法（liposome fusion），先将脂质体与原生质体共培养，使脂质体与原生质体膜融合，尔后通过细胞的内吞作用把脂质体内的外源 DNA 或 RNA 分子高效地纳入植物的原生质体。其二是脂质体注射法（liposome injection），通过显微注射把含有遗传物质的脂质体注射到植物细胞以获得转化。

脂质体介导法具有很多优点，可保护 DNA 在导入细胞之前免受核酸酶的降解作用，降低了对细胞的毒性效应。适用的植物种类广泛，重复性高。脂质体转化法的主要缺点是转化率低，需要有完善的原生质培养及植株再生技术体系支持。

(3) 基因枪法（gene gun）。借用火药爆炸、高压气体或高压放电为动力，利用高速运动的金属微粒将附着于表面的核酸分子引入到受体细胞中的一种遗传物质导入技术。在此过程中，携带有目的基因的质粒 DNA 首先黏附在微弹（钨粉、金粉等）表面（通常以氯化钙或亚精胺作为沉淀剂来促进 DNA 与微弹表面结合），结合有 DNA 分子的微弹经加速而获足够的动量，进而穿透植物细胞壁进入靶细胞。外源 DNA 分子也就随之导入细胞，并随机整合到寄主的基因组内。基因枪法的受体可以是各种外植体、愈伤组织以及胚性细胞或细胞器，突破了基因转移的物种界限。实验操作简单易行，具有非常广泛的应用范围，已成为研究培育转基因植物的有效手段之一。

(4) 电激法（electroporation）。利用高压电脉冲作用，使原生质膜的结构改变并形成可逆性的开闭通道，从而使原生质体易吸收外源 DNA。电激法最初是从哺乳动物细胞转化中发展起来的一门新技术，后来用于植物细胞的遗传转化。国外最早报道是

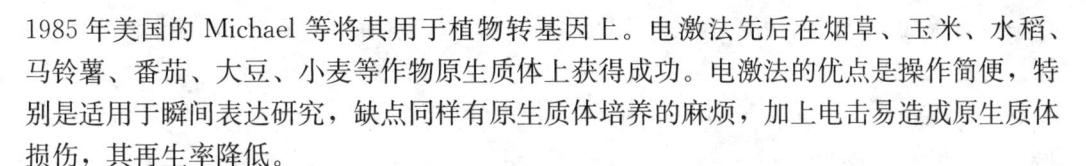

1985 年美国的 Michael 等将其用于植物转基因上。电激法先后在烟草、玉米、水稻、马铃薯、番茄、大豆、小麦等作物原生质体上获得成功。电激法的优点是操作简便，特别是适用于瞬间表达研究，缺点同样有原生质体培养的麻烦，加上电击易造成原生质体损伤，其再生率降低。

（5）显微注射法（microinjection）。通过显微操作仪的显微注射针的注射把外基因导入植物受体并获得转化的技术。显微注射法多年前在动物中就已获得成功，由此促进了它在植物细胞中的应用。此法可控制 DNA 注射量，并可对多种组织（如小孢子、胚前合子等）进行注射，但由于该法每次只能对一个细胞进行操作，且要求有相当熟练技术，不然很难获得稳定表达的细胞克隆及转基因植株。目前在植物遗传转化中应用不多。

（6）激光微束穿刺孔法。又叫显微激光法（microlaser inducing），是利用聚焦到微米级的激光微束给细胞或组织穿刺（孔），在细胞膜上形成可逆性穿孔，使外源 DNA 导入细胞内。这种方法最早是在动物细胞和人的细胞中取得成功。由于操作简单、适用性广、能转化细胞器等特点引起人们的关注。

五、转基因植株的筛选与鉴定技术

目前报道的转基因植物检测和鉴定方法主要有三类：一是在基因组水平上进行的检测，包括 PCR 检测、Southern blot 检测和染色体原位杂交检测等；二是在转录水平上进行的检测，包括 RT-PCR 检测、Northern blot 杂交检测等；三是在蛋白表达水平上进行的检测，包括组织化学染色检测、荧光蛋白检测、Western blot 检测、ELISA 检测、叶片褪绿检测和叶片涂抹除草剂检测等。

（一）外源基因整合水平检测

（1）PCR 检测。聚合酶链反应（polymerase chain reaction，PCR）是 20 世纪 80 年代中期由 Mullis 发展起来的体外核酸扩增技术，广泛用于外源基因检测、目的基因标记、功能基因分离和克隆等。该技术以极少量目标 DNA 为模板，加入目标基因特异性引物，在 DNA 聚合酶作用下，由高温变性、低温退火及适当温度延伸等几步反应组成一个周期，循环进行，使目的 DNA 片段得以迅速扩增。该技术可根据目的基因、标记基因序列设计 PCR 引物，从转基因植株中扩增外源基因片段，而非转基因植物基因组则不能扩增出相应的目标片段。PCR 技术创立以来在转基因植物检测中得到了广泛应用。

（2）Southern blot 检测。Southern blot 是由 Southern 等 1975 年提出的 DNA 印迹转移技术，其原理是将限制性内切酶消化后的 DNA 片段进行琼脂糖凝胶电泳，变性处理，然后在高盐缓冲液中通过毛细管作用将凝胶中的 DNA 片段转移到硝酸纤维素（NC）膜上，变性的单链 DNA 与膜结合，烘干后即固定在膜上，然后与放射性标记的探针杂交，检测与探针具有同源性的 DNA 片段。

Sambrook 等对 Southern blot 技术进行了改进，使该技术在转基因植物检测中得到了广泛应用，被认为是筛选阳性转基因植株最为可靠、稳定的方法，在目标基因附近选择一具有单切位点的内切酶对基因组 DNA 进行酶切,然后用标记的目的基因片段作为探针与消化的基因组 DNA 进行杂交,包含目标基因的基因组片段与探针具有同源性,可发生同源重组,从而显示出杂交信号,并可分析转基因植株中外源基因插入的拷贝数。

(3) 染色体原位杂交检测。染色体原位杂交技术(chromosome in situ hybridization)从 Southern blot 和 Northern blot 技术衍生而来,是重复 DNA 序列和多拷贝基因家族物理作图、低拷贝及单拷贝 DNA 序列定位的常规方法,是分子生物学、组织化学和细胞学相结合的产物。其原理是根据核酸分子碱基互补配对原则,以同位素、荧光素标记的 DNA 片段为探针与经过变性的染色体 DNA 杂交,具有同源序列的 DNA 互补配对,目标 DNA 在染色体上的具体物理位置即可直观显示出来。原位杂交技术最早由 Gall 等利用标记的 rDNA 探针与非洲爪蟾细胞核杂交建立起来,后来主要用于鉴定植物染色体附加系、代换系、易位系等育种材料,近年来被逐步用来检测转基因植物。

(二) 外源基因转录水平检测

(1) Northern blot 检测。Alwine 等将 Southern bolt 检测技术应用于 RNA 研究上,并取名 Northern blot。该技术利用标记的目的基因片段作探针与基因组总 mRNA 进行杂交,由目的基因转录而来的 RNA 与探针具有同源性,可发生同源重组,从而显示出杂交信号。由于总 RNA 或 mRNA 是单链状态,在进行琼脂糖电泳分离时,必须在有变性剂存在的情况下,才能防止 RNA 分子自身结合形成发夹形二级结构,并维持其单链线性状态。其印迹过程与 Southern blot 在操作步骤上基本相似。

(2) RT-PCR 检测。RT-PCR 是检测和半定量特异性 mRNA 的高度灵敏技术,被广泛应用于基因转录水平的分析研究。其原理是提取组织或细胞的 RNA,逆转录出互补 DNA(cDNA),再以 cDNA 为模板,用根据 cDNA 所设计的引物进行 PCR 扩增,琼脂糖电泳分离产物,根据标准 Marker 对比,鉴定扩增的 cDNA(预测的 cDNA 核苷酸序列),用限制性酶消化、杂交或核酸测序进一步证实 PCR 产物。RT-PCR 根据用于 RT 的已知 RNA 量、用于 PCR 的已知 cDNA 量、在琼脂糖凝胶上可显带的 PCR 循环数能估算出所研究基因的表达程度。因其具有快速和高度灵敏性等特点,被广泛应用于基因转录分析。

(三) 外源基因表达水平检测

(1) 组织化学染色检测。GUS 基因(β-葡糖苷酸酶基因)是目前植物遗传转化中普遍使用的报告基因,GUS 酶具有稳定性高、pH 值范围广、耐受性强、活性检测方便等特点,催化 X-Gluc(5-溴-4-氯-3-吲哚葡萄糖醛酸苷)的水解反应,在植物组织内产生深蓝色、难溶解的化合物,表现为蓝色斑点。根据蓝色斑点的数量、强弱和频率可判断转化效果或转化效率。对转化后的材料进行方便、快捷、直观的检测是建立特定植物转化体系的重要环节,尤其是农杆菌介导法,存在着强烈的植物基因型特异性。不同品种对农杆菌的敏感性差异显著,农杆菌菌株、侵染液组成等对转化效果影响也很大。选取合适的报告基因可在转化后随时对受体组织进行检测,有助于及时改进和优化各个影响因素,提高农杆菌转化效率。

(2) 荧光显微检测。绿色荧光蛋白(Green Fluorescent Protein,GFP)是来源于

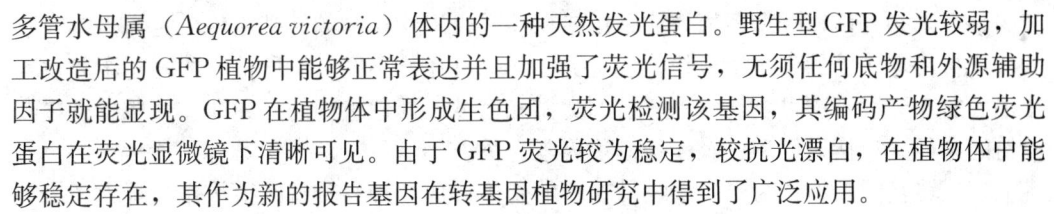

多管水母属（Aequorea victoria）体内的一种天然发光蛋白。野生型 GFP 发光较弱，加工改造后的 GFP 植物中能够正常表达并且加强了荧光信号，无须任何底物和外源辅助因子就能显现。GFP 在植物体中形成生色团，荧光检测该基因，其编码产物绿色荧光蛋白在荧光显微镜下清晰可见。由于 GFP 荧光较为稳定，较抗光漂白，在植物体中能够稳定存在，其作为新的报告基因在转基因植物研究中得到了广泛应用。

（3）叶片离体退绿检测。利用 nptII（新霉素磷酸转移酶）基因作为筛选标记获得的转基因植株，可将叶片切成 0.5×1.0 cm 的小段，放入 300 mg/L 的巴龙霉素溶液中，抽真空 5 min，密封后在光照条件下放置 4~5 天，阳性植株的叶片切段保持绿色，阴性植株的叶片切段褪去绿色，可方便检测 nptII 等外源基因是否存在。

（4）植株活体检测。针对转基因植物含有的筛选标记，选用适宜的抗生素可对转基因植株进行涂抹、喷洒和灌心等检测。

①转基因植物抗生素涂抹或喷洒检测。除草剂抗性基因 bar 是植物遗传转化研究广泛使用的选择标记之一，含 bar 基因的转基因植物对 Basta、Liberty 等除草剂具有抗性，可使用除草剂来筛选转基因植株。nptII 和潮霉素基因 hpt 是植物遗传转化研究另外 2 个主要选择标记。可以将卡那霉素和潮霉素喷施在叶片上来筛选转基因植株。

②抗生素灌心检测。抗生素灌心是最新发展的检测玉米、高粱、甘蔗等高秆植物转基因植株的有效方法，具有不伤害植株正常生长的优点。可将抗生素溶液放入抗性再生植株心叶，3~5 天后观察新生叶片颜色变化，转基因植株叶片生长正常，非转基因植株叶片出现退绿条带。

（5）ELISA 检测。ELISA 技术可准确、方便、快速鉴定转基因植株。1992 年 Roland 等将 ELISA 技术用于转基因植物中 nptII 基因表达产物快速检测和定量分析。

（6）Western blot 检测。植物转基因的最终目的是在植物中表达外源蛋白质，表达产物以酶蛋白的形式参与植物代谢过程，或以转录因子蛋白形式调节内源功能基因转录，或以结构蛋白形式作为细胞组成物质或储藏物质。所以，在蛋白质水平对转基因植物进行分析鉴定是最具说服力的。Western blot 实际上是一种蛋白质转移电泳技术，包括凝胶电泳、转移电泳、电泳转膜、抗体反应等步骤。Western blot 具有从混杂抗原中检测出特定抗原或从多克隆抗体中检测出单克隆抗体以及蛋白质反应均一性好、固相膜保存时间长等优点，还可以对转移到膜上的蛋白质进行连续分析。

六、植物转基因技术存在的主要问题

（一）外源基因的逃逸

是指由遗传工程的方法转移到某一生物有机体的遗传信息（目标基因）在生物的个体、种群甚至是物种之间自发移动的过程。它包括了目标基因在转基因作物同一品种的个体之间的移动、在该作物不同品种之间以及野生近缘种（包括其杂草类型）之间的移动，主要通过以下几种途径来完成。

（1）转基因作物花粉的散布。转基因植物中花粉的散布成为外源基因逃逸的主要渠道之一。目前最常用的保护措施是采用空间和时间隔离，即根据外来花粉与保护作物杂交的频率来确定传粉隔离距离，或采用错期播种。不同作物的转基因传粉距离是有差别的，这与特定作物的生物学传粉特性有关。同一种作物不同试验所估测的隔离距离也存在很大的变异性，这可能与周围植被的类型和密度、其他植物的开花期、气象条件以及传粉的途径（包括风媒和虫媒途径）等因素有关。

(2) 转基因植物作为野生亲缘种花粉的受体形成杂种。转基因植物作为野生亲缘种花粉的受体，形成的杂交种子在土壤中残留、萌发。在条件适宜的情形下不断回交，转基因作物中的外源基因随之进入野生亲缘种的遗传背景，从而造成转基因的逃逸。

(3) 转基因植物根系分泌物和残枝落叶在土壤中的残留。有研究报道，作物产生的毒素往往被束缚在土壤颗粒中很难降解，并持续产生毒性，转基因作物也不例外。据报道，苏云金杆菌毒素毒性可持续2~3个月。试验证明，外源基因可通过根系分泌物改变根际细菌的生物学环境，造成空间上的逃逸。目前，人们只是对外源DNA在土壤中的残留量进行了研究，对自然环境的影响还有待于田间试验进一步确定。

(4) 食物链的传递。转基因植物作为食物链的基本组成部分，很可能会使转基因植物中的外源基因转移到其他非靶标动物中，从而造成转基因的逃逸。一些实验室的工作已经证明了这一点。其结果虽不能代表田间的实际情况，但在一定程度上也反映了转基因作物中的外源基因可通过食物链转移到其他生物的可能性。

（二）外源基因的失活或沉默

外源基因沉默并不是所转入的基因发生了丢失或突变，而是整合进植物基因组的外源基因在转化体的当代或其后代中的表达受到抑制，出现了失活的现象。基因沉默的原因有很多，DNA甲基化、外源基因的拷贝数增加形成重复序列、由某一基因的失活状态引起同源的等位或非等位基因的反式失活、由外源基因的导入引起同源的内源基因沉默，或两者同时沉默的共抑制现象等，都是基因沉默的主要诱因。其作用水平主要有三种：①位置效应，即外源基因在基因组中的插入位点对其表现的影响；②转录水平的基因沉默，即DNA水平上基因调控的结果，主要是由启动子甲基化或导入基因异染色质化所造成；③转录后水平的基因沉默，即是RNA水平基因调控的结果，比转录水平的基因沉默更普遍。

外源基因沉默是一个经常发生的现象，是否发生外源基因沉默无法事先预测，其作用机制也比较复杂。避免基因间的同源性、避免重复序列的出现、消除DNA甲基化的影响、使用MAR（Matrix Attachment Region，核基质结合序列）以及使用诱导型启动子，可以提高外源基因的表达水平，有效防止基因沉默。

第二节 转基因植物发展现状

植物转基因技术彻底打破了常规育种中种属间不可逾越的鸿沟，为作物育种开辟了一条新途径。转基因植物的出现，为解决全球的食品供应、人类健康、环境污染、水资源短缺以及能源危机等做出了巨大贡献。转基因植物的商业化生产在最近十多年间得到了迅速发展，无论是全球的种植面积还是市场价值都有了大幅度的增长。

一、国际转基因植物产业化现状

(一) 转基因植物的种植面积不断扩大

农业生物技术应用国际服务组织 (The International Service for the Acquisition of Agri-biotech Applications, ISAAA) 每年都会发布前一年全球转基因作物栽培面积年度报告书。2009 年该报告书指出,由于采用转基因作物取得了巨大经济、环境和社会效益,2008 年 (转基因作物商业化的第 13 个年头),全世界上百万小型和资源匮乏型农户继续种植转基因作物,种植面积有了较大增长 (图 6-1)。

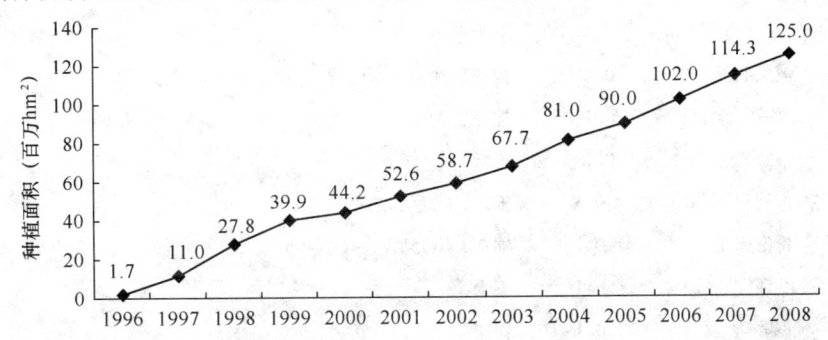

图 6-1 1996—2008 年全球转基因植物的种植面积 (单位: 百万 hm²) (引自 James, 2009)

2008 年全球转基因作物种植面积为 1.25×10^8 hm²,年增率 0.09%,为历年来最低 (2004 年 0.2%,2005 年 0.12%,2006 年 0.12%,2007 年 0.13%)。依地区而言,全球转基因作物栽培面积 88.7% 在美洲,亚澳地区为 9.6%,而中东与非洲、欧洲仅占 1.8%。美洲地区的栽培面积比去年增加 8.8×10^6 hm²,亚澳地区的栽培面积比去年增加 1.6×10^6 hm²,中东与非洲、欧洲地区的栽培面积比去年减少 4.0×10^5 hm²。依国家而言,美国、阿根廷、巴西、加拿大、印度、中国、巴拉圭和南非各占全球转基因作物面积的 50%、17%、13%、6%、6%、3%、2% 和 1%(合计 99%)。其余的国家,菲律宾、澳大利亚、乌拉圭、墨西哥、玻利维亚、西班牙等,各超过 1.0×10^5 hm²。低于 1.0×10^5 hm² 的国家有洪都拉斯、哥伦比亚、智利、德国、葡萄牙、捷克、斯洛伐克、罗马尼亚、波兰、布吉纳法索和埃及等 (表 6-2)。与 2007 年相比,法国停种,而玻利维亚、布吉纳法索、埃及 2008 年新加入生产行列。

表 6-2 2008 年各国转基因作物种植面积 (引自 James, 2009)

序号	国家	面积 (百万 hm²)	转基因植物
1	美国	62.5	大豆、玉米、棉花、油菜、南瓜、番木瓜、紫苜蓿、甜菜
2	阿根廷	21.0	大豆、玉米、棉花
3	巴西	15.8	大豆、玉米、棉花
4	印度	7.6	棉花

续表

序号	国家	面积（百万 hm²）	转基因植物
5	加拿大	7.6	油菜、玉米、大豆、甜菜
6	中国	3.8	棉花、番茄、白杨、矮牵牛、番木瓜、甜椒
7	巴拉圭	2.7	大豆
8	南非	1.8	玉米、大豆、棉花
9	乌拉圭	0.7	大豆、玉米
10	玻利维亚	0.6	大豆
11	菲律宾	0.4	玉米
12	澳大利亚	0.2	棉花、油菜、康乃馨
13	墨西哥	0.1	棉花、大豆
14	西班牙	0.1	玉米
15	智利	<0.1	玉米、大豆、油菜
16	哥伦比亚	<0.1	棉花、康乃馨
17	洪都拉斯	<0.1	玉米
18	布基纳法索	<0.1	棉花
19	捷克	<0.1	玉米
20	罗马尼亚	<0.1	玉米
21	葡萄牙	<0.1	玉米
22	德国	<0.1	玉米
23	波兰	<0.1	玉米
24	斯洛伐克	<0.1	玉米
25	埃及	<0.1	玉米

（二）种植国家数量不断增加

2008 年种植转基因作物的国家数量增加到 25 个。全球掀起了新的转基因植物利用热潮，使全球转基因植物种植面积大幅持续增长。2008 年批准种植转基因植物的国家从 1996 年的 6 个（商业化的第一年）增加到 2003 年的 18 个，2008 年达到 25 个。

（三）种植品种多样化

目前，国际上抗虫、抗病、抗除草剂的转基因棉花、玉米、大豆、油菜等已进入大规模商业化应用阶段（图 6-2）。2008 年转基因大豆仍然是主要的作物，种植面积达 6.58×10^7 hm² 或占全球转基因作物种植面积的 53%，其次是转基因玉米（3.73×10^7 hm²，占 30%）、转基因棉花（1.55×10^7 hm²，占 12%）和转基因油菜（5.90×10^6 hm²，占 5%）。

（四）转基因类型进一步扩大增加，复合性状转基因植物种植面积增加

2008 年，抗除草剂、抗虫（Bt 基因）、双抗（除草剂与虫）特性的全球转基因作物面积分别为 7.9×10^7 hm²、1.91×10^7 hm²、2.69×10^7 hm²，各占 63.2%、15.3%、

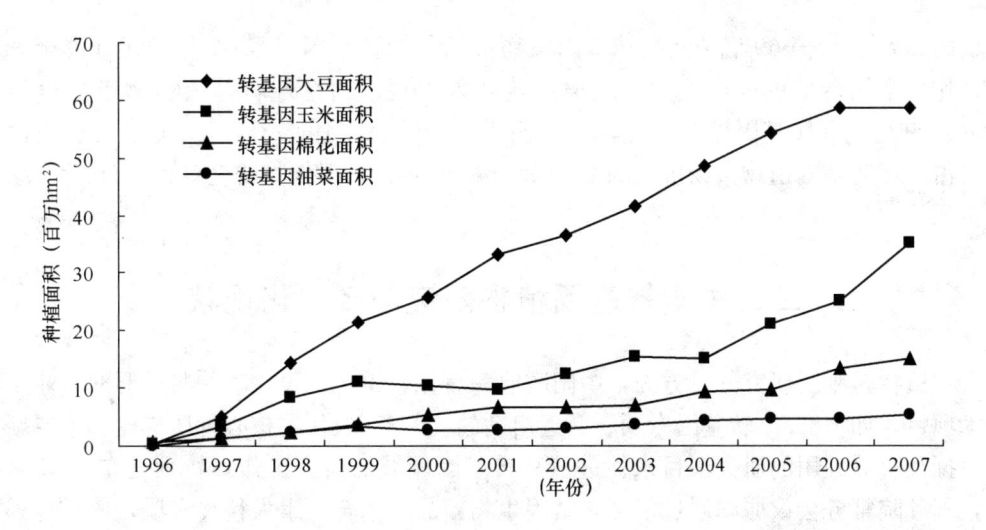

图 6-2　1996—2007 年四种主要转基因植物的种植面积（引自李静等，2009）

21.5%。2008 年比 2007 年抗除草剂转基因作物增加 15.3%，双抗转基因作物增加 21.5%，抗虫转基因作物减少了 5.9%。

复合性状是一个非常重要的特点，也是未来的发展趋势，并且符合农户和消费者的多样化需求，对该产品的需求不断增加的 10 个国家如下：美国、加拿大、菲律宾、澳大利亚、墨西哥、南非、洪都拉斯、智利、哥伦比亚和阿根廷（10 个国家中有 7 个发展中国家），更多的国家希望将来能够推广复合性状作物。2008 年总共有 $2.69 \times 10^7 \mathrm{hm}^2$ 的复合性状转基因作物，而 2007 年则为 $2.18 \times 10^7 \mathrm{hm}^2$。2008 年美国带头种植的复合性状作物占到全部 $6.25 \times 10^7 \mathrm{hm}^2$ 面积转基因作物的 41%，包括 75% 的棉花和 78% 的玉米。

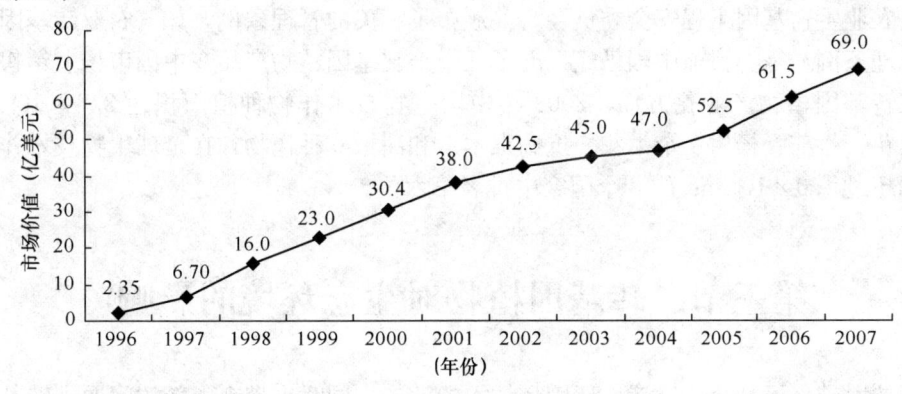

图 6-3　1996—2007 年全球转基因植物市场价值的增长情况（引自李静等，2009）

（五）转基因植物的市场价值不断增长

随着植物转基因技术的应用和推广，越来越多的国家和地区采用转基因技术进行商业化生产，转基因植物的市场价值逐年增长（图 6-3）。1996 年转基因植物全球市场价值为 2.35 亿美元，1997 年激增到 6.7 亿美元，1999 年达到 23 亿美元。2007 年，全球转基因植物市场价值增长达到 69 亿美元，分别占 2007 年农作物总价值的 16% 和种子市场的20%。价值69亿美元的转基因植物市场包括转基因玉米32亿美元（占全球转基因作物市场价值的46%），26亿美元转基因大豆（占全球转基因植物市场价值的38%），9亿美元转基因棉花（占全球转基因植物市场价值的13%），2亿美元转基因油菜（占全球转基因植物市场价值的2.9%）。2008年转基因作物的全球市场价值约为75亿美元。

二、中国转基因植物研究与产业化现状

在植物转基因研究开发方面，中国政府一直比较重视，设立了一些重要的农业生物技术项目，如"863"转基因专项、新近启动的"973"农作物核心种质构建、重要新基因发掘及有效利用的研究项目来促进植物转基因领域的研究工作。特别是在2008年7月，国务院常务会议原则通过了"转基因生物新品种培育"重大科技专项，使转基因植物的培育与大飞机、载人航天探月工程等项目一起，成为今后10~15年国家中长期重大科研项目。该转基因专项的资金来源于中国科技部专项经费，拟投入资金约240亿元人民币，其中国家直接投入120亿元人民币，课题承担单位配套120亿元人民币，主要研究包括水稻、玉米、棉花等主要农作物转基因品种的培育。

虽然投入了相当的科研资金，但是，由于中国的植物转基因研究起步相对较晚、力量分散、资金投入不足、设备和技术手段落后、基础理论研究薄弱，总体上与先进国家尚有较大差距。特别是目前中国进行的研究工作大多为模仿国外的研究成果，缺乏中国自己的重大创新性研究。最大的问题表现在新基因的鉴定和克隆工作严重滞后，其严重后果是中国缺乏具有自主知识产权的基因专利。

在转基因植物管理方面，中国已经建立了对转基因植物进行安全性评价的专门机构——农业生物基因工程安全委员会，并颁布了相关的管理条例，如《农业转基因生物安全管理条例》等。目前中国已经批准了几十个转基因植物产品在中国市场上销售。

在转基因植物产业化方面，2008年中国生物技术作物种植面积达$3.8\times10^6 hm^2$，包括棉花、番茄、杨树、牵牛花、抗病毒木瓜和甜椒6种作物，在全球生物技术作物种植面积超过$1.0\times10^6 hm^2$的8个国家中排名第六位。

第三节 转基因植物对生态环境的影响

新技术带来了社会、经济、环境和技术的效应，同时也带来了新的问题，转基因技术也不例外。近年来，转基因植物在全球的发展十分迅速。一方面，转基因植物降低了农业生产成本，较大幅度提高了单位面积产量，为解决人类面临的资源匮乏、环境污染、效益衰减、粮食危机和农作物的可持续生产等问题提供了一条可选择的新途径；另一方面，转基因植物在给人类社会带来了益处的同时，其对生态环境的潜在影响也不可忽视。

目前，社会公众对转基因植物及其产品的安全性或风险的关注与日俱增。关于对转

基因植物的看法已由学术观点的分歧，发展到环境问题，对人类健康的影响及知识产权和经济问题的争论。由于转基因植物及其产品出现的历史不长，对其安全性或风险的认识，目前主要是基于理论上的推测，因此有必要通过客观的、全面的转基因植物安全性评估，为相关法规的制定和执行提供明确的依据，以确保人类身体健康、农业生产和环境安全，同时促进转基因植物的发展，使之为人类带来更大的福利。

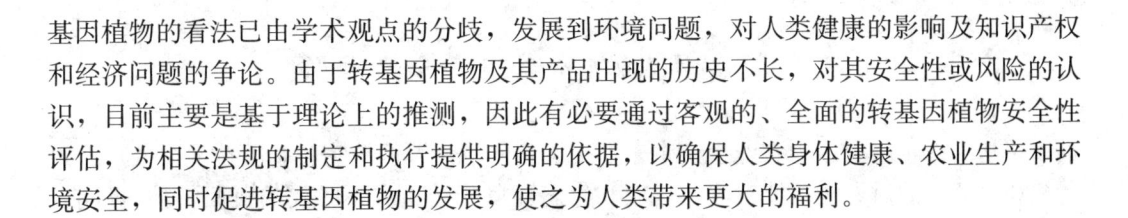

一、转基因植物对环境可持续发展的贡献

转基因植物在减少化学农药对环境的影响、提高作物产量、改善品质和保持水土等多方面具有潜在优势。

（一）减轻农业发展对环境的影响

传统的农业生产严重影响着环境，利用转基因技术能够减少农业生产对环境的影响。转基因技术在第一个十年发展期取得的成果包括杀虫剂的显著降低、石化燃料的节省、通过免耕和少耕减少了 CO_2 排放以及水土和湿度保持、在实践中优化利用除草剂耐性。1996—2007 年累计减少的杀虫剂活性组分估计为 3.59×10^5 万吨，节省了 9% 的杀虫剂，这相当于将杀虫剂对环境的影响减少了 17.2%。

提高对水的利用率对全球水资源保护和利用具有重要影响。全球农业用水占淡水总量的 70%，而到 2050 年人口将增加 50% 而达到 92 亿人，这明显不利于可持续发展的实现。第一个具有耐旱特性的转基因玉米杂交品种预计将在 2012 年或更早在美国更加干旱的内布拉斯加州和堪萨斯州实现商业化，预计年产量将增加 8%~10%。除了玉米以外，已经培育了其他一些重要作物的耐旱转基因植株，它们在干旱土地上的最佳产量比传统品种高出 20%。估计耐旱的转基因植物将对全世界更多的可持续种植作物模式产生重要影响，特别在气候比发达国家更为干旱严酷的发展中国家更是如此。

（二）有利于生物多样性的保持

转基因技术可以提高作物的抗逆、抗虫、抗病性，提高作物的产量和品质，从而在现有 1.5×10^9 hm^2 耕地的基础上达到更高的生产率，减少土地占用，避免砍伐森林、保护森林的生物多样性和对其他田间物种生物多样性进行保护。1996—2007 年，种植转基因作物避免了（同样的产量）增加 4.3×10^7 hm^2 种植面积的需求压力，在未来具有巨大的发展潜力。

（三）有利于减缓气候变化，减少温室气体排放

环境保护的紧迫性要求广泛种植转基因植物，因为转基因作物能够通过两种途径减少温室气体并缓解气候变化。首先，种植转基因植物减少使用化石燃料削减了 CO_2 排放，减少使用杀虫剂和除草剂。2007 年估计减少 CO_2 排放约 1.1×10^9 kg，相当于减少了 50 万辆汽车上路行驶。其次，2007 年，转基因食品、饲料和纤维作物的保土耕作也能节省了其他资源（耐除草剂转基因作物较少需要或不需要耕作），提高了土壤碳存量，这相当于减少 1.31×10^{10} kg 的 CO_2 排放量，或者相当于减少 580 万辆汽车。因此，在 2007 年，土壤对碳的吸收而实现的持久效益相当于减少了 1.42×10^{10} kg 的 CO_2，或减少 630 万辆汽车上路。

二、转基因植物的生态安全性风险

转基因作物的应用为农业生产带来了一次新的革命,但植物转基因技术在带来巨大利益和效益的同时,也可能对人类健康和生态环境安全造成不必要的负面影响。目前,国际上对转基因植物及其产品的安全性评价主要涉及三个方面:一是受体植物安全性风险,即导入的外源基因及其产物对受体植物是否产生不利影响;二是生态环境安全性风险,即转基因植物的使用带来的直接或间接的生态影响;三是毒理安全性风险,主要指以转基因植物为原料的产品(食品、饲料)和其他方面的安全性。转基因植物的生态安全性风险为关注的主要方面。

(一)目标害虫对转基因植物的抗性

自然界生物间的协同进化或生物与非生物抑制因子间的对抗可能出现适应或被淘汰的结果。根据协同进化理论,转基因抗病虫作物的应用也将会面临目标病虫害对抗性植物的适应和产生抗性的问题。通常选择压力越大,害虫抗性产生得越快。以转 Bt 基因为例, Bt 毒蛋白在植物各营养器官中的表达通常是高剂量的持续表达,因此提高了对害虫的选择压力,可能促使害虫对 Bt 作物产生抗性,从而削弱 Bt 作物的经济效益和优势。

抗虫转基因作物的大量种植,还可能发生目标害虫的"行为抗性"和寄主转移现象。一方面害虫可能区分 Bt 毒蛋白在植株不同部位的表达量,从而选择性地取食 Bt 毒素含量较低的部位,提高种群的存活率;另一方面,如果目标害虫寄主植物来源较广,在不适口的情况下转移至非转基因作物上危害。目前尚无证据表明靶标害虫对转基因植物产生抗性。尽管如此,国际上普遍提倡通过转基因植物种子和非转基因种子混合播种、提供非转基因作物庇护所、种植替代寄主植物或提高自然植被多样性等策略,预防和应对目标害虫对转基因植物产生抗性。

(二)转基因植物对非目标害虫的毒性及其寄主嗜好性的影响

转基因植物本身及其转入基因编码产物不仅会对目标生物起作用,还有可能会对非目标生物产生直接毒性作用,或通过食物链和食物网对非目标生物产生间接影响。这方面的评估指标通常包括非目标生物的生物学特性指标,如发育周期、繁殖力、体型、控制害虫效能等。研究表明, Bt 玉米品种"176"的花粉对菜粉蝶(*Pieris rapae*)、大菜粉蝶(*Pieris brassicae*)和小菜蛾(*Plutella xylostella*)的生长和存活均具有显著的不利影响。在田间,由于转基因作物对目标害虫具备很强的针对性,目标害虫的种群数量下降,导致生物群落中种与种间竞争格局发生变化,某些非目标害虫由于其较强的适应性而成为主要害虫。例如, Bt 棉田由于施用化学农药防治棉铃虫的次数减少,棉盲蝽(*Lygus lucorum*)和 *Adelphocoris* sp. 的危害加重。

(三)转基因植物对有益生物及天敌的影响

种植转基因植物不仅要控制靶标害虫,而且必须与天敌协调共存,才能融入有害生物综合治理体系。转基因植物的大面积推广,其花粉对家蚕等经济昆虫和传粉蜂类的潜在影响受到关注。此外,转基因植物的环境释放,有可能通过基因水平转移、根系活性分泌物改变和残体中生化成分的改变来影响土壤动物和微生物区系的组成和结构，进而影响整个土壤生态系统的功能。

（1）对天敌的生态毒性。转基因抗虫植物表达的杀虫蛋白不仅作用于目标害虫，也必然影响到非目标害虫和天敌的生活力。这些影响包括转基因作物表达的毒蛋白或改性蛋白对天敌存活和发育的直接毒害或通过害虫对天敌产生的间接毒害，天敌对转基因作物上的目标害虫行为、生理和生殖的反应，天敌种类及种群数量的变化，天敌群落结构和种群动态的变化等。针对捕食性天敌，多数研究表明取食了转基因作物的植食性昆虫猎物对捕食性昆虫的个体生长发育、生殖、捕食行为等特性均无不良影响；转基因植物花粉和汁液对捕食性天敌没有直接毒性。但也有研究表明转基因抗虫植物对捕食性昆虫生物学特性产生不利影响，如取食 Bt 玉米的害虫对普通草蛉（$Chrysopa\ perla$）幼虫具有毒害作用，使其发育时间延长、死亡率增大。针对寄生性天敌，部分研究表明取食了转基因植物的植食性昆虫寄主对寄生性昆虫的个体寄生、发育、行为等产生不良影响；也有研究表明转基因植物或其产物对寄生蜂生物学特性无不良影响。

（2）对天敌种群和群落的影响。迄今，多数研究表明转基因作物对田间捕食性天敌和寄生性天敌种群数量或群落组成的影响较小，对天敌的生态功能也未见显著影响，但也有研究表明，转基因作物田天敌群落发生显著变化，如转 Bt 基因玉米田和转 $Cry3A$ 基因马铃薯田的步甲数量均明显少于常规作物田转 Bt 基因棉田龟纹瓢虫等捕食性天敌与寄生蜂的种群数量下降，天敌亚群落的多样性显著降低。

（3）对经济昆虫的影响。家蚕（$Bombyx\ mori$）和柞蚕（$Antheraea\ pernyi$）是中国的重要经济昆虫，与 Bt 作物的靶标害虫同属鳞翅目。Bt 作物的花粉会飘落到柞树或桑树上，特别是中国南方养蚕地区的传统作物种植模式是桑稻间种，所以 Bt 作物的大面积推广可能会对这两种经济昆虫造成不良影响。

（4）对传粉昆虫的影响。自然界 75%～85% 的显花植物是虫媒花，一些转基因植物需要蜂类传粉，或可作为传粉昆虫的食物来源。随着转基因植物种类的增加和种植面积的迅速扩大，蜂类等传粉昆虫受影响的可能性也越来越大，特别是抗虫转基因植物对传粉蜂类的影响。目前，转基因植物对蜂类的安全性评估已在不同层次展开。根据现有研究，转基因植物对蜂类的影响与转基因植物的生物学特征、目的基因的类型和性质、转基因在植物不同部位的表达特异性及表达量等密切相关。

（5）对土壤微生物的影响。转基因植物对土壤微生物的直接影响取决于转基因植物产生的外源蛋白质的作用范围及其在土壤环境中的积累量。由于外源基因的导入和表达，转基因植物的代谢、生理生化性质及根系分泌物组成可能产生变化，这些变化将对土壤微生物产生间接影响。目前国内外这方面的报道较少，结论也不一致。

（6）对土壤动物的影响。土壤动物功能群在土壤物质转化及养分释放中起着重要作用，可反映不明污染物在生态系统中造成的影响。土壤微生物的变化可影响到土壤动物的数量和分布。近年来已发现转基因植物会影响土壤动物群落。如 Bt 玉米影响土壤弹尾目昆虫的繁殖率。

（四）转基因作物对生物多样性及环境生态系统的影响

在生态环境中稳定下来的转基因作物，可能会在生态系统中通过食物链产生累积、富集和级联效应。转基因作物由于有较强的针对性和专一性，会使生物群落结构和功能发生变化，一些物种种群数量下降，另一些物种数量急剧上升，导致均匀度和生物多样性降低，系统不稳定，影响正常的生态营养循环流动系统。转基因植物对生物多样性和生态系统的影响可能是微妙的、难以觉察的，需要长期的监测和研究。目前影响较大的相关报道有：墨西哥玉米受污染事件、加拿大抗除草剂油菜事件、抗除草剂作物由于大量使用草甘膦除草剂对微生物群落产生负面影响等。例如墨西哥玉米受污染事件。2001年9月墨西哥政府报告 Oaxaca 州的玉米受到一种未被批准在墨西哥种植的 Bt 玉米基因的污染，在该州 22 个村庄的玉米样品中，15 个村庄的样品污染率达 3%～10%。由于墨西哥是玉米的起源中心，玉米种质资源特别丰富，且野外分布有多种能与玉米自然杂交的亲缘野生种——玉米草，因此该事件引起全球极大关注。此后美国科学家在 Nature 上报道了墨西哥玉米受到基因污染的分子证据。可见，墨西哥偏远地区的本土玉米品种无疑已经受到转基因的污染。

（五）基因漂移问题

转基因植物可能通过与野生植物异种交配而使转基因植物中的目标基因进入野生植物。发生基因漂移需要具备两个条件：一是该转基因植物可以与同种或近源种植物进行异花授粉；二是这些同种或近源种植物与该转基因植物在同一区域种植，而且转基因植物的花粉可以传播到这些植物上。根据这两个条件，转基因玉米、甜菜、油菜及一小部分转基因水稻有可能产生基因漂移。基因漂移的后果是产生适应性或竞争力更强的品种，从而导致自然生态系统或农业生态系统的失衡。如果转基因植物中外源基因表达的是提升植物繁殖优势的特性，如抗除草剂、抗霜冻、延长种子在土壤中的活性时间、调剂花期、调节植物固氮能力等特性，则更可能发生这种生态系统的失衡。如果转基因植物可使野生植物具有抗虫特性，则可影响野生植物所维持的昆虫自然种群数量和群落结构，威胁某些生物的生存。如果基因流发生在转基因作物和生物多样性中心的近缘野生种之间，则可能降低生物多样性中心的遗传多样性；如果这种基因流发生在转基因作物和有亲缘关系的杂草之间，则可能产生难以控制的杂草。这方面最引人注目的是前文所述的墨西哥玉米受污染事件。通过转基因技术产生的基因可扩散到自然界中去，现有的风险评估方案即便设计得很完善，也可能低估转基因植物基因漂移的实际风险。此外，有预测模型表明，虽然抗除草剂作物基因漂移的频率很低，高效除草剂的频繁使用将促使转基因作物成为难于控制的先锋植物，并不利于保持转基因作物的抗性水平。

此外，转基因抗病毒植物可能通过重组过程产生新的植物病毒株系。基因重组在生物界普遍存在，当一种非目标病毒侵入转基因抗病毒植物的细胞，入侵病毒就可能与植物中的外壳蛋白基因（coat protein gene）进行部分遗传物质的交换，从而产生新病毒，这对自然生态系统的风险难以估量。

（六）杂草化问题

转基因作物本身可能演化为杂草。"杂草"是指对人类行为和利益有害或有干扰的任何植物，杂草危害造成世界范围内作物产量及农业生产蒙受巨大经济损失。一个物种可能通过两种方式转变为杂草：一是它能在引入地持续存在；二是它能入侵和改变其他植物栖息地。

理论上讲许多性状的改变都可能增加转基因植物杂草化趋势。例如，对有害生物和逆境的耐性提高、种子休眠期的改变、种子萌发率的提高等都可能提高转基因植物在引入地的生长速度和繁殖能力。如果某基因可使作物在春季较低的温度下萌发，带有该基因的转基因植物与无此基因的作物相比，在外界温度较低时就具有竞争优势。转基因植物具有这些优势后，就有可能入侵其他植物栖息地，并可能杂草化。由于杂草可引起严重的经济问题和生态问题，因而，转基因作物的杂草化是转基因植物的主要生态风险之一。

判断一种植物是不是有杂草化趋势，主要分析这种植物有无杂草特征。现今主要的农业栽培植物都是经人类长期驯化培育而成，已失去了杂草的遗传特性，仅获得一两个或几个基因就使它们转变为杂草的可能性非常小。但是，随着更多基因的导入，不能排除引起转基因作物杂草化的可能性。对于具有杂草特性的作物，尤其是在特定的条件下本身就是杂草的作物，例如曾引起过严重杂草问题的向日葵、草莓、嫩茎花椰菜等，这类作物遗传转化后，应密切监测，以防杂草化。

思考题

1. 简述转基因生物和转基因植物的概念。
2. 简述植物转基因技术的操作流程。
3. 讨论目前的转基因技术存在的主要问题。
4. 简述国内外植物转基因产业发展现状。
5. 讨论植物转基因技术给人类社会带来的益处和风险。

第二篇　资源动物

第七章

资源动物概述

第一节 资源动物与动物多样性

一、资源动物的定义

资源动物是指在目前的社会经济技术条件下人类可以利用与可能利用的动物，包括陆地、湖泊、海洋中的一般动物和一些珍稀濒危动物。资源动物在人类生活、工业、农业和医药上具有广泛的用途。

资源动物通常包括驯养资源动物（如牛、马、羊、猪、驴、骡、骆驼、家禽、兔、珍贵毛皮兽等）、水生资源动物（如鱼类、海兽与鲸等）及野生资源动物（如野生兽类和鸟类等）。资源动物与人类的经济生活关系密切，不仅可提供肉、乳、皮毛和畜力，而且是发展食品、轻纺、医药等工业的重要原料。野生资源动物还在维持生物圈的生态平衡中发挥重要作用。

考虑到资源动物的经济利益和与人类利害关系，人们常把动物分为有益和有害两种。例如对于昆虫，常以食性作为区分的重要因素。据文献估计，昆虫中有48.2%的种类是以植物为食的——植食性昆虫，30.4%是肉食性的——肉食性昆虫，17.3%是腐食性的——腐食性昆虫。植食性昆虫中以经济植物为食的是大部分，被列为害虫；但专门吃有害杂草的昆虫，则是益虫。肉食性昆虫大部分是捕食和寄生其他害虫的昆虫，被列为益虫，但人畜的体内外寄生和吸血昆虫，则是害虫。腐食性昆虫专吃腐败的生物机体，都属益虫。就害虫而言，当其数量少、为害很轻时，它们则在生态系统的食物链和生态稳定性中起积极作用；对某些植物而言，受害虫轻度为害后，反而能促进作物的补偿作用，导致产量增加。南美一种鳞翅目幼虫专吃毒品——古柯叶，成了人们反毒品的有力助手。有些天敌昆虫，例如，柞蚕饰腹寄蝇和紫胶白虫，它们分别寄生和捕食资源昆虫柞蚕和紫胶虫，这类天敌就成了大害虫；同样有寄生习性的各种寄生性天敌和捕食天敌昆虫的捕食性昆虫，也都属害虫。同是一种昆虫，益害也要辩证区分。芫菁科的一些昆虫，其幼虫在土中是捕食蝗卵的重要天敌，而成虫则严重为害一些农作物；但从药用角度，芫菁成虫（斑蝥）又是重要药用昆虫。蝗虫类和螽斯类等既是农业害虫，又是很好的食用和药用资源。人人都厌恶苍蝇，但不少国家已机械化生产蝇蛆，作为饲养家禽的高蛋白饲料。掌握了昆虫益害辩证关系，人们就可以根据需要，对害虫加以控制，对昆虫资源加以开发利用，使之为人类服务。其它动物也是一样。

自然界中蕴藏着丰富的资源动物，但并不是所有种类都可以列入资源动物，只有功能和使用价值已被确认，并具有一定数量和分布的物种才具有商业开发前景。

二、动物及其多样性

动物由前寒武纪海洋中摄食其他生物的多细胞生物进化而来，是生物界的重要组成部分，地球上2/3以上的生物种类属于动物界。动物的门类复杂，被分为34个门类，除最高等的脊索动物门外，其他门类可统称为无脊椎动物。与其它生物一样，动物也是从简单向复杂演化的。各门类动物的结构变化与它们对环境的适应相对应，这是动物界的一个普遍现象。人类作为动物界的成员，与其它动物的关系非常密切，在众多的动物中，有大量的种类是对人类有益的，但也有对人类具有较大危害的种类。

（一）动物的基本特征

动物是真核的、多细胞的、异养的生物，依靠吞噬（ingestion）获得营养。这种营养方式和真菌的营养方式相反，真菌在体外消化食物后再获得养分，而动物是在吞食其他生物体后，在体内进行消化，吞食的生物可以是活的生物体也可以是生物体的一部分。多细胞、异养、有性生殖和具胚胎发育过程、具有捕食和消化功能、具有神经系统等是大多数动物的共同特征。

1. 动物细胞与组织

动物细胞由细胞膜、细胞质、细胞核构成，细胞质包括细胞质基质和细胞器，细胞器主要包括内质网、线粒体、高尔基体、核糖体、溶酶体、中心体等。动物和植物在细胞水平上有少部分差异。由形态功能类似的细胞和细胞间质组成的多细胞动物的组织，是构成器官的基本结构，动物和植物在组织水平上的差异较大。动物组织是在胚胎期由原始的内、中、外三个胚胎层分化而来的。动物组织可根据其起源、形态结构和功能上的共同特性，分为上皮组织、结缔组织、肌肉组织和神经组织四大类。它们以不同的比例互相联系、相互依存，形成动物的各种器官和系统，以完成各种生理活动。

（1）上皮组织（epithelial tissue）。上皮组织由许多紧密排列的细胞和少量的细胞间质所组成的膜状结构。通常被覆于身体表面和体内各种管、腔、囊的内表面以及某些器官的表面，由内、中、外三个胚层分化而来。上皮组织具有保护、分泌、排泄和吸收等功能。上皮组织根据其形态和机能可以分为被覆上皮、腺上皮和感觉上皮三种类型。被覆上皮是覆盖在机体内外表面的上皮组织，由于所处的位置和机能的不同而有分化；腺上皮由具有分泌机能的腺细胞组成；感觉上皮由上皮细胞特化而成，具有感受机能，如味觉上皮、听觉上皮等。

（2）结缔组织（connective tissue）。结缔组织由多种细胞和大量的细胞间质构成。细胞的种类多，分散在细胞间质中。细胞间质包括基质和纤维，基质有液体、胶状体或固体，纤维为细丝状，包埋于基质中，形成多样化的组织。由中胚层产生的结缔组织是动物组织中分布最广、种类最多的一类组织。结缔组织具有支持、连接、保护、防御、修复和运输等功能。包括疏松结缔组织、致密结缔组织、软骨组织、骨组织、脂肪组织、血液等。

（3）肌肉组织（muscle tissue）。肌肉组织由具有收缩能力的肌细胞构成。肌细胞的形状细长如纤维，故肌细胞又称肌纤维。肌纤维的主要功能是收缩，形成肌肉的运动，收缩作用是由于其胞质中存在着纵向排列的肌原纤维实现的。肌肉组织由中胚层分化形成。肌肉组织的功能是维持机体和器官的运动。根据肌细胞的形态结构和功能不同，可将肌组织分为骨骼肌、平滑肌和心肌三种。骨骼肌，也称为横纹肌，附着在骨骼上，通过肌腱与骨骼相连，一般受意志控制，也称为随意肌，使机体运动。心肌由心肌纤维构成，形成心脏的肌肉组织，心肌能够自动有节律性地收缩，不受意识支配，为不随意肌。平滑肌广泛存在于脊椎动物的各种内脏器官，平滑肌收缩不受意识支配，为不随意肌，使内脏器官蠕动。

（4）神经组织（nervous tissue）。神经组织由神经细胞和神经胶质细胞构成。神经细胞是神经系统的形态和功能单位，具有感受机体内、外刺激和传导冲动的能力。神经细胞由胞体和突起构成。神经细胞胞体位于中枢神经系统的灰质或神经节内，细胞膜有接受刺激和传导神经兴奋的功能。神经细胞突起根据其形态和机能可分为树突和轴突。树突一个或多个，可接受感受器或其他神经元传来的冲动，并传给细胞体。轴突只有一个，其功能是将细胞体产生的冲动传至器官组织内。神经胶质细胞是一些多突起的细胞，突起不分轴突和树突，胞体内无尼氏体。胶质细胞位于神经细胞之间，无传导冲动的功能，主要对神经细胞起支持、保护、营养和修补等作用。神经组织由外胚层分化形成，是动物体内分化程度最高的一种组织，构成通讯系统，以神经信号的方式实现信息的传递。

2. 动物的器官与系统

器官（organ）是由几种不同类型的组织联合形成的、具有一定的形态特征和一定生理机能的结构。如小肠，由上皮组织、疏松结缔组织、平滑肌以及神经、血管等形成的外形呈管状、具有消化食物和吸收营养的机能。器官虽然由几种组织所构成，但不是各组织的机械结合，而是相互联系、相互依存，成为有机体的一部分，不能与有机体的整体分割。器官水平的功能源于组织的相互协调作用，相互协调作用是动物界各个体系所有层次水平中的基本特征。

在功能上相关联的一些器官联合在一起，分工合作完成某种生命必需的功能，这种比器官更高层次上的结构单元称为系统（system）。如消化系统，由口腔、咽、食道、胃、小肠、大肠和多种消化腺联合在一起构成，分工合作，共同完成对食物的消化和对营养的吸收功能。一般脊椎动物主要有11种器官系统：

（1）皮肤系统（integumentary system）：由皮肤构成，包围在体表。具有保护有机体不受外来物质侵害，保持体内环境稳定性的作用。

（2）骨骼系统（skeletal system）：由骨骼构成。在体内支撑全身，保护内脏器官，并与肌肉系统一道组成有机体的运动。

（3）肌肉系统（muscular system）：由附着于骨骼上的骨骼肌构成，一般通过肌腱附着于不同长骨的端点。骨骼肌的收缩引起有机体的运动。

(4) 消化系统（digestive system）：由口腔、咽、食道、胃、小肠、大肠和多种消化腺构成。在体内执行消化食物并吸收营养素的任务。

(5) 呼吸系统（respiratory system）：由鼻腔、气管、支气管、肺等器官构成。是机体与外界环境进行气体交换的场所，为血液提供 O_2，同时排除细胞新陈代谢的终产物 CO_2。

(6) 循环系统（circulatory system）：由心脏、血管和血液构成。其主要功能是物质运输。血液为细胞输送营养和 O_2，同时将 CO_2 运输到肺，将其他代谢终产物从身体各部位运输到排泄器官。

(7) 排泄系统（excretory system）：由肾、输尿管、膀胱、尿道等器官构成。将流经肾的血液中的代谢废物排除体外以维持体液渗透压和平衡和内环境的稳定。

(8) 淋巴和免疫系统（lymphatic and immune system）：由脾、淋巴结、淋巴管和毛细淋巴管以及其中的淋巴和白细胞构成。在体内具有保卫身体对抗病原体的侵害的作用。

(9) 内分泌系统（endocrine system）：由下丘脑、脑下垂体、甲状腺、胰、肾上腺等腺体构成。通过分泌一些特定的化学物质（激素）来调节有机体的生长、发育、代谢、应急和生殖等活动。

(10) 神经系统（nervous system）：由中枢神经系统和周围神经系统构成。接受机体内、外环境的刺激，产生应答反应，调节机体功能以适应内外环境的变化。

(11) 生殖系统（reproductive system）：由雌、雄生殖器官构成，分别产生雄配子和雌配子，受精后发育成胚胎，完成延续种群的任务。

上述这些系统又主要在神经系统和内分泌系统的调节控制下，彼此相互联系、相互制约地执行其不同的生理机能。只有这样，才能保证整个有机体适应外界环境的变化和维持机体内、外环境的协调，完成生命活动，使生命得以生存和延续。

动物的外部形态、内部结构与功能都适应于所生存的环境是动物中的普遍现象。不同的动物，其形态结构特征差别较大。鱼类大多数为细长纺锤形，以便于快速运动时减少水的阻力。鸟类是适应空中飞翔生活的高等脊椎动物，与在空中飞翔所具备的各种功能相适应，其形态结构特殊，如体被羽毛、前肢特化为翼等。哺乳动物是脊椎动物中结构、功能和行为最为复杂的最高级类群，具有发达的神经系统和感觉器官、恒定的体温、胎生哺乳等特征。动物器官的结构和功能的统一还表现为这些器官和系统具有较高的工作效率，结构保证了高效的功能是动物个体适应外界环境的结果。

动物要维持生命，必须从外界获得食物来提供生命活动所需要的能量和组建身体的有机物。动物的新陈代谢活动产生的代谢废物必须排出体外。新陈代谢活动所产生的能量也会以热能、机械能、光能等形式释放到体外。所以动物生命活动的过程就是不断从周围环境中摄取能量和有机物的过程，同时也是不断从体内向周围环境排放代谢废物并释放能量的过程。

单细胞的原生动物和简单的多细胞动物的细胞能直接与外部环境接触，所需要的食物和氧直接取自外部环境，而代谢产生的废物也直接排到外部环境中。复杂的多细胞动物的绝大多数细胞不能直接与外部环境接触，其周围环境就是动物体内的细胞外液。细胞外液是机体细胞直接生活的环境，即为机体的内环境。身体的各部分，以至构成身体的每一个细胞都以它自己的方式参与维护机体内环境的稳定。

3. 动物的营养与运输

作为异养生物的动物，自身不能合成营养物质，必须从外界摄取现成的有机物与无机物质作为营养，才能维持生存和生长。营养是生物体从外部环境中摄取对其生命活动必需的能量和物质，以满足正常生长和繁殖需要的一种最基本的生理功能。具有营养功能的物质称为营养物质。根据生物体的营养需求和营养物质的结构特征，营养要素通常由六类构成，即碳源、氮源、能源、生长因子、无机盐、水。动物的生长和繁殖必须依靠从外界获取这六类营养要素。摄食、消化和吸收是动物最终获得营养的必须过程。

（1）碳源：主要由蛋白质、糖类和脂肪构成。碳源不仅能够为动物生长提供原料（碳架）同时提供能量，因此碳源为双功能物质。

（2）氮源：主要由蛋白质、氨基酸构成。氮源能够为动物生长提供原料（氮架、碳架），同时提供能量，因此氮源为三功能物质。

（3）能源：生物体生长发育需要能量，能量的来源主要依靠碳源中的糖类和脂肪，同时氮源也可以作为能量的供给者。

（4）生长因子：生长因子是调节动物正常代谢所必需，但需要量少，不能用简单的碳、氮源自行合成，必须从外界摄取的有机物。广义上的生长因子包括维生素、碱基、甾醇等，狭义上的生长因子主要是指维生素。维生素不是供能的物质，一般为辅酶分子或是辅酶分子的一部分。尽管需要量很少，但是若缺乏某种维生素，将对动物的生长带来有害的影响。

（5）无机盐：为动物提供除碳、氮源以外的各种重要元素。对维持生命活动，促进生长和生殖有重要作用。根据动物体所需分为常量元素和微量元素，常量元素包括Ca、P、K、S、Na、Cl和Mg；微量元素包括Fe、Zn、Mn、Cu、I、Mo、F、Si、Ni、V和Se等。

（6）水：不仅是组成动物体的结构物质，同时为体内的新陈代谢提供溶剂和媒介。

动物生长所需的上述营养素来源于食物，颗粒性食物被消化后才能被动物吸收。动物消化食物的方式有两种，即细胞内消化和细胞外消化。将食物颗粒吞入细胞之内进行消化为细胞内消化。如单细胞的原生动物和海绵，食物在细胞内被消化成小分子，不能消化的残渣从细胞表面排出。细胞内消化虽然只是低等动物（单细胞动物和小型的多细胞动物）消化方式，但内吞作用则是动物界的普遍现象，如白细胞具有内吞作用。细胞外消化是动物主要的消化方式，摄食较大的食物颗粒，将食物在细胞外研碎、消化、分解，然后由细胞吸收。

与植物不同的是，动物具有特有的呼吸系统。动物吸收的O_2被用于氧化食物分子以产生生命活动所必需的能量，同时代谢产物CO_2被排出体外。低等的无脊椎动物（如原生动物、环节动物）大多数没有专门的呼吸器官，只能依靠体表与外界进行气体交换。较高等的无脊椎动物具专门行使呼吸功能的器官，如虾用鳃呼吸，蝗虫用气管呼吸等。水生脊椎动物鱼类用鳃呼吸，陆生脊椎动物出现了专门的呼吸器官——肺。

动物的生命活动依赖于持续地从外界吸收 O_2 和营养物质，而只有通过运输，O_2 和营养物质才能到达体内的各组织和细胞，同时细胞的代谢废物也才能排出体外。如果没有运输，会造成动物内环境中代谢物的积累，细胞得不到及时充足的营养与 O_2 供应。因此，承担动物体内运输功能的循环系统在气体交换和营养物质吸收过程中十分重要。

4. 动物的繁殖方式

生殖是动物最基本的生理行为，也是一般动物生活史中普遍经历的过程和阶段。通过生殖，动物才得以繁衍后代。物种多样性和遗传多样性决定了动物的生殖方式也是多种多样的，但基本方式为两种：即无性生殖和有性生殖。

(1) 无性生殖。无性生殖是一种不经历受精过程的生殖方式，经无性生殖产生的后代都来自同一个亲代个体。无性生殖一次产生后代的数量可以很大，能够稳定地保存生物基因，对于适应于稳定环境的动物，无性生殖可以迅速扩大种群的数量。

草履虫、变形虫等原生动物的无性生殖依靠细胞的直接分裂。腔肠动物以出芽方式进行无性生殖。某些鱼类、两栖类、爬行类和昆虫具有孤雌生殖现象，这些动物产出的卵不经过受精便可以直接发育成新的个体，所以孤雌生殖也属于无性生殖，但也有许多人认为孤雌生殖是一种特殊的有性生殖方式。

(2) 有性生殖。有性生殖是一种由两个单倍性细胞融合（受精）形成一个二倍体合子（受精卵）的生殖方式。雄性配子（精子）一般具有鞭毛，可以运动。雌性配子（卵细胞）一般为不能主动移动的大细胞。有性生殖过程涉及减数分裂和受精，形成了新的基因组合和变异程度不同的后代，具有差异的新个体就可能受自然环境的选择而不断向有利于生存适应的方向进化。

自腔肠动物开始出现两性生殖器官（精巢和卵巢），有些无脊椎动物的一个个体兼有两性生殖器官，如涡虫和蚯蚓，属于雌雄同体动物，这类动物既可以作为雄体提供精子，也可以作为雌体接受精子。脊椎动物的成体都是雌雄异体的动物，皆行有性生殖。

受精是有性生殖的重要阶段，许多水生无脊椎动物、大部分鱼类和两栖类动物都是体外受精（雌雄个体将配子产入水中完成受精过程）。体内受精要求有大量的精子，且精子和卵子同时排放，几乎所有的陆生脊椎动物都以体内受精完成有性生殖。体内受精需要更为复杂的生殖器官，精子进入雌性生殖器内与雌配子受精结合受精卵。哺乳动物的受精卵在雌性个体内发育，可以得到更好的保护和营养供给，更有利于新个体的发育。

5. 动物的生长发育与调控

动物受精卵的早期发育一般经过桑葚胚（morula）、囊胚（blastula）、原肠胚（gastyula）、中胚层（mesoderm）和神经胚（nurula）发生阶段。受精卵的分裂称为卵裂（cleavge），经过卵裂形成一个多细胞的实心球状体，即为桑葚胚。细胞继续分裂，细胞数目增多，细胞排列到表面，成为一单层、中央为一个充满液体的腔，即为囊胚。细胞继续分裂，囊胚的一端内陷，细胞层逐渐折入囊胚腔，囊胚腔缩小消失，折入的细胞层构成一个新腔，形成了具有两层细胞的原肠胚，胚表面的细胞层为外胚层，折入的细胞层为内胚层。在内胚层和外胚层之间出现中胚层，中胚层的发育方式随动物的不同而不同。外胚层的特定部位的细胞内陷形成神经管，即神经胚，将来发育成神经系统。

以后各胚层继续发育、分化，而生成各种细胞、组织和器官，胚胎进入器官、系统发育阶段直至幼体发育完成。上述的胚胎发育过程是动物胚胎发育的一般模式，不同的动物之间差别较大。

很多动物的受精卵不直接发育为成虫，而是经过一个变态（metamorphosis）的过程，即先发育成有独立生活能力的幼虫，由幼虫再发育成成虫。变态有完全变态和不完全变态两种。发育经过卵、幼虫、蛹和成虫四个时期的变态过程为完全变态（holometabola），如蚊、蝇、蚕、蜂、蝶等昆虫。有些昆虫幼虫不化蛹而直接发育为成虫，即发育经过卵、幼虫和成虫三个时期的变态过程为不完全变态，又可分为渐变态（paurometabola）和半变态（hemimetabola）。蝗虫、蟋蟀等都为渐变态，其幼虫（也称为若虫）的生活习性与成虫相同，形态相似，但无翅，生殖器官未成熟，经过蜕皮成为成虫。蜻蜓、豆娘为半变态昆虫，其幼虫（也称为稚虫）在水中生活，形态和成虫差别较大，经过多次蜕皮成为陆生的成虫。两栖类的幼体如蝌蚪，有尾、鳃、无附肢，适应水中生活，经过变态形成以肺呼吸，具有四肢的蛙。

人和动物在不断变化的环境中生活，特别是对于高等动物来说，由许多器官系统组成的有机体，各部分只有协调一致，互相配合才能适应外部的环境变化。在高等动物中通过两种调节机制（即神经调节和体液调节）实现的。依赖于神经系统进行神经调节，一方面通过感觉器官接受体内外的刺激，作出反应，直接调节或控制身体各器官系统的活动，另一方面又通过调节或控制内分泌系统的活动来影响、调节机体各部分的活动。依赖于内分泌系统进行体液调节。内分泌系统包括分散在体内的一些无管腺体和细胞，这些特定的器官或细胞在特定刺激下分泌激素（hormone）到体液中。激素在血液中浓度很低，作用于特定的靶器官，产生特定的效应。激素具有维持稳态、促进生长与发育、促进生殖活动、调节能量转换和调节行为等五个方面作用。

与神经调节相比，体液调节反应比较缓慢，作用持续的时间比较长，而且作用范围比较广泛。

（二）动物的多样性

动物多样性表现在诸多方面，如种类繁多、类型多样、基因型丰富、分布广泛等。

1. 种类繁多

动物是地球上生物的组成部分，地球上现存的动物约有 150 万种，如果包括亚种在内，已经定名的动物种类可能超过 200 万种。现在的已知种类中，昆虫是种类最多的一类动物，估计有 100 万～150 万种。已经鉴定的物种中，脊椎动物现存 45 300 多种，包括哺乳动物 4 200 多种，鸟类 9 000 多种，爬行动物 6 500 多种，两栖类 4 200 多种，鱼类 21 400 多种。无脊椎动物约有 130 万种。

2. 类型多样

动物学家们根据各类动物的形态特征，将动物分成 34 个门。除最高等的脊索动物门外，其他门类可统称为无脊椎动物。无脊椎动物的身体中没有脊椎构成的脊柱，脊椎动物的成体具有脊椎支持身体。

它们分别是：多孔动物门（Porifer）、扁盘动物门（Placozoa）、中生动物门（Mesozoa）、腔肠动物门（Coelenterata）、栉水母动物门（Ctenophora）、扁形动物门（Platyhelminthes)、纽形动物门（Nemertea）、颚胃动物门（Gnathostomulida）、轮虫动物门（Rotifera）、腹毛动物门（Gastrotricha）、动吻动物门（Kinorhyncha）、线虫动物门（Nematoda）、线形动物门（Nematomorpha）、鳃曳动物门（Priapula）、缘纤门（Cycliophora）、棘头动物门（Acanthocephala）、内肛动物门（Entoprocta）、兜甲形动物门（Loricifera）、环节动物门（Annelida）、螠虫门（Echiura）、星虫动物门（Sipuncula）、须腕动物门（Pogonophora）、被腕动物门（Vestimentifera）、缓步动物门（Tardigrada）、有爪动物门（Onychophora）、节肢动物门（Arthropoda）、软体动物门（Mollusca）、腕足动物门（Brachiopoda）、外肛动物门（Ectoprocta）、帚虫动物门（Phoronida）、毛颚动物门（Chaetognatha）、棘皮动物门（Echinodermata）、半索动物门（Hemichordata）和脊索动物门（Chordata）。

各门类动物的种类和数量差异非常大，最大的动物门是节肢动物门，有100多万种动物。其次为软体动物门。全球已报道的各主要动物门类的种类数及在中国的分布数量见表7-1。

表7-1　各主要动物门类全球已报道的种类数及在中国的分布数量（引自叶创兴等，2006）

类别名称	全球已报道种类数	分布在中国种类数	所属类别
多孔动物门	10 000	115	无脊椎动物
腔肠动物门	10 000	1 000	无脊椎动物
扁形动物门	25 000	1 800	无脊椎动物
纽形动物门	900	60	无脊椎动物
腹毛动物门	400		无脊椎动物
线虫动物门	15 000	655	无脊椎动物
线形动物门	250		无脊椎动物
轮虫动物门	2 000	800	无脊椎动物
棘头动物门	1 000	40	无脊椎动物
星虫动物门	250	43	无脊椎动物
环节动物门	15 000	1 470	无脊椎动物
软体动物门	130 000	3 500	无脊椎动物
腕足动物门	280	8	无脊椎动物
外肛动物门	4 000	490	无脊椎动物
缓步动物门	600	42	无脊椎动物
节肢动物门	1 100 000	56 000	无脊椎动物
棘皮动物门	6 250	506	无脊椎动物
脊索动物门	70 000	6 475	原索动物、脊椎动物

3. 基因型丰富

动物在生存、繁衍中为适应环境不断发生变异，形成不同的基因型。同时由于人工驯化，产生了许多新的动物物种。分子生物学技术的应用，转基因技术成为培育适合人们需要的动物物种的手段之一，也丰富了动物的基因型。

4. 分布广泛

从茂密的热带雨林到寒带西伯利亚冻土高原，甚至南极、北极，从平地到高山，从海洋到陆地，极端干旱的沙漠环境皆分布着不同的动物类群。占地球 80% 以上的海洋生物资源（其中大部分为海洋动物）已经成为人类开发利用的新目标。中国海域已经被记载的生物共有 2 万种，如此丰富的海洋生物资源为海洋天然产物的研究和开发提供了良好的条件。

第二节　资源动物的基本特征和分类

一、资源动物的基本特征和价值

（一）资源动物的基本特征

1. 再生性

资源动物可自然更新和人工繁殖，可以持续利用。但由于动物的再生和繁殖有一定的周期，因此要掌握资源动物自然生长规律，研究它们的合理捕获量，才能达到有效利用和长期利用的目的。

2. 有限性

资源动物是可再生资源，但不是取之不尽、用之不竭的。有些动物自然繁殖率低，如果遭遇人类活动的干扰和自然灾害，会威胁到动物种群的生存和繁衍。当种群中的个体减少到一定数量时，该种动物的遗传基因库就有丧失的危险，从而可能导致物种的消失，也就意味着人类永远失去了这个物种，失去了它们给人类提供财富的能力。

3. 区域性

由于各地理区域的温度等生态因子存在差异，资源动物具有地域性。所有动物都有它的适合生长的地理区域，动物生长发育的地域性是引种驯化、提高品种质量的重要限制因素之一。

4. 多样性和多用性

资源动物的多样性主要表现在物种多样性、遗传多样性。目前已知的动物界包括 34 个门 150 万种，据认为尚有 1 000 万～5 000 万种有待发现和命名。种类众多的资源动物就总体而言都是有用的，是各生态系统中不可缺少的一部分，所以我们要利用并保护动物物种。对某一地区的资源动物的保护来说，不仅要保护该地区的动物物种的数量，还要重视保护物种的遗传多样性和生态系统多样性。

资源动物的多用性是以动物给人类提供财富为标准，包括动物各种器官的利用，不仅可以提高资源动物的利用率，也可以满足人和环境或人类生产活动的需要。

（二）资源动物的价值

资源动物在自然界中处于消费者的地位，其生长数量受到食物的限制。作为资源生物的一个重要组成部分，资源动物不但具有重要的直接价值，而且其间接价值在资源生物的价值体现中具有不可替代的地位。

1. 资源动物的直接价值

资源动物是人类所需的食物的主要来源，为人类提供生命所需的各种营养物质。资源动物为人类提供各种产品，在人类生活、工业、农业和医药上具有广泛的用途，在人类生活中有着极其重要的作用。

2. 资源动物的间接价值

资源动物的间接价值很大。各种动物都是生态系统的重要组成部分，在生态系统的食物链、自然界中物质循环和能量流动及维持生态系统平衡中发挥重要的作用。原生动物是生物污水治理的主要生物类群，蚯蚓及鸟类、哺乳类的粪便可提高土壤肥力。植物借助昆虫、动物的力量达到传粉、传播种子、繁衍生命的目的。千姿百态的动物成为人们观赏的对象，也是音乐、美术、诗歌、童话、舞蹈、民间故事等文化艺术创作的主要源泉。各种动物具有的独特结构和机能已成为仿生学研究资源。

二、资源动物的分类

资源动物的分类通常采用两种形式，其一根据用途，其二根据动物学分类系统。

（一）根据用途分类

根据资源动物的功能和使用价值，按照用途分类，大致可归为珍贵特产动物、食用动物、药用动物、工业用动物、天敌动物、生态环境保护动物、科学研究用动物、观赏动物、文学艺术与文化交流、役用动物等10种类型。

1. 珍贵特产动物

此类动物是具有重要的经济价值或学术价值的特产种类，因分布狭窄、数量稀少被归为濒危物种，被列入国际自然保护联盟（IUCN）发布的濒危物种红皮书中，中国将其列为国家一级、二级保护动物，其中属于国家一级保护动物有96种，如大熊猫、藏羚羊、扬子鳄、褐马鸡、大鲵等；属于国家二级保护动物有160种，如短尾猴、大灵猫、黑熊、雪兔、白鹇、原鸡等。为了保护野生动物物种，2000年8月1日国家林业局发布了《国家保护的有益的或者有重要经济、科学研究价值的陆生野生动物名录》，列入其中的陆生野生动物有兽纲、鸟纲、两栖纲、爬行纲、昆虫纲等共计5纲46目177科1 591种及昆虫120属的所有种和另外110种。

2. 食用动物

动物体内具有重要的人体所需的营养物质，成为人类食物的主要来源。动物性食品是保健强身的必需品，提供蛋白质和脂肪等人类必需的营养物质。中国的食用蛋白质来自于肉类（牛、羊、猪）、家禽类（鸭、鸡）的肉与蛋以及鱼类，无脊椎动物的虾、蟹、贝等也是重要的蛋白质来源。可以用于食用的动物很多，多数种类通过圈养、驯化和人工养殖成为主要的经济动物。

古代人类主要依靠捕猎野生动物为食品。而在现代，尽管畜牧业、渔业和养殖业的产品十分充足，但人们对野生动物的嗜好却与日俱增，哺乳类、鸟类、爬行类、两栖类、鱼类及一些无脊椎动物中都有人类喜好的对象，而且昆虫作为食品具有蛋白质含量高（一般为干重的 60%）、脂肪低、不饱和脂肪酸高等特点，丰富多彩的野生食用动物常以"山珍野味"称之。

3. 药用动物

药用动物资源是一类经过人类使用，证明可以作为治病、防病和具有保健价值的资源动物。中国是使用动物药材最多的国家，使用药用动物治病、防病在中国具有悠久的历史。《本草纲目》记载入药动物 451 种。近代的《中国药用动物志》中共收录了 816 种。广泛使用的动物药材包括无脊椎动物中的蚯蚓、珍珠、水蛭、蜈蚣等，脊椎动物中的鱼类（海马、海龙）、两栖类（蟾蜍—蟾酥）、爬行类（蛤蚧、蛇）、哺乳类（麝—麝香、鹿—鹿茸、牛—牛黄）等。

由于海洋动物所生存的环境与陆地动物具有明显的差异，因而机体内含有的物质独特。人们已经从腔肠动物、软体动物、海绵动物和鱼类等海洋生物中分离得到化学结构新颖、生理活性强烈的有机化合物，许多物质具有抗肿瘤、抗病毒、抗菌和心血管活性等作用，如鱼油中所含有的 DHA（二十二碳六烯酸）药用价值极高，大量用于防治心脑血管疾病。

药用动物大多为食疗同效、功能兼备的特殊资源，除了可以作为药物开发的原料外，还可以制成疗效食物、保健食品或饮料，如冬虫夏草、燕窝等。近年来蚂蚁食品及药物也备受欢迎。

4. 工业用动物

绝大多数体形稍大的哺乳类的毛皮都可用于制裘或制革（如水獭、牛等），爬行类也可以用于制革（如蛇皮、鳄鱼皮等）。鸭、雉鸡等鸟类的色彩艳丽的羽毛或质地柔软的绒毛备受青睐。从甲壳动物中的壳中提取的物质可以制成隐形眼镜片、手术缝合线等。白蜡虫雄虫分泌的白蜡是重要的工业原料，主要用于制造复写纸、地板蜡、铜版纸等，在食品和医药工业也有不可替代的用途。紫胶虫吸取寄主树树液后分泌出的紫色天然树脂——紫胶，广泛用于国防、电气、涂料、橡胶、塑料、医药、制革、造纸、印刷、食品等工业部门。

作为香料的四大名香——麝香、河狸香、灵猫香、龙涎香都来源于动物。鲸油曾经是重要的照明和工业用油脂，用于制革工业和用作润滑剂等。鲸已列入受保护的动物，鲸油也不再使用。

5. 天敌动物

在自然界中，一种动物甲被另一种动物乙所捕食或寄生而致死时，动物乙就是动物甲的天敌。例如青蛙捕食昆虫，猫头鹰捕食鼠类，鸟类捕食昆虫，寄生蜂寄生于昆虫等。害虫及害兽的大发生常受天敌所抑制。例如鸟类及兽类等捕食害虫，瓢虫等捕食性昆虫、寄生性的寄生蜂等昆虫以及线虫。农林业生产上利用天敌防治害虫，通称生物防治。天敌动物不仅能够在控制和影响有害昆虫、鼠类等方面具有重要的作用，而且在自然界中物质循环和能量流动、维持生态系统平衡中发挥重要的作用。

6. 生态环境保护动物

污水的生物处理是现今最经济、最有效、最彻底的污水处理方式。原生动物在污水的生物处理方面具有重要的作用，是活性污泥中主要的生物区系，可以消除有机废物、有害细菌以及对有机废水进行絮化沉淀。土壤是动植物赖以生存的地方，一些动物在土壤肥力和土壤环境监测方面发挥着重要的作用。例如土壤中有大量的自由生活的线虫，研究表明不同土壤环境中线虫的种类有明显的差别，线虫的类群可以作为土壤环境质量监测的指示生物。蚯蚓以土壤中的植物残体和其他有机物为食，经过消化分解，形成土壤疏松的表层，对土壤的形成和肥力有重要的作用，同时促进了土壤微生物的作用，因此土壤中蚯蚓的数量可以代表土壤的肥力水平。鸟类、哺乳类动物的粪便是优质的有机肥料，在改良土壤、增加土壤肥力方面具有重要的作用。

植物的花卉的传粉中虫媒占主要部分，色彩艳丽、花香四溢的植物招引各类昆虫，借助昆虫的力量达到传粉、繁衍生命的目的。一些鸟类摄食植物的果实，传播种子。各种浮游动物是经济鱼类的重要饵料。

7. 科学研究用动物

生物学、医学、药学等是实验性学科，任何理论的产生都来源于实验。许多动物成为模式生物，用于科学研究获得了大量的研究成果，对于探讨生命的真谛发挥了重要的作用，如果蝇、线虫、斑马鱼等。

在科学研究中，通常采用一些动物建立动物模型，以研究某一药物的药效、某一病原体的致病机理等。此外在实验教学中也经常使用实验动物以了解动物的结构特征、分类依据和动物的生理生化机理。用于科学研究和实验用动物有小白鼠、大白鼠、家兔、豚鼠等。

对动物的结构和机理研究，结合工业技术产生了仿生学，如蝙蝠的回声定位、蛇类的颊窝的红外感受、蝇的复眼以及鱼类和鸟类的形态等，用于仪器设备的制造，发挥了重要的作用。

8. 观赏动物

千姿百态的动物成为人们观赏的对象。人们既可以在野外观赏，也可以在动物园、水族馆、动物博物馆中欣赏各种各样的动物。人们根据动物学分类系统将观赏动物分类，如蝶类、鱼类、两栖类、爬行类、鸟类、哺乳类等，也根据动物的生活习性进行分类，如夜行动物、水生鸟类、猛禽类、热带鱼类等。动物博物馆中展出的动物的标本（剥制标本、浸制标本）也是人们观赏动物的一种方式。动物剥制标本主要适用于哺乳类和鸟类以及一些不宜采用浸制方法的其他各纲的大型种类，如鲸、鲨鱼、海龟等。浸制标本主要用于小型种类如无脊椎动物。以昆虫针插起来制作的昆虫标本也是人类观赏的对象。

9. 文学艺术与文化交流

许多动物具有重要的文化价值，是音乐、美术、诗歌、童话、舞蹈、民间故事等文化艺术创作的主要源泉，如各种鸟类，而且一些珍稀特有种也是国际交流的友好使者，如中国的大熊猫。而虾、马、虎、牛等动物成为许多画家关注、抒发情感的对象。如著名画家齐白石先生以画虾享誉中外，以浓墨竖点为睛，横写为脑，落墨成金，笔笔传神，细笔写须、爪、大螯，刚柔并济，凝练传神，显示了画家高妙的书法功力。

10. 役用动物

主要为哺乳类和鸟类。一些哺乳类动物由于其具有特殊习性被人类发现并得到驯

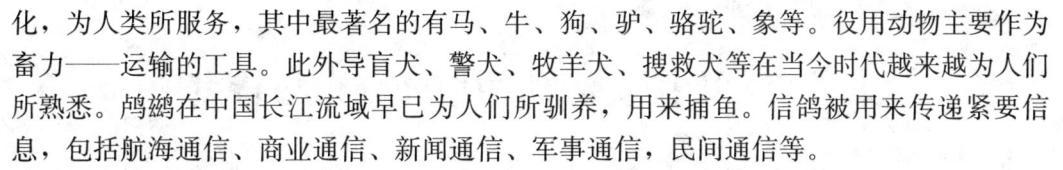

化，为人类所服务，其中最著名的有马、牛、狗、驴、骆驼、象等。役用动物主要作为畜力——运输的工具。此外导盲犬、警犬、牧羊犬、搜救犬等在当今时代越来越为人们所熟悉。鸬鹚在中国长江流域早已为人们所驯养，用来捕鱼。信鸽被用来传递紧要信息，包括航海通信、商业通信、新闻通信、军事通信，民间通信等。

（二）根据动物学分类系统分类

比较常用的动物分类系统以动物形态上或解剖上的相似程度为基础，其最大的优越性在于它是以许多形态学上的相似性和差异性的总和为基础的，基本上能够反映动物界的自然类缘关系，所以称为自然分类系统。按照这种分类标准，把具有共同构造特征的动物归为一类，于是整个动物界可以根据细胞的数量、体制及分节情况、附肢的性状、内部器官的布局和特点等分为若干门。与植物相同，动物的类别也是由门（Phylum）、纲（Class）、目（Order）、科（Family）、属（Genus）、种（Species）等几个重要分类阶元（Category）组成。

目前动物界被分为 34 个门。多孔动物门等 33 个门统称为无脊椎动物，最高等的脊索动物门，则包括 3 个亚门：尾索动物亚门、头索动物亚门和脊椎动物亚门。尾索动物亚门与头索动物亚门被称为原索动物，是脊索动物中最低级的类群。脊椎动物亚门则是脊索动物中最高级、数量最多的类群，也是与人类关系最为密切的类群。脊椎动物亚门具体分纲见表 7-2。现代生存的脊索动物约有 70 000 多种。

通常人们将动物类群分为两大类：无脊椎动物和脊椎动物。无脊椎资源动物包括原生动物、多孔动物、线虫动物、腔肠动物、环节动物、软体动物、节肢动物、棘皮动物等；脊椎资源动物包括鱼类、两栖类、爬行类、鸟类、哺乳类等。

表 7-2 脊椎动物亚门具体分纲

亚门	主要特征	下属纲	主要特征
尾索动物亚门 Urochordata	脊索和神经管只存在于幼体，成体包围在被囊中	尾海鞘纲 Appendiculariae	形小，状如蝌蚪，自由生活，鳃裂只有 1 对
		海鞘纲 Ascidiacea	成体无尾，被囊厚，固着生活，多鳃裂
		樽海鞘纲 Thaliacea	体呈樽状，被囊上有环状肌肉带
头索动物亚门 Cephalochordata	脊索和神经管纵贯身体全长，终生保留，咽鳃明显	头索纲 Cephalochorda	鱼形，体节分明，多鳃裂，表皮只有一层细胞
脊椎动物亚门 Vertebrata	脊索只在胚胎发育中出现，随即被脊柱所替代	圆口纲 Cyclostomata	鳗形，无颌，无成对附肢
		鱼纲 Pisces	皮肤被鳞，鳃呼吸，有成对附肢
		两栖纲 Amphibia	皮肤裸露，幼体用鳃呼吸，成体用肺呼吸
		爬行纲 Reptilia	皮肤干燥，有角质鳞或骨板。心脏有二心房、一心室或近于二心室
		鸟纲 Aves	体被羽毛，前肢为翼，温血，卵生
		哺乳纲 Mammalia	身体被毛，温血，胎生，哺乳

第三节　中国资源动物地理分布与特点

　　动物的地理分布是指动物与地域有关的分布。每一种动物都占有一定的地理空间，动物在这里完成生长、发育、繁殖等一切生命活动。许多物种的分布区是相互重叠的。在一个地区中，由历史发展过程中所形成的和在现代生态条件下所生存的动物群称为动物区系（fauna）。按照不同地区动物组成的特点，可以把地球划分为若干动物地理区，从大的环境上看，整个动物界可以分为海洋动物区系和陆地动物区系。海洋的环境条件比陆地相对稳定，陆地由于自然环境复杂、气候条件多变，而且存在许多影响动物分布的因素，因此物种分化十分显著。

　　根据陆地上动物尤其是脊椎动物的分布情况，把全球陆地划分为6个动物地理界：澳洲界、新热带界、热带界、东洋界、古北界与新北界，每个动物地理界都有其独特的动物区系，其中古北界与新北界的动物区系有许多共同的特点，很多种类均为两界所共有，如鼠兔、河狸、松鸡、攀雀等（见表7-3）。动物地理界的界限一般是由陆地的边界或山脉、沙漠等形成的自然屏障，缺少这些自然屏障隔离的地区，动物区系呈现出广泛的过渡性。

表7-3　世界陆地划分的动物地理界

名称	包括的区域	动物区系特点和代表种类
澳洲界 （Australian realm）	澳大利亚、新西兰、塔斯马尼亚以及附近太平洋上的岛屿	最古老的动物区系，在很大程度上保留着中生代晚期的种类。如爬行类中的楔齿蜥，鸟类中的鸸鹋、食火鸡、几维鸟，哺乳动物中的单孔类、有袋类等
新热带界 （Neotropical realm）	整个南美、中美、墨西哥南部平原和西印度群岛	种类丰富且具特色。特有种类如两栖类中的负子蟾，爬行类中的美洲鬣蜥，鸟类中的美洲鸵鸟、麝雉等32个科，哺乳动物中的犰狳、食蚁兽、树懒、狨猴、卷尾猴、蜘蛛猴、负鼠（有袋类）、吸血蝠、髦蝠、豚鼠等
热带界 （Ethiopian realm）	撒哈拉沙漠以南的非洲大陆、北回归线以南的阿拉伯半岛、马达加斯加及附近岛屿	特有种类丰富。如两栖类中的爪蟾，爬行类中的避役，鸟类中的非洲鸵鸟、鼠鸟，哺乳动物中的蹄兔类、管齿类、金毛鼹、獭鼩、跳兔、河马、长颈鹿、斑马、黑猩猩、大猩猩、狒狒、非洲象、非洲犀牛等
东洋界 （Oriental realm）	中国南部以及印度半岛、中南半岛、斯里兰卡岛、马来半岛、菲律宾群岛、苏门答腊岛、爪哇岛及加里曼丹岛等	包括种类仅次于新热带界和热带界。特有种类如爬行类中的平胸龟、鳄蜥、食鱼鳄、拟毒蜥、异盾蛇，鸟类中的和平鸟，哺乳动物中的皮翼类、长臂猿、眼镜猴、树鼩等
古北界 （Palearctic realm）	欧洲大陆、北回归线以北的阿拉伯半岛及撒哈拉沙漠以北的非洲、喜马拉雅山脉以北的亚洲	特有种类如金丝猴、大熊猫、狐、貉、獾、骆驼、羚羊及山鹑、鸨、毛腿沙鸡、百灵等
新北界 （Nearctic realm）	墨西哥以北的北美洲	特产种类如叉角羚、山河狸、北美蛇蜥、鳗螈、两栖鲵、美洲麝牛、白头海雕等

一、中国动物的地理分区

中国在动物地理区划上隶属于东洋界和古北界，其分界线为西起喜马拉雅山脉，穿过横断山脉达到岷山与秦岭，向东以伏牛山—淮河一线。东部地区由于地势平坦，缺少自然屏障而呈现出广阔的过渡地带。古北界又分为两个亚界，即东北亚界和中亚亚界，东洋界均属于中印亚界。根据中国陆生脊椎动物的分布情况，古北界分为东北、华北、蒙新区、青藏区4个区，东洋界分为西南区、华中区、华南区3个区，依生态分布可划分为7个基本的生态地理动物群，即寒温带针叶林动物群，温带森林—森林草原、农田动物群，热带森林—林灌、草地—农田动物群，亚热带林灌、草地—农田动物群，温带草原动物群，温带荒漠、半荒漠动物群和高地森林草原—草原草甸、寒漠动物群。动物地理区划和生态地理动物群之间的关系见表7-4。中国动物地理区划图见图7-1。

表7-4 中国动物地理区划及与生态地理动物群的关系（引自赵建成等，2002）

界	亚界	区	亚区	生态地理动物群
古北界	东北亚界	Ⅰ东北区	大兴安岭亚区	寒温带针叶林动物群
			长白山亚区	温带森林—森林草原、农田动物群
			松辽平原亚区	
		Ⅱ华北区	黄淮平原亚区	
			黄土高原亚区	
	中亚亚界		东部草原亚区	温带草原动物群
		Ⅲ蒙新区	西部荒漠亚区	温带荒漠、半荒漠动物群
			天山山地亚区	高地森林草原—草原草甸、寒漠动物群
			羌塘高原亚区	
		Ⅳ青藏区	青海藏南亚区	
东洋界	中印亚界	Ⅴ西南区	西南山地亚区	亚热带林灌、草地—农田动物群
			喜马拉雅亚区	
		Ⅵ华中区	东部丘陵平原亚区	
			西部山地高原亚区	
		Ⅶ华南区	闽广沿海亚区	热带森林、林灌、草地—农田动物群
			滇南山地亚区	
			海南岛亚区	
			台湾亚区	
			南海诸岛亚区	

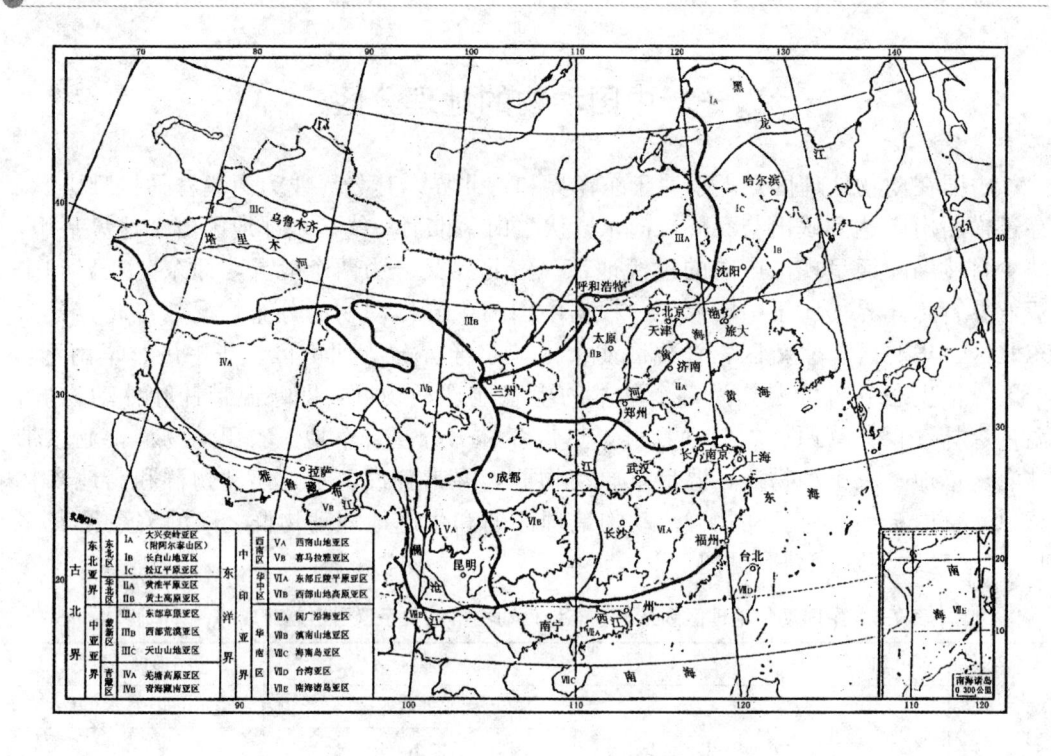

图 7-1　中国动物地理区划图（引自赵建成等，2002）

二、中国资源动物的特点

（一）中国资源动物的分区特点

1. 东北区

东北区位于中国最北部，包括大兴安岭、小兴安岭、张广才岭、老爷岭、长白山山地、松辽平原及新疆阿尔泰山地。冬季漫长，气候寒冷，夏季短暂潮湿，森林茂密。耐寒性森林动物丰富。哺乳动物中的食肉目种类，包括紫貂（Martes zibellina）、水獭（Lutra lutra）、黄鼬（Mustela sibirica）、猞猁（Felis lynx）、虎（Felis tigris）、豹（Panthera pardus）、貉（Nyctereutes procyonoides）、赤狐（Vulpes vulpes）、狼（Canis lupus）、黑熊（Ursus thibetanus）等；啮齿目种类，包括松鼠（Sciurus vulgaris）、花鼠（Eutamias sibiricus）、林姬鼠（Apodemus peninsulae）；偶蹄目种类包括马鹿（Cervus elaphus）、狍（Capreolus capreolus）、麝（Moschus moschiferus Linnaeus）、驼鹿（Alces alces）、野猪（Sus scrofa）等。鸟类以鸡形目种类最多，如黑琴鸡（Tetrao tetrix）、花尾榛鸡（Tetrao bonasia Linnatus）、柳雷鸟（Lagopus lagopus）等，雀形目的旋木雀（Certhia familiaris）、鹪鹩（Troglodytes troglodytes）、星鸦（Nucifraga caryocatactes）和戴菊（Regulus regulus），䴕形目的三趾啄木鸟（Picoides tridactylus）等均是本区的著名代表。两栖类和爬行类动物贫乏，种类较少，代表种类极北蝰（Vipera berus）、极北小鲵（Salamandrella keyserlingii）、黑龙江林蛙（Rana amurensis）等。狼獾（Gulo gulo）、雪兔（Lepus timidus）、胎生蜥蜴（Lacerta vivip-

ara)、黑龙江草蜥（*Takydromus amurensis*）、爪鲵（*Onychodactylus fischeri*）等为本区特有种类。

2. 华北区

华北区包括黄土高原、冀北山地以及黄淮平原。北接东北区、蒙新区，南至秦岭、淮河，东止黄、渤海，西达甘肃的兰州盆地。气候四季显著、冬季寒冷、夏季炎热，由于人类活动，多数地区已经开垦，森林被破坏，植被主要为农田、草地、灌丛等，森林仅在太行山、燕山、秦岭等地有零星残存。动物特点是种类贫乏、特有物种稀少，蒙新区、东北区以及东洋界的种类均渗透到本区。如蒙新区的黄鼠［*Citellus dauricus* (Brandt)］、五趾跳鼠（*Allactaga sibirica*），东北区的松鼠（*Sciurus vulgaris*）、花鼠（*Eutamias sibiricus*）、飞鼠（*Pteromys volans*），东洋界的社鼠（*Rattus niviventer*）、花面狸（*Paguma larvata*）、黑枕黄鹂（*Oriolus chinensis*）等均有分布。本区广泛分布种类包括：哺乳动物啮齿目中的大仓鼠（*Cricetulus tyiton de Winton*）、鼢鼠（*Myospalax fontanierii*）、草兔（*Lepus capensis*）等，食肉目主要以中、小型种类为主，如黄鼬（*Mustela sibirica*）、狗獾（*Meles meles*）、豹（*Felis parrdus*）等，大、中型森林动物稀少，仅有少数的狍、野猪等。鸟类中的灰喜鹊（*Cyanopica cyana*）、大山雀（*Parus major*）、斑鸠（*Streptopelia turtur*）、石鸡（*Alectoris chukar*）、岩鸽（*Columba rupestris*）、山噪鹛（*Garrulax davidi*）等。爬行类中的无蹼壁虎（*Gecko swinhonis*）、丽斑麻蜥（*Eremias argus*）、山地麻蜥（*Eremias brenchleyi*）、红点锦蛇（*Elaphe rufodorsata*）、白条锦蛇（*Elaphe dione*）等。两栖类中的花背蟾蜍（*Bufo raddei*）、中国林蛙（*Rana chinensis*）、黑斑蛙（*Rana nigromaculata Hallowell*）、北方狭口蛙（*Kaloula borealis*）等。中国特产珍稀鸟类，被列为国家一级保护动物的褐马鸡（*Crossoptilon mantchuricum*）为本区特有种类。

3. 蒙新区

蒙新区包括内蒙古高原、鄂尔多斯高原、阿拉善沙漠、河西走廊、塔里木盆地、柴达木盆地、准噶尔盆地和天山山地等。蒙新区为典型的大陆性气候，寒暑变化剧烈，东部雨量较多，为草原地带，西部降雨少，为荒漠和半荒漠地带。动物种类贫乏，缺乏适应潮湿的种类，主要为荒漠和草原种类。哺乳动物中啮齿类和有蹄类以及中小型食肉类最为繁盛，啮齿类动物如跳鼠（*Dipodidae*）、沙鼠（*Gerbillinae*）、黄鼠（*Citellus dauricus*）、田鼠（*Microtinae*）、草兔（*Lepus capensis*）、草原旱獭（*Marmota bobac*）等，有蹄类动物如黄羊（*Procapra gutturosa*）、岩羊（*Pseudois nayaur*）、双峰驼（*Camelus bactrianus*）等，食肉类动物如黄鼬（*Mustela sibirica*）、艾鼬（*Mustela eversmanni*）、伶鼬（*Mustela nivalis*）、狼（*Canis lupus*）等。鸟类以适应荒漠生活的种类为主，如百灵（*Melanocorypha mongolica*）、毛腿沙鸡（*Syrrhaptes paradoxus*）、大鸨（*Otis tarda*）、原鸽（*Cozumba*）等。爬行动物中鬣蜥科和蜥蜴科最为丰富，如沙蜥（*Phrynocephalus*）、麻蜥（*Eremias*）等。两栖动物种类少，只有新疆北鲵（*Ranodon sibiricus*）、中国林蛙（*Rana chinensis*）等。

4. 青藏区

青藏区包括青海（柴达木盆地除外）、西藏和四川西北部，被横断山脉、喜马拉雅山脉、昆仑山、阿尔金山、祁连山等山脉所环绕，是世界上最高最大的高原。气候为高寒类型，冬季漫长而无夏季，植被类型主要为高山草甸、草原及高寒荒漠。动物种类最为贫乏，主要由适应高寒的物种组成，如哺乳动物主要有：有蹄类动物白唇鹿（*Cervus albirostris*）、岩羊（*Pseudois nayaur*）、盘羊（*Ovis ammon*）等，啮齿类动物包括鼠兔（*Ochtona Daurica Pallas*）、喜玛拉雅旱獭（*Marmota himalayana*）等，食肉类动物如狼（*Canis lupus*）、雪豹（*Uncia uncia*）、马熊（*Ursus arctos pruinosus*）等。鸟类中的雪鸡（*Tetraogallua tibetanus*）、黑颈鹤（*Grus nigricollis*）、雪鹑（*Lerwa Zerwa*）、藏雀（*Kozowia roborowskii*）等。爬行类中的温泉蛇（*Thermophis baileyi*）、西藏竹叶青（*Trimeresurus tibetanus*）、喜山龙蜥（*Japalura kumaonensis*）等。两栖类中的西藏蟾蜍（*Bufo tibetanus*）等。野牦牛（*Bos mutus*）和藏羚（*Pantholops hodgsoni*）等为本区的特有种类。

5. 西南区

西南区包括四川西部、昌都地区东部、北起青海、甘肃南缘，南达云南北部，即横断山脉部分以及喜马拉雅山南坡针叶林以下的山地。植被垂直分布显著，气候变化大，动物垂直分布明显。本区具有丰富的高原和高山森林动物，还呈现出古北界和东洋界种类交错现象。代表种类如哺乳动物主要有：食肉类动物如大熊猫（*Ailuropoda melanoleuca*）、小熊猫（*Ailurus fulgens*）、花面狸（*Paguma larvata*）等，灵长类动物如金丝猴（*Rhinopithecus roxellanae*）、猕猴（*Macaca mulatta*）等，有蹄类动物如羚牛（*Budorcas taxicolor*）、麝（*Moschus moschiferus*）等，啮齿类动物包括鼠兔（*Ochtona Daurica Pallas*）、跳鼠（*Dipodidae*）等。鸟类中的雉类、画眉类以及鹦鹉科、太阳鸟科、啄花鸟科等，两栖、爬行动物均较丰富。

6. 华中区

华中区包括四川盆地以东的长江流域地区。区内地形复杂，西部除四川盆地外，主要是高原和山地，东部主要是丘陵和平原。气候温和，雨量充沛，植被主要是温带夏绿林和亚热带常绿林，动物种类比较丰富，但与其他区之间无显著的自然屏障，呈现出东洋界和古北界相混杂和过渡的现象。动物种类主要为东洋界的成分。哺乳动物中包括：灵长类动物短尾猴（*Macaca arctoides*），啮齿类动物包括赤腹松鼠（*Callosciurus erythraeus*）、竹鼠（*Rhizomys sinensis*）、华南兔（*Lepus sinensis*）等，有蹄类动物如毛冠鹿（*Elaphodus cephalophus*），食肉类动物如灵猫（*Viverridae*）、华南虎（*Paanthera tigris amoyensis*）等，还有鳞甲目的穿山甲（*Manis pentadactyla*）。鸟类中的啄花鸟科、山椒鸟科等。爬行类动物包括扬子鳄（*Alligator sinensis*）、北草蜥（*Takydromus septentrionalis*）、尖吻蝮（*Deinagkistrodon acutus*）、眼镜王蛇（*Ophiophagus hannah*）、王锦蛇（*Elaphe carinata*）、玉斑锦蛇（*Elaphe mandarinus*）等。两栖类动物如细痣疣螈（*Tylototriton asperrimus*）、斑腿树蛙（*Rhacophorus leucomystax*）、沼蛙（*Rana guentheri*）等。也有部分古北界种类的渗透，如刺猬（*Erinaceus europaeus*）、岩松鼠（*Sciurotamias davidianus*）、林姬鼠（*Apodemus peninsulae*）、麝（*Moschus moschiferus*）、灰喜鹊（*Cyanopica cyana*）、攀雀（*Remiz pendulinus*）、日本雨蛙（*Hyla japonica*）等。獐（*Hydropotes inermis*）、黑麂（*Muntiacus* crinifrons)、白鱀豚（*Lipotes vexillifer*）、白颈长尾雉（*Syrmaticus reevesii*）、黄腹角雉（*Tragopan caboti*）、竹鸡（*Bambusicola thoracica*）、扬子鳄（*Alligator sinensis*）、东方蝾螈（*Cynops orientalis*）、中国雨蛙（*Hylidae*）等为本区特有种类。

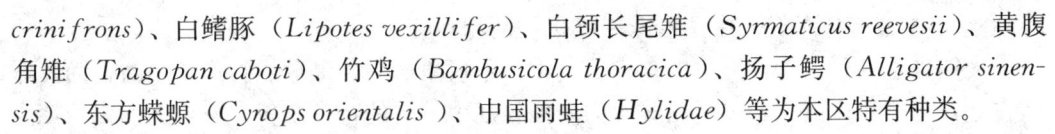

7. 华南区

华南区包括云南及广东、广西的南部、福建东南沿海一带以及台湾、海南岛和南海群岛。区内地形复杂、炎热多雨，年平均气温多在22℃以上，年降雨量一般超过1 000mm，属于热带、亚热带地区，自然条件优越，植被以热带雨林和季风林为主，是动物种类最繁盛的地区。哺乳动物中代表种类有：灵长类动物如熊猴（*Macaca assamensis*）、长鼻类动物亚洲象（*Elephas maximus*），食肉类动物如大斑灵猫（*Viverra megaspila*）、椰子狸（*Paradoxurus hermaphroditus*）、华南虎（*Panthera tigris amoyensis*）、鼬獾（*Melogala moschata*）等、翼手类动物犬蝠（*Cynopterus sphinx*）、棕果蝠（*Rousettus leschenaulti*）、狐蝠（*Pteropus dasymallus*）；啮齿类动物如赤腹松鼠（*Callosciurus flavimanus*）、巨松鼠（*Ratufa bicolor*）、黑家鼠（*Rattus mttus*）、黄胸鼠（*Rattus flavipectus*）等，还有食虫类动物树鼩（*Tupaiidae*）。鸟类也极为丰富，如鹦鹉科、犀鸟科、咬鹃科、蜂虎科、阔嘴鸟科、八色鸫科、太阳鸟科等。爬行类中的飞蜥（*Draco volans*）、巨蜥（*Varanus salvator*）、鳄蜥（*Shinisaurus crocodilurus*）、蝰蛇（*Vipera ruselli siamensis*）、金环蛇（*Bungarus fasciatus*）、蟒蛇（*Python molurus*）等。两栖类中的华南湍蛙（*Amol opsricketti*）、版纳鱼螈（*Ichthyophis bannanica*）等。长臂猿（*Hylobates*）、懒猴（*Nycticebus coucang*）、叶猴（*Presbytis*）、坡鹿（*Cervus eldii*）、海南兔（*Lepus hainanus*）、原鸡（*Phasianus gallus*）、蓝鹇（*Lophura swinhoii*）、黑长尾雉（*Syrmaticus mikado*）等是本区的特有种类。

(二) 中国资源动物的特点

中国疆域辽阔南北跨温、热两大气候带，且有世界最高的山峰——珠穆朗玛峰（海拔8 848 m）、最低的盆地——吐鲁番盆地（低于海平面155m）。地势呈西高东低，各类地形占总面积的百分比是：山地33%、高原26%、盆地19%、平原12%、丘陵10%；仅大陆海岸线就有18 000 km以上，海中的岛屿有6 500多个。内陆湖泊众多，有咸水湖和淡水湖泊。自然环境复杂，西北部为新疆、内蒙古干旱地区，西南部为海拔平均在4 000 m以上的青藏高原。沙质荒漠、砾石荒漠、寒漠、冰川和永久性积雪、裸岩等占全国总面积的1/5；森林覆盖率约为12.98%（2.66×10^8 hm²），草山、草地和草原约有4.0×10^8 hm²。由于地理环境复杂，因此中国的资源动物十分丰富。

1. 资源动物种类丰富

据估计中国的野生动物种类在20万种以上。无脊椎动物种类多，但研究相对较少，昆虫学家估计中国昆虫种类有15万～20万种以上，而已知的仅5万种。脊椎动物种类6 347多种，其中鱼类有3 862种，两栖类284种，爬行类近400种，鸟类1 244种，哺乳类510种。

2. 区系组成复杂，珍贵动物众多

中国具有7个生态地理动物群，在各生态地理动物群种，有许多珍稀、特有种类，有些种类因其古老，而有"活化石"之称，由于数量稀少，为国际自然保护联盟（IU-

CN）红皮书"濒危"级，中国国家一级保护动物。

大熊猫是一种以食竹为主的食肉目动物，不仅集珍稀、濒危、特产于一身，而且非常古老，有"活化石"之称。白鳍豚为中国长江中下游的特有水兽，它们大约在长江生活了2 500万年，有"活化石"的美称。褐马鸡是中国特产珍稀鸟类，许多动物学家建议，应把褐马鸡定为中国国鸟。朱鹮是被动物学家誉为"东方明珠"的美丽涉禽，是一种人们一度认为已经绝灭的鸟类，它们原是东亚地区的特产鸟类，1981年中国鸟类学家在陕西洋县姚家沟发现2窝共7只朱鹮，轰动了世界。扬子鳄是中国唯一特有的鳄种，也是从远古北方仅存的唯一分布在温带的孑遗种类。麋鹿，俗名"四不像"，是中国特有的湿地鹿类，曾于1900年在中国本土绝灭，幸有少量存于欧洲，经过一个世纪的养护，种群才得以恢复。金斑喙凤蝶是中国的特有种，珍贵稀少，一直被世界上的蝴蝶专家誉为"梦幻中的蝴蝶"，一些专家提议作为中国的国蝶。

3. 药用动物资源丰富

中国的药用动物资源丰富，民间应用历史悠久，《本草纲目》记载入药动物451种。近代的《中国药用动物志》中共收录了816种。民间广泛使用的动物药材包括无脊椎动物中的蚯蚓、珍珠、水蛭、蝎子、蜈蚣等，其中具有药用价值的昆虫种类最多，迄今已报道有药用价值的种类多达300多种，可治疗癌症的就有40余种。脊椎动物中的具有药用价值的种类丰富。根据记载中国有药用鱼类近200种。已有文献记载的药用两栖类30余种，许多传统中药材如蟾酥、蛤士蟆油、羌活鱼等享有盛誉。《本草纲目》中收集的药用爬行类7种，龟鳖类、蜥蜴类和蛇类动物皆具有极高的药用价值，在中国各地民间流行的医药偏方中被广泛应用。《本草纲目》中将鸟类的药用资源划分为四类，即水禽、林禽、山禽和原禽，记载的药用鸟类19种。哺乳动物的各个类群中皆有能够入药的种类，且有些疗效显著，在中国医药中哺乳类动物占有十分重要的地位，《本草纲目》记载的药用哺乳动物32种，鹿茸、麝香、牛黄等已家喻户晓。

4. 人工驯化动物种类繁多

中国历史悠久，野生动物的驯养从远古时代即已开始，现在具有不同经济性状的各种家畜如猪、牛、羊、马、驴等，各种家禽如鸡、鸭、鹅，各种食用、药用和观赏鱼类等就是在人类定向控制下，经过长期的选育形成的。牧业、渔业已经成为中国国民经济的支柱产业之一。此外人工驯养也是保护、利用野生资源动物的最有效手段。如1956年中国进行了珍贵毛皮动物饲养，目前，饲养种类近20种（品种），既包括中国分布的野生毛皮动物，也有引进的国外种类。面对海产资源的日益减少，中国除了实施伏季休渔政策外，在沿海地区广泛开展了人工养殖海产品，扇贝、盘鲍、牡蛎等名优贝类及对虾等甲壳动物的人工养殖取得了显著的经济效益。中国开展的经济昆虫的饲养种类较多，其中养蚕业占据重要的地位，中国是第一个发明养蚕的国家，早在4 700年前我们的祖先已经开始养蚕，丝织品是中国的主要出口创汇产品。

5. 资源动物分布地区差异大

中国地域辽阔，自然环境差别大，资源动物种类和群体数量变化很大。东北区冬季漫长，气候寒冷，夏季短暂潮湿，森林茂密，耐寒性森林动物丰富。华北区四季明显、冬季寒冷、夏季炎热，植被主要为农田、草地、灌丛等，森林分布较少，动物种类贫乏、特有物种稀少。蒙新区为典型的大陆性气候，寒暑变化剧烈，东部雨量较多，为草原地带，西部降雨少，为荒漠和半荒漠地带，动物种类主要为荒漠和草原种类。青藏区是世界上最高最大的高原，高寒气候，冬季漫长而无夏季，植被类型主要为高山草甸、草原及高寒荒漠，动物种类贫乏，主要适应高寒的物种。西南区植被垂直分布显著、气候变化大，动物垂直分布明显，具有丰富的高原和高山森林动物。华中区气候温和，雨量充沛，植被主要是温带夏绿林和亚热带常绿林，动物种类比较丰富。华南区地形复杂、炎热多雨，植被以热带雨林和季风林为主，也是动物种类最为繁盛的地区。

思考题

1. 简述资源动物的基本含义和组成。
2. 简述动物的基本特征和动物多样性特点。
3. 讨论资源动物的间接价值。
4. 讨论资源动物的分类方法。
5. 讨论中国资源动物多样性和分布特点。

第八章

资源动物与价值

第一节 原生动物资源与价值

一、原生动物的生物学特征

原生动物（Protozoa）是一类最原始、最简单、最低等的单细胞动物，细胞内具有特化的各种细胞器，具有维持生命和延续后代所必需的一切功能。原生动物种类众多，全世界已描述的种类有 68 000 种，其中一半是化石种类，另一半中自由生活种类为 22 600种，寄生种类为 11 300 种。中国已报道的原生动物约占世界记录的十分之一。原生动物由 5 个纲组成，分别是鞭毛虫纲（Mastigophora，如绿眼虫）、肉足虫纲（Sarcodina，如痢疾内变形虫）、孢子虫纲（Sporozoa，如疟原虫）、丝孢子虫纲（Cnidospora，如碘孢虫）、纤毛虫纲（Ciliata，如草履虫）。

（一）形态特征

原生动物的个体多数是由单个细胞构成的，少数是由多细胞构成的群体（图 8-1）。尽管大多数原生动物是由单个细胞组成，但仍然是一个完整的有机体。为完成其生命活动，原生动物分化出了各种胞器官。如鞭毛（flagellum）、纤毛（cilium）和伪足是营运动的胞器官；胞口（cytostome）、胞咽（cytopharynx）、胞肛（cytopyge）为营养的胞器官；体内具有伸缩泡（contractile vacuole）来调节水的平衡。原生动物的个体很小，一般不超过 300 μm，也有少数种类个体较大，例如旋口虫（Spirostomum）可长达 3 mm。

（二）繁殖特征

原生动物的生殖有无性生殖和有性生殖两种方式。无性生殖方式包括二分裂、出芽生殖、多分裂。有性生殖包括配子生殖和接合生殖。

（三）生态特征

原生动物广泛分布于海洋、淡水、盐水、土壤、冰、雪及温泉中，在空气中也有它的孢囊，还有许多种类寄生于动植物体内。

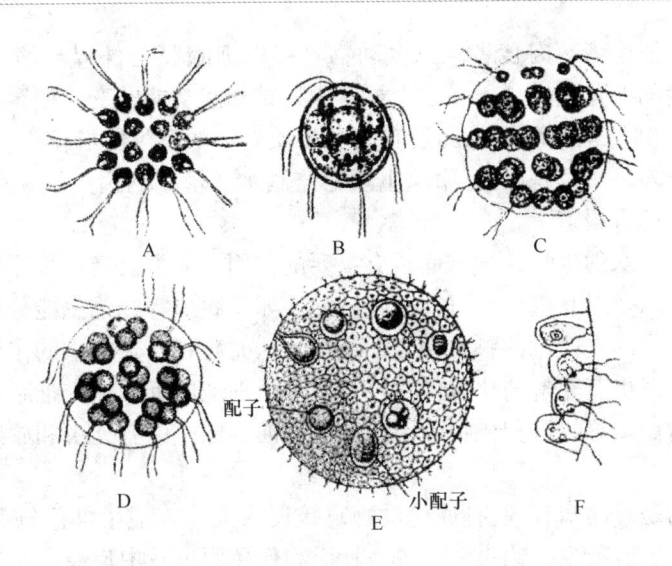

图 8-1　原生动物中的群体代表种（引自赵建成等，2002）
A 盘藻　B 实球藻　C 空球藻　D 杂球藻　E 团藻　F 群体部分放大，示原生质桥

二、原生动物资源的价值

虽然原生动物为单细胞的有机体，但其种类繁多，其中有不少种类具有重要的经济价值。

(一) 饲用（饵料）价值

原生动物位于生态金字塔的较下层。不论在陆地土壤中，还是在海洋、淡水中，由于原生动物个体小、繁殖快，为各营养层次上的动物提供了饵料基础。以浮游生物为食的滤食性鱼类（如鲢、鳙），它们在摄食时均可直接滤食原生动物和其他浮游生物。其它经济水产动物如虾、蟹、螺、蚌等也都会直接摄食利用原生动物。由此表明，原生动物为其上各营养层次提供了相当比例的饵料基础。存在于土壤的原生动物能帮助植物碎片分解成有用的腐殖质，与土壤的肥力有关。中国亚热带森林的表层土（0~5 cm）中，每克干土原生动物数量可达 900~1 000 个，也为经济陆生动物提供饵料基础。

(二) 科学研究价值

原生动物作为生命科学研究的材料有其独特的优势，如具有取材方便、易培养、生活周期短、易于观察的特点。因此原生动物已用于生命科学各领域的研究材料。以纤毛虫中的四膜虫（$Tetrahymena$）为研究材料，进行了大量的细胞学、生物化学、细胞生理学、发育生物学、实验生物学、遗传学和分子生物学等多方面的研究，获得了许多重要的研究成果，并正在研究将四膜虫作为真核基因工程载体。在医学上也常用以追踪药物的作用。全世界已报道的四膜虫有 29 种，各种类和品系的代谢类型不同，根据各自的目的选用不同的种类和品系。在发达国家已建立四膜虫种类、品系库。此外眼虫（$Euglena\ viridis$）、草履虫（$Paramecium$）、衣滴虫（$Chlamydomonas$）等许多原生动物也是重要的科学研究材料，取得了许多研究成果。

(三) 生态价值

原生动物在生态系统中是一个群落结构，包括多种营养功能：自养者、食藻者、食菌——碎屑者、腐生者、肉食者。原生动物直接以细胞膜与外界环境（水或土壤）接触，因此对环境的变化很敏感。在这个群落中，结构和功能的变化能客观地反映环境质量的变化。1991年原国家环保总局发布的《水质——微型生物群落——PFU法》国家标准（GB/T 12990—91）就是应用原生动物监测水环境。利用土壤原生动物评价陆地环境质量在国外已有报道。

原生动物在污水的生物处理方面具有重要的作用。人类已经利用原生动物消除有机废物、有害细菌以及对有机废水进行絮化沉淀。如草履虫等纤毛虫能分泌多糖，多糖可改变污水中颗粒物的电荷，使颗粒聚合而沉淀，从而起到净化污水的作用。

有孔虫和放射虫有完整的化石保存，常用来识别地层沉积相，推断地质年代，也可用来进行地层对比，寻找沉积矿物。因此，在石油、探矿中有孔虫和放射虫作为重要的指相生物。

值得注意的是，已知有30种原生动物直接侵入人体，卫生部门颁布的中国五大寄生虫病（疟原虫、血吸虫、钩虫、丝虫、杜氏利什曼原虫）中疟原虫、杜氏利什曼原虫属于原生动物。有经济价值的鱼类、两栖类、爬行类、鸟类及哺乳类动物中无不存在致病的原生动物。因而在开发和利用野生经济动物资源时，必须考虑原生动物寄生虫病的潜在危害并加强预防工作。原生动物中有益和有害的种类见图8-2。

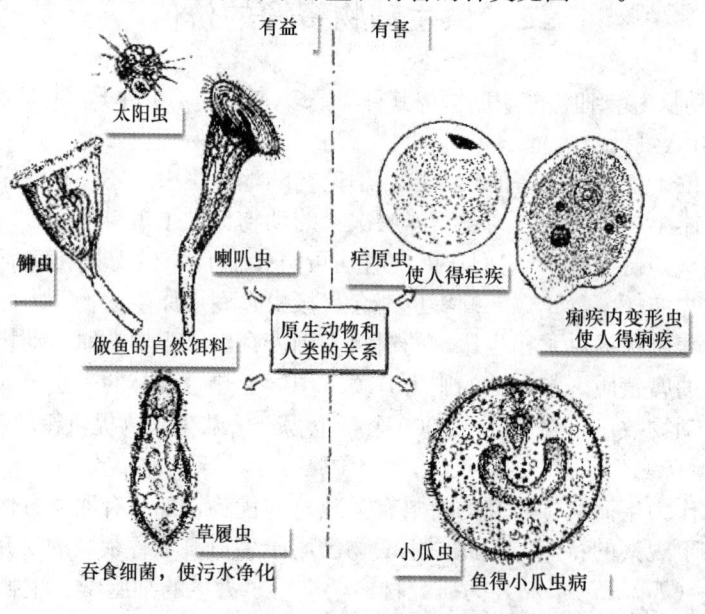

图8-2 有益和有害的原生动物

第二节　多孔动物资源与价值

多孔动物（Porifer），又称海绵动物（Spongiatia）或海绵（Sponge）。多孔动物为原始的多细胞动物，世界上大约有5 000种。分布广泛，只有极少数种类分布在淡水中，其余均生活于海洋，但以沿海浅水中最多。中国南部沿海也有分布。很长时间人们认为它们是植物，1857年才被确认为是动物。

一、多孔动物的生物学特征

（一）形态特征

多孔动物为多细胞动物。体形多样，多数不对称，有不规则的块状、球状、树枝状、管状、瓶状等，如图8-3。体表有无数小孔，故称之为多孔动物。无明显的组织、器官和系统的分化，单细胞分化较多，身体的各种机能由或多或少独立生活的细胞完成，因此一般认为多孔动物是处在细胞水平的多细胞动物。水沟系（canal system）是多孔动物特有的结构，对适应固着生活很有意义。

图8-3 各种海绵动物（引自 Allen et al., 1998）
A管海绵 B海绵 C海绵 D海绵 E海绵 F海绵

（二）繁殖特征

多孔动物的生殖有无性生殖和有性生殖两种方式。无性生殖有出芽和形成芽球两种。多孔动物的再生能力很强，如把多孔动物切成小块，每块都能独立生活。

（三）生态特征

多孔动物为水生物种，绝大部分分布在海洋中，营底栖固着生活。石海绵和钙质海绵多分布于浅海地带，但玻璃海绵可栖居在深达6 000米的深海中。

二、多孔动物资源的价值

（一）药用价值

多孔动物虽然是最低等的多细胞动物，但有些种类供药用历史悠久。人们用海绵作吸水和洗擦之用已有2 000多年的历史，医学上常用来吸收药液、血液、脓汁等。中国古代医生也曾以淡水海绵治疗小便失禁、湿疹、阳痿等症，也用于治疗某些妇科疾病。近来，药物学家发现多孔动物体内的某些物质是抗菌、抗病毒和抗肿瘤的活性成分。如从红胡子海绵中提取了Ectyonin，具较强的抗菌作用；从绿色海绵（*Haliclona uiri-*

dos）中提取的 Halitoxin 具抗癌活性；从多种海绵体内提出的"海绵胸腺嘧啶"和"海绵尿核甙"是化学合成阿糖胞甙的原料。阿糖胞甙不但是一种有效的抗病毒药物，而且又是目前国内外广泛治疗肿瘤的有效药物。

（二）科学研究

对海绵的研究近年来发展较快。古生物学的研究表明，海绵的特殊沉淀物对分析环境的历史变迁有意义。而更重要的是用它作为研究生命科学基本问题材料，如生物的发育研究等有着独特的意义。有些淡水海绵要求一定的物理化学生活条件，因此可作为水环境的鉴别物。

另外，深海的偕老同穴海绵（*Euplectella*）所拥有的骨针在构造上与纤维光学电缆异常地相似。这种海绵骨针永远不会破损，而且完全能够适应于各类复杂环境并有着一系列其他电缆所不具备的优良性能，为人类进行相关材料的研究给予启示。

第三节 腔肠动物资源与价值

腔肠动物（Coelenterata）是真正多细胞动物的开始，其它所有多细胞动物都是在此基础之上发展起来的，在进化上有重要地位。腔肠动物是辐射对称（radial symmetry）、具有双胚层、有组织分化、具原始消化腔及原始神经系统的低等后生动物（metazoa）。腔肠动物全为水生，全世界已报道 10 000 多种，中国报道约 1 000 种，隶属于 3 个纲，即水螅纲（Hydrozoa，如水螅）、钵水母纲（Scyphozoa，如海月水母）和珊瑚纲（Anthozoa，如红珊瑚）。

一、腔肠动物的生物学特征

（一）形态特征

腔肠动物为辐射对称，这种体型有利于腔肠动物营固着或漂浮生活，进行摄食和对刺激做出反应。腔肠动物有两种基本的形态，一种是水螅型（polyp），适应固着生活；一种是水母型（medusa），适应漂浮生活（图 8-4）。腔肠动物是真正的两胚层动物，两胚层围成的腔成为原始消化腔，进行细胞内消化和细胞外消化。消化腔同时具有运输营养物质的循环系统的功能。腔肠动物已经有了组织的分化，但还处于原始阶段。腔肠动物出现了最原始的神经组织——网状神经组织，神经细胞不分树突和轴突，神经传导慢，而且是弥散的。刺细胞（cnidoblast）是腔肠动物所特有的，遍布于体表，触手上特别多，因此也称为有刺胞动物（Cnidaria）。

（二）繁殖特征

腔肠动物的生殖包括无性生殖和有性生殖。无性生殖以出芽生殖为主。在生活史中，有些具有发达的水螅型与水母型，有世代交替现象；有些水母型发达，水螅型不发达或不存在；有些水螅型发达，水母型不发达或不存在。

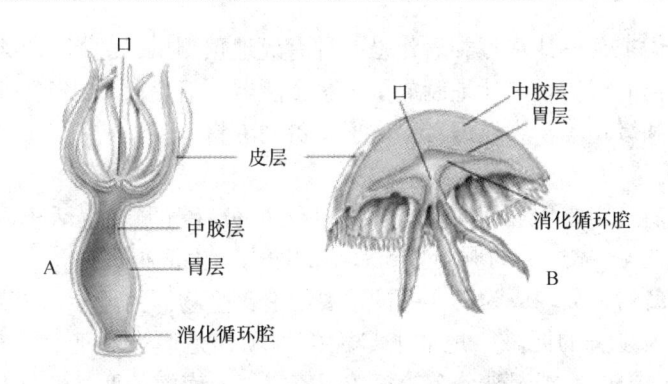

图 8-4　腔肠动物的两种体型（引自 Miller et al., 2002）
A 水螅型　B 水母型

（三）生态特征

腔肠动物绝大部分栖息在海洋中，只有淡水水螅和桃花水母等少数种类生活在淡水中。分布广泛，几乎所有水域以及各种深度都有其存在，而以热带和亚热带海洋的浅水区最为丰富。

二、腔肠动物资源的价值

（一）食用价值

腔肠动物中的钵水母类经济价值较高。例如海蜇（Rhopilema）的营养较为丰富，含有蛋白质、维生素 B_1、维生素 B_2 等。中国的渤海、东海盛产海蜇，盐渍后为食用珍品，是沿海地区重要的高档海产品之一。中国沿海的食用海蜇主要是海蜇和黄斑海蜇，渔民将海蜇的伞部和腕部分别加工成海蜇皮和海蜇头。

（二）药用价值

石珊瑚（Scleractinia）中含有甾醇类、萜类和多肽等，可作药用。《本草纲目》记载，珊瑚气味甘，平，无毒，去目中翳，消宿血。为末吹鼻，止鼻衄。明目镇心，止惊痫。点眼，去飞丝。有些水母中含有毒素，可能会对人类产生伤害。然而，有些毒素对人类的疾病防治有重要意义，目前已从水母中提取到 4 种有抗肿瘤作用的物质。

（三）科学研究价值

水螅由于其分布广，易于采集和人工培养，又便于观察它们的结构，所以常用来做实验材料。有些水母含有能发出荧光的蛋白质，人们已成功地揭示了这类蛋白质的空间结构以及编码这些蛋白质的基因，并将其应用在分子生物学技术中。

珊瑚，人们一般见到的是珊瑚虫群体死后遗留下来的骨骼。珊瑚化石是地史时期重要的造岩者，如果在有些地层里找到大量的珊瑚化石，就可以大致推断出当地在那时也属于热带浅海环境。珊瑚化石与其他造礁生物组成规模大小不等的生物礁。生物礁是生成和储集石油及天然气的天然场所，并与一些金属和非金属矿产也有直接或间接关系。研究古代地层里的生物礁对矿藏的预测有实际价值。

海月水母等钵水母类的触手囊具有敏锐的感觉能力，它们能感受比声波还要微弱的次声波，因此人们把某些钵水母类看作是一种有效地预测风暴的指示生物。仿生学家也通过对触手囊结构的模仿，成功地制成了风暴预测器，能提前十几个小时成功地预报风暴的来临、方向和级别等，为航海者提供了可贵的资料。

（四）生态价值

石珊瑚的骨骼是构成珊瑚礁和珊瑚岛的主要成分，石珊瑚生活于温暖的浅水环境（约水深 45 m 以内），靠边上的珊瑚受到海水的冲击，生活得最好，所以随着骨骼的堆积向外扩张形成岛屿，珊瑚成为海洋中的主要的造礁生物。由珊瑚形成的珊瑚岛礁是海洋生物多样性最为显著的区域。地球上最大的珊瑚礁是澳大利亚大堡礁，它长 1 930 km，宽 48km。中国也是珊瑚礁分布较多的国家之一，南海的西沙群岛和南沙群岛都有众多的珊瑚岛礁。在岸边形成的岸礁，犹如海堤，起到保护海岸的作用。

（五）其他方面

中国南部沿海一带的居民常用石珊瑚来烧制石灰、制水泥、盖房屋、铺路或制作装饰品。此外，分布在中国南海的笙珊瑚和福建、台湾、西沙群岛的日本红珊瑚是珍稀品种。

腔肠动物中也有些对其他动物和人类有毒的种类。受到它们的侵害后，可导致出现严重的肌肉痉挛、呼吸困难和麻痹等症状，严重时可致死，因此在海中游泳时需引起特别注意。

第四节　线虫动物资源与价值

线虫动物（Nematoda）是两侧对称、具有三胚层的假体腔动物。线虫是无脊椎动物中一个很大的类群，不但种类多，而且数目也极大，已经记录的约有 80 000 种，有人估计全部种类约 50 万～100 万种。线虫分为两个纲，无尾感器纲（Aphasmida，如鞭虫）和尾感器纲（Phasmida，如小杆线虫）。

一、线虫动物的生物学特征

（一）形态特征

典型的线虫呈两侧对称的圆柱形，前端一般较钝圆，后端则逐渐变细，体不分节（图 8-5）。线虫的大小有很大差别，自由生活的线虫一般较小，通常不足 1mm，最大的也不过几个毫米；寄生的线虫大小差异很大，小的与自由生活的种类相似，大的超过 1m。除极少数种类外，均为雌雄异体。雄虫一般比雌虫小，且尾端多向体腹面卷曲或膨大。线虫的消化系统为完全的消化管。线虫没有呼吸器官，自由生活的线虫，借体表进行呼吸，寄生的种类，营厌氧呼吸。线虫的排泄系统是原肾型。线虫具有发达的生殖系统，神经系统为梯式神经系统，感官不发达，主要与其生活方式有关。

（二）繁殖特征

绝大多数线虫雌雄异体而且异形，营有性生殖。雄性线虫的生殖器官通常为一条单管，为单管型。大多数雌虫均具有结构相同的两套雌性生殖管道，属双管型。

(三) 生态特征

线虫有自由生活和寄生两种类型。自由生活的种类分布在海洋、淡水和土壤中，而且数量巨大。寄生的种类又分为动物寄生线虫和植物寄生线虫。

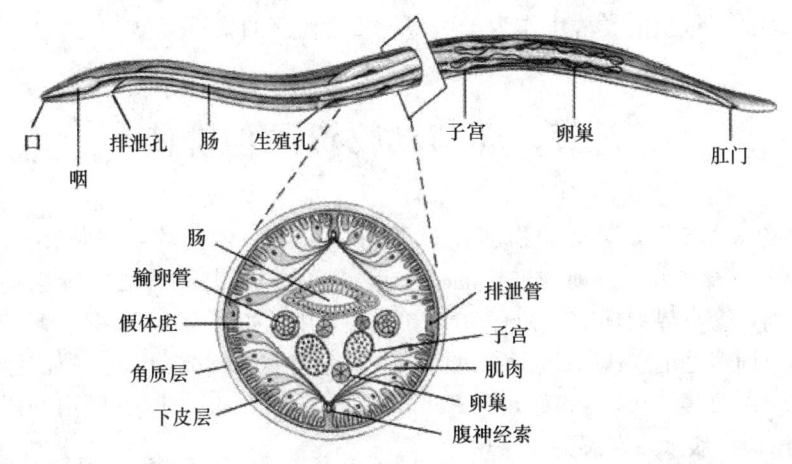

图 8-5　线虫动物的模式图（引自 Hickman et al.，2001）

二、线虫动物资源的价值

(一) 科学研究价值

线虫在生命科学研究中做出了巨大的贡献，其中秀丽隐杆线虫（Caenorhabditis elegans）是发育生物学、分子遗传学、分子生物学、细胞生物学、基因组学等生命科学研究的重要模式材料，其成体长仅 1mm，全身透明，以细菌为食，居住在土壤中，全身共有 959 个细胞，整个的生命周期仅 3 天。以秀丽隐杆线虫为研究材料并取得了一系列的成果。秀丽隐杆线虫是第一个完成全部基因组测序的多细胞生物。2002 年诺贝尔生理学或医学奖分别授予了英国科学家悉尼·布雷内（Sydney Brenner）、美国科学家罗伯特·霍维茨（H. Robert Horvitz）和英国科学家约翰·苏尔斯顿（John E. Sulston），他们获奖的原因是在 20 世纪 60 年代初期选择线虫作为模式生物，发现器官发育和"程序性细胞死亡"过程中的基因规则。1965 年，布雷内第一次研究线虫，直到 20 世纪 80 年代后，线虫研究才逐渐受到国际认可。目前一些国家的科学家已经开始利用布雷内等人的研究成果，研究可以治疗多种疾病的新方法。2006 年诺贝尔生理学或医学奖授予了美国科学家安德鲁·菲尔（Andrew Z. Fire）和克雷格·梅洛（Craig C. Mello），以表彰他们在分子生物学和遗传信息方面的开创性工作——发现了 RNA 干扰机制，其研究材料也是秀丽隐杆线虫。

(二) 生态价值

害虫的生物防治。有些线虫寄生于昆虫的体内，可以杀死其中的有害昆虫。利用这些线虫防治害虫可以减少环境污染，生产绿色食品。因此，利用线虫进行害虫的生物防治具有重要的应用价值。

作为土壤环境质量监测的指示生物。土壤中有大量的自由生活的线虫。英国学者在对土壤线虫的研究中发现，不同的土壤环境中线虫的种类有明显的差别，在每种不同的土壤中，其线虫的类群有明显的特征性，如果土壤环境遭到破坏，则线虫类群也发生明显的变化。因此，线虫的类群可作为土壤环境质量监测的指示生物。

第五节　环节动物资源与价值

环节动物（Annelida）是动物演化过程中一个重要的阶段，身体出现分节现象（metamerism）。身体分节是动物进化的一个重要标志，也是高等无脊椎动物的一个重要标志。目前，全世界的环节动物有 15 000 多种，中国报道有 1 470 种。环节动物一般分为 4 个纲，即多毛纲（Polychaeta，如沙蚕）、寡毛纲（Oligochaeta，如环毛蚓）、蛭纲（Hirudinea，如金线蛭）和螠纲（Echiuroidea，如叉螠）。体长可由几个毫米至 3 m，栖息于海洋、淡水或潮湿的土壤中。

一、环节动物的生物学特征

（一）形态特征

环节动物是一类蠕虫状、圆筒形、两侧对称、三胚层和身体分节的无脊椎动物。除蛭纲外，环节动物具有发达的真体腔和闭管式循环系统，环节动物的血液中含有血红蛋白（hemoglobin）、血绿蛋白（chlorocruorin）和蚯蚓血红蛋白（hemerythrin）三种呼吸色素，有的种类可同时具有一种或两种呼吸色素，提高了环节动物运送氧的能力。环节动物出现疣足（parapodium）和刚毛，为运动器官，是动物原始的附肢形式。神经系统进一步发展，形成链式神经系统。消化道发达，有口和肛门。多数环节动物的排泄器官为后肾管，一端为肾口，可收集来自体腔中的代谢废物，另一端为肾孔。见图 8-6。

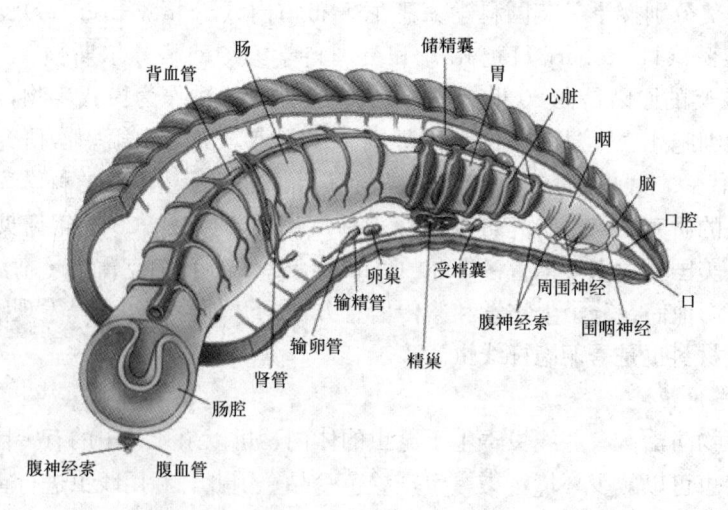

图 8-6　环节动物的模式图（引自 Hickman *et al*., 2001）

（二）繁殖特征

环节动物的生殖包括无性生殖和有性生殖两种方式。无性生殖主要是通过横分裂和出芽生殖。有性生殖为雌雄同体和雌雄异体。多毛类一般为雌雄异体，无固定的生殖腺和生殖导管，只有在生殖季节才出现生殖腺，体外受精，行螺旋卵裂，有担轮幼虫期。寡毛类一般为雌雄同体，有固定的生殖腺和生殖导管，直接发育。

（三）生态特征

环节动物种类众多、生态类型多样，分布广泛，有自由生活和寄生种类，也分为陆生和水生种类，水生种类又分为海产和淡水。见图8-7。

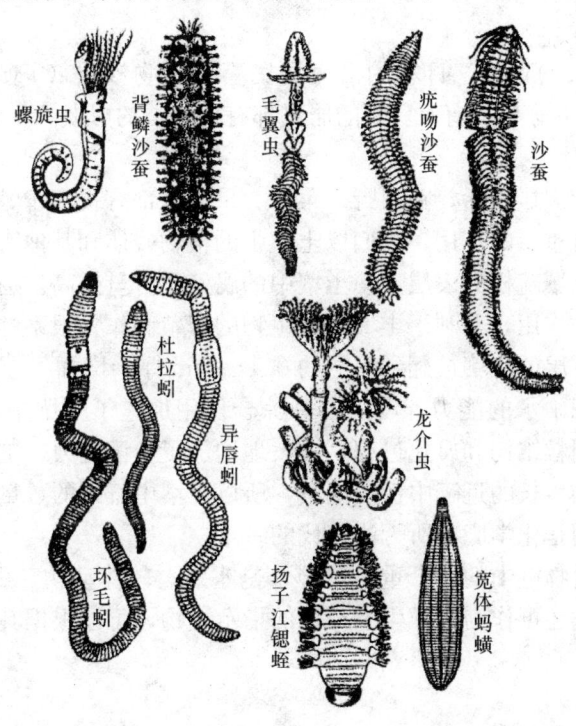

图8-7 各种环节动物的代表种（引自赵建成等，2002）

二、环节动物资源的价值

（一）药用价值

环节动物中可作药用的主要是蚯蚓和蛭类。蚯蚓全虫入药称地龙，在《本草纲目》中有记载，具有解热、镇痛、平喘、利尿等功效。据研究，蚯蚓及其提取物能松弛平滑肌和降低血压。产于广东、广西、福建、台湾的参环毛蚓，称为"广地龙"；产在长江下游及河北、山东、四川、甘肃、青海的直隶环毛蚓，称为"土地龙"。

蛭类的干燥全体可入药，含蛭素、肝素等，有破血通经、消积散结、消肿解毒之功效。从蛭类中提取的蛭素，具有抗凝血、溶解血栓的作用。在外科手术中，利用蛭类吸血，可消除手术后血管闭塞区的淤血，减少坏死的发生。由此可以看出蛭类在医学上的重要作用。

(二) 饲用 (饵料) 价值

环节动物作为无脊椎动物中较大的类群之一，无论幼虫和成虫均为经济鱼类的天然饵料，具有非常重要的经济意义，其中多毛类是最主要的类群。蚯蚓是一种高蛋白饲料，干物质中蛋白质含量高达50%～60%，18～20种氨基酸，其中10多种为禽畜所必需，故蚯蚓是一种具有较高营养价值的动物性蛋白饲料。添加饲料，能够明显提高家禽、家畜、鱼类的产量。由于蚯蚓养殖方法简便、成本低，因此蚯蚓作为蛋白饲料有广阔的前景。

(三) 食用价值

多毛类可作为人的食物。日本的沿海居民喜食疣吻沙蚕（*Tylorrhynchus heterochaetus*）。中国南部沿海和东南亚一带的居民都有食沙蚕的习惯。

(四) 生态价值

蚯蚓在土壤中营穴居生活，在田野、菜园、果园里都有很多蚯蚓。蚯蚓对土壤的形成和增加土壤肥力有重要的作用，它们以土壤中的植物残体和其他有机物为食，经过消化道分解，形成了土壤疏松的表层，使土壤中的腐殖质含量提高。通过蚯蚓的消化作用促进了土壤微生物的作用，有利于土壤中微生物的繁殖和作物根系的生长。蚯蚓的穴居习性使其每年可使下层的土壤被翻到表层约0.1～5cm厚，增加了土壤的通气性，疏松土壤，并提高了蓄积雨水的能力。以上各种综合作用加速了土壤中有机物的进一步分解，增加了土壤的团粒结构和腐化过程，极大地增加了土壤肥力，把酸性土壤或碱性土壤改变为适于农作物生长的近于中性的土壤，所以土壤中蚯蚓的数量实际代表了土壤的肥力水平，这种作用是化学肥料所无法替代的。

多毛类是海洋食物链中的一个重要环节，是水螅、软体动物、甲壳类、棘皮动物、鱼类的饵料。多毛类还可作为海洋生态环境的指示生物，可以根据其数量的多少来测定底质的污染程度。

第六节 软体动物资源与价值

软体动物（Mollusca）是动物界的第二大门，在种数上居第二位，仅次于节肢动物门，全世界已记载的软体动物有130 000多种，除化石种类外，现存的软体动物有80 000多种。石鳖、田螺、角贝、河蚌、乌贼等都是人们熟知的软体动物。由于大多数软体动物具有贝壳，所以通称为贝类。软体动物分布很广，从热带到寒带、平原到高山、海洋以及湖泊河川到处可见。软体动物大多具有很大的经济价值，但有害的种类也不少，如船蛆和凿石虫能钻入木材和岩石中生活，破坏木船和港湾的建筑。根据贝壳和足的特征分类，软体动物一般分为7个纲：无板纲（Aplacophora，如龙女簪）、单板纲（Monoplacophora，如新蝶贝）、多板纲（Polyplacophora，如石鳖）、掘足纲（Scaphopoda，如角贝）、腹足纲（Gastropoda，如田螺）、瓣鳃纲（Lamellibranchia，如河蚌）、头足纲（Cephalopoda，如乌贼）。见图8-8。

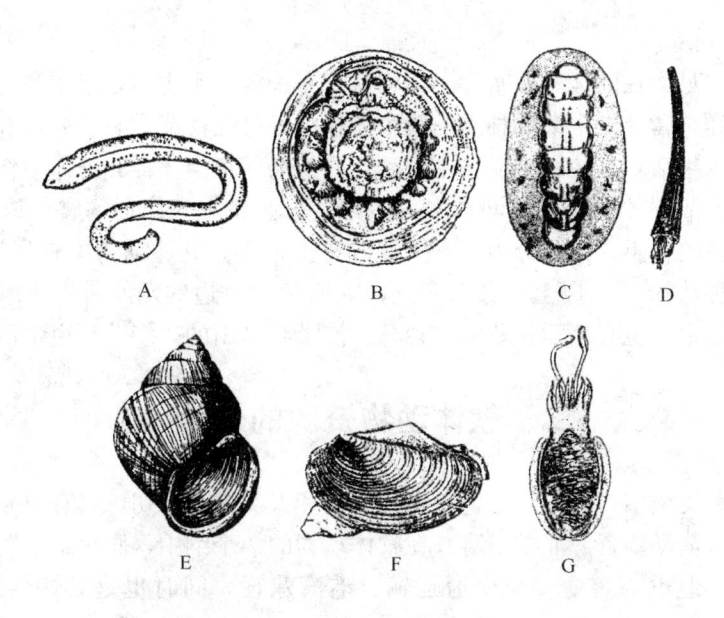

图 8-8 软体动物各纲代表动物（引自赵建成等，2002）
A 龙女簪 B 新蝶贝 C 石鳖 D 角贝 E 田螺 F 河蚌 G 乌贼

一、软体动物的生物学特征

（一）形态特征

除腹足纲外，软体动物一般为左右对称，身体柔软不分节，身体一般分为头、足和内脏团（visceral mass）三个部分。头部位于身体的前端，是感觉和摄食的中心。不同种类适应于不同的生活方式，头部的发达程度不同。足位于身体腹面，为运动和捕食器官。足在不同的种类形状各异，有扁形状、斧状、柱状等，也有的特化为长腕状，有些则完全退化。内脏团是内脏器官，如消化系统、循环系统、排泄系统、生殖系统等所在之处。外套膜（mantle）包围整个内脏团、鳃和足。软体动物的消化系统为完全消化系统，有较为发达的消化腺。软体动物是动物界中最早出现专职呼吸器官的类群，呼吸可借助鳃、外套膜或外套膜形成的"肺"来进行。除头足纲为闭管式外，循环系统为开管式（open circulation），血液在不完全封闭的血管中流动，并进入组织间的血窦（blood sinus）中。神经系统多不发达，而且比较分散。感官发达，还有视觉器官、嗅觉器官及味觉器官等。多数为雌雄异体，少数为雌雄同体。大多数的软体动物均有1个或多个石灰质的贝壳（shell），贝壳的结构较为复杂，主要具有保护作用。

（二）繁殖特征

软体动物进行有性生殖。受精卵多行螺旋式分裂，除头足类、腹足类为直接发育外，其他许多海产种类发育时多要经过两个幼虫阶段——担轮幼虫和面盘幼虫。面盘幼虫继续发育经变态而成为幼年个体。此外，某些淡水种类发育中具有在鱼类体表营寄生生活的钩介幼虫阶段。

（三）生态特征

瓣鳃类和腹足类在陆地、淡水和海洋均有分布。瓣鳃类生活在淡水和海洋；其他类群则生活于海洋。营浮游生活的种类一般个体较小，贝壳薄或没有贝壳，都是随波逐流活动，进行游泳生活，这些种类能自主运动，并与某些鱼类一样在海洋中作中长距离的洄游；营底栖生活的种类在软体动物中占多数，它们在水底作匍匐爬行或在底质上固着；营寄生生活的种类，又可分为外寄生和内寄生两类。软体动物中腹足类种类最多，约为软体动物种数的80%以上，分布广泛，既栖息在海边的潮间带、浅海、深海，淡水湖沼、江河之中，也有生活在草原、森林、沙漠和高山的，多营自由生活。

二、软体动物资源的价值

软体动物种类繁多，分布广泛，是动物界中和人类关系密切，具有很高经济价值的一类。中国的软体动物资源非常丰富。在软体动物的7个纲中，腹足纲、瓣鳃纲和头足纲有经济意义，但也为害农业、交通运输、港湾建设，同时也是某些传染病的中间宿主。

（一）食用价值

软体动物的体内含有丰富的蛋白质、无机盐、维生素和糖原等，且易溶于水、易被消化吸收，其资源价值主要表现在食用上。依据它们的分布环境，分为海产、淡水、陆生三种类型。

海产食用贝类。中国的海岸线较长，海产贝类资源非常丰富，绝大多数都可食用。如腹足类中的红螺（*Rapana venosa*）、玉螺（*Neverita didyma*）、盘鲍（*Haliotis discus*）。瓣鳃类中有毛蚶（*Arca subcrenata*）、泥蚶（*Tegillarca granosa*）、贻贝（*Mytilus edulis*）、江珧（*Pinna pectinata*）、栉孔扇贝（*Chlamys farreri*）、牡蛎（*Ostrea*）、竹蛏（*Solen*）、蛤蜊（*Mactra*）等。头足类中有金乌贼（*Sepia esculenta*）、无针乌贼（*Sepilla*）、长蛸（*Octopus variabilis*）、短蛸（*O. ocellatus*）等，统称为墨鱼。中国已在沿海地区广泛开展了扇贝、盘鲍、贻贝、牡蛎等名特优贝类的人工养殖，取得了显著的经济和社会效益。

淡水食用贝类。中国约有淡水贝类150多种，只有少数个体较大的有一定食用价值。包括腹足类中的田螺（*Viriparus*），瓣鳃类中的河蚌（*Anodonta*）等。

陆生食用贝类。非洲褐云玛瑙螺（*Achatina fulica*）、法国蜗牛（*Helix*）已经过人工饲养和野外放养，成为中国的一种野生食用贝类资源。

（二）药用价值

许多软体动物具有药用或滋补强身的功效。盘鲍肉鲜美，是中国自古以来的海味珍品，肉和壳又是名贵药材，贝壳药名"石决明"。埋在乌贼外套膜中的介壳（内壳），通称乌贼骨，入药称为"海螵蛸"，有止血的功能。海兔（*Aplysia*）卵群称海粉，亦可入药，用来治疗眼疾或作清凉剂。贝类所产的珍珠具有清热解毒、明目、养颜之功效，是一种名贵的药用资源。牡蛎入药，味咸，平，微寒，无毒。有潜阳、固涩、化痰软坚的功能，主治头晕、自汗、盗汗、遗精、崩漏等症。

(三) 饲用（饵料）价值

许多软体动物人们虽然不喜欢食用，但它们都是来源丰富、营养价值较高的动物性饵料，可用来饲养家禽及其某些底栖鱼类。一些软体动物的贝壳，可以制成贝粉添加到禽畜的饲料里，可以增加钙质，有利于家禽卵壳的形成。

(四) 观赏饰用价值

许多贝类的壳，美丽而珍贵，具有观赏和收藏价值（图 8-9）。在中国南海海域分布着许多珍贵的贝类，如冠螺（*Cassis*）、砗磲（*Tridacna*）、鹦鹉螺（*Nautilus*）等，其中的鹦鹉螺为国家一级保护动物；库氏砗磲（*T. cookiana*）和虎斑宝贝（*C. cornuta*）为国家二级保护动物。宝贝类的花纹鲜艳无比，古代曾作为最早的钱币使用，而今则被人们当作佩饰而收藏。珍珠贝（*Pteria*）和三角帆蚌（*Hyriopsis cumingii*）等为生产珍珠的主要贝类，中国南方的一些水乡，通过人工养蚌育珠技术取得了良好的经济效益。

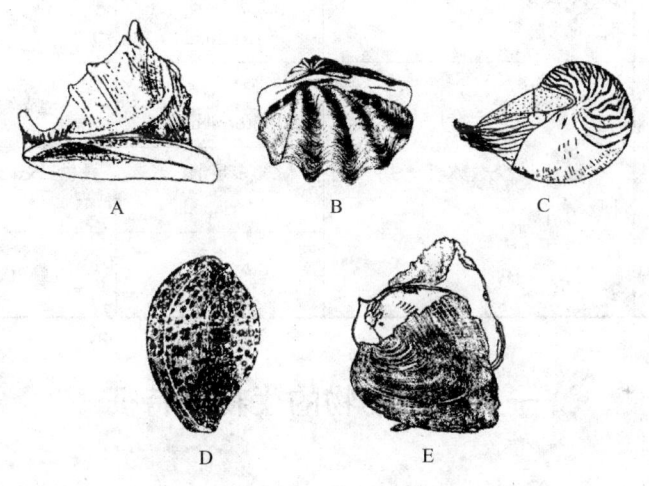

图 8-9　几种观赏和饰用贝类（引自赵建成等，2002）
A 冠螺　B 砗磲　C 鹦鹉螺　D 虎斑宝贝　E 三角帆蚌

(五) 其他方面

软体动物神经系统的特殊性为科学家研究神经科学提供了良好的实验材料。部分软体动物具有净化水质的能力，可用在污水处理上；有些种类对环境变化反应敏感，可用于环境质量监测。部分软体动物种类是人类和动物寄生虫的中间宿主，在人类和动物病害的控制上有着重要的意义。所有贝类的壳都含有丰富的钙、磷和壳基质（或称贝壳素），是天然的工业原料之一。

第七节　节肢动物资源与价值

节肢动物（Arthropoda）是动物界里种类最多的一类动物，全世界有 110 万种，约占世界动物种类总数的 85% 以上，而且还有许多种类鲜为人知，甚至还没被发现。节肢动物除种类多以外，其个体数量十分惊人，可以用不计其数来形容。节肢动物与人类的关系十分密切，有的有益，有的直接或间接危害人类。根据呼吸器官、身体分部及附肢的不同，节肢动物分为3个亚门7个纲（表8-1）。

表8-1 节肢动物分类

亚门	特征	纲	代表种类
有鳃亚门 Branchiata	多数水生，用鳃呼吸，有触角1~2对	三叶虫纲 Trilobita	化石种类，三叶虫
		甲壳纲 Crustacea	对虾 Penaeus sp.
有螯亚门 Chelicerata	多数陆生，少数水生，陆生种类具书肺或气管，水生种类具书鳃，无触角，第一对跗肢为螯肢，第二对为脚须	肢口纲 Merostomata	中国鲎 Tachypleus tridentatus
		蛛形纲 Arachnida	蜘蛛 Araneida sp.
有气管亚门 Tracheata	多陆生，少数水生，用气管呼吸	原气管纲 Prototracheata	栉蚕 Peripatus sp.
		多足纲 Myriapoda	蜈蚣 Scolopendra subspinipes
		昆虫纲 Insecta	蝗虫 Acridoidea sp.

一、节肢动物的生物学特征

（一）形态特征

节肢动物为两侧对称，三胚层。身体异律分节，分为几部分。昆虫分头、胸、腹三部分，甲壳动物分头胸部和腹部，有的则分为头部和躯干部。身体各部分分工较为明晰，头部主要是感觉和摄食的中心，胸部主要是运动，腹部则与生殖关系密切。身体的异律分节使节肢动物器官系统的构造更为复杂化，对外界适应能力进一步加强。节肢动物的附肢分节，不仅各节之间以关节相连，而且附肢与体壁之间亦有关节，这大大增强了附肢的灵活性，使节肢动物的活动范围和活动能力增强。

节肢动物具有外骨骼，主要是支持身体的体形，保护虫体免受化学或机械损伤。节肢动物的肌肉为横纹肌，成束排列，而且互相拮抗（伸肌与屈肌），附在外骨骼上。循环系统为开管式循环，具有较小的血压，所以在折断附肢时不会引起大量失血，遇到敌害折断附肢是节肢动物的本能。消化系统比较完善。节肢动物的呼吸器官有多种类型，包括鳃、足鳃、书鳃、书肺、气管等。排泄器官主要有两种类型：一种是由肾管演变而成的，另一种类型如昆虫或蜘蛛的马氏管，由肠壁向外突起形成。节肢动物的神经系统属于链状结构。感觉器官相当复杂，有司平衡、触觉、视觉、味觉、嗅觉和听觉的感觉器官。一般为雌雄异体，且往往雌雄异形。

（二）繁殖特征

节肢动物营有性生殖，通常是体内受精。有直接发育，也有间接发育。间接发育的种类有一至数种不同的幼虫期，出现变态现象（图8-10），有时这些幼虫的生活习性与成虫不同。

节肢动物生殖力强，繁殖速度快，因此节肢动物种类数量大，居于动物界中种群数量第一位。如七星瓢虫一生产卵800多粒；一些夜蛾类成虫，产卵量常在1 000多粒左右；一只蜜蜂的蜂王，每天可产卵高达2 000～3 000粒；一种白蚁的蚁后，一昼夜产30 000多粒卵，平均每分钟产卵20多粒；一种跳小蜂，是多胚生殖，它在几种夜蛾的卵内产一粒卵，经过多次分裂，就能羽化出1 000多只跳小蜂。一些昆虫不但产卵量大，繁殖速率也很快。赤眼蜂在夏季，由卵发育到成虫仅需7～10天；一种姬小蜂约7天就可完成由卵到成虫的发育；多种寄生蜂一年可完成2～3代；几种瓢虫一年可完成3～4代；一对苍蝇从4～8月的5个月中，它们的后代如果都不死，总共会有1.9×10^{12}只苍蝇，繁殖速度之快，只能用天文数字来统计。

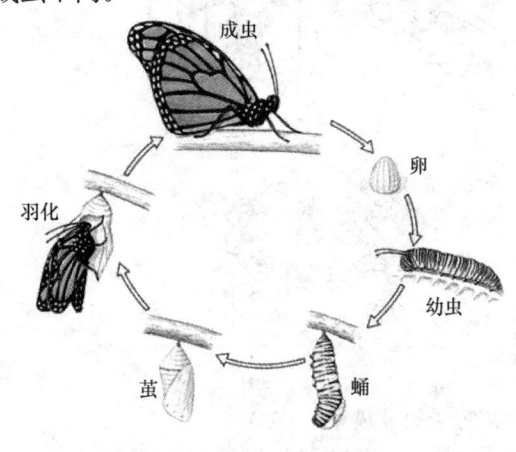

图8-10 昆虫发育的模式图
（引自 Hickman et al.，2001）

（三）生态特征

节肢动物有极强的适应性，有水生（海产、淡水）和陆生种类，节肢动物是无脊椎动物中真正适于陆地生活的类群，几乎地球上的所有空间都能见到它们的踪迹。它们大多数营自由生活，也有部分营寄生生活，食性广泛。节肢动物对环境的极强适应性是节肢动物种类数量大的原因之一。

二、节肢动物资源的价值

节肢动物不仅种类最多，而且与人的关系也十分密切，许多种类具有直接或间接经济价值和生态价值。其中昆虫纲种类最多，经济价值大。在国家林业局2000年8月1日发布并施行的《国家保护的有益的或者有重要经济、科学研究价值的陆生野生动物名录》中的昆虫纲就有120属另110种。

（一）食用价值

许多大型甲壳动物是人们喜爱的营养美味食品，对虾（*Penacus*）、龙虾（*Palinura*）、沼虾（*Macrobrachium*）、螯虾（*Astacus*）、毛蟹（*Eriocheir*）、三疣梭子蟹（*Neptunus trituberculatus*）等种类广泛分布于中国的海水或淡水水域，成为渔业的主要品种。此外，中国沿海地区先后进行了对虾、毛蟹、罗氏沼虾、螯虾等甲壳动物的人工育苗和养殖，均取得了较好的经济、生态和社会效益。常见的食用甲壳动物见图

8-11。

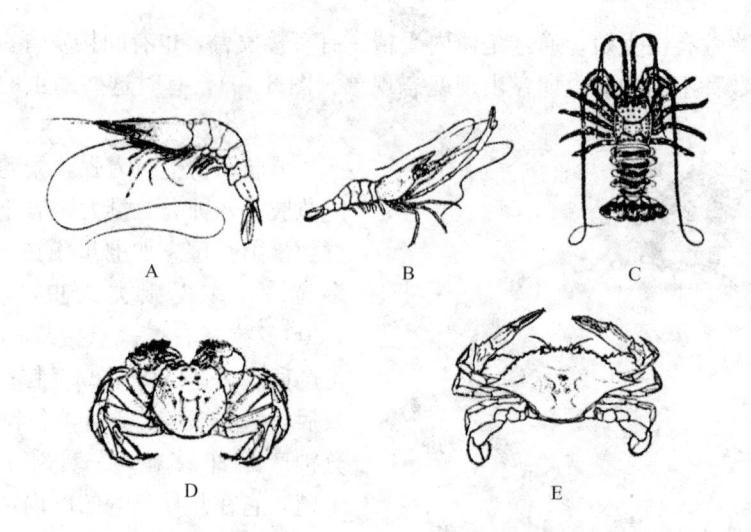

图 8-11 几种食用甲壳动物（引自赵建成等，2002）
A 对虾 B 沼虾 C 龙虾 D 毛蟹 E 三疣梭子蟹

昆虫含有较高的蛋白质，一般蛋白质含量占干重 60% 左右，且蛋白质中的人体必需氨基酸的含量也很高。脂肪占干重 10% 左右，昆虫脂肪中绝大多数是不饱和脂肪酸，其亚油酸和亚麻酸含量之高，是哺乳动物所未有的。值得提出的是昆虫体内含有的脂肪酸、氨基酸和微量元素都很有特色，比哺乳动物要高出好多倍，因此昆虫是极有开发价值的一种食品资源。全世界可以食用的昆虫约有上千种，中国有上百种。可供食用的昆虫有鞘翅目的龙虱（*Cybister*）、半翅目的田鳖（*Lethocerus indicus*）（俗称桂花蝉）、直翅目的蝗虫（*Acrididae*）、同翅目的蚱蝉（*Cryptotympana atrata*）幼虫和包括家蚕（*Bombyx mori*）在内的蚕蛾科的蚕蛹。这些昆虫在中国分布广泛，但野生状态下，它们往往对其他动植物是有害的。蜜蜂生产的蜂蜜、蜂王浆、花粉等，具有重要的食用和营养价值，近年来备受重视。蜂蜜是人们常用的滋补品，有"老年人的牛奶"的美称；蜂花粉被人们誉为"微型营养库"，蜂王浆更是高级营养品，可增强体质，延长寿命。常见的可食用昆虫见图 8-12。

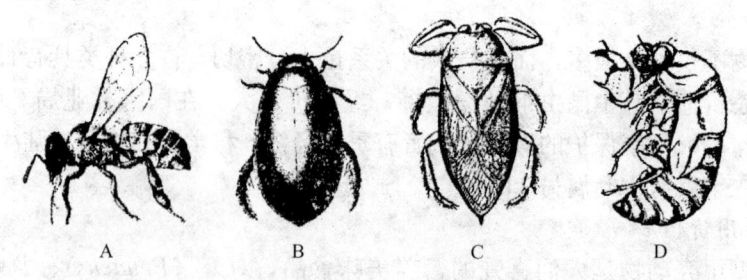

图 8-12 几种食用昆虫（引自赵建成等，2002）
A 蜜蜂 B 龙虱 C 田鳖 D 蚱蝉

（二）药用价值

甲壳动物的几丁质外骨骼含有甲壳素，是提炼甲壳素的重要原料。甲壳素是一种贵重的化工和医药原料,用于化妆品、减肥剂和外伤药的生产。此外,对虾、青虾(即沼虾)既可食用,也可入药,主治阳痿、乳汁不下、筋骨疼痛等症。

蛛形动物中的蝎子、蜘蛛是重要的药用动物,《本草纲目》中早有记载。全世界有蝎子1 000余种,中国有15种左右。中药中的全蝎就是以分布于中国的东亚钳蝎(Buthus martensi)的全身干制而成,主治中风、半身不遂、破伤风、疮疡肿毒和癌症等疾病。中国野生蝎的资源日趋减少,人工养蝎已成为一种家庭副业和致富产业。蝎毒和蛛毒也是一种正在开发利用的药物资源。产于中国云南、广西一带的捕鸟蛛(Theraphosa),个体大,产毒量多,有很好的养殖利用前景。

昆虫作为天然药物,国内外都较重视,中国则更具特色,它是中药宝库的重要成员,在古籍《周记》和《诗经》中就有昆虫药的记载。中国可供药用的昆虫种类很多,明代《本草纲目》和现代中医书籍中共记载了170种的药用昆虫。迄今为止,已报道的有药用价值的昆虫300余种,其中可治疗癌症的就有40余种。目前认为可入药昆虫不下800种。按药名分,最重要的有虫草、蜂、蚁、芫菁、地鳖虫、螳螂、蝉、蚕、九香虫和金龟等几大类。每一类中包括有多种昆虫。如蜚蠊目的地鳖虫(Polyphaga)(土元)、直翅目的蝼蛄(Gryllotalpa)、螳螂目的卵(桑螵蛸)(Mantodea)、半翅目的九香虫(Coridius chinensis)、同翅目蚱蝉的"蝉蜕"、鳞翅目的家蚕蛹和"僵蚕"、鞘翅目的芫菁(Meloidae)(俗称斑蝥)等、双翅目的大头金蝇(Chrysomyia megacephala)以及膜翅目的蜜蜂、多刺蚂蚁(Polyrhachis dives)和马蜂(Polistes)等都有不同的药用价值。蝇蛆也可入药,又名五谷虫。鳞翅目中的虫草蝙蝠蛾(Thitarodes armoricanus)是虫草菌的一种载体,二者合称"冬虫夏草",是一种名贵的中草药,仅分布于西藏、四川、云南、青海等地的高山上。蜂王浆可治疗神经衰弱、贫血、胃溃疡等慢性病。蜂毒是工蜂毒腺和副腺分泌出的具有芳香气味的一种透明液体,贮存在毒囊中,由螫针排出。蜂毒对风湿病和类风湿性关节炎、神经痛和神经炎等疗效显著。蜂毒用于治疗高血压动脉粥样硬化症、静脉血栓形成、血栓闭塞性脉管炎和动脉内膜炎都有良好的效果。

虫白蜡作为药用历史悠久,具有生肌、止血、止痛等作用,对气管炎有一定疗效,是中西药片理想的抛光剂。紫胶树脂,中药用紫草茸,可治牙齿出血、月经不调等,还可作丸药包衣。常见的几种药用昆虫见图8-13。

(三)饲用(饵料)价值

甲壳动物中的鳃足亚纲(俗称枝角类)和桡足亚纲(俗称桡足类)动物是组成浮游动物的主要类群,不仅在水体生态系统中起着重要的调控作用,更是鱼类、虾、蟹等大型水生动物的天然动物性饵料。据不完全统计,可作为饵料资源的甲壳动物多达20000种左右。如卤虫是产于沿海的盐田和内陆盐湖的一种枝角类节肢动物,是许多海产动物鱼、虾、蟹等苗种期所必需的鲜活饵料。糠虾(Mysis)和磷虾(Euphausia)是构成海洋浮游动物的一个重要类群,是海洋中一些大型鱼类和鲸类的主要饵料,也是人类未来潜在的海产动物食品。南极海洋和中国的南海地区都有丰富的糠虾和磷虾资源。

双翅目的一些蝇类属卫生害虫,鞘翅目的黄粉甲(Tenebrio molitor)等属仓储害虫,在中国分布极广。但它们的幼虫蝇蛆和黄粉虫都是观赏鸟类、蝎子和鱼类的可口饵

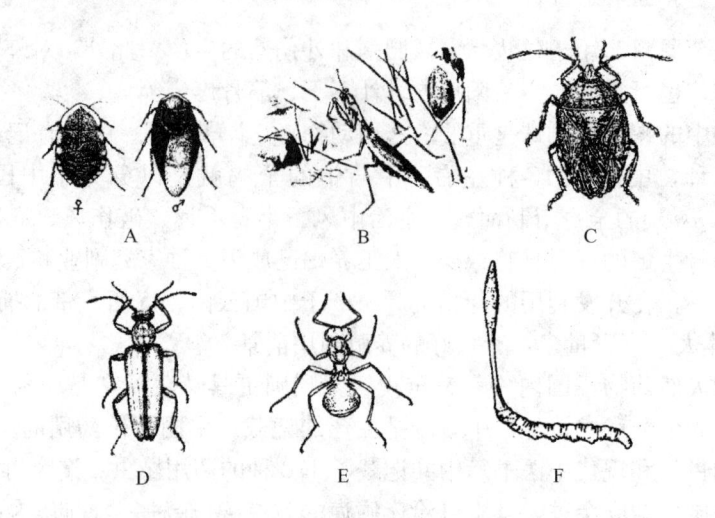

图 8-13　几种药用昆虫（引自赵建成等，2002）
A 地鳖虫　B 螳螂　C 九香虫　D 芫菁　E 多刺蚂蚁　F 虫草

料。黄粉虫的养殖已非常普遍，而蝇蛆养殖正在中国各地兴起。

（四）生态价值

节肢动物种类多、数量大、分布广，作为食物链重要的组成部分，不仅是鱼类、虾、蟹等大型水生动物的天然动物性饵料，而且许多种类又是捕食性天敌。昆虫是植物传粉的重要媒介。因此节肢动物在维系自然生态系统平衡中具有重要的作用。

蛛形类中的蝎子、蜘蛛、盲蛛均属捕食性天敌，特别是蜘蛛，个体数量大，种类也较多，可捕食农田、森林害虫，对保护和维持生态平衡有重要意义。全世界有蜘蛛30 000多种，中国有1 000余种。现在，中国有些地方已开始人工饲养蜘蛛，用于田间害虫的防治。

许多昆虫可以捕食其他的害虫，在农田和森林虫害防治中起着重要的生态作用（图8-14）。如螳螂、蜻蜓目的蜻蜓、鞘翅目的瓢虫（*Rodolia*）、双翅目的食蚜蝇（*Syrphus*）、半翅目的猎蝽（*Reduviidae*）、膜翅目的胡蜂（*Vespa*）、脉翅目的草蛉（*Chrysopidae*）等。据不完全统计，中国的天敌昆虫有近万种，其中棉花害虫的天敌就达800多种。

有些寄生蜂可将卵产在其他害虫卵或幼虫体内，营卵寄生生活，从而杀灭害虫。如赤眼蜂（*Trichogramma*）（可杀死松毛虫）、各种姬蜂（*Ichneumonidae*）和小茧蜂（*Braconidae*）等。中国的一些地区已开始工厂化人工养殖放飞赤眼蜂等寄生蜂，用来防治林业害虫和农田害虫。

食腐性昆虫可将动物的尸体、粪便及时清除或分解，减少环境污染，是自然界的"清洁工"。如各种粪金龟（*Geotrupidae*）和蜣螂（*Scarabaeidae*）等可将地表的动物粪便及时埋入地下，保证草原和农林生态系统的稳定。据统计，食腐性昆虫占昆虫纲的17%左右，它们在生态系统中起着重要的调节作用。

恶性杂草是自然灾害之一。利用一些植食性昆虫的特殊食性可将其用于防治有害杂草。利用昆虫消灭杂草，世界上成功事例很多。例如1840年澳大利亚引进一种仙人掌，

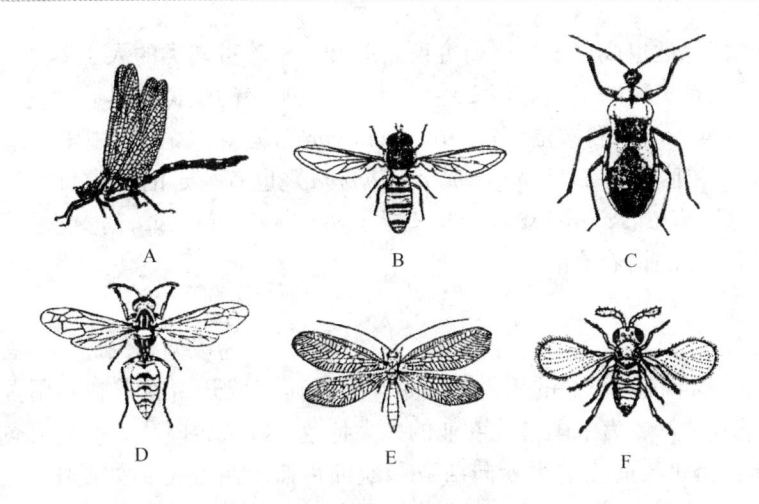

图 8-14　几种天敌昆虫（引自赵建成等，2002）
A 蜻蜓　B 食蚜蝇　C 猎蝽　D 胡蜂　E 草蛉　F 赤眼蜂

到 1925 年面积已扩大到 5 000 万～6 000 万亩，严重影响耕地和放牧，成为入侵植物物种，他们从国外引进一种斑螟科昆虫——穿孔螟，几年就征服了仙人掌，为此，牧场主集资修建了除草昆虫纪念馆。美国西部有一种叫黑点叶金丝桃的杂草，蔓延很快，对牲畜有害，1944 年引进了金丝桃叶甲和四重叶甲两种食草昆虫，几年后杂草被消灭，为此，在加州建立了纪念碑，刻有甲虫图像，以纪念甲虫灭草功劳。中国利用昆虫控制杂草也取得了很好的进展。在云南利用泽兰实蝇消灭恶性杂草——紫茎泽兰，已经大面积推广。从美国引进的空心莲子草叶甲防治空心莲子草（水花生）效果很好。从加拿大引进的豚草条纹叶甲防治有毒的豚草，也有较好效果。因此研究并开发利用植食性昆虫的特殊食性对于防治入侵物种具有重要的实践意义。

传粉昆虫。花卉、果树、蔬菜（如瓜类）以及一些农作物，都有"虫媒花"，须依赖昆虫为它们授粉，方能结实。蜜蜂是对人类有益的昆虫类群之一，通常广泛指的是生产用蜂种，它们为农作物、果树、蔬菜、牧草、油菜作物和药用植物传粉，产量可增加几倍至 20 倍。传粉昆虫的种类数量难以统计，除蜜蜂（*Apis*）外，膜翅目的其他蜂类和蚂蚁都可传粉。鳞翅目的蝶类、蛾类等也可传粉。

（五）观赏价值

龙虾是一种最大的甲壳动物，形态奇特，色泽华丽，除食用外，还有重要的观赏、饰用和收藏价值。龙虾主要分布于世界南部海域，中国南海也有分布。

某些昆虫个体较大，形态奇特，颜色美丽，具有很好的观赏和收藏价值。如各种美丽稀有的蝶类、蛾类和大型的甲虫等。中国已知的蝴蝶有 11 个科 1 300 多种，列入国家一级重点保护野生动物名录的蝶类有金斑喙凤蝶（*Teinopalpus aureus*）；二级重点保护野生动物名录的有双尾褐凤蝶（*Bhutanitis mansfieldi*）、三尾褐凤蝶（*B. thaldina*）、阿波罗绢蝶（*Parnassina apollo*）、中华虎凤蝶华山亚种（*Luehdorfia chinensis*）4 种。中国的台湾岛，蝶类资源非常丰富，有著名的蝴蝶泉、蝴蝶谷等旅游胜地，被誉为"蝴蝶岛"。中国的云南省蝶类资源也很丰富，有"蝴蝶王国"之称。中国的云南、福建等地也成立了蝴蝶研究所，并开展了珍贵蝶类的人工养殖。

蛾类几乎全是植物的害虫，但一些大型、颜色鲜艳的蛾类也具有观赏价值，如绿尾大蚕蛾（*Actias selene*）和樗蚕（*Philosamia cynthia*）等。鞘翅目中的大型锹甲（*Odontolabis siva*）和独角仙（*Allomyrina dichotoma*）也有一定的观赏价值。此外，直翅目中的斗蟋（*Gryllulus chinensis*）、纺织娘（*Mecopodo elongata*），也是著名的鸣虫和玩赏昆虫，有一定的饲养价值。

（六）工业用价值

昆虫分泌的物质具有重要的经济价值。蚕丝是纺织高级绸布的原料。蚕丝起源于中国，远在5000多年前，我们的祖先已开始在古黄河流域开始养蚕和利用蚕丝制衣、栽桑养蚕，农桑并举，成为中国古代农业的一大特色。汉武帝时代，张骞开创了"丝绸之路"，使中国丝绸和养蚕技术不断向西亚和欧洲传播。西方见到如此绚丽多彩的丝绸，称誉中国为"丝国"。目前，世界上可养殖利用的吐丝昆虫有8种左右，但饲养数量最多的是家蚕（*Bombyx mori*）。家蚕以桑叶为食，吐丝作茧。柞蚕（*Antheraea pernyi*）是中国的特产，分布广泛，但以辽宁省饲养最多，其丝可织绢，还可制火药囊和降落伞等。蓖麻蚕（*Attacus ricini*）原产印度，现在许多地方也有养殖，其抗病力强，适应性广，也是一种纺织用昆虫资源。目前全世界养蚕国家有40多个，丝织品是中国主要出口创汇产品。

同翅目中的白蜡虫（*Ericerus plea*），其雄性若虫寄生在女贞树和白蜡树上，分泌蜡质，经加工而成虫白蜡，是由高级脂肪酸和高级一元醇形成的酯类化合物。中国是虫白蜡的主要产区。早在唐代，就用虫蜡和蜂蜡做成蜡烛作照明用。随着科学技术发展，虫白蜡在仪器的防潮、防腐、防锈、绝缘和润滑等方面得到广泛应用，是精密仪器生产中的常用模型材料，也是汽车蜡、地板蜡、上光蜡等重要原料。中国四川、浙江、云南、贵州、安徽等省皆有饲养，以四川省产量最大，故白蜡又有"川蜡"之称。

同翅目中的紫胶虫（*Lacci fer lacca*）在黄檀等树上寄生过程中，雌虫的紫胶腺分泌紫胶。紫胶经过加工处理后为紫胶树脂、紫胶蜡和紫胶色素。其中紫胶树脂可作武器、仪器的防潮、防锈、防腐剂，电器的绝缘漆、黏合剂与保护剂等，其绝缘性超过树胶；紫胶蜡可作抛光蜡、地板蜡、彩蜡笔、高级鞋油等；紫胶色素可用作汽水、果品等天然着色剂。紫胶也是中国的传统商品，云南出产最多，中国紫胶年产胶量仅次于印度和泰国。

同翅目中的五倍子蚜（*Melaphis chinensis*）为中国的一种特产，它寄生在盐肤木的枝叶上形成虫瘿，商品名称五倍子，是中国传统出口商品，国际上称中国倍子。五倍子内含鞣酸，是制革、医药的重要原料。

（七）科学研究价值

果蝇、吸血蠓象等因其体形小、生长周期短、容易大量饲养等特性而成为研究动物生理和动物遗传最常用的材料。1911年著名遗传学家、诺贝尔生理学或医学奖获得者摩尔根（Thomas H Morgan）以果蝇（*Drosophila melanogaster*）为实验材料，提出了"染色体遗传理论"。在前后30余年的研究中，摩尔根与他的学生、同事利用果蝇获得了许多重要的研究成果。

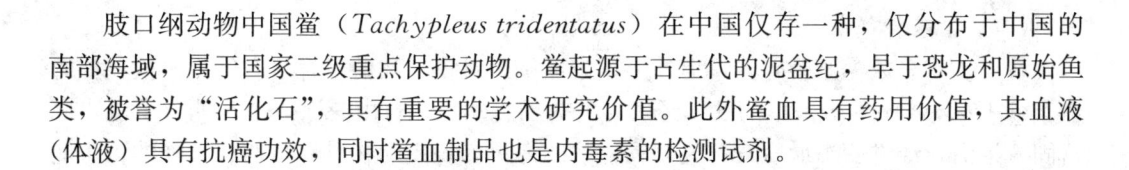

肢口纲动物中国鲎（*Tachypleus tridentatus*）在中国仅存一种，仅分布于中国的南部海域，属于国家二级重点保护动物。鲎起源于古生代的泥盆纪，早于恐龙和原始鱼类，被誉为"活化石"，具有重要的学术研究价值。此外鲎血具有药用价值，其血液（体液）具有抗癌功效，同时鲎血制品也是内毒素的检测试剂。

第八节　棘皮动物资源与价值

棘皮动物（Echinodermata）是无脊椎动物中最高级的一门，属于后口动物。已知的棘皮动物有约 6 200 多种，分属于海百合纲（Crinoidea，如海百合）、海星纲（Asteroidea，如海星）、蛇尾纲（Ophiuroidea，如刺蛇尾）、海胆纲（Echinoidea，如尾粪海胆）和海参纲（Holothuroidea，如刺参）5 个纲。

一、棘皮动物的生物学特征

（一）形态特征

棘皮动物为后口动物（Deuterostomia），即胚胎发育到原肠后期，与原口相对的一端重新开口形成幼虫的口，而原口则变为肛门。凡以此法形成口的动物，均称后口动物。棘皮动物体形多样，有星形、球形、圆柱形或分枝状，但基本上都属于辐射对称，并以五辐对称为主。但棘皮动物幼体时的体制属两侧对称，成虫则变为辐射对称，这种辐射对称是适应底栖缓慢运动或固着生活方式的结果。在整个动物界中只有棘皮动物幼虫是两侧对称，成体是五辐射对称。棘皮动物的内脏器官也是按照五辐对称的方式排列和分布的。

棘皮动物具有中胚层形成的内骨骼，包在外表皮下面，并且常向外突形成棘，因此称为棘皮动物。这一来源和脊椎动物骨骼的来源相同，而和无脊椎动物所具有的"骨骼"所不同。

棘皮动物具有发达的次生体腔，除围脏腔外，体腔的一部分形成棘皮动物所特有的水管系统和管足，具有运动、呼吸、排泄和感觉等多种功能，另一部分形成围血系统。水管系统内以及体腔内的体液均具有变形细胞，司排泄作用，体液的功能主要是运输。棘皮动物的消化系统是由口、食道、胃、肠和肛门组成的完全消化系统，棘皮动物有三套各自独立的神经系统，分别是外神经系统（epineural system）、下神经系统（hyponeural system）和内神经系统（endoneurial system）。见图 8-15。

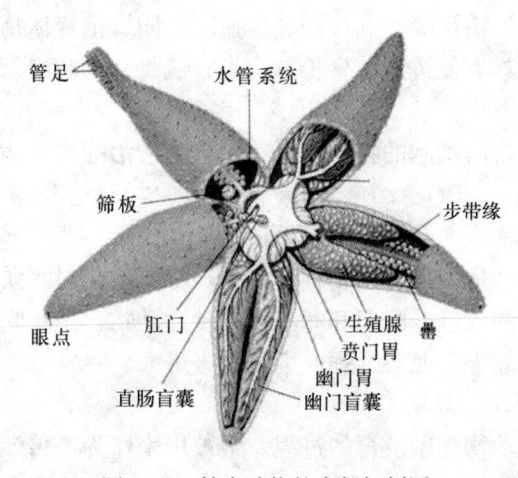

图 8-15　棘皮动物的内部解剖图
（引自 Hickman et al.，2001）

(二) 繁殖特征

棘皮动物多数为雌雄异体，但外形很难区别。棘皮动物的发育多有幼虫阶段，如海盘车（*Asterias rollestoni*）的胚体经发育变为羽腕幼虫，自由游泳一个时期，下沉水底营固着生活，经过变态最后发育成为辐射状的海星。棘皮动物具有自切和很强的再生能力，如海盘车的腕的任何部分受损后都能重新长出，甚至体盘部分缺损也可以再生为一个完整的个体。

(三) 生态特征

棘皮动物全部属于海产，是重要的底栖动物，如海星栖于潮间带至水深6 000m的海底。棘皮动物分布于世界各海洋水域中。

二、棘皮动物资源的价值

(一) 食用价值

海参纲中的一些种类是非常名贵的高档海产品。海参肉质好，营养价值高，味道鲜美，是山珍海味中的珍品。中国沿海有20多种可供食用的海参。肉质最好，营养价值最高的是产自辽宁、河北、山东等北方沿海的刺参（*Stichopus japonicus*）。梅花参（*Thelenota ananas*）个体最大，可长达1m，是海参纲中最大的，由于体表的肉刺相互组合成花瓣状，故名"梅花参"，梅花参产于中国的南海。

(二) 药用价值

常见的药用棘皮动物主要有：海盘车（俗称海星）、海燕（*Asterina pectinifera*）、马粪海胆（*Hemicentrotus pulcherrimus*）、细雕刻肋海胆（*Temnopleurus toreumaticus*）等，中国沿海广泛分布。海胆入药可软坚散结，化痰消肿，从海胆中可以提炼出具有临床疗效的天然活性物质，是重要的海洋药源生物。海星、海燕有清热解毒、平肝阳胃、滋补壮阳之功效。

刺参以其特有的营养价值和药用价值而成为中国和东南亚的传统名贵商品。据《本草纲目拾遗》的记载：刺参补肾经、益精髓、消痰涎、利小便、生血、壮阳、治疗溃疡生疮。经分析，刺参含有多种酸性黏多糖，具有促进人体生长、抗炎、成骨和预防组织老化、动脉硬化等功能。

日本学者发现棘皮动物中含有能杀死白血病细胞的物质，可望用来制造治疗白血病的廉价药物。

(三) 生态价值

在研究海洋动物地理学上，棘皮动物常为良好的指示物种。另外，棘皮动物对水质污染很敏感，在被污染了的水中很少有它们的踪迹。海胆和海星为肉食性动物，主要吃软体动物和其他棘皮动物，是贝类养殖业的敌害，尤对牡蛎、扇贝为害最大。

(四) 科学研究价值

棘皮动物中的一些种类具有非常典型的动物胚胎发育的过程，常被用来作为遗传学和胚胎学研究的材料。例如海胆卵在实验胚胎学、细胞结构和受精机理等基础理论研究方面是最好的实验材料之一。由于所有的棘皮动物幼虫都是两侧对称，因此一般认为棘皮动物很可能是由两侧对称的祖先进化而来。棘皮动物属于后口动物，不同于其他无脊椎动物，而与脊索动物有一致的地方，如海参纲动物的幼虫（短腕幼虫），同脊索动物或原索动物肠鳃纲的幼虫（柱头幼虫）很近似，因而有人设想棘皮动物与脊索动物有其共同的祖先，故具有重要的科研学术价值。

第九节　鱼类资源与价值

鱼类是脊椎动物中生活在水域里的最大的一个类群，现存种类约 26 000 种。按骨质结构可分为软骨鱼系（如鲨）和硬骨鱼系（如鲤、鲫、黄鱼、带鱼）。按生活的水域来分，又可分为海洋鱼类和淡水鱼类。软骨鱼类骨骼全由软骨组成，多数生活在海洋中，个别种类在淡水中生活，全世界有 800 多种，中国已知的有 200 多种。硬骨鱼类骨骼由硬骨组成，生活在海洋和江河湖泊中。鱼类富有营养价值，肉味鲜美，除食用外，还可以提供各种工业原料。

一、鱼类的生物学特征

鱼类是终生生活在水中的变温动物，绝大多数用鳃呼吸，用鳍运动和维持身体平衡，多数鱼类体表被鳞片，并具有鳔（swim bladder）。由于生活在水中，其身体形态及各器官均与水体生活环境相适应。

（一）形态特征

鱼类身体分为头、躯干、尾三个部分。由于栖息环境不同而形成各种形态，鱼类体型大致有 4 种：①纺锤型。最为普通。栖息水中上层，快速游泳。如鲤鱼、鲨鱼。②侧扁型。栖息水中上层，游泳较慢，不敏捷，很少长距离迁移。如胭脂鱼、鲳鱼。③平扁型。栖息水底，行动迟缓。如鳐、鮟鱇。④棍棒型。底栖泥沙中，游泳能力较强，黄鳝、鳗鲡、带鱼。

大多数鱼类体表被有鳞片（scale），鳞片大致有 3 种：①盾鳞（placoid scale）。由表皮与真皮共同形成，为软骨鱼特有。②硬鳞（ganoid scale），由真皮形成，为软骨硬鳞鱼具有。③骨鳞（bony scale）来源于真皮，为多数硬骨鱼所具有。

鱼类适应于水中的运动器官是鳍（fin），位于躯干部，分为奇鳍和偶鳍两类。奇鳍不成对，位于纵中线上，包括背鳍（dorsal fin）、臀鳍（anal fin）和尾鳍（caudal fin）。背鳍维持身体平衡；臀鳍维持身体垂直平衡；尾鳍在鱼运动时起舵和推动作用。偶鳍成对，相当于陆生脊椎动物的前后肢，包括胸鳍（pectoral）和腹鳍（ventral fin）。胸鳍有平衡身体、控制运动方向的功能，形态、位置因种类而异；腹鳍可辅助身体升降、转弯。

鱼类的口由活动的上下颌支持，是鱼类捕食的重要工具，口的位置与食性的关系极为密切。分为三种类型：①上位口。口裂朝向背方，为上位，以浮游生物为食。②下位口。口裂朝向腹方，为下位，以底栖生物或岩石上藻类为食。③端位口。口裂位于头前端，为端位，以漂浮生物或其他有机物为食。鱼类由于食性不同，食物种类的差异，各种鱼的消化系统形态结构和功能有显著区别。多数鱼具齿，齿形与食性有关。

鱼类体内有来源于中胚层的内骨骼支持。软骨鱼类骨骼为软骨，硬骨鱼类骨骼为硬骨，但骨化程度不同。

鱼类的主要呼吸器官是鳃（gill）。绝大部分硬骨鱼类消化管背方有一大而中空的囊状器官，是鱼类所特有的一个器官——鳔。鳔内充满了气体，随着鳔的收缩或膨胀，引起身体比重的改变，使鱼能够浮沉或保持静止状态。

鱼类有特殊的皮肤感觉器官——侧线。侧线位于身体两侧的皮肤下面，一侧一条，通过鳞片以小孔与外界相通，侧线管内有感觉细胞，能感受水压和水流方向。

鱼类循环系统为单循环，心脏一心房一心室。

(二) 繁殖特征

大多数鱼类为雌雄异体，形态差别一般不显著。大多数鱼类为体外受精，卵生。软骨鱼和少数硬骨鱼能进行体内受精。鱼类受精和发育的关系有以下4种类型：

(1) 体外受精，体外发育。绝大多数鱼类属于此类型。
(2) 体外受精，体内发育。卵子在体外受精后纳入亲体内部发育，如非洲鲫鱼。
(3) 体内受精，体外发育。卵未产出前在雌体内受精，然后卵产出体外发育。如虎鲨。
(4) 体内受精，体内发育。卵子的受精和发育在雌体内。如柳条鱼。

(三) 生态特征

鱼类终生在水中生活，具有对复杂多样的水环境适应特征：①体多为纺锤形，并常具有保护性鳞片；②以鳃呼吸；③以鳍运动。

鱼类几乎遍布于世界各种水域，从海拔5 000m的高原、高山的河流湖泊到水深10000m的海沟，从急流飞瀑到静水小潭乃至地下河流都有鱼类存在。鱼类寿命长的可以活到百年以上，如鲟科鱼类；鱼类寿命短的只活一年，如太湖短吻银鱼；个体大的长可有20m，重量达40t，如鲸鲨；个体小的只有0.75～1.15cm，如菲律宾的侏儒鰕虎鱼。

鱼类的洄游（migration）。鱼类在其一生的生命活动中有一种周期性、定向性和群体性的迁徙活动，称为洄游。洄游是一种适应现象，鱼类凭借这种活动可以满足它在某一个生活周期所需要的环境条件，使个体的生存和种群的繁荣得到可靠的保证。

生活在淡水中的鱼，生殖时游向海洋产卵，叫降海性洄游，如鳗鱼。海洋里的鱼类，繁殖时要到淡水中产卵，这种现象叫溯河性洄游，如大马哈鱼。

鱼类的洄游是鱼类运动的一种特殊形式。洄游则是一些鱼类的主动、定期、定向、集群、具有种的特点的水平移动。洄游也是一种周期性运动，随着鱼类生命周期各个环节的推移，每年重复进行。通过洄游，更换各生活时期的生活水域，以满足不同生活时期对生活条件的需要，顺利完成生活史中各重要生命活动。洄游的距离随种类而异，为了寻找适宜的外界条件和特定的产卵场所，有的种类要远游几千公里的距离。

根据活动的目的不同，鱼类的洄游可划分为生殖洄游、索饵洄游和越冬洄游。这三种洄游共同组成鱼类的洄游周期（图8-16）。但洄游性鱼类的洄游周期不尽相同，有的鱼类只有生殖洄游和索饵洄游，有的鱼类越冬场与索饵场在一起或附近，有的索饵场就在生殖场所附近。

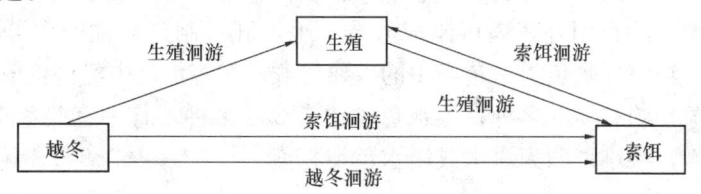

图 8-16　鱼类洄游周期示意图

鱼类不同生长阶段的洄游周期也不同，幼鱼和成鱼的洄游周期、洄游路线、洄游时间往往也有所不同。掌握鱼类的洄游规律在渔业生产实践中具有重大意义。

各种鱼类见图 8-17。

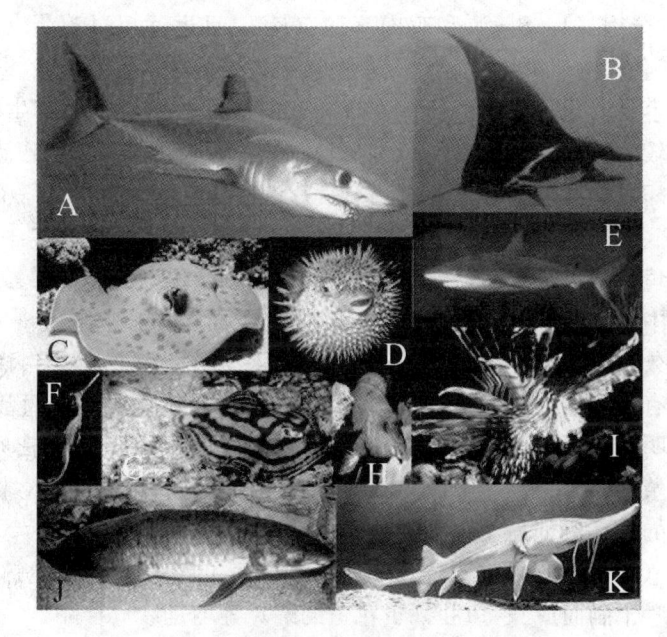

图 8-17　各种鱼类（引自 Bailey et al.，2004）
A 大白鲨　B 蝠鲼　C 鳐鱼　D 刺鲀　E 真鲨　F 海马
G 扁虹　H 鹦嘴鱼　I 狮子鱼　J 肺鱼　K 鲟

二、鱼类资源的价值

人类利用鱼类的历史相当久远，但在众多的鱼类中，迄今为人类所利用的种类还很少，现时进行人工养殖的种类，与鱼类种数相比就更少了。鱼类在人类的经济生活中占重要地位。世界现存鱼类 26 000 余种中，淡水鱼占 41.2%，海水鱼占 58.2%，其中暖水性浅海鱼占 39.9%、冷水性浅海鱼占 5.6%、远洋上层鱼占 1.3%、远洋深层鱼占 5.0%、远洋底层鱼占 6.4%、洄游鱼类占 0.6%。生存水温为 −2℃～52℃。中国现已知鱼类 3 862 种，隶属于 45 目 308 科。

在软骨鱼类中，经济价值最高的当属鲨鱼，古代称鲛，也是软骨鱼类中的一个主要类群。全世界约有 340 多种，中国约有 110 多种。鲨鱼多为凶猛鱼类，以鱼、虾为食，有的还会袭击人类。大多数种类为卵生或卵胎生。鲨鱼的肉质较粗，质如牛肉，可供鲜食或腌制成咸肉。除食用外，肉可制成人造羊毛，肝可制鱼肝油，皮可制革，骨可制胶，其他可制鱼粉。硬骨鱼类是鱼类中的主要类群。在海水鱼中经济价值较大的（即形成专业渔业对象）约有200多种；淡水鱼类约有250多种。其中有些鱼类，特别是咸、淡水洄游的鱼类，很难划归为海水或淡水鱼类。

（一）食用价值

鱼肉味道鲜美，是人们日常饮食中最喜爱的食物之一。鱼肉是高蛋白、低脂肪、高能量的优质食品，是人类优质蛋白、重要矿物质和主要的B族维生素的最好来源。各种鱼肉的营养价值相近，既易于消化，又具备了人类必需的全部氨基酸。鱼肉中蛋白质的含量很高：鲱为19.5％，大麻哈鱼为17.5％，鲤为18.1％，鳜为20.0％，都接近于牛肉（19.0％）、羊肉（19.8％）和鸡肉（19.3％），且远远超过鸡蛋（11.78％）和鲜牛奶（3.31％）。鱼肉的肌纤维比较短，蛋白质组织结构松散，水分含量比较多，所以，肉质比较鲜嫩，容易消化吸收。经研究发现，儿童经常食用鱼类，其生长发育比较快，智力的发展也比较好，而且经常食用鱼类，身体健壮，延长寿命，可以大幅度降低脑梗塞等心脑血管疾病发病风险。因此鱼类具有食疗的效应，清黄宫绣的《本草求真》中列为食疗的有鲫鱼（鱼鳞）、鲢鱼、鳙鱼、草鱼（鲩鱼）、鲦鱼、鳜鱼、白鱼、青鱼、鲨鱼、银鱼、石斑鱼、鳝鱼、鲛鱼（产于南海的鲨鱼）、鳝鱼（泥鳅）、鳗鲡等。

但是因吃鱼中毒也屡见不鲜。河鲀以其肉味鲜美而著称，中国古籍早有记载，说明食河鲀的历史悠久。明《本草纲目》记有："河豚有大毒，味虽珍美，修治失法，食之杀人"，"肝及子有大毒，入口烂舌，入腹烂肠，无药司解"。民间一直流传着"拼死吃河鲀"的话。说明这类鱼中有不少种类是有毒鱼类。河鲀的肉具有蛋白质含量高营养丰富的优点，但生殖腺、肝脏、血液和皮肤等含有一种耐酸、耐高温的生物碱，称为河鲀毒素。河鲀毒素的致毒机理是使感觉神经、运动神经麻痹致死。

另外，鱼翅（即鲨鱼的角质鳍条）、鱼唇（犁头鳐的吻软骨或鲨鱼的皮）、鱼骨（大型鲨鱼颈部的软骨干制而成）、鱼肚（黄花鱼的鳔）等均是珍贵食品。

（二）药用价值

药用鱼类的研究和应用在中国有着悠久的历史，很多早期药物专著中就有关于鱼类药用的记载，如西汉时代的《医林纂药》，唐代的《海药本草》等。特别是《本草纲目》和《本草纲目拾遗》所载的药物共达2 600余种之多，其中有关鱼类生药就有50余种，能考证准确的约有48种（类），其中淡水鱼约27种，海水鱼约18种。据记载，中国有药用鱼类近200种。鱼类中的鱼肉、鱼鳔、鱼脂、鱼骨、鱼鳞、鱼卵均可入药。鱼类的药用表现在许多方面，治疗皮肤类疾病、抑制肿瘤的生长、消除炎症、治疗传染病等。海龙、海马、黄唇鱼等具有温通任脉、补肾壮阳、暖心脏的功效，可用于治疗肾虚遗精、阳痿早泄、肾功能衰竭等疾病。鲨鱼的肝脏含油量一般高达60％以上，富含维生素A、D，是制造鱼肝油的主要原料。鱼胆可以制人工牛黄。

近年来，鱼油制品，特别是深海鱼油作为保健食品颇受人们青睐。鱼油是指富含EPA（廿碳五烯酸）、DHA（廿二碳六烯酸）的鱼体内的油脂，EPA极易在人体内转化为高密度脂蛋白（HDL）发挥生理功能。普通鱼体内含EPA、DHA数量极微，只

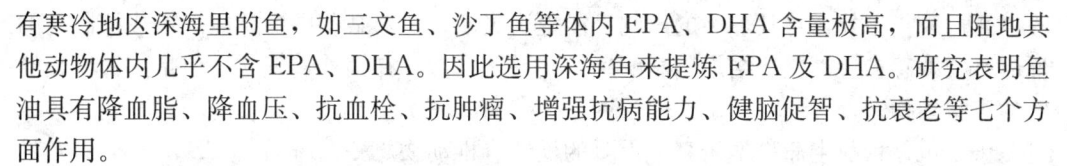

有寒冷地区深海里的鱼,如三文鱼、沙丁鱼等体内 EPA、DHA 含量极高,而且陆地其他动物体内几乎不含 EPA、DHA。因此选用深海鱼来提炼 EPA 及 DHA。研究表明鱼油具有降血脂、降血压、抗血栓、抗肿瘤、增强抗病能力、健脑促智、抗衰老等七个方面作用。

(三) 珍稀种类

中国有特产鱼类 400 余种,如白鲟 (*Psephurus gladius*)、中华小公鱼 (*Anchoviella chinensis*)、骨唇黄河鱼 (*Chuanchia labiosa*)、长吻鮠 (*Leiocassis longirostris*)、短颌鲚 (*Coilia brachygnathus*) 等,它们在研究其起源及鱼类区系等方面都具有重要的意义。在中国的鱼类中,属于国家一级重点保护动物的鱼类有 4 种,即新疆大头鱼 (*Aspiorhynchus laticeps*)、中华鲟 (*Acipenser sinensis*)、达氏鲟 (*Acipenser dabryanus*)、白鲟 (*Psephurus gladius*),占中国鱼类总数的 0.12%。新疆大头鱼是塔里木盆地宽河道及湖泊区缓流水域鱼类,分布区海拔 760m (罗布泊) 到 1411m (喀什)。1960 年前在塔里木河水系的宽阔水域中此鱼很常见,现已罕见。中华鲟为典型的溯河洄游性鱼类,是一种分布于北半球且经 2 亿年而不绝灭的古老鱼类,称为"活化石",具有较高的科研价值。达氏鲟分布于长江的中上游,是纯淡水生活的种类。白鲟为仅存的两种匙吻鲟科鱼类之一。属于国家二级重点保护动物的鱼类有黄唇鱼 (*Bahaba flavolabiata*)、松江鲈鱼 (*Trachidermus fasciatus*)、克氏海马鱼 (*Hippocampu skelloggi*)、胭脂鱼 (*Myxocyprinus asiaticus*)、唐鱼 (*Tanichthys albonubes*)、大头鲤 (*Cyprinus pellegrini*)、大理裂腹鱼 (*Schizothorax taliensis*)、花鳗鲡 (*Anguilla marmorata*)、川陕哲罗鲑 (*Hucho bleekeri*)、秦岭细鳞鲑 (*Brachymystax lenok*) 等 11 种,占中国鱼类总数的 0.34%。

(四) 观赏价值

鱼类除作为药用、食用外,经过人工驯化,具备了形态美、色彩美和运动美,成为丰富人们文化生活、装点居室的观赏品。

观赏鱼类可大致分为三类:金鱼、锦鲤和热带鱼。金鱼是鲫鱼经过人类长期驯化培育而成,至今已发展到数百个品种。早在 1 000 多年以前,浙江的嘉兴、杭州就有了野生的金色鲫鱼。那时佛教颇为兴盛,庙中或庙前均有放生池,人们把红黄色的金鱼投入放生池内,从而进入半家养的状态。锦鲤是一种高贵的大型观赏鱼,以其缤纷艳丽的色彩,千变万化的花纹,健美有力的体型,活泼沉稳的游姿,赢得了"观赏鱼之王"的美称。锦鲤的祖先是鲤,原产地为中亚,后经中国、朝鲜传入日本。目前世界各地饲养的热带观赏鱼包括淡水热带鱼、海水热带鱼、亚洲龙鱼,共计 2 000 余种,广泛养殖的有 400 余种。热带观赏鱼的体形大体可分为纺锤型(如剑尾鱼、孔雀鱼、金丝鱼等)、侧扁型(如神仙鱼、珍珠鱼、接吻鱼等)和圆桶型(如豹兵鲇)等。热带鱼的体色和鳍的形状变异较大,有红、蓝、黄、黑、绿及杂色等,备受人们欢迎。

(五) 科学研究价值

鱼类动物作为生物医学、环境保护科学等领域的实验研究对象或材料,已在世界各地获得了不少科研成果。选用鱼类进行生物医学研究,特别是药物的毒理学和药理学试验,具有很多独特的优点,鱼对某些药物、毒气十分敏感;以鱼进行药理、毒理试验,除以死亡为指标外，对其习性的影响可能更为灵敏；鱼对某些中枢神经兴奋或抑制药的反应比较敏感；鱼试验法结果判断明确，并易于掌握；在饲养管理上，鱼是一种比较经济的实验动物。

斑马鱼是目前生命科学研究中重要的模式脊椎动物之一。斑马鱼（*Danio rerio*）具有繁殖能力强、体外受精和发育、胚胎透明、性成熟周期短、个体小、易养殖等诸多特点，特别是可以进行大规模的正向基因饱和突变与筛选。这些特点使其成为功能基因组时代生命科学研究中重要的模式脊椎动物之一。在国际上，斑马鱼模式生物的使用正逐渐拓展和深入到生命体的多种系统（如神经系统、免疫系统、心血管系统、生殖系统等）的发育、功能和疾病（如神经退行性疾病、遗传性心血管疾病、糖尿病等）的研究中，并已应用于小分子化合物的大规模新药筛选。中国开展斑马鱼相关的研究无论在规模还是在重视程度上都远远落后于国际形势发展的需要。为推动和发展斑马鱼模式生物在中国生命科学研究中的广泛使用，中国在上海和北京分别建立了国家斑马鱼模式动物南方中心和北方中心。

（六）生态价值

在生态平衡方面，鱼类的重要性表现在它们在生命层食物链中的位置，不仅是以植物为食物的初级消费者，而且一些位于食物链末端的大型肉食性鱼类也是次级消费者。另外，鱼类本身又是多种鸟、兽自然能量的源泉。在公共卫生方面，引进食蚊鱼放在蚊虫滋生的水域用以消灭孑孓，如在池塘和稻田中养鱼可以控制蚊子的繁殖，防止脑炎和疟疾的流行。在农业方面可以利用鱼的食性消除稻田杂草，开展稻田养鱼，使粮、鱼丰收；将鱼的内脏、骨骼，以及捕捞上来无经济价值的杂鱼可制成鱼粉，用作肥料或饲料等。

（七）工业用价值

多数鱼类还可用来榨油，作为机械润滑油或制肥皂。榨油后的残渣除去水分后能制鱼粉、肥料（鱼肥）。鱼皮、鱼鳞、鱼鳔都可用于制鱼胶、磷光粉、磷酸钙、尿素等多种工业原料和化学试剂。鱼鳞还可制咖啡因。鲨鱼皮可作磨锉料或制成皮革。

渔业产品不仅满足了人民生活，也为国家积累了大量的资金，有些渔业产品还进入国际市场，换回了大量的外汇和工业设备，对国家建设也起着一定的作用。

第十节 两栖类资源与价值

两栖动物是一类原始的、初登陆的、具五趾型附肢的四足动物，是从水生过渡到陆生的脊椎动物，具有水生脊椎动物与陆生脊椎动物的双重特性。它们既保留了水生祖先的一些特征，如生殖和发育仍在水中进行，幼体生活在水中，用鳃呼吸，没有成对的附肢等；同时幼体发育为成体时，获得了真正陆地脊椎动物的许多特征，如用肺呼吸，具有五趾型四肢等。两栖纲的幼体到成体有一个变态过程，反映了两栖动物既有从鱼类继承的适应水生的性状又有新的适应陆生的性状。但生殖过程未脱离水，变态前生活在水中、变态后生活在潮湿环境中是其过渡类型的关键特征。两栖类的新陈代谢水平低、神经系统不完善，为变温动物。

两栖类动物约有 4 200 多种，分为 3 目：有尾目（如蝾螈）、无尾目（如青蛙、蟾蜍）和无足目（如蚓螈）。中国有两栖类动物 284 种。

一、两栖类的生物学特征

（一）形态特征

两栖类具有明显的头、颈、躯干、尾（有的无明显颈部），由于生活环境不同而有不同体型：蠕虫状——蚓螈型、鱼状——鲵螈型、蛙状——蛙蟾型。最原始种类的特化类群营穴居生活，四肢完全退化，外观似蠕虫，如蚓螈（Caeacilia pachynema）。水栖类外观似鱼，四肢趋于退化，如大鲵（Megalobatrachus dividianus）。陆栖类适应跳跃生活的特化类群，如蛙。

两栖类的头骨扁而宽，脑腔狭小。脊柱分化比鱼类明显，分为颈椎、躯干椎、荐椎和尾椎，具有颈椎和荐椎是陆地动物的特征。大多具五趾型附肢，且与脊柱形成连接，有利于承受体重。五趾型附肢是多支点杠杆，使附肢不仅可依靠躯体运动，而且附肢各部可作相对转动，有利于沿地面爬行。

两栖类的皮肤裸露、富于腺体，是现代两栖类的显著特征。皮肤富于腺体，经常保持湿润，与利用皮肤进行呼吸功能有关。大蟾蜍耳后腺分泌物叫蟾酥。毒腺对动物本身有自我保护作用，避免被其他动物吞食，亦有捕食作用。箭毒蛙个体很小，整个躯体不超过 5cm，皮肤内有许多腺体，分泌的毒黏液的毒性非常强，冠于一切蛙毒之上。取其毒液 1g 的十万分之一即可毒死 1 个人，成为世界上最毒的动物之一。

两栖类肌肉与运动方式相联系。躯干肌肉在水生种类特化不甚显著。陆生种类的原始肌肉分节现象已不明显，肌隔消失，大部分肌节愈合并经过移位，分化成许多形状、功能各异的肌肉，具有四肢肌肉（附肢肌），由于运动的多样性而更为发达。鳃肌退化。两栖类的各种运动很少由一块肌肉完成，而是由两组或多组作用相反的肌群共同协调起作用。

两栖类的呼吸方式比其它动物更为多样，反映了动物陆生的过渡时期的情况。不同种类的两栖类、同种的幼体和成体阶段，在不同生活状态下，分别进行鳃呼吸、皮肤呼吸、口咽腔呼吸和肺呼吸。

两栖类心脏为二心房一心室，动、静脉血没有完全分开而称为不完全双循环。

两栖类出现了原脑皮。视觉器官与陆生相适应，有活动的眼睑和瞬膜，有泪腺。听觉器官形成了中耳。

（二）繁殖特征

两栖类生殖未脱离水，多数种类为体外受精，体外发育。幼体水生，发育过程经过变态阶段。蚓螈类和一些有尾类行体内受精。另外，有些两栖类有水外生殖的适应，如树蛙将卵产在泡沫中包在树叶里，蝌蚪孵化后落入树下的水塘中。产婆蛙卵产在背部皮肤褶内，并在其中孵化。一些有尾类有幼体生殖，如美西螈。

(三)生态特征

两栖类是由水生到陆生过渡的类群。有水栖类和陆栖类。尽管已经具有初步适应陆生的躯体结构,但受精和幼体发育在水中进行。无尾类营两栖(幼体水生,成体陆生)、跳跃生活,如各种蛙。有尾类营水栖游泳生活,如大鲵、蝾螈。无足类为营钻穴生活的特化类型,幼体也在水中发育,如鱼螈。由于新陈代谢水平低,缺乏调温和保温机制,两栖类的成体具有休眠(dormancy)现象。

各种两栖类见图8-18。

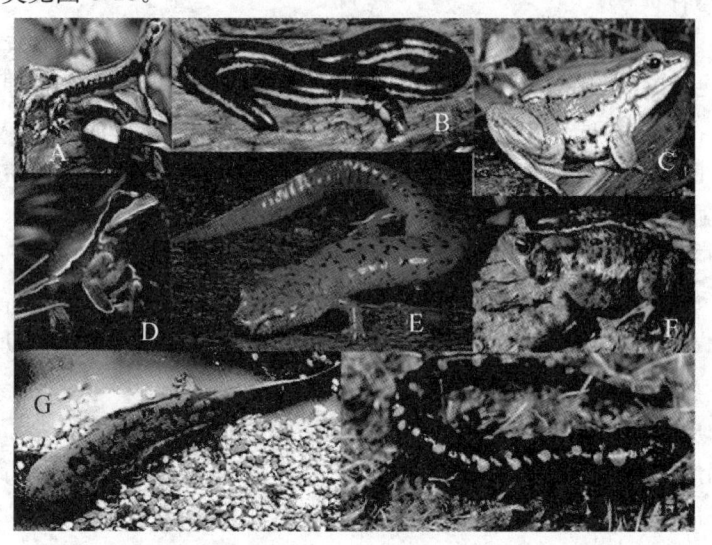

图8-18 各种两栖类(引自Tyagi et al., 2002)
A火蝾螈 B鱼螈 C青蛙 D雨蛙 E螈
F蟾蜍 G大鲵 H钝口螈

二、两栖类资源的价值

(一)生态价值

两栖动物与人类具有非常密切的关系,绝大多数对人类是有益的,尤其是无尾两栖类在消灭农田害虫方面具有突出的经济意义,它们栖居于农田、耕地、果园、森林和草地,捕食多种昆虫,其中多数是严重危害农林业的害虫,如蝗虫、蚱蜢、黏虫、稻螟、松毛虫、甲虫、天牛、蟓象、白蚁等。狭口蛙善于挖土钻穴,能捕食白蚁及其它地下害虫。据统计,每只泽蛙1天捕食昆虫量最多者可达270只,平均50只左右。而中华蟾蜍的捕食量是蛙类的2倍以上,在夏季3个月就能捕食将近10 000多只害虫,可称为捕虫能手。已有研究表明,各物种的有益系数分别为:姬蛙类97%以上雨蛙93.33%,中华蟾蜍90.14%,粗皮蛙80.13%,黑眶蟾蜍71.88%,虎纹蛙75.00%,阔褶蛙87.50%,弹琴蛙64.74%,斑腿树蛙52.67%,黑斑蛙31.20%等。特别需要指出的是,两栖类捕食的昆虫,常是许多食虫鸟类在白天无法啄食到的害虫或不食的毒蛾等,因此两栖类是害虫的主要天敌之一。加强保护青蛙的宣传教育,防止滥捕及保护它们的栖息环境,特别是生殖季节对繁殖栖息地的保护,以确保蛙类能安全地繁衍和成长,是进行生物防治有害昆虫的重要途径。

此外，两栖类在食物链中还是一些重要的毛皮动物（鼬、狐、貉）的食物，这些动物的丰歉，与两栖类的数量有着密切的关系。

（二）药用价值

中国利用两栖类动物防病治病的历史较早，在《本草纲目》中就有记载，供药用的两栖类有9种。《中国药用动物志》中记载的药用两栖类有22种。据不完全统计，到目前为止，已有文献记载的药用两栖类达到30余种，许多传统中药材如蟾酥、蛤士蟆油、羌活鱼等在国内外享有盛誉。

蟾酥是蟾蜍属动物皮肤腺（主要是耳后腺）分泌物的干制品，具有解毒、消肿、止痛、强心等作用。用蟾酥配方或配制的中成药可治疗多种疾病和顽症，如六神丸、喉症丸、安宫牛黄丸、蟾酥丸、蟾力苏、梅花点舌丹等都是常用的中成药，远销国外。

蛤士蟆油是东北产雌性中国林蛙的输卵管，含有蛋白质、脂肪、糖、维生素和激素，具有补肾益精、润肺养阴的功效，是中国名贵的强壮健身滋补品，可治疗病后或产后虚弱、肺痨咳嗽等病症。其肉是美味佳肴，是药食兼用的动物资源。

羌活鱼是山溪鲵、西藏山溪鲵等的干制品，应用于跌打损伤、骨折、肝胃气痛、血虚脾弱等症，亦可食用，用于滋补虚弱身体。

另外，大鲵肉质细白，味清淡而鲜美，营养丰富，具滋补强壮、补气之效。东方蝾螈全身可供药用，主治皮肤痒疹、烫伤、烧伤等病症，微火烘干或鲜用均可。

中国开发利用药用两栖类资源很不平衡，一是对不影响资源的种类未充分利用，如蟾蜍资源十分丰富，全国各地均有分布，虽种类不同，但产品药效及化学成分基本一致，而且取蟾酥方法简单，取后的蟾蜍可放回自然环境生活，每年可多次取酥，其利用潜力非常大，若充分开发和利用，能取得巨大的经济效益；二是有些种类已过度开发利用，造成资源枯竭。如分布于黑龙江的蛤士蟆，由于捕捉过度、森林砍伐，使环境严重破坏，导致物种量急剧下降。

（三）食用价值

两栖类的肉含蛋白质高，有多种人体必需的氨基酸和微量元素，营养丰富，经过烹调其味之鲜美胜过一般禽畜肌肉，加之具有药效功能，是人们喜欢食用的动物之一。

据统计，中国民间作为食用的两栖类有40种左右，主要有黑斑侧褶蛙、虎纹蛙、大鲵、多种棘蛙、山溪鲵、巫山北鲵、商城肥鲵、各种髭蟾等。在中国南方各省，人们常捕食稻田中的虎纹蛙和山涧里的棘胸蛙，北方各省也有捕捉黑斑侧褶蛙食用的。尤其是大鲵味美，亦可作补品，严重捕杀和贩卖大鲵的情况屡禁不绝。

牛蛙（$Rana\ catesbeiana$ Shaw），原产于北美落基山脉一带，1959年中国引进牛蛙驯养，1986年在中国中部和南部大量饲养，主要品种为沼泽绿牛蛙（美国牛蛙）。牛蛙具有生长快、味道鲜美、营养丰富、蛋白质含量高等优点，是低脂肪高蛋白的高级营养食品。由于牛蛙生长繁殖快，食性广泛多样，适应能力强，寿命长，缺乏天敌控制，已导致世界许多地区蛙类和蛇类种群数量的严重下降、分布区缩小和局部绝灭，已被列为全球100种最具危害的入侵种，因此养殖牛蛙应严格加强管理，以免入侵范围进一步扩大。

（四）珍稀种类

中国现有的两栖动物主要分布于秦岭以南，其中以云南和四川两省种类最多，而东北、华北、西北地区种类很少。中国特有的两栖动物有 190 多种，约占中国两栖类总种数 284 种的 2/3。一些种类由于经济价值较高而人为过度捕捞食用，加之生态环境的污染破坏，导致物种数量下降，甚至濒危绝灭，如大鲵、虎纹蛙等。中国的珍稀和濒危两栖类约有 42 种，约占全国两栖类种总数的 15%。其中属于国家二级重点保护动物的有 7 种，即大鲵（*Megalobatrachus dividianus*）、细痣疣螈（*Tylototriton asperrimus*）、镇海疣螈（*T. chinhaiensis*）、贵州疣螈（*T. kweichowensis*）、大凉疣螈（*T. taliangensis*）、细瘰疣螈（*T. verrucosus*）、虎纹蛙（*Rana tigrina*），占中国两栖动物总数的 2.5%。在珍稀种中，虽都有一定数量，但大多数种的分布区狭窄或数量很少，若管理和利用不当，就会使之处于濒危状态，如版纳鱼螈、双带鱼螈、义乌小鲵、黄斑拟小鲵、秦巴拟小鲵、大鲵、细痣疣螈、海南疣螈、贵州疣螈、大凉疣螈、川壮齿蟾、凉北齿蟾、大齿蟾、峨眉齿蟾、金顶齿突蟾、平武齿突蟾、圆疣猫眼蟾、沙巴拟髭蟾、雷山髭蟾、崇安髭蟾、瑶山髭蟾、莽山角蟾、凸肛角蟾、粗皮角蟾、小口拟角蟾、肛拟角蟾、头盔蟾蜍、鳞皮厚蹼蟾、凹耳湍蛙和广西棱皮树蛙等 32 种，约占中国两栖类的 11.5%；中国的濒危两栖类约有 10 种，如中国小鲵、爪鲵、新疆北鲵、镇海棘螈、滇螈、红点齿蟾、花齿突蟾、东南亚拟髭蟾、哀牢髭蟾和峨眉髭蟾等，约占中国两栖类种数的 3.6%。

（五）科学研究价值

两栖动物用途广泛，在教学、科研、医药卫生检验等方面作为实验动物，常用于解剖、遗传、胚胎发育以及生物工程等研究，成为重要的实验材料。据报道，美国用于教学和研究的蛙类每年多达 1 500 万只，中国每年用于实验的两栖动物约数 10 万只。大鲵（娃娃鱼）仅见于中国南方各省，是较为原始的两栖动物，在研究动物进化方面及科研教学都有一定的价值。一些物种分布狭窄，如川北齿蟾（*Oreolalax chuanbeiensis*）、峨嵋髭蟾（*Vibrissaphora boringii*）、六盘齿突蟾（*Scutiger liupanensis*）等仅分布在中国的局部地区，这些资源动物在研究这些地区两栖动物区系演化和形成，动物进化和地理变迁的关系方面均具有非常重要的价值。

两栖类中的非洲爪蟾（*Xenopus laevis*）是生命科学研究中重要的模式研究材料。非洲爪蟾的卵母细胞体积大、数量多，易于显微操作，还可制成具有生物活性的无细胞体系，易于生化分析，在卵母细胞减数分裂机理研究中具有不可替代的作用。参与调节哺乳类卵母细胞减数分裂的重要蛋白激酶，其作用最初大都是在非洲爪蟾卵子中发现的，开启了细胞周期调控的分子机理之门。克隆动物最早是在非洲爪蟾中获得成功的。1962 年，英国牛津大学的生物学家约翰·戈登利用非洲爪蟾进行了一系列的核移植试验，当时的主要目的是研究不同发育时期胚胎细胞核的发育能力。他先用紫外线照射爪蟾卵细胞，破坏其细胞核，然后取爪蟾蝌蚪的肠上皮细胞、肝细胞、肾细胞等的细胞核，植入上述处理过的卵细胞内，其中一少部分卵会开始分裂并可发育至一定时期。利用蝌蚪小肠上皮细胞作为核供体，通过连续核移植的办法，戈登成功获得少量蝌蚪，其中有几只成功发育成为成体爪蟾，这可能是世界上最早的克隆动物。这一结果轰动了科学界，充分证明了细胞核的全能性，也开创了动物克隆的时代。

此外，中华大蟾蜍（*Bufo gargarizans*）也是科学研究和教学中重要的研究材料。

（六）观赏价值

两栖类动物形体多样，颜色多样，特别是各种树蛙类、雨蛙类的皮肤色彩艳丽，成为人们观赏的对象。

三、两栖类资源的保护

两栖类动物虽为再生资源，但若管理不善，滥捕乱杀，也会使一些可供药用或食用的很有价值的资源遭到破坏，甚至绝灭。广泛产于中国南方的虎纹蛙，体型较大，具有利用开发价值，20世纪60年代以前的数量很高，并多外销，但因只追求经济效益，使资源很快下降，现已被迫将这种常见并曾数量很高的蛙，列为国家重点保护对象。再如棘蛙类，一般体大肉肥，每只体重可达150～300g，广布于中国南方各省的山溪中，也就是通常人们称的"山鸡"。有记载，在贵州的梵净山，曾有人在一夜之间捕捉144只，重达30kg，说明资源之丰富。但由于长期不合理的捕杀，使其数量很快下降，现在已很难捕捉到。大鲵是一种有学术意义和经济价值的物种，多年来被大量捕杀，使其数量急剧下降，分布区不断缩小，有些产地现已绝迹，这种资源动物虽早已被列为国家重点保护对象，但在市场经济的大潮中，一些不法分子仍不顾国法，滥捕乱杀，资源破坏极为严重。

为了保护两栖类资源，国家加强了法制管理。在国家林业局2000年8月1日发布并施行的《国家保护的有益的或者有重要经济、科学研究价值的陆生野生动物名录》中的两栖类就有291种。但是合理开发利用两栖类动物资源、保护两栖类资源的物种及种群数量，维系自然生态系统的平衡是一项长期而艰巨的工作。

第十一节　爬行类资源与价值

爬行类动物是体被角质鳞片、在陆地繁殖的动物。爬行类动物是在古生代石炭纪末期从古两栖类动物进化形成的，除继承了两栖类动物对陆地生活的初步适应外，还发展出防止体内水分蒸发、陆地繁殖等进步性特征，使其完全摆脱了水的束缚，成为真正的陆生脊椎动物。爬行类动物在中生代极其昌盛，种类繁多，几乎遍布全球，成为统治者，恐龙就是当时的代表。但在中生代末期，由于气候和地壳的变动，绝大多数种类绝灭，仅少数留存至今，生活于地面、洞穴、树上、水中等各种环境中。爬行类动物的新陈代谢水平和神经调节机制不完善，与两栖类同为变温动物。

世界上现存的爬行类动物约有6 500多种，分为4个目，即喙头目、龟鳖目、有鳞目、鳄目。中国分布有3个目，近400种。

一、爬行类的生物学特征

（一）形态特征

爬行类动物的身体构造和生理机能适应于陆地生活环境。

身体由头、颈、躯干、四肢和尾部组成。具有四足动物的基本特征。现存爬行类动物的体型可分为蜥蜴型、蛇型、龟鳖型3种。颈部较发达，可以灵活转动，增加了捕食能力，能更充分发挥头部眼等感觉器官的功能。五趾型四肢和带骨进一步发达和完善，指（趾）端具爪，适于在地面上爬行。

皮肤干燥，缺乏腺体，具有来源于表皮的角质鳞片或兼有来源于真皮的骨板，是爬行类动物皮肤的主要特点。骨骼发达，为支持身体、保护内脏和增强运动能力都提供了条件。躯干肌和四肢肌比较复杂，特别是肋间肌和皮肤肌是陆生动物所特有的。

爬行类动物用肺呼吸，心脏由两心耳和分隔不完全的两心室构成，逐步向把动脉血和静脉血分隔开的方向进化，属于不十分完善的双循环。大脑具新脑皮层，与两栖类相比，感觉器官（嗅觉、视觉、听觉）复杂程度增加，功能增强。蝰科和蟒科种类具有对环境温度微小变化发生反应的热能感受器（红外感受器）。

（二）繁殖特征

爬行类动物陆地繁殖。雌雄异体，体内受精，摆脱了受精时对水的依赖。产羊膜卵，即卵外包着坚硬的石灰质外壳，能防止卵内水分的蒸发；胚胎发育中出现羊膜和羊水，胚胎可以在羊水中发育，既可防止干燥，又能避免机械损伤。爬行动物在陆地上产卵（产羊膜卵），在陆地上孵化，其结构和发育的特点，使动物完全摆脱了发育过程对水环境的依赖。蜥蜴类主要为卵生，少数种类为胎生。

（三）生态特征

爬行类动物为陆地繁殖动物，营陆栖和水栖（淡水或海洋）。龟鳖类为陆栖（如乌龟）、水栖或海洋生活（如玳瑁、鳖等）。喙头类是陆栖种类。有鳞类为陆栖、穴居、水栖及树栖生活（如壁虎、蜥蜴、蛇等）。鳄类动物为水栖类型（如扬子鳄）。

各种爬行类见图8-19。

二、爬行类资源的价值

（一）生态价值

大多数爬行类动物都属杂食性或肉食性，往往以昆虫和小型动物为食，在食物链中占有不可缺少的位置，在生态系统中充当次级消费者的角色。蜥蜴类和小型蛇类吞食害虫的效果同蛙类齐名。蜥蜴类大多捕食各种有害昆虫，如无蹼壁虎、石龙子、麻蜥等。据有益系数调查，蓝尾石龙子为53.69%，石龙子为51.6%，草原沙蜥为82.14%，密点麻蜥为81.10%。有些蛇类多以鼠类为食，如黑眉锦蛇、灰鼠蛇、滑鼠蛇、王锦蛇、眼镜蛇、眼镜王蛇、金环蛇、银环蛇以及蝮科蛇类等。据报道，一条中等大小的蛇，在夏秋两季可吞食鼠类100只左右，一条体重1kg的五步蛇，一年可吞食鼠150只。蛇不仅食鼠类，还食鸟、蛙等。许多爬行动物又是食肉兽和猛禽的食物及能量的来源之一。因此，爬行动物对维持陆地生态系统的稳定性以及为自然界提供能量储存方面，具有重要的作用。

(二) 药用价值

在中国，爬行类动物入药有着悠久的历史，早在春秋战国时期的《山海经》中就有"吃巴蛇，无心腹疾"的记载。《本草纲目》中记载的供药用爬行类有31种，《中国药用动物志》中记载的药用爬行类71种。在中国各地民间流行的医药偏方中，广泛应用多种爬行类动物。中国一些传统的中药材中如龟板、鳖甲、蛤蚧、金钱白花蛇和乌梢蛇等，在国内外都享有盛誉，所配制的中成药可以治疗多种顽症。

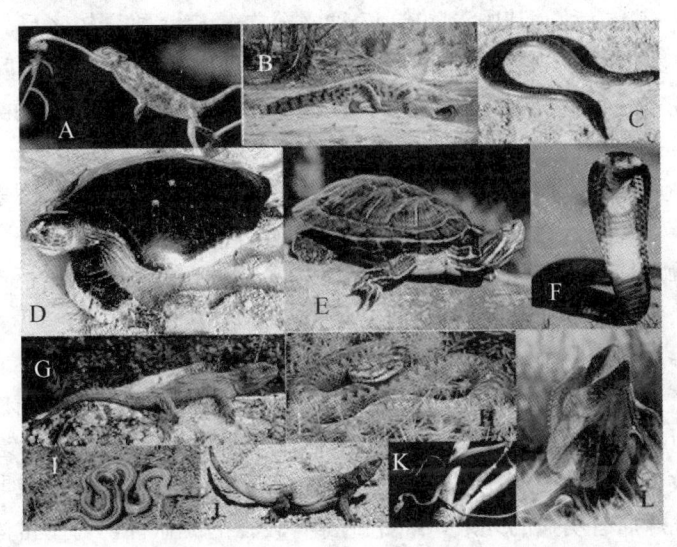

图 8-19 各种爬行类（引自 Gans et al.，2006）
A 变色龙　B 伞蜥　C 脆蜥蛇　D 绿海龟　E 彩龟　F 眼镜蛇
G 楔齿蜥　H 蝰蛇　I 锦蛇　J 鳄　K 竹叶青蛇　L 壁蜥

在龟鳖类中，各种龟类的龟甲均可入药，称为"龟板"，含有胶质、脂肪、钙盐等成分，具有补心肾、滋阴降火、潜阳退蒸、止血等功效，是大补阴丸、大活络丹、再造丸等中药的主要原料之一。鳖的背甲入药为"鳖甲"，主要成分有动物胶、角蛋白、碘、维生素等，具有养阴清热、平肝熄风、软坚散结等功效，以其为原料制成的中成药有二龙膏、乌鸡白凤丸等；鳖肉滋阴凉血、补中益气、解毒截疟、补脾益肾等功效。龟鳖类头、血、卵、胆、脂肪等均可入药。

蜥蜴类用于入药有近20种，其中最有名的是大壁虎，中药名为蛤蚧，具有补肾、温肺、定喘、止咳、壮阳等功效，用于治疗虚劳喘咳、咯血、消渴、神经衰弱、肺结核、阳痿早泄、气管炎等疾病。无蹼壁虎、多疣壁虎等具有祛风活络、散结止痛、镇惊解痉等功效，主治中风、半身不遂和风湿性关节痛等。蓝尾石龙子等具有解毒、散结、行水等功效。

在中国，广泛应用的具有药用价值的蛇类有30余种，实际上，绝大多数蛇类都能入药。蛇类的全身如蛇肉、蛇胆、蛇蜕、蛇血、蛇骨、蛇卵、蛇粪、蛇油、蛇皮、蛇鞭、蛇内脏、蛇毒等都有药用价值。如蛇蜕的中药名叫龙衣,有杀虫祛风的功效,可治疗疮痈肿、惊痫、咽喉肿痛、腰痛、乳房肿痛、痔漏、疥癣和难产。还可用蛇蜕煅灰混香油治中耳炎或装入鸡蛋中煮熟吃治疗颈淋巴结核。蛇胆具有祛风湿、舒筋活络、止咳化痰、清暑散寒等功效,可治疗风湿关节痛、咳嗽多痰、小儿惊风、高烧等症,制成的中成药有蛇胆川贝液等。蛇油可治疗带状疱疹、米丹毒、血管硬化、漏疮、冻伤、烫伤等。蛇肉的药用价值较高,闻名中外的"三蛇酒"(两种毒蛇、一种无毒蛇)、"五蛇酒"(三种毒蛇、两种无毒蛇)就是蛇与酒泡制。另外如白条锦蛇、赤链蛇和青脊游蛇等一些无毒蛇,有祛风解毒,止痛等功能。

中国蛇类约有160种,其中毒蛇有47种,分布较广、数量较多且具有剧毒的毒蛇有10种,包括蝮蛇、五步蛇、蝰蛇、眼镜蛇、眼睛王蛇、金环蛇、竹叶青、白唇竹叶青和烙铁头。蛇毒是毒蛇毒腺分泌的蛋白质或多肽类物质,含有多种酶类,具有很强的毒理作用。通常按作用机理分为3种:

(1) 血液循环毒素,简称血循毒,引起伤口剧痛、水肿、皮下出现紫斑,最终导致心脏衰竭致死,如蝰蛇、蝮蛇、竹叶青、五步蛇等分泌的毒素。

(2) 神经毒素,简称神经毒,引起麻痹无力、昏迷,最后导致中枢神经系统麻痹致死,如金环蛇、银环蛇等蛇分泌的毒素。

(3) 混合毒素,如眼镜蛇和眼镜王蛇的蛇毒属于混合毒素。

本世纪以来,对蛇毒的研究较多,蛇毒用于临床的制品,如蛇毒消栓酶、蝮蛇抗栓酶等,可治疗冠心病、脑动脉硬化、脉管炎等20多种病症。制成的眼镜蛇毒注射剂具有比吗啡更有效、持久的镇痛作用,对于三叉神经痛、坐骨神经痛、晚期癌痛、风湿性关节痛等顽固性疼痛有明显的疗效,蝰蛇蛇毒有较强的凝血性,对于机体缺乏凝血因子的血友病患者,可用于局部止血。蛇毒还可以治疗胃、十二指肠溃疡等病症。现在已经有科学家在研究属于神经毒素的蛇毒用于治疗某些寄生于人体神经系统的病毒,例如狂犬病毒。

(三) 食用价值

在中国常被作为食用的爬行类约有60种,如黑眉锦蛇、乌梢蛇、灰鼠蛇、滑鼠蛇、王锦蛇、眼镜蛇、眼镜王蛇、金环蛇、银环蛇和五步蛇等。蛇肉不仅味道鲜美可口,且营养价值高。据分析,蛇肉含有脂肪、蛋白质、糖类、钙、磷、铁以及维生素A、维生素B等,可与鸡肉、牛肉相媲美。蝮蛇肉的蛋白质中含有全部的人体必需氨基酸。蝮蛇肉中还含有能增加脑细胞活力的谷氨酸及能帮助消除疲劳的天门冬氨酸,因此常吃蛇肉可提高免疫力,增进健康,延年益寿。全国每年食用蛇类的数量是非常惊人的,如香港每年食用蛇达100万条,广州市每年食用蛇50多万条。

龟鳖类中鳖肉是著名的滋补食品,鳖甲周围的裙边历来为脍炙人口的佳肴。龟类中肉可以食用的有海龟、太平洋丽龟、平胸龟、乌龟、黄喉拟水龟和几种闭壳龟等。龟卵可以食用的有棱皮龟、蠵龟、太平洋丽龟和乌龟等。

(四) 珍稀种类

中国共有爬行动物近400种,约占全世界爬行动物总数的6.16%。其中,中国特产种类有113种，有许多种类具有重要的科学研究价值和经济价值。中国有珍稀、濒危爬行类22种，约占全国爬行动物种类总数的5.4%，爬行动物中属于濒危种被列为国家一级重点保护动物6种，占爬行动物总数的1.5%，分别为四爪陆龟（Testudo horsfieldi）、鼋（Pelochelys bibroni）、鳄蜥（Shinisaurus crocodilurus）、巨蜥（Varanus salvator）、蟒（Python molurus）、扬子鳄（Alligator sinensis）；属于珍稀种，为国家二级重点保护动物11种，占爬行动物总数的2.8%，分别为地龟（Geoemyda spengleri）、三线闭壳龟（Cuora trifasciata）、云南闭壳龟（Cuora yunnanensis）、凹甲陆龟（Manouria impressa）、龟（Caretta caretta）、绿海龟（Chelonia mydas）、玳瑁（Eretmochelys imbricata）、太平洋丽龟（Lepidochelys olivacea）、棱皮龟（Dermochelys coriacea）、山瑞鳖（Trionyx steindachneri）、大壁虎（Gekko gecko）。此外海南闪鳞蛇（Xenopeltis hainanensis）、美丽金花蛇（Chrysopelea ornata）和莽山烙铁头（Zhaoermia mangshanensis）、红尾筒蛇（Cylindrophis ruffus）等也为珍稀爬行类动物。

（五）科学研究价值

中国的动物生态地理位置，决定和形成了特殊的动物区系，其中爬行动物也残留不少孑遗种类。据统计，中国爬行类的特有种约占中国爬行类总种数1/3，包括国家一级和二级重点保护动物。同鸟类和兽类一样，爬行类的一些种在发现时已处于濒危或已绝灭的境况，如绿毛龟、美丽金花蛇、海南闪鳞蛇、红尾筒蛇和莽山烙铁头等，其中大多为中国特有，研究这些种类的濒危原因和区系变化，均具有重要的科学意义。

喙头目是爬行动物中最古老的类群，现仅存1种，即楔齿蜥（Sphenodon punctatum），又称喙头蜥，分布于新西兰北方的一些岛屿上，具有一系列类似古爬行动物的原始特征，因此有"活化石"之称。

爬行动物特别是蛇类的一些结构和机能为仿生学提供了良好的材料。如蝰科蝮亚科蛇类在眼与鼻孔存在的颊窝，是一种红外线感受器，对温差变化极其敏感，它能感知周围$3.15×10^{-4}$J/（cm^2·s）的热量变化，是现今最灵敏的红外线探测器所不及的。模仿颊窝的热测位器作用，制造具有高精确性和能探测、追踪飞机、舰艇、车辆等目标的导弹、火箭自导装置等，在军事上和工业上具有重要的意义。

（六）其他方面

蟒蛇、鳄、巨蜥等的皮张面积大，皮板厚，韧性强，可以制革，作为制造皮箱、皮鞋、皮包的原料。蛇皮皮质轻薄、柔韧，且有美丽的饰斑，不但可以制作皮革、皮带、皮鞋、皮包等工艺品，还是制作胡琴、手鼓、三弦等乐器的琴膜必不可少的原料。玳瑁的背甲具有独特花纹，历来是制作眼睛架或其他工艺品的上等原料。太平洋丽龟的甲可用于做装饰品。龟类、蛇类、鳄类等还具有观赏价值，尤其是某些龟类，如平胸龟、金头闭壳龟、黄喉拟水龟等在背甲上人工接种藻类，可培养成"绿毛龟"。蛇类还能预测天气变化和预报地震。

与两栖类一样，爬行类虽为再生资源，但若管理不善，滥捕乱杀，也会使一些可供药用或食用的很有价值的资源遭到破坏，濒危并将绝灭，因此加强保护爬行类动物十分重要。在国家林业局2000年8月1日发布并施行的《国家保护的有益的或者有重要经济、科学研究价值的陆生野生动物名录》中的爬行类就有395种。

第十二节 鸟类资源与价值

鸟类是体表被覆羽毛、有翼、恒温和卵生的高等脊椎动物。鸟类是从距今1.5亿年前的古爬行动物进化来的，从生物学观点来看，鸟类最突出的特征是新陈代谢旺盛，能在空中飞翔。在长期的演化过程中，鸟类获得了一系列特有的、适应飞翔生活的进步性特征，使鸟类成为陆生脊椎动物中种类最繁盛的一大类，分布遍布全球。鸟类现存种数约为9 000种，中国所产鸟类约有1 244种。

一、鸟类的生物学特征

（一）形态特征

鸟类的外形、各个器官系统的结构和生理向着适应飞翔生活方面演化，主要表现在：

鸟类的身体呈纺锤形，体表被有羽毛（feather），使鸟类的身体形成流线型外廓，这样可以减少飞行过程中空气的阻力。前肢变翼，后肢具四趾，均为对飞翔生活的适应。羽毛为鸟类特有的结构，是鸟类区别于其它动物最主要的特征。尾羽在飞行时起平衡的作用。绒羽密生在正羽之下，蓬松呈绒状，构成松软的隔热层，起保温作用，水禽绒羽特别发达。鸟类羽毛的颜色可因性别、年龄、季节而异。鸟类一般在每年的春季和秋季要换羽（molt）。

骨骼轻而坚固，骨骼内具有能充气的腔隙，头骨、脊柱及肢骨的骨块有愈合现象，使鸟类的骨骼不仅坚固，而且重量非常轻，有利于飞翔。

鸟类中使翼扬起的肌肉（胸小肌）和使翼下降的肌肉（胸大肌）十分发达，占整个体重的1/5，善于飞翔的鸟类胸小肌和胸大肌的重量可达到体重的1/3以上。

鸟类直肠极短，不储存粪便，可减轻体重。消化力强，消化过程十分迅速，使鸟类食量大，取食频繁。

鸟类呼吸系统十分特化，肺体积较小，各级支气管形成彼此吻合相通的网状管道系统，并有发达的气囊（air sac）与肺相通，气囊分布在各内脏器官之间以及皮下、骨骼内的腔隙中，这种特殊的结构使鸟类具有独特的呼吸方式——双重呼吸（dual respiration），即鸟类无论是吸气还是呼气，在肺内均能进行气体交换，从而保证鸟类在飞翔时旺盛的新陈代谢的需要。气囊除了辅助呼吸外，还有减轻身体比重、减少内脏各器官间的摩擦和散热的作用。

鸟类的心脏分为四室（左心房、左心室、右心房、右心室），循环方式为完全的双循环，心脏容量大，心跳频率快，动脉血压高，血流快，血液循环迅速，使气体、营养物质及废物的代谢旺盛。

鸟类肾脏的体积较大，可占体重的2%以上，肾小球数量较多，能迅速排出代谢废物，这对保持盐、水平衡是非常有利的。鸟类的含氮废物大都由尿酸组成，同时鸟类没有膀胱，输尿管直接开口于泄殖腔，尿常与粪便混合而随时排出，也是减轻体重的一种适应。

鸟类大脑的纹状体、小脑、中脑视叶非常发达，调节产热、散热的能力高，从而使鸟类的体温保持在相对恒定和高于环境温度的水平。鸟类的体温为 37.0℃～44.6℃，这是维持高水平的新陈代谢所必不可少的。

鸟类感官中与飞翔生活相适应的是视觉非常发达。眼大小比例在脊椎动物中是最大的，在巩膜前壁内着生一圈巩膜骨（sclerotic ring），在飞翔时可防止因强大的气流压力而使眼球变形。鸟类的调节视力的肌肉为横纹肌，视力的调节方式为双重调节，即不但能调节晶状体的形状，还能改变角膜的屈度，鸟类这种迅速的调节机制，能在一瞬间把"远视眼"调整为"近视眼"。

（二）繁殖特征

鸟类生殖腺的活动具有明显的季节性变化，雄鸟有睾丸一对，但仅在生殖季节才膨大发达，非生殖季节萎缩，生殖季节和非生殖季节睾丸的体积可相差几百倍到近千倍。一般认为这也与适应于飞翔有关。大多数雌性仅具左侧的卵巢和输卵管，右侧的退化。通常认为与产生大型具有硬壳的卵有关。

鸟类的繁殖具有明显的季节性以及复杂的繁殖行为。一般鸟类每年繁殖一窝，少数鸟类如麻雀、文鸟等一年可繁殖多窝，一些热带地区的食谷鸟类可以终年繁殖。鸟类在繁殖时的配偶关系大多维持到繁殖结束，少数种类如天鹅、雁、鹤、鹳等为终生配偶。多数种类为一雄一雌，少数种类是一雄多雌（如松鸡、环颈雉、蜂鸟等）或一雌多雄（如三趾鹑等）。鸟类每年进入繁殖季节后，出现一系列复杂的繁殖行为，这些行为包括占区（territory）、求偶炫耀（courtship display）、筑巢（nest building）、产卵（egg-laying）及孵卵（incubation）、育雏（parental care）等活动。这些都是有利于鸟类后代存活的适应性特征。鸟类具有育雏的一系列本能，保证了后代有较高的成活率。

（三）生态特征

鸟类每年春季和秋季在繁殖地和越冬地之间进行的定期、集群飞迁的现象称为迁徙（migration）。虽然迁徙并不是鸟类所独有的本能活动，某些无脊椎动物（如东亚飞蝗）、鱼类（如带鱼、小黄鱼）、哺乳类（如鲸）等也有季节性长距离更换住地的现象，但鸟类的迁徙是最普遍和最引人注目的生物学现象。鸟类迁徙具有定期性、定向性和集群性三大特点。

根据鸟类的居留情况，可将鸟类分为留鸟（resident）、漂鸟（drifter）、候鸟（visitor）和迷鸟（straggler）。留鸟是终年留居在出生地而没有迁徙习性的鸟类，如树麻雀、喜鹊等。有些鸟类繁殖后离开生殖区，进行漂泊和游荡，无方向性，主要是追随食物而转移，直到春季才回到生殖区，这种鸟称为漂鸟，如大山雀、啄木鸟等。候鸟是在春秋两季沿着固定的路线，往返于繁殖区和越冬区之间的鸟类，根据候鸟在某一地区的旅居情况又可分为夏候鸟（summer visitor，夏季在某一地区繁殖，秋季离开到南方过冬的鸟类，如杜鹃、家燕等）、冬候鸟（winter visitor，冬季在某一地区越冬，翌年春季到北方繁殖的鸟类，如太平鸟、黑雁等）、旅鸟（traveler，在迁徙时仅途经某地，不在此地繁殖和越冬的鸟类，如黄胸鸡等）。候鸟的划分因地区而异，如丹顶鹤在中国的黑龙江省是夏候鸟，在江苏省是冬候鸟，在山东省、河北省是旅鸟。迷鸟是在迁徙过程中，由于天气骤变使其漂离正常的迁徙路线或栖息地偶然到异地的鸟类，如北京偶见埃及雁。

鸟类的迁徙大多发生在南北半球之间，较少发生在东西半球之间。迁徙鸟类繁殖地与越冬地之间的距离可以从几百千米至上万千米。北极燕鸥是已知迁徙距离最远的鸟类，它繁殖于北极地区，在南非海岸越冬，每次行程达 18 000km。鸟类迁徙的高度一般在 1 000m 以下，小型种类的迁徙高度不超过 300m，甚至仅为几十米高，大型鸟类可高达 3 000~6 300m，个别种类超过 9 000m。一般夜间迁徙低于白昼，阴天、风、雾等天气低于晴朗天气。鸟类迁徙的时刻可分为白昼迁徙（大型鸟和猛禽，如鹳、鹤、鹰、隼等，由于受敌害的威胁的机会较少，因此在昼间迁飞）、夜间迁徙（多数候鸟，特别是小型食虫鸟、食谷鸟、涉禽和多数鸭类都在夜间迁徙，以便更好地防御猛禽等的袭击，白天还可以觅食）、昼夜兼程（多出现在越过海洋或沙漠等而不能休息的情况下）。如金斑鸻可在海洋上空连续飞行 5 000km。

中国候鸟迁徙路径有三个迁徙区：

（1）西部候鸟迁徙区：包括在内蒙古西部干旱草原、甘肃、青海、宁夏等地的干旱或荒漠、半荒漠草原地带和高原草甸等生境中繁殖的候鸟。

（2）中部候鸟迁徙区：包括在内蒙古东部、中部草原、华北西部地区以及陕西地区繁殖的候鸟，沿太行山、吕梁山越过秦岭、大巴山区进入四川盆地及大巴山东部到华中或更南的地区越冬。

（3）东部候鸟迁徙区：包括东北地区、华北东部繁殖的候鸟，可能沿海岸向南迁飞到华东、华南、甚至东南亚各国或沿海岸到日本、马来西亚、菲律宾及澳大利亚等国越冬。

依据鸟类的生活习性和结构特征将鸟类分为 7 个主要生态类群。见表 8-2。

表 8-2　鸟类的主要生态类群

名　称	生活习性和结构特征	代表种类
走禽	无龙骨突起，不能飞翔，善于奔跑	非洲鸵鸟、鸸鹋
游禽	趾间具蹼，善于游泳，尾脂腺发达	绿头鸭、天鹅、鹈鹕
涉禽	一般喙长、颈长、腿长，适于涉水	丹顶鹤、白鹳、苍鹭
陆禽	离趾型，陆地上取食，地栖或树栖	鹑鸡类如雉鸡、孔雀等，鸠鸽类如岩鸽、斑鸠
猛禽	喙强锐而钩曲，脚强大有力，爪锐而钩曲，性凶悍	鹰、隼、鹗
攀禽	脚短健，对趾型、异趾型或并趾型，适于在树上攀缘攀缘活动，很少在地面活动	杜鹃、鹦鹉、翠鸟、啄木鸟
鸣禽	鸣肌发达，善于鸣叫，体多为中小型	百灵、画眉、喜鹊

各种鸟类见图 8-20。

图 8-20 各种鸟类（引自 Taylor *et al.*，1993）
A 鸢 B 信天翁 C 天鹅 D 丹顶鹤 E 翠鸟
F 环颈雉 G 王企鹅 H 鸮 I 黑鹳 J 雨燕
K 鹭 L 鹦鹉 M 鲣鸟 N 美洲鸵鸟

二、鸟类资源的价值

世界上现存鸟类 9 000 余种，分为 3 个总目，即平胸总目、企鹅总目、突胸总目，其中突胸总目的数量最多。非洲鸵鸟（*Struthio camelus*）是现存最大的鸟，体高 2.75m，体重可达 135kg。蜂鸟（*Trochilidae*）是世界上最小的鸟类，体重仅 1g 左右，主要分布于南美洲。以花蜜为食，能在花前似飞机般的"悬停"，胸肌相对大小为鸟类之冠。各目动物的特征见表 8-3。

表 8-3 世界现存鸟类的种类

总 目	特 征	代表种类	
		名 称	分 布
平胸总目 Ratitae	现存鸟类中体型最大的走禽，翼退化，无飞翔能力；胸骨扁平无龙骨突起；羽毛均匀分布，无羽区和裸区之分；羽毛不发达，羽枝上无小钩，不形成羽片；后肢强大，多数种类趾数减少；雄性有交配器	非洲鸵鸟 *Struthio camelus*	非洲和阿拉伯半岛
		几维鸟 *Apteryx australis*	新西兰

续表

总目	特征	代表种类 名称	代表种类 分布
企鹅总目 Impennes	全部生活于海洋中，除繁殖期外，很少深入内陆，前肢变成鳍状，身体羽毛呈鳞片状，均匀分布于体表；尾短，后肢短，靠近身体后方，趾间具蹼。不能飞翔但适于游泳。骨骼不充气，胸骨具有发达的龙骨突起，皮下脂肪发达。	皇企鹅 *Aptenodytes forsteri*	主要分布于南极洲及其邻近的非洲、美洲和大洋洲的南缘
突胸总目 Carinathe	善于飞翔，翼发达，体表有羽区和裸区之分；胸骨具有发达的龙起，骨骼充气，具有尾综骨，锁骨呈"V"字形；绝大多数雄性不具交配器	各种雉鸡类、鹤类、鸮类、雁鸭类等	世界各地

中国的鸟类资源十分丰富，分布于中国的鸟类只有突胸总目，共计1244种，占世界鸟类总数的14%，中国是世界鸟类大国之一（表8-4）。中国的青海湖鸟岛，因岛上栖息数以十万计的候鸟而得名，是斑头雁、渔鸥、棕颈鸥、鸬鹚的世袭领地，它面积不到1km^2，却集中栖息着近30万只的水禽。

表8-4 中国主要鸟类资源种数与世界种数比较（引自赵建成等，2002）

类别	世界种数	中国种数	百分比（%）
鹤类	15	9	60
雉鸡类	280	62	22
雁鸭类	160	51	32
画眉	46	34	74
鹰隼类	290	61	21
鸮类	146	29	20

中国自古以来就有目的地利用鸟类。除食用外，还有药用、观赏、娱乐等。狩猎鸟类是人们狩猎活动的主要形式之一，狩猎鸟类的目的就是要获得食用（肉、蛋）、装饰用和观赏用的鸟类。鸟类与人类生活密切相关，它们中有的是著名的观赏鸟，如孔雀；有的是除害虫的益鸟，如啄木鸟；还有大量的家禽可供人类食用。因此鸟类资源的价值很大。在众多的鸟类中，能作为资源（有产业经济价值的）的鸟类有300种左右。

（一）生态价值

1. 食物链的组成成分

鸟类是生态系统中重要的组成部分，鸟类不仅在控制和影响有害昆虫和鼠类方面具有重要的作用，而且在自然界的物质循环和能量流动方面也起着极其重要的作用，因此鸟类在维护和调节生态系统平衡中的作用甚大。

鸟类对农林害虫的控制作用早有记载。中国古籍如《酉阳杂俎》和《唐书》五行志有"开元二十五年贝州蝗虫食禾，有大白鸟数千，小白鸟数万群飞食之，一夕而尽，禾稼不伤"的记载。民间应用也较多，江苏省、安徽省一带多水域，常利用牧鸭来防治水稻田地里的蝗虫，而新疆牧民则曾利用放家鸡的办法，有效地控制了蝗虫的数量不致成灾。

大多数鸟类是农林害虫的天敌，有些鸟类几乎完全以昆虫为食，其中有终年留居的，如啄木鸟、山雀等，也有夏季迁来的夏候鸟，如夜鹰（蚊母鸟，在西藏、云南则为留鸟）、杜鹃、伯劳、黄鹂、卷尾、燕类、莺类、鹟等。绝大多数的鸟类在夏季繁殖季节都以昆虫为食，多数所食的昆虫是农林害虫。由于鸟类数量多，捕食昆虫量大，代谢速度快，加之鸟类活动灵活，范围广，每年可消灭大量的害虫，因而具有生物防治的作用。例如松毛虫是中国森林主要害虫之一。据调查，松毛虫的天敌有 200 多种，其中鸟类占 1/3 以上。大山雀是捕食松毛虫的能手，特别是在育雏期间，每天喂雏次数平均约在 85~105 次之间，一天之内大约可以消灭 200 条松毛虫。大山雀的体重大约有 14g，而它所食的昆虫量几乎与体重相等，有时可达体重的 1.5 倍。

许多鸟类的食性不同。绿啄木鸟喜吃蚂蚁；大山雀喜食果树害虫，如梨星毛虫、苹果天社蛾、夜蛾、松毛虫等；燕鸻、田鹨以蝗虫、金龟虫甲、象虫甲等为食；鹊鸲、燕类等以卫生害虫水蚊、蝇、蚋等为食；夜鹰在 5~6 月间吃金龟虫甲；猛禽中的隼类大多也以昆虫为食，也吃小型鸟类和啮齿动物；鹰隼类、鸮类及雀形目中的一些伯劳以鼠类为食，是人类和各种虫害、鼠害斗争的有力助手和朋友；有些鸟类如秃鹫、乌鸦等以腐烂的动物尸体、垃圾等为食，它们能消灭有病动物和腐烂尸体，在保护环境等方面具有重要的意义。因此，人们常把一些鸟类称为森林医生、农林业卫士、大自然的清道夫等。

啄花鸟、太阳鸟等嗜食花蜜而起到了自然传播花粉的作用；许多鸦类以食杂草种子或其他植物种子为主，能起到传播种子的作用；短嘴金丝燕有群居岩洞的习性，它们在洞中的积粪也是优质肥料。这些鸟类都属于农林益鸟。

大多数鸟类的适应环境能力很强，如某些鸮形目的鸟类，在食物丰富时，可由候鸟变为留鸟，在繁殖季节，产卵数量显著增加。长耳鸮在食物丰富时，每窝可产卵 8~9 枚，而食物缺乏年份，仅产卵 1 枚；短耳鸮在食物丰盛年份，每窝产卵为 11~14 枚，在食物缺乏年份，产卵 3 枚。

随着农药和各种化学杀虫剂使用后所造成的环境污染及大量抗药性昆虫的出现，人们更加认识到鸟类在消灭害虫、害鼠、维持生态环境方面的重要作用。

2. 鸟粪资源

海鸟性喜群居，往往成千上万地同在一个海岛上栖息，留下了大量的鸟粪。鸟粪中约含有 16% 的氮和 10% 的磷，是优质的有机肥料，是一项具有开采价值的资源动物产品。

由于形成的不同，鸟粪又分为两种：一种是质地疏松如沙土的鸟粪土，不需要加工而直接利用；另一种是沉积成块状的鸟粪石，其质地也较疏松，易于碾碎，只需略为加工就可利用。鸟粪肥效显著，据实验，每增施 7.5kg，可使冬小麦增加 52.5~60kg/

hm², 马铃薯增产 300～375kg/hm², 甜菜增产 375～412.5kg/hm², 子棉增产 37.5～45kg/hm²。

在国外，鸟粪出产最著名的国家是南美洲的智利、秘鲁等国。中国西沙群岛过去是鸟的天下，是鸟粪肥的产地，鸟粪肥主要积累在永兴岛、东岛、石岛、北礁、赵述岛、金银岛等地，而储量最多的永兴岛上，常见的鸟类有鲣鸟、白胸秧鸡、金鸻、翻石鹬、家燕、田鹨、鹲鸽、绣眼鸟等数十种，其间以鲣鸟的数量最多。日本侵华期间，就已在永兴岛开发鸟肥。据 1955 年鸟肥公司调查，永兴岛的鸟肥面积达 $1.4×10^6 m^2$，储量在 $2.6×10^5 t$ 左右。1956 年以后，由于上岛人数逐渐增多，并对鸟类大肆捕杀和拾拣鸟蛋，以致到了 1958—1959 年三年间，岛上鲣鸟已不再见，鸟粪也开发殆尽。鸟粪资源是一种可更新的资源，利用得当，可持续地开采，其关键是对主要鸟粪动物进行保护，保护其栖息环境、禁止进行猎捕、拣拾鸟蛋及捕杀幼鸟等。

鸡粪中所含养分也很高，经分析，在干鸡粪中含粗蛋白 28.7%、粗纤维 13.8%、钙 7.8%、磷 2.1%、亚油酸 1%。鸡粪中蛋白质的质量也较好，每公斤干鸡粪中含苏氨酸 5.3g、胱氨酸 1.8g、赖氨酸 5.4g，超过玉米、高粱、大豆饼、棉子饼等的含量，此外鸡粪中还富含维生素 B 族及各种微量元素。一般干鸡粪含 550～1350J/kg 的代谢能。因此鸡粪不但是优质的肥料，而且可以作为蛋白质和矿物质等补充饲料以及能量饲料的来源，应用于禽、畜和鱼类等的饲料。

3. 关于益与害

益和害并非一成不变的，例如乌鸦，历来被人们讨厌，鸣叫声粗劣、嘈杂难听；春耕时节，田间播种的种子常被翻食；高压输电网，常因乌鸦在铁塔上筑巢或栖居而造成短路、断电，经济损失很大，它们的粪便污染环境。但有些农民则不认为乌鸦是农业害鸟，据观察，乌鸦虽然有时把禾苗拔起，但并不啄食，而是在寻找地下害虫，因此是益鸟。

在中国的北方，往往放养柞蚕，因而生活在柞蚕放养地区的食虫鸟，也就成为危害柞蚕的害鸟了。

黄胸鹀，在南北迁徙期间，所到之地正是稻麦灌浆之时，一路啄食危害这些作物，但在繁殖地繁衍时期又以食害虫为主。据观察，黄胸鹀一窝有 4 只雏鸟，一天之中能吃掉 700～900 条虫子。

麻雀是伴人居住的鸟类，凡有人定居的地方，都有麻雀存在。在农区，麻雀栖居在农田边上的树上，繁殖后期则在作物（稻和麦）灌浆和成熟之时，在穗上啄食，啄食时还弹落种子，危害相当大。但在城市之中，则没有农作物，而且其他鸟类也不多，显出麻雀是城镇的优势种之一，其食物则是以昆虫为主（麻雀在繁殖期主要吃昆虫）。在德国为保护果实，过去有过打麻雀的经验，打了麻雀反而果实损失更大。1956 年中国掀起爱国卫生运动，消灭四害（麻雀、老鼠、苍蝇、蚊子），1958 年更遭到全国性的围剿，当时上海的行道树种的多是法国梧桐，围剿麻雀之后，害虫大发生，把梧桐树的所有树叶都吃光了，园林工人每天喷洒农药也未能控制害虫的危害。许多科学家指出麻雀虽然也吃粮食，但在城市、果园等则基本上以吃昆虫为主，认为麻雀是"功大于过"，不应成为公害之一。1960 年以臭虫代替麻雀列入四害，从此，麻雀不再属于"扫除"的范围。

（二）食用价值

人类在生产过程中学会了驯养动物，把野生动物驯化为家养动物，即家禽和家畜等。人类饲养鸟类历史悠久，一方面可以提供大量的肉、蛋、羽等，以满足人类生活需要，鸡、鸭、鹅等是家喻户晓的种类；同时通过饲养各种珍贵鸟类，供娱乐、观赏之用。

家鸡的驯化以亚洲为最早。家鸡的祖先是原鸡（也有称红原鸡），广布于亚洲南部的热带林区。6 000多年前原鸡在中国一直向北分布到黄河流域，而今因环境的变迁，仅只分布在云南南部、广西和海南岛。

家鸡的培育品种很多，主要分为三大类，即肉、蛋兼用型、肉用型和蛋用型。中国在历史上已培养出不少著名的品种，如寿光鸡、狼山鸡等，近年来又培养出北京白鸡，它具有抗病力强、遗传性稳定、节省饲料、高产优质等特性，每年可产蛋240枚约14 kg。国外的艾维茵、AA鸡等肉用鸡、来航鸡（蛋用）等也很出名，并已被引入中国。

家鹅，许多人认为是第一个被人类驯化了的家禽，但它发源于何地则说法不一，有人认为起源于埃及，也有人认为是在中国或东南亚。从中国古代书籍及文化遗址的考证，至少可以说中国是起源地之一。经研究，中国的家鹅源于鸿雁（欧洲的家鹅源于灰雁）。著名品种狮头鹅产于广东潮汕地区，这种鹅肉厚、耐粗饲料，容易饲养，雄鹅体重可达10~12 kg，雌鹅达9~10 kg，是世界有名的大型肉用鹅。此外，江苏的白鹅，安徽的雁鹅，湖南的淑浦鹅等也是著名的优良品种。糟鹅蛋是著名食品之一。

家鸭的驯化也比较早，《尸子》（公元前475—221年）有"野鸭为凫，家鸭为鹜"的记述。中国家鸭的野生祖先有两个，即绿头鸭和斑嘴鸭。家鸭品种中的北京鸭，是世界著名的优良品种，它头大颈粗，体长背阔，胸部丰满，体质强健，适应能力和抗病能力均强，而且合群性较强，易于饲养管理。美洲的家鸭源于白眉鸭，美国的长岛鸭则源于北京鸭。家鸭不但肉用，其卵除鲜用外，多制成松花蛋（亦称皮蛋）和咸鸭蛋。

家鸽的先祖是原鸽，最早可能是在阿拉伯被人驯化的。家鸽在家禽饲养中，培育出的品种最多、变异也最大，可分食用、通讯用和观赏用三大类。达尔文在研究家养动物和植物的变异时，曾收集到150多个家鸽品种。目前常见的家鸽品种有王鸽、仑特鸽、卡奴鸽、石岐鸽等。乳鸽肥嫩、骨软、肉滑、味鲜美成为人们爱吃的食品，对体弱者还具滋补作用。

鹌鹑生活在山边、空旷平原、溪流边、灌丛及草地等环境。鹌鹑是一种食用性很强的家禽，为人类提供了丰富的蛋白质食物——鹌鹑肉和鹌鹑蛋，被人们加工成各种各样的食品在市场中出售，是最受人们喜爱的食品之一，鹌鹑蛋、肉营养丰富，蛋白质含量高，氨基酸丰富，胆固醇含量低，鹌鹑肉细嫩，并且还具有很高的药用价值。鹌鹑是国内一致公认的珍贵食品和滋补品，具有动物人参之称。

人类狩猎鸟类的主要目的就是食用鸟类。对于猎来食用的鸟类，一般要求体大、肉质鲜美，主要是鸡形目、雁形目、鸽形目、鸽形目等。其中最普遍的是野鸡，如松鸡科的榛鸡（商品名叫飞龙），在历史上一直是向帝王进贡的贡品。中国有两种榛鸡，即花尾榛鸡和斑尾榛鸡，飞龙指的是前者，分布于大兴安岭至河北北部，喜栖息于山杨和桦树林或桦树与落叶松的混交林内，新疆北部的阿尔泰山也有分布。由于捕获花尾榛鸡数量大，以致其数量锐减，为保护这项资源，国家已将其列为国家重点保护二级鸟类。斑尾榛鸡则分布于青海、甘肃和四川，是中国的特产。斑尾榛鸡被列为一级保护对象，绝对禁猎。黑琴鸡是中国东北林区的主要狩猎禽种之一，栖息于森林草原，此鸟警觉性不高，即使人在它们的栖枝下也不飞走，人们利用这个习性大量捕杀，使之数量减少很多，也已被国家列为二级重点保护对象。

麻雀，为广布常见鸟类，体重约有20g。其肉鲜嫩，为人们的美食。商家常油炸后出售，在无锡一带常制成酱麻雀出售，颇受人们欢迎。

雁形目鸟类在中国大多数是冬候鸟，是冬季的主要狩猎对象，如山东的微山湖、江苏的太湖、洪泽湖、安徽的巢湖、江西的鄱阳湖、湖南的洞庭湖等都是主要的狩猎区。这些水禽之中以野鸭为主，如绿翅鸭、花脸鸭、绿头鸭、斑嘴鸭、赤颈鸭、白眉鸭等。以有千湖之称的云梦泽的湖北省为例，20世纪70年代以前年产量达到7.0×10^5kg，由于围垦，湿地和湖泊的面积减少，水环境的恶化已经威胁鸭类等水禽的生存，再加上过度捕猎，产量急剧下降。

（三）药用价值

许多鸟类是传统的中药材。《神农本草经》记载了动物药68种，其中鸟类，包括家鸡在内共有4种（或4类鸟类）。在《本草纲目》中，把鸟类的药用资源划分为四类：即水禽、林禽、山禽和原禽，记载了药用鸟类70余种，包括家禽3种，这些鸟类中可以考证的有40余种，如斑鸠、麻雀、环颈雉、鹈鹕、乌鸦、鸮等。鸟类的肉、脂肪、羽毛、骨、头、脑、粪等均能够入药。如白鹭、绿鹭、池鹭、秧鸡等的肉有益气、解毒的功效；各种鸭类的肉有补中益气、利水、解毒的功效；斑鸠的肉有益气、明目、强筋骨、补肾的功效；鹰、雕、鸢等的骨有祛风湿、续筋骨、活血止痛的功效；鸬鹚的羽毛有消肿胀的功效；鹫的羽毛有止血的功效等。麻雀的粪便可入药，称白丁香，用于消积、明目、解毒；肉用来治百日咳；脑外涂，治冻伤；家鸽的粪有消肿、杀虫的功效等。鸢脑有止痛、解毒的功效等。

常见的金腰燕和家燕，它的肉、卵黄、尾、屎均入药，燕窝泥也入药（随用随取），有清热解毒的功能，主治湿疹等。

作为滋补品的毛鸡酒，有养阴血、调经、通乳、去风湿等功效，它是由褐翅鸦鹃（俗称大毛鸡）和小鸦鹃（小毛鸡）用高度白酒和其他中药浸制而成。禾花雀酒用来治疗腰酸骨痛、头晕目眩、老人气血虚、四肢疲劳乏力。

用中草药配制而成的药膳或食疗，其中鸟类则多用家禽，如乌骨鸡等。

需要指出的是：在几十种药用鸟类中，也有许多是国家重点保护的珍稀鸟类或益鸟，如鹈鹕、鹳、天鹅、鸳鸯、鹰类、鹧鸪、马鸡、白鹇、锦鸡、金鸡、孔雀、鹤、犀鸟等。因此即使它们具有药用价值，也禁止捕猎。

（四）珍稀种类

中国共有特产鸟类77种，占中国鸟类总数的6.1%，如海南虎斑鸠（*Gorsachius magnificus*）、四川山鹧鸪（*Arborophila rufipectus*）、灰胸竹鸡（*Bambusicola thoracica*）、黄腹角雉（*Tragopan caboti*）、褐马鸡（*Crossoptilon mantchuricum*）、黑长尾雉（*Syrmaticus mikado*）、丝光椋鸟（*Sturnus sericeus*）、黑喉歌鸲（*Luscinia obuscura*）、

橙翅噪鹛（*Garrulax ellioti*）、山鹛（*Rhopophius pekinensis*）、红腹山雀（*Parus davidi*）、曙红朱雀（*Carpodacus eos*）、朱鹮（*Nipponia nippon*）、黑颈鹤（*Grus nigricollins*）、丹顶鹤（*Grus japonensis*）等。在鸟类中，有国家一级重点保护动物42种，占中国鸟类总数的3.3%；国家二级重点保护动物185种，占中国鸟类总数的14.6%；列入《世界濒危物种红皮书》中的18种受威胁及濒危雉类，中国就分布有11种，占整个受威胁及濒危雉类的61.1%。

褐马鸡是中国特产珍稀鸟类，许多动物学家建议，应把褐马鸡定为中国国鸟。中国鸟类学会则把褐马鸡作为会标。山西省将褐马鸡定为省鸟。褐马鸡是山区森林地带的栖息性鸟类。它主要栖息在以华北落叶松、云杉次生林为主的林区和华北落叶松、云杉、杨树、桦树等次生针阔混交林中。它白天多活动于灌草丛中，夜间栖宿在大树枝杈上，冬季多活动于1 000～1 500 m高山地带，夏秋两季多在1 500～1 800 m的山谷、山坡和有清泉的山坳里活动。

朱鹮是被动物学家誉为"东方明珠"的美丽涉禽，是一种人们一度认为已经绝灭的鸟类，它们原是东亚地区的特产鸟类，1981年中国鸟类学家在陕西洋县姚家沟发现2窝共7只朱鹮，轰动了世界。

被誉为高原神鸟的黑颈鹤是世界最晚发现的鹤类，栖息于海拔2 500～5 000 m的高原，是世界上唯一生长、繁殖在高原的鹤。通常生活在沼泽地、湖泊及河滩地带，以绿色植物的根、芽为食，兼食软体动物、昆虫、蛙类、鱼类等。每年3月离开越冬地云贵高原，集群北上，飞抵青藏高原的草甸、沼泽地带，4月下旬开始繁殖，筑巢于沼泽地带地势较高的草墩或泥墩上。

长寿的象征仙鹤也被称为丹顶鹤，因头顶有红肉冠而得名。它是东亚地区所特有的鸟种，因体态优雅、颜色分明，在这一地区的文化中具有吉祥、忠贞、长寿的寓意。它是生活在沼泽或浅水地带的一种大型涉禽，常被人冠以"湿地之神"的美称。

海南虎斑鸠是鹳形目鹭科中的一种，属于国家二级保护动物，被列为全世界30种最濒危鸟类之一。自20世纪60年代后再也没有发现这种鸟的踪迹，因此有"海南虎斑鸠已绝灭"之说。南宁市动物园共有3只海南虎斑鸠，该动物园成为中国唯一拥有这种鸟的动物园。据报道，2009年5月3日，一只海南虎斑鸠雏鸟在南宁动物园顺利破壳而出，标志着世界上首例由人工饲养、人工孵化的海南虎斑鸠繁殖成功。

（五）科学研究价值

1. 仿生学

鸟类与科学技术发展密切相关，研究鸟类的结构、机能、分布和行为等的鸟类学使人们获得了许多知识。鸟类身体精致的结构、复杂的行为等启发了人类的智慧，为人类探求理想的技术装置或交通工具提供了可借鉴的原理和蓝图。达尔文创立进化论，除了鸽子以外，还有他对于加拉帕戈斯群岛鸟类的研究。因此可以说鸟类学的研究推动和促进了科学技术的发展。

鸟类学研究促进的科学技术很多，例如生态学、形态学、生物地理学等。研究生物而用于工程技术，被称之为仿生学。利用鸟类的结构、机能进行仿生学研究获得的研究成果很多。20世纪初，美国人莱特兄弟（Wright brothers），在以往对鸟类全面研究的基础上，于1903年12月17日，研制了人类第一架飞机。迄今为止，鸟类的飞行还有许多值得人们模仿学习的地方。如鸟类能耗极低，金鸻（*Pluvialis dominica*）可以在海岸线上空连续飞行4 000 km以上，而体重仅减少0.06 kg，若飞机能够用这种效率飞行，不仅会节省许多燃料，而且能大幅度提高飞机的续行性能。鸟类姿势灵巧、多变，百灵可以在空中直起直落，急剧旋转；蜂鸟不仅可以垂直起落、定悬空中，还能前后左右任意飞行。猫头鹰在飞行时不产生噪声。

鸟类眼睛非常敏锐，鹰翱翔在2~3km的高空，两眼扫视地面，能从许多相对运动的景物中发现野兔、老鼠，并且在瞬间敏捷地俯冲而下，准确地捕获。鸟类视力调节为双重调节。现代电子光学技术的发展，使我们有可能研制一种类似鹰眼的系统，帮助飞行员识别地面目标，同时可以控制导弹。科学家们分析了鸽眼的结构，仿制出一种鸽眼电子模型，提高了对图像的分辨率。根据鸽眼发现定向运动物体的性质，设计制造成一种"警戒雷达"，将其布置在国境线或机场，可以监视敌机或导弹，而对飞出去的都可以"视而不见"。

雪地交通工具——滑雪车，用宽阔的底部贴在雪面上，用轮勺推动前进，不仅解决了极地运输问题，而且也可以在泥泞沼泽地带行驶，滑雪车就是借鉴企鹅而研制成功的。此外水翼船也是借鉴企鹅、水禽而研制成功的。

2. 环境变化指示动物

著名笼鸟金丝雀、黄雀、金翅雀等小鸟，具有灵敏的嗅觉，加之鸟类新陈代谢快，对于有害气体也非常敏感。因此，矿工常把小型笼鸟带入坑道，只要坑道中有了极微弱的有害气体，小鸟就会烦躁不安、昏迷甚至死亡，这就使矿工引起警觉，迅速撤离，避免发生灾难。在环境污染严重的地方，鸟卵壳变薄，影响它们的繁殖，因此，鸟类又是保护环境的指示动物之一。鸟类对于地震同样具有敏感性，地震前它们的行为往往失常，可作为指示动物。

3. 传递信息的使者——信鸽

鸽子有天生的归巢的本能，无论是阻隔千山万水还是崇山峻岭，它们都要回到自己熟悉和生活的地方。普通鸽子经过驯化和培育，可成为信鸽。人们培育、驯化信鸽，利用信鸽来传递紧要信息，包括航海通信、商业通信、新闻通信、军事通信，民间通信等。

在《开元天宝遗事》著作中辟有"传书鸽"章节，书中称："张九龄少年时，家养群鸽，每与亲知书信往来，只以书系鸽足上，依所教之处，飞往投之，九龄曰为飞奴，时人无不爱讶"。这可能是中国用于通信的最早记录了。可见中国唐代已利用鸽子传递书信。另外，张骞、班超出使西域时，也是利用信鸽来传递信息。

古罗马人很早就已经知道鸽子具有归巢的本能。在体育竞赛过程中或结束时，通常放飞鸽子以示庆典和宣布胜利。古埃及的渔民，每次出海捕鱼多带有鸽子，以便传递求救信号和鱼汛消息。奥维德（公元前43—公元17年）在一本著作中记述了一个叫陶罗斯瑟内斯的人，把一只鸽子染成紫色后放出，让它飞回到琴纳家中，向那里的父亲报信，告知他自己在奥林匹克运动会上赢得了胜利。

至19世纪初叶，人类对鸽子的利用更为广泛，在人类的军事冲突史中曾经有卓越的表现，著名的滑铁卢战役的结果就是由信鸽传递到罗瑟希尔德斯的。在今天，人类利用它进行隐蔽通讯，海上航行利用它与陆上联系，森林保护巡逻队有效地使用信鸽与总部联系等。

(六) 工业与装饰用价值

鸟类的羽毛，尤其是雁形目鸟类，它们的绒羽质轻，又富于弹性，保暖性好，一般用于制作羽绒服或被褥。其实所有鸟类的羽毛，除飞羽、尾羽等（大型猛禽的飞羽和尾羽可制成羽毛扇）较硬的羽毛外，均可作为填充物，如褥、垫等。许多水禽的羽绒既轻且保暖性能好，是被褥、服装的优良填充材料。中国羽绒（雁鸭类）的产量占全世界总产量的1/3以上。一批著名的羽绒厂家，生产大量的羽绒制品远销美国、日本、加拿大、荷兰、意大利等多个国家。华中地区每年出口的野鸭绒曾达几十吨之多。

陆禽羽毛主要是饰物，鸟类的羽毛色彩丰富，华丽自然，可用作装饰品和工艺品。对于鸟类羽毛的利用，在古代就已经出现了，古代武官戴的鹖冠是用褐马鸡的尾羽制成的，清代官员帽上的蓝翎、花翎等也都是利用鸟羽制作，是贵族奢侈的装饰，也作为各种官衔的标志。世界上各国的原始部族都曾经用艳丽的羽毛进行装饰，用于宗教、巫术仪式等。作为饰物的种类主要是隼形目的雕翎（尾羽）、马鸡的尾羽和孔雀的尾羽等。

中国古代早就利用鸟羽织成罗、缎、锦等，供作妇女的衣裙。自公元200—900年间，雉头裘流行，成为当时贵族夸耀奢侈的风气。南齐还有过比较珍贵的孔雀毛裘。汉马王堆墓出土的羽毛贴花绢就是用鸟羽结合绢绸织物而成的一种手工艺品。

美丽的羽毛还可制作装饰品。例如鸳鸯、白鹇、长尾雉、锦鸡、角雉、翠鸟等则以整张鸟皮外销，1955—1957年间仅云南省就销售了白腹锦鸡的皮十余万张。绿头鸭的翼镜（商品名鸭翠）、尾羽（蝎子钩），针尾鸭的中央尾羽（鸭枪），罗纹鸭的三级飞羽（鸭勾尾）、外侧肩羽（白尖黑眉毛），沙鸡的中央尾羽（沙鸡尾）等均有大量外销。

鹅翎可用来制作羽毛球，猛禽的粗大羽翎可用来制箭翼，也用来制扇。鸡毛（翼羽、颈羽、背羽）可制成扫具，亦可制成手拉风箱中的隔风材料。

(七) 观赏与文化价值

许多鸟类因其羽毛色彩艳丽夺目、鸣声婉转悦耳，或以其他特殊技能而被人们饲养、观赏，以丰富生活内容。中国观赏鸟类资源极其丰富，共有280余种，占全国鸟类总数的22%以上。其中雀形目最多，达105种，其次为鸡形目（26种）、鸽形目（41种）、鹳形目（20种）、鹤形目（12种）。例如鸳鸯、金鸡、孔雀、鹦鹉、太平鸟、黄鹂等的美艳，百灵鸟、画眉鸟等以鸣声优美而著称；交嘴鸟、腊嘴、文鸟能教以一定动作或娱乐或作迷信赚钱；鹦鹉、八哥及鹩哥善学人言；丹顶鹤则以其体态优雅、舞姿动人而著称。孔雀因其能开屏而闻名于世。孔雀有绿孔雀（*Pavo muticus*）和蓝孔雀（*P. cristatus*）两种。绿孔雀又名爪哇孔雀，分布在中国云南省南部，为中国国家一级保护动物。蓝孔雀又名印度孔雀，分布在印度和斯里兰卡。孔雀被视为"百鸟之王"，是最美丽的观赏鸟，是吉祥、善良、美丽、华贵的象征，有特殊的观赏价值，羽毛用来制作各种工艺品。

鸟类在精神文化方面的价值自古以来就被人们所认识，也可追溯到汉代，汉宫养鹤娱乐，称为鹤舞（丹顶鹤）。鸟类是音乐、美术、诗歌、童话以及舞蹈、民间故事等文化艺术创作的主要源泉。如"松鹤延年"、"鸳鸯戏水"、"金鸡报晓"、"喜鹊登枝"等都是中国流传已久的绘画精品；"孔雀舞"、"天鹅湖"等是令人喜爱的优雅舞蹈；中国民乐"空山鸟语"、"百鸟朝凤"及外国歌曲"小杜鹃"、"云雀"等是在鸟类歌唱所引起的兴奋和冲动下创作出来的；以鸟类为题材的大量诗歌作品更是脍炙人口，如"双燕碌碌飞入屋，屋中老人喜燕归"、"两只黄鹂鸣翠柳，一行白鹭上青天"等。这些都是艺术家和诗人在观鸟和赏鸟中所获得的灵感。

孔雀舞是中国傣族民间舞中最负盛名的传统表演性舞蹈，不仅是人们最喜爱、最熟悉，也是变化和发展幅度最大的舞蹈之一，并被纳入了宗教的礼仪之中。在傣族人民心目中，"圣鸟"孔雀是幸福吉祥的象征。不但许多的人们在家园中饲养孔雀，而且把孔雀视为善良、智慧、美丽和吉祥、幸福的象征。

（八）役用价值

养鸟为人类服役，在中国古即有之，驯养苍鹰、雀鹰、雕等，但多在北方，用以在行猎时捕捉鸡、兔等。法、英等国家豢养鹰、游隼等猛禽，除狩猎用外，还用于赶走机场附近的鸟类，以避免飞机在起降时与鸟相撞而发生空难事故。

鸬鹚在中国长江流域早已为人们所驯养，用来捕鱼。唐代诗人杜甫的诗句中有"家家养乌鬼，顿顿食黄鱼"的描述。养鸬鹚可能始于东亚，魏微等撰《隋书·倭国传》中就记有"倭国因土地膏腴，水多陆少，以小环挂鸬鹚项，令入水捕鱼，日得百余头"。

三、鸟类资源的保护

早在 20 世纪 50 年代中国鸟类的数量还很多。例如在长江以南的农田间经常能见到八哥站在水牛背上，随着犁田翻起的土块，啄食土中的昆虫，也啄食牛身上的虻、蝇和壁虱等。白颈鸦也更是随处可见。在迁徙季节，卷尾、椋鸟、伯劳等也是常见种类。但现今鸟类的种类和数量大大减少，有些已经成为了珍稀濒危物种，50 年代常见的八哥、白颈鸦也变成不常见的了。

人为的破坏是资源减少的主要原因之一。由于捕猎野生鸟类成本低而利润高，人们大量捕猎鸟类，有些地方甚至不分季节、不分益害任意捕猎，使鸟类没有休养生息的机会，鸟类资源遭受严重破坏。鸟类的栖息地如湿地、森林的破坏也导致了鸟类资源的大量减少。化学农药的大量使用不仅给环境带来污染，而且也殃及了鸟类。1958 年全国掀起轰麻雀运动，使"四害"之一的麻雀在城镇中无立足之地，而且轰赶麻雀时也殃及其他鸟类，鸟类大伤元气，数量锐减。城市建设日新月异。高楼大厦拔地而起，原来在住宅、高大建筑营巢的鸟类，也因居民封闭阳台而失去筑巢场所，例如雨燕和金腰燕在城市上空已不常见了。鸟类是农林害虫的天敌，由于鸟类的减少，农作物的虫害明显大增，受到了自然界的报复。

鸟类是大自然的组成部分，是一种宝贵资源，鸟类无论对于农业、林业的发展，还是对环境保护、科学技术以及文学艺术等方面所作出的贡献是难以估价的，因此保护鸟类资源，对维护自然生态平衡和科研、教育、文化、经济等方面都具有重要意义。

中国政府一直很重视对野生动物资源的保护，1962 年国务院发出了"积极保护和合理利用野生动物资源"的指示，其中就包括鸟类。为了保护鸟类和其它野生动物，国家通过立法如《中华人民共和国野生动物保护法》以达到对保护野生动物实施法制管理，同时建立自然保护区以保护鸟类和鸟类的栖息地，如扎龙自然保护区、青海湖鸟岛自然保护区等。国家林业局2000年8月1日发布并施行的《国家保护的有益的或者有重要经济、科学研究价值的陆生野生动物名录》中的鸟类就有707种。

爱鸟周的设立是中国为保护鸟类、维护自然生态平衡而开展的一项活动。1981年9月，中国国务院批转了原林业部等8个部门《关于加强鸟类保护执行中日候鸟保护协定的请示》报告，要求各省、市、自治区、直辖市都要认真执行，并确定在每年的4月至5月初的某一个星期为"爱鸟周"，在此期间开展各种宣传教育活动。由于中国幅员辽阔，南北气候不同，各地选定的爱鸟周时间也不尽相同。最早的是广西（2月22—28日），其次是贵州（3月第一周）、广东（3月20—26日），4月份的最多：北京、江西、湖北、湖南、宁夏、云南均为4月1—7日，四川为4月2—8日，上海、浙江从清明后的第7天开始，时间为一周，而山西从清明后的一个月为"爱鸟月"，福建、陕西均为4月11—17日，天津市为4月第三周，江苏是4月20—26日，河南是4月21—27日，辽宁、吉林是4月22—28日，黑龙江是4月第四周，山东是4月23—29日，甘肃是4月24—30日，河北、内蒙古、安徽、青海都是5月1—7日，新疆为5月6日所在的一周。

上述工作的进行对保护鸟类资源起到了积极的促进作用。但是保护鸟类资源是一项长久而艰巨的工作，需要全民的参与。因此有人说，爱鸟周不是7天，一年有52个爱鸟周，每天都是爱鸟日，每周都是爱鸟周。

第十三节　哺乳类资源与价值

哺乳类（Mammalia）起源于中生代古爬行动物，在长期的进化过程中，逐渐发展出一系列进步性特征，使哺乳类成为动物界中最高级的一个类群。哺乳类是全身被毛、运动快速、恒温、胎生和哺乳的脊椎动物。它是脊椎动物中躯体结构、功能和行为最复杂的一个高等动物类群。哺乳类种类多，分布遍布全球，广泛适应辐射于陆栖、穴居、飞翔和水栖等多种环境。全世界现存的哺乳类4 200余种，中国有510种。

一、哺乳类的生物学特征

哺乳类和鸟类都是从爬行类动物起源的，它们分别以不同的方式适应陆栖生活所遇到的许多矛盾（陆地上的快速运动、防止体内水分蒸发、完善的神经系统和繁殖方式），并在新陈代谢水平全面提高的基础上获得了恒温。哺乳类和鸟类统称为恒温动物。

（一）形态特征

哺乳类是脊椎动物亚门中最高等的类群。与其他脊椎动物相比，哺乳类具有许多进步特征，以适应多样的环境变化，成为脊椎动物中身体结构、功能和行为最复杂的一个高等动物类群。表现在：①具有高度发达的神经系统和感官，能够协调复杂的机能活动和适应多变的环境条件；②出现口腔咀嚼和消化，大大提高了对能量的摄取效率；③具有高而恒定的体温（约为25℃～37℃），减少了对环境的依赖性；④具有在陆上快速运动的能力。⑤胎生、哺乳，保证了后代有较高的成活率。

哺乳类动物的躯体结构与四肢的着生方式均适应于陆地快速运动。身体一般分头、颈、躯干、尾和四肢等五个部分，四肢由身体的侧面转移至身体的腹面，可以支持身体离开地面，前肢肘关节向后转，后肢膝关节向前转，这种结构能够在陆地上快速运动。

哺乳类的皮肤不仅结构致密，具有良好的抗透水性，而且具有敏感的感觉功能和控制体温的功能；致密的皮肤还能有效地抵抗张力和阻止细菌侵入，起着重要的保护作用。因而哺乳类的皮肤是脊椎动物皮肤结构中结构和功能最为完善、适应于陆栖生活的防卫器官。哺乳类的皮肤具有的特点为：①表皮和真皮加厚。皮肤衍生物复杂而多样，主要包括毛、皮肤腺、角及趾端保护物。②体外被毛。毛（hair）是哺乳类所特有的结构，是由表皮角质化形成的，可分为针毛、绒毛和触毛三种类型。③皮肤腺特别发达。皮肤腺是表皮的衍生物，在哺乳类中非常发达，有四种类型，即皮脂腺（sebaceous gland）、汗腺（sweat gland）、乳腺（mammary gland）、味腺（scent gland），均为多细胞腺，其中汗腺和乳腺是哺乳类所特有的。

一些哺乳类具有角。角（horn）主要有洞角和实角，洞角包括来源于表皮的角质鞘和来源于中胚层的骨心，可不断增长，永不脱落，如牛角；实角又称鹿角、叉角，每年要脱落再重新生长，新角在骨心外包富有血管的表皮，此时称鹿茸，继续生长，表皮老化、脱落，最终剩下分叉的骨质鹿角，为鹿类所具有。趾端保护物包括爪、甲、蹄，均是由表皮形成的，仅形状、功能有所差别。

神经、感官系统高度发达。主要表现在中枢神经，特别是大脑的增大和复杂分化，大脑皮层高度发达，形成沟和回，并出现联系左右大脑半球的胼胝体，大脑皮层成为最高级的神经活动中枢。哺乳类的鼻腔扩大以及鼻甲骨复杂化，使其嗅觉十分灵敏，尤其是啮齿类、偶蹄类及食肉类。许多哺乳类的听觉也高度发展。高度发达的神经系统和感官，使哺乳类能够适应复杂的环境条件

在消化系统上，哺乳类出现了口腔内消化。哺乳类的牙齿着生在前颌骨、上颌骨和齿骨上，为异型齿（heterodont），根据结构和机能分为门齿（incisor）、犬齿（canines）、前臼齿（premolar）和臼齿（molar）。门齿切割食物，犬齿刺穿、撕裂食物，前臼齿和臼齿研磨食物。在口腔内具有三对唾液腺，即腮腺、颌下腺、舌下腺。口腔内消化主要是咀嚼和唾液的作用，咀嚼可以把食物切碎研磨，并与唾液充分混合，哺乳类的唾液中含有淀粉酶，可以将淀粉分解为麦芽糖，使消化从口腔开始。另外食草动物有适应消化植物纤维素的结构，即反刍动物的复胃和非反刍动物的盲肠。

哺乳类的呼吸率显著提高，肺泡数量多，增加了呼吸的表面积，提高了气体交换的效率。

循环系统和鸟类一样属于完全的双循环，新陈代谢水平高，在神经系统的调节下，使身体温度保持恒定，有利于动物的生存。

（二）繁殖特征

哺乳类具有完善的繁殖方式。除了单孔类之外，哺乳类均为胎生，胚胎在母体的子

宫内发育,并借助胎盘与母体发生物质交换,完成胚胎发育后从母体产出,母体用乳汁哺育幼体,使胎儿在良好的环境中发育、成长。胎生、哺乳提高了幼体的成活率。

(三)生态特征

哺乳类能够适应多样的环境,其生活方式有陆栖、穴居、飞翔和水栖等四种类型。为适应于不同生活方式,哺乳类在形态上有较大的改变。水栖种类(如鲸)体呈现鱼形,附肢退化呈桨状;飞翔种类(如蝙蝠)前肢特化,具有翼膜;穴居种类(如鼹鼠)躯体粗短,前肢特化如铲状,适应掘土。

几种哺乳类见图8-21。

图8-21 几种哺乳类(引自Burt *et al*. 1998)
A 鸭嘴兽　B 袋鼠　C 刺猬　D 蝙蝠　E 穿山甲　F 金丝猴　G 食蚁兽
H 豹　I 草兔　J 松鼠　K 小鳁鲸　L 海豹　M 象　N 盘羊　O 麝

二、哺乳类资源的价值

哺乳类动物现存约4 200种。通常将哺乳类动物分为三个亚纲,各纲特征和代表种类见表8-5。

中国的哺乳类510种左右,占世界总数的12%。其中种数最多的啮齿目,约占全国哺乳类总种数的36%,该目的大部分种类对农、林、牧业有害,并传播疾病,也有一些种可提供毛皮、医药和科研实验材料。其次是翼手目,约占总种数的18%,在中国南方分布明显多于北方，蝙蝠近年来已被证实是一些重要动物源传染病病毒病原的自然宿主，而被病毒感染的蝙蝠基本不出现临床症状，中国科学家将SARS病毒溯源集中在蝙蝠身上。食肉目和食虫目的种数相近，各约占11%，食肉目种类是中国野生毛皮的主要来源，不少种类也是重要的药用动物，而且，有些种又是中国特产珍贵种类，如大熊猫等。食虫目多为地下生活的小型动物，对它们的作用和与人类的关系还研究的很不够。偶蹄目种数约居中国兽类的第五位，占8%左右，它们一般体型较大，大都为草食性种，是哺乳类中实用经济价值最高的一类，为重要的动物药原料提供者，也是鲜美的野味资源动物，有些种的毛皮在工业上很有价值，有些种为特产资源。其次是鲸类，主要生活在海洋，是一类很有经济价值的水生哺乳类。灵长类的种数约占全国哺乳类的4%，大部为树栖性种，多分布在中国热带、亚热带和温带的山区森林，目前多数种类的数量已处于濒危状态，全部种类列为国家重点保护的对象。鳞甲目的穿山甲，以蚂蚁类为食，是哺乳类中少有的无牙齿的种类，为药用动物。近年来，穿山甲被大量捕杀作为桌上的美餐，使资源大受破坏，有些地区已遭到灭顶之灾。

表8-5 世界现存哺乳类的分类

亚纲	特征	代表种类 名称	代表种类 分布
原兽亚纲 Prototheria	现存哺乳类中最原始的类群，还保留着许多爬行动物的特征，主要是具有泄殖腔和卵生，但也具备一些哺乳类的特征，身体被毛、有乳腺、下颌由单一的齿骨构成、体温保持在26℃~35℃之间。仅单孔目（Monotremata）1个目	鸭嘴兽 *Ornithorhynchus anatinus* 针鼹 *Tachyglossus aculeatus*	澳大利亚、塔斯马尼亚及新几内亚
后兽亚纲 Metatheria	胎生，但无真正的胎盘，雌性具有特殊的育儿袋，乳头位于育儿袋内，幼仔需要在育儿袋内完成胚后发育；大脑半球间无胼胝体；牙齿为异型齿，但门齿数目较多；泄殖腔退化；体温接近于恒温，为33℃~35℃。仅有袋目（Marsupialia）1个目	灰大袋鼠 *Macropus giganteus* 树袋熊 *Phascolarctos cinereus*	澳洲及附近的岛屿上，少数分布在南美洲和中美洲
真兽亚纲 Eutheria 有胎盘亚纲 Placentalia	胎生，具有真正的胎盘；乳腺发达，具乳头；大脑皮层发达，两大脑半球间有胼胝体；体温恒定，一般为37℃左右；不具泄殖腔；异型齿，门齿数量不超过3对。包括20个目	如人、狗、猴等	世界各地

对于人类来说，哺乳类动物是给人类提供福祉最大的一类脊椎动物，不仅在食用、药用、工业用、科学研究、文化观赏等方面具有重要的价值，而且作为生态系统食物链中最高营养级的种类，在维持整个生态系统平衡方面具有不可替代的作用。

（一）食用价值

从营养角度看，绝大多数哺乳类都具有食用价值，但被人们广泛食用的种类，主要包括偶蹄类、兔类以及食肉类、啮齿类中的部分种类，因其肉味鲜美、营养丰富，是人们喜爱的食品。

在中国，野生动物的驯养从远古时期就已经开始了，现在具有不同经济性状的各种家畜如猪、牛、羊、马、驴等就是人类定向控制下，经过长期的选育形成的。畜牧业已经成为国民经济的支柱产业之一，和农业生产形成了相互依存、相互促进的紧密关系，为提高人们生活水平发挥了重要的作用。畜牧业给人类提供的主要是食用产品，包括肉、奶。随着社会经济的发展和人们生活水平的提高，对于肉、奶的需求越来越大，除了人们熟知的猪、牛、羊肉外，其他哺乳类的肉产品也是人们喜食的对象。

鹿肉在食品中的比例正在逐年提高，中国在20世纪七八十年代，猎取鹿类的数量相当可观。鹿肉一般认为是具有滋补作用的食品，由于猎捕过度，资源量下降，以致野生种群濒临绝灭。大力开展养鹿业是解决资源量不足的有效途径。中国的养鹿业发展较快，主要以养殖梅花鹿和马鹿为主，目前中国至少有7种鹿类进行了人工驯养研究。

野猪、黄羊、斑羚等均是具有很高经济价值的野生动物资源，在局部地区资源量丰富，如在20世纪五六十年代，内蒙古每年猎取的黄羊在60万只左右，但是由于捕杀过度和环境的破坏，资源量明显下降。野兔肉的营养价值也极高，其蛋白质含量达到21.5%，高于鸡肉、牛肉、猪肉中的蛋白质含量，可消化率高，是优质的食用动物资源，且野兔在中国分布广、繁殖快、种群数量大，对农林业又有一定的害处，是具有开发前景的资源种类。

松鼠类肉嫩味鲜，是加工香肠及肉松的上等原料。啮齿类中的其他种类如竹鼠、大仓鼠、黄鼠等肉质细嫩，均可以食用，只是有些种类由于人们的习惯及观念而未被利用。

（二）药用价值

哺乳类在祖国医药中占有十分重要的地位，李时珍的《本草纲目》就记载了药用哺乳类32种，如豹、野猪、麝、灵猫、水獭、猕猴等，实际上哺乳类各个类群中，均有能够入药的种类，有些疗效非常显著，对人类健康做出了巨大贡献。中国哺乳类中目前记载可供药用的种类约占全部哺乳类的15%，其中用途广、经济价值高的种类当推偶蹄目中的鹿科动物。

1. 鹿科动物的药用价值

鹿类为具有重要经济价值的种类，全身是宝，获得具有药用价值的鹿类产品是人工养殖鹿类的主要目的之一。代表种类有梅花鹿和麝。

鹿的药用功能以滋补壮阳为主。主要供药用的部位及价值高的有：

鹿茸为未骨化鹿角，经科学割取精制而成。主要含骨质、胶质、蛋白质、磷酸钙以及镁、锰和雌酮；鹿茸提取物还含有游离的胆固醇、神经酰胺磷脂类和糖脂等。有补精髓、壮肾阳、健筋骨之功，能振奋机体功能，提高血压，促进红血细胞、血红蛋白及网状红细胞的生成；还能促进肾脏利尿及胃肠蠕动和分泌机能。主要医治心悸、眩晕耳鸣、贫血、阳痿、遗精、尿频、腰膝痿弱和疮疡不愈合等症。

鹿角为鹿的骨化角，也能滋肾补虚，活血消肿。主治疮疡肿毒、瘀血作痛、乳汁不下、乳房胀痛、虚劳内伤、腰膝酸痛等。

鹿尾有滋补壮阳之功，鹿筋有补虚、壮筋骨之功能。鹿胎和鹿角胶（白胶）均有补肝肾、益血填精、止血安胎之功。鹿肾（鹿鞭）为鹿的阴茎及睾丸，有补肾壮阳的功能；其余如血、骨、肉、脑、皮及胎粪等均可入药。

麝和麝香。麝为小型有蹄类，一般体重6～15 kg。雄麝脐部与阴囊之间有麝腺，成囊状，即香囊，香囊中的干燥分泌物即为麝香。雄麝1岁多开始分泌麝香。麝香是四大动物香料（麝香、灵猫香、河狸香、龙涎香）之首，香味浓厚，浓郁芳馥，经久不散。中国生产的麝香不仅质量居世界之首，产量也占世界的70%以上。麝香作为一种名贵的中药材和高级香料，在中国已经有2 000多年的历史。汉朝的《神农本草经》，明朝的《本草纲目》等诸多本草药典均将麝香列为诸香之冠、药材中的珍品，认为它能通诸窍、开经络、透肌骨，主治风痰、伤寒、瘟疫、暑湿、燥火、气滞、疮伤、眼疾等多种疾病，很多著名的中成药，如安宫牛黄丸、大活络丹、六神丸、云南白药、苏合香丸等都含有麝香的成分。现代临床药理研究也证明麝香具有兴奋中枢神经、刺激心血管、促进雄性激素分泌和抗炎症等作用。

2. 熊科动物的药用价值

熊为食肉类，全世界有7种，中国有4种：马来熊、棕熊、亚洲黑熊、大熊猫。其中以黑熊分布最广，药用价值较高。其中包括：熊胆，用药记载最早见于唐代的《新修本草》，有清热解毒、明目镇痉等作用，所含成分很多，主要有胆汁酸，胆色素，胆固醇和黏蛋白等；熊掌，古称熊蹯，食之为补品，自古以来视为食中珍品，是八珍之一，与鹿尾和犴鼻（驼鹿之鼻）齐名；熊骨治大骨节病；熊油外用治鹅掌风。

目前亚洲黑熊被列入濒危物种国际贸易公约（CITES）附录1，也被列为最濒危的物种之一。为保护资源，人们也在寻找熊胆的替代品，研究发现至少有54种草药具有与熊胆相似的功效，如常春藤、蒲公英、菊花、鼠尾草、大黄等，这些草药作为熊胆替代品，既便宜又有效。

3. 啮齿类动物的药用价值

鼠类的肉有健脾益胃、续筋接骨、熄风止痛、解毒消痈的功效，皮有解毒敛疮的作用，肝有解毒疗伤、化淤催产的功能，肾有镇静安神、舒肝理气的作用，胆有泻火的目、清热利湿的作用，脂肪有解毒敛疮、补肺益肾的作用，粪有导浊行滞、清热通淤功效。鼯鼠科的复齿鼯鼠，小鼯鼠和沟牙鼯鼠，主要是用其粪便，药名为五灵脂，有活血散瘀止痛之功能。其中复齿鼯鼠（也叫橙足鼯鼠）主要分布于甘肃、青海、河北、云南、四川和西藏；小鼯鼠主要分布于中国东北、内蒙古、河北、山西及新疆等地区；沟牙鼯鼠分布于河北和四川。此外松鼠科的几种也有较好的疗效。松鼠的骨有活血化淤、祛风除湿的功效，全体有消积散结、理气调经的功效；旱獭的脂肪有祛风除湿、疗疮解毒的功能。竹鼠科的竹鼠肉具有益气养阴、化痰解毒的作用，脂肪有解毒排脓、生肌止痛的功效。

4. 其他哺乳类的药用价值

食虫类中的刺猬的皮能治胃逆，开胃气；胆有清热解毒的作用。鼹鼠类的肉具有解毒止血的功效，可治疗外伤、伤口溃疡等症。翼手类中绝大多数种类的粪便均能入药，称为夜明砂，具有清热明目、散血消积的功效；肉有滋补、截疟、止痉、解毒、止咳等功效。灵长类的骨有祛风除湿、通经络、镇惊、活血等功效；胆有明目退翳、清热解毒的功效；肉有补肾壮阳、收敛固精、祛风除湿、镇痉等功效；脑有镇静息风的功效。穿山甲的鳞片有消肿止痛、搜风活络、通经下乳的功效；肉有杀虫、行血、攻坚散淤、滋阴、清热解毒的功能。鼠兔的粪便称草灵脂，具通经祛淤的功能；兔类的粪便称望月砂，有解毒、杀虫、明目的功能；肉有补中益气、凉血解毒的功效；血具清热解毒、凉血、活血、催生引产的功效；肝有补肝明目的功效、骨有平肝熄风、除烦止渴、杀虫疗疮的功能；皮毛有活血化淤的功能。獾油有清热解毒、消肿止痛、润燥生肌的功效，是治疗烫伤的主要用药。鼬类肉有解毒杀虫、通淋缩尿的功能；灵猫香有辟秽、行气、止痛的功效，肉有滋补、暖胃的功能；豹猫等的骨有消瘰疗疮的功效，肉有祛风除湿、解毒疗疮的功效。

阿胶（皮胶）为传统中药，有滋阴补血、安胎的功用；可治血虚、虚劳咳嗽、吐血、便血、妇女月经不调等，对虚劳贫血、肺痿咯血、胎产崩漏等症有良好疗效。皮胶以驴皮所制最佳，距今已有 2 000 年的生产历史。最早载于《神农本草经》。阿胶最初用牛皮熬制，到唐代，人们发现用驴皮熬制阿胶，药物功效更佳，便改用驴皮，并沿用至今。现代已将牛皮胶单列为一种药材，即黄明胶，1990 年版、1995 年版、2000 年版《中华人民共和国药典》均规定以驴皮熬制的胶为阿胶正品。

阿胶的原产地是山东"东阿"，1915 年东阿镇阿胶在巴拿马博览会上获得金牌。东阿镇被国家命名为中国阿胶之乡，并与茅台镇、景德镇一道成为受国家原产地保护的中国三大传统特产名镇。

（三）生态价值

哺乳类动物位于食物链上最高营养级，食性种类多样，包括植食性、肉食性两大类。植食性种类较多，如偶蹄目、奇蹄目、兔形目、啮齿目等众多种类，肉食性种类包括食虫目、食肉目等中的多数种类。各物种的种群数量的多少与食物量的多少密切相关。一般来说，在一定的空间和食物资源条件下，动物的数量不会无限增大，种群数量增长到一定程度时，受竞争、捕食、营养、寄生和疾病等因素的制约，种群内部调节，数量又会下降。

自然界的生物是在互相联系、互相制约中生存、发展或衰退的。一片优良的草原若利用不当或因气候变化及其他原因而退化，退化的草场往往同时有鼠害发生，致使草原进一步退化。在鼠类增加的情况下，狐狸等一些食肉动物也随之很快增加，给狩猎提供了条件，但往往这种现象维持时间不长。而在一般情况下，草原害鼠的数量常同它的天敌——食肉动物保持着稳定发展的状态，在鼠类低数量的情况下，天敌动物对害鼠的发展有一定抑制作用。森林中松子的丰产，给松鼠的数量增长创造了条件，松鼠增多，使黄鼬等食肉动物猛增，狩猎量必然增加，生态学工作者，往往以这种变化的特征预报数量变动。有人对平原农田鼠害区进行过研究，在黄鼬的食物中 32%～50% 是鼠类。如黄淮平原，每天每只黄鼬能捕 5～6 只黑线姬鼠和黑线仓鼠，并且保持着这种稳定的数量关系。

在自然界，生物之间的一个重要的生态学关系就是围绕生存而形成的食物链和食物网，一个食物链通常至少有 3 个环节，即植物→以植物为食物的动物→肉食性动物。如牧草→野羊→豹。在森林中如植物→田鼠→黄鼬。也有较复杂的关系，如植物的花→蜜蜂→熊；农作物→蜗牛→蛙→野猫；昆虫→蛙→蛇→獴（主要分布于中国南部，是吃蛇的能手)。在各种复杂的食物链中,处在最高环节、或较高环节的都是哺乳类。这种特殊关系把自然界的生物有机的联系起来,构成了不同的生物群落,这种群落的形成及变化,对维持自然生态平衡起着关键作用。不同种的种群变化,直接影响食物链的结构,也会造成生态环境的不稳定。当然,动物的生存,一方面是依赖于食物条件,另一方面就是栖息和隐蔽条件,"皮之不存,毛将焉附",这是一般而又深刻的道理,所以保护动物,必须要首先保护动物赖以生存的环境。只有这样才能维系生态系统的平衡,为生物资源的永续利用提供条件。

(四) 珍稀种类

中国哺乳类资源比较丰富,约占世界哺乳类总数的12%,其中有中国特产种类83种,分布于8个目中(表8-6)。有些种类数量极其稀少,已处于濒临绝灭的边缘,如白鳍豚现存数量仅几十头,大熊猫的数量也不超过千只,急需加强保护。

除了中国特产种类外,还有一些哺乳类虽然也分布于其他国家,但中国是其最主要的分布区,如毛冠鹿、梅花鹿、林麝、小熊猫、虎等。

在哺乳类中,有国家一级重点保护动物65种,国家二级重点保护动物75种,分别占中国哺乳类种类总数的12.7%和14.7%。这些种类中,偶蹄目的种约占29%,食肉目约占25%,海兽类约占20%,灵长类约占17%,这四大类共占中国保护哺乳类种数的91%。而占中国哺乳类种总数36%。啮齿目中只有两种列为国家重点保护对象,其中河狸(*Castor fiber*)为一级,巨松鼠(*Ratufa bicolor*)为二级。翼手目,人们一般通称蝙蝠,它是哺乳类中种数居第二位的大目,约占总种数的18%,目前还未列出其需要保护的种类。

表8-6 中国特产哺乳类分布 (引自赵建成等,2002)

目 别	种 数	代表种类
食虫目	8	侯氏猬、麝鼹、川西长尾鼩
翼手目	9	北京鼠耳蝠、大足蝠、南蝠
灵长目	5	金丝猴、藏酋猴、台湾猴
兔形目	15	海南兔、塔里木兔、黄河鼠兔、狭颅鼠兔
啮齿目	33	复齿鼯鼠、岩松鼠、绒鼠
鲸 目	1	白鳍豚
食肉目	3	大熊猫、马熊、小爪水獭
偶蹄目	9	白唇鹿、小麂、马麝、普氏原羚

(1) 灵长类。灵长类动物主要作为实验动物、观赏动物及药用,现在大多已成为濒危物种。中国现存的灵长类动物共有20种,主要分布于中国南方,生境中气候、温度、湿度、植被(森林结构)及海拔高度等对它们的分布和数量影响很大。

蜂猴属中中国只有两种,为国家一级保护动物,即蜂猴(*Nycticebus coucang*)和倭蜂猴(*N. pygmaeus*,小懒猴)都是低等的灵长类,只在夜间活动。其中蜂猴见于云南和广西西南部,完全在树上生活,行动特别缓慢,只有在受到攻击时,才有所加快,故又名"懒猴",由于受人类活动的影响,现在数量很少;懒猴是在20世纪80年代中国兽类学工作者才发现的,分布于云南南部河口、屏边、马关、麻栗坡和金平一带,其分布区更狭窄。

　　猕猴属的种类较多，中国有 6 种，分布区较广，多在 3 000 m 以下的各种环境中生活。熊猴（*Macaca assamensis*）主要见于云南、西藏和广西的南部边缘地区，豚尾猴（*M. nemestrina*）则仅分布于云南西南部元江以西、怒江以东的局部地带，台湾猴（*M. cyclopis*）为中国特有，局限于中国台湾省内，并只在台中，台南的部分山区森林生存。以上 3 种均为国家一级保护动物。猕猴（*M. mulatta*）、短尾猴（*M. arctoides*）、藏酋猴（*M. thibetana*）为国家二级保护动物，其中藏酋猴是中国中亚热带到北亚热带的特有种，主要见于西藏、四川。

　　叶猴属种类，中国有 4 种，全部为国家一级保护动物。生活于热带雨林、亚热带季雨林或石灰岩、山地，呈明显的区域性分布。其中长尾叶猴（*Presbytis entellus*）的分布范围较小，仅见于西藏南部的墨脱、康布曲、卡玛曲和吉隆藏布地区。戴帽叶猴（*Trachypithecus pileatus*）的分布很狭窄，只见于滇西北贡山县独龙江谷地。菲氏叶猴（*T. phayrei*）只见于滇南、滇西和滇中的无量山与哀牢山两侧海拔较低的地区。黑叶猴（*P. francoisi*）仅生存于广西南部的十万大山以西，向北到黔西南和黔北的部分石灰岩山林地区。白臀叶猴（*P. nemaeus*），1892 年曾记载在中国海南岛发现。可近一个世纪以来从未见到它的踪迹，20 世纪 80 年代科学家曾去考察，也未发现，当地猎民称未见过此种猴，可能已绝灭，白臀叶猴在中国濒危动物红皮书等级中被列为国内绝迹。

　　仰鼻猴属的种类就是著名的金丝猴，中国有 3 种，均是中国特产，并为世界瞩目与大熊猫齐名的珍稀种类，全为国家一级保护动物。3 种金丝猴的分布彼此隔离，呈间断分布。其中川金丝猴（*Rhinopithecus roxellance*）分布较广，见于四川西部的岷山、邛崃山和湖北的神农架，在川南、甘南和陕西秦岭等地区也有零星分布；贵州金丝猴（*R. brelichi*，黔金丝猴）的分布区很小，目前只存在于贵州武陵山脉的梵净山；云南金丝猴（*R. bieti*，滇金丝猴）仅见于滇西北和藏东南的金沙江与澜沧江之间的宁静山一带。

　　长臂猿属的种类，中国有 4 种，全为国家一级保护动物，是典型的热带和亚热带种类，终生营严格的树栖生活。白掌长臂猿（*Hylobates lar*）分布于云南南部的孟连、西盟和沧源；白颊长臂猿（*H. leucogenys*）见于云南元江以西，澜沧江以东的西双版纳及江城、金平和绿春一带；黑长臂猿（*H. concolor*）见于云南东南边境，滇中哀牢山、无量山和滇西的怒江与澜沧江之间，并海南岛的坝王岭、尖峰岭森林曾有黑长臂猿分布，80 年代后未曾发现过。白眉长臂猿（*H. hoolock*）只见于滇西怒江西岸和泸水以南地区。长臂猿是猿类中最细小的一种，也是行动最快捷灵活的一种。

　　(2) 食肉目：为主要的野生毛皮兽资源，中国有 55 种，约占全世界食肉类的 21%，其中有 49% 的种为国家重点保护对象，属一级保护的种类有 8 种，占 16%，二级保护的种类有 18 种，占 33%。

　　在一级保护食肉兽中，马来熊（*Helarctos malayanus*）是熊中个体最小的一种，1972 年曾在云南绿春黄连山捕到过一只，以后再无消息。

　　大熊猫（*Ailuropoda melanoleuca*），也称猫熊，性格温顺、可爱、憨态可掬、仁慈，目前只分布在四川盆地西北部山地，西南部的大小凉山，雅安地区和西昌地区的北部，邛崃山和岷山山脉，甘肃省文县，陕西省南部秦岭山脉的佛坪县等。大熊猫引起世人注意，除了它是一种濒危的观赏动物外，它还具有重要的学术意义。自更新世中期以来，和大熊猫大致同时期的古动物，如剑齿象等均已绝灭，唯独大熊猫保留到今天，所以有"活化石"之称。

随着气候的变化及人类经济活动的干扰，大熊猫的分布区不断缩小，数量急剧下降。中国在人工繁育大熊猫方面取得了突出的成绩，位于四川卧龙的拥有世界最大的人工大熊猫繁育种群的中国保护大熊猫研究中心在地震中有近三分之一被损毁。新中心已经选址，位于卧龙自然保护区耿达乡，由香港特区政府援建。

2008年10月11日，深圳华大基因研究院宣布世界首张大熊猫基因组序列图谱绘制完成，这项工作的完成有助于从基因角度破解为何熊猫繁殖能力低下的疑问，从而使科学家有机会帮助繁育更多的熊猫，将为保护和人工繁育这个被称为"中国国宝"的濒危物种提供新的途径，并推进针对大熊猫的其他科学研究。进行基因组测序的大熊猫为"晶晶"，是2008年北京奥运会吉祥物的原型之一。经研究发现，大熊猫共有21对染色体，基因组大小与人类相似，约为30亿个碱基对，包含2万至3万个基因。基因组测序的结果支持了大熊猫是熊科的一个亚科的观点。研究人员还发现大熊猫基因组与狗的基因组在结构上最为接近。

紫貂（*Martes zibellina*）是陆地毛皮兽中最珍贵的物种之一，分布于亚洲北部。在中国主要见于黑龙江、吉林及新疆阿尔泰山的泰加林，为亚寒带针叶林的典型兽类之一。国外分布于俄罗斯、蒙古和朝鲜等国。貂皮绒毛细密丰厚，峰毛高爽灵活、墨润，皮板薄而轻，可称裘皮之冠，由于珍贵而长期滥猎，现在自然界的数量很少。20世纪50年代中国开始人工养殖，取得很大进展，已建立了人工繁殖种群。紫貂被列为国家一级重点保护动物。在紫貂分布区内的自然保护区主要有黑龙江的呼中、汗马、诺敏河、洪河、山河、镜泊湖、丰林、龙凤湖和吉林长白山老向顶子等自然保护区。

貂熊（*Gulo gulo*）是鼬科中最大的一种，又称狼獾，是一种中型兽，为寒带、亚寒带针叶林中的典型兽之一，广泛分布于北美，欧亚大陆的北部，在中国只见于内蒙古、黑龙江和新疆的阿勒泰地区，目前数量很少。

熊狸（*Arctictis binturong*）是灵猫科的兽类，也叫熊灵猫，是灵猫科中体形第二大的种类，是中国最大的一种灵猫科动物。1959年在云南西双版纳首次在中国发现，1928年曾在广西瑶山采到过标本，国外产于越南、老挝、印度尼西亚、菲律宾、印度和缅甸等，主要供动物园展出，现数量较少。

云豹（*Neofelis nebulosa*）也叫龟纹豹和荷叶豹，主要分布于广东、海南、广西、四川、贵州、江西、福建、云南、安徽和台湾、陕西等地，生活在热带、亚热带的常绿林区，多在树上栖息，毛皮和骨肉均为贵重商品，数量很少。

虎（*Panthera tigris*）的分布曾很广泛，由于自然环境的破坏，原始森林的采伐和人为的滥猎，各地均处于濒危状态。就目前的资料，现在只有东北虎和华南虎有少量存在，处于很艰难的濒危境地。东北亚种（东北虎）分布于黑龙江和吉林省林区，体型最大；华南亚种（华南虎）分布于福建、安徽、江苏、贵州、湖南、湖北、四川、江西、广东及陕西秦岭，体型较小。

豹（*Panthera pardus*）也叫金钱豹，属于珍贵毛皮兽，广泛分布于亚洲、非洲和美洲，中国境内分布很广，它能适应多种环境，故数量相对较多，但由于滥猎和人类的各种生产活动，致使栖息地缩小，豹的数量猛减。因数量急剧减少，从国家二级重点保护升格为一级重点保护动物。

雪豹（*Panthera uncia*）是一种珍贵的毛皮兽，分布于亚洲中部的高原地带，中国主要分布于西藏和新疆地区。常生活在海拔 2 500 m 以上的山地，但数量少，动物园展出的不多。雪豹因终年生活在雪线附近而得名，被誉为世界上最美丽的猫科动物。行踪诡秘，常于夜间活动。雪豹是中亚高原特有物种，中国一级保护动物，在国际 IUCN 保护等级中被列为"濒危"（EN），和大熊猫一样珍贵。

除上述以外，还有 18 种食肉类为国家级保护对象。具体为：分布于中国黑龙江、吉林、新疆、陕西、甘肃、青海、安徽、江苏、浙江、山东、江西、四川、云南、贵州、广东、广西、福建、西藏等地的豺（*Cuon alpinus*）；广泛分布于全国的黑熊（*Selenarctos thibetanus*）；分布于中国黑龙江、吉林、甘肃、新疆、青海、西藏、四川和贵州等地的棕熊（*Ursus arctos*）；分布于中国西南山区和西藏的小熊猫（*Ailurus fulgens*）；常见于中国北部、西北部及四川、云南、西藏的石貂（*Martes foina*）；中国绝大部分省区都有分布的黄喉貂（*Martes flavigula*）；曾广泛分布于全国很多地区而现在很难见到的水獭（*Lutra* sp.）；只分布于中国南方，体型较小的小爪水獭（*Aonyx cinerea*）；分布于云南、四川、贵州、广东和广西的斑林狸（*Prionodon pardicolor*）；分布于秦岭和长江以南各省区的大灵猫（*Viverra zibetha*）；分布于淮河流域、长江流域和珠江流域各省区及台湾、海南、四川、云南和西藏的小灵猫（*Viverricula indica*）；分布于中国西北地区的草原斑猫（*Felis lybica*）；分布于中国西北和四川的中国的特产种荒漠猫（*Felis bieti*）；分布于云南和西藏的丛林猫（*Felis chaus*）；分布于中国北方各省和青藏高原的猞猁（*Felis lynx*）；分布于中国新疆、西藏、青海、甘肃、内蒙古、四川、河北和黑龙江等地区的兔狲（*Felis manul*）；分布于陕西、甘肃、四川、湖北、河南、江西、广东、广西、安徽、云南、浙江、福建和西藏等地区的金猫（*Felis temmincki*）；只见于台湾的渔猫（*Felis viverrinus*）。

(3) 有蹄类。指奇蹄目和偶蹄目。前者主要有野马和野驴，后者种类较多，前后两者共 43 种，约占世界的 22%，这些种中列为国家重点保护的种约占总数的 77%，其中一级保护种占 49%，二级占 28%。

①奇蹄目马科均为国家重点一级保护对象，有 3 种。

蒙古野驴（*Equus hemionus*），分布在甘肃、青海、新疆和内蒙古等省区的开阔荒漠、半荒漠及草原，20 世纪 70 年代以前数量很高，因曾一度用现代武器猎捕，因此数量急剧下降。到 1986 年调查时该保护区内数量有所增加，但其他地区则很少。有人估算现在总数不到 2 000 头。

西藏野驴（*E. kiang*）分布于青藏高原海拔 4 000～5 100 m 的高寒草原、高寒荒漠草原和山地荒漠，常以小群 6～20 头活动，大群可达到 100～200 头。西藏野驴生活在偏僻边远、人烟稀少的青藏高原地区，受到天然保护。但近些年来，一些地区由于人类过度放牧而造成食物极度贫乏，或因人类淘金等活动的干扰，违法偷猎的现象也时有发生，西藏野驴的种群数量在不断下降。为了保护这一物种，中国政府将西藏野驴列为一级重点保护动物，严禁捕杀，《濒危动植物种国际贸易公约》将它列为第Ⅱ类受保护的动物。

野马（*E. caballus*），也叫普氏野马，原分布于亚洲中部干旱荒漠草原和荒漠，中国的新疆、甘肃和与蒙古交界的一带曾有其足迹，20世纪40年代曾记载常见其活动，60年代只残存一小群，1969年有人见到过，以后再未发现，现在野生种可能已绝迹。近几年中国从外国引进，已在甘肃和新疆人工繁殖，初步建立了人工种群。野马很稀少，已经列入世界禁猎动物之中。国际上成立了专门组织，对野马进行调查研究，并制定了驯养、保护和繁殖的方法。

②偶蹄目属于国家一级保护动物的共有18种。

野骆驼（*Camelus fetus*）栖于中国新疆、甘肃和青海的荒漠、半荒漠地区，曾一度分布较广，现在数量虽不多，但尚有野生存在。

鼷鹿（*Tragulus javanicus*）在中国仅见于云南勐腊县境内，生活在热带森林的次生林和灌丛，数量很少。国外分布于中南半岛和苏门答腊等。

黑麂（*Muntiacus crinifrons*）为中国特产种，也叫青麂，是鹿中体型较大的种。现分布区很狭窄，仅见于浙江、安徽和江西的一些山区，即九华山、黄山、天目山、牛头山和白云山地带。生活在常绿阔叶林和阔叶混交林，地区分布很不均匀。它是上等的野味，麂皮很贵重，黑麂皮为麂皮中之特品。

白唇鹿（*Cervus albirostris*）为中国特产种，一般栖居于海拔3 500 m以上的高山荒漠、高山草甸草原和高山灌丛带，最高达5 100 m，是主要经济哺乳类之一，分布区从黄河上游和长江源头东至四川的甘孜、康定，南到西藏的芒康，北缘抵青海和甘肃交界的祁连山地区，是青藏高原的特产。

坡鹿（*Cervus eldi*）也叫泽鹿，因在中国只分布于海南岛，所以一般都称海南坡鹿。它曾广布于全岛200 m以下的低丘和平野。由于当地人迷信坡鹿各部位的药用功效，结群捕杀，最后只在大田保护区留下几十只。在保护人员的大力保护下数量增加。

梅花鹿（*Cervus nippon*）是鹿类中鹿茸最优的一种，曾遍布于中国东部以及西南一些地区，而现在野生种数量已很少，只残存在几个县，如四川的若尔盖县与红原县交接处；江西的彭泽县；皖南的南陵、泾县、宁国、旌德、绩溪、祁门、太平和贵池等县以及浙江的天目山附近，东北地区现可能已不存在野生种。

麋鹿（*Elaphurus davidianus*），也叫四不像（头似马而非马，角似鹿而非鹿，尾似驴而非驴，蹄似牛而非牛），为中国特有种、湿地的旗舰物种。历史上曾分布较广，西到山西襄汾，南到湖南大庸，最远达海南岛，北到辽宁康平，东迄上海、崇明。其野生种可能在晚清时最后绝灭于中国的东南部。19世纪，清朝政府在北京南面的南海子皇家围场内豢养了一群，约有200~300头。1894年永定河泛滥，洪水淹没了围场；1900年八国联军侵入北京，将南苑的麋鹿洗劫一空。1898年英国乌邦寺以半野生豢养了一群18头。第二次世界大战后增至255头。现在全世界已有1 500头分散在五大洲150多个公园和动物园。20世纪50年代开始有少数回归中国，80年代以后大批返回。在北京南海子、江苏大丰的麋鹿养殖场半散养养殖，完成了麋鹿重引进的第一阶段（迁地保护）的目标。1993—2002 年，先后分三批投放 94 头麋鹿到湖北石首麋鹿自然保护区，开始进入重引进的第二阶段的目标——让麋鹿重归自然。2006 年统计，保护区及附近地区的麋鹿已近 800 头。

豚鹿（*Cervus porcinus*）在中国只见于云南与缅甸交界的耿马和西盟县边境。1962 年彭鸿绶在四方井发现有 10 头，1965 年仅见 4 头。因缅甸境内也有分布，这个种的现状还待进一步调查。

野牛（*Bos gauru*），分布于云南西双版纳的勐腊县、勐海县、景洪县、茅县及澜沧县等山区的稀树草原。1984 年调查时云南有野牛 600～800 头，虽有保护，但还是经常被人偷猎。据 1985 年《云南日报》报道，在 1985 年的 2 月至 9 月的 8 个月中，在西双版纳被偷猎而发现的就有 27 头云南野牛。

野牦牛（*Bos mutus*）是青藏高原的特有种，在西藏的分布是西到国境，北抵可可西里山和昆仑山，南至冈底斯山，此外还分布于青海及青海和甘肃交界的祁连山。国外在尼泊尔等国也有分布。目前野牦牛尚无确切总数，但来自青海的报道其分布区正在大大的缩小。据西藏的报道，由于野牦牛产肉量高，心脏等器官又能入药，所以常遭滥杀。《濒危野生动植物种国际贸易公约》（CITES）已把野牦牛列入严禁或控制进出口贸易的名录中，是重要的兽类资源。

藏羚（*Pantholops hodgsoni*），也叫藏羚羊，是青藏高原的特产动物，主要分布于藏北高原，也见于青海、新疆与西藏接壤的昆仑山脉一带，国外只见于印度北部及尼泊尔。主要生活于高山草原与荒漠草甸草原，经常活动在海拔 4 100～5 100 m 的高寒地带，秋、冬季节常见有几十到数百头的大群出没，是重要的资源兽类。藏羚也是列入《濒危野生动植物种国际贸易公约》（CITES）中严禁进行贸易活动的濒危动物。为了保护藏羚羊，1998 年中国发布《中国藏羚羊保护现状白皮书》，白皮书指出：如果不能有效制止目前毁灭性的盗猎，中国的珍稀动物藏羚羊将面临绝灭。藏羚羊是青藏高原动物区系的典型代表。20 年以前，在青藏高原上还随处可见一群群的藏羚羊，但从 10 年前开始，藏羚羊遭到了毁灭性的盗猎。尽管中国政府采取了严格的保护措施，但非法盗猎活动一天也没有停止过，藏羚羊的数量仍在不断下降中。造成这种局面最根本原因就是在境外存在着利润巨大的藏羚羊绒及其纺织品贸易市场。白皮书指出，在中国从来没有利用藏羚羊绒的传统习俗，也没有其产品的消费市场。而在国外，1kg 藏羚羊生绒价格可达 1 000～2 000 美元，仅一条藏羚羊绒围巾的价格就高达 5 000～10 000 美元。如此高额的利润刺激了盗猎分子的欲望，并使他们有条件获得更有效的武器和装备用于大肆屠杀藏羚羊。为此，白皮书呼吁有关国家政府、组织和人士，切实理解加强国际合作对保护藏羚羊的重要性和必要性，采取有效行动打击和制止一切从事藏羚羊绒加工贸易和消费等危及藏羚羊生存的活动，以促使藏羚羊种群最终得以恢复和发展。

扭角羚（*Budorcas taxicolor*），也叫羚牛，主要分布于西藏东南部的林芝、波密至八宿和墨脱地区的格当以及米林、朗县、加查一带；此外在陕西、甘肃、四川和云南的部分地区也有分布，国外见于不丹和印度的北部。主要栖息在海拔 2 000～3 500 m 间山地森林。一般集群 20 头以上，也见有 100 多头者。近年来的滥猎使其数量下降。

普氏原羚（*Procapra przewalskii*），也叫黄羊、滩黄羊，分布区较小，多见于青海湖周北部及内蒙古小片地区，栖息于荒漠半荒漠及山地草原。由于滥猎，现在数量很少。

高鼻羚羊（*Saiga tatarica*），也叫赛加羚羊，原来分布于新疆西北部的荒漠半荒漠地区，20 世纪 60 年代前在阿拉山口地区见到 3 只，还捡到过它的角，1961—1962 年遭大量捕杀，还曾见有活动。现在中国境内自然界基本已绝迹，近年来引进人工饲养，取得成效。

台湾鬣羚（*Capricornis crispus*），也叫台湾长鬃小羊，国内只产于台湾，主要生活在高山岩崖，即使秋、冬季节也不进入森林。目前数量不详。

赤斑羚（*Naemorhedus cranbrooki*），也叫红斑羚、红山羊，国内只产于西藏波密县和米林县，为典型的森林栖息种类，分布区很小，数量不多，成 10 只以下的小群活动。

塔尔羊（*Hemitragus jemlahicus*），也叫长毛羊，为喜马拉雅山系的特有种，主要集中在中、西喜马拉雅，只见于山体南麓。中国只见于西藏樟木口岸至吉隆县一带。国外分布于尼泊尔、印度和克什米尔地区。适应寒冷和多雨气候，常在海拔 3 000～4 000 m 之间活动。

北山羊（*Capra ibex*）是亚洲中部高山典型动物，50 年代在新疆天山和昆仑山有较广泛的分布，常在海拔 4 000～6 000 m 之间的山地草甸草原和裸岩区活动。但在青海和西藏的调查报告中均无记录。

麝（*Moschus* sp.），中国麝类资源丰富，有林麝、马麝、原麝、黑麝和喜马拉雅麝等 5 种，原麝和马麝体较大，浅褐色。只有原麝全身具白斑点。原麝分布于东北、华北；马麝见于青藏高原及邻近各省；林麝数量多，长江流域及以南各省区均有分布。为加强麝的保护力度，已经将麝从国家二级重点保护物种提升为一级，不仅在其分布区内建立了自然保护区，保护野生麝类资源，而且早在 50 年代后期就发展了麝类养殖业，并改变了以往杀麝取香的方法，逐步摸索出了从香囊口直接掏取麝香的科学方法。

有蹄类中的国家二级保护种类有 11 种。包括：分布于江苏、浙江、湖南和湖北地区的河麂（*Hydropotes inermis*）；广泛分布于中国东北、西北和内蒙古地区的马鹿（*Muntiacus crinifrons*）；较多分布于中国南方，远达台湾，也见于青海果洛，四川西北部、贵州北部的水鹿（*Cervus unicolor*）；主要分布于东北大小兴安岭的驼鹿（*Alces alces* 也叫堪达犴）；主要分布于中国北方草原，包括内蒙古、甘肃、吉林西部和河北北部的半荒漠及草原地区的黄羊（*Procapra gutturosa*）；主要分布于西藏东部，四川西北部的典型的高原种藏原羚（*Procapra picticaudata*）；只见于内蒙古、甘肃和新疆荒漠及半荒漠地区的鹅喉羚（*Gazella subgutturosa*）；在四川、云南、陕西、甘肃、湖北、四川和云南等高山裸岩分布的斑羚（*Naemorhedus goral*）；分布于内蒙古、甘肃、陕西、西藏和新疆海拔 3 000～5 000 m 高山草原的盘羊（*Ovis ammon*）；较广分布在西藏、四川、云南、贵州、青海、甘肃、宁夏和蒙古海拔 3 000～6 000m 高山地的岩羊（*Pseudois nayaur*）；在甘肃、青海、浙江、安徽、湖北、江西、四川、云南、西藏、福建、广东、广西等地分布的鬣羚（*Capricornis sumatraensis*）。

(4) 水生哺乳类。包括鳍足目 5 科，海牛目 1 种和鲸目，共约 40 多种，有 3 种列为国家一级保护之列。

儒艮（*Dugong dugong*）俗称海牛或人鱼，分布于印度洋和太平洋，在中国记录不多。1931年在台湾海岸有发现，1950年见到数十头；1955年在广东省北海市沿海退潮后捕到1只。后来情况不明。

白鳍豚（*Lipotes vexillifer*）在长江里大约生活了2 500万年，是中新世及上新世延存至今的古老孑遗生物。白鳍豚是鲸类家族中的小个体成员，是世界上现有5种淡水豚（拉河豚、亚河豚、恒河豚、印河豚、白鳍豚）中存活头数最少的一种。由于数量奇少，白鳍豚不仅被列为中国一级保护动物，也是世界12种最濒危动物之一。白鳍豚原属淡水豚科，20世纪70年代末，根据中国科学家周开亚教授的建议，单独设立了白鳍豚科。1997—1999年农业部曾连续三年组织过对白鳍豚进行大规模的监测行动，三年找到的白鳍豚分别为13头、4头、4头。2006年11月6日—12月13日，来自中国、美国、英国、日本、德国和瑞士等国近40名科学家，对宜昌到上海长江中下游的干流1 700km江段进行了考察，未发现一头白鳍豚。

中华白海豚（*Sousa chinensis*）喜欢栖息在亚热带海区的河口咸淡水交汇水域，在澳大利亚北部，非洲印度洋沿岸，东南亚太平洋沿岸均有分布，在中国主要分布在东南部沿海。据最近几十年有关调查资料，中华白海豚在中国分布比较集中的区域有两个，一是厦门的九龙江口，一是在广东的珠江口。近年来由于围海筑堤、捕捉和误捕以及缺乏生态保护的海洋工程建设，使原来常见的中华白海豚的数量明显减少。

中华白海豚在香港回归之际被选为回归吉祥物，同时也对野生动物保护工作产生了积极的作用。为了保护中华白海豚，香港政府在龙鼓洲水域首先建立了海岸公园保护区。就在香港回归祖国的同时，由一些环保团体发起组织的，以拯救中华白海豚为目的的"中华白海豚资源中心"在香港成立。据调查，香港水域现在大约有60～80只中华白海豚，近年来因受水质变化的影响，每年约有10多只死亡。这个组织成立以后，将采取各种措施，在中华白海豚生存的区域净化水质，平衡生态环境，为中华白海豚提供一个良好的生存条件，同时还将广泛地开展宣传活动，以便让更多的人了解中华白海豚所面临的恶劣形势，吸引更多的人参加拯救行动。

鳍足目（Pinnipedia）包括海狗科（Otariidae）、海象科（Odobenidae）和海豹科（Phoeidae）3科，世界有34种。海豹科共12属19种，数量多亦最常见；海狗科共6属有14种，海象科仅1属1种。中国有2科5种，分别是：北海狮（*Eumetopias jubatus*）分布于黄海、南海；北海狗（*Callorhinus ursinus*）分布于黄海、渤海；环海豹（*Phoca hispida*）分布于东海；斑海豹（*Phoca largha*）分布于黄海、渤海、南海、东海；髯海豹（*Erignathus barbatus*）分布于东海。鳍足类分布于世界各大洋。鳍足类完全失去在陆地上站立和行走的能力，体形似陆兽，体表密被短毛，以各种鱼类为主要食料。鳍足类动物均富有脂肪，人们为了取得脂油和海狮类的毛皮，常常大量捕杀，以致海象和海狮类动物的数量大减。近年来海豹类遭过量捕杀。现为国际保护条约保护的动物之一。中国将其所有种列为国家二级保护动物。

鲸目中除一级保护种类外，其余皆为国家二级保护动物。包括江豚（*Neophocaena phocaenoides*）分布于渤海、黄海、东海、南海以及长江中；抹香鲸（*Physeter cat-*

odon）分布于黄海、东海；台湾海峡、南海等海域；柯氏喙鲸（*Ziphius cavirostris*）分布于台湾海峡；灰鲸（*Eschrichtius gibbosus*）分布于黄海、东海、南海和台湾近海等海域；蓝鲸（*Balaenoptera musculus*）分布于黄海、台湾海峡、南海等海域；露脊鲸（*Eubalaena glacialis*）分布于黄海、台湾海峡等海域。

此外，长鼻目中的象是陆地上最大的哺乳类，体重可达 6 000kg。共有两种，即非洲象（*Elephas africanus*）和亚洲象（*Elephas maximus*）。亚洲象在中国云南南部有分布，是国家一级保护动物。

（五）科学研究价值

哺乳类实验动物在现代医学、动物行为学、免疫学、药物筛选与检验、肿瘤研究等领域中都占有重要的地位。最常用的实验动物包括家兔、大白鼠、小白鼠、狗、猴等。因为灵长类动物与人类的亲缘关系最为接近，用其作为实验对象，所得出的数据可以逐渐过渡到人类，如新药药理实验，首选对象是猕猴，所以灵长类动物在医学科学实验中具有重要的作用。

一些哺乳类的结构、生理特性也是仿生学的研究对象，如蝙蝠和鲸类的回声定位。蝙蝠为黄昏及夜间活动、觅食的动物，回声定位脉冲由喉发出，频率约为 30～120 kHz，能够在飞行中识别昆虫并测定其方向和距离；鲸类的回声定位脉冲由鼻发出，频率约为 1～150 kHz，经过头骨的反射和额突的折射形成发射束，回波通过下颌骨传入，听觉最灵敏的区域约 50～110 kHz，其回声定位系统能分辨物体的形状、性质、距离等。科学家根据回声定位原理，发明了军事和民用的雷达以及在潜水艇上和渔船上使用的"声呐"、"鱼探机"等。

（六）工业价值

许多哺乳类的毛皮，都能够制革或制裘。全世界可以利用的毛皮动物有 1 600 多种，约占哺乳类总数的 39%。主要分布在食肉目、啮齿目、兔形目、灵长目、偶蹄目、有袋目等目中。中国毛皮动物资源有 240 种左右（表 8-7）。

表 8-7 中国毛皮动物资源分布（引自赵建成等，2002）

目别	种数	代表种类
食虫目	11	麝鼹、缺齿鼹、大缺齿鼹等
灵长目	20	猕猴、金丝猴、黑叶猴等
兔形目	32	草兔、雪兔、华南兔、东北兔、达乌尔鼠兔等
啮齿目	约75	松鼠、岩松鼠、花鼠、旱獭、河狸、竹鼠、鼢鼠等
食肉目	56	黄鼬、紫貂、水獭、獾、赤狐、灵猫、豹猫、豹等
鳍足目	5	北海沟、北海狮、斑海豹等
奇蹄目	3	野驴等
偶蹄目	42	鹿、狍、麝、黄羊、北山羊、盘羊等

从表中可以看出毛皮动物资源主要是食肉类、有蹄类，啮齿类动物。

在中国的毛皮动物中，其数量大、经济价值较高的有 80 余种。制裘的毛皮动物根据其皮毛的形态特征，可分为三类：

（1）野生小毛细皮，毛短而平齐，绒毛丰厚，色泽光润，皮板轻薄柔软，幅面较

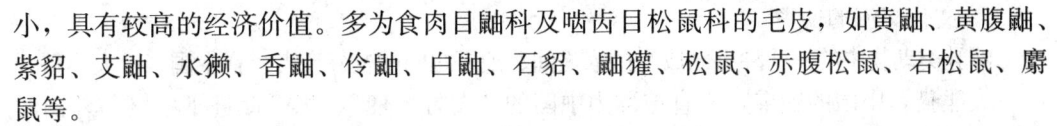

小，具有较高的经济价值。多为食肉目鼬科及啮齿目松鼠科的毛皮，如黄鼬、黄腹鼬、紫貂、艾鼬、水獭、香鼬、伶鼬、白鼬、石貂、鼬獾、松鼠、赤腹松鼠、岩松鼠、麝鼠等。

（2）野生大毛裘皮，毛长而丰厚，针毛长而细致，多数种类具斑点或花纹，张幅较大，具有较高的制裘价值，多属于食肉目犬科、猫科的毛皮，如狐、貉、猞猁、豹猫、兔狲、狼等。

（3）野生杂皮，针毛较粗硬，绒毛稀疏，或数量较少，或毛皮质量较差，如豹、雪豹、云豹、花面狸、灵猫、獾、貂、熊、野兔、猴、河狸、竹鼠等。

中国约有56种食肉类动物，几乎全部为贵重的毛皮动物。狐狸为软毛类毛皮动物。其中沙狐主要分布于中国的新疆、甘肃、宁夏和内蒙古的草原、荒漠和半荒漠地区，藏狐主要分布于青藏高原及邻近区，赤狐分布几乎遍布中国，商品名叫草狐，曾是野生毛皮中制裘的主要原料之一。毛皮兽中最好的应为鼬科动物，鼬科中的3种貂以紫貂为最突出，可谓裘皮之冠，主要分布在中国东北和新疆阿尔泰山，但现在野生数量很少，国内人工饲养种群已初步形成。鼬科中的鼬属有5种，其中以黄鼬为代表，商品名叫黄皮，全国大部分省区有分布，其栖息环境多样，但以东部数量最多。黄鼬皮是毛皮制裘工业中的主要原料之一，它的针毛用来制笔（商品名为狼毫）。水獭类的毛皮历来受人们重视，在中国分布的有3种，以水獭为代表，它广布于欧洲、亚洲和非洲的大部分地区，中国的各省区都曾有分布，其毛皮珍贵，外观华丽，皮板坚韧，底绒丰厚，几乎不为水濡湿，能防严寒，但现在数量极少，很少有商品，不少地区已绝迹。

制革用毛皮动物主要是有蹄类，尤其是偶蹄类，如鹿皮是制革的上等材料，可用于制作皮夹克、皮鞋、手套等，用鹿皮制作的衣服能与呢料媲美，既美观、柔软，又经久耐磨，同时还是擦拭精密仪器的用品。狍皮和鹿皮可做床垫。而牛皮、羊皮更是制作皮衣、皮鞋、皮包等的优质原料。

有些动物的毛皮可以裘革两用，如狍子皮、麝皮、黄羊皮、斑羚皮、北山羊皮、羚羊皮等。此外，许多食虫目和啮齿目中的种类，或毛绒短薄，或皮板脆弱，实际使用价值较低。

由于生产、贸易的需要，过量猎捕毛皮动物，造成许多种类的数量日趋减少，致使一些地区已经绝灭或濒临绝灭。在1990年食肉目被列入《濒危野生动植物种国际贸易公约》（CITES）中的有鼬科10余种、犬科9种、灵猫科7种、猫科所有种。

（七）观赏与文化价值

1. 观赏的对象

哺乳类是动物园展出的主要类群之一，在中国具有观赏价值的哺乳类包括灵长目、兔形目、啮齿目、食肉目、鳍足目、长鼻目、奇蹄目、偶蹄目中的种类，如金丝猴、猕猴、长臂猿、熊、小熊猫、大熊猫、云豹、雪豹、猞猁、豹、虎、梅花鹿、麋鹿、野马、盘羊、岩羊等是动物园吸引游客的著名观赏种类。

鹿头（角）、狍头（角）、牛头（角）、羚羊头（角）等都是富有大自然气息的高级装饰品和工艺品，已逐渐成为人们追求的收藏极品。

此外，人类的现代生活中养殖的宠物也多为小型哺乳类，如各种狗、猫等。

2. 文化交流的使者

哺乳类动物中的一些种类已成为国家之间、地区之间的友好使者。在中国当推大熊猫。

大熊猫，中国的国宝，一直被称为中国的"友好大使"，积极促进了中国与外国的友谊和相互了解。从公元685—1982年，中国三个朝代一共向国外赠送了约40只大熊猫。其中，公元685年由武则天赠送给日本天皇2只大熊猫；1936—1945年，中国国民政府向西方国家赠送了14只熊猫。新中国成立后，50年代中国向苏联赠送了2只熊猫，20世纪60年代向朝鲜赠送了熊猫，70—80年代，美国、日本、法国、英国、德国（西德）、墨西哥和西班牙相继获赠大熊猫，从1957—1982年的26年间，中国共赠送给9个国家23只大熊猫。具体如下：

1957年，苏联先后获赠平平和安安2只大熊猫；

1965—1980年，朝鲜民主主义人民共和国获赠丹丹、三星、琳琳等5只大熊猫；

1972年，美国获赠玲玲和兴兴2只大熊猫；

1972年，日本获赠兰兰和康康2只大熊猫，1980年获赠雌性大熊猫欢欢，1982年获赠雄性大熊猫飞飞；

1973年，法国获赠燕燕和黎黎2只大熊猫；

1974年，英国获赠佳佳和晶晶2只大熊猫；

1974年，前联邦德国获赠天天和宝宝2只大熊猫；

1975年，墨西哥获赠迎迎和贝贝2只大熊猫；

1978年，西班牙获赠绍绍和强强2只大熊猫；

中国的香港和台湾地区也有由中央政府赠送的大熊猫：

1999年3月，中央政府曾经赠送给香港一对大熊猫"佳佳"和"安安"，为庆祝香港回归祖国和特区政府成立10周年，中央人民政府特别赠送给香港的一对大熊猫"乐乐"和"盈盈"；

2008年12月23日全国闻名的"团团"、"圆圆"前往台北木栅动物园定居。

作为中国的象征，憨态可掬的大熊猫分别于1990年北京主办的亚运动会、2008年北京主办的奥运会中作为吉祥物的原型。

中华白海豚。1997年中华白海豚被选为香港回归庆祝活动的吉祥物。选择中华白海豚为迎回归吉祥物，也是因为它具有特殊的象征意义。首先是由于中华白海豚与香港的渊源极深，在香港西面水域，尤其是龙鼓洲及沙洲一带，经常可见到三五成群的中华白海豚出没，中华白海豚是海洋里的珍贵动物，而香港正是离不开海洋的重要海港城市；其次，中华白海豚的名字中有"中华"二字，中华白海豚每年都会游回珠江三角洲等地繁殖后代，具有不忘故土，热爱家园的品质，而香港是中国不可分割的一部分，理应回归祖国；最后，是中华白海豚喜欢群居，具有强烈的家族依恋性，尤其是雌兽对幼仔的爱护非常周到，当幼仔在渔网附近，因贪食已上网的小鱼而被缠住时，雌兽会在网边焦急地徘徊，寻求营救幼仔的方法，甚至不惜冒着生命危险去冲击渔网来拯救幼仔，其亲情令人感动。正是这些特性，表达了香港人民热切期待回归祖国怀抱的迫切心情。

3. 艺术创作的主题

动物形象也成为画家绘画、舞蹈和文学等艺术创作的主题。其中的精品成为传世之作。

唐代韩滉（723—787）创作的《五牛图》，是中国十大传世名画之一，北京故宫博物院馆藏珍品。画中的五头牛从左至右一字排开，各具状貌，姿态互异。一俯首吃草，一翘首前仰，一回首舐舌，一缓步前行，一在荆棵蹭痒。整幅画面除最后右侧有一小树外，别无其他衬景，因此每头牛可独立成章。画家通过它们各自不同的面貌、姿态，表现了它们不同的性情：活泼的、沉静的、爱喧闹的、胆怯乖僻的。

现代著名画家徐悲鸿（1895—1953）擅长以马喻人、托物抒怀，以此来表达自己的爱国热情。徐悲鸿笔下的马是"一洗万古凡马空"，独有一种精神抖擞、豪气勃发的意态。1941年创作的《奔马图》，徐悲鸿运用饱酣奔放的墨色勾勒头、颈、胸、腿等大转折部位，并以干笔扫出鬃尾，使浓淡干湿的变化浑然天成。

此外，富有中国特色的猴拳、猴戏成为中国人的最爱，著名的中国古典名著《西游记》中的主人公——猴王孙悟空更是家喻户晓、人人皆知的人物形象。马戏团中的各种驯兽表演丰富了人们的文化生活。

4. 辅助纪年的手段

中国人每个人都有属于自己的生肖，十二生肖两两相对，六道轮回，体现了我们祖先对我们中国人全部的期望及要求，十二生肖中的动物皆为哺乳类动物：子鼠、丑牛、寅虎、卯兔、辰龙、巳蛇、午马、未羊、申猴、酉鸡、戌狗、亥猪。中国是个多民族国家，生肖不是汉族的专利，许多少数民族都使用十二生肖纪年。

（八）役用价值

一些哺乳类动物由于其具有特殊习性被人类发现并得到驯化为人类所服务，其中最著名的马、牛、狗、驴、骆驼、象等。役用动物主要作为畜力——运输的工具，尽管现代交通工具十分发达已经取代了马拉车，农业机械化取代了牛拉犁，但是在极地特殊的环境，狗拉雪橇依旧存在。此外导盲犬、警犬、牧羊犬、搜救犬等在当今时代越来越为人们所熟悉。

三、哺乳类动物资源的保护

中国的哺乳类动物资源十分丰富，但就人均占有量而言却又是一个资源相对匮乏的国家。中国又是一个开发利用野生动物资源历史悠久的国家，可以说自有文字以来就有记载。由于各种生物与人类的生活息息相关，因此人类一刻也离不开生物，在长期的生活实践到后来发展到种植圈养，生活才得以保障。中国各地的优良家畜家禽种类之多、品种之丰富，历来受到许多国家的重视。中国是最早饲养猪、鸡的国家之一，也是最早使用杂交的方法培育骡的国家之一。

哺乳类动物资源不但可提供人们的食品，毛皮和医药，还是人类生存环境中，维持生态平衡、改善人类生活条件和调节人们情感等不可缺少的因素。近百年来，由于经济利益的驱使，滥捕滥猎，动物生存的栖息地环境的破坏导致一些物种的数量大大减少，甚至处于濒危状态，成为世界濒危物种红皮书家族的成员或国家重点保护野生动物名录中的成员。保护珍稀野生动物，实行就地保护、迁地保护等方式在保护野生动物资源方面起到了积极的作用。人工繁育濒危物种的研究（尤其是大熊猫、野马）为保护物种和扩大种群奠定了基础，为进一步野外放养创造了条件。同时人工驯养野生动物成为保护、利用哺乳类资源最有效的手段。畜牧业的发展为提高人们生活水平发挥了重要作用，人工养鹿、养麝、养貂等解决了因资源匮乏、濒危而医药、毛皮的原料来源减少的问题。国家林业局2000年8月1日发布并施行的《国家保护的有益的或者有重要经济、科学研究价值的陆生野生动物名录》中的哺乳类就有88种。

我们要看到物种的益和害是相对的。哺乳类物种中有些种长期被认为是有害种，但它们往往又有其重要的经济价值。如草原上的旱獭，除破坏草场外，又是一些自然疫源病的传播者，在防疫和草原管理中，一贯采取杀灭政策，可是旱獭是珍贵毛皮和油类等资源动物，近代科学研究发现，旱獭可作为人们肝癌病因研究的模型，并和生物工程研制乙肝疫苗发生联系。又如在荒漠半荒漠地区农田和草场害鼠之一的长爪沙鼠，已被选育成一种很好的实验动物。近几年来科学工作者对高原特有的一些害鼠进行实验分析，发掘出重要的药用资源，使有害种变成了对人类有经济价值的物种。

在自然界中存在着众多的生物物种，从生物多样性的意义上讲，每个物种均有其重要的价值，只是有些种的具体作用，还未研究清楚；但从资源的角度讲，一个物种的存在并非都能直接给人类提供资源，已确认有经济价值的种，只有在达到相当数量时，才具有实际经济意义。对于野生哺乳类来说，虽为再生资源，但一旦资源被破坏并绝灭，不可能再产生同样的物种，所以是不可代替的。保护生物多样性的重要，不只是保护已处濒危和现已发现有重要经济价值的种类，而是不断研究生物多样性的结构和变化及其与人类生存的关系，特别注意其生态学意义。动物对人类的经济价值和对人类生存造成的危害，决定于动物的质和量，质的作用肯定后，数量极其重要。一种有经济价值的动物，若只有少数个体，其意义就很有限；相反，一些有害种类只有在高数量时才造成灾害，而一定低数量的存在，则在生态系统中还有着重要作用。因此，合理保护和利用自然界中现存的不可代替的可再生动物资源是十分重要的工作。

思考题

1. 简述原生动物的生物学特征和价值。
2. 简述多孔动物的生物学特征和价值。
3. 简述腔肠动物的生物学特征和价值。
4. 简述线虫动物的生物学特征和价值。
5. 简述环节动物的生物学特征和价值。
6. 简述软体动物的生物学特征和价值。
7. 简述节肢动物的生物学特征和价值。
8. 简述棘皮动物的生物学特征和价值。
9. 简述鱼类的生物学特征和价值。
10. 简述两栖类的生物学特征和价值。
11. 简述爬行类的生物学特征和价值。
12. 简述鸟类的生物学特征和价值。
13. 简述哺乳类的生物学特征和价值。

附：

柱头虫一类动物是介于无脊椎动物和脊椎动物之间的一群动物。动物分类学上称为半索动物，又称隐索动物。世界上现存不到 100 种，中国迄今报道过 6 种，沿海均有分布，常见的有黄岛长吻虫（*Saccoglossus hwangtauensis*）、头盘虫（*Cephalodiscus*）、杆壁虫（*Rhabdopleura*）等，一般通称为柱头虫。柱头虫是名贵的珍稀动物，无论种类或数量都不多。由于柱头虫在发育过程中的幼虫阶段与棘皮动物的幼虫极为相似，而在形态结构上又与脊索动物的特征相似（如有雏形的脊索、神经管、鳃裂等），所以柱头虫作为研究动物进化的重要材料，在学术上具有重要地位。其中黄岛长吻虫和多鳃孔舌形虫（*Glossobalanus polybranchioporus*）已被国家列为一级重点保护动物。

文昌鱼（*Branchiostoma*），在动物分类学上属于头索动物，海产，广布于中纬度海洋近岸浅水区。在中国近海有 3 种，分别为：

（1）广布于渤海、黄海、东海和南海浅水区的厦门文昌鱼；

（2）分布于南海和北部湾的偏文昌鱼；

（3）分布在台湾南端南湾水域的芦卡偏文昌鱼。

文昌鱼也是名贵海味，常干制出售，历史上以厦门文昌鱼的产量最大。文昌鱼生活时将身体埋在沙中，对栖息环境的要求十分严格，即要求有机质含量低的纯净粗沙和中沙底质。由于人类向海中排污、筑围造陆致使渔场环境恶化，水流的速度、流向的改变，牡蛎养殖区下移等原因，造成栖息环境的破坏，文昌鱼资源已处于濒危状态，为此，文昌鱼已被国家列为一级重点保护动物。另外，文昌鱼又是研究动物进化的重要材料和教学上的重要实验材料，在学术上具有重要意义。

第九章

资源动物引种与生物入侵

第一节 资源动物的引种与驯化

人们在开发利用本地各种资源动物的同时，还可以通过引入外地的动物品种，丰富本地的资源动物种类，加速本地经济的发展，即"动物引种"。这种有目的地将外地或国外的植物或动物种类引入国内或当地，被称为引种（introduction）。一般将动物的自然分布区称为种源区，而将引种地区称为引种区。

在很多情况下，引种区的各种环境因子同种源区可能存在一些差异，需要引种动物经过较长时间的适应，使其对一些环境因子的耐受范围发生适当调整，甚至生理习性、形态结构也可能发生一定程度的变化，以适应新的环境条件，称为驯化（acclimatization）。

根据驯化的结果，可将驯化分为两个层次：①能够完成个体的生长发育，引种动物同引种区各种环境因子以及各种原有生物之间能够相互适应，即表现为个体行为、生理等方面的适应。②引种亲本在引种区可以实现有效的繁殖，产生具有生存能力的后代的过程。所以从一定意义上来讲，第二个层次才是真正意义上的引种驯化，因为只有引种个体产生具有生存能力的后代，并开始新一轮的生命周期，才表明动物可以在引种区真正实现世代繁衍。

一、资源动物引种驯化的目的和意义

（一）特种动物养殖

将国外或其他地区养殖技术较为成熟的资源动物品种引入各种环境条件相似的地区进行养殖，可以在较短时间内获得一定的经济效益，同传统的育种工作相比要经济得多，而且也要迅速得多。如中国从国外引进的尼罗罗非鱼、虹鳟、斑点叉尾鮰、七彩山鸡（环颈雉）等品种，都获得了可观的经济效益。

（二）作为育种材料

引种是育种材料的重要来源，可以显著地提高育种工作的效率。例如原产南非东开普敦地区的波尔山羊，是目前世界上公认的肉用山羊品种，在一些国家的山羊品种改良

中扮演着重要角色。中国就利用波尔山羊杂交，成功地改良了本地山羊，既提高了杂种后代的初生重量，又加快了生长，还使屠宰率提高，尤其是在粗放条件下仍表现出了良好的生长及抗逆性能。

（三）填补生态位空缺

任何由生物与环境之间通过物质循环和能量流动而形成的有机统一体都可看作一个生态系统，这个生态系统可以理解为由处于不同生态位的生物与环境组成的复合体。在正常情况下，生物与环境之间、生物与生物之间处于平衡状态。如果环境的变化使得一些生物不再能够适应而从该生态系统中消失，就出现了所谓的生态位空缺，生态位空缺使系统的平衡和稳定受到威胁。引入能够适应该环境条件的物种，填补出现的生态位空缺，就可以维持生态系统的平衡，同时取得一定的经济效益。如内蒙古自治区的内陆湖黄旗海，由于周围地区用水不合理，面积逐年缩小，水质发生改变，本来鲤、鲢、鳙、草鱼等生长良好，后来，水质变化后，这些鱼都不能生存了，只好引入耐碱性水质的雅罗鱼、青海湖裸鲤填补生态位空缺。

（四）引入优良品种，取代本地品种

可能是出于历史原因，一些具有显著经济价值的种类没有分布于引种区，而分布了一些经济价值不高的生态等值物种；为了获得较好的经济效益，引入具有显著经济价值的种类进行异地驯养，通过竞争取代原有物种，占据原有物种的生态位空间。例如，黄河上游的外流湖泊，水质良好，只是水温偏低，只有生长缓慢、肉质一般的裂腹鱼和条鳅生活其中，如能引进虹鳟、白鲑属（*Coregonus* sp.）代替本地种，经济效益会大大提升。

（五）濒危物种的异地保护

由于环境污染、栖息环境破坏等因素，使得原有的栖息地不再适合某一物种的生存，就可以将动物引入其他气候、环境要素较接近的地区进行驯养，以防止该濒危物种的绝灭。

（六）用于生物防治

生态系统中存在着复杂的食物链关系，科学合理地利用这种关系可以有效地维持生态系统的平衡，防止因生态系统中任何成分无节制的滋生而造成生态系统的破坏。草鱼几乎是世界公认的防治水草最好的鱼类，当水草充塞河道而影响航运时，只要引入适当数量的草鱼，就可解决水草过多问题。澳大利亚草原畜牧业非常发达，由于过量地增加畜牧规模，畜粪大量堆积，但澳大利亚又缺乏有效的畜粪分解动物，曾使澳大利亚草原一度被畜粪覆盖。后来，政府不得不从国外引入粪金龟（*Geotrupidae* sp.）来搬运、分解畜粪，才使澳大利亚草原恢复了生机。

二、资源动物引种驯化应遵循的原则

引种给人们带来的好处是多方面的，意义也是深远的。但引种对生态系统的平衡和经济效益也可能产生负面的影响，因此不能盲目引种，而要根据实际情况，认真调查，并经过缜密的科学论证，制订出科学合理的引种计划，方可实施。

中国在资源动物引种方面取得了显著的成果，但也出现了一些问题。在总结引种成功与失败的经验教训的基础上，归纳出资源动物引种驯化中应遵循的以下原则。

（一）明确的引种目的

引种要有明确的目的，不能盲目引进。中国资源动物相当丰富，应充分发掘国内资源动物，充分利用国内的优良品种。当然，作为养殖对象的补充以及改良品种的育种材料，适当引进一些国外（或境外）的优良品种也是十分必要的。应根据当地环境条件，生态系统的特点，饵料资源利用状况以及实际需要进行引种决策，避免造成不必要的损失和浪费。例如有的水域缺少吃浮游生物和有机碎屑的鱼类，可以引进鲢和鳙；有些水域缺少草食性鱼类，可引进草鱼和团头鲂；有些水域缺少底栖鱼类，可引进鲤；有些水域缺少上层鱼类，可以引进银鱼。

（二）考虑引种对当地生态系统的影响

引种前要经过充分论证，尽可能对引进物种可能对当地生态环境造成的影响进行估计，避免由引种引发的生态危机。一般来讲，生态位相近或相似的两个物种不能在同一个地区长期共存，通过生存竞争，一个物种可能被另一个物种所取代，或者通过生态位分化使两个物种缩小各自的生态位空间（栖息环境、食物等），彼此妥协，达到一定平衡，但二者均不能达到其最大的生存、生长潜力。所以，当引进一个新物种时应充分考虑引进物种可能对当地原有物种的影响，以免造成生态危机。

在南非，由于引进了太阳鲈，结果使放养太阳鲈的河流中的本地小型鱼类被消灭了，使原有生态系统的平衡遭到严重破坏。在美国的江河湖泊中共生活着84个不同的外来鱼品种，其中至少有39种已经建立了繁殖种群。可见，引种前应该对引种对象的食性、栖息习性、繁殖习性、生态条件、小生境和病虫害等进行全面考察，尤其应该了解引种对象与本地自然资源的相互作用关系。如果引种对象本身对于引入水域的生物是一种竞争生物或敌害生物，更应该持慎重态度，以免"引狼入室"，破坏原有的种质资源和生态平衡。

（三）做好检疫工作

引种时必须做好检疫工作，尽量避免将种源区的病原体和寄生虫带入引种区。如前苏联从黑龙江移植到欧洲的野鲤带去了指环虫病，给当地鲤鱼造成很大危害。有证据表明，草鱼的细菌性肠炎和九江槽头绦虫病，原来都是区域性病虫害，由于引种时缺乏检疫已发展成为全国性疾病。

对引种对象所生存的环境进行病虫害调查和检疫，尽可能从无病虫害的种源区引种。对引种对象、土壤、水和工具等进行严格消毒，并在种源区进行隔离观察，证明无病虫害者方可引种。另外，按国家规定，动植物品种引进后要进行封闭性养殖试验，确实证明健康无疑再转入引种区大面积养殖。

（四）建立健全的引种管理体制

引种工作既涉及大量的技术工作，也有大量组织协调工作。因此，必须建立健全的引种管理制度和机构来统筹安排。前苏联曾在全国设有专门的中央引种驯化管理局，并在各地设有试验站，领导实施全国性的引种驯化工作。中国于1991年成立了在农业部领导下的主管水产原良种审定的权威机构——全国水产原良种审定委员会，任务之一就是审定适合于全国、流域、区域水产养殖的原良种（包括引进种），审定不合格和未经审定的水产原良种不得繁殖推广。为了保证引种工作的正常进行，不仅要有专门的管理结构，还要有一套完整的管理制度和政策，例如对良种或新品种的引进做出规定。另外，还需要建立全面的技术档案以及良种繁育推广中的检验制度等。

第二节 资源动物引种的成功实例

一、牛蛙的引种

牛蛙原来分布区仅局限于美国洛杉矶以东，北至加拿大，南到佛罗里达州北部等地区。由于牛蛙的个体大，食用价值高，通过移植驯化而人为地扩大了它的分布区域。蛙肉具有很高的滋补价值，其肉质细嫩，味道鲜美，营养丰富。据测定，每100 g蛙腿肉中含蛋白质24.17 g，脂肪0.91 g，而一般鱼肉蛋白质含量仅为16%～18%。见图9-1。

1959年古巴政府赠送周恩来总理5对牛蛙，推广到全国十几个省市进行试养，结果没有成功。20世纪80年代国内的牛蛙养殖曾销声匿迹。80年代初，在湖南汉寿南湖发现有少量放流的牛蛙幸存。湖南省科委组织湖南师范大学生物系等单位对其生殖生理和繁育技术进行较系统的研究，牛蛙养殖热再度兴起，从汉寿销出的牛蛙苗种遍及国内近20个省市。80年代中期，湖南省科委组织科研工作者对牛蛙的食性驯化、营养需要以及配合饲料生产等

图9-1 牛蛙

技术进行深入研究，解决了牛蛙驯养中关键的食性驯化及配合饲料生产的技术难关，极大地促进了90年代牛蛙养殖高潮的兴起。

目前中国养殖的牛蛙有3种：一种是20世纪50年代末由古巴赠送繁衍的正宗的牛蛙（*Rana catesbeiana*）。一种是80年代从美国引进的沼泽绿牛蛙（*R. grylio*），人们通常称为"美国青蛙"。这类沼泽绿牛蛙包含有两种：一种是沼泽绿牛蛙，又名猪蛙；一种叫河蛙；三者个体稍有差别，以牛蛙最大，猪蛙次之，河蛙个体最小。牛蛙成体体长可达200 mm，而猪蛙成体一般为80～170 mm，河蛙为80～120 mm。猪蛙与河蛙的体色几无差别，二者背部的绿色比牛蛙稍多一些。

二、罗非鱼的引种

罗非鱼类属鲈形目、丽鱼科。丽鱼科鱼类的种类很多，有80多属7 010种，其中罗非鱼类至少在70种以上，多数原产于非洲，后来传播到中、南美洲和东南亚，现已成为世界性的养殖鱼类之一。按照传统的分类法，可将原罗非鱼属（*Tilapia*）分为*Taipia*、*Sarotherodon*和*Oreochromis*三个属。在中国为方便起见，仍将原*Tilapia*属

下的3个新属通称为罗非鱼。见图9-2。

中国1957年从越南引进莫桑比克罗非鱼，1978年从非洲引进尼罗罗非鱼，之后又陆续从非洲、泰国等地区引进其他种类的罗非鱼。据初步鉴定，引进中国的罗非鱼类有7个种和3个杂交种，即齐氏罗非鱼、尼罗罗非鱼、莫桑比克罗非鱼、黄边罗非鱼、加利亚罗非鱼、奥利亚罗非鱼和芙丽罗非鱼、红罗非鱼、奥尼罗非鱼和福寿鱼。另外，在引进的尼罗罗非鱼中，又有苏丹、尼罗河下游、美国、吉富（GIFT）和埃及等品系。

图9-2 罗非鱼

罗非鱼引进中国饲养后，经多年的驯化，其生长快、个体大和产量高的特点得到了有效的发挥，其中尼罗罗非鱼、奥尼罗非鱼、红罗非鱼和福寿鱼等是最受欢迎的养殖对象。在中国南方有些地区，其年产量占该地区淡水养殖产量的20%左右，较高的可达30%。尼罗罗非鱼既有作为食用鱼养殖的经济价值，更有杂交优势利用价值，奥尼鱼和福寿鱼均是以尼罗罗非鱼作为杂交亲本的。罗非鱼的主要缺点是不耐低温、不易捕捞和自然繁殖太快等。

从1987年中国大陆多次引入罗非鱼，中国罗非鱼养殖业得到了迅速发展，其产量以平均30%左右的速度迅速增长，1984年产1.8×10^5吨，1997年就达到4.8×10^5吨，成为继中国大陆传统养殖种类鲢、鳙、草、鲤、鲫之后的第六位主要淡水养殖鱼类。在中国大陆水产引种项目中，罗非鱼的养殖规模和经济效益最为明显。现在中国大陆罗非鱼产量已居世界第一位。1995年中国统计年鉴显示，中国大陆地区罗非鱼产量约占亚洲罗非鱼总产量的45%，占到世界罗非鱼总产量的40%。

三、中华鳖的引种

中华鳖（*Trionyx sinesis*）隶属爬行纲、鳖科，是水生爬行动物（见图9-3）。主要分布于亚洲的中国、日本、印度、朝鲜半岛、俄罗斯远东地区以及非洲和北美洲等地。中国除新疆、青海、宁夏、西藏未见野生报道外，其他省区均有分布。鳖是变温动物，其机体的代谢水平受环境温度的变化影响很大，在自然环境中，一个幼鳖生长到500 g，在华南地区需2~3年，长江中下游地区需3~4年，而华北、东北地区则需4~6年时间。日本对中华鳖生态习性及养殖技术研究最早，中华鳖生长的最佳水温是30℃，如果常年保持水温在28℃~30℃下，鳖生长速度最快，仅12个月就可达商品规格。这一研究成果使日本的养鳖业得到了迅速发展，现在年总产量基本稳定在900吨左右。

1979年在湖南省汉寿县成立了中国第一个特种水产研究所，对中华鳖的生物学特点、胚胎发育、人工繁殖、养殖技术、营养需求以及配合饲料等进行了全面系统的研究。20世纪80年代中期，中华鳖养殖业得到迅速发展，

图9-3 中华鳖

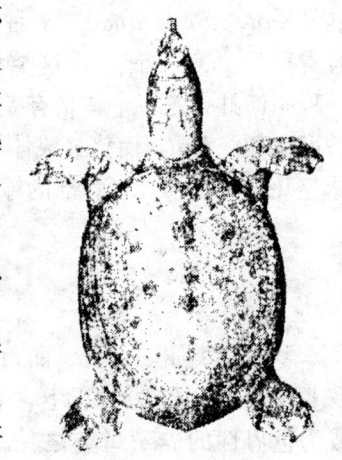

同时开始进行加温越冬技术的试验研究。湖南省慈利县首先利用温泉水进行加温越冬试验，把商品鳖的养成期缩短到14个月；1989年杭州市水产研究所采用锅炉加温措施，首创了国内高密度集约化中华鳖快速养殖新技术，打破了中华鳖冬眠的限制，实现了全年恒温快速生长，极大地促进了中国养鳖业的发展。

进入20世纪90年代后，中国养鳖业出现了一个空前的热潮，1996年中华鳖养殖达到最高峰，据不完全统计全国较大的鳖养殖场就有上千家，商品鳖产量近3万只。养殖热潮极大地促进了有关鳖养殖技术、配合饲料、疾病防治以及生理生态和病理学的研究，同时这些科研成果又进一步促进了养殖业的快速发展。由于受到国外市场的冲击以及市场规律的作用，在随后的几年中华鳖市场价格迅速下滑，养殖热潮也逐渐降温。目前中华鳖养殖基本上已走入正常的发展轨道，是中国特种养殖业不可忽视的一个重要力量。

第三节　中国外来动物入侵

生物入侵是目前全人类所共同关注的问题。生物入侵之所以受到如此高度的重视，是因为生物入侵不仅给人类经济带来巨大的损失，而且对生态环境构成严重的威胁。在中国，近年来森林入侵害虫每年发生危害的面积约在 1.50×10^7 hm^2，农业入侵害虫危害面积达 $1.40 \sim 1.60 \times 10^7$ hm^2。据粗略统计，中国11种主要入侵物种所造成的损失每年达574亿元，每年因生物入侵所造成的总体损失估计为2 000亿元。

一、中国外来动物入侵的整体情况

根据2007年资料，中国外来入侵动物共有136种。其中，入侵昆虫有77种、其它无脊椎动物31种、鱼类12种、两栖类4种、爬行类1种、鸟类3种、啮齿类8种。

从入侵时间来看，这些入侵动物中，50%以上都是在20世纪80年代开始入侵的。这与近年来中国的经济飞速发展和敞开国门对外交流密切相关，所以说，生物入侵是全球经济一体化的副产品。

从入侵来源来看，主要来自美洲，其次为亚洲、非洲和欧洲，澳洲的种类相对较少。

从入侵途径来看，约2/3的种类都是无意引进的，只有1/3的种类是有意引进的。在无意引进的种类中，主要为无脊椎动物，绝大多数都是通过国际贸易随进口的水果、种子、苗木及包装材料进入中国，一些海洋水生动物是随船舶远距离航行传入中国水域，只有极少数种类主要为啮齿动物是通过自然扩散进入中国境内的。有意引进的种类主要是作为食物资源或观赏动物引入中国进行养殖，后来因各种原因被丢弃或是逃逸到野外，在自然生境中繁衍和泛滥成灾而成为入侵种，如福寿螺、一些鱼类和鸟类等。另有两个物种——食蚊鱼和海婚蛛，则是作为生物防治天敌引入的，因前期的风险评估分析不够而产生的不良后果。

从入侵动物的发生情况来看，最初入侵地往往是经济活跃、贸易频繁的地区，中国华南地区是外来入侵动物进入的中心地带，也是外来入侵动物发生和蔓延最严重的地区，其中广东和海南是重中之重。此外，一些交通发达的大城市，如北京和上海是生物入侵的高危地区。

二、几种重要的外来入侵动物

下面介绍几种对中国经济和生态影响较大的外来入侵动物。

（一）松材线虫

Bursaphelenchus xylophilus。滑刃目滑刃科。是中国危害较大的外来入侵物种之一。见图9-4。

原产于北美洲。松材线虫是随进口货物的木质包装箱及携带的媒介天牛而无意引入亚洲的。20世纪20年代传入日本，70年代在日本全面暴发成灾。之后传入韩国、朝鲜和中国的台湾、香港。国内自1982年在南京首次发现，随后在江苏、浙江、安徽部分地区大面积暴发。其后，在广东、山东、湖北、重庆和贵州等地也先后发生，并仍在向外扩展，每年都有新的疫点出现。松材线虫主要危害松属植物，在植株体内寄生，取食薄壁组织，其引起的松材线虫病，被称为松树上的癌症，常导致成片松林死亡，形如火烧状。受害严重地区的马尾松、黑松和赤松几乎全部被毁。其发生特点是传播途径多、发病部位隐蔽、发病速度快、潜伏时间长、治理难度大。

松材线虫的传播方式，近距离是靠媒介——松褐天牛（*Monochamus alternatus*）进行传播，而远距离则主要借助于感病的苗木、松材、枝梗及其他松木制品的调运进行传播。

防治方面应人工伐除病死树，防止疫区木材携带该种或松褐天牛扩散传播，袋装熏蒸杀灭松褐天牛，利用天敌管氏肿腿蜂（*Scleroderma guani*）防治松褐天牛。

图9-4 松材线虫与松材线虫的传播媒介——松褐天牛

（二）美国白蛾

Hyphantria cunea。别名：秋幕毛虫、秋幕蛾。鳞翅目灯蛾科。被列入中国首批外来入侵物种。见图9-5。

原产地为北美洲。在第二次世界大战期间，美国白蛾随军用物资的运输，由现代交通工具从美国传播到欧洲和日本。美国白蛾入侵到欧洲和亚洲后，由于生态环境的改变,天敌的缺乏,在入侵地暴发成灾,危害严重,给这些国家造成了很大的经济损失。目前,除北欧4个国家以外,美国白蛾已遍布欧洲几乎所有的国家,亚洲已由日本扩散到朝鲜、韩国及中国。1979年传入中国辽宁丹东一带,1982年由渔民自辽宁捎带木材传入山东荣成县,并在山东相继蔓延,1984年在陕西武功发现,1990年传入河北秦皇岛,1993年传入天津,1994年在上海发现,1997—1998年由山东传入安徽芜湖。2003年在北京平谷发现。

此虫属典型的多食性害虫,据报道可危害多种林木、果树、农作物和野生植物,嗜食的植物有桑、白腊械（糖械）、胡桃、苹果、梧桐、李、樱桃、柿、榆和柳等。

以幼虫取食树叶,有暴食和群集危害的习性。幼虫常群集于叶上吐丝做网巢,在网巢内取食为害。网巢有时可长达1m或更大,稀松不规则,把小枝和叶片包进网内,形如天幕。被害树长势衰弱,易遭其他病虫害的侵袭,并降低抗寒抗逆能力,发生严重时可将全株树叶食光,造成部分枝条甚至整株死亡。果树被害,常年减产显著,甚至造成当年和次年不结果。此虫繁殖能力很强,每一个卵块平均有800~900粒卵,最高可达1 800粒。

美国白蛾自身的扩散能力并不是很强,成虫每次飞翔距离在100 m以内,但成虫和幼虫都可借风扩散,因此每年通过自然扩散的速度可达35~50 km。最主要的扩散途径是借助于交通工具进行远距离传播。

防治方面可利用美国白蛾性诱剂或环保型昆虫趋性诱杀器诱杀成虫。在成虫发生期,把诱芯放入诱捕器内,将诱捕器挂设在林间,直接诱杀雄成虫,阻断害虫交尾,降低繁殖率,达到消灭害虫的目的。可以利用生物和化学药剂喷药防治。在幼虫危害期做到早发

图9-5 美国白蛾

现、早防治。在防治中,重点检查桑树、悬铃木、臭椿、榆树、金银木、桃树、白腊等树是否有幼虫危害。在生物防治方面,美国白蛾的天敌有麻雀以及寄生性的赤眼蜂、姬蜂、茧蜂等。周氏啮小蜂是新发现的物种,原产中国,是美国白蛾的天敌。

（三）红火蚁

Solenopsis invicta。别名:外引红火蚁。膜翅目蚁科。见图9-6。

红火蚁原产地为南美洲巴拉那河流域,包括巴西、阿根廷、巴拉圭。后传入北美、新西兰和澳大利亚。2004年传入广东,目前在广西、福建和湖南也有报道。

红火蚁广泛分布于农田、荒坡地、村道、垃圾场、居民区、学校、果园、公园、园林绿化带、草地和高尔夫球场等处,发生严重地区随处可见大量活动的红火蚁及突起的蚁丘。红火蚁的入侵已经对中国农业生产、人畜健康和生态环境造成了比较严重的

图9-6 红火蚁

危害。

红火蚁食性广泛，它既取食作物的种子、果实、幼芽、嫩茎与根系，又给农作物造成相当程度的损害，同时，也捕食其他动物，明显降低了其种类和数量，导致本地的生物多样性降低，对生态安全构成威胁。此外，红火蚁还可攻击人，人体被红火蚁咬伤后有如火灼伤般疼痛感，严重的甚至产生过敏性休克而死亡。甚至，有些地方的电线、电器等设备和堤坝等设施也遭其破坏。红火蚁繁殖力强，据报道，1只蚁后每天可产卵1 500～5 000粒，蚁后寿命达6～7年。

入侵红火蚁的扩散、传播包括自然扩散和人为传播（长距离传播）。自然扩散主要是生殖蚁飞行或随洪水流动扩散，也可随搬巢而短距离移动；人为传播主要因园艺植物污染、草皮污染、土壤废土移动、堆肥、园艺农耕机具设备污染、空货柜污染、车辆等运输工具污染等而作长距离传播。

防治方面，目前各国采取的最有效的措施是两阶段化学药剂防治法：第一阶段采用饵剂处理，将灭蚁饵剂洒在蚁丘周围让工蚁搬入蚁丘内部，以达到灭除蚁后的目的；第二阶段为个别蚁丘处理，使用接触型杀虫剂等化学药剂或用沸水、清洁剂等非药剂处理方式，来灭除活动中的工蚁、雄蚁，甚至是蚁巢内的蚁后。

（四）美洲斑潜蝇和南美斑潜蝇

美洲斑潜蝇（*Liriomyza sativae*）和南美斑潜蝇（*Liriomyza huidobrensis*），双翅目潜蝇科，是危险性特大的检疫对象。见图9-7。

两种斑潜蝇原产地均为南美洲。为多食性害虫，主要危害蔬菜和农作物，寄主范围广泛，美洲斑潜蝇有20科130余种寄主，以葫芦科、茄科、豆科植物为主。南美斑潜蝇寄主范围更广，为39科287种植物，除蔬菜和农作物外，还危害花卉，以菊科和伞形花科为主。幼虫潜食叶片，破坏叶片含叶绿体的细胞，降低植物光合作用，叶片表面可呈现弯曲的白色隧道，叶片受害率在10%～80%，严重时，导致落叶，使花蕾易被风吹掉，果实易被阳光灼伤，形成疮疤，使植株推迟发育，甚至使植株致死，常造成瓜菜减产、品质下降，严重时甚至绝收。

美洲斑潜蝇于1993年在海南和广东雷州发现，南美斑潜蝇于1993年随花卉传入云南省昆明，随后这种害虫迅速在中国扩散，目前几乎遍布除西藏外所有省市区。

防治方面，依据其趋黄习性，可利用黄板诱杀；采用绿菜宝、巴丹、杀虫双等可取得明显的效果；利用寄生蜂防治，在不用药的情况下，寄生蜂天敌寄生率可达50%以上。

（五）温室白粉虱和烟粉虱

温室白粉虱（*Trialeurodes vaporariorum*）和烟粉虱（*Bemisia tabaci*）。同翅目粉虱科。

温室白粉虱原产地为美洲南美或北美，于20世纪70年代随苗木、果品引种传入中国，1975年在北京温室发现，1976年大暴发。烟粉虱又称棉粉虱或甘薯粉虱，其原产地不明，有多个生物型，其中型烟粉虱又称为银叶粉虱，入侵性最强。20世纪90年代中后期，中国烟粉虱开始暴发成灾，研究认为烟粉虱为20世纪世纪90年代从美国等地引进花卉一品红时带入。

目前这种害虫在中国大多数省市普遍发生。粉虱为世界性害虫，主要危害农作物、蔬菜、花卉，寄主范围广，温室白粉虱在温室和大棚危害更重。粉虱繁殖力强，繁殖速度快，种群数量庞大。以成虫和若虫吸食植物汁液，造成寄主营养缺乏，影响寄主的正常生理活动，被害叶片褪绿、变黄、萎蔫，甚至全株枯死。其排出物招致灰尘污染叶面和霉菌寄生，引起霉污病的大发生，使蔬菜失去商品价值。此外，传播多种植物病毒，其传播的病毒病危害比粉虱本身的危害更严重。

图 9-7 美洲斑潜蝇（A）和南美斑潜蝇（B）

防治方面可以采用黄板诱杀成虫或用银灰色膜驱虫；结合栽培管理摘除带虫枝叶，减少虫源；保护利用自然天敌，如中华草蛉、粉虱黑蜂等；在若虫孵化期交替喷洒20%扑虱灵可溶性粉剂1 500倍液，或10%吡虫啉可湿性粉剂2 000~4 000倍液防治；也可在保护地用80%敌敌畏乳油熏蒸。

（六）美洲大蠊、澳洲大蠊和德国小蠊

美洲大蠊（*Periplaneta americana*），澳洲大蠊（*Periplaneta australasiae*）和德国小蠊（*Blattela germanica*）。别名：蟑螂。蜚蠊目蜚蠊科。见图9-8。

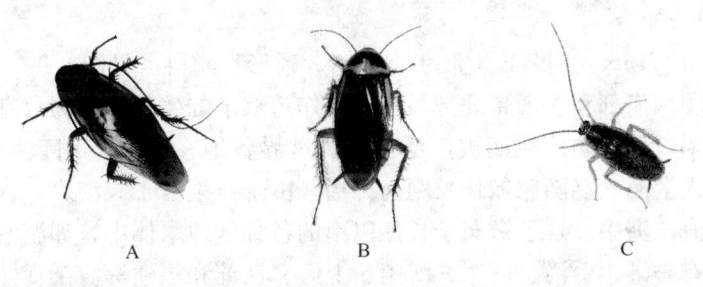

图 9-8 美洲大蠊（A）、澳洲大蠊（B）和（C）德国小蠊

美洲大蠊的原产地为非洲，澳洲大蠊为澳大利亚，德国小蠊为德国，它们都是随物品的携带、运输而无意引进和扩散的。蟑螂的繁殖能力强、适应性广泛，食性复杂，难以根除。它们污染食物，传播病原菌和寄生虫，对人类环境和健康造成严重影响。这些蟑螂都属于世界性的卫生害虫，遍布世界各地。目前，美洲大蠊和德国小蠊在中国广泛分布，而澳洲大蠊的分布限于辽宁、云南、贵州、广西和台湾等地。其中，以德国小蠊更令人头疼，是全球发生最普遍、最猖獗、最难治理的家庭卫生害虫，其繁殖量大，发育速度快，生活史短，而且体形较小，可躲藏在狭窄的缝隙里，因此，它几乎无处不在，包括家用电器的缝隙中，都有它的足迹。

防治方面应切断人为携带传播的途径，保持室内清洁卫生，妥善保藏食品。及时清除垃圾是防治蜚蠊的根本措施。同时根据其季节活动规律，集中力量，反复突击。具体办法有人工捕杀、诱杀、烫杀、堵塞缝隙等。现在化学试剂品种较多，许多杀虫剂均可有效杀灭蟑螂。目前也有利用蟑螂信息素、病毒进行生物防治的办法。

（七）福寿螺

Ampullaria gigas。别名：大瓶螺、苹果螺、雪螺。中腹足目瓶螺科。被列入中国

首批外来入侵物种。

原产地为南美亚马逊河流域。最初是作为高蛋白资源动物被有意引入美国和东南亚部分地区。1980年从阿根廷引种传入中国台湾。1981年引入广东，作为特种经济动物广泛养殖。后来又被引入到其他省份养殖。因养殖过度，口味欠佳，市场销售前景不佳，故被大量遗弃和逃逸。

福寿螺喜栖于缓流河川、阴湿通气的沟渠、溪河及水田等处。食性杂，食量极大，并可啃食很粗糙的植物，也能刮食藻类，其排泄物污染水体。主要危害水稻、菱白、菱角、空心菜和芡实等水生作物及水域附近的甘薯等旱生作物，水稻受害最重。其繁殖力极强，繁殖速度比亚洲稻田中的本地近缘种快10倍左右。而且，耐受性强，虽然是淡水螺，但可以在干旱季节埋藏在湿润的泥中度过一个月。此外，福寿螺还是寄生虫如卷棘口吸虫、广州管圆线虫的中间宿主。长距离传播主要是人为引进，也可随水流扩散，卵和小幼螺可随农作物转移短距离扩散。目前分布于中国广东、广西、云南、福建、四川、浙江、香港和台湾等地。

防治方面应重点抓好越冬成螺和第一代成螺产卵盛期前的防治，压低第二代的发生量，并及时抓好第二代的防治。以整治和破坏其越冬场所，减少冬后残留量以及人工捕螺摘卵、养鸭食螺为主，辅以药物防治。

(八) 食蚊鱼

Gambusia affinis。别名：大肚鱼，胎鳉。鳉形目鳉科。见图9-9。

原产地为美国南部和墨西哥北部。最初是作为蚊子的生物防治天敌有意引进的。因认为其嗜食孑孓，可预防疟疾而被广泛引进到世界各地。1911年引入中国台湾，1927年从菲律宾引入上海。能随船舶作长距离传播。由于可生活于咸淡水，食蚊鱼更可沿海岸线扩散到沿海江河中。现已散布于长江以南的各种低地水体中，如湖泊、池塘、水沟等，分布区域有香港、台湾、广东、海南、上海、江苏和福建等。杂食性，事实上，已有很多实验证明，食蚊鱼并不特别喜欢孑孓，捕食孑孓的能力也并不比食性相近的当地鱼类强。食蚊鱼适应环境能力强，能生活于咸水、淡水及不同环境的水体中，而且耐受性强，可耐温差、低氧及污染环境。卵胎生，生长速度快，繁殖能力强。由于竞争力强，对生态位相似的当地鱼类造成相当大的压力，而且还会袭击体形比自己大几倍的鱼类。目前，食蚊鱼在华南已取代了本地种青鳉和弓背青鳉，成为当地低地水体的优势种，威胁到这些青鳉的生存，甚至影响当地蛙类、蜂螺等两栖动物的生存。

目前还没有有效控制措施。应进一步研究其生物学特性和对当地生物及生态环境的危害影响。

(九) 牛蛙

Rana catesbeiana。别名：美国青蛙。无尾目蛙科。被列入中国首批外来入侵物种。

原产地为北美。因食用而被有意引入世界各地。1959年引入中国进行养殖，因管理不当逃逸扩散。目前在北京以南的地区广泛分布。喜生活在水草繁茂的水域。食性广泛，食量大，包括昆虫及其它无脊椎动物，还有鱼、蛙、蝾螈、幼龟、蛇、小型鼠类和鸟类等，甚至有互相吞食的行为。繁殖能力强，一年可产卵2~3次，每次产卵1万~5万粒。天敌较少。寿命为6~8年。

易于入侵和扩散。长距离传播主要是人为引进养殖后逃逸,短距离传播主要由于公路长途贩运、加工过程、观赏养殖过程逃逸,自身活动能力较强,可进行短距离陆路转移,也可随水流转移,这是造成其扩散的主要原因。由于具有明显的竞争优势,使本地两栖类则面临减少和绝灭的危险,并已经影响到生物多样性,同时对一些昆虫种群也存在威胁。其传入原因主要与国内贸易和消耗加工过程中缺乏严格管理、动物在长途贩运和加工过程中逃逸现象普遍有关。

防治方面应加强管理,包括对牛蛙饲养实施管理许可证制度、国内贸易和贩运的防逃逸措施以及对餐饮业的控制,以免入侵范围进一步扩大。同时改变饲养方法,由放养改为圈养。在蝌蚪阶段进行清塘性处理来控制种群数量,通过正面宣传和收购,捕捉和消耗牛蛙成体资源,以控制其在自然环境中的数量。

(十)河狸鼠

Myocastor coypus。别名:海狸鼠、獭狸。啮齿目海狸鼠科。见图9-10。

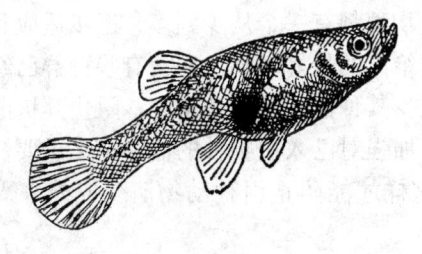

图9-9　食蚊鱼 　　　　　　　　图9-10　河狸鼠

20世纪初引入北美洲和欧洲。从1953年开始,中国从苏联引进供观赏和特种养殖。80年代后期,全国出现饲养河狸鼠热潮。现散布于东北、华北、华中、四川、江苏等地的局部地区,但可能没有较大种群。由于人们盲目引进饲养,而管理落后,导致病鼠残鼠增多,死亡率高。在南方饲养后,毛质变差,养大后的河狸鼠无人收购加工。饲养户经济损失惨重,热情下降,将剩鼠或杀或宰,亦有少数农户散放池塘野养;并有少数逃逸个体。野生的个体危害方式主要是采食和掘洞行为。河狸鼠啃食稻苗、马铃薯,导致大量减产,还啃食果树1m高以下的主干,造成果树成片枯死。这种行为显然对当地的自然植被构成威胁。掘洞行为常造成堤岸、码头设施和沿河公路与铁路遭到破坏。河狸鼠也会将多种传染性疾病传染给人类、家畜。

应严格管理饲养场,防止向野外扩散。发现野生河狸鼠尽量捕捉,严格控制其野生数量。利用它们喜在杂草茂密的地方栖息的特点,通过清除渠道、溪河沟边杂草,恶化河狸鼠的生态环境,减少其种群数量。因其个体大,易被发现和捕捉,比较容易控制。

第四节　处理好资源动物引种与防控外来动物入侵的关系

资源动物引种可以为当地带来巨大的经济效益,但是如果引种对象选择不当或管理不当，就会造成生态危机，福寿螺、食蚊鱼和牛蛙都出现了这样的问题。看起来，资源动物引种与防控外来动物入侵之间似乎存在着内在的矛盾，但是，不能因为存在外来动物入侵风险，就不去进行资源动物引种工作。在资源动物引种工作中，必须谨慎地、科学地决策，严密地监测，严格地管理，最大限度地降低引种对生态环境的影响。资源动物引种工作中应该遵循的基本原则如下：

（1）引种前应谨慎地、科学地进行资源动物引种决策。对于有意引进的外来物种，开展前期的生态安全风险评估显得尤为重要，这也是中国以前研究工作的薄弱环节，加强这方面的研究刻不容缓。

（2）引种中应严格资源动物引种管理。对于一些经过审慎调查，已经决定引进的外来种，至关重要的是加强动物引种过程中的管理，防止动物引种过程中带进其它外来的、对本地生态系统有重大影响的外来动植物种类。

（3）引种后应严密监测资源动物对引种地生态系统的影响情况。对于已经引种的动物，建立完备的监测体系是很有必要的。入侵物种都有一个从少到多、逐步适应和建立种群的过程，这一阶段是进行早期监测并有效绝灭的最好时期。即使有些种群已经在自然界建立，这时还是可以通过一定的努力来减少其种群的数量和密度，阻止其扩散，从而达到将其控制在一定范围内的目标。因此，加强对已入侵物种的监测至关重要。对于每个物种，都应有完备的监测体系和网络，这样才能防止引种动物演变成外来入侵物种，并进一步扩散和蔓延。

同时，需要加强科普教育，让民众对一些重要的外来入侵生物有一定的认识，随时注意周边的环境，若发现有入侵物种，做到及时报告、及时控制。还要加强开展入侵物种的基础和应用研究，如入侵物种的生物学、生态学、遗传学、检测技术和防控技术等，在此基础上，针对每个入侵物种的生物学和生态学特性，提出行之有效的控制措施。

思考题

1. 简述动物引种的目的。
2. 简述资源动物引种驯化应遵循的原则。
3. 举例说明资源动物引种的意义。
4. 结合举例说明中国外来动物入侵的情况。
5. 讨论处理资源动物引种与防控外来动物入侵的关系。

第三篇 资源微生物

第十章

资源微生物概述

第一节 资源微生物和微生物多样性

一、资源微生物的定义

由于微生物个体微小，肉眼难以观察到，人类发现微生物的历史仅300多年，而且最初发现的微生物还都是引发疾病的病原微生物，在很长的时期内，人们都把微生物同疾病联系在一起，认为它对人类有害无益。实际上微生物与人类的关系非常密切，除了少数给人类带来毁灭性灾难的病原微生物以外，大多种微生物种类是无害的，甚至有些种类是可以造福于人类的。例如，用于面粉发酵和酿酒的酵母菌以及用于生产抗生素的多种青霉菌等。我们把微生物中具有一定科学意义或实用价值的种类，称为资源微生物。国内外建立了多个菌种保藏机构，其中保藏了多种资源微生物。中国科学院微生物研究所于1989年建立了微生物资源前期开发国家重点实验室，主要是开展微生物资源利用的基础和应用的基础研究，研究领域包括重要环境微生物资源的收集及其生态学功能、模式微生物的生物学过程及环境适应机理以及微生物催化功能、微生物来源的生物活性物质。2009年7月10日，中国科学院微生物研究所微生物资源中心（IMCAS-BRC）成立，该中心致力整合微生物资源和微生物学研究力量，从根本上改变中国微生物资源的保存与研究分割，资源收集与开发利用分离的现状，促进"沉淀资源"的有效利用，建立完善的资源和技术共享机制，形成具有自主知识产权的生物技术产业，为国民经济建设和社会可持续发展做出贡献。

二、微生物及其多样性

(一) 微生物的基本特性

(1) 体形小，面积大。微生物不是分类学上的名词，是一切肉眼看不见的微小生物的总称。病毒大小为 $0.01 \sim 0.25 \mu m$，在电子显微镜下可见；细菌大小为 $0.1 \sim 10 \mu m$，在光学显微镜下可见；真菌大小为 $2 \mu m \sim 1 mm$；原生动物大小为 $2 \sim 1\,000 \mu m$；藻类大小为 1 微米至几米。由于个体微小，微生物的比面值（某一物体单位体积所占有的表面积）大，对于体积为 $1cm^3$ 的球菌来说，其总表面积可达 $6m^2$，比面值为 60 000。这个大比面值的特点使微生物有一个巨大的营养物质吸收面、代谢废物的排泄面和环境信息的交换面，并由此产生其余 4 个特征。

（2）吸收多，转化快。由于体积小，微生物体有极大的表面积/体积比值，能与环境之间迅速进行物质交换，吸收营养和排泄废物，而且有最大的代谢速度。从单位重量来看，微生物的代谢强度比高等生物大几千倍到几万倍。如发酵乳糖的细菌在 1h 内可分解其自身重量 1 000~10 000 倍的乳糖；产朊假丝酵母（Candida utilis）合成蛋白质的能力比大豆高 100 倍，比食用公牛强 10 万倍。

微生物的这个特性为它们的高速生长繁殖和产生大量代谢产物提供了充分的物质基础，从而使微生物有可能更好地发挥"活的化工厂"的作用。人类对微生物的利用主要体现在它们的生物化学转化能力。

（3）生长旺，繁殖快。微生物个体微小，在资源占有和物种保存上往往以数量取胜。微生物繁殖能力极强，方式多样。在最适条件下，大肠杆菌的细胞分裂 1 次仅需 12.5~20min；每个真菌的个体产生的孢子从数百个至数亿个，孢子具有小、轻、干、多和抗逆性强的特点，有利于其在自然界的散播和生存；E. coli 的 T 系列噬菌体在适合温度等条件下完成一次增殖周期仅需 15~25min，一个 T4 噬菌体一次可以产生约 100 个后代。

（4）适应性强，易变异。微生物的个体一般都是单细胞、简单多细胞或非细胞结构。它们通常都是单倍体，加之它们具有繁殖快、数量多和与外界直接接触等原因，即使其变异频率十分低（一般为 $10^{-10} \sim 10^{-5}$），也可以在短时间内产生大量变异后代以适应环境，这是高等动、植物所无法比拟的。最常见的变异形式是基因突变，它可以涉及任何性状，诸如形态构造、代谢途径、生理类型以及代谢产物的质或量的变异等。人们利用微生物易变异的特点进行菌种选育，可以在短时间内获得优良菌种，提高产品质量。这在工业上已有许多成功的例子。但若保存不当，菌种的优良特性易发生退化，这种易变异的特点又是微生物应用中不可忽视的。

（5）种类多，分布广。微生物在自然界的分布极为广泛，土壤、水域、大气，几乎到处都有微生物的存在，特别是土壤是微生物的大本营，任意取一把土或一粒土，就是一个微生物世界，其中含有不同种类的微生物。可以这样说，凡是有高等生物存在的地方就有微生物存在，即使在极端的环境条件如高山、深海、冰川、沙漠等高等生物不能存在的地方，也有微生物存在。不同的环境中都有大量与其相适应的各类微生物在活动着。例如，极端嗜热菌（themophiles）能生长在 90℃ 以上的高温环境；极端嗜盐菌（extremehalophiles）生活环境中盐度可达 25%（如死海和盐湖中）；极端嗜酸菌（acidophiles）能生活在 pH≤1 的环境中，往往也是嗜高温菌，生活在火山地区的酸性热水中；极端嗜碱菌（alkaliphiles）多数生活在盐碱或碱湖、碱池中，生活环境 pH≥11.5 以上，最适 pH 为 8~10。由于生态环境的多样性，微生物在自然界是一个十分复杂的生物类群，在物种、生理代谢类型、代谢产物和遗传基因上均表现出丰富的多样性。

（二）微生物的多样性

由于微生物在自然界分布非常广泛，对环境有极强的适应性，因而在代谢类型和代谢产物上具有显著多样性。

（1）物种多样。至今，人类对微生物物种多样性的估计在很大程度上只是反映了它们与高等生物专一的或兼性的依赖关系，而对这些关系的了解还十分肤浅。另外，由于研究手段的限制，许多微生物的种群仍不能分离培养。因此建立在培养手段上的多样性估计对单细胞原核微生物尤为困难。如表 12-1 所示，根据 M. goodfellow 等人 2005 年的分析，人类已描述的微生物约 30 万种，而估计自然界存在的微生物总数约为 1 000 万种。

表 10-1　微生物已知描述种与估计自然界存在种的比较（引自 M. goodfellow，2005）

类　群	已知描述种	估计存在种	比例%
Algae	40 000	350 000	11
Bacteria (including cyanobacteria, actinomycetes and unculturables)	5 500	3 000 000	0.1
Fungi (including yeasts, lichen forming fungi, slimemoulds, oomycetes)	70 000	1 500 000	5.0
Protozoa (proctoctists, excluding algas and comycete fungi)	40 000	100 000	40
Viruses (including plasmids and phages)	5 000	500 000	1
总计	160 500	5 450 000	3.0

（2）生理代谢类型多样。微生物的生理代谢类型多样。包括：①分解地球上储量最丰富的初级有机物——天然气、石油、纤维素、木质素的能力为微生物所垄断；②微生物有着最多样的产能方式，诸如细菌的光合作用、嗜盐菌的紫膜光合作用、自养细菌的化能合成作用以及各种厌氧产能途径等；③生物固氮作用；④合成次生代谢产物等各种复杂有机物的能力；⑤对复杂有机分子基团的生物转化（bioconversion，biotransformation）的能力等。

（3）代谢产物多样。微生物究竟能产生多少种代谢产物，是一个难以准确回答的问题。20 世纪 80 年代末曾有人统计为"7 890"种，后来（1992）又有人报道仅微生物产生的次生代谢产物就有 16 500 种，且每年还在以 500 种新化合物的数目增长着。

（4）遗传多样。从基因水平看微生物的多样性，内容更为丰富，这是近年来分子微生物学家正在积极探索的热点领域。在全球性的"人类基因组计划"（HGP）的有力推动下，微生物基因组测序工作正在迅速开展，并取得了巨大的成就。截至 2000 年 5 月，已发表的微生物基因组有 31 个，即将发表的 15 个，正在进行的 106 个。在已发表的 31 个中，细菌占 22 个，包括 E. coli、枯草芽孢杆菌（Bacillus subtilis）、结核分枝杆菌（Mycobacterium tuberculosis）和幽门螺杆菌（Helicobacter pylori）等；古生菌 5 个，如詹氏甲烷球菌（Methanococcus jannaschii）等；真核微生物 4 种，如 S. cerevisiae 和大利什曼虫（Leishmania major）等。此外，另有 572 株病毒早已搞清了基因组的序列。

(5) 生态类型多样。微生物广泛分布于地球表层的生物圈（包括土壤圈、水圈、大气圈、岩石圈和冰雪圈），尤其是各种极端环境（高温、高盐、低温等）中。此外，微生物与微生物或与其它生物间还存在着众多的相互依存关系，如互生、共生、寄生、拮抗和捕食等。如此众多的生态系统类型产生出各种相应生态型的微生物。微生物的分布广、种类多这一特点，为人类进一步开发利用微生物提供了无限广阔的前景。

三、资源微生物的重点研究领域

（一）寻找发现新菌种

人们知道的微生物不到10%，90%以上的未知微生物没有被发现，新菌种的发现就意味着有新基因和新产物的发现，这样就可发现新用途。土壤、海洋和极端环境是新菌种发现的最大资源库，现在一直处于国际学术界研究热点。例如，中国科学院微生物研究所在青海、西藏、内蒙古的盐碱湖区，以化学和分子生物学方法鉴定得到37株古细菌新菌种，它们在盐田生态系统和盐水的物理化学蒸发过程中发挥着重要的作用。

（二）利用现代生物技术改造菌种

深入了解微生物的组成结构、代谢过程、遗传表达等内容，有助于充分利用资源微生物。运用原生质体融合技术和基因工程技术构建高效工程菌为环境污染治理开辟了广阔前景。如构建带有多个质粒的新菌株，降解性质粒DNA的体外重组，质粒分子育种，原生质体融合技术构建新菌株等。最早的"超级菌"就是采用基因工程手段，在同一菌株中重组4种假单胞菌的遗传基因，得到的工程菌具有超常降解能力，能同时降解脂肪烃、芳烃、萜和多环芳烃。降解石油速度快、效率高，在几小时内能降解海上溢油中2/3的烃类，而自然菌种要用一年多时间。尤为引人注目的是将降解污染物的质粒转入极端环境微生物中，具有很高的实际应用价值。近年中国在这方面的研究取得了一定成果，但与国外还有很大差距。另外，应用的安全问题一直是现代生物技术的重要障碍，尚需进一步完善解决。

（三）完善各种微生物在环境保护中的应用技术

微生物具有多种代谢途径在环境保护中具有重要的作用，因此开发微生物在环境保护中的相关技术具有重要意义。各种应用技术都要以提高效率、降低成本为原则。相关技术包括：分离、筛选和驯化高效降解菌，利用微生物共代谢作用、多菌种协同作用降解难降解污染物；对传统技术改造并与现代技术结合；构建高效反应器，优化运行条件，探索新工艺新方法等。例如，在厌氧流化床中投加高效菌种，采用聚集—交联法将脱色菌固定在活性污泥上，在反应器内投加定量磁粉，脱色效率达到了39%以上，脱色时间明显缩短。另外，在开发应用中还应重视技术与工艺的优化组合。

（四）微生物制剂的产业化

微生物制剂是利用微生物菌体、细胞组成成分或代谢产物制成的产品。在现代物技术迅猛发展的今天，微生物制剂产品已渗透人类社会的各个方面，从工业到农业，从医疗保健到环境保护，微生物制剂在环境保护中的应用日益广泛。例如，有效微生物群制剂（effective microorganisms，EM）和微生物絮凝剂应用于废水处理，EM用于种植

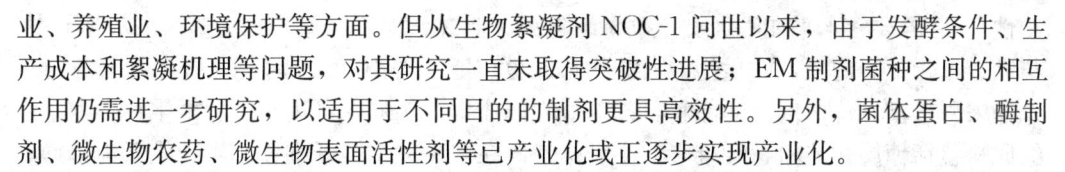

业、养殖业、环境保护等方面。但从生物絮凝剂 NOC-1 问世以来，由于发酵条件、生产成本和絮凝机理等问题，对其研究一直未取得突破性进展；EM 制剂菌种之间的相互作用仍需进一步研究，以适用于不同目的的制剂更具高效性。另外，菌体蛋白、酶制剂、微生物农药、微生物表面活性剂等已产业化或正逐步实现产业化。

（五）极端微生物研究

地球上存在着各种不同的、强烈抑制一般生物生长的极端环境（extreme environment）。如高温（200℃～300℃）、高盐（15%、20%、饱和盐溶液）、高酸（pH<1）、高碱（pH>10）、高压（$1.013×10^8$Pa）、寡营养等。在这些异常环境中有微生物存在。微生物适应异常环境是自然选择的结果。极端环境微生物大多属于古生菌，如嗜盐细菌、嗜热细菌等，它们逐步形成了独特的结构、机能，以应答相应的强烈限制性因子。异常环境所具备的生态条件，实际上正是这种环境中的优势微生物所需要的。20 世纪 70 年代以来，极端环境微生物研究已成为微生物学研究的新领域。研究极端环境微生物在理论上有重要的学术价值，因为极端环境下微生物的生态、结构、分类、代谢、遗传等皆与一般微生物有别，而且极端环境微生物具有广泛的应用前景，其基因是遗传工程菌的资源宝库。

中国的极端环境很多，各地分布着热泉、大盐湖、火山等，因此，中国的极端环境微生物资源丰富，有待开发利用。

（六）微生物分子生态学研究

随着科学技术的发展，现代生态学研究主要以微观的技术方法手段来描述和解释宏观的生态学问题，即在分子水平上阐述环境污染、水土流失、沙漠化、臭氧层破坏、赤潮等及其引发的生态问题。其研究方向主要有以下几个方面的内容：①各种生境（土壤、森林、草原、水域、各类极端环境）中的微生物群体结构与生态功能；②微生物与其他生态环境之间的相互作用机理；③海洋资源微生物的生态系统、开发利用、保护的研究；④城市有机废弃物的处理及资源化研究；⑤以现代生态学原理为指导，以生态技术为主要生产手段，建立高产高效、持续发展的生态农业和企业化生态工厂；⑥可再生的生物能源（如细菌产氢、废弃物生产燃料乙醇等）的研究开发，解决能源短缺问题。

第二节　资源微生物的基本特征和分类

一、资源微生物的基本特征

微生物具有个体微小，繁殖奇速，数量非凡，摄食很多，代谢旺盛，变化多端，栖息广阔等特点，赋予了资源微生物以下特性——成本低、效率高、易改良、潜力大。

（一）营养要求简单，可降低生产成本

大多数微生物营养要求简单，营养物来源广，营养类型多样。不论从元素的水平或营养要素的水平来分析，微生物的营养需求与动物和植物十分接近，具有"营养上的统一性"。营养要素水平在六大类（碳源、氮源、能源、生长因子、无机盐和水）范围内。与动、植物不同的是，微生物的营养物来源更广泛（表10-2）。因而在微生物培养时可选择来源丰富、价格低廉的原料，以降低生产成本。例如，可用于乙醇微生物发酵生产的原料包括糖质和淀粉、纤维素、半纤维素。在解决好水解纤维素、半纤维素为单糖工艺的前提下，用农作物秸秆为原料发酵生产乙醇，原料丰富且广泛易得，还可以解决农业生产的环境问题。

表 10-2　微生物与动植物营养要素的比较

营养要素	动物（异养）	微生物 异养	微生物 自养	植物（自养）
碳源	糖类、脂肪	糖、醇、有机酸等	CO_2、碳酸盐等	CO_2
氮源	蛋白质及其降解物	蛋白质及其降解物、有机氮化物	无机氮化物、氮	无机氮化物
能源	与碳源同	与碳源同	氧化无机物、日光能	日光能
生长因子	维生素	有些需要维生素	不需要	不需要
无机元素	无机盐	无机盐	无机盐	无机盐
水	需要	需要	需要	需要

（二）生长繁殖不受季节限制，可提高效率

大多数微生物都能在常温常压下，利用简单的营养物质生长，并在生长过程中积累代谢产物，不受季节限制。更重的是微生物繁殖能力极强，方式多样。如生产用作发面剂的酿酒酵母（*Saccharomyces cerevisiae*），其繁殖速度不算太高（2h 分裂 1 次），但在单罐发酵时，几乎每 12 h 即可收获 1 次，每年可"收获"数百次。这是其他任何农作物所不能达到的"复种指数"。这对缓和人类面临的人口增长与食物供应矛盾有着重大意义。另外，微生物繁殖速度快的生物学特性对生物学基本理论的研究也带来了极大的优越性，使科学研究周期大大缩短、经费减少、效率提高。

（三）构造简单，易于进行遗传改良

微生物个体微小，一般都是单细胞、简单多细胞甚至是非细胞的生物，通常为单倍体，在自然条件下易于产生变异后代，人为地使用诱变因素也易于获得突变个体。目前工业生产上应用的优良菌种，绝大多数都是经过诱变处理后的高产菌株。例如，于长青等（2009）以深黄被孢霉 As3.3410 为出发菌株，采用两轮紫外线诱变的方法，经筛选获得一株花生四烯酸高产菌株。此外，单细胞微生物还有利于其原生质体融合或基因工程育种研究。多数细菌有质粒，通过对质粒进行遗传改造可以赋予微生物新的性状，这也是目前基因工程生产药物的基础和前提。

（四）物种和代谢类型多样，开发潜力大

微生物产业已与动植物生产并列成为生物产业的三大支柱。至今微生物产品已经覆盖制药、农业、食品、化妆品、环境、能源等许多方面，具有巨大的商业价值和社会效益。更重要的是，在新物种挖掘、培育和规模化生产上微生物比动植物具有更大的空间和更强的可行性。根据 M. goodfellow 等人（2005）的研究分析，自然界存在的微生物总数估计约为 1 000 万种，而人类已描述的微生物不到总数的 5%。土壤是微生物生存的大本营，各种水体是仅次于土壤的第二大微生物资源库，动植物体上的正常微生物区系也是重要的菌种来源，而各种极端环境更是开发有特种功能微生物的潜在"富矿"。微生物代谢类型、中间代谢多样，为从中筛选有药物提供了物质基础。例如，杨好等（2006）对中国东海药用微生物资源进行初步调查研究，从中分离得到的1041株单菌落中，具有抗菌活性菌株、抗稻瘟霉分生孢子活性菌株的比例均达到20.0%以上。对这些微生物的代谢产物及作用机理进行研究，有可能发现新的有价值的药物资源。

二、资源微生物的价值

微生物作为一类资源生物的公共意识还尚未完全建立。事实上，人类与微生物密不可分。尽管一些微生物给人类带来了不少祸害，但很多微生物对人类乃至整个生物界来说有着重要的价值，体现在直接价值和间接价值两方面。

（一）资源微生物的直接价值

资源微生物的直接价值显而异见。一些微生物的菌体本身、代谢物、酶等可直接或被加工成制剂后用于农业、工业、医药和环保行业。用于饲料的单细胞蛋白、人类食用的木耳、香菇等皆为微生物体的直接应用；微生物发酵生产抗生素、氨基酸、维生素等利用的是微生物的代谢产物；一些微生物在生长过程中产生一些酶类可被提纯和应用。

（二）资源微生物的间接价值

有一些微生物不能为人类提供直接的产品，但却在为维持人类及至自然界的正常运转默默无闻地工作。大肠杆菌由于结构简单、易于培养、繁殖量大，因而作为微生物学研究的模式生物和基因工程的工具，对生命科学基础理论研究做出巨大贡献。在自然生态系统的物质循环中，微生物扮演着"分解者"的角色，对维持生态系统平衡起着举足轻重的作用。

三、资源微生物的分类

根据微生物的分类地位，可以将资源微生物分为细菌域资源微生物（包括真细菌、放线菌和蓝细菌）和古生菌域资源微生物、真核生物域资源微生物（包括酵母、霉菌、蕈菌、显微藻类、原生动物和小型后生动物）和非细胞结构（病毒）资源微生物。

为方便开发利用，通常按用途对资源微生物进行分类。大致可分为12种类型。

（一）医药与保健微生物

自然界中几乎所有生物都具有药物生产价值，但最主要的生产者还是来自微生物。微生物的代谢可塑性强，可产生各种各样具有特殊化学结构和生物学活性化合物，这些化合物在医药上的应用有无限潜力。自古以来，微生物药物就开始用于防病治病，特别是经过近几代人的努力，这类药物通过工业化生产大量投放市场，对于保障人类健康已经起到不可或缺的作用。

在微生物的大家庭中，可生产药物的微生物种类繁多，包括细菌、放线菌和真菌等，如产黄青霉（*Penicillium chrysogenum*）生产青霉素（penicillin），灰色链霉菌

（*Streptomyces griseus*）生产链霉素（streptomycin），多黏芽孢杆菌（*Bacillus polymyxa*）生产多黏菌素（polymycin）等。在可生产药物的微生物中，以放线菌最为突出。据 1994 年统计，自然界已发现的药物微生物合计 9 400 种，其中放线菌占 68.1%，细菌占 11.7%，真菌占 20.2%。在放线菌中，链霉菌属中的种产生微生物药物占 70% 左右。在药用微生物筛选中已经研究过的微生物中，细菌和放线菌只占它们在自然界中已知属、种的 20%~25%，真菌为 10%~15%。今后随着药用微生物研究的发展，分离和培养技术的不断提高，新的药用微生物的属、种还将不断出现。因此，开发药用微生物资源，还会有相当大的潜力。

20 世纪上半叶微生物药用价值主要体现在生产多种抗生素。首先是青霉素的发现和规模化生产应用，接着是链霉素的发现与应用和新抗生素开发的活跃期。随着对资源微生物研究的深入，微生物生产药物应用范围已经扩大到抗肿瘤物质、酶抑制剂、免疫抑制、免疫激活剂等。Bear Steams（www.bearsteams.com/conferences/healthcare，2004）报告称，已经在市场上和临床实验应用的 800 个微生物源天然化合物中，其靶标为：57% 抗肿瘤、9% 抗炎症、9% 抗感染、5% 治疗心血管、4% 治疗糖尿病、2% 治疗呼吸道。

除药物开发以外，微生物还可以用于产生多种保健品。根据微生物保健制品中微生物的利用状况，分为微生物产物制品和微生物菌体制品两大类：第一类主要利用微生物的多糖、蛋白质、多肽、氨基酸、维生素等产物制成产品，如猴头菇口服液、灵芝口服液等；第二类制品含有活的菌体，如昂立 1 号、丽珠肠乐等，也有死菌体制品，如冬虫夏草、灵芝孢子等。

（二）有机物发酵生产微生物

微生物学家早就预言：对每一种天然有机化合物，总存在一种微生物能合成或分解它。早在 17 世纪以前，人们虽然还无法看见微生物个体的存在，但是在生产实践中逐步学会了利用自然界中的有益微生物合成或分解有机物的作用来酿造各种传统食品和饮料，包括酒、酱、醋、泡菜、酸奶、干酪和面包。在 17—19 世纪，由于微生物的发现和微生物形态与发酵生理研究的展开，微生物的纯培养技术开始建立，人们不仅利用微生物生产食品，也用于生产菌体蛋白、各种溶剂和有机酸。这个时期微生物发酵仅仅是家庭式或作坊式的手工业生产。在 1900—1940 年，微生物发酵技术取得了一系列的进展，从此人类开始了人为控制微生物时代，包括对微生物发酵过程中营养物质、氧气、发酵设备、非目标微生物的控制和目标微生物的接种等，这些技术在 20 世纪五六十年代的抗生素发酵生产中得到了集中应用和体现。由于抗生素工业的迅猛发展，工业微生物史上开始出现寻找各种有益微生物代谢产物的热潮，发酵产品扩展到柠檬酸、苹果酸等有机酸，氨基酸、核苷酸等。随着分子生物学和遗传学的发展，使人们能通过人工方法突破微生物自我调控机制，使微生物能按照人们的要求大量积累某些代谢终产物或中间代谢产物，从而达到生产各种各样有用产品或增加产品产量的目的。

（三）产酶微生物

自然界中广泛存在着各种各样的微生物，这些微生物具备分泌某种酶的能力。1908 年，法国科学家首次从细菌中提取出淀粉酶，并将淀粉酶用于纺织品的退浆。1949 年，科学家成功地用液体深层发酵法生产出了细菌α—淀粉酶，从此揭开了近代酶工业的序幕。这种通过预先设计，经过人工操作，利用微生物的生命活动获得所需的酶的技术过程，称为酶的发酵生产（fermentation production）。

采用微生物发酵制取酶制剂的优点主要是：①种类繁多，动植物体内所有的酶几乎都能从微生物中找到，并且微生物的筛选方法简单、成熟，有可能在短时间内根据其应用特点和要求从成千个菌株中筛选出最佳的产酶菌株。②繁殖快、发酵周期短、培养基价格低廉，能通过控制培养条件大幅度提高酶的产量，酶制剂可以实现大规模、低成本的工业化生产。③微生物具有较强的适应能力，可以通过改变微生物的遗传性质，培育出新的、更理想的菌株，从而大大提高产酶水平。通过对产酶菌种的选育，可以使参与微生物分解代谢的酶活水平提高几千倍，使参与合成代谢的酶活性提高几百倍。④同样的反应可以用来源于不同微生物的性质相近的酶催化，因此可灵活选择生物反应器，以便与前后工序相配合。

基于以上优点，利用微生物生产酶制剂大大降低了酶的生产成本，提高了酶制剂的生产能力，从而推动了工业规模化酶制剂的生产和发展。可用于产酶微生物包括细菌、放线菌、霉菌、酵母。大多数工业用酶都能由微生物生产。表 10-3 为一些工业用酶的世界年产量。

表 10-3　一些工业用酶的世界年产量

名　称	纯酶产量/t	名　称	纯酶产量/t
芽孢杆菌蛋白酶	550	微生物凝乳酶	25
淀粉葡萄糖苷酶	350	真菌淀粉酶	20
芽孢杆菌淀粉酶	350	果胶酶	20
葡萄糖异构酶	60	真菌蛋白酶	15

（四）食品生产微生物

在食品生产中，微生物的应用十分广泛，包括直接食用微生物、食品加工微生物和食品添加剂生产微生物等。

具有直接食用的微生物首推食用真菌（edible fungi, edible mushroom），其含有丰富的蛋白质、氨基酸、多种人体必需的微量元素和维生素，是一类高蛋白、低脂肪类食物，被世界公认为"天然的健康食品"。微生物比任何其他生物都能更有效地合成蛋白质。利用各种基质大规模培养细菌、酵母菌、霉菌、光合细菌等而获得的微生物蛋白，称为单细胞蛋白（single cell protein, SCP）或菌体蛋白。单细胞蛋白可作为食品添加剂以改善食品风味，并可代替动物蛋白。

有多种细菌和霉菌参与一些普通饮料（酸奶、乳酸菌饮料、双歧乳杆菌）、酒精饮料（白酒、啤酒、黄酒）和调味品（食醋、酱油、豆腐乳、味精）的生产过程，其技术属于传统的微生物发酵范畴。

食品添加剂是食品工业的重要组成部分，也是食品工业新的增长点。利用动植物或微生物代谢产物等为原料经提取、酶法转化或发酵等技术生产的天然食品添加剂在总量中所占的比例将越来越大。一些食用色素（红曲色素、β—胡萝卜素）、维生素（V_{B12} 和

V_{B2})、酸味剂（柠檬酸）、鲜味剂（多种氨基酸）、甜味剂（阿斯巴甜）、增稠剂（黄原胶）、防腐剂和抗氧化剂（V_C）均可由微生物或工程菌发酵生产。

（五）农药用微生物

微生物农药是利用微生物及其基因表达的各种生物活性成分，制备出用于防治植物病虫害、环卫昆虫、杂草、鼠害以及调节植物生长的制剂的总称。按照农药的用途分类，微生物农药可分为微生物杀虫剂、微生物除草剂、微生物生长调节剂、微生物杀菌剂和微生物生态制剂等。微生物农药的有效成分主要是微生物营养体或其繁殖体，少数是微生物的代谢产物。可用于生产农药有多种细菌、真菌、放线菌和病毒。

目前筛选的细菌杀虫剂大约有100种，其中被开发成产品投入实际使用的主要有四种：苏云金芽孢杆菌、球形芽孢杆菌、日本金龟子芽孢杆菌和缓病芽孢杆菌。

目前世界上已记载的杀虫真菌有100属800多种，其中大部分是兼性或专性病原体，其生长和繁殖在很大程度上受外界条件的限制。真菌杀虫剂是一类寄生谱较广的昆虫病原真菌，研究应用较多的主要种类有：白僵菌、绿僵菌、拟青霉、座壳孢菌和轮枝菌。

病毒常常在野外昆虫种群中引起流行病，是调节昆虫种群密度的重要病原因子。据不完全统计，世界上已从1 100多种昆虫中发现了1 690多株昆虫病毒，其宿主涉及昆虫11目43科，中国已从7目35科127属的196个虫种中分离到247株昆虫病毒。

（六）肥料用微生物

微生物肥料又被称为细菌肥料、生物肥料，许多国家将其称为接种剂（inoculant），日本将其称为微生物材料，是利用微生物的生命活动及其代谢产物的作用，改善作物养分供应，为农作物提供营养元素、生长物质、调控其生长，达到提高产量和品质、减少化肥使用、提高土壤的肥力、减少或降低病（虫）害的发生、改善环境质量的目的。微生物肥料在国际上的应用和发展已有百年历史，目前美国、英国、日本、加拿大、法国、意大利、德国等发达国家，一些中等发达国家如澳大利亚、新西兰、奥地利、瑞典等以及一些发展中国家如印度、泰国、菲律宾、布隆迪等，至少有70多个国家有自己的微生物肥料生产企业、产品技术标准和质量监督体系，在中国微生物农药也有近50年的研究、生产和应用历史。

微生物肥料的种类较多，如果按其制品中特定的微生物种类可分为细菌肥料（如根瘤菌肥、固氮菌肥）、放线菌肥料（如抗生肥料）、真菌类肥料（如菌根真菌）；按其作用机理分有根瘤菌肥料、固氮菌肥料（自生或联合共生类）、解磷菌类肥料、硅酸盐菌类肥料；按其制品内含物分为单一的微生物肥料和复合（或复混）微生物肥料。复合（或复混）微生物肥料又有菌—菌复合，也有菌和各种添加剂复合。

（七）饲料用微生物

在现代养殖业中，饲料是指向动物提供能量、蛋白质、脂肪、维生素、矿质元素等营养物质的有机或无机化合物。微生物代谢类型多样，物质转化能力强，而且细胞的蛋白质含量较高，因而在饲料开发中有重要作用。用于微生物饲料的生产及调制的资源微生物包括细菌、酵母菌、担子菌及部分单细胞藻类等。

根据在饲料生产中的作用将资源微生物分为两大类，即饲料加工和生产添加剂微生物。微生物加工饲料主要是利用微生物的发酵作用改变饲料原料的理化性状或增加其适口性，提高消化吸收率及其营养价值；也可解毒、脱毒及积累有用的中间产物。这一类微生物饲料主要包括乳酸菌发酵饲料、青贮饲料、畜禽屠宰废弃物发酵饲料、饼粕类发酵脱毒饲料。利用微生物生产的饲料添加剂有生物蛋白饲料、饲用酶制剂、真菌饲料添加剂、维生素类添加剂、抗生素类制剂、氨基酸类、活体微生物类等。生物蛋白饲料主要是指单细胞蛋白和菌体蛋白，前者多指用酵母菌或细菌等单细胞生产的微生物菌体产品，后者则包括多细胞的丝状真菌类菌体及菌体蛋白，两者都可作为动物蛋白的补充剂。这些产品不但含有丰富的蛋白质，而且还含有脂肪、糖、核酸、维生素和无机元素，因此是一种具有较高价值的多功能食品或饲料。但是由于单细胞蛋白核酸含量较高，核酸在畜体内消化后形成尿酸，而家畜无尿酸酶，尿酸不能分解，随血液循环在家畜的关节处沉淀或结晶，引起痛风症或风湿性关节炎，为此应发展脱核酸技术，生产脱核酸单细胞蛋白，未脱核酸单细胞蛋白在使用时应控制添加量。

（八）污染物治理微生物

随着人类生产活动规模的日益扩大和人口的高速增长，垃圾、粪便、污水等生活废弃物和工业生产所形成的"三废"及农业生产中的农药残留物等大量排入江河、湖泊、海洋、土壤、空气中，破坏了自然界的生态平衡，造成了环境污染。现代环境生物技术是现代生物技术应用于环境污染防治的一门新兴边缘学科。微生物种类繁多，代谢类型多样，自然界所有的有机物几乎都能被微生物降解与转化。微生物具有适应性强、易变异等特点，可随环境变化产生新的自发突变株，也可能通过形成诱导酶，生成新的酶系，具备新的代谢功能以适应新的环境，从而降解和转化那些"陌生"的化合物。因此，微生物在环境污染治理中发挥着重要的作用。用于环境污染物治理的微生物类群主要是细菌、放线菌、真菌、蓝细菌、微型藻类以及原生动物。

（九）环境监测微生物

环境监测是测定代表环境质量的各种指标数据的过程，包括环境分析、物理测定和生物监测。生物监测是利用生物对环境污染所发生的各种信息作为判断环境污染状况的一种手段。环境中的微生物是环境污染的直接承担者，环境状况的变化对微生物的群落结构和生态功能产生影响，因此可以用微生物来指示环境污染。

微生物在环境污染物生物毒性和致突变性检测中有着重要的作用。微生物检测污染物毒性的原理是选择微生物的某一项或几项生理指标作为指征（如细胞生长、呼吸、酶活性等），根据待测物影响或抑制这些指征的程度来判断毒性的强度。目前常用的污染物毒性检测方法包括原核微生物与真核微生物。污染物致突变性的微生物检测是将指标微生物暴露于待测物中，通过观测指示微生物的某（几）种特殊性状是否发生突变来反映待测物的致突变可能性。常用的微生物有鼠伤寒沙门氏菌、大肠杆菌、枯草芽孢杆菌等细菌及粗糙脉孢霉、酿酒酵母、构巢曲霉等真核微生物。

（十）能源微生物

随着石油、天然气等不可再生能源的日渐枯竭，太阳能、风能、海洋能、地热能和生物能等可再生能源正日益受到重视。2006年1月1日，《中华人民共和国可再生能源法》正式实施，国家"863计划"中将开发太阳能和生物能作为能源领域主题之一。作为可再生能源开发的主角,微生物在能源可持续开发中发挥了重要作用。微生物能源开发包括生物柴油、微生物制氢、微生物制乙醇、微生物发电和微生物制沼气等。利用微生物开发生物能的最大特点就是清洁、高效、可再生。与石油、煤炭等传统能源相比,有利于环境保护;与太阳能、核能、风能、水能、海洋能等新能源相比,其来源广、成本低、受地理因素影响小。虽然目前也存在一些技术问题,但开发潜力巨大,利用前景广阔。

(十一)冶金微生物

用微生物提取金属(通称生物湿法冶金)系利用某些微生物或其代谢产物对某些矿物(主要为硫化矿物)和元素所具有的氧化、还原、溶解、吸收(吸附)等作用,从矿石中浸溶金属或从水中回收(脱除)有价值(有害)金属。自1958年美国用细菌浸出铜和1966年加拿大用细菌浸出铀的研究与工业应用成功之后,生物湿法冶金的研究引起20多个国家众多学者的浓厚兴趣。目前已从浸矿场分离出有冶金价值的二十几种自养或兼性自养菌以及一些共生异养菌。

微生物冶金技术成本低、投资小、基本无环境污染、回收率高、流程灵活、过程易控制、操作简单等优点,近年来已成为矿物工程学科中发展最快、研究最为活跃的领域之一,其应用也越来越普遍。目前,微生物冶金不仅成功应用于铜、铀、黄金的提取,在其他金属如钴、镍、锌、钼、锰等的提取中也有应用前景,有的已经处于工业试验之中。

细菌冶金的另一个用途是从煤矿中浸溶除去其中所含黄铁矿型的硫。含硫量高的煤,在燃烧时会生成大量SO_2引起大气污染而很少使用。利用细菌除去高含硫量煤中的硫,可以提高该类煤的经济价值,对环境保护亦起着重要作用。

(十二)石油开采微生物

微生物采油是利用微生物在油藏中的有益活动、微生物代谢作用及代谢产物作用于油藏残余油,并对原油/岩石/水界面性质的作用,改善原油的流动性,增加低渗透带的渗透率,提高油田采收率的一项高新生物技术。

微生物提高原油采收率的作用涉及复杂的生物、化学和物理过程,目前对其认识还在不断深入。主要包括:①微生物的中间代谢产物如酶类等,可以将石油中长链饱和烃分解为短链烃,脱硫脱氮细菌使原油中的硫、氮脱出,使原油的黏度、凝固点降低,改善原油的流动性能;②微生物在地层中代谢产生的CO_2、N_2、H_2和CH_4等气体,这些气体可以融入原油,使原油膨胀,降低黏度,同时气泡还可以挤出原油;③微生物的代谢产物,如表面活性剂、有机酸等物质,能降低油水表面张力,引起水包油乳化作用,降低原油黏度;同时,还会改变地下岩石表面的润湿性,使其由亲油改为亲水。有机酸类对碳酸盐岩层还可以起到一定的酸化作用,增大岩石的孔隙度;④微生物注入水驱油层后,微生物代谢生成的生物聚合物与菌体一起形成物理堵塞,可以进行选择性封堵改变水的流向;⑤微生物驱油的物理作用主要是黏附到岩石表面上,在岩石表面生成生物沉积膜,有利于细菌在孔隙中存活与延伸,扩大驱油面积。

与其他提高采收率技术相比,微生物提高原油采收率,具有适用范围广、操作简便、投资少、见效快、无污染地层和环境等优点,是一项很有发展潜力的提高采收率技术。

当然,微生物不是万能的,其活动能力会随着周围的环境发生明显的变化,适合的

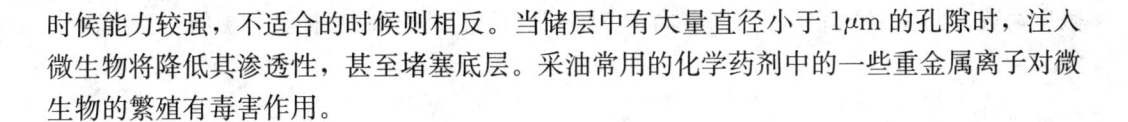

时候能力较强，不适合的时候则相反。当储层中有大量直径小于 1μm 的孔隙时，注入微生物将降低其渗透性，甚至堵塞底层。采油常用的化学药剂中的一些重金属离子对微生物的繁殖有毒害作用。

第三节　资源微生物自然分布与开发利用程序

微生物在自然中的分布极为广泛，可以在极端的生境中存在。生境中的各种物理、化学和生物因素均影响微生物的分布，因而微生物种群及其分布特征在一定程度上反映了生境的特征。某些微生物只存在于特定的生境中并成为特定生境的标志。

一、土　　壤

土壤能提供微生物需要的全部营养和环境条件，是自然界中微生物最适宜的生境和大本营，对人类来说，是微生物菌种资源的宝库。

土壤中微生物的数量和种类都很多，包括细菌、放线菌、真菌、藻类和原生动物等类群，但各种微生物的含量变化很大。一般来说，在每克耕作层土壤中，各种微生物含量之比大体有一个 10 倍系列的递减规律：细菌（$\sim 10^8$）＞放线菌（$\sim 10^7$，孢子）＞霉菌（$\sim 10^6$，孢子）＞酵母（$\sim 10^5$）＞藻类（$\sim 10^4$）＞原生动物（$\sim 10^3$）。

土壤的营养、温度和 pH 等对微生物的分布影响较大。有机物质含量丰富的黑土、草甸土、磷质石灰土和植被茂盛的暗棕土中，微生物的数量较多；而在西北干旱地区的棕钙土，华中、华南地区的红壤和砖红壤以及沿海地区的滨海盐土中，微生物的数量较少。表 10-4 为几种不同土壤中的微生物数量。

表 10-4　土壤中微生物的数量

土壤标本	每 g 土壤中微生物的数量/10^4		
	细　菌	放线菌	霉　菌
北京黑钙土	538.0	425.0	2.90
内蒙古灰钙土	351.3	123.3	0.66
四川紫色土	850.0	500.0	3.40
江苏水稻土	523.0	40.0	10.20
江西红壤	129.0	5.9	1.36
粤南红壤	62.3	60.6	6.7

不同深度的土壤微生物的分布也不同。表层土的微生物数量少，因为这里缺水，受紫外线照射微生物容易死亡；在 5～20cm 土壤层中微生物数量最多；自 20cm 以下，微生物数量随土层深度增加而减少，至 1m 深处减少约 20 倍，至 2m 深处，因缺乏营养和氧气，微生物极少。

土壤中微生物的数量、类群和分布还受到土壤结构、层次、耕作、灌溉和施肥等因素的影响，并随气候而出现季节性的规律性变化。冬季气温低，微生物数量明显减少；春季气温回升，植物的生长增加了根系的分泌物，微生物的数量迅速上升；夏季炎热，微生物数量也随之下降；秋天随着雨水来临和秋收后大量植物残体进入土壤，微生物数量又会大量增加。

二、水 体

地球上有着广阔的海洋和江、河、湖泊等自然水域，水中含有不同数量的有机物和无机物，具备各种微生物生长、繁殖的基本条件。因此，水体是微生物广泛分布的第二个理想环境。

淡水水体由陆地上的江河、湖泊、池塘、水库和小溪构成，其中的微生物多来自于土壤、空气、污水或动植物尸体等。有机物含量少的水体（如远离人类居住地区的湖泊、池塘和水库）微生物数量少，水体中的微生物以自养型种类为主，如硫细菌、铁细菌和含有光合色素的蓝细菌、绿硫细菌和紫硫细菌等；另外，还有色杆菌属、无色杆菌属和微球菌属等腐生型细菌。霉菌、藻类及原生动物数量一般不大。有机物的含量高的水体（如处于城镇等人口密集区的湖泊、河流以及下水道的污水），微生物的数量可高达 $10^7 \sim 10^8$/mL，这些微生物大多数是腐生型细菌和原生动物，其中数量较多的是无芽孢革兰氏阴性细菌，如变形杆菌属、大肠杆菌、产气肠杆菌和产碱杆菌等，有时甚至还含有伤寒、痢疾、霍乱及传染性肝炎等病原体。水体中的微生物分布还受水温和水深度影响。具体表现为：中温水体内微生物数量比低温水体内多；深层水中的厌氧微生物较多，而表层水内好氧微生物居多。

海洋覆盖了地球表面的 71%，平均深度约 4km。海洋水体的特点是有机质等营养物含量低，盐含量高（一般为 3.2%～4.0%），温度低。因此，海洋微生物具耐压、嗜冷和低营养要求的特点。接近海岸和海底淤泥表层的海水中和淤泥上，菌数较多。离海岸越远，菌数越少。一般在河口、海湾的海水中，细菌数约有 10^5 个/mL，而远洋海水中，只有 10～250 个/mL。许多海洋细菌能发光，称为发光细菌。发光细菌在有氧存在时发光，对一些化学药剂与有毒物质较敏感，故可用于监测环境中的污染物。

三、空 气

空气中没有微生物生长繁殖所需要的营养物质和充足的水分，还有日光中有害的紫外线的照射，因此空气不是微生物良好的生存场所，但空气中却飘浮着许多微生物。这是由于土壤、水体、各种腐烂的有机物以及人和动植物体上的微生物，都可随着气流的运动被携带到空气中去，微生物身小体轻，能随空气流动到处传播，因而微生物的分布是世界性的。

空气中的微生物主要有各种球菌、芽孢杆菌以及对干燥和射线有抵抗力的真菌孢子等。在医院附近的空气中也可能有病原菌，如结核分枝杆菌、白喉棒杆菌等。

微生物在空气中的分布很不均匀，在尘埃量多的空气中，微生物也多。在不同环境中微生物的数量也有差异。例如，畜舍有 100～200 万个/m³，宿舍约有 2 万个/m³，城市街道约有 5 000 个/m³，市区公园约有 200 个/m³，海洋上空有 1～2 个/m³，北极

(北纬80°)有0~1个/m³。由于尘埃的自然沉降，所以越接近地面的空气，含菌量越高。然而微生物在高空中分布的记录却越来越高。由20~30km，到70~85km，这是目前所知道的生物圈的上限。

四、极端环境

存在于地球的某些局部地区、绝大多数微生物所不能生长的特殊环境称为极端环境。极端环境主要有高温、低温、高酸、高碱、高盐、高压或高辐射强度等环境。在极端环境下生活的微生物如嗜热菌、嗜冷菌、嗜酸菌、嗜碱菌、嗜盐菌、嗜压菌或抗辐射菌等，被称为极端环境微生物或极端微生物。极端环境下微生物的研究，对开发新的微生物资源具有重要的意义。

(一) 嗜热菌

嗜热菌广泛分布在草堆、厩肥、温泉、煤堆、火山地、地热区土壤及海底火山附近等处。人为的高温环境，如工厂的热水装置和人造热源等处也是嗜热菌生长的良好环境。根据对温度要求的不同，嗜热菌分为五类：①耐热菌（thennotolerant bacteria），最高温度为45℃~55℃，最低温度低于30℃；②兼性嗜热菌（facultative thennophile），最高温度为50℃~65℃，最低温度低于30℃；③专性嗜热菌（obligately thermophile），最适合的温度为65℃~70℃，最低42℃；④极端嗜热菌（extremothermophiles），最高温度大于70℃，最适合的温度大于65℃，最低温度大于40℃；⑤超嗜热菌（hyperthennophiles）：最高温度113℃，最适合的温度为80℃~110℃，最低温度约为55℃。

嗜热菌在生产实践和科学研究中有着广阔的应用前景，这是因为嗜热菌具有生长速率高、代谢活动强、产物/细胞的重量比高和培养时不怕杂菌污染等优点，特别是由其产生的嗜极酶（extreme enzymes）因作用温度高和热稳定性好等突出优点，已在PCR等科研和应用领域中发挥着越来越重要的作用。现将几种嗜热菌（thermophiles）和中温菌（mesophiles）所产生的耐热酶的作用温度和热稳定性列在表10-5中。

表10-5 几种嗜热菌产生的耐热酶特性

	产生菌	酶名称	酶活性半衰期/min	温度/℃
嗜热菌	脱硫球菌 *Desulfurococcus* sp.	碱性蛋白酶	7.5	105
	水生栖热菌 *Thermus aquaticus*	中性蛋白酶，DNA聚合酶	15, 40	95, 95
	激烈火球菌 *Pyrococcus furiosus*	α-淀粉酶，转化酶	240, 48h	95, 100
	Thermococcus litoralis	DNA聚合酶	95	95
中温菌	蓝棕青霉 *Penicillium cyaneofulvum*	碱性蛋白酶	10	59
	黑曲霉 *Aspergillus niger*	酸性蛋白酶	60	61
	枯草芽孢杆菌 *Bacillus subtilis*	α-淀粉酶	30	65

嗜热菌的新陈代谢快、酶促反应温度高和世代时间短，在发酵工业、城市和农业废物处理等方面均具有特殊的作用。但嗜热菌的抗热性能也造成食品灭菌上的困难，造成食品的腐败变质。

（二）嗜冷菌

从终年积雪的高山、冰窖和食品保藏的冰箱、冰柜等低温环境中能够分离到嗜冷微生物或耐冷微生物。嗜冷菌可分为专性和兼性两种，专性嗜冷菌对20℃以下的低温环境有适应性，20℃以上即死亡，如分布在海洋深处、南北极及冰窖中的微生物；兼性嗜冷微生物易从不稳定的低温环境中分离得到，生长的温度范围较宽，最高生长温度甚至可达30℃。嗜冷菌是导致低温保藏食品腐败的根源。

（三）嗜酸菌和嗜碱菌

大多数微生物生长在pH为4.0~9.0的范围内，最适生长pH接近中性。嗜酸菌的最适pH为0~5.5，嗜碱菌的最适pH为8.5~11.50。

嗜酸菌分布在酸性矿水、酸性热泉和酸性土壤等处，极端嗜酸菌能生长在pH≤3。如氧化硫硫杆菌的生长范围pH为0.9~4.5，最适pH为2.5，在pH≤0.5下仍能存活，并氧化硫产生硫酸（高达5%~10%）。

专性嗜碱菌可在pH为11~12的条件下生长，而在中性条件下却不能生长。如巴氏芽孢杆菌在pH为11时生长良好，最适pH为9.2，而在pH≤9时则生长困难。

（四）嗜盐菌

盐湖、盐池、盐矿和盐腌制的食品等是常见的高盐环境。嗜盐菌（halophiles）是一种古细菌，细胞质膜的紫膜具有质子泵和排盐作用。

嗜盐菌如盐生盐杆菌和红皮盐杆菌等，生长的最适盐浓度可高达15%~20%，甚至在32%的饱和盐水中还能生长。

（五）嗜压菌

自然界的高压环境主要存在于深海中，嗜压菌（barophiles）仅分布在深海底部和深油井等少数地方。嗜压菌必须生活在高静水压环境中，常压下不能生长。例如从深海底部压力为101MPa处分离到一种嗜压的假单胞菌。

由于研究嗜压菌需要特殊的加压设备，特别是不经减压作用，将大洋底部的水样或淤泥转移到高压容器内是非常困难的，因而对嗜压菌的研究工作受到一定限制。

（六）抗辐射微生物

有关辐射如可见光、紫外线、X射线和γ射线等，其中生物接触最多、最频繁的是太阳光中的紫外线。抗辐射微生物对辐射仅有抗性或耐受性。生物具有多种防御机制，或能使它免受放射线的损伤，或能在损伤后加以修复。抗辐射微生物的防御机制很发达，将其分离培养，可作为生物抗辐射机制研究的材料。

五、资源微生物的开发利用程序

微生物资源的利用涉及农业、轻工、环保、医药和矿冶等国民经济各部分。由于开发的目的不同，工作基础的差别，开发利用的战略和策略会有很大的差别。这里将介绍资源微生物开发利用的总体思路。

（一）资源微生物分离

在自然菌样中筛选较理想的生产菌种是一件极其细致和艰辛的工作，历史上对抗生素研究做过杰出贡献的著名微生物学家 S. A. Waksman 在回顾其筛选链霉素生产菌的经历时，更是达到"万里挑一"的地步。菌种分离与筛选程序一般如图 10-1 所示。

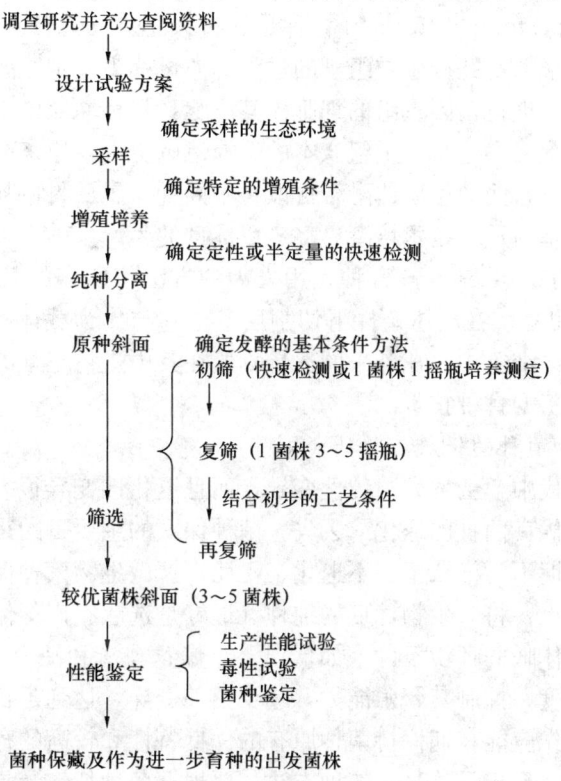

```
            调查研究并充分查阅资料
                    ↓
              设计试验方案
                    ↓          确定采样的生态环境
                  采样
                    ↓          确定特定的增殖条件
                增殖培养
                    ↓          确定定性或半定量的快速检测
                纯种分离
                    ↓
                原种斜面        确定发酵的基本条件方法
                    ↓         ┌ 初筛（快速检测或1菌株1摇瓶培养测定）
                              │
                              ┤ 复筛（1菌株 3～5 摇瓶）
                              │ 结合初步的工艺条件
                  筛选        └ 再复筛
                    ↓
            较优菌株斜面（3～5 菌株）
                    ↓         ┌ 生产性能试验
                性能鉴定      ┤ 毒性试验
                              └ 菌种鉴定
                    ↓
            菌种保藏及作为进一步育种的出发菌株
```

图 10-1　典型的微生物采样和筛选方法

（二）资源微生物选育

直接从自然界分离得到的菌株为野生型菌株。事实上，从自然界直接获得的野生型菌种往往低产甚至不产生所需的产物，只有经过进一步的选育或人工改造才能真正用于生产实践。菌种选育包括根据菌种自然变异而进行的自然选育以及根据遗传学基础理论和方法，人为引起的菌种遗传变异或基因重组，如诱变育种、杂交育种、原生质体融合和基因工程等技术。

诱变育种是利用物理或化学诱变剂处理均匀分散的微生物细胞群，促进其突变率大幅度提高，然后采用简便、快速和高效的筛选方法，从中挑选符合育种目的的突变株，以供生产实践或科学研究用。当前发酵工业和其他生产单位所使用的高产菌株，几乎都是通过诱变育种而大大提高了生产性能的菌株。

杂交育种（hybridization）一般是指人为利用真核微生物的有性生殖或准性生殖，或原核微生物的接合、F 因子转导、转导和转化等过程，促使两个具有不同遗传性状的菌株发生基因重组，以获得性能优良的生产菌株。这也是一类重要的微生物育种手段。

比起诱变育种，它具有更强的方向性和目的性。在生产实践中利用有性杂交培育优良品种的例子很多。例如，用于酒精发酵的酵母和用于面包发酵的酵母虽都是酿酒酵母，但它们是两个不同的菌株，前者产酒精率高而对麦芽糖和葡萄糖的利用能力较弱，而后者正好相反。通过两者之间的有性杂交，就可得到既能较好地生产酒精，又能较高地利用麦芽糖和葡萄糖的杂交株。

原生质体融合（protoplast fusion）育种是通过人工方法，使遗传性状不同的两个细胞的原生质体发生融合，并产生重组子的过程，亦可称为"细胞融合"（cell fusion）。借助原生质体融合技术进行基因重组的细胞极其广泛，包括原核微生物、真核微生物以及动植物和人体的细胞。发生基因重组亲本的选择范围更大，原来的杂交技术一般只能在同种微生物之间进行，而原生质体融合可以在不同种、属、科，甚至更远缘的微生物之间进行。这为利用基因重组技术培育更多、更优良的生产菌种提供了可能性。

基因工程（gene engineering）育种是用人为的方法将所需的某一供体生物的遗传物质 DNA 分子提取出来，在离体条件下切割后，把它与作为载体的 DNA 分子连接起来，然后导入某一受体细胞中，让外来的遗传物质在其中进行正常的复制和表达，从而获得新物种的一种崭新的育种技术。

（三）资源微生物菌种的保藏与复壮

微生物在多次传代中，会发生遗传性变异，而且退化性变异很大，久置的菌种还会死亡，因此常常造成优良菌种的退化或丢失。菌种保藏的主要目的是对微生物菌种进行妥善保藏，使之能长期不污染杂菌、不退化、不死亡。微生物菌种保藏的原理是根据微生物的生理、生化特点，将微生物优良的纯种（最好是选取它们的休眠体如孢子、芽孢等）存放于最有利于休眠的环境条件（如低温、干燥、缺氧和缺乏营养物质等），以降低菌种代谢活动的速度，抑制其繁殖能力，减少菌种变异，达到延长保存期的目的。一种好的保藏方法，首先应能长期保持菌种原有的优良特性和较高的存活率，但也要考虑方法本身的经济简便。至于具体采用哪种方法，要根据菌种特性及具体条件决定。

低温是保藏微生物的常用方法。对于使用比较频繁的菌种可采用斜面低温保藏法。它是将新鲜斜面上长好的菌体或孢子，置于 4℃冰箱中保存。每间隔一定时间重新移植培养 1 次。一般的菌种均可用此方法保存 1~3 个月。对于不能以石蜡为碳源的微生物，在菌种斜面上加入适量无菌液体石蜡，在 4℃冰箱中可保存约 1 年。对于不经常使用的菌种可采用低温冷冻保藏法。在菌种孢子悬液或菌悬液（浓度以 >10^8 个/mL 为宜）加适量保护剂（15%~50%的甘油或二甲基亚砜），分装保藏于 -70℃冰箱或液氮中。液氮保藏是目前适用范围最广，也是最可靠的一种长期保存菌种的方法，它能用于微生物的多种培养材料进行保藏，不论孢子或菌丝体、液体培养或固体培养、菌落或斜面均可。

干燥是保藏微生物的另一种重要方法。对于产孢子的真菌可以采用固体曲保藏法。采用麸皮、大米、小米或麦粒等天然农产品为产孢子培养基，使菌种产生大量的休眠体（孢子）后，取出置冰箱保存，或抽真空至水分含量在 10% 以下，放在盛有干燥剂的密封容器中低温或室温保存。保存期为 1~3 年。

冷冻干燥法是低温与干燥相结合的方法。在有保护剂存在条件下，迅速将细胞冻结，以保持细胞结构的完整，然后在真空下使水分升华。这样菌种的生长和代谢活动处于极低水平，不易发生变异或死亡，因而能长期保存，一般为5～10年。冷冻干燥保藏法是目前常用的较理想的一种方法，适用于除一些不产孢子的真菌外的多种微生物。

生产菌种或选育过程中筛选出来的优良菌株由于进行移接传代或保藏之后，群体中某些生理特征和形态特征逐渐减退或完全丧失的现象，称为菌种退化，表现在目的代谢产物合成能力降低、发酵力和糖化力降低、孢子数量减少、生长能力减弱等。菌种的复壮是指通过纯化分离和测定生产性能等方法，在未发生或已发生退化的菌种中，找出少数尚未衰退的个体或发生正义突变的个体，进一步繁殖，以保持菌种稳定的生产性状，甚至使其逐步有所提高。

思考题

1. 与资源动物和资源植物相比较，讨论资源微生物的优越性。
2. 简述资源微生物的类型。
3. 简述极端微生物，并分析极端微生物的利用价值。
4. 试述筛选、培育产生耐极端碱性环境蛋白酶微生物的方法。

第十一章

资源微生物与价值

第一节 原核资源微生物的利用

一、原核微生物的生物学特征

原核微生物是一类细胞核没有特定的形态和结构且无核膜包裹，只存在含有裸露 DNA 的核区的原始单细胞生物。具有资源价值的微生物主要有细菌、古细菌、放线菌和蓝细菌。

（一）细菌

1. 形态特征

细菌（bacteria）是一类细胞短（直径约 0.5μm，长度 0.5～5μm）、结构简单、细胞壁坚韧、多以二分裂繁殖和水生性较强的原核生物。细菌在自然界中分布广、数量大，其外形可归为球状、杆状和螺旋状三种（图 11-1）。在自然界中以杆菌最常见，球菌次之，而螺旋菌最少。

维持细菌细胞所必需的构造称为一般构造，包括细胞壁、细胞膜、细胞质和核区。细胞壁具有固定细胞外形和保护细胞不受损伤等多种生理功能，多含肽聚糖。根据细胞壁组成和结构的不同，将细菌分为革兰氏阳性菌和革兰氏阴性菌两类。细胞质内除核糖体外无其他细胞器，一些细菌细胞质有内含物，包括一些储藏颗粒（碳源及能源类、氮源类和磷源类）、磁小体、羧酶体和气泡等。细胞核无核膜也没有固定形态，故称之为核质体，或核区、拟核、类核等。核区不具核仁和典型染色体，仅为一条长的环状双链 DNA 与少量类组蛋白及 RNA 结合，经有组织地高度压缩缠绕而成的一团丝状结构。

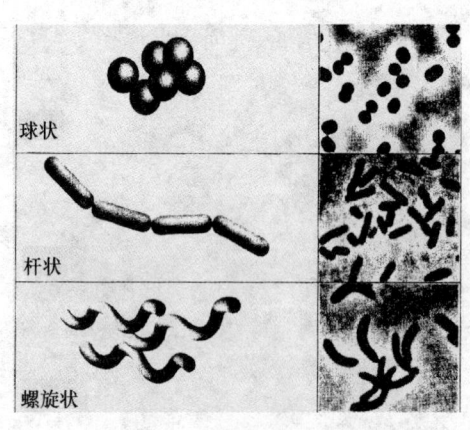

图 11-1 细菌的 3 种基本形态（引自沈萍等，2006），左为模式图，右为照片

仅在部分细菌中才有的或在特殊环境条件下才形成的构造称为特殊构造，主要有菌毛（fimbria）、鞭毛（flagellum）、糖被（glycocalyx）、芽孢（spore，endospore）和质粒（plasmid）（图11-2）。菌毛是细胞体表细丝状物，数量极多，周身排列，可能具有黏附和传递遗传物质的功能。鞭毛是杆菌、弧菌、螺菌和少数球菌菌体上附有的细长呈波状弯曲的具有运动功能的丝状毛。某些细菌细胞壁外有一层厚度不定的透明胶状物质，称为糖被，其成分一般是多糖，少数是蛋白质或多肽，也有多糖与多肽复合型的。在科学研究和生产实践中，糖被均有较好的应用价值。某些细菌在生长到一定阶段，细胞内形成一个圆形、椭圆形或圆柱形，对不良环境条件具较强抗性的休眠体，称为芽孢。一些芽孢杆菌（如苏云金杆菌等）在形成芽孢的同时，在细胞内产生晶体状内含物，称为伴孢晶体（parasporal crystal）。质粒（plasmid）是某些细菌除染色体外的遗传因子，存在于细胞质内，其特点是能自我复制、可转移性、相容与不相容、大小不等、控制次要性状。

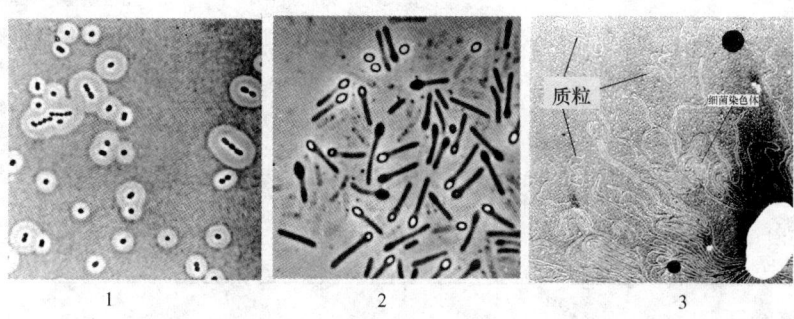

图11-2 细菌的一些特殊构造（引自沈萍等，2006）。
1. 糖被；2. 芽孢；3. 质粒

2. 繁殖特征

二分裂繁殖是细菌最普遍、最主要的繁殖方式。在分裂前先延长菌体，染色体复制为二，然后垂直于长轴分裂，细胞赤道附近的细胞质膜凹陷生长，直至形成横膈膜，同时形成横膈壁，产生两个子细胞。电镜研究发现细菌分裂分三步进行。除无性繁殖外，通过电子显微镜观察和遗传学研究已证实细菌还存在有性生殖，但频率较低。实验室条件下存在有性接合现象的除埃希氏菌属（*Escherichia*）外，还有志贺氏菌属（*Shigella*）、沙门氏菌属（*Salmonella*）、假单胞菌属（*Pseudomonas*）、沙雷氏菌属（*Serratia*）和弧菌属（*Vibrio*）等。目前，对大肠杆菌的有性生殖研究较透彻，通过中断杂交方法，已绘出大肠杆菌的基因图谱，并用于基因的定位研究。

3. 生态特征

在人体内外部和我们的四周，到处都有大量的细菌集居着。凡在温暖、潮湿和富含有机质的地方，都是各种细菌活动之地，在那里常会散发出一股特殊的臭味或酸败味。在夏天，固体食品表面时而会出现一些水珠状、鼻涕状等色彩多样的小突起，这就是细菌的集团。

（二）古生菌

古生菌（archaebacteria）是近年来发现的一类特殊的细菌，它们具有原核生物的某些特征，也有真核生物的特征，还具有既不同于原核细胞也不同于真核细胞的特征。微生物学家根据 rRNA 保守区序列的不同，将所有生物划分为三大域：即古菌域、细菌域和真核生物域。

1. 形态特征

古生菌细胞形态多样，除球状、杆状和螺旋状外，还有耳垂状、盘状和很多不规则的形态，有的很薄、扁平，有的有精确的方角和垂直的边构成直角几何形态。以单细胞、丝状体或聚集体存在。古生菌细胞结构与真细菌、真核生物的比较见表 11-1。

表 11-1 古生菌与真细菌、真核生物的比较

项目	真细菌	古生菌	真核生物
细胞结构	原核生物	原核生物	真核生物
细胞壁	一般有，均含有肽聚糖	有，或含蛋白质，或假肽聚糖，无肽聚糖	有，含纤维素、几丁质等，无肽聚糖
膜脂种类	脂肪酸甘油脂，胆固醇少见	聚异戊烯或植烷甘油醚，胆固醇不清楚	脂肪酸甘油酯，多有胆固醇
基因组	一条环状双链 DNA 和质粒	同真细菌	多条与组蛋白结合的线状染色体
RNA 的聚合酶结构	4 个蛋白质亚单位	多个蛋白质亚单位	多个蛋白质亚单位
核糖体小亚基	30S	30S	40S

2. 繁殖特征

古生菌的繁殖方式有二分裂、芽殖。其速度较慢，进化速度也比细菌慢。

3. 生态特征

大多数古生菌生活在极端环境中，如盐分高的湖泊水中，极热（经常 100℃ 以上）、极酸（pH≤1）、极碱（pH≥11.5，最适 pH8～10）和绝对厌氧的环境，有的在极冷的环境中生存，占南极海域原核微生物总量的 34% 以上。然而也有些古生菌是嗜中性的，能够在沼泽、废水和土壤中被发现。

（三）放线菌

放线菌（actinomycetes）是一类介于细菌与丝状真菌之间的单细胞原核微生物。在形态上具有分枝状菌丝，菌落形态与霉菌相似，以孢子进行繁殖。放线菌菌落中的菌丝常从一个中心向四周辐射状生长，并因此而得名。

1. 形态特征

多核单细胞，大多由分枝发达的菌丝组成；菌丝直径与杆菌类似，约 1μm；细胞壁组成与细菌类似，多数为革兰氏染色阳性；细胞的结构与细菌基本相同。细胞按形态和功能可分为营养菌丝、气生菌丝和孢子丝三种（图 11-3）。营养菌丝匍匐生长于培养基内，吸收营养，也称基内菌丝。一般无隔膜，直径 0.2～0.8μm，长度差别很大，有的可产生色素。营养菌丝发育到一定阶段，伸向空间形成气生菌丝，叠生于营养菌丝上，可覆盖整个菌落表面。在光学显微镜下观察，颜色较深，直径较粗（1～1.4μm）。气生菌丝发育到一定阶段，其上可分化出形成孢子的菌丝，即孢子丝，又称产孢丝或繁

殖菌丝。

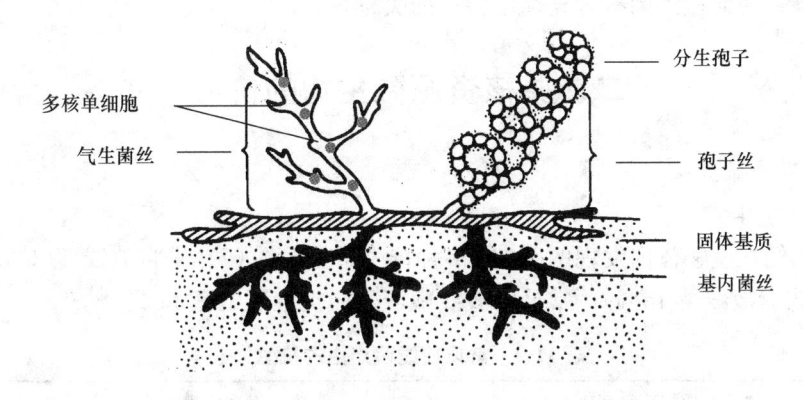

图 11-3　放线菌菌丝模式图（引自李阜棣等，2000）

2. 繁殖特征

放线菌主要以形成各种孢子进行无性繁殖，产孢类型多样。最常见的孢子是分生孢子。大多数放线菌，如链霉菌（*Streptomyces*），气生菌丝成熟后分化成孢子丝，并通过横割分裂方式，产生成串的分生孢子。孢子丝形状和排列方式因种而异，常被作为放线菌分类的依据。少数放线菌，如诺卡氏菌（*Nocardia*），以营养菌丝分裂形成分生孢子进行繁殖。有些放线菌产生孢囊孢子，如链孢囊菌和游动放线菌。放线菌形成的孢子有球形、椭圆形、杆形等多种形态，同一孢子丝上分化出的孢子的形状、大小有时也不一致。孢子在适宜的条件下萌发，长出 1~3 个芽管，进一步生长成为菌丝。

3. 生态特征

放线菌在自然界分布很广，主要存在于土壤中，在中性或偏碱性有机质丰富的土壤中较多。土壤特有的泥腥味主要是放线菌产生的代谢物引起的。在空气、淡水、海水等处放线菌也有一定的分布。大多数放线菌生活方式为腐生，少数寄生。腐生型放线菌在自然界物质循环中起着相当重要的作用。而寄生型的可引起人和动植物的疾病。

（四）大型原核微生物——蓝细菌

蓝细菌（cyanobacteria）也称蓝藻或蓝绿藻（blue-green algae），因细胞核为原核而归入原核微生物。因为它与高等绿色植物和高等藻类一样，含有光合色素——叶绿素 a，也能进行产氧型光合作用，所以过去将其归于藻类。蓝细菌有球状或杆状单细胞和丝状聚合体（细胞链）两种形体。细胞直径从一般细菌大小（0.5~1μm）到 60μm，大多数个体直径或宽度为 3~10μm；通过无性繁殖，包括裂殖、链丝段繁殖和产生内孢子（少数），无有性生殖。蓝细菌的重要生理特征是能进行产氧光合作用，有的种类还能进行生物固氮。所以水体环境中富含 N 和 P 元素时，在适宜气候条件下蓝细菌生长茂盛，可使水的颜色随菌体颜色而变化。如铜绿色微囊藻（*Microcystis aeruginosa*）在夏秋雨季大量繁殖，形成"水华"（water bloom），使水体变色。

在自然界蓝细菌分布极广，从热带到两极，从海洋到高山，到处都有它们的踪影。土壤、岩石以至在树皮或其他物体上均能成片生长。许多蓝细菌生长在池塘和湖泊中，并形成菌胶团浮于水面。有的在 80℃以上的热温泉、含盐多的湖泊或其他极端环境中，是占优势甚至是唯一进行光合作用的生物。在贫瘠的沙质海滩和荒漠的岩石上也能找到它们的踪迹，因而蓝细菌有"先锋生物"的美称。

二、原核资源微生物的价值

（一）医疗保健

1. 生产抗生素

目前人们在生物体内发现的 6 000 多种抗生素中，约 67% 来自放线菌（主要是链霉菌 52% 和稀有放线菌 15%）。常见由放线菌产生的抗生素见表 11-2。

表 11-2　常见放线菌产生的抗生素

抗生素类型	常用抗菌素药物	产 生 菌
β-内酰胺类	头霉素（cephamycin）	*Streptomyces lactamdurans*
	诺卡菌素（nocardicin A）	*Nocardia uniformis*
	硫霉素（thienamycin）	*S. cattleya*
	橄榄酸（olive acid）	*S. olivaceus*
	棒酸（clavulanic acid）	*S. clavuligerus*
氨基糖苷类	链霉素（streptomycin）	*S. griseus*, *S. rameus*, *S. olivaceus*, *S. poolensi*, *S. mashuensis*, *S. galbus*, *S. bikiniensis*, *S. erythrochromogenes*, *S. roseochromogenes*
	双氢链霉素（dihydrostreptomycin）	*S. humidus*
	羟基链霉素（hydroxystreptomycin）	*S. subrutilus*, *S. griseocarneus*, *S. reticuli*, *Nocardia*
	新霉素（neomycin）	*S. fradiae*
	巴龙霉素（paromomycin）	*S. rimosus* forma *paromomycinus*, *S. chrestomyceticus*, *S. fracture var italicus*
	青霉素（lividomycin）	*S. lividus*
	核糖霉素（ribostamycin）	*S. ribosidificus*
	卡拉霉素（kanamycin）	*S. kanamyceticus*
	托普霉素（tobramycin）	*S. tenebrarius*
四环素类	四环素（tetracycline）	*S. viridifaciens*, *S. aureofaciens*, *S. phaeofaciens*, *S. rimosus*, *S. hygroscopicus*, *S. platensis*, *S. persimilis*
	氧四环素（oxytetracycline）	*S. rimosus*, *S. gilius*, *S. platensis*, *S. varsoviensis*, *S. albofaciens*, *S. armillatus*, *S. capuensis*, *S. utilis*, *S. vendargensis*, *S. albus*
	氯四环素（chlorotetracycline）	*S. aureofaciens*, *S. sayamaensis*
	去甲基氯四环素（demethy-cblorotetracycline）	*S. viridifaciens*, *S. aureofaciens*

续表

抗生素类型	常用抗菌素药物	产 生 菌
大环内酯类	红霉素（erythromycin）	*S. erythreus*, *S. griseoplanus*
	竹桃霉素（oleandomycin）	*S. antibioticus*, *S. olivochromogenes*
	柱晶白霉素（leucomycin）	*S. kitasatoensis*
	交沙霉素（josamycin）	*S. narbonensis*
	麦迪加霉素（midecamycin）	*S. mycarofaciens*
	螺旋霉素（spiramycin）	*S. ambofaciens*
紫霉素类	紫霉素（viomycin）	*S. puniceus*, *S. floridus*, *S. californicus*, *S. vinaceus*, *S. griseus*
	结核放线菌素（tuberactinomycin）	*Streptoverticillium griseoverticillatum*
糖肽类	万古霉素（vancomycin）	*Amycolatopsis orientalis*
	去甲基万古霉素（norvancomycin）	*A. orientalis*
	泰古霉素（teicoplanin）	*Actinoplanes teichomyceticus*
	瑞斯托菌素（ristocetin）	*Nocardia lurida*
多烯类	两性霉素（amphotericin）	*S. nodosus*
	克念菌素（Candicidin）	*S. griseus*, *S. griseoruber*
	制霉菌素（nystatin）	*S. noursei*
	金褐霉素（aureofuscin）	*S. aureofaciens*
其他抗菌素类	利福霉素（rifamycin）	*A. mediterranei*
	氯霉素（chloramphenicol）	*S. venezuelae*, *S. phaeochromogenes*, *S. omiyaensis*,
	新生霉素（novobiocin）	*S. niveus*, *S. spheroides*, *S. griseus*
	磷霉素（fosfomycin）	*S. frediae*, *S. viridochromogenes*
	环丝氨酸（cycloserine）	*S. orchidaceus*, *S. luvendulae*, *S. nagasakiensis*

能产生有临床应用价值的抗生素的细菌菌株为数不多，其中除一株菌产生氨基糖苷类丁酰苷菌素（butirosin）外，其他几株菌产生的抗生素均为多肽（表 11-3）。

表 11-3 产生抗菌药物的细菌

抗菌药物	产生菌
杆菌肽（bacitracin）	*Bacillus subtillis*, *B. licheniformis*
黏菌素（colistin）	*B. polymyxa var colistinus*, *B. colistinus koyama*
多黏菌素（polymyxin）	*B. polymyxa*
丁酰苷菌素（butirosin）	*B. circulans*
磺酰胺菌素（sulfazecin）	*Pseudomonas acidophila*
硝吡咯菌素（pyrrolnitrin）	*P. pyrrocinia*, *P. acidula*, *P. aeruginosa*, *P. fluorescens*, *P. mephitica*, *P. multivorans*, *P. ovalis*, *P. trifolii*
珊瑚黏菌素（corallopyroin）	*Myrococcus coralloides*
琥苍菌素（ambruticin）	*Sorangium cellulosum*

20世纪90年代以来,黏细菌(myxobacteria)以其产生化合物的结构新颖、种类多样、作用机制特殊而在药用资源微生物的研究中崭露头角,其产生抑菌活性物质的阳性率可以高达96%,是一个非常有潜力的药用资源微生物。

2. 生产抗肿瘤药物

(1)放线菌产抗肿瘤活性物质

放线菌产生的抗肿瘤药物的化学类别和产生菌较多,主要有蒽环类、糖肽类、烯二炔类和色霉素类等不同化学结构的抗肿瘤药物(见表11-4)。

表11-4 常见放线菌产生的抗肿瘤药物

药物类型	常用药物	产生菌
蒽环类	道诺霉素(daunomycin)	*S. peucetius*, *S. coeruleorubidus*, *S. griseus var. rubidofactens*
	阿霉素(adriamycin)	*S. peucetius var caesius*
	阿克拉霉素(aclacinomycin)	*S. galilaeus*
糖肽类	博来霉素(bleomycin)	*S. verticillus*
	平阳霉素(pingyangmycin)	*Streptoverticillum verticillium var pingyangense*
	博安霉素(boanmycin)	*S. verticillium var pingyangense*
	云南霉素(yunnanmycin)	*S. albulus* 2321
色霉素类	色霉素A(chromomycin)	*S. griseus*
	橄榄霉素B(olivomycin)	*Actinomyces olivoreticuli*
	光神霉素(mithramycin)	*S. argillaceus*, *S. plicatus*, *S. tanashiensis*
苯并二咯类	Duocarmycin、CC-1065、Gilvusmycin	
烯二炔类	calicheamicins、esperamicins、dynemicins、制癌菌素(neocarzinostatin, NCS kedarcidin 以及 C1027)	

蒽环类抗肿瘤药物:以发色团插入到DNA双螺旋结构中而与DNA结合,抑制依赖于DNA的RNA多聚酶,从而抑制RNA的合成和DNA的复制。

糖肽类抗肿瘤药物:博来霉素是一个多组分的抗肿瘤抗生素,博来霉素A5、A6在我国即为平阳霉素、博安霉素。它们的主要作用是与DNA结合,使DNA的单链断裂,抑制胸腺嘧啶进入DNA中,终止癌细胞的分裂。云南霉素是一种胞嘧啶核苷二肽抗肿瘤抗生素,抑制KB细胞蛋白质和DNA合成,但对RNA无影响。

色霉素类抗肿瘤药物:与DNA结合,抑制依赖DNA的RNA多聚酶。

苯并二咯类抗肿瘤药物:含有特定构型环丙烷的苯并二吡咯亚单位,包含了共同的药效基团:1,2,7,7α-四氢环丙烷-[1,2-c]吲哚-4-酮,主要作用于细胞的有丝分裂(M期)及有丝分裂前期(G2期),与DNA共价结合,使DNA分子更稳定,从而抑制解旋，使 DNA 难以复制，体现出强大的杀灭肿瘤细胞的能力。

烯二炔类抗肿瘤药物：对多种肿瘤细胞有强烈的杀伤作用，且作用非常迅速，活性比一般的抗肿瘤药物强。烯二炔类抗肿瘤抗生素通过与 DNA 相互作用而发挥其效力，作用过程大致分为三步：药物与 DNA 的结合、药物的活化和 DNA 链的断裂。

(2) 细菌产抗肿瘤活性物质

从墨西哥 Guaymas 海湾 124m 深海分离到一株芽孢杆菌（CND2914），此菌仅在海水培养基中产生细胞毒物质 Halobacillin，它是首次从海洋中分离到的族酰基多肽，对人结肠癌细胞有中等细胞毒性。

来自海洋污泥的芽孢杆菌（PhM-PhD-090）发酵液中存在新的异香豆素类化合物 PM-94128 能够抑制 DNA 及蛋白质合成，对多种肿瘤细胞均有明显的细胞毒性。从海洋细菌（*Lyngbyamajuscula*）中得到了一种脂类化合物 Curacin A，它是作用于有丝分裂的第一个天然产物，作用靶点在 C 位点，能抑制鼠、人瘤细胞的活性。

从海洋土壤中分离到两株土壤杆菌（*Agrobacterium* sp.），它们的脂溶性代谢产物中有两个有显著抗肿瘤活性的含戊二酰亚胺的生物碱 Sesbanimide A 和 C，后来又从该属中分离到噻唑生物碱化合物 Agrochelin A，该物质在体外对肿瘤细胞有显著细胞毒性。

纤维堆囊菌（*Sorangium cellulosum*）产生一种新的 16 元环内脂类化合物 Epothilones A 和 B，具有促微管聚合活性，引起了医药界的广泛关注。它具有与紫杉醇类似的生物活性，有相同的结合位点，且较紫杉醇的结构简单、水溶性好，可以通过细菌发酵形式进行大规模生产，因而具有极大的药用潜力。纤维堆囊菌（*Sorangium*）属中有 1.6% 的菌株能够合成 Epothilones，是开发微生物抗肿瘤药物的又一丰富资源。

由原囊黏菌属（*Argephyra*）DSM 6806 产生的生物活性物质 Archazolid-A，由软骨霉状菌（*Crcyocatus*）产生的生物活性物质 Chrondramides A-D，对人和动物肿瘤细胞都具有细胞毒作用。

(3) 蓝细菌产抗肿瘤活性物质

从念珠藻属蓝细菌的培养物中分离得到了新型抗肿瘤物质自念珠藻环肽 Cryptophycin，能直接与微管蛋白作用，抑制微管生成，从而抑制有丝分裂纺锤体的形成，进而影响细胞增殖。Cp 是 P2 糖蛋白的不适应底物，对多种耐药肿瘤细胞具有显著的细胞毒作用。从蓝绿藻（*Hapalosiphon welwitschii*）中分离到的 welwistatin，也可用于因 P2 糖蛋白过量表达而产生多药耐药的肿瘤的治疗，未见有确切作用位点的报道。

3. 生产免疫抑制剂

免疫抑制剂用于防止器官移植排斥反应，治疗系统性红斑狼疮、重症肌无力、类风湿性关节炎、多发性硬化病等自身免疫疾病和各种因机体过度免疫引起的过敏反应，如特应性皮肤炎。它们具备各种各样的化学结构，如环孢菌素的环肽、藤霉素和雷帕霉素的大环内酯、咪唑立宾的核苷类似物等。这些微生物产生的免疫抑制剂在临床上的应用使人类器官移植的成功率由过去的不到 50% 提高到 80% 以上，是微生物药物研究的一个重要成就。一些由原核微生物产生的免疫抑制剂见表 11-5。

表 11-5　一些原核微生物产生的免疫抑制剂

药　　物	产　生　菌
他克莫司（FK506，Tacrolimus，商品名：普乐可复）	筑波链霉菌（*Streptomyces tsukubaensis*）
西罗莫司（Sirolimus，又名雷帕霉素，Rapamycin）	吸水链霉菌（*S. hygroscopicus*）
脱氧精胍菌素（Deoxyspergualin，DSG）	*Bacillus laterosporus*
康乐霉素 C	地中海诺卡氏菌（*Nocardiamediterranei*）

4. 生产微生态调节剂

在人体内外生活着为数众多的微生物种类，其数量高达 10^{14}，约为人体总细胞数的 10 倍。生活在健康动物各部位，数量大，种类较稳定，一般能发挥有益作用的微生物种群，称为正常菌群。正常菌群之间，正常菌群与其宿主之间以及正常菌群与周围其他因子之间，都存在着种种密切关系，这就是微生态关系。微生态调节剂（microecological modulator）简称微生态制剂，是在微生态学理论指导下，用于能调整微生态失调和保持微生态平衡，提高宿主健康水平或增进健康状态的益生菌及其代谢产物和生长促进物质制成的制剂。它通常包括益生菌（probiotics）、益生元（prebiotics）和合生元（syn-biotics）三种类型。益生菌即狭义的微生态制剂，其中含有大量活的益生菌体；益生元即有选择性地促进肠内益生菌的生长并为宿主提供能量和营养的非消化性物质，如双歧因子、各种只能被有益菌利用的寡糖和一些中草药等；合生元是同时含有益生菌和益生元的制剂。

益生菌通常分离自相应部位的正常菌群，以一至几种高含量活菌为主体，一般经口服和黏膜途径投入。益生菌的种类有乳杆菌属（*Lactobacillus*）、双歧杆菌属（*Bifidobacterium*）、肠球菌（*Enterococcus*）、大肠杆菌（*E. coli*）、枯草芽孢杆菌（*Bacillus subtilis*）、蜡样芽孢杆菌（*B. cereus*）、地衣芽孢杆菌（*B. licheniformis*）。其中乳杆菌属和双歧杆菌属的菌种是制造微生态调节剂的主要微生物。它的产品主要有双歧杆菌制剂、红茶菌及其他保健口服液等。

研究证明双歧杆菌对人类疾病预防、治疗、保健和延年益寿有着重要作用。几乎所有的微生态调节剂中都含有双歧杆菌和双歧因子（bifidofactor）。双歧杆菌制剂产品主要有水剂、片剂、丸剂和胶囊剂。

红茶菌又称海宝，它是以糖、茶水为原料，经多种微生物共同发酵而成的酸性活菌饮料。红茶菌中含有酵母菌、醋酸菌和乳酸菌三种不同的微生物，它们共同生活，相互依存。红茶菌的作用在于微生物的多种代谢产物，如有机酸、维生素、抗菌蛋白质等，特别是红茶菌中含有胶状抗癌物质，更被认为是一种具有抗癌防癌保健作用的活菌饮料。

5. 生产基因工程药物

随着基因重组技术的进步，大量生产高纯度的诊疗蛋白质已成为可能。由于大肠杆菌遗传背景清楚，繁殖快，成本低，表达量高，易于操作等诸多优势，目前大多数基因工程药物生产都由大肠杆菌表达系统技术来实现。为了克服大肠杆菌缺少翻译后修饰、高表达时易折叠错误而形成包涵体等不足，人们已开发出了多种其他类型的表达体系，如酵母、昆虫、植物、哺乳动物等表达体系，但目前尚不能完全取代大肠杆菌表达体系。表 11-6 列举了一些具有高表达水平的重组微生物的例子。

表 11-6　生产蛋白质药物的重组微生物及其表达能力

蛋白质药物	重组微生物	表达方式	表达能力/(g/L)
人化抗体 F(ab')	*Escherichia coli* RV308	分泌	1~2
嵌合体抗体 Fab	*E. coli* YK537	分泌	1~3
水蛭素	*E. coli* RR1	分泌	1
人 G-CSF	*E. coli* Kl2	直接表达	1
人 bFGF 衍生物	*E. coli*	直接表达	1.5
人 IGF-1	*E. coli*	融合蛋白质	1.24
单链抗体	*E. coli*	分泌	3
人 ECF	*Bacillus brevis* 47	分泌	1

（二）发酵工业

1. 生产一般食品添加剂

一些细菌的代谢产物，主要是细菌多糖，在食品加工中可作为增稠剂、稳定剂、胶凝剂、结晶抑制剂等。具代表性的有黄原胶和葡聚糖。

氨基酸是食品工业不可缺少的鲜味剂、甜味剂和添加剂，能提高食品营养价值和蛋白质的利用率，增加风味。每年全球用于食品生产的氨基酸超过 1.6×10^5 t。中国工业生产味精使用的菌种主要是经过诱变育种得到的营养缺陷型的北京谷氨酸棒状杆菌（*Corynebacterium gutamicum*）。赖氨酸由黄色短杆菌（*Brevibacterium flavum*）发酵生产，是饲料的添加剂。

维生素 C 又名抗坏血酸，是由弱氧化醋杆菌（*Acetobacter suboxydans*）、黑色醋杆菌（*A. melanogenum*）、胶醋杆菌（*A. xylinum*）等将山梨醇转化为山梨糖，再由双黄假单胞菌氧化为 α-酮基-L-谷氨酸，再在碱性溶液中转化为烯醇化合物，加入酸后即转化为 L-抗坏血酸。

2. 生产防腐剂

有些细菌能产生抑菌物质，称为细菌素。它是一种多肽或多肽与糖、脂的复合物。目前已经发现了几十种细菌素，其中乳酸链球菌素（nisin）作为一种天然食品防腐剂，已被 50 多个国家广泛应用于食品工业防腐，效果很好。

3. 发酵乳制品

发酵乳制品是仅次于酒类的发酵产品，产量约占世界产品总量的 20%。

酸奶是由优质鲜乳经脱脂、消毒后，接入乳酸发酵菌剂发酵而制成。酸奶一般使用嗜热链球菌（*Streptococcus thermophilus*）和保加利亚乳杆菌（*Lactobacillus bulgaricus*）两种菌的混合菌种作为纯培养发酵剂。酸奶中含有大量的活乳酸菌，一般为 10^6~10^7 个/g。有些研究者认为，这些乳酸菌对治疗肠道疾病有一定的疗效。酸奶具有较高的营养价值和特殊风味，极易被身体吸收，还可起一定的疗效作用，因而受到欢迎。

酸马奶是由鲜马奶经乳酸菌和酵母菌等微生物自然发酵而成的酸性低酒精含量乳品。在传统的蒙医学中，可用于结核病、胃肠道疾病以及心血管病的治疗，是具有蒙古族特色的保健饮品。

4. 酿造食醋

食醋是细菌的发酵制品，通常是利用醋酸杆菌属（*Acetobacter*）的菌种进行好氧发酵而生产。以乙醇类物质为原料，不需要其他微生物参与，单用醋酸杆菌就可完成酿醋作用。若以淀粉质、糖类物质为原料，则需要霉菌或酵母菌的参与。食醋在发酵过程中，主要通过美拉德反应和酶褐变反应生成色素。发酵过程中产生各种有机酸和醇类，通过酯化反应合成各种酯类，赋予食醋以特殊的香气。酯类以乙酸乙酯为主。醋酸是形成食醋酸味的主体酸。它的鲜味主要来源于蛋白质的水解产物氨基酸和菌体自溶核酸的降解物核苷酸，甜味来源于糖类，咸味则来自食盐。

5. 发酵生产丙酮/丁醇

丙酮/丁醇发酵在发酵工业历史中居重要地位。用于丙酮/丁醇发酵的微生物都属于梭状芽孢杆菌（*Clostridium*），比较典型的有：*C. acetobutylicum*，*C. toanum*，*C. sacchrobutylacetonicum-liquefaciens*，*C. celerifactor* 及 *C. madisonii* 等。它们的共同特点是都属于厌氧菌，能够形成芽孢，而且具有很强的生命力，最适温度 26℃～32℃和最适 pH5.4～6.0。

用发酵法生产 2,3-丁二醇在 20 世纪 40 年代末受到了人们的重视，因为该产物经脱水反应就能够生产合成橡胶的原料 1,3-丁二烯，但是由于石油化工提供了更经济的原料路线，发酵法生产 2,3-丁二醇的过程始终没有实现工业化。近年来，由于可以利用木糖生产 2,3-丁二醇并进一步用于生产甲乙酮作为提高汽油辛烷值的添加剂，对发酵法生产 2,3-丁二醇的兴趣又在逐渐增加。能够产生 2,3-丁二醇的微生物很多，其中最重要的生产菌是：*Aerobacter aerogenes*，*A. hydrophila*，*B. polymyxa*，*B. subtilis* 和 *Serratiamarcescens*。这些细菌中既有好氧的也有厌氧的，但是在微生物内合成 2,3-丁二醇的途径都是通过乙酰辅酶 A 经 2-羟基丁酮还原得到。发酵液中除 2,3-丁二醇外还有很多副产物，产物的分离很困难。

6. 发酵生产乳酸

乳酸不但在食品、制革和医药等工业部门广泛应用，而且由于乳酸的聚合物或共聚物是可以生物降解的高分子材料，已经在生物医药工程和包装材料领域中得到了应用，具有广阔的市场。据估计，乳酸将成为产量最大的 30 种有机化学品之一。1881 年，Avery 首先在美国实现了乳酸发酵的工业化生产。

乳酸分子中有一个不对称碳原子，乳酸发酵的产物有右旋型 L(＋)－、左旋型 D(－)－及消旋型 DL-乳酸三类。人类和动物只能代谢 L-乳酸。一些主要的产乳酸细菌及其能够利用的糖类、产物分布、发酵温度及产乳酸类型列于表 11-7。其中，最重要的生产 DL-和 L-乳酸的工业用的发酵菌种分别是德氏乳酸杆菌和米根霉。

乳酸杆菌发酵通常在厌氧条件下进行，乳酸杆菌一般不能在合成培养基中生长，培养介质中应含有碳源、氮源（部分应以氨基酸形式提供）、维生素（如叶酸、V_{B6}、V_{B12} 等）、生物素和矿物盐。由于产生少量乳酸后就会使培养液的 pH 降低从而会抑制细胞生长（德氏乳酸杆菌的最适 pH 5.5～6.0，pH≤5.0 时就受到抑制，pH≤4.0 时会停止生长），因此培养基中必须连续添加 $CaCO_3$、NH_3 或其他碱性物质中和乳酸。

表 11-7　一些主要的产乳酸细菌

	细菌名称	碳源	温度（℃）	主要产物	构型
乳酸杆菌	Lactobacillus delbrueckii	葡萄糖、半乳糖等	50～53	乳酸	DL—
	L. bulgaricus	葡萄糖，菊糖等	45～55	乳酸	DL—
	L. thermophilus	葡萄糖等	50～60	乳酸	DL—
	L. leichmannii	葡萄糖等	28～32	乳酸：乙酸＝1:1	D—
	L. casei	乳糖	28～32	乳酸	L—
	L. fermenti	葡萄糖等	35～40	乳：乙：CO_2＝1:1:1	DL—
链球菌	S. thermophilus	葡萄糖、乳糖等	45～55	乳酸	DL—
	S. lactis	葡萄糖、乳糖等	28～32	乳酸	L—
	S. faecalis	葡萄糖、乳糖等	28～32	乳酸	L—
足球菌 Pediococcus		葡萄糖、麦芽糖	25～32	乳酸	DL—，L—
明串珠菌 Leuconostoc		葡萄糖、蔗糖等	21～25	乳酸	D—
双歧杆菌 Bifidobacterium		葡萄糖等	35～40	乳酸：乙酸＝2:3	L—

7. 发酵生产其他有机酸

柠檬酸不但是食品工业中最重要的酸味剂，而且是生产无磷洗涤剂的重要原料。节杆菌、放线菌能够利用正烷烃为碳源生产柠檬酸。但目前真正用于工业生产的是利用淀粉的黑曲霉及利用正烷烃的假丝酵母。

许多细菌（如 Acetobacter、Gluconobacter 及 Pseudomonas 等）和霉菌（如 Aspergillus niger 和 Penicillia notatum）都能够合成葡萄糖氧化酶，该酶可将葡萄糖氧化为 δ—葡萄糖酸内酯，然后水解得到葡萄糖酸的过程。通过细菌发酵生产的其他有机酸还有 5—酮葡萄糖酸（气杆菌）、2—酮葡萄糖酸（赛氏菌）等。

8. 发酵产酶

原核微生物及其产酶种类与用途见表 11-8。细菌中用于工业化产酶的微生物主要是大肠杆菌（E. coli）和枯草芽孢杆菌（B. subtilis）。大肠杆菌可以生产各种各样的酶，尤其用于培育基因工程菌产酶。大肠杆菌产生的酶一般都属于胞内酶，需要经过细胞破碎才能分离得到。枯草芽孢杆菌也用于生产多种酶类，其中生产的 α—淀粉酶和蛋白酶都属于胞外酶，而碱性酸酶则存在于细胞间质之中。放线菌中用于生产酶的微生物主要是链霉菌（Streptomyces）。原核微生物及其产生酶的种类与用途见表 11-8。

表 11-8　原核微生物及其产生酶的种类与用途

酶名称	相应产酶微生物	用途
α—淀粉酶	枯草芽孢杆菌	织物退浆、酒精及其他发酵工业液化淀粉、果糖、酿酒、消化剂
β—淀粉酶	巨大芽孢杆菌、多黏芽孢杆菌、吸水链霉菌	与异淀粉酶同用于麦芽糖制造、蒸饼防止老化
异淀粉酶及茁霉多糖酶	假单孢杆菌、气杆菌属	制造麦芽糖（与 β—淀粉酶合用）、直链淀粉，用于淀粉糖化

续表

酶名称	相应产酶微生物	用途
菊粉酶	细菌	水解菊粉,生产高果糖浆和低聚糖
海因酶(二氢嘧啶酶)	假单胞杆菌	不对称水解 DL—对羟基苯海因,用于生产半合成抗生素的一些重要侧链
肝素酶	肝素黄杆菌、棒杆菌	降解肝素,研究和医疗价值高
β—半乳糖苷酶	大肠埃希菌	治疗不耐乳糖症,炼乳脱乳糖
超氧化物歧化酶	细菌	清除自由基,应用于医疗和保健方面、化妆品、食品添加剂和分析试剂
氨基酸氧化酶	细菌	氨基酸测定
胆固醇氧化酶	*Mycobacterium* sp.	胆固醇定量分析
脱氧核糖核酸酶	枯草芽孢杆菌、链球菌、大肠埃希菌	试剂
多核苷酸磷酸酶	溶壁小球菌、固氮菌	试剂
核酸内切酶 Mob I	牛摩拉氏菌	用于基因测序、分析
磷酸二酯酶	固氮菌、放线菌	制造调味品与 AMP 脱氨酶,并用于 RNA 制造 5'—GMP
放线菌蛋白酶	链霉菌	食品加工,调味制造,制革业
细菌蛋白酶	枯草芽孢杆菌、赛氏杆菌、链球菌	洗涤剂、皮革工业脱毛软化、丝绸脱胶、消化剂、消炎剂、清创、溶解坏死组织,活化透明质酸酶
双链酶	链球菌	溶解血栓、血块,加快伤口愈合
链道酶	链球菌	在临床上用于激活溶血酶
链激酶	链球菌	激活纤维素蛋白溶酶,用于医疗
木聚糖酶	芽孢杆菌	降解木聚糖,用于饲料业、造纸业,减少环境污染
脂酶	假单胞菌	降解聚脂以生产非酯化的脂肪酸和内酯
腈水合酶	恶臭假单胞菌、棒状杆菌	催化腈水解,生产丙烯酰胺、手性药物
邻苯二酚—2,3—双加氧酶	假单胞菌、柯氏单胞菌、杆菌、紫球菌	催化苯环的临位裂解,消除芳烃类化合物的污染
葡萄糖异构酶	放线菌、凝结芽孢杆菌、短乳酸杆菌、游动放线菌、节杆菌	葡萄糖异构化制果糖
青霉素酶	蜡状芽孢杆菌,地衣芽孢杆菌	分解青霉素
几丁质酶	细菌、放线菌	生物农药制剂的添加剂,用于病虫害防治
青霉素酰化酶	细菌、放线菌	制 6—氨基青霉烷酸(6—APA)
溶栓酶	芽孢杆菌、球菌、链霉菌	具溶栓活性,用于治疗血栓症
β—酪氨酸酶	中间埃希氏杆菌	制 L—多巴

续表

酶名称	相应产酶微生物	用途
氨基酸酰化酶	细菌	用于DL-氨基酸拆分
扩环酶	链霉菌	用于头孢菌素生物合成
延胡索酸酶	短乳酸杆菌	由延胡索酸制苹果酸
天冬氨酸酶	大肠埃希菌、假单胞菌	由延胡索酸制天冬氨酸
天冬酰胺酶	细菌	治疗白血病
谷氨酸脱羧酶	大肠埃希菌	谷氨酸定量，制γ-氨基丁酸
环糊精葡萄糖基转移酶	软化芽孢杆菌、巨大芽孢杆菌	制环糊精

9. 开发极端环境用酶

生活在生命边缘的嗜极菌，包括嗜热菌、嗜酸菌、嗜碱菌、嗜盐菌、嗜冷菌、嗜压菌和耐有机溶剂的菌类，体内需要有适应于生存环境的基因、蛋白质和酶类。因此从嗜极菌中可以筛选人们所需要的极端酶。自第一个极端酶——嗜热DNA聚合酶（Taq Pol I）成功地应用于PCR技术后，人们开始不断探索各种极端酶的应用前景。在美国、日本、德国等地有20多个研究课题组正活跃于寻找嗜极菌及极端酶。近年来，已有一些极端酶投入工业应用，表11-9列举了一些嗜极菌极端酶的应用。

表11-9 极端酶的来源及应用

微生物	极端酶	应用产品
嗜热菌 (50℃～100℃)	淀粉酶	生产葡萄糖和果糖
	木糖酶	纸张漂白
	蛋白酶	氨基酸生产、食品加工、洗涤剂
	DNA聚合酶	基因工程
嗜冷菌 (5℃～20℃)	中性蛋白酶	奶酪成熟、牛奶加工洗涤
	蛋白酶	洗涤剂
	淀粉酶	洗涤剂
	酯酶	
嗜酸菌 (pH<2.0)	硫氢化酶系	原煤脱硫
嗜碱菌 (pH>9.0)	蛋白酶	洗涤剂
	淀粉酶	
	酯酶	
	纤维素酶	
嗜盐菌 (3%～20%NaCl)	过氧化物酶	卤化物合成

极端酶的研究一方面是拓宽酶的应用领域。极端酶制备，不管是天然的，还是人造的，都将拓宽酶在极端环境和各个领域的应用，尤其是化学领域上的应用，使利用酶法

高效合成化合物和药物成为可能。此外，耐有机溶剂酶和分解有毒化合物的极端酶的研究，将为环境治理带来一个绿色的革命。另一方面，极端酶的研究使人们在酶学水平上对酶有一个更深入的认识。

当然极端酶在应用过程中难免出现不足之处。例如，一些极端酶在温和条件下往往表现较低的活性，其适应范围较窄。通过酶修饰和改造途径可提高极端酶对环境稳定性。基因工程引入极端酶的研究领域为改善酶对环境的耐受力及极端酶的大规模生产和应用提供了有利的条件。

（三）农业

1. 微生物农药

（1）芽孢杆菌杀虫剂

苏云金芽孢杆菌（*Bacillus thuringiensis*，Bt）是当今研究最多、应用最广的微生物杀虫剂。它是贝尔林纳氏（Berliner）1911 年在德国苏云金一个面粉厂的地中海粉螟中分离出来的一株芽孢杆菌，对 150 余种鳞翅目害虫有毒杀作用，属于广谱性杀虫细菌。中国苏云金杆菌制剂的研制始于 20 世纪 60 年代，在菌株选育、发酵生产工艺、产品剂型和应用技术等方面均有突破，尤其在液体深层发酵技术方面，发酵水平达到 4 500 U/L 以上，噬菌体倒灌率从 10% 以上降到 1% 以下，这两项指标均达国际先进水平。目前对苏云金杆菌的研究已深入到基因水平，对其杀虫晶体蛋白的编码基因 Cry 的研究已有许多突破，采用基因工程技术构建高效 Bt 工程菌株已有报道。

Bt 制剂通常是由芽孢和伴孢晶体蛋白组成，有些含有苏云金素。伴孢晶体蛋白是一类伴随芽孢出现而形成的毒素蛋白，又称内毒素或 δ—毒素，它不溶于水及有机溶剂，但能溶于碱性溶液中。昆虫食入制剂后，在碱性胃液的作用下释放出毒素，首先作用于昆虫的中肠上皮细胞，使中肠麻痹，肠壁破损，中肠的碱性高渗内含物进入血腔，使血淋巴 pH 升高，从而导致感病幼虫麻痹死亡。苏云金素又称 β—外毒素，是 Bt 在细胞生长过程中分泌到胞外的一种非特异性的小分子腺苷衍生物，它具有比 δ—内毒素更广的杀虫谱，除对昆虫具有毒性外，对鼠类等哺乳动物也有毒性，并且它的持效期比伴孢晶体更长。

球形芽孢杆菌（*B. sphaericus*）杀虫剂在灭蚊幼虫中发挥作用。它的主要活性成分是伴孢晶体中的毒素蛋白。毒素蛋白由两种蛋白组成，它们共同参与才能起作用，因此为二元毒素。

金龟子芽孢杆菌（*B. popilliae*，即日本甲虫芽孢杆菌）是一种金龟子幼虫（蛴螬）专性病原菌。金龟子芽孢杆菌感染蛴螬后，在中肠内萌发成营养体，穿过肠壁进入体腔，迅速繁殖，破坏各种组织，导致幼虫大量死亡。

（2）抗生素杀虫剂

阿维菌素——是由日本北里研究所与美国默克公司联合开发的，由阿维链霉菌（*S. avermitilis*）产生的一组广谱、高效、低毒的大环内酯类抗生素，是迄今为止发现的最有效的杀虫抗生素。在中国也发展迅速，消费量快速增长，开创了杀虫抗生素的新时代，年产制剂量约 8.0×10^6 kg，并大量出口，大有成为微生物农药第三大品种的势头。

中国开发的杀虫抗生素有浏阳霉素、华光霉素等。浏阳霉素是大四环内酯类杀螨抗生素，对红蜘蛛有较强的生物活性。20世纪70年代初发现的杀蚜素是中国报道的第一个农用杀虫素，除对蚜虫有显著防效外，还对红蜘蛛、壁虱、菜粉蝶等有较好的防效，应用面积一度达到几十万亩。南昌霉素是一种脂溶性多组分杀虫素，对30多种害虫，包括蚜虫、红蜘蛛、飞虱、夜蛾、蝗虫等有不同程度的防治效果。

（3）杀菌剂

微生物杀菌剂主要是指由微生物产生的次生代谢产物抗生素。抗生素除了可以用于治疗人类疾病外，还可以用于农作物防病，杀灭农作物病原菌。目前已成功用于农业生产中的农用抗生素主要有：防治水果蔬菜细菌病害的链霉素；防治水稻纹枯病的井冈霉素；防治水稻稻瘟病的春雷霉素和灭瘟素；防治麦类及瓜类白粉病、水稻稻瘟病的庆丰霉素；防治烟草赤星病和甜菜黑斑病的多抗霉素；防治橡胶条疡病、甘薯黑斑病、苹果树腐烂病的内疗素；防治茶叶云纹枯病、洋葱猝倒病的放线菌酮；防治瓜类蔓纹枯病、苹果花腐病的灰黄霉素等。

（4）除草剂

微生物除草是利用能使杂草致病而不侵害农作物的微生物，或利用某些微生物产生的代谢产物来控制杂草生长、消灭杂草。据研究，包括细菌、真菌、病毒在内的32种微生物能使杂草致病，具有明显的除草效果。"鲁保一号"防治大豆杂草菟丝子十分有效。双丙氨磷（bialaphes）是一种链霉素的代谢产物，对多种杂草具有除灭作用等。

2. 微生物肥料

（1）固氮菌肥料

在土壤中存在大量能够进行自生固氮和联合固氮的资源微生物。所谓联合固氮，是指自然界多种植物根际、根表甚至根内生活着的利用植物根分泌物和土壤养分作为营养来源，自身能进行固氮作用，它们与植物构成联合固氮体系。在农牧业生产中，现在发现有多种作物和牧草可以形成联合固氮体系，如玉米、小麦、水稻、高粱、甘蔗及一些禾本科牧草等。行联合固氮的微生物也能行自生固氮。这类固氮微生物一般固定的氮素能够满足自身的需求后，细胞内氨的浓度过高反过来会抑制固氮酶系统，固氮过程就停止，因而能分泌到体外的氮素是极少的。虽然如此，此类微生物肥料在生产实践中得到了发展，其原因是除了它们能固定一定数量的氮素以外，这些微生物当中的许多菌株在生长繁殖过程中，能够产生多种代谢产物，包括植物生长物质、维生素、氨基酸、多糖等，对植物生长有良好的刺激作用。

目前至少有14个科200多个种的细菌被证明具有固氮作用，但并非有固氮酶活性的细菌就可以作为菌种生产固氮菌肥料。表11-10列举一些已经使用的或可能被作为菌种生产固氮菌肥料的一些资源微生物。联合固氮体系的优越性是存在广泛、应用范围大。其不足之处在于固氮活动容易受到许多条件的制约。因而固氮菌肥施于土壤中必须能够在作物根际建立定居的优势种群，才能起到调节作物生长和增产的作用。目前国内生产固氮微生物肥料产品有液体瓶装的剂型和用草炭等载体作为吸附剂吸附而成的剂型。

表 11-10 可用于生产固氮菌肥料的微生物资源

属	种
自生固氮属 Azotobacter	贝氏固氮菌（A. beijerinckii），褐形球固氮菌（圆褐固氮菌）（A. chroococcum），雀稗固氮菌（A. paspali），棕色固氮菌（A. vinelandii）
氮单胞菌属 Azomonas	标记氮单胞菌（A. insingnis）
贝氏固氮菌属 Beijerinekia	印度贝氏固氮菌（B. indica），德氏拜叶林克氏菌（B. derxii）
多粘芽孢杆菌属 Bacillus	多黏杆菌（B. polymyxa）
克鲁伯氏杆菌属 Klebsiella	肺炎克氏杆菌（B. pneumoniae），产气克氏杆菌（B. aerogenes），产酸克氏杆菌（B. oxytoca）
肠杆菌属 Enterobacter	阴沟肠杆菌（E. cloacae）
欧文氏菌属 Erwinia	草生欧文氏菌（E. herbicola）
固氮螺菌属 Azospirillum	生脂固氮螺菌（A. lipoferum），巴西固氮螺菌（A. brasilense）

(2) 根瘤菌类微生物肥料

根瘤菌微生物肥料也称为根瘤菌剂，主要应用于豆科植物，因而也称为豆科植物接种剂。根瘤菌可以侵染豆科植物根部，形成豆科植物—根瘤菌共生固氮体系——根瘤，生活在根瘤里的根瘤菌利用豆科植物宿主提供的能量将将空气中的氮转化为氨，进而转化成谷氨酸和谷氨酰胺类植物能吸收利用的优质氮素，供豆科植物一生中氮素的主要需求（一般为50%～60%，视豆科植物宿主和根瘤菌品系不同而异）。已调查豆科植物中，蝶形花亚科和含羞草亚科90%以上的种类结瘤，苏木亚科中有根瘤的种约为30%。与各种豆科植物共生固氮的根瘤菌很多，迄今从豆科植物根瘤里分离出来进行过研究的有100多种，在生产上应用的种类不足1/5。在分类上确定了分类地位的根瘤菌如表11-11所示。

表 11-11 分类上已确定了的根瘤菌类型及其宿主

根瘤菌属名	根瘤菌种名	宿主范围
根瘤菌属 Rhizobium	豌豆根瘤菌（R. leguminosarm）	豌豆生物型：豌豆、蚕豆、兵豆、山黧豆、鹰嘴豆；菜豆生物型：菜豆、四季豆、芸豆等蔬菜类作物；三叶草生物型：各种三叶草
	热带根瘤菌（R. tropici）	菜豆、银合欢
	山羊豆根瘤菌（R. galegae）	山羊豆
慢生根瘤菌属 Bradyrhizobium	辽宁慢生大豆根瘤菌（B. liaoningense）	各种大豆（黄豆）、野生大豆
中华根瘤菌属 Sinorhizobium	中华根瘤菌（S. fredii）	大豆、野大豆
	苜蓿根瘤菌（S. meliloti）	黄花苜蓿、紫花苜蓿、草木樨、胡卢巴
固氮根瘤菌属 Azorhizobium		田菁的一些品种
中慢生根瘤菌属 Mesorhizobium	包括一些新种和紫云英根瘤菌（即华癸根瘤菌），百脉根根瘤菌、天山中慢生根瘤菌、鹰嘴豆中慢生根瘤菌、地中海中生慢根瘤菌等	

目前的根瘤菌接种剂类型较多，最常用的是固体接种剂，它是用载体吸附发酵液制成的，常用的载体是草炭（也叫泥炭）。其他常用剂型还有液体瓶装剂型、瓶装琼脂斜面培养物剂型、液体矿油剂型、冷冻干燥剂型和颗粒剂型。有的还结合种子使用些微量元素肥料、杀虫剂、杀真菌剂等与根瘤菌制成包衣剂，包在种子外面，成为球化种子等。

(3) 解磷微生物肥料

土壤微生物中的许多种群在其生命活动过程中由于多种作用，可以将土壤中的难溶性磷酸盐溶解出来，或者通过间接的作用使难溶性磷酸盐释放出来，以达到供应农作物磷素营养的目的。目前的解磷多为微生物产生的酸类物质使 pH 降低，有关微生物解磷的遗传背景的了解更是知之甚少。常见的解磷细菌主要有巨大芽孢杆菌（*B. megatherium*）、蜡样芽孢杆菌（*B. cereus*）、短小芽孢杆菌（*B. pumilus*）、氧化硫硫杆菌（*Thiobacillus thiooxidans*）、荧光假单胞菌（*Pseudomonas fluorsecens*）和恶臭假单胞菌（*P. putida*）。真菌解磷的研究历史不短，但深度不够。已报道的有黑曲霉和青霉中的一些种。由于解磷机理和条件的研究尚不够深入，有些解磷微生物还影响人类健康，因此推向实际应用还需要时间。

(4) 硅酸盐细菌肥料

所谓的硅酸盐细菌肥料是指用胶质芽孢杆菌（胶冻样芽孢杆菌，*B. mucilagionsus*）为菌种生产的硅酸盐菌剂或硅酸盐细菌肥料，许多企业将其称为生物钾肥。一般认为，胶冻样芽孢杆菌能在含钾的长石、云母、磷灰石、磷矿粉及其他矿石的无氮培养基上生长，释放出磷、钾等营养元素。菌体自身富集钾元素的能力很强，有人测定菌体细胞的灰分中钾含量高达 33%～43%，菌体生长繁殖过程中产生一定的有机酸、氨基酸、植物激素，可为作物利用，所以也有刺激和调控作物生长的作用。

此类产品由于研究不深，许多机理仍然不很了解，作为一种生物肥料，是否能够向作物提供钾素营养或提供有意义的钾素营养，缺少足够的论据，所以从行业管理的角度，产品目前只允许叫做硅酸盐菌剂（肥）。硅酸盐细菌肥料在中国生产应用已有近20年的历史，在多种作物和许多地区都获得了较好的效果，受到农民的欢迎。但在生产时提高有效活菌数量上还有一定的难度。

(5) 光合细菌肥料

光合细菌是一类能将光能转化成生物代谢活动能量的原核微生物，是地球上最早的光合生物，广泛分布在海洋、江河、湖泊、沼泽、池塘、活性污泥及水稻、水葫芦、小麦等根际土壤中。光合细菌的种类较多，包括蓝细菌、紫细菌、绿细菌和盐细菌，与生产应用关系密切的主要是红螺菌科中的一些属、种。

(6) 芽孢杆菌制剂

中国的微生物肥料近几年出现了一些以芽孢杆菌（*Bacillus* spp.）或类芽孢杆菌（*Paenibacillus* spp.）为生产菌种的产品，对它们的作用虽有研究但不深入，有的认为其作用是固氮，有的认为是解磷，有的把它们归为激素产生菌，还有的认为与生物防治有关。一些试验证明，许多芽孢杆菌应用时具有较强的抗逆能力，但其最佳培养条件、作用机理以及菌种最佳组合需要更多的研究。现已有一些试验结果表明，某些种类是不宜组合的，某些种类的安全性也需进一步鉴定。

3. 微生物饲料

（1）青储饲料

把收割的鲜牧草或农作物的茎和叶等进行适当破碎后，放入并密封于青窖内，利用附着在青饲料上的多种微生物，在厌氧条件下进行发酵，产生乳酸等有机酸和醇类，杀灭有害杂菌，增加饲料营养。这种经过储存的营养丰富的、易消化、多汁味、耐藏的饲料称为青储饲料。

（2）微生物饲料添加剂

微生物饲料添加剂主要由芽孢杆菌属、乳酸菌属、链球菌属，另外还包括酵母、双歧杆菌属及部分霉菌等菌种产生，其在动物体内的作用主要有改善肠道微生态环境，提高饲料转化率，免疫刺激等。用细菌、霉菌发酵生产的淀粉酶、纤维素酶和蛋白酶等酶制剂参与生物体内各种反应，提高酶促反应的速度，有利于饲料养分的吸收。在饲料中添加的赖氨酸是由黄色短杆菌（*Brevibacterium flavum*）发酵生产的氨基酸，可提高猪禽的增重，并改善胴体品质，提高瘦肉率。

（四）环境保护

1. 环境污染治理与监测

（1）降解与转化有机污染物

环境中存在的各种天然物质，特别是有机化合物，几乎都可以找到能使之降解或转化的微生物。毒害性化合物多为人工合成的杀虫剂、除草剂、防腐剂以及石油化学排放的污染物。目前被国际公认的已有上百种，其中卤代芳烃和卤代烷烃占很大比例。它们的共同特点是对人有致畸、致突变和致癌作用。

大量研究表明，微生物降解有机污染物的基因通常与质粒有关，许多有毒化合物，尤其是复杂芳烃类化合物的生物降解，往往有降解性质粒的参与。在一般情况下，质粒的有无对宿主并无影响，但在有毒物质存在的情况下，降解性质粒可编码降解或转化有毒物质的一些关键性酶类。如现已鉴定出 10 多个编码降解氯代芳烃族化合物功能的质粒。对降解质粒编码基因的深入研究将有助于构建具有广泛底物的降解能力的工程菌，制造出环境友好的除污菌剂。此外，将各供体细胞的不同降解性质粒转移到同一个受体细胞中，可构建多质粒菌株，大大提高菌株的降解效率。如美国采用连续融合法，将降解芳烃、降解萜烃和降解多环芳烃的质粒，分别移植到一降解脂烃的细菌细胞内，构成的新菌株只需几个小时就能降解原油中 60% 的烃，而天然菌株则需 1 年以上。表 11-12 列举了可降解与转化一些有机污染物的原核微生物。

表 11-12 原核微生物对某些有机污染物的降解与转化作用

污染物		微生物
石油		假单胞菌属、黄杆菌属、无色杆菌属、节杆菌属、不动杆菌属、小球菌属、弧菌属中的某些种、诺卡式菌和分枝杆菌属
芳香烃与卤代烃	多氯联苯	无色杆菌属、不动杆菌属、产碱杆菌属、节杆菌属、假单胞菌属
	二噁英	假单胞菌属、地杆菌属、鞘氨醇单胞菌属

续表

污染物			微生物
芳香烃与卤代烃	多环芳烃	3环以下	气单胞菌属、芽孢杆菌属、棒状杆菌属、蓝细菌、黄杆菌属、微球菌属、分枝杆菌属、诺卡式菌属、假单胞菌属、红球菌属
		4环以上	脱氮产碱杆菌、红球菌、假单胞菌、分枝杆菌
	三氯乙烯和五氯酚		亚硝化单胞菌属、假单胞菌属、甲烷营养菌
化学农药	2,4-D		假单胞菌属、产碱杆菌属
	阿特拉津		假单胞菌属、诺卡式菌、红球菌属中的某些种
	DDT		产气气杆菌、放线菌
	有机磷农药		黄杆菌属、单胞菌属中的一些菌
	拟除虫菊酯类		荧光假单胞菌、蜡样芽孢杆菌、无色杆菌属等
合成洗涤剂			多种细菌
化学塑料			未分离到
其他有机物污染物	偶氮化合物		普通变形杆菌、枯草芽孢杆菌、假单胞菌等
	氰和腈		诺卡氏菌、假单胞菌等
	亚硝胺类		荚膜红假单胞菌
	黄曲霉毒素B1		橙色黄杆菌、枯草芽孢杆菌、梭状芽孢杆菌属4株、拟杆菌属（*Bacteroides*）3株、链条杆菌属（*Catenabacterium*）3株、铜绿假单胞菌、链球菌属3株、大肠杆菌、奇异变形菌Y2、链球菌Y4和Y6等

(2) 转化重金属及类金属

当汞、镉、铅、砷等重金属达到一定浓度时可对生物产生抑制甚至杀灭作用。但长期作用的结果使自然界中形成了一些特殊微生物，它们对有毒金属具有抗性，可使重金属发生转化（见表11-13）。

表11-13 原核微生物对某些重金属的转化作用

污染物		微生物
汞	甲基化作用	匙形梭菌、甲烷生成菌、荧光假单胞杆菌、草分枝杆菌、大肠菌、产气肠杆菌、巨大芽孢杆菌
	还原作用	假单胞菌属、大肠杆菌（乳杆菌、链球菌、厌氧杆菌、葡萄球菌可能也起作用）
砷	甲基化作用	甲烷杆菌属、普通脱硫弧菌
	$As^{3+} \rightarrow As^{5+}$	无色杆菌属、假单胞菌属、节杆菌属、产碱杆菌属
	$As^{5+} \rightarrow As^{3+}$	一些微球菌、小球菌
硒	硒化物甲基化生成二甲基硒化物	棒状杆菌属、气单胞菌属、黄杆菌属、假单胞菌属
	还原成元素硒	梭状芽孢杆菌属、棒状杆菌属、小球菌属、根瘤菌属
	元素硒的氧化	光合紫硫细菌

续表

污染物	微生物
铅	假单胞菌属、产碱杆菌属、黄色杆菌属、气单胞菌属中的某些种
锡	假单胞菌
镉	大肠杆菌、假单胞菌
钛	放线菌
铂	可转化，菌物未知
锑	方锑矿锑杆菌
铊	有耐受细菌种类

(3) 处理有机物污（废）水

根据处理过程中起作用的微生物对氧气要求的不同，有机污（废）水处理分为好氧处理与厌氧处理两大类。

在好氧处理过程中，微生物是一个按一定需要组合起来适应污水的复杂的群落，包括细菌、真菌、藻类、原生动物和极少数的后生动物。有机物的降解主要由细菌完成，其中重要的细菌有动胶菌属（Zoogloea）、假单胞菌属（Pseudomonas）、产碱杆菌属（Alcaligenes）、无色杆菌属（Achromobacter）、黄杆菌属（Flavobacterium）、产孢杆菌属（Bacillus）、杆菌属（Bacterium）、微球菌属（Micrococcus）等。有机物污（废）水的好氧生物处理原理见图 11-4。在好氧活性污泥处理中，细菌的另一重要作用是形成菌胶团作为活性污泥的活性中心，促进多种微生物的聚集而形成污泥，有利于泥水分离而提高净化水质。

有机污（废）水的厌氧处理中的微生物几乎全部是细菌，因为真菌、藻类等不能在严格厌氧的环境中存活，原生动物在厌氧环境中也只有极少数物种存活。这些厌氧微生物主要分为发酵细菌、产氢产乙酸菌和产甲烷菌三类，多种厌氧微生物协同作用，将复杂有机物转化为无机物（甲烷、二氧化碳、水及少量硫化氢和氨）和少量细胞物质。

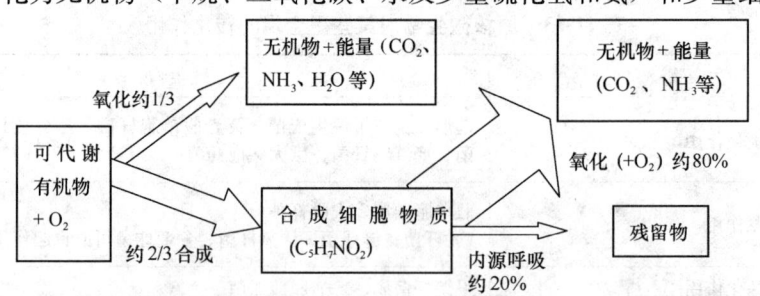

图 11-4 有机物的好氧分解（引自刘仲敏等，2004）

(4) 对水体富营养化的生物修复

目前对赤潮和水华的防治，主要是采取化学方法。化学方法防治虽可迅速有效地控制赤潮和水华，但所施用的化学药剂给水体带来了新的污染。因此，许多研究者把目光投向微生物的修复作用。微生物对赤潮和水华的生物修复的可能途径有两方面。一方面在赤潮衰亡的海水中，分离出对赤潮藻类有特殊抑制效果的菌株。有研究表明，在发生赤潮的藻类上存在一些专性地寄生细菌，可逐渐使藻类丝状体裂解致死。某些假单胞菌、杆菌、蛭弧菌可分泌有毒物质释放到环境中，抑制某些藻类如甲藻和硅藻的生殖。郑天凌等从赤潮多发区、易发区厦门西海域采集分离筛选到三株细菌（S5、S7、S10），它们的过滤液对生长的延滞期和指数期的有毒赤潮藻类塔马亚历山大藻（*Alexandrium tamarense*）有明显不同的抑制作用效果。细菌亦可直接进入藻细胞内而使藻细胞溶解，已有研究者从水体中的铜绿微囊藻中分离出一种类似蛭弧菌的细菌，这种细菌能够进入铜绿微囊藻的细菌并使宿主细胞溶解。另外，采用基因工程手段，将细菌中产生抑藻因子的基因或质粒引入工程菌如大肠杆菌，并进行大规模生产，可能是生物防治的有效出路。

（5）检测污染物毒性与致突变性

发光细菌是一种非致病性细菌，在正常的生理条件下能发出 400 nm 的蓝绿光，发光现象是细菌新陈代谢过程中的正常表现。当环境条件不良或有毒物质存在时，细菌的发光能力受到影响而减弱，毒物浓度与发光强度呈负相关性关系。通过灵敏的光电测定装置，检查毒物作用下发光细菌的发光强度变化可以评价待测定物质的毒性。其中研究和应用最多的为明亮发光杆菌（*Photobacterium phosphoreum*）。

环境污染物的遗传学效应主要体现在污染物的致突变作用，致突变作用是致癌与致畸变的根本原因。具有致突变作用或怀疑具有致突变作用的化合物数量巨大，发展快速准确的检测手段十分必要。微生物生长快，符合快速检测的要求，微生物检测被公认为对致突变物质最好的初步筛选方法。应用于致突变检测的微生物有鼠伤寒沙门氏菌、大肠埃希氏菌、枯草芽孢杆菌、酿酒酵母和构巢曲霉等。目前以沙门氏菌致突变试验应用最广。

Ames 试验，全称沙门氏菌/哺乳动物微粒体试验，亦称沙门氏菌/Ames 试验，是美国 Ames 教授研究与发表的致突变试验法。原理是利用鼠伤寒沙门氏菌组氨酸营养缺陷型菌株发生回复突变的性能来检测物质的致突变性。在不含组氨酸的培养基上，它们不能生长。但当受到某致突变物作用时，因菌体 DNA 受到损伤，特定部位基因突变，由缺陷型回复到野生型，在不含组氨酸的培养基上也能生长。Ames 试验常用纸片法和平板掺入法。

2. 细菌冶金

（1）氧化亚铁硫杆菌（*Thiobacillus ferrooxidans*）和氧化硫硫杆菌（*T. thiooxidans*）

氧化亚铁硫杆菌被认为是酸性环境中浸矿的主导菌种。氧化亚铁硫杆菌主要代谢是氧化 Fe^{2+} 为 Fe^{3+} 而获得能量，亦可氧化硫化矿物、元素硫及可溶硫化合物，如硫代硫酸盐，甚至可氧化溶液中的一价铜离子及二价锡离子，并对溶液中的 Cu^{2+}、Ca^{2+}、Mg^{2+}、Fe^{3+}、Ag^+、Au^+ 等金属离子具有一定的耐受力，同时固定 CO_2 以生长。该菌种浸矿的适宜温度为 30℃～35℃，温度过高或过低，其浸矿性能均下降。根据浸矿的实际需要，通过人工驯化或基因工程技术，获得耐高温或低温的菌株，使氧化亚铁硫杆菌可在较宽的温度范围内实现良好的浸矿效果。

氧化硫硫杆菌不能氧化亚铁离子，但能够生长在元素硫及一些可溶性硫化合物上，将浸出过程中产生的元素硫氧化。有研究认为，氧化硫硫杆菌能增强氧化亚铁硫杆菌的浸矿作用。

(2) 氧化亚铁微螺杆菌（*Leptospirillum ferrooxidans*）

氧化亚铁微螺杆菌只能氧化溶液中的亚铁离子，对元素硫及硫化矿物无氧化作用。自然混合菌种含有氧化亚铁微螺杆菌、氧化亚铁硫杆菌以及 *T. organoparus* 等菌株，可以以黄铁矿为培养基生长。氧化亚铁微螺杆菌及其他菌株的存在可加速氧化亚铁硫杆菌对铜镍硫化矿的浸出。

3. 微生物采油

(1) 单井周期注入法采油

单井周期注入法，又称单井吞吐法。为了提高低产油井的产量，需要将所选用的采油微生物和其培养液、营养液从单口采油井高压泵入油层，关井数日或数周，使微生物在油层中生长繁殖，并产生代谢产物，微生物可运动到油井周围直径 10 m 左右的储油岩层。通过微生物及其产物的作用疏通被堵塞的油层孔隙通道，增加原油的流动性，提高原油的采收率。

(2) 微生物驱油

微生物驱油是指将筛选的采油微生物与其营养物从注水井高压泵入储油层。微生物随水在油层内迁移，直至运动到储油层深部。微生物在油层内生长繁殖，并产生多种代谢产物。细胞的代谢产物分别作用于原油，发挥出各自的驱油功能，降低原油黏度，增加原油的流动性，驱替原油从油井中采出，从而提高原油采收率。微生物驱油是所有微生物采油方法中真正提高原油采收率并且效果最好的微生物采油技术。

(3) 微生物选择性封堵

微生物选择性封堵油层的机理是：将形成较大且产生表面黏稠物质的微生物菌种从注水井注入，微生物可以运移到从孔道或有溶洞的储油岩层部位，通过微生物的生长繁殖和代谢作用，产生大菌体细胞和细胞分泌的表面黏稠物质，在地层的岩石表面形成一层生物膜，有效地封堵大孔道或溶洞，降低地层的渗透率。细菌产生的机械封堵，会驱使油液从高渗区转向未波及区，防止注入水"指状"流动，提高原油采收率。

(4) 激活油藏微生物群落驱油

油藏中存在着天然的微生物群落，但是由于某些营养物质的贫乏，使原生微生物的数量少、活性低。如果从注水井中将微生物缺乏的营养物注入油层，激活油藏内的天然微生物群落，使其生长繁殖，并产生多种代谢产物，作用于原油，提高原油采收率，可以节约大量的成本。实践证明，在油藏条件下存在的微生物是严格厌氧的，几乎总是与发酵、硫酸盐还原、甲烷细菌结合在一起。这些微生物可以利用原油中的烃类作为碳源，从而使用微生物方法采油变得更加简单。

(5) 微生物油井清蜡

原油中含有一定比例的蜡，在原油的采出过程中，随温度、压力的降低，原油中的蜡会结晶析出，析出的蜡晶凝结在井壁上堵塞储油层通往井壁的孔隙通道，降低原油流动性，降低单井原油日产量，从而严重影响原油的开采。用微生物防蜡的机理可以简单概括为三方面：一是通过微生物的代谢产物（表面活性剂或溶剂）的作用，使油管内壁及抽油杆表面形成亲水膜,使蜡不容易被吸附;二是通过微生物的某些表面活性剂类物质阻止蜡的凝结;三是通过微生物对蜡的利用而使长链蜡降解。因此,利用微生物进行防蜡及除蜡,是行之有效的方法。

(6) 微生物代谢产物采油

微生物代谢产物采油,即地上微生物采油法,是在地面上发酵培养微生物,收集、分离并纯化某些代谢产物(主要是生物多糖聚合物和生物表面活性剂),用于注入地层,可降低原油的黏度,从而达高提高采收率的目的。

黄原用胶(xanthan gum)又名汉生胶、黄胶,是由野油菜黄单胞杆菌(*Xanthomonas campestris*)以碳水化合物为主要原料发酵产生的一种生物胞外多糖。黄原胶具有增黏性、触变性、抗盐、耐温等性能,在驱油和堵水调剖方面具有应用价值。

微生物在一定条件下培养时会产生出具有一定表面活性的、集亲水基、疏水基结构于一身的两亲化合物,如糖脂、多糖脂、肽脂或中性类脂衍生物等。这些代谢产物与一般化学合成的表面活性剂在分子结构上类似,可以改变两性界面的物理性质,而者有较好的热稳定性,能有效地提高原油的采收率。

(五) 生物质能源

1. 制沼气

沼气又名甲烷,是优质清洁的生活燃料,世界各国普遍用于燃烧和照明,如英国甲烷产量可以替代全国25%的煤气消耗量。中国是该领域开展得最好的国家,如北方的四位一体模式,南方桑基鱼塘农舍模式,猪-沼-果等多种利用沼气的农业生产模式,赢得了很高的国际赞誉。沼气发酵的过程十分复杂,各种有机物在厌氧条件下,被各类沼气发酵微生物分解转化,最终形成沼气。沼气发酵为工农业有机废弃物的资源化利用创造了条件,无论是有机废水还是固体有机废物都可通过沼气发酵加以资源化利用。

2. 制氢

微生物制氢是一项利用微生物代谢过程生产氢气的生物工程技术,所用原料有阳光、水,或是有机废水、秸秆等,克服了工业制氢能耗大、污染重等缺点,同时由于氢气的可再生、零排放优点,是一种真正的清洁能源,受到世界各国的高度重视。根据微生物种类、产氢底物及产氢机理,生物制氢可以分为蓝细菌和绿藻制氢、光合细菌制氢和细菌发酵制氢三种类型。

蓝细菌或绿藻可以在有光照、厌氧的条件下分解水产生氢气和氧气。光合细菌制氢又称光解有机物产氢、光发酵产氢,指的是光合细菌在光照、厌氧条件下分解有机物生产氢气的过程,如红螺菌(*Rhodospirillum*)、红细菌(*Rhodobacter*)、红假单胞菌(*Rhodopseudomonas*)、荚硫菌(*Thiocapsa*)等,是目前具有良好发展前景的生物产氢方法,不仅光转化效率高(理论转化效率100%),产氢过程不生成氧,还可利用较宽频谱的太阳光,并处理废水、废弃物,净化环境。20世纪90年代初中国科学院微生物研究所、浙江农业大学等单位曾进行"产氢紫色非硫光合细菌的分离与筛选研究"及"固定化光合细菌处理废水过程产氢研究",取得了一定成果。

发酵制氢法种类较多,有异养细菌发酵、厌氧梭菌发酵、混合微生物发酵、活性污泥发酵制氢等,主要是梭菌(*Clostridium*)、肠杆菌(*Enterobacter*)、埃希氏杆菌

(*Escherichia*)、芽孢杆菌（*Bacillus*）、产甲烷菌（*Methanobacter*）和柠檬杆菌（*Citrobacter*）等细菌通过丙酮酸脱羧和辅酶Ⅰ氧化还原平衡调节两种途径，或是几种微生物的协同作用制氢。用造纸厂的废水、糖蜜酒精废液、豆渣、堆肥、活性污泥作为原料发酵产氢的报道相继问世。

虽然生物制氢是世界各国发展氢能的一个重要项目，具有战略性意义，但现有研究大多为实验室内进行的小型试验，距离工业化生产差距较大。

3. 开发生物燃料电池

英国植物学家 Potter 早在1910年就发现有几种细菌的培养液能够产生电流，并成功制造出世界上第一个细菌电池，由此开创了生物燃料电池的研究。生物燃料电池（biologic fuel cell，BFC）的基本原理是，在阳极池，溶液或污泥中的营养物在催化剂作用下生成质子、电子和代谢产物，通过载体运送到电极表面，再经过外电路转移到阴极；在阴极，处于氧化态的物质与阳极传递过来的质子和电子结合发生还原反应生成水，通过电子的不断转移来产生电能。根据采用催化剂的不同，生物燃料电池可以分为以微生物整体做催化剂的微生物燃料电池（microbial full cell，MFC）和直接利用酶做催化剂的酶生物燃料电池（enzymatic biofuel cell，EBFC）。由于很多酶都是从微生物体内提取而来，因此无论是微生物燃料电池还是酶燃料电池，都离不开微生物的参与。

目前已发现可用做生物电池的微生物有脱硫弧菌（*Desulfovibrio desulfuricans*）、大肠杆菌、腐败希瓦菌（*Shewanella putrefaciens*）、地杆菌（*Geobacteraceae sulferreducens*）、丁酸梭菌（*Clostridium bytyricum*）、嗜甜微生物（*Rhodoferax ferrireducens*）、粪产碱菌（*Alcaligenes faecalis*）、鹑鸡肠球菌（*Enterococcus gallinanm*）、铜绿假单胞菌（*Pseudomonas aeruginosa*）等。已有用高浓度有机污染物废水和含酸废水作为生物燃料电池原料的报道。

如果生物体内的微生物能够成功地应用于发电，那无疑将给能源匮乏的人类社会带来巨大效益，目前发达国家正在加紧研制工作，如美国的马萨诸塞州大学、法国里昂生态中心、德国 Greifswald 大学等，中国研究较少。从现有结果看，生物燃料电池距离实际应用还有很多难题。相信在生物学家、电化学家和工程学家的共同努力下，微生物发电技术必将在未来能源和环境领域发挥令人瞩目的作用。

（六）科学研究

1. 大肠杆菌作为基因工程的载体

大肠杆菌及其研究特色体现在以下三方面：①大肠杆菌是一种常见微生物，人们对大肠杆菌的细胞形态及生理生化特性了解比较深入，对于培养基配制与运载体导入的具体技术等方面更容易把握。②细菌质粒是基因工程的常用载体，因为大肠杆菌质粒有诸如抗青霉素基因等易于检测的标记基因，并且容易使目的基因在宿主细胞中复制和表达，因而是最常用的质粒，而最适合大肠杆菌质粒完成使命的场所当然就是它的天然来源——大肠杆菌。③大肠杆菌是一种典型兼性厌氧细菌，由于体积小，表面积与体积的比例很大，并且能利用氧气进行彻底生物氧化释放大量能量，因而能够与外界迅速进行物质和能量交换，并在体内迅速转化，使大肠杆菌新陈代谢极其迅速，就如同一个效率极高的化工厂,而与真正化工厂相比所需反应条件又很温和,容易达到,其经济效益显而易见。

综合以上考虑,大肠杆菌常选为宿主菌用于基因工程研究,全世界几千个进行 DNA 重组的实验室都在用它来研究生命体系的基本过程,被认为是当之无愧最重要的细菌。

2. 根癌/发根农杆菌作为植物基因工程的载体

(1) 根癌农杆菌的应用

根癌农杆菌是植物基因工程的主要载体,介导多种植物的遗传转化。用根癌农杆菌介导的基因转化有以下优点:①导入基因拷贝数低,表达效果好。农杆菌介导的转化向植物细胞导入的外源基因拷贝数大多只有 1~3 个,而其他方法往往会有几十个。大量拷贝会导致转基因的沉默。②转化频率高。T-DNA 链在转移过程中受到蛋白质的保护及定向作用,可免受核酸酶的降解,从而完整准确地进入细胞核,转化效率较高。③导入植物细胞的片段确切,且能导入大片段的 DNA。Ti 质粒上位于 2 个边界序列之间的外源基因片段均会转移到植物细胞,可避免其他理化方法将非目的基因片段导入植物细胞而造成潜在遗传物质扩散的危险。

T-DNA 插入失活技术是目前在植物中使用最为广泛的基因敲除手段。现代遗传学(Reverse genetics,反向遗传学)首先从基因序列出发,推测其表现型,进而推导出该基因的功能。利用根癌农杆菌 T-DNA 介导转化,如果这段 DNA 插入到目的基因内部或附近,就会影响该基因的表达,从而使该基因"失活"。通过观测某特定基因被敲除植株的表现型,可推导该基因的功能。

(2) 发根农杆菌的应用

用含有目的基因和标记基因的改造型 Ri 质粒的发根土壤杆菌感染植物细胞,可获得转基因植物。早在 20 世纪 80 年代,国外学者用发根土壤杆菌感染油菜、胡萝卜、烟草、牵牛、牛角花、番茄、黄瓜、苜蓿、莨菪、豌豆、参薯、薯蓣的子叶或叶片等,获得了它们的发根和转基因植物。

由于发根农杆菌 Ri 质粒诱导形成的发根,生长速度快,生长条件可以人为控制且遗传上稳定,因而发根是进行许多与根相关的理论研究的理想实验系统。发根系统在离子吸收、次生代谢物合成过程及运输等方面的研究中也是非常有用的实验系统。此外,发根能合成植物特征的次生代谢物,而且其含量往往比植物的含量还高,尤其是它的稳定性和生长迅速的特点是工业化生产所需求的,因此发根培养技术将成为次生代谢物生产的一条可靠和有效途径。国外在这方面的研究较深入,如紫草、甜菜、胡萝、长春花等的发根已能进行工业化生产。国内学者在利用发根土壤杆菌获得转基因植物和生产次生代谢物方面也取得了可喜的成绩,获得了油菜、赛莨菪、中果咖啡、甘草、甘蓝、金荞麦、绞股蓝、丹参、番茄、桔梗、芥菜、决明、青蒿、黄血、西洋参等植物的发根,有的还得到了转基因植物,有的在发根中检测到了次生代谢物。

在生产实践上,Ri 质粒能诱导转化植物产生大量毛根,促进植物生根,已引起了人们的高度重视,被人们广泛使用,尤其是对于难生根植物的生根、存活具有重要意义。

3. 产生基因工程工具酶——限制性核酸内切酶

基因工程操作是在分子水平上的操作，必须获得需要重组的和能够进行重组的DNA片段，这就需要一些重要的酶，如限制性核酸内切酶、连接酶、聚合酶等。值得注意的是，基因工程所用到的绝大多数工具酶都是从不同微生物中分离纯化获得的。

限制性核酸内切酶是一类能够识别双链DNA分子中的某些特定核苷酸序列，并由此切割双链DNA结构的切酶。它们主要是从原核生物中分离纯化出来的，到目前为止，已分离出可识别230种不同DNA序列的Ⅱ型核酸内切酶达2 300种以上。表11-14列出的是一些常用限制性核酸内切酶的识别序列及其产生菌。

表11-14 若干常用限制性核酸内切酶的识别序列及其产生菌

限制酶名称	识别序列	产生菌
BamHⅠ	G↓GATCC	淀粉液化芽孢杆菌（*Bacillu amyloliquefaciens* H）
EcoRⅠ	G↓AATTC	大肠杆菌（*Escherichia coli* Rr13）
HindⅢ	A↓AGCTT	流感嗜血杆菌（*Haemophilus influenzae* Rd）
KpnⅠ	GGTAC↓C	肺炎克雷伯氏杆菌（*Klebsiella pneumoniae* OK8）
PstⅠ	CTGCA↓G	普罗威登斯菌属（*Providencia stuartii* 164）
SmaⅠ	CCC↓GGG	粘质沙雷氏菌（*Serratia marcescens* sb）
XbaⅠ	T↓CTAA	黄单胞菌属（*Xanthomonas badrii*）
SalⅠ	G↓TCGAC	白色链霉菌（*Streptomyces albus* G）
SphⅠ	GCATG↓C	暗色产色链霉菌（*Strptomyces phaeochromogenes*）
NcoⅠ	C↓CATGG	珊瑚诺卡氏菌（*Nocardia corallina*）

第三节　真核资源微生物与价值

真核微生物（eukaryotic microorganisms）是具有由核膜、核仁及染色（质）体构成的典型细胞核、行有丝分裂、细胞质中有线粒体等多种细胞器的微生物。以下主要讨论真菌界的酵母菌类、丝状霉菌类和大型子实体的蕈菌类真核微生物的生物学特征和价值。

一、真核微生物的生物学特性

1. 单细胞真核微生物——酵母菌

（1）形态特征

酵母菌是单细胞真核微生物，具有典型的真核细胞结构，有细胞壁、细胞膜、细胞核、细胞质、液泡、线粒体等，有的还具有微体。菌体通常呈圆形、卵形或椭圆形，见图11-5。有的酵母菌细胞分裂后，亲代和子代细胞的细胞壁仍以狭小面积相连，呈藕节状，称为假丝酵母。酵母菌细胞比细菌粗约10倍，其直径一般为2～5μm，长度5～

30μm，最长可达 100μm。例如，典型的酵母菌——酿酒酵母（Saccharomyces cerevisiae）的细胞宽度为 2.5～10μm，长度 4.5～21μm。酵母的大小、形态与菌龄、环境有关。一般成熟的细胞大于幼龄细胞，液体培养的细胞大于固体培养。有的种的细胞大小、形态极不均匀，而另一些种则较为均一。酵母菌无鞭毛，不能游动。

（2）繁殖特征

酵母菌的繁殖方式有无性繁殖和有性繁殖两大类。

图 11-5　典型酵母菌细胞形态
（引自岑沛霖等，2001）
1. 子细胞；2. 出芽痕

无性繁殖包括芽殖、裂殖和产生无性孢子。芽殖（budding）是酵母菌最常见的繁殖方式。在营养良好的培养条件下，酵母菌生长迅速，这时，可以看到所有细胞上都长有芽体，而且芽体上还可形成新的芽体。裂殖（fission）是少数酵母菌进行的无性繁殖方式，类似于细菌的裂殖。进行裂殖的酵母菌种类很少。掷孢酵母属等少数酵母菌，在卵圆形的营养细胞上生出的小梗上形成掷孢子（ballistospore），孢子成熟后，通过一种特殊的喷射机制将孢子射出。因此，在倒置培养皿培养掷孢酵母并使其形成菌落，则常因射出掷孢子而可使皿盖上见到由掷孢子组成的菌落模糊镜像。此外，有的酵母如白假丝酵母还能在假丝的顶端产生厚垣孢子（chlamydospore）。

酵母菌的有性繁殖是以形成子囊和子囊孢子的方式进行。两个临近的酵母细胞各自伸出一根管状的原生质突起，随即相互接触、融合，并形成一个通道，两个细胞核在此通道内结合，形成双倍体细胞核，然后进行减数分裂，形成 4 个或 8 个细胞核。每一子核与其周围的原生质形成孢子，即为子囊孢子，形成子囊孢子的细胞称为子囊。

在固体培养基表面，酵母菌大量繁殖形成的菌落与细菌相似，但是比细菌菌落大而厚（突起）、外观较稠以及较不透明。

（3）生态特征

酵母菌广泛分布于自然界。喜在糖分高、偏酸性的环境中生长。诸如果品、蔬菜、花蜜和植物叶子表面，葡萄园等果园的土壤是筛取酵母菌的好去处。在牛奶和动物排泄物中也能找到，空气中也有少量存在，它们大多是腐生型，少量寄生型。

2. 真核丝状微生物——霉菌

凡是在营养基质上能形成绒毛状、网状或絮状菌丝体的真菌的通称为霉菌。霉菌是俗名，意为发霉的真菌。按 Smith 分类系统，它们分属真菌界的藻状菌纲、子囊菌纲、半知菌类。

（1）形态特征

在培养基上，霉菌经过一定时间的生长繁殖，逐渐可以看到由菌丝聚合而成蛛网状、棉絮状和丝绒状等的菌落。霉菌菌落的直径一般为 1～2 cm 或更大。比细菌菌落大几倍到几十倍。菌落的质地一般比放线菌疏松，外观干燥，不透明。菌落与培养基之间连接也很紧密，不易挑起；霉菌菌落的边缘与中心，正面与反面的颜色往往不一致。同一种霉菌在不同成分的培养基上形成的菌落特征可能会有所变化。但各种霉菌在一定培养基上形成的菌落的大小、形状、颜色等却相对稳定。所以菌落特征也是霉菌分类鉴定的重要依据之一。

菌丝（hyphae）是霉菌营养体的基本单位。菌丝可以是单细胞，即没有隔膜，但大多数霉菌是多细胞，即有分隔。没有隔膜的细胞一般含有许多核，而有隔膜的细胞一般含有 1~2 核。霉菌菌丝直径 2~10μm，比杆菌、放线菌菌丝宽几倍到十几倍，与酵母菌相似。见图 11-6。霉菌的细胞膜、细胞核、线粒体和核糖体等细胞结构与其它真核生物基本相同。根据功能可将菌丝分为两大类：长在培养基内，以吸收营养为主的菌丝称为营养（基内）菌丝，伸出培养基长在空气中的菌丝称为气生菌丝。许多菌丝分枝连接、交织在一起所构成的形态结构称菌丝体（mycelium）。在一定生长阶段，部分气生菌丝分化成为繁殖菌丝。

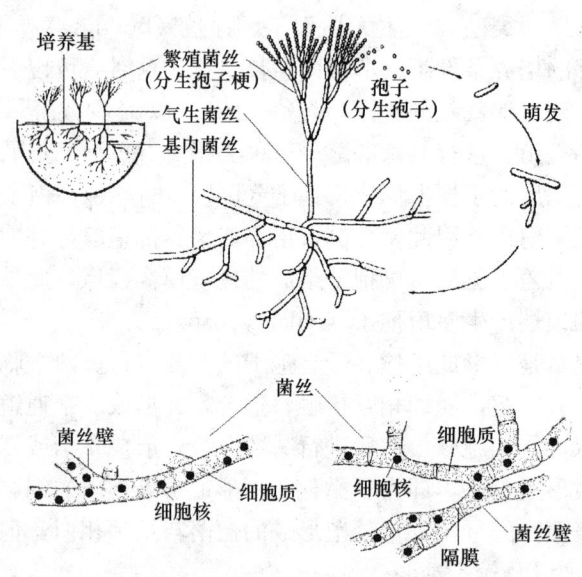

图 11-6 霉菌的菌丝和菌丝体（引自岑沛霖等，2001）

为适应不同的环境条件和更有效地摄取营养满足生长发育的需要，许多霉菌的菌丝可以分化成一些特殊的形态和组织，这种特化的形态称为菌丝变态。有些霉菌的菌丝会聚集成团，构成一种坚硬的休眠体，称为菌核。菌核对外界不良环境具有较强的抵抗力，在适宜条件下它可萌发出菌丝。一些专性寄生霉菌，如锈菌、霜霉菌和白粉菌等产生的菌丝变态，从菌丝上产生出来的旁枝，侵入细胞内分化成根状、指状、球状和佛手状等，用以吸收寄主细胞内的养料。某些捕食性霉菌的菌丝变态成环状或网状，用于捕捉其它小生物如线虫、草履虫等。

（2）霉菌的繁殖

霉菌有着极强的繁殖能力，而且繁殖方式也是多种多样的。虽然霉菌菌丝体上任一片段在适宜条件下都能发展成新个体，但在自然界中，霉菌主要依靠产生形形色色的无性或有性孢子进行繁殖。在适宜的培养基质上，霉菌生长到一定阶段后，大量气生菌丝体特化而成有一定形状的可产生孢子的构造，称为子实体（如闭囊壳、子囊壳和子囊盘）。霉菌的孢子具有小、轻、干、多、形态色泽各异、休眠期长和抗逆性强等特点，每个个体所产生的孢子数，经常是成千上万的，有时竟达几百亿、几千亿甚至更多。这些特点有助于霉菌在自然界中随处散播和繁殖。对人类的实践来说，孢子的这些特点有利于接种、扩大培养、菌种选育、保藏和鉴定等工作，对人类的不利之处则是易于造成污染、霉变和易于传播动植物的霉菌病害。孢子降落到适宜基质上即可萌发产生菌丝和菌丝体。

霉菌的无性孢子直接由生殖菌丝的分化而形成，常见的有节孢子、厚垣孢子、孢囊孢子和分生孢子。节孢子是某些霉菌的菌丝生长到一定阶段时出现横隔膜，然后从隔膜处断裂而形成的细胞，如白地霉产生的节孢子。厚垣孢子是某些霉菌种类在菌丝中间或顶端发生局部的细胞质浓缩和细胞壁加厚，最后形成一些厚壁的休眠孢子，如毛霉属中的总状毛霉。一些霉菌菌丝顶端细胞膨大而成孢子囊，在孢子囊内形成大量的孢囊孢子。分生孢子是子囊菌和半知菌亚门的一些霉菌在生殖菌丝顶端或已分化的分生孢子梗上形成单生、成链或成簇的无性孢子。

经过两性细胞结合而形成的孢子称为有性孢子。霉菌的有性繁殖过程一般分为三个阶段，即质配、核配和减数分裂。有性孢子的产生不及无性孢子那么频繁和丰富，它们常常只在一些特殊的条件下产生。常见的有卵孢子、接合孢子、子囊孢子和担孢子，分别由鞭毛菌亚门、接合菌亚门、子囊菌亚门和担子菌亚门的霉菌所产生。霉菌的孢子见图 11-7。

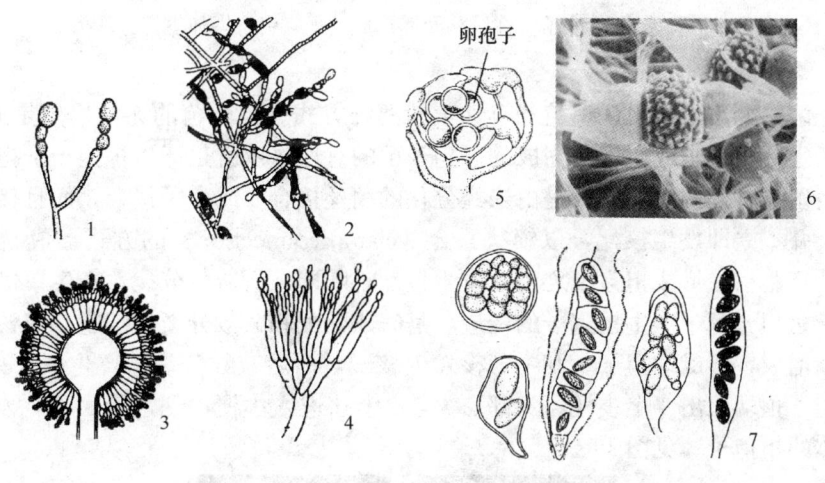

图 11-7　一些常见霉菌的孢子（引自岑沛霖等，2001）
1. 红曲霉；2. 交链孢霉；3. 曲霉；4. 青霉；5. 卵孢子；
6. 接合孢子；7. 各种类型子囊及子囊孢子

（3）生态特征

霉菌在自然界分布很广，只要存在有机物就有它们的踪迹。它们在自然界中扮演着最重要的有机物分解者的角色，从而把其他生物难以分解利用的数量巨大的复杂有机物（如纤维素和木质素等）彻底分解转化，成为绿色植物可以重新利用的养料，促进了整个地球上生物圈的繁荣发展。

3. 形成大型肉质子实体的真菌——蕈菌

担子菌纲是真菌中最高级的一个纲，包括人们熟悉的蘑菇、木耳、马勃和鬼笔等。它的特征是形成特殊的产孢器——"担子"（basidium），产生"担孢子"（basidiospore）。

（1）形态特征

担子菌的菌丝发育良好，且有分隔。往往扩展生成扇形。通常为白色、鲜黄色或橙黄色。菌丝体具三个明显的发育阶段，即初生菌丝（primary mycelium）、二生菌丝（secondary mycelium）和三生菌丝（tertiary mycelium），最后形成子实体。子实体是真菌产生孢子的构造，由繁殖菌丝和营养菌丝组成，其形态因种而异，如蘑菇、香菇等子实体呈伞状，由菌盖、菌柄和菌褶等组成。见图11-8。

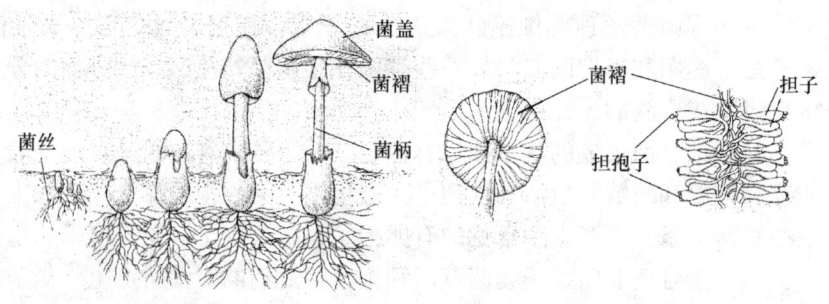

图11-8 担子菌的子实体结构及其形成过程（引自岑沛霖等，2001）

（2）繁殖特征

担子菌的繁殖采取无性生殖和有性生殖两种方式。担子菌的无性繁殖是通过芽殖、裂殖及产生分生孢子或粉孢子完成的。担子菌的有性繁殖就是产生担孢子。担子菌没有明显的生殖器官。两性的接合是由未经分化的菌丝接合，或孢子接合，而且接合时，只行质配，并不立即发生核配，以锁状联合（clamp connection）的方式形成新的双核细胞。两性细胞核在形成担孢子之前才发生核配，随即进行减数分裂，产生单倍体的担孢子。担子是担子菌中产生担孢子的构造，是完成核配和减数分裂的细胞。双核菌丝的顶细胞逐渐增大，形成幼担子。其中二核发生核配，而后减数分裂，产生4个单倍体核。同时，担子顶端长出4个小梗，头部膨大，4个核进入小梗，到达膨大处，发育形成4个单倍体的担孢子。见图11-9。

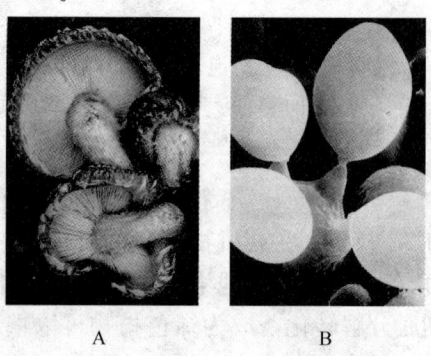

图11-9 担子菌及其担孢子形态（引自岑沛霖等，2001）
1.一种担子菌的子实体，背部有菌褶；2.担孢子的电镜图片，担孢子的基部为担子

(3) 生态特征

蕈菌广泛分布于地球各处，在森林落叶地带更为丰富。

二、真核资源微生物的价值

(一) 医疗保健

1. 开发抗菌药物

真菌是第一个应用于临床的抗生素——青霉素的产生菌，并从此进入了抗菌治疗的抗生素时代。在真菌中还发现了头孢菌素c、灰黄霉素等以及具有其它生理活性的真菌药物如环孢菌素等。青霉素和头孢菌素属于β-内酰胺类，有抗菌作用，抑制细菌细胞壁的合成，作用于细胞壁合成中的转肽酶和羧肽酶。灰黄霉素抑制真菌生长，作用于微孔蛋白，抑制纺锤体形成，使细胞停止分裂，菌丝顶端形成弯曲。以上药物产生菌如表11-15所示。

表 11-15 产生抗菌药物的真菌

抗菌药物	产 生 菌
青霉素 (penicillin)	*Penicillium notatum*, *P. chrysogenum*, *P. avellaneum*, *P. chlorophaeum*, *P. citreo roseum*, *P. crateriforme*, *P. crustosum*, *P. fluorescens*, *P. griseofulvum*, *P. lanosum*, *P. meleagrinum*, *P. raciborskii*, *P. rubens*, *P. turbatum*, *Aspergillus flavipes*, *A. flavus*, *A. giganteus*, *A. nidulans*, *A. niger*, *A. oryzae*, *A. parasiticus*, *Trichophyton mentagrophytes*, *Cephalosporium* sp.
头孢菌素 C (cephalosporin C)	*Cephalosporium acremonium*
灰黄霉素 (griseofulvin)	*P. griseofulvum*, *P. nigricans*, *P. sclerutigenum*, *P. urticae* *P. Patulun*

2. 开发抗肿瘤药物

近年来从真菌特别是动植物内生真菌中分离出大量具有抗肿瘤活性的产物，有多糖、蛋白质、萜类、生物碱类和有机酸酯类等。

(1) 多糖类

真菌多糖主要来自真菌的细胞壁，是一种肽葡聚糖，是由许多单糖分子通过糖苷键相连的高分子多糖化合物。这类化合物对癌细胞并没有直接杀伤作用，它的作用在于刺激抗体的形成，即通过恢复和提高患者的免疫功能而发挥其抗癌活性。它与化学药物联合使用，还可减少或降低化疗药物的毒副作用，从而提高疗效。银耳子实体中分离的多糖A、B、C均对S-180肉瘤有抑制作用，其中多糖C（碱性提取部分）作用最强。腹腔注射银耳多糖能明显抑制艾氏腹水瘤生长，并抑制腹水瘤DNA的合成速率。糙皮侧耳（*Pleurotaceae ostreatus*，糙皮北风菌）子实体热水提取物经50%乙醇沉淀-纯化分离得的两个纯多糖组分，5mg/kg剂量给药时，对S-180肉瘤的抑制率为95%。糙皮侧耳糖肽（POGP）有促进LAK细胞和自然杀伤（NK）细胞杀伤肿瘤细胞的作用；药理试验显示，它有抑制小鼠S-180瘤细胞增殖和向周围组织侵袭的作用。桦褐孔菌多糖对小鼠肉瘤的生长有明显的抑制作用，它还能降低血清一氧化氮合酶、一氧化氮含量及唾液酸浓度。茯苓多糖对 S－180 细胞明显地显示出细胞毒性，其中的一组分（PVC）在用量为 15mg/kg 时即能明显抑制白血病细胞的生长。此外，PVC 对人结肠癌细胞 LS174－T、人肝癌细胞 SMMU－7721、胃癌细胞 SCC－T901 都具有体外抑制增殖作用。金针菇（*Collybia velutipes*，金线菌）对 S－180 和 H－22 的抑瘤率分别为 50.69％和 41.46％以上，对 L615 白血病小鼠生命的延长率达 53.24％以上。虫草多糖（CP）是冬虫夏草中最主要的生理活性成分，由 CP 刺激的血液单核细胞培养基能有效抑制 U937 细胞的增生，能诱发约 50％的 U937 细胞分化成单核细胞/巨噬细胞。另有大量文献报道指出，其他多种真菌多糖对各种不同癌细胞也有不同程度的抑制活性作用，如云芝粗多糖、灵芝粗多糖、猴头粗多糖、灰树花多糖、树舌多糖和香菇多糖等。

（2）蛋白质类

松茸（*Tricholoma matsutake* Sing）菌丝体糖蛋白 MTCSGS1 对 Hela 细胞增殖的抑制率与作用时间和剂量呈正相关，体内抑瘤试验表明 MTSGS1 对 S－180 的抑制率最高达 65％。金针菇（*Flammulina velutipes* Sinn，绒状火菇）子实体中的一种碱性蛋白对肉瘤 S－180、艾氏腹水瘤及 Yoshioda 肉瘤都有较强的抑制作用。冬虫夏草菌体中的一种环二肽化合物——L－甘 L－脯环二肽具有抑制 KB 细胞活性。从可食用的糙皮侧耳菌（*P. ostreatus*）的新鲜子实体中分离的一种二聚凝集素外源血凝素 lectin，对 S－180 和 H－22 都有很强的抑制活性的作用，使肉瘤 S－180 小鼠和肝癌 H－22 小鼠明显延长了生存时间，且体重明显增加。从南极土壤中分离的一株真菌所产生的抗生素 C3368－B（CB）有较强的核苷转运抑制活性，CB 能显著抑制艾氏腹水癌（EAC）细胞的胸苷和尿苷转运，还能部分逆转小鼠白血病 L1210/MDB 细胞对长春新碱和放线菌素 D 的抗药性。

（3）萜类化合物

烟曲霉（*Aspergillus fumigatus*）中的一种倍半萜类化合物 fumagillin（$C_{26}H_{34}O_7$，夫马菌素）能抑制血管内皮细胞增生，从而抑制新血管形成和肿瘤生长，但它同时对正常细胞也有很大的不良反应。人工合成的 fumagillin 类似物 AGM－1470（$C_{19}H_{25}NO_6C_1$），活性比 fumagillin 强 50 倍，而且不良反应明显减弱。另一种倍半萜类化合物隐杯伞素（illudin，一种蘑菇毒素），它虽然对体内肿瘤细胞无明显抑制作用，但它可作为半合成药物的来源，用于抑制结肠癌、乳腺癌、肺癌和卵巢癌。从 *Sporothrix* sp.（FO－4649）分离出一种新的 IL－6 抑制剂 chovalicin（$C_{16}H_{25}O_5C_1$），因 IL－6 基因常调节与肿瘤恶病质的发病机制有关，用作 IL－6 抑制剂可能有减轻肿瘤恶病质的作用。

紫杉醇是一种有较强抗癌活性的二萜类物质，但它在红豆杉及其亲缘植物中的含量都很低，因而近年来人们将目光转移到通过植物内生真菌代谢产生紫杉醇上。目前已从红豆杉属植物中分离并筛选出紫杉醇产生菌 *Taxomyces andreanae*，但该菌代谢产物中紫杉醇的产量较低。从 *Taxus mairei* 皮层中分离出的一株内生真菌 TF5（暂定 *Tubercularia* sp.）发酵液提取物中含紫杉醇产量高达 185.4 μg/L，因而具有潜在的应用前景。另外，从疣孢漆斑菌（*Myrothecium verrucaria*）中分离出的五环二萜 myrocin（$C_{20}H_{24}O_5$）具有抑制艾氏腹水瘤活性的作用。

(4) 有机酸类

最近的研究表明,血管生成是肿瘤细胞的生长和转移所必需的。从糙孢赤壳属的 *Neocosmospora tenuicristata* 中分离的一种细胞分化调节剂根赤壳菌素(Radicicol,$C_{18}H_{17}O_6C_1$)在 1μmol/L 浓度时能抑制血管内皮细胞增生,抑制血管内皮细胞产生血纤维蛋白溶酶原激活子。跟节菌(*Talaromyces trachyspermus*,SANK12191 R)的培养液中分离出的一种新的三羧酸 Trachypicacid($C_{20}H_{28}O_9$)对肿瘤细胞肝素有显著的抑制活性。

(5) 生物碱类

费舍尔曲霉(*Aspergillus fischeri*)的一个新菌株 *var. brasiliensis* 的发酵液和菌丝体中分离出的吲哚生物碱——5-N-acetylardeemin 能显著降低肿瘤细胞对抗肿瘤药物的抗药性。从烟曲霉的菌丝体中分离出一组化合物 fumiquinazolines A-G,对培养 P388 细胞都有抑制活性。白桦茸(桦褐孔菌)的活性物质成分中的氧化三萜化合物和生物碱类化合物及桦褐孔菌醇等,对多种肿瘤细胞(如乳房癌、唇癌、胃癌、耳下腺癌、肺癌、皮肤癌、直肠癌、霍金斯淋巴癌)有明显的抑制作用,能防止癌细胞转移、复发,增强机体免疫能力,用于配合恶性肿瘤患者的放疗、化疗,能增强患者的耐受性,减轻毒副作用。

(6) 其他类

从冬虫夏草(*Cordyceps sinensis*)菌丝体分离出两个甾类化合物($C_{33}H_{53}O_7$ 和 $C_{34}H_{53}O_8$),从鳞翅目蛹虫草菌(*Cordyceps militaris*)中分离鉴定出的一种核苷类物虫草素(cordycepin),从木霉属的(*Trichoderma harzianum* OUP-N115)的培养液中分离出 3 种环戊烯酮化合物[Trichodenone A($C_7H_8O_2$),B($C_7H_9OC_1$),C($C_7H_9O_2C_1$)],从 *Aspegillus fumigatus* 的培养液和菌丝体中分离出一种二苯基甲烷化合物 GRE1-BP002-A,对多种癌细胞增殖有抑制作用。

3. 产生其他药物

环孢菌素的发现促进了从真菌或其他微生物中寻找生理活性物质的研究。已发现的免疫抑制剂以及它们的产生菌如表 11-16 所示。

表 11-16 产生免疫抑制剂的真菌

药物	产生菌
环孢菌素 A(cyclosporin A)	*Cylindrocarpon luidum*, *Bcauveria bassiana*, *Fusarium solani*,
洛伐他汀(lovastatin)	*Aspergillus*
麦考酚酯	*Penicillium brevicompactum*
咪唑立宾(mizoribine, MIZ)	*Eupenicillium brefeldianum*

(二) 食用菌

具有直接食用价值的真核微生物首推食用真菌(edible fungi, edible mushroom)。食用真菌是指可供人类食用的大型真菌,它具有肉质或胶质的子实体,诸如蘑菇、银耳、香菇、木耳、茯苓、羊肚菌和牛肝菌等。

食用菌之所以被称为珍贵食品,主要是因为食用菌含有丰富的蛋白质、氨基酸和维生素等营养成分。在食用菌中,蛋白质含量比一般蔬菜、水果要高得多。鲜蘑菇中的蛋白质含量为3.5%，是大白菜的3倍多。故蘑菇在世界上被认为是"十分好的蛋白质来源"，并有"素中之荤"的美称。表11-17列举了几种食用菌的营养成分，从表中可以看出，食用菌是高蛋白、低脂肪的食品。

表11-17　几种食用菌的营养成分*

种类	样品	水分/%	粗蛋白 N×4.38/%	脂肪/%	糖类/%	纤维/%	灰分/%	能量/*cal
白蘑菇	鲜	89.5	26.3	1.8	49.5	10.4	12.0	328
密环菌	鲜	86.0	11.4	5.2	70.1	5.8	7.5	384
黑木耳	干	16.4	8.1	1.5	74.1	6.9	9.4	356
金针菇	鲜	89.2	17.6	1.9	69.4	3.7	7.4	378
滑菇	鲜	95.2	20.8	4.2	60.4	6.3	8.3	372
平菇	鲜	73.7	10.5	1.6	74.3	7.5	6.1	367
草菇	鲜	88.4	30.1	6.4	39.0	11.9	12.6	338

*注：按100g干物质计算（水分除外）；密环菌为野生。

以下列举了一些日常食用的真菌及其生理功能。图片均摘自中国经济真菌大全。

1. 香菇

Lentinu edodes (Berk.) Sing。别名：香蕈、椎耳、香信、冬菰、厚菇、花菇。伞菌目侧耳科香菇属。见图11-10。

冬春季（部分地区夏秋季）生长在阔叶树倒木上。分布在中国浙江、福建、台湾、安徽、湖南、湖北、江西、四川、广东、广西、海南、贵州、云南、陕西、甘肃等地区。

香菇是中国传统的著名食用菌并最早人工驯化栽培。含有多种氨基酸、V_{B1}、V_{B2}、V_{PP}及矿物盐，不饱和脂肪酸含量高。中国古籍记载香菇"益气不饥，治风破血和益胃助食"。民间用来助痘疮、麻疹的诱发，治头痛、头晕。现代研究证明，香菇多糖对调节身体免疫的T细胞，降低甲基胆蒽诱发肿瘤的能力，故对癌细胞有强烈的抑制作用。对肉瘤S—180的抑制率为97.5%，对艾氏癌的抑制率为80%。香菇还含有双链核糖核酸，能诱导产生干扰素，具有抗病毒能力。香菇含有水溶性鲜味物质，可用于食品调味品，其主要成分是5'-GMP和5'-AMP、5'-CMP、5'-UMP等核酸成分。

2. 蘑菇

Agaricus campestris L.。别名：雷窝子（黑龙江）、四孢蘑菇。伞菌目蘑菇科蘑菇属。见图11-11。

图11-10　香菇
1. 子实体；2. 孢子；3. 锁状连合

图11-11　蘑菇
1. 子实体；2. 孢子

春季到秋季生于草地、路旁、田野、堆肥场、林间空地等，单生及群生。几乎分布于全国各省区。

食用，能人工栽培和利用菌丝体深层发酵培养。属优良食用菌。含有 V_C、V_{B1}、V_{B2}、V_{PP}等，经常食用可预防脚气病、身体疲倦、食欲不振、消化不良以及妇女在哺乳期间乳汁分泌减少，还可以预防毛细血管破裂、牙床及腹腔出血、皮肤粗糙及各种贫血病症。本种产生野菇菌素（campestrin），对革兰氏阳性菌、阴性菌有效。有抗金黄色葡萄球菌、伤寒杆菌和大肠杆菌及降低血糖的作用。该菌对小白鼠肉瘤 S－180 的抑制率为 80%，对艾氏癌的抑制率为 80%。据记载此菌还可产生甜菜碱（betaine）和胆碱（choline）等生物碱。

3. 侧耳

Pleurotus ostreatus。别名：平菇（福建）、北风菌、青蘑（黑龙江）、桐子菌（四川）、糙皮侧耳。伞菌目侧耳科侧耳属。见图 11-12。

冬春季在阔叶树腐木上覆瓦状丛生。属木腐菌，侵害木质部分形成丝片状白色腐朽。分布在中国河北、山西、内蒙古、黑龙江、吉林、辽宁、江苏等地区。

食用，味道鲜美，现人工栽培，是重要栽培食用菌之一。含有人体必需的 8 种氨基酸，另含 V_{B1}、V_{B2}、V_{PP}。子实体水提取液对小白鼠肉瘤 S－180 的抑制率是 75%，对艾氏癌的抑制率为 60%。中药用于治腰酸腿疼痛、手足麻木、筋络不适。目前还可利用菌丝体进行深层发酵培养。另外还含有草酸（oxalic acid）等。有时生长在香菇段木上，影响香菇产量和质量。

4. 木耳

Auricularia auricula（L. ex Hook.）Underwood。别名：黑木耳、耳子（甘肃陇南），黑菜（黑龙江）。木耳目，木耳科，木耳属。见图 11-13。

图 11-12 侧耳
1. 子实体；2. 孢子

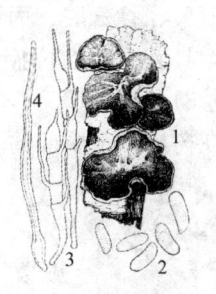

图 11-13 木耳
1. 子实体；2. 孢子；3. 担子

生于栎、榆、杨、榕、洋槐等阔叶树上或朽木及针叶树冷杉上，密集成丛生长。可引起木材腐朽。目前仅青海、内蒙古、宁夏未记载有野生分布。

食用，并能人工栽培。为棉麻、毛纺织工人的保健食品。《本草纲目》中记载木耳治痔。性平，味甘，补血气，止血活血，有滋润、强壮、通便之功能。对小白鼠肉瘤的 S－180 的抑制率为 42.5%～70%，对艾氏癌的抑制率 80%。据刘波《中国药用真菌》等书记载，其功效为：治寒温性腰腿疼痛；产后虚弱，抽筋麻木；外伤引起的疼痛，血脉不通，麻木不仁，手足抽搐；崩淋血痢，痔疮，肠风；白带过多；便血，痔疮出血，子宫出血；反胃多痰；年老生疮久不封口；高血压，血管硬化，眼底出血；诸疮溃烂，且多脓血，不能结痂者。

5. 银耳

Tremella fuciformis Berk.。别名：白木耳、银耳子。银耳目，银耳科，银耳属。见图11-14。

夏秋季生于阔叶树腐木上。几乎分布于中国各省区。

食用和药用。可人工段木栽培。传统认为具有"补肾、润肺、生津、止咳"之功效。主治肺热咳嗽，肺燥干咳，久咳喉痒，咳痰带血或痰中血丝或久咳络伤胁痛，肺痈、妇女月经不调，肺热胃炎，大便秘结，大便下血。银耳是一种重要的保健食品。含有17种氨基酸及酸性异多糖、有机磷、有机铁等化合物。对人体十分有益。特别是由α—甘露聚糖为主链，以β（1，2）L—木糖，β（1，2）葡萄糖醛酸和少量的岩藻糖为侧链构成的酸性异多糖（acidic heteroglycan），能提高人体的免疫能力，扶正固本，提高机体的对射线辐射的防护能力。银耳多糖浆可以治疗慢性支气管炎和慢性原发性心脏病。多糖类物质对小白鼠肉瘤S—180有抑制作用。

6. 金针菇

Flammulina velutipes。别名：冬菇、朴菰、构菌、毛柄金钱菌、冻菌。伞菌目，白蘑科，金针菇属。见图11-15。

生早春和晚秋至初冬季节，在阔叶林腐木桩上或根部丛生。分布全国各省区。

食用，肉质细嫩，软滑，味鲜宜人，目前人工栽培较广泛。子实体含粗蛋白31.2%，脂肪5.8%及有V_C、V_{B1}、V_{B2}、V_{PP}等，并含有精氨酸，可预防和治疗肝脏系统疾病及胃肠道溃疡。子实体含赖氨酸，对幼儿增加身高和体重十分有益。另外还有天门冬氨酸、组氨酸、谷氨酸、丙氨酸等10余种氨基酸，包括人体必需的8种氨基酸。含有冬菇多糖，具有明显的抗癌作用。子实体热水提取物所含多糖对小白鼠肉瘤S—180的抑制率达81.1%~100%，对艾氏癌的抑制率为80%。此种使树木木质部形成黄白色腐朽，并在树皮和木质部的间隙中出现根状菌索。

图11-14 银耳
1. 子实体；2. 担子；3. 孢子

图11-15 金针菇
1. 子实体；2. 孢子；3. 盖囊体

7. 猴头菌

Hericium erinaceus。别名：猴头蘑、刺猬菌。非褶菌目，猴头菌科，猴头菌属。

见图 13-16。

秋季多生于栎等阔叶树立木上或腐木上，少生于倒木。在高海拔 3000m 左右，该菌色调加深。分布于中国河北、山西、内蒙古、黑龙江、吉林、辽宁、河南等地区。

此菌是中国宴席上的名菜。广泛人工栽培。也可利用菌丝体进行深层发酵培养。含有 16 种氨基酸，其中包括人体必需的 8 种氨基酸。子实体含有多糖和多肽类物质，有增强机体免疫功能。其发酵液对小白鼠肉瘤 S—180 有抑制作用。中国利用菌丝体研制成"猴头片"等中药，对治疗胃部及十二指肠溃疡、慢性萎缩性胃炎、胃癌及食道癌有一定疗效。故猴头菌对于消化不良、神经虚弱、身体虚弱、糖尿病等均有医疗作用。

8. 灵芝

Ganoderma lucidum (Leyss. Fr.) Karst。别名：赤芝、红芝。非褶菌目，多孔菌科，灵芝菌属。见图 11-17。

图 11-16　猴头菌
1. 子实体；2. 孢子

图 11-17　灵芝
1. 子实体；2. 孢子

生于阔叶树伐木桩旁。引起木材白色腐朽。分布河北、山西、山东、江苏、安徽、浙江、江西、福建、台湾、广东、香港、广西、四川、河南、湖南、湖北、陕西、甘肃、贵州、云南、西藏等地。

中国产 500 种，可供食药用 80 多种。据《神农本草经》、《本草纲目》记载，可治神经衰弱、头昏、失明、肝炎、支气管哮喘等，还可治积年胃病和解毒菌中毒。对小白鼠肉瘤 S—180 和艾氏癌的抑制率分别为 70% 和 80%。此菌可利用菌丝体进行深层发酵培养。目前生产加工的保健或药用产品种类很多。

9. 美味牛肝菌

Boletus edulis。别名：大脚菇、白牛肝菌。伞菌目，牛肝菌科，牛肝菌属。见图 11-18。

夏秋季于林中地上单生或散生。分布于河南、台湾、黑龙江、四川、贵州、云南、西藏、吉林、甘肃、内蒙古、福建、山西等地。

可食用，属优良野生食菌，其菌肉厚而细软，味道鲜美。含有人体必需的 8 种氨基酸和腺嘌呤（adenine）、胆碱（choline）和腐胺（putrescine）等生物碱。可药用，治疗腰腿疼痛、手足麻木、筋骨不舒、四肢抽搐。子实体的水提取物有肽类或蛋白质，对小白鼠肉瘤 S—180 的抑制率为 100%，对艾氏癌的抑制率为 90%。与多种树木形成外生菌根，可利用菌丝体进行深层发酵培养。

10. 松口蘑

Tricholoma matsutake (S. Ito. et Imai) Sing。别名：松蘑、松蕈、松茸、鸡丝菌（西藏）。伞菌目，白蘑科，口蘑属。见图11-19。

图11-18 美味牛肝菌
1. 子实体；2. 孢子；3. 担子；4. 管侧囊体

图11-19 松口蘑
1. 子实体；2. 孢子

秋季在松林或针阔混交林中地上群生或散生，并形成蘑菇圈。往往和松树形成外生菌根。分布于黑龙江、吉林、安徽、台湾、四川、甘肃、山西、贵州、云南、西藏地区，在福建和台湾产有台湾松口蘑。

此菌是一种名贵的野生食用菌。另外在西藏地区群众还将此菌火烤后蘸盐吃，味道也很好。在日本视为菇中之珍品，经济价值很高。目前人工栽培子实体未能成功，或处于半人工栽培状态。据化学成分分析、含有蛋白质、脂肪、多种氨基酸，其中包括人体必需的8种氨基酸，另含有丰富的 V_{B1}、V_{B2}、V_C 及 V_{PP}。松口蘑具有强身，益肠胃、止痛、理气化痰之功效。子实体热水提取物对小白鼠肉瘤 S—180 的抑制率为91.8%，对艾氏癌的抑制率为70%。已知与赤松、黑松、高山松形成菌根。

（三）发酵工业

1. 面包和馒头发酵

面包是一种营养丰富、组织膨松、易于消化吸收、食用方便的食品，深受人们喜爱。它以面粉为主要原料，加上适量（通常为0.5%～0.75%）的酵母菌和其他辅助材料，用水调制成面团，再经过发酵、整形、成型、烘烤等工序而制成。用于生产面包的菌种主要有压榨酵母、活性干酵母和即发活性干酵母三种。

将酵母菌加入到面粉和水的混合物中，在适当的温度下（一般在28℃左右），酵母菌便开始生长繁殖，首先利用面粉中含有的少量的单糖和蔗糖。在生长发酵的同时，面粉中的α—淀粉酶能将面粉中的淀粉转化为麦芽糖。酵母菌利用这些糖类及其他营养物质先后进行有氧呼吸和无氧呼吸，产生 CO_2、醇、醛和一些有机酸等产物。生成的 CO_2 由于被面团中的面筋包围，不易跑出，留在面团内，从而使面团逐渐胖大。发酵后的面团，经揉搓、造型后，放入220℃以上高温炉中烘烤，由于面团内的 CO_2 受热膨胀、逸散，从而使面包疏松多孔，形成海绵状。酵母菌本身是面包香气的重要来源，加上在发酵中形成的其他物质，如乙醇、乳酸、醋酸、醛酮类等有机化合物，在烘烤中形成了面包特有的香味。

现在，馒头的制备也是先用干酵母发酵面粉后蒸制而得。

2. 食用调料和添加剂

(1) 酱油酿造

酱油是中国传统的发酵食品之一，在中国有着悠久的历史。酱油不仅营养丰富，含有糖、多肽、氨基酸、维生素、食盐和水等物质，而且赋予食品以咸味、鲜味、香味和颜色，增进人们的食欲，因而是人们生活中不可缺少的调味品。

酱油的酿造过程，实际上是多种微生物的协同作战的过程。这些微生物将原料中的大分子有机物逐步分解为简单物质，再经过复杂的物理化学和生物化学的反应，就形成了具有独特风味的调味副食品——酱油。其中对原料发酵快慢、成品颜色浓淡、味道鲜美程度有直接关系的微生物是米曲霉（*Aspergillus oryzae*）和酱油曲霉（*A. sojae*），对酱油风味有直接关系的微生物是酵母菌和乳酸菌。目前已知酱油的化学成分在344种以上。这些物质都是在这个复杂的变化过程中产生的。它们形成了酱油的五味：鲜味来源于氨基酸和核酸类物质的钠盐，甜味主要来源于糖类、某些氨基酸（甘氨酸等）和醇类（如甘油等），酸味来源于有机酸，苦味来源于某些氨基酸（如酪氨酸等）、乙醛等，咸味主要来源于食盐。

(2) 腐乳发酵

腐乳为中国著名的传统发酵食品，有1 000多年的制造历史。它味道鲜美，营养丰富，价格便宜，因而受到人们欢迎。

腐乳以前依靠自然发酵法。目前多采用人工纯种培养，大大缩短了生产周期，而且不易污染，常年都可以生产。现在用于腐乳发酵的菌种有腐乳毛霉（*Mucor sufu*）、鲁毛霉（*M. rouxianus*）、五通桥毛霉（*M. wutungqiao*）、总状毛霉（*M. racemosus*）和华根霉（*Rhizopus chinensis*）等。另外，在细菌型腐乳中，克东腐乳是利用微球菌属（*Micrococcus*）的种进行酿造，武汉腐乳是利用枯草芽孢杆菌（*Bacillus subtilis*）进行酿造的。

腐乳的酿造过程是几种微生物及其所产生的酶不断作用的过程。发酵前期，主要是毛霉等的生长发育期，在豆乳坯周围布满菌丝，同时分泌各种酶，引起豆乳中少量淀粉的糖化和蛋白质的逐步降解。此时，由外界来到坯上的细菌、酵母也随之繁殖，参与发酵。加入食盐、红曲、黄酒等辅料装坛后，即进行厌氧的后发酵。毛霉产生的蛋白酶和细菌、酵母的发酵作用，经过复杂的生物化学变化，将蛋白质分解为脲、胨、多肽和氨基酸等物质，同时生成一些有机酸、醇类、酯类，最后制成具有特殊色、香、味的腐乳成品。

(3) 参与食醋酿造

食醋虽然是细菌的发酵制品，只有以乙醇类物质为原料，才不需要其他微生物参与。单用醋酸杆菌就可完成酿醋作用。若以淀粉质为原料，则需要霉菌和酵母菌的参与；如以糖类物质为原料，需加入酵母菌。

曲霉能分泌多种淀粉酶，将淀粉水解成葡萄糖；酵母菌能利用葡萄糖，发酵生成乙醇；乙醇在醋酸菌的作用下，被氧化成醋酸；然后再进一步加工处理，成为受人们喜爱的食醋。食醋生产如使用红曲做糖化剂，则红曲色素赋予食醋红色。食醋在发酵过程中，主要通过美拉德反应和酶褐变反应生成色素。发酵过程中产生各种有机酸和醇类，通过酯化反应合成各种酯类，赋予食醋以特殊的香气。酯类以乙酸乙酯为主，醋酸是形成食醋酸味的主体酸。它的鲜味主要来源于蛋白质的水解产物氨基酸和菌体自溶核酸的降解物核苷酸，甜味来源于糖类，咸味则来自食盐。

（4）生产食用色素

食用色素是食品工业中不可缺少的添加剂，分人工合成色素和天然色素。天然色素主要是从植物、动物和微生物细胞中获取。由于微生物的生长不受季节、气候、产地等因素的限制，逐渐成为天然色素来源的主流。现已发现许多种类的微生物可以产生天然色素，但是只有一小部分实现了工业化生产。

杜氏盐藻类是生产β-胡萝卜素最闻名的资源微生物，同时生产虾青素的雨生红球藻（*Haematococcus pluvialis*）和法夫酵母（*Phaffia rhodozyma*）也是目前仅有的具有大规模工业生产酮类胡萝卜素的微生物。三孢布拉霉（*Blakeslea trispora*）已经被俄罗斯用于工业生产β-胡萝卜素多年。红曲霉（*Monascus*）发酵产物红曲是天然安全的色素和防腐剂，可用于糖果、饼干、果冻等食品的色泽调节。

3. 食用酒类酿造

酒分白酒、葡萄酒、啤酒、黄酒，均是利用酿酒酵母，在厌氧条件下进行发酵，将葡萄糖转化为酒精来生产的，因此酒的主要成分是水和酒精以及一些加热后易挥发物质，如各种酯类、醇类和少量低碳醛酮类化合物。果酒和啤酒属于非蒸馏酒，发酵时酵母将果汁中或发酵液中的葡萄糖转化为酒精，而其他营养成分会部分被酵母利用，产生的一些代谢产物如氨基酸、维生素等，也会进入发酵的酒液中。因此，果酒和啤酒营养价值较高。

凡用水果、乳类、糖类、谷类等原料，经过酵母菌发酵后，蒸馏得到无色的、透明的液体，再经陈酿和调配，制成透明的、含酒精浓度大于20%（V/V）的酒精性饮料，称作蒸馏酒。白酒属于蒸馏酒，其所含的酒精浓度高，含可溶性有机物质甚少，但有独特的强烈香味。

啤酒是以大麦为主要原料，经糖化、添加酒花、啤酒酵母发酵而成，含CO_2、低浓度酒精、起泡的酿造酒。啤酒是饮料酒中酒精含量最低、营养丰富的酒，含有多种氨基酸，发热量高，易被消化吸收。

黄酒是中国特有的古老酒种。它以谷物（大米、黍子、玉米等）为主要原料，利用酒药（含根霉、毛霉和酵母等）、麦曲和米曲所含的多种微生物共同作用酿造而成的发酵原酒，其中以糯米酿成的酒质量最佳。

葡萄酒是利用葡萄汁发酵而成的低酒精度饮料，其酿造原理是利用葡萄皮自带的酵母或人工接种的酵母菌，将葡萄汁中的葡萄糖、果糖发酵成酒精、CO_2，同时生成副产物高级醇、脂肪酸、挥发酸、酯类等，并将葡萄原料中所有与葡萄酒质量相关的成分带到发酵的原料酒中去，再经陈酿澄清，使酒质达到清澈透明、色泽美观、滋味醇和，并具有独特的芳香。

4. 乙醇发酵

乙醇是重要的有机溶剂和基本化工原料，从长远看又是一种重要的能源。乙醇生产有化学合成法和生物发酵法。但化学合成法乙醇中含有异构高碳醇对人的高级神经中枢有麻痹作用，不适宜制作饮料、食品、医药和香料等。因此发酵生产乙醇占有非常重要的地位。乙醇是由多糖降解成可发酵性的糖，后由微生物进一步通过糖酵解而得到。

(1) 可用于乙醇发酵生产的原料

含淀粉的基质主要有：谷物类，特别是玉米、稻米；薯类，如马铃薯、甘薯和木薯等。这些基质在发酵前必须先经 α—淀粉酶液化、糖化酶糖化，或边糖化边发酵。

含糖基质有糖蜜、木糖、亚硫酸废弃液、乳清，这些原料无须预先糖化，可直接接入酒精酵母直接发酵。

一些含有淀粉或糖类的残渣、残液也可用于乙醇发酵。

利用糖质和淀粉质原料生产燃料乙醇已有多年的历史。美国于 2006 年首次超越巴西成为全球最大的燃料乙醇生产国，年产量达 1.46×10^7 t。目前主要以玉米为原料。巴西为世界第二大燃料乙醇生产国，20 世纪 70 年代就开始研发燃料乙醇，主要以甘蔗为原料。法国和德国是欧盟中燃料乙醇产量最多的国家，谷物、薯类和甜菜均为其生产原料。中国从 20 世纪末期开始由政府组织研究和开发燃料乙醇。现阶段主要以玉米和小麦为原料，为了保证国家的粮食安全和满足燃料乙醇产业进一步发展的需求，薯类、甜高粱、甘蔗等替代原料正得以迅速发展。

(2) 乙醇发酵的有关微生物

①α—淀粉酶产生菌：枯草芽孢杆菌、地衣芽孢杆菌等。

②糖化酶生产菌：曲霉属的有米曲霉、泡盛曲霉、甘薯曲霉、宇佐美曲霉、黑曲霉 NRRL330 和 NRRL337、臭曲霉、海枣曲霉和黑曲霉 AS3.4309；根霉属的有鲁氏毛霉、日本根霉、东京根霉、爪哇根霉。

③乙醇发酵微生物：常用的是酵母菌，包括酿酒酵母（*Saccharomyces cerevisiae*）及其亚种、粟酒裂殖酵母（*Schizosaccharomyces pombe*）和克鲁维酵母（*Kluyveromyces* sp.）等，但酿酒酵母是主要的菌种。一般对酵母的要求是：发酵能力高，繁殖速度快，能很快达到需要的细胞密度，快速并完全地将糖分转化为乙醇；既具有高的耐乙醇能力，又能忍受较高的渗透压，这样就可采用浓醪发酵产生更高浓度的乙醇；对杂菌抵抗力强、耐温、耐盐、耐有机酸能力强，对培养基的适应性强，发酵稳定；对于采用糖蜜发酵的菌株还应在含高浓度灰分和胶体物质的糖液中能正常快速地生长繁殖并进行乙醇发酵。

5. 丙三醇发酵

丙三醇俗称甘油（glycerol），是一种重要的化工原料，广泛地应用于化学、医药、食品、化妆品、烟草、国防等工业中。甘油的工业化生产方法，主要有化工合成（环氧氯丙烷化解法）、油脂水解液或肥皂液提取法及以淀粉、糖类或农副产品为原料经微生物作用的发酵法。在上述方法中，由于化学原料价格上涨、天然油脂来源的限制和肥皂生产产量的下降，使化解法和提取法的甘油生产在经济方面受到极大的限制。发酵法以其原料来源丰富、设备要求简单等因素而具有广阔的发展前景。产生丙三醇的菌类主要耐高渗透压的酵母和藻类。

依生长环境不同，耐渗透压酵母分为耐高糖浓度和耐高盐浓度两类。在海洋、干旱环境和高盐食品中广泛存在耐盐酵母，如 *Debaryomyces hansenii*、*Pichia miso*，在高糖浓度的食品和花果中含有耐糖酵母，如 *Saccharomyces rouxii*，*Candida magnoliae*，这些酵母在高渗透压下在细胞内能积累丙三醇和其他多元醇（阿拉伯醇、赤藓醇、甘露醇）。其中 1945 年 Nickerso 和 Carrol 首次分离出耐渗透压酵母 *Saccharomyces bailii*，在不需要亚硫酸氢盐、亚硫酸盐及其他转向剂下生产丙三醇。20 世纪 50 年代后期，Spence 从蜂蜜、干果中分离出产阿拉伯醇和丙三醇的 *Saccharomyces rouxii*，1960 年 Hajny 得到高产丙三醇的 *Torulopsis magnoliae* 菌株，20 世纪 60 年代诸葛健等从自然界分离出并经不断选育的优良生产菌株 *Candida glyceroneogenesis*，已用于工业化生产。

6. 有机酸发酵

（1）乳酸发酵

许多根霉（*Rhizopus*）都能够产生 L—乳酸，如 *R. nigricans*、*R. javanicus*、*R. shanghaiensis* 及 *R. elegans* 等，其中最重要的工业发酵用菌种属于米根霉（*R. oryzae*）属。米根霉的特点是：菌丝呈白色、匍匐状爬行；它有发达的假根、指状或根状分枝，呈褐色；孢囊梗直立或稍弯曲，2~4 株呈束，很少单生；菌丝上形成厚垣孢子。米根霉的生长需要氧气，其发酵产物除 L—乳酸外，还有乙醇、富马酸、琥珀酸、苹果酸及乙酸等，因此属于异型发酵，在米根霉中乳酸和乙醇都是通过 EMP 途径，而且主要产物是 L—乳酸。在氧供应充分时米根霉发酵生产乳酸和乙醇的计量关系式为：

$$2C_6H_{12}O_6 = 3C_3H_6O_3 + C_2H_5OH + CO_2$$

根据该反应式，L—乳酸的理论产率应该是 75%（重量）。在实际发酵过程中，米根霉产乳酸的产率会发生变化，经常有 L—乳酸对葡萄糖的转化率超过 75% 的报道，说明实际发酵机理要比上式复杂得多。米根霉本身具有较强的产淀粉酶能力，因此可以直接利用淀粉生产 L—乳酸。

（2）柠檬酸发酵

柠檬酸不但是食品工业中最重要的酸味剂，而且是生产无磷洗涤剂的重要原料。目前从柠檬中提取柠檬酸已经完全被发酵工业所取代。

能够产生柠檬酸的微生物很多，青霉、毛霉、木霉、曲霉及葡萄孢霉中的一些菌株都能够利用淀粉质原料大量积累柠檬酸；节杆菌、放线菌及假丝酵母则能够利用正烷烃为碳源生产柠檬酸。真正用于工业生产的是利用淀粉的黑曲霉及利用正烷烃的假丝酵母。

在 *Aspergillus nigar* 发酵生产柠檬酸的过程中，在适宜条件下，从葡萄糖生产柠檬酸的转化率可以达到理论转化率的 90% 以上。在柠檬酸发酵中，国外一般采用糖蜜或淀粉水解的葡萄糖作为原料。中国的微生物工作者根据中国的国情及 *A. nigar* 能够产生淀粉酶的特点，成功地选育了能够直接利用淀粉质粗原料（如薯干粉及玉米粉等）发酵生产柠檬酸的高产菌种，并用于大规模工业化生产，降低了生产成本，取得了良好的效果。

1963 年，Yamada 等人发现棒状杆菌（*Corynebacteria*）能够利用正烷烃为碳源生产谷氨酸，几乎同时，日本的发酵工业界也开始了从正烷烃为碳源生产柠檬酸的研究和开发，并发现假丝酵母是符合要求的微生物。在假丝酵母中，正烷烃首先被氧化为脂肪酸，随后脂肪酸进一步经β—氧化生成乙酰辅酶 A 进入 TCA 循环，为了补充草酰乙酸，还存在一个额外的乙醛酸循环。20 世纪 70 年代初，假丝酵母利用正烷烃生产柠檬酸过程首先在日本实现了工业化生产，并将该技术输出到美国和欧洲。但是由于 70 年代中期出现了石油危机及技术本身存在的缺点，该过程很快就停止了工业化生产。

（3）其他有机酸发酵

葡萄糖酸及其盐类广泛用于补钙剂、防垢剂及清洗剂等领域，可以用电化学氧化和发酵法生产。葡萄糖酸发酵实际上是一个产生葡萄糖氧化酶并利用该酶将葡萄糖氧化为 δ—葡萄糖酸内酯然后水解得到葡萄糖酸的过程。许多细菌（如 *Acetobacter*、*Gluconobacter* 及 *Pseudomonas* 等）和霉菌（如 *Aspergillus niger* 和 *Penicillia notatum*）都能够合成葡萄糖氧化酶。特别是在霉菌中，因为葡萄糖氧化酶能够释放到发酵液中，所生成的葡萄糖酸不会继续反应，从而能在发酵液中积累。

衣康酸(itaconic acid)是一种不饱和的二元酸，分子式为 $CH_2=C(COOH)-CH_2-COOH$，主要用于塑料工业和涂料工业，衣康酸和丙烯酰胺的共聚物具有良好的染色性能，因此广泛用于地毯制造。早在 1929 年就发现一种曲霉能够产生衣康酸，该曲霉命名为 *A. itaconicus*，以后陆续发现了另一些能产生衣康酸的曲霉，如 *A. terreus*。个别酵母或细菌也具有产生衣康酸的能力，如红酵母 *Rhodotorula* 及黑粉菌 *Ustilago zeae*。

通过真核微生物发酵生产的其他有机酸还有富马酸（根霉族，假丝酵母）、苹果酸（假丝酵母）、α—酮戊二酸（假丝酵母）等。

（4）酶发酵生产

真核微生物可以用于生产多种酶类。常用的有啤酒酵母、米曲霉、红曲霉、青霉、木霉、根霉、毛霉等。一些真菌微生物生产的酶及其用途见表 11-18。

表 11-18 真核微生物及其产生酶的种类与用途

酶名称	相应的产酶微生物	用途
α—淀粉酶	米曲霉、黑曲霉	织物退浆、酒精及其他发酵工业液化淀粉、果糖、酿酒、消化剂
葡萄糖淀粉酶	根霉、黑曲霉、内孢霉、红曲霉	制造葡萄糖、发酵工业、酿酒中用作糖化剂
纤维素酶	绿色木霉、曲霉	消化植物细胞壁，饲料添加剂、抽提植物成分
半纤维素酶	曲霉、根霉	同上
菊粉酶	霉菌、酵母菌、细菌	水解菊粉，生产高果糖浆和低聚糖
右旋糖苷酶	青霉、曲霉、赤霉	分解葡聚糖，防止龋齿，制造麦芽糖
蜜二糖酶	紫红被孢霉	提高甜菜糖回收率
柚苷酶	黑曲霉	去除橘汁苦味
橙皮苷酶	黑曲霉	防止蜜橘汁混浊
花青素酶	黑曲霉	桃子、葡萄脱色
果胶酶	木质壳霉、黑曲霉（与果胶质共存）	果汁澄清，果实榨汁，植物纤维精炼
β—半乳糖苷酶	曲霉	治疗不耐乳糖症，炼乳脱乳糖
A 葡萄糖苷—酶	黑曲霉	酒类酿造，制造各种水饴

续表

酶名称	相应的产酶微生物	用　　途
超氧化物歧化酶	酵母菌、霉菌	清除自由基，应用于医疗和保健方面、化妆品、食品添加剂和分析试剂
过氧化氢酶	黑曲霉、青霉	去除过氧化氢
葡萄糖氧化酶	青霉、黑曲霉	葡萄糖定量，测定尿糖、血糖，食品去氧
细胞色素 C	酵母	试剂
尿素酶	产朊假丝酵母	测定尿酸
脱氧核糖核酸酶	黑曲霉、	试剂
磷酸二酯酶	米曲霉、青霉	制造调味品与 AMP 脱氨酶、并用于 RNA 制造 5'-GMP
霉菌蛋白酶	米曲霉、栖土曲霉、酱油曲霉	消化剂，食品加工，皮革工业脱毛软化，毛皮工业、蛋白质水解、调味品制造、防止酒类混浊
酸性蛋白酶	黑曲霉、斋藤曲霉、根霉、青霉	毛皮软化、啤酒澄清、消炎化痰、消化剂、羊毛染色
凝乳酶	微小毛霉	干酪制造
脂肪分解脂肪酶	黑曲霉、根霉、镰刀霉、地霉、假丝酵母、扩展青霉、圆胍青霉	洗涤添加剂、药物拆分、面粉添加剂、皮革、皮毛脱脂剂、消化剂、试剂
木聚糖酶	木霉、曲霉	降解木聚糖，用于饲料业、造纸业，减少环境污染
植酸酶	酵母、根霉、曲霉	水解植酸，用于饲料工业
酚氧化酶	热带假丝酵母	处理含酚废水
脂酶	米曲霉、米根霉	降解聚脂以生产非酯化的脂肪酸和内酯
漆酶	担子菌、子囊菌、半知菌	降解木质素，制浆，造纸工业的生物漂白、废水处理
几丁质酶	真菌	生物农药制剂的添加剂，用于病虫害防治
溶栓酶	曲霉	具溶栓活性，用于治疗血栓症
氨基酸酰化酶	霉菌	用于 DL—氨基酸拆分
扩环酶	小型丝状真菌	用于头孢菌素生物合成
天冬酰胺酶	霉菌	治疗白血病

（四）农业

1. 微生物农药

（1）杀虫剂

目前世界上已记载的杀虫真菌约有 100 属，800 多种，其中大部分是兼性或专性病原体，其生长和繁殖在很大程度上受外界条件的限制。真菌杀虫剂是一类寄生谱较广的昆虫病原真菌，研究应用较多的主要种类有：白僵菌、绿僵菌、拟青霉、座壳孢菌和轮枝菌。

白僵菌是一类重要的虫生真菌，主要有球孢白僵菌（*Beauveria bassiana*）和卵孢白僵菌（*Beauveria tenella*），是中国研究时间最长和应用面积最广的真菌杀虫剂。它是一种昆虫专性寄生菌，具有较广的杀虫谱，能寄生于 700 多种昆虫和 13 种螨类，大面积用于防治松毛虫、玉米螟和水稻叶蝉等害虫。白僵菌能通过昆虫的消化道及体壁进行侵染，其分生孢子接触昆虫皮肤后在适宜的温度、湿度下萌发产生芽管形成菌丝，同时分泌几丁质酶和蛋白质毒素，溶解昆虫体壁侵入虫体。在虫体内菌丝生长繁殖，且其代谢产物在血液中大量积累，引起昆虫血液理化性状的改变，导致昆虫新陈代谢紊乱而死亡。

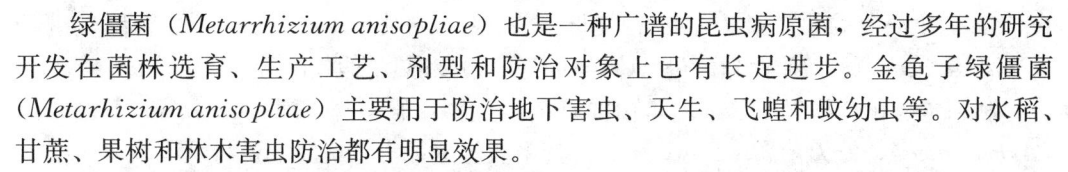

绿僵菌（*Metarrhizium anisopliae*）也是一种广谱的昆虫病原菌，经过多年的研究开发在菌株选育、生产工艺、剂型和防治对象上已有长足进步。金龟子绿僵菌（*Metarhizium anisopliae*）主要用于防治地下害虫、天牛、飞蝗和蚊幼虫等。对水稻、甘蔗、果树和林木害虫防治都有明显效果。

淡紫拟青霉不但具有较高的杀虫活性，而且其发酵液具有类似生长素和细胞分裂素的作用，主要用于防治大豆孢囊线虫和烟草根结线虫，还可促进作物生长，提高产量。用肉色拟青霉可防治水稻褐飞虱。

（2）杀菌剂

在农业生产上，真核微生物杀菌剂的作用包括重寄生、拮抗和溶菌。目前在真菌杀菌剂研究与应用方面中，研究应用较多的有木霉、盾壳霉等。

木霉（*Trichoderma*）用于杀菌的主要机制是竞争营养、拮抗和寄生作用。木霉生长速度快，抗逆性强，对多种病原真菌（至少对 18 个属 29 种植物病原真菌）有拮抗作用，对某些病原菌（如丝核菌）有重寄生作用。常用的木霉菌有哈茨木霉（*T. harzianum*）、绿色木霉（*T. viride*）、钩状木霉、长枝木霉（*T. longibrachiatum*）、康氏木霉（*T. koningii*）等。哈茨木霉 T39 已在以色列、希腊等国家登记，主要用于防治灰霉病。

盾壳霉（*Coniothyrium minitans* Campell）属于半知菌亚门、腔孢纲、球壳孢目、盾壳霉属。它可以寄生核盘菌属一些种，如核盘菌（*Sclerotinia sclerotiorum*）、三叶草核盘菌（*S. trifoliorum*）、小核盘菌（*S. minor*）和雪腐核盘菌（*S. nivalis*）和小核菌属真菌，如白腐小核菌（*Sclerotium cepivorum*）。盾壳霉分泌的胞外酶（β-1,3-葡聚糖酶，蛋白酶和几丁质酶），引起核盘菌菌丝溃解。此外盾壳霉还可以产生抗细菌物质。盾壳霉从首次被发现到如今已经经历了 50 多年的历史，已经被证明是防治核盘菌引起的作物菌核病非常有应用前景的生物农药。盾壳霉的固体发酵技术在国内外已经进行了深入的研究。采用固体发酵技术，俄罗斯已经研制出一种盾壳霉制剂 Coniothyrin，并成功地应用于防治向日葵菌核病。德国于 1997 年注册了盾壳霉制剂"Contans"，用于防治莴苣菌核病。匈牙利研制并注册了盾壳霉商品制剂"Koni"，用于防治温室及园艺作物菌核病。盾壳霉制剂 Contans WG 已经在其他很多国家注册并用于防治多种作物的菌核病。在中国，王英超等研究发现，利用油菜秸秆为基质，培养盾壳霉可以得到大量的分生孢子，大大降低了盾壳霉制剂的生产成本。

2. 微生物饲料

（1）微储及微储饲料

微储是利用微生物将秸秆中的纤维素、半纤维素、木质素降解转化为菌体蛋白并将其储存在一定的设施内的技术，其生产出的饲料，称为微储饲料。接种的微生物主要是曲霉属、根霉属、毛霉属以及担子菌中的一些糖化酶活性较高的菌种，还有乳酸菌、酵母菌等。它们能水解淀粉、纤维素，产生糖类、有机酸和醇类，增加营养，改善口味，提高饲料的利用价值。

（2）生物蛋白饲料

能利用糖质原料（如纸浆废弃液、糖蜜、淀粉或纤维素的水解液等）生产单细胞蛋白

(SCP) 的主要真核微生物有：酿酒酵母（*Saccharomyces cerevisiae*）、产朊假丝酵母（*Candida utilis*）、解脂假丝酵母（*C. lipolytica*）和热带假丝酵母（*C. tropicalis*）。

利用碳氢化合物生产单细胞蛋白的真核微生物：假丝酵母属（*Candida*）、曲霉属（*Aspergillus*）、镰刀菌属（*Fusarium*）。其中假丝酵母为正烷烃主要利用菌。

利用太阳光能生产单细胞蛋白的真核微生物有小球藻属（*Chlorella*）、螺旋藻属（*Spirulina*）。

利用纤维素原料生产的单细胞蛋白的真核微生物有木霉属（*Trichoderma*），真菌中的草菇、香菇、猴头、口蘑等。

3. 植物生长调节剂——赤霉素发酵生产

比较典型的微生物生产的植物生长调节剂是赤霉素（俗称"九二〇"）。它是从引起水稻恶苗病的稻恶苗赤霉的代谢产物中分离获得的活性物质。赤霉素是一种广谱植物生长调节剂，能打破休眠、促进种子发芽、植物生长，诱导提早开花结果。它对水稻、蔬菜、花生、蚕豆、葡萄、柑橘和棉花等有显著增产作用，同时对麦类、甘蔗、苗圃和茄类栽培也有良好的作用。

（五）环境保护

1. 降解或转化有机污染物和重金属

真核微生物对环境中有机污染物的生物降解或转化具有重要作用。例如，在 pH≤6、溶解氧≤0.5mg/L、含氮亦低的环境中，石油降解微生物以真菌为主。真菌在土壤中的降解作用远大于在水体中。表 11-19 列举了一些降解或转化某些有机污染物和重金属的真核微生物。

表 11-19　真核微生物对某些有机污染物和重金属的降解或转化

污染物		微生物
石油		曲霉、青霉、枝孢霉等霉菌；假丝酵母属、红酵母属、球拟酵母属
芳香烃与卤代烃	多氯联苯	白腐菌属
	二噁英	白腐菌（*Phanerochaete sordida*）
	4 环以上多环芳烃	白腐真菌
DDT		互生毛霉、镰刀霉、木霉等
其他有机物污染	偶氮化合物	酿酒酵母
	氰和腈	腐皮镰孢霉（*fusarium solani*）、木霉等
	黄曲霉毒素 B1	好食脉孢菌（*Neurospora sitophila*）、少孢根霉（*Rhizopus oligosporus*）
汞	甲基化作用	黑曲霉、短柄帚霉（*Scopulariopsis brevicaulis*）、酿酒酵母、粗糙脉孢菌（*Neurospora crassa*）
砷	甲基化作用	帚霉属、曲霉属、毛霉属、镰胞霉属、青霉属、土生假丝酵母（*Candida humicola*）、粉红粘帚霉（*Gliocladium roseum*）
	$As^{5+} \rightarrow As^{3+}$	季也蒙毕赤酵母（*Pichia guilliermondii*）

续表

污染物		微生物
硒	硒化物甲基化生成二甲基硒化物	裂褶菌（*Schizophyllum commune*）、假丝酵母、短柄帚霉、头孢霉、镰孢霉、青霉
	还原成元素硒	假丝酵母属
其他	碲	短柄帚霉、裂褶霉、青霉
	镉	黑曲霉
	钚	抗钚真菌

2. 霉菌吸附重金属离子

随着矿冶、机械制造、化工、电子、仪表等工业中生产活动的增加，许多生产过程都产生了重金属废水。重金属废水是对环境污染最严重和对人类危害最大的工业废水之一。因此，如何治理重金属废水已经受到各界的普遍重视。清除重金属的传统方法主要有化学沉淀法、离子交换法、电解法和膜分离技术等，但这些技术的应用有时受工艺和经济的限制。近几年来，利用微生物从水溶液中富集、分离重金属离子方法——生物吸附法，表现出很大的优越性。细菌制备吸附剂时，菌种扩大培养后必须通过大量离心收集生物量，操作麻烦。霉菌在摇瓶扩大培养时，形成均匀的菌丝球且生物量高，易于收集。用霉菌作为污染重金属离子的吸附材料有两大优点：①吸附材料廉价、来源稳定、量大、易于获得。制药工业和酶工业遗弃的大量的废菌体为霉菌生物吸附剂提供了稳定、廉价的来源。②操作简单，易于工业化。

霉菌吸收重金属离子的机理尚无明确而完整的定论，还处于进一步探索和研究阶段。不过，根据近几年国内外的研究成果，可以归纳出三个吸附机理，即细胞外吸附机理、细胞表面吸附机理和细胞内吸附机理。

一些微生物具有分泌诸如糖蛋白、脂多糖和可溶性缩氨酸等细胞外多聚糖（EPS）的能力，而这些 EPS 物质普遍含有一定数量能够吸附重金属的负电荷基团。不过目前利用 EPS 进行重金属生物吸附的研究主要集中在原核微生物（例如芽孢杆菌、假单胞菌、气单胞菌、蓝细菌等），对于真核微生物如霉菌的研究还十分有限。

细胞表面吸收金属离子的过程主要有两个阶段。第一个阶段是金属离子在细胞表面的吸附，即细胞外多聚物、细胞壁上的官能基团与金属离子结合的被动吸附；另一阶段是活体细胞的主动吸附，即细胞表面吸附的金属离子与细胞表面的某些酶相结合而转移至细胞内，包括传输和累积。主要包括表面络合机理、离子交换机理、无机微沉淀机理和氧化还原机理。

细胞内吸附是一个依赖于活体新陈代谢并消耗能量的过程，因此属于主动吸附模式，通常情况下由活体生物吸附剂起作用。经转运穿过细胞壁、细胞膜进入细胞内部的重金属离子，可能被继续转运至一些亚细胞器（如线粒体、液泡等）进行沉淀，也可能被转化为其他物质而形成生物积累。Vijver 等认为细胞内吸附机理主要有两大类型。其一，合成独特的机体内含物，如磷酸钙不定形沉积颗粒物、磷酸酶颗粒、血红素铁颗粒；其二，合成金属硫蛋白（MT）。

霉菌可以吸附去除多种有毒重金属（Cu、Zn、Pb、Hg、Cr、Ni 等），回收贵金属（Au 等）以及放射性核素（U、Th 等）。不同霉菌的吸附性能差异较大。关于霉菌吸附重金属离子的条件、种类及容量如表 11-20 所示。

表 11-20　各种霉菌吸附重金属离子的条件、种类及吸附容量

霉菌	预处理方法	吸附重金属离子	pH	吸附时间 (min)	离子起始浓度 (mg/L)	吸附容量 (mg/g 干菌丝)
枝孢霉菌 *Cladosporium* sp.	NaOH（0.2 mol/L）溶液浸泡 40 min	Cu^{2+}	5.0	120	20	14.6
鲁氏毛霉菌 *Mucor rouxii*	NaOH（0.2 mol/L）浸泡 30 min，洗至中性、干燥、研磨	Pb^{2+} Ni^{2+} Cd^{2+} Zn^{2+}	6.0		10	53.7 53.8 20.3 20.5
毛霉菌 *Mucor miihei*	洗涤、干燥、破碎、筛选	Cr^{3+}	4.0	30	3000	59.8
根霉菌	破裂、筛选、洗涤，Ca（NO₃）₂ 溶液浸泡、洗涤、干燥	Cd^{2+}	5.5	1 440	393.5	63
曲霉菌 *Aspergillus* sp.	蔗糖、NH_4NO_3、KH_2PO_4、$CaCl_2$ 和 $MgSO_4$ 混合溶液浸泡、洗涤、干燥	Cu^{2+} Cd^{2+} Fe^{2+}	5.0	30	100	9.6 7.0 56.0
米根霉菌 *R. oryzae*	真空冻干、研磨筛分 <100 目	Ni^{2+}	3.1~8.6	30	16.5	1.05~1.50
霉菌 HM6	水洗、过滤、干燥、粉碎	Cr（VI） Pb^{2+}	1.0~2.0 5.0	120 15	50~150 100	18.5 40
黑根霉菌 *R. nigricans*	NaOH 溶液浸泡、过滤、洗涤、干燥、研磨	Pb^{2+}	4.2	120	4.2	88
无根根霉菌 *R. arrhizus*		Pb^{2+}	4.5			2.3
出芽短枝霉 *Aureobacidium pullulans*	洗涤、干燥、研磨	Cr（VI） Cd（II）	3.0, 5.0	120	10.38, 10.98	8.6 15.5
东根霉菌 *R. tonkinensis*		Ni^{2+} Cu^{2+}	6.0, 5.0	240	40	16 18.9
东根霉菌 *R. tonkinensis*	NaOH 溶液浸泡、过滤、洗涤、干燥	Cr^{3+} Mn^{2+} Zn^{2+}	5.0~6.0	60		48.6 26.6 45.6

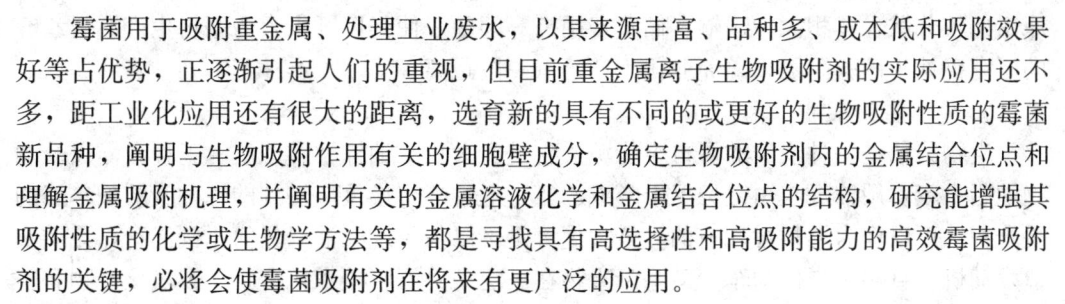

霉菌用于吸附重金属、处理工业废水，以其来源丰富、品种多、成本低和吸附效果好等占优势，正逐渐引起人们的重视，但目前重金属离子生物吸附剂的实际应用还不多，距工业化应用还有很大的距离，选育新的具有不同的或更好的生物吸附性质的霉菌新品种，阐明与生物吸附作用有关的细胞壁成分，确定生物吸附剂内的金属结合位点和理解金属吸附机理，并阐明有关的金属溶液化学和金属结合位点的结构，研究能增强其吸附性质的化学或生物学方法等，都是寻找具有高选择性和高吸附能力的高效霉菌吸附剂的关键，必将会使霉菌吸附剂在将来有更广泛的应用。

(六) 生物质能源

1. 戊糖发酵生产乙醇

在木质纤维素中，半纤维素的含量占20%~40%，半纤维素的水解产物是以木糖为主的戊糖，因此木糖发酵就成了综合利用可再生生物资源的关键。自20世纪70年代以来，利用微生物发酵从木糖生产乙醇的研究工作从未间断并取得了很大的进展，发现了许多能够发酵木糖生产乙醇的微生物。它们中既有细菌也有酵母和霉菌。

发酵木糖生产乙醇的细菌主要有：*Aeromonas hydrophila*、*Bacillus polymyxa*、*Aerobacter indologenes* 等，但是它们在产生乙醇的同时还会产生 2,3-丁二醇和各种有机酸等发酵副产物，从而影响乙醇的得率。

能够利用木糖生产乙醇的酵母主要有：酒香酵母（*Brettanomyces naardenensis* CBS6041）、假丝酵母（*Candida guilliermondii*，*C. shehatae* CBS 5813，*C. shehatae* CSIR 57D1，*C. shehatae* Y12856，*C. tenuis* CSIR-Y565，*Kluyveromyces* sp. KY5199，*K. cellobiovorus* KY5199）、管囊酵母（*Pachysolen tannophilus* CBS 6857，*P. tannophilus* Y 246050）、毕赤酵母（*Pichia stipitis* CBS 5773，*P. stipitis* 5Y-7124，*P. stipitis* CSIR-Y633）、裂殖酵母属（*Schizosaccharomyces* ATCC 20130）。其中假丝酵母和毕赤酵母的发酵速率、乙醇浓度和乙醇产率都比管囊酵母要高得多，是利用木糖生产乙醇的较理想菌种。目前国内外有应用这两种酵母以亚硫酸纸浆废液中的木糖为碳源发酵生产乙醇的工业化生产报道。与利用葡萄糖进行啤酒酵母乙醇发酵相比，木糖发酵生产乙醇的过程发酵速率低，酵母对乙醇的耐受力差，而且发酵过程必须在微溶氧的条件下进行。

能利用木糖发酵生产乙醇的霉菌主要有念珠菌（*Monilia* sp.）、毛霉（*Mucor* 105）、镰刀菌（*Fusarium lycopersici*，*F. oxysporum*）、链孢霉（*Neurospora crassa*）。有些霉菌发酵木糖生产乙醇的转化率虽然较高，但是发酵周期很长，实际应用价值较小。

近年来，实现葡萄糖和木糖的同时代谢、提高木糖的发酵速率及乙醇的转化率的应用研究发展很快。

2. 纤维素发酵生产乙醇

纤维素类原料来源极为丰富，全球每年仅陆生植物就可产纤维素约 5×10^{11} t，因此，利用纤维素生产燃料乙醇具有很大的潜力。由于纤维素类物质结构非常复杂，水解难度大，通常需经过一些预处理，如酸处理、碱处理、微波处理、蒸汽爆破处理等，才能被有效地降解为可发酵性糖。由于这些预处理成本高，废水处理压力大，再加上存在原料比较分散，体积大，运输、储藏费用高等问题，使得以纤维素为原料生产燃料乙醇的研究仍处于试验阶段，离商业化生产还有一段距离。

3. 生产生物柴油

生物柴油是一种清洁的可再生能源，它是由大豆、油棕、甘蔗渣、工程微藻以及动物油脂、废食用油等与短链醇（甲醇或乙醇）经过酯交换反应得到的各种脂肪酸单酯的混合物，可以作为燃料替代石油，最大优势是可以与传统柴油以任何比例混合，无须改造发动机，直接用于机动车。某些微生物在一定条件下将碳水化合物、碳氢化合物和普通油脂等碳源转化为菌体内大量储存的油脂。这些油脂一般占菌体干重的20%以上。将之规模化生产，便可获得生物柴油。

已知细菌、酵母、霉菌、藻类中都有能生产油脂的菌株，但以酵母菌和霉菌为主。常见的有：浅白色隐球酵母（*Cryptococcus albidus*）、弯隐球酵母（*C. albidus*）、斯达油脂酵母（*Lipomyces*）、茁芽丝孢酵母（*Trichosporon pullulans*）、胶粘红酵母（*Rhodotorula giutinis*）、红冬孢酵母（*Rhodosporidium toruloides*）等酵母；土霉菌（*Asoergullus terreus*）、紫麦角菌（*Claviceps purpurea*）、高粱褶孢黑粉菌（*Tolyposporium*）、卷枝毛霉（*Mucor circinelloides*）、高山被孢霉（*Mortierella alpina*）、深黄被孢霉（*M. isabellina*）、拉曼被孢霉（*M. ramanniana*）等霉菌；硅藻（*Diatom*）和螺旋藻（*Spirulina*）等藻类。

高油脂微生物资源给科学研究者提供了研发的良机。然而，微生物油脂的研究开发至今已经经历了半个世纪，如果不是出现当今的能源危机以及环境压力，人们也不会想到可以用它替代柴油，主要原因是成本太高。但是与油料作物相比较，产油微生物具有资源丰富，油脂含量高，生长周期短，碳源利用谱广，能在多种培养条件下生长等特点；微生物油脂生产工艺简单、高值化潜力大，有利于进行工业规模生产和开发，因而产油微生物具有很好的开发潜力。应充分利用现代分子生物学、化学生物学和生物化工技术的最新成果，加快对产油微生物菌种筛选、改良、代谢调控和发酵工程的研究，降低微生物油脂的生产成本，使产油微生物的研究领域取得更快的发展。

（七）科学研究

1. 酵母菌与真核生物基因功能研究

酵母是单细胞真核微生物，其基因组小，世代周期短，既具有原核细胞系统生长快，便于基因操作和具有稳定的质粒的优点，同时又有真核细胞转录后加工，能产生糖蛋白和具有生物活性的天然蛋白质的特点。因而酵母是良好的真核生物基因工程研究微生物载体，它对于高等真核生物基因组及其转录、翻译系统研究提供了一个良好基础。目前已构建了一系列酵母质粒载体及酵母人工染色体质粒。

（1）酵母质粒载体

酵母质粒载体有三种类型：附加体质粒、复制质粒和整合质粒。它们都是利用酵母的质粒和其染色体组分与细菌质粒 pBR322 构成的，能分别在细菌和酵母菌中进行复制，所以又称为穿梭载体。酵母质粒载体在原核细胞中用做基因克隆载体，在酵母细胞中用做基因表达载体。

（2）酵母人工染色体

酵母人工染色体（yeast artificial chromosome，YAC）含有大肠杆菌质粒 PBR322 复制起始位点以及酵母菌染色体 DNA 的着丝粒、端粒和酵母自主复制序列，此外还有选择标记基因。YAC 在细菌细胞内可以按质粒复制形式进行高复制，在体外与目的 DNA 片段重组后，转化酵母细胞，按染色体 DNA 复制的形式进行复制和传递。与其他克隆载体相比，YAC 可以容纳长达 1 000～3 000 kb 的外源 DNA 片段。目前，YAC 已成为构建真核生物基因库的重要载体，并在人类基因组研究中起重要作用。

（3）酵母单杂交系统

酵母单杂交系统（yeast one-hybrid system）是 20 世纪 90 年代发展起来的研究 DNA—蛋白质之间相互作用的新技术，可识别稳定结合于 DNA 上的蛋白质，在酵母细胞内研究真核生物中 DNA—蛋白质之间的相互作用，并通过筛选 DNA 文库直接获得靶序列相互作用蛋白的编码基因。基本原理见图 11-20。将已知顺式作用元件构建到最基本启动子（minimal promoter，P_{min}）的上游，把报告基因连接到 P_{min} 下游。将编码待测转录因子 cDNA 与已知酵母转录激活结构域（transcription-activating domain，AD）融合表达载体导入酵母细胞，该基因产物如果能够与顺式作用元件相结合，就能激活 P_{min} 启动子，使报告基因得到表达。

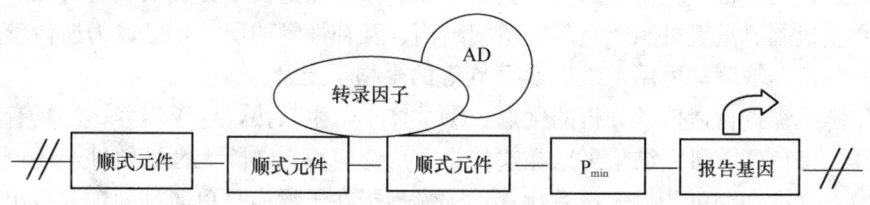

图 11-20　酵母单杂交原理示意图（引自朱玉贤，2002）

（4）酵母双杂交系统

酵母双杂交系统（yeast two-hybrid system）巧妙地利用了真核生物转录调控因子的组件式结构（modular）特征，因为这些蛋白往往由两个或两个以上相互独立的结构域，其中 DNA 结合结构域（binding domain，BD）和转录激活结构域（activation domain，AD）是转录激活因子发挥功能所必需的。BD 能与特定基因启动区结合，但不能激活基因转录，由不同转录调控因子的 BD 和 AD 所形成的杂合蛋白却能行使激活转录的功能。酵母双杂交技术原理见图 11-21。

2. 脉孢霉与遗传学分析

脉孢霉（*Neurospora crassa*）是一种丝状真菌。菌丝有胞膈膜、分枝、多核。无性繁殖形成分生孢子，一般为卵圆形，在气生菌丝顶部形成分支链，分生孢子呈橘黄色或粉红色，常生长在面包等淀粉性食物上，故俗称红色面包霉。有性生殖形成梨形的子囊果，产生包含有多达 8 个子囊孢子的子囊。在一般情况下，脉孢菌很少进行有性繁殖。

B. O. Dodge 自 1927 年以来就研究其生活史和孢子的形成，而 C. C. Lindegren 在 1932 年把它用于分离交配型因子的研究，作为遗传学研究的材料引起了人们的重视。1941 年 G. W. Beadle 和 E. L. Tatum 成功地分离出脉孢霉生物化学的突变株，进行了以基因与酶假说为基础的研究，提出了"一个基因一个酶"的学说，开创了生化遗传学

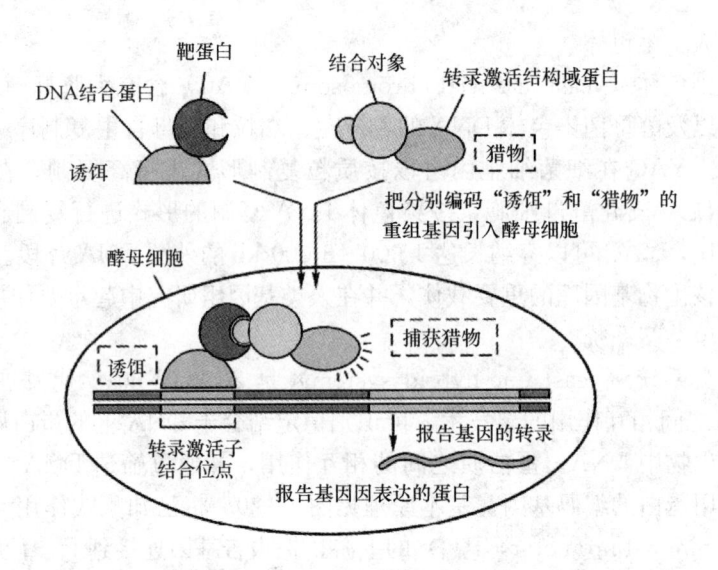

图 11-21 酵母双杂交原理示意图（引自朱玉贤，2002）

新学科。此后，又分离出很多生物化学和形态学的突变株，制作出与 $n=7$ 的染色体数相对应的连锁图，常被应用于遗传、生物化学和微生物遗传学分支领域的研究，特别是应用于突变机制、重组机制、基因的微细结构、互补性等的研究，已成为遗传学上的重要发现。其营养缺陷株可用于维生素 B 族等的生物学定量。

利用脉孢霉进行遗传学分析的优点：①个体小，生长快，易于培养；②具有像高等生物一样的染色体，研究结果可以在遗传学上广泛应用；③除无性繁殖外，还可以进行有性繁殖，一次杂交可获得大量后代；④子囊孢子在子囊内呈单向排列，表现出有规律的遗传组合；⑤无性世代为单倍体，没有显隐性，基因型直接在表型上反映出来；⑥一次只分析一个减数分裂的产物。

第三节　非细胞资源微生物与价值

非细胞微生物是指没有细胞结构、营专性寄生的大分子微生物。它们在体外具有生物大分子的特征，只有在宿主体内才表现出生命特征。非细胞微生物包括病毒和亚病毒。

一、非细胞微生物的生物学特征

（一）病毒

病毒是一类由核酸和蛋白质等少数几种成分组成的超显微"非细胞生物"，其本质是一种只含 DNA 或 RNA 的遗传因子。营专性寄生，根据宿主可将病毒分为三大类：动物病毒、植物病毒和细菌病毒（或称噬菌体）。

1. 形态与结构特征

病毒的形态基本可归纳为三种：杆状、球状和这两种形态结合的复合型（图 11-22）。病毒直径多数在 100 nm（20～200 nm）左右，因此绝大多数病毒能通过细菌滤器，必须借助于电子显微镜才能观察其具体形态和大小。大多数病毒化学组成为核酸和蛋白质，少数较大的病毒还含有脂类和多糖等。每种病毒只含单一类型的核酸（DNA 或 RNA）。

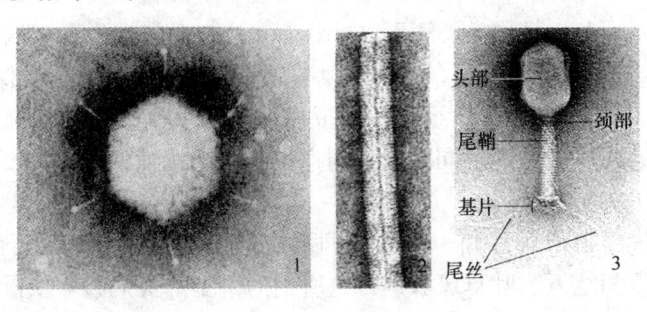

图 11-22　病毒的个体形态的电镜图片（引自岑沛霖等，2001）
1. 球状（腺病毒粒子，174 000×）
2. 杆状（烟草花叶病毒，40 000×）
3. 复合型（大肠杆菌 T4 噬菌体，220 000×）

2. 繁殖特征

病毒只有在宿主细胞里才能进行繁殖，通过复制的方式进行。病毒复制研究得较清楚的是大肠杆菌 T 系噬菌体。其繁殖过程包括：吸附（absorption）、侵入（penetration）、增殖（replication）、成熟（maturity）和释放（release）。见图 11-23。

3. 生态特征

病毒分布很广，几乎所有生物都可感染相应的病毒。病毒寄生在活细胞内。因此，如果它的宿主是人或对人类有益的动植物和微生物，就会给人类带来巨大的损害；反之，如它的寄生的对象是对人类有害的动、植物和微生物，则会对人类有益。如今，病毒已成为分子生物学的主要研究对象和利用的重要工具之一。

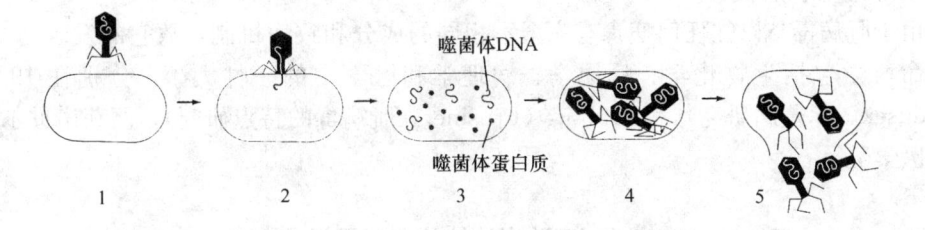

图 11-23　大肠杆菌 T 系噬菌体繁殖过程（引自岑沛霖等，2001）
1. 吸附；2. 侵入；3. 增殖；4. 成熟；5. 释放

（二）亚病毒

凡在核酸和蛋白质两种成分之间，只含其中之一的分子病原体，称为亚病毒（subvirus），包括类病毒、拟病毒和朊病毒。

1. 类病毒（viroid）

只含有 RNA 一种成分、专性寄生在活细胞内的分子病原体。其所含核酸为裸露的环状 ssRNA，通常只由 246～375 个核苷酸分子组成，还不足以编码一个蛋白质分子。

目前只在植物体中发现，引起一些植物病害，如马铃薯纺锤形块茎病、番茄簇顶病、柑橘裂皮病、菊花矮化病、黄瓜白果病、椰子死亡病和酒花矮化病等。

2. 拟病毒

拟病毒（virusoid），又称类类病毒（viroid-like）、壳内类病毒或病毒卫星，是指一类包括在真病毒毒粒中的有缺陷的类病毒。拟病毒极其微小，一般仅由裸露的RNA（300～400个核苷酸）或DNA所组成。被拟病毒"寄生"的真病毒又称辅助病毒，拟病毒必需依赖辅助病毒的协助。同时，拟病毒也可以干扰辅助病毒的复制和减轻其对宿主的病害。

目前已经在许多植物病毒和一些动物病毒中发现了拟病毒，如苜蓿暂时性条斑病毒、莨菪斑驳病毒和地下三叶草斑驳病毒。所谓的丁型肝炎病毒，实际上是乙型肝炎病毒的拟病毒。

3. 朊病毒

朊病毒（prion）是一类不含核酸的传染性蛋白质分子。蛋白质分子由约250个氨基酸组成，大小仅为最小病毒的1%。它能引起哺乳动物亚急性海绵样脑病，至今已发现与哺乳动物脑病相关的10余种病都是由朊病毒所引起的，如羊瘙痒病、疯牛病以及人的库鲁病（Kuru）、克-雅氏病（一种早老年性痴呆症）等。

朊病毒与以往任何病毒有完全不相同的成分和致病机制。朊病毒与真病毒的区别是：呈淀粉样颗粒状；无免疫原性；无核酸成分；由宿主细胞内的基因编码；抗逆性强，对杀菌剂（甲醛）和高温不敏感。朊病毒发病的机制是由正常细胞中朊蛋白基因编码产生的朊蛋白分子发生了错误折叠，变成了致病朊蛋白；这种错误折叠的朊蛋白分子亲水性降低，在神经细胞内沉积，导致细胞破裂，组织出现无数空洞——状如筛子，称为海绵状脑病。朊病毒感染途径主要是借助食物进入消化道，再经淋巴系统侵入大脑，能引起宿主体内现成的同类蛋白质分子发生与其相同的构象变化，引起脑部海绵状病变。

由于朊病毒与以往任何病毒有完全不相同的成分和致病机制，故它的发现是20世纪生命科学包括生物化学、病原学、病理学和医学中的一件大事，分别在1976年（Gajdusek，库鲁病研究）和1997年（Prusiner，朊病毒的特点研究），两获诺贝尔生理学和医学奖。

二、非细胞微生物资源的价值

（一）农业

非细胞微生物在农业生产方面的价值主要是病毒杀虫剂的应用。病毒常常在野外昆虫种群中引起流行病，是调节昆虫种群密度的重要病原因子。据不完全统计，世界上已从1 100多种昆虫中发现了1 690多株昆虫病毒，其宿主涉及昆虫11目43科，中国已从7目35科127属的196个虫种中分离到247株昆虫病毒。

昆虫病毒的感染途径主要是食入感染和皮肤感染。不同类型昆虫病毒的杀虫机理有所不同。通常病毒被昆虫食入后形成包涵体，然后在昆虫的碱性胃液作用下，释放病毒粒子，感染幼虫，病毒粒子进入体腔在昆虫体内大量增殖，影响昆虫正常的血液循环，昆虫感病死亡。用于害虫生物防治的昆虫病毒主要是杆状科的核多角体病毒（nucleopolyhedrovirus，NPV）、质型多角体病毒（CPV）和颗粒体病毒（granulovirus，GV）。

利用昆虫杆状病毒防治害虫始于 19 世纪。1892 年，德国第一次用模毒蛾核多角体病毒（*Lymantria monacha* NPV，LmNPV）防治松林害虫；1913 年，美国用舞毒蛾核多角体病毒（*Lymantria dispar* MNPV，LdMNPV）进行了田间防治舞毒蛾的试验。澳大利亚于 1940 年第一次空中喷洒黎豆夜蛾核多角体病毒（*Anticarsia gemmatalis* MNPV，AgMNPV）防治黎豆夜蛾。尤其是 1975 年，美国第一个注册的病毒杀虫剂用于防治美洲棉铃虫（*Helicoverpa* zea），对全世界其他杆状病毒开发和应用的发展产生了重大影响。此后，大量的经济作物，如苜蓿、白菜、玉米、棉花、莴苣、大豆、烟草和番茄，都采用了杆状病毒防治害虫，并取得了不同程度的成功。其中最成功的是巴西利用昆虫杆状病毒防治大豆田里的黎豆夜蛾，防治面积近 1.0×10^6 hm^2。中国已有 20 余种昆虫病毒进入田间试验。1990 年，第一个商业化病毒杀虫剂——棉铃虫核多角体病毒（*Helicoverpa armigera* SNPV，HaSNPV）杀虫剂问世，用于防治棉花、烟草、蔬菜等作物上的棉铃虫，其田间校正防效达 80%～85%。目前全世界注册的杆状病毒杀虫剂已有近 20 种，在森林、蔬菜和仓储害虫的防治中发挥了重要作用（表 11-21）。

表 11-21 目前害虫防治中使用的部分杆状病毒一览表

病毒	商品名	靶标宿主	状况	植物	国家
HzSNPV（*Helicoverpa zea* SNPV）	ELCAR, Gemstar, Vitrex	棉铃虫	商业化	棉花、烟草 大豆、蔬菜	美国
OpMNPV（*Orgyia pseudotsugata* MNPV）	Vituss	黄杉冷杉毒蛾	登记	森林	美国 加拿大
LdNPV（*Lymantria dispar* NPV）	GYPCHEK	舞毒蛾	登记	森林	美国
NsNPV（*Neodiprion sertifer* NPV）	VIROX	松叶蜂	商业化	森林	美国 英国 法国
CpGV（*Cydia pomonella* GV）	Madex, Granupom	苹果小卷蛾（幼鳕蛾）	商业化	果园	美国 德国 法国 瑞士 西班牙
MbNPV（*Mamestra brassicae* NPV）	Mamestrin	多种鳞翅目昆虫（主治甘蓝夜蛾）	商业化	蔬菜	法国
SpliNPV（*Spodoptera littoralis* NPV）		海灰翅夜蛾	商业化	棉花	法国
AgNPV（*Anticarsia gemmatalis* NPV）		黎豆夜蛾	商业化	大豆	巴西
SeMNPV（*Spodoptera exigua* MNPV）	SPOD-X	甜菜夜蛾	登记	蔬菜	荷兰 美国 泰国

续表

病毒	商品名	靶标宿主	状况	植物	国家
ObNPV（*Oryctes beetles* NPV）		独角仙		仓储、农作物	马尔代夫 萨摩亚群岛 菲律宾 印尼 斐济 汤加
AcMNPV（*Autographa californica* MNPV）	Gusano	各种鳞翅目昆虫	登记	农作物、蔬菜	美国 中国
AfMNPV（*Anagrapha falcifera* MNPV）	AfNPV	棉铃虫、甜菜夜蛾、芹菜夜蛾等	登记	棉花、蔬菜	美国
AoNPV（*Adoxophyes orana* NPV）	Capex	茶小卷叶蛾	登记	蔬菜、农作物	德国
TnMNPV（*Trichoplusia ni* MNPV）	Biotrol-VTN	粉纹夜蛾	商业化	蔬菜	美国
Pb/uGV（*Pieris brassicae/unipuneta* GV）	Virin GKB	大、小菜粉蝶	商业化	蔬菜	拉脱维亚 中国
HaSNPV（*Helicoverpa armigera* SNPV）		棉铃虫	商业化	棉花	中国
SpltNPV（*Spodoptera litura* NPV）	虫瘟一号	斜纹夜蛾	商业化	蔬菜、农作物	中国
PxGV（*Plutella xylostella* GV）	吊丝虫杀	小菜蛾	商业化	蔬菜	中国

（二）科学研究

1. 作为基因工程的载体

噬菌体可作为原核生物基因工程的载体。$E.\ coli$ 的 λ 噬菌体是一种研究得十分详尽的含线状 ds-DNA 的温和噬菌体。在其基因组中，约有一半是对自身生命活动十分必要的"必要基因"，另一半则是对其自身生命活动无重大影响的"非必要基因"，因此可被外源基因取代而建成良好的基因工程载体。这类载体有很多优点：遗传背景清楚；载有外源基因时仍可与宿主的核染色体整合并同步复制；宿主范围狭窄，使用安全；由于其两端各具有 12 个核苷酸组成的黏性末端，故可组成科斯质粒（cosmid，又称黏性质粒或黏粒）；感染率极高（近 100%），比一般质粒载体的转化率高出上千倍。

由 λ 噬菌体构建的载体，如凯隆载体（charon）是一种用内切酶改造后所构建成的特殊噬菌体载体，在其上可插入小至数 kb、大至 23kb 的外源 DNA 片段；科斯质粒，是一种由含黏性末端的 λ-DNA 和质粒 DNA 组建成的重组体，优点是具有质粒载体和噬菌体载体两者的长处，其本身相对分子质量虽小（6kb），却可插入各种来源的相对分子质量较大（35～53 kb）的外源 DNA 片段，当把它在体外包装成 λ 噬菌体后，即可高效地感染 $E.\ coli$ 宿主，并进行整合、复制和表达。

很多动物 DNA 病毒可作为动物基因工程的载体，首先主要为 SV40（simien rivus 40，即猴病毒 40），其次为人的腺病毒、牛乳头瘤病毒、痘苗病毒以及 RNA 病毒等。例如，利用 SV40 系统已将家兔或小鼠的 β-珠蛋白或人生长激素的基因在猴肾细胞中获得了表达。

杆状病毒（Baculovirus）在昆虫中具有广泛的宿主，包括鳞翅目、膜翅目、脉翅目、鞘翅目和半翅目等昆虫以及蜘蛛和蜱螨等节肢动物。病毒体呈杆状，大小 40～60 nm × 200～400 nm，外有被膜，含 8%～15% 环状 dsDNA。它们作为外源基因载体的优点是：①具有在宿主细胞核内复制的能力；不侵染脊椎动物，对人畜十分安全。②核型多角体蛋白基因是病毒的非必要基因区，它带有强启动子，可使此基因表达产物达到宿主细胞总蛋白量的 20% 或虫体干重的 10%。③可作为重组病毒的选择性标记，原因是外源 DNA 的插入并不影响病毒的繁殖，却丧失了形成多角体的能力。④对外源基因有很大容量（可插入 100 kb 的 DNA 片段）。⑤有强启动子做病毒的晚期启动子，故任何外源基因产物，甚至对病毒有毒性的产物也不影响病毒的繁殖与传代。目前，利用杆状病毒做载体已成功地获得了产生人 β-干扰素 α-干扰素的昆虫细胞株；国内已报道利用重组了毒素基因的杆状病毒做生物防治，可使害虫既受病毒侵染又受毒素侵害，双重杀灭害虫，达到快速、高效、对人畜无害且不产生抗药性的良好效果。

因含 DNA 的植物病毒种类较少，故病毒载体在植物基因工程中的应用起步较晚。椰菜花叶病毒（CaMV）是一种由昆虫传播的侵染十字花科植物的病毒，含 8 kb 的环状 dsDNA，存在多种限制性内切酶的切点。在其非必要基因区内插入外源 DNA 后，所形成的重组体仍具侵染性。但由于它不能与宿主核染色体组发生整合，因此还无法获得遗传性稳定的转基因植株。目前，CaMV 在植物基因工程中的重要贡献是提供 CaMV35S 强启动子。此外，一些真核藻类的 DNA 病毒也有发展前景。

2. 逆转录酶的发现和应用

致癌 RNA 病毒是一大群能引起鸟类、哺乳类等动物白血病和肉瘤以及其他肿瘤的病毒。1970 年，Temin 和 Mizufani 以及 Baltimore 分别从劳氏肉瘤病毒和鼠白血病病毒中找到了逆转录酶，是一种依赖于 RNA 的 DNA 聚合酶。这一发现表明不能把"中心法则"绝对化，遗传信息也可以从 RNA 传递到 DNA，从而冲破了传统观念的束缚，同时促进了分子生物学、生物化学和病毒学的研究，为肿瘤的防治提供了新的线索。逆转录酶现已成为研究这些学科的有力工具。商品化的两种逆转录酶分别来源于鼠逆转录病毒和禽逆转录病毒。在基因工程中，逆转录酶的主要用途是：将真核基因的 mRNA 转录成 cDNA，构建 cDNA 文库，进行克隆实验；对具有 5'端的 DNA 片段的 3'端进行填补和标记，制备探针；代替 Klenow 大片段，用于 DNA 序列的测定。

思考题

1. 讨论微生物在药物开发中的潜力。
2. 简述微生物杀虫剂的类型，比较它们的杀虫机理并分析其优缺点。
3. 简述微生物肥料及起到"肥料"作用的途径。
4. 试述燃料乙醇的生产途径及相关资源微生物。
5. 试述微生物在生物科学理论研究中的贡献。

第四篇　资源生物的利用与保护

第十二章

资源生物的利用与保护

世界上众多的生物物种作为人类赖以生存的资源被开发利用。但是随着科学技术的发展和人类社会的进步，在开发利用自然资源的进程中，人们逐步认识到自然界中的生物多样性的保护对于人类的生存和发展十分重要，因为当今世界所面临的人口、粮食、资源、环境、能源五大危机，无一不与生物多样性有关，生物多样性保护已成为全球关注的热点之一。1992年6月召开的联合国环境与发展大会上，150多个国家的首脑签署了《生物多样性公约》，从此，保护物种、避免生物多样性丧失带来的灾难成为全人类共同关注并共同解决的问题。

第一节 生物多样性的基本含义

关于生物多样性（biodiversity）的含义有许多解释。美国国会技术评价办公室（Office of Technology Assessment，OTA）在1987年将生物多样性定义为：生命有机体及其赖以生存的生态复合体（ecological complex）相关的多样性（variety）和变异性（variability）。这一概念包含三层含义：一是物种多样性，从细菌、病毒、原生生物到菌物界、植物界、动物界；二是遗传多样性，包括种间的遗传性、种内的遗传性以及个体之间的遗传变异；三是生态系统多样性，包括各种生物群落以及与生物群落相关联的自然生态系统。1992年，联合国环境与发展会议签署的《生物多样性公约》将生物多样性定义为："生物多样性是指所有来源的形形色色的生物体，这些来源包括陆地、海洋和其他水生生态系统及其所构成的生态综合体；还包括物种内部、物种之间和生态系统多样性。"1995年联合国环境规划署（UNEP）发表的关于全球生物多样性的巨著《全球生物多样性评估》将生物多样性简单定义为：生物多样性是所有生物种类、种内遗传变异和它们与生存环境构成的生态系统的总称。

目前对于生物多样性的理解为4个层次：遗传多样性（genetic biodiversity）、物种多样性（species biodiversity）、生态系统多样性（ecosystem biodiversity）和景观多样性（landscape biodiversity）。

一、遗传多样性

遗传多样性（或基因多样性）是生物多样性的重要组分，是生物多样性存在的内在形式，有广义和狭义上的理解。广义的遗传多样性是指地球上所有生物所携带的遗传信息的总和；狭义的遗传多样性主要指生物种内不同群体或同一群体内不同个体的遗传变异的总和。一个物种由许多具有非常丰富的遗传变异的种群组成，从而使其具有大量基因型，群体内的遗传多样性反映物种的进化潜力。生物遗传物质的本质是DNA（或在没有DNA时为RNA），位于染色体上具有特定功能的DNA片段——基因是遗传多样性的物质基础，遗传多样性反映物种不同基因组的变异性，可以是同种的显著不同的种群，也可以是同一种群的遗传变异。由于遗传物质表现的水平不同，因此在研究遗传多样性时要考虑形态多态性、染色体多态性、蛋白质多态性和DNA多态性。

二、物种多样性

物种多样性是生物多样性最直观的体现，是生物多样性概念的核心。物种多样性是指不同物种的出现频率与多样性，即地球表面动物、植物、微生物的物种数量。物种多样性体现有生命的有机体及动物、植物和微生物物种的多样化，多种多样的物种是生态系统不可缺少的核心。据估计全世界有500～3 000万种。物种内的多样性是物种以上各水平多样性的重要来源。

物种多样性有很多种测定方法，其中"丰富度（richness）"是一种常用的测定方法。另一种更精确的测定方法是"分类学多样性（taxonomic diversity）"，同时还考虑物种之间的相互关系。例如，一个小岛有2种鸟类和1种蜥蜴，另一个小岛有3种鸟类没有蜥蜴，那么，按分类学多样性测定方法，前一个小岛的物种多样性大于后一小岛。

此外尽管陆地的物种数量远远地高于海洋，但由于海洋生态系统中存在大量的生物种类，因此海洋生态系统的物种多样性远高于陆地生态系统。

三、生态系统多样性

生态系统多样性是生物多样性的重点。是指生物圈内生境、生物群落和生态系统的多样性以及生态系统内生境差异、生态进程变化的多样性。生境是指无机环境，如地貌、气候、土壤、水文等，生境的多样性是生物群落多样性乃至整个生物多样性形成的基本条件。生物群落多样性主要指群落的组成、结构和动态方面的多样化。由于生境的多样性、生物群落的多样性，而由生物群落与其所生存的环境，发生相互作用所构成的生态系统也就存在多样性。

从结构上看，生态系统主要由生产者、消费者、分解者所构成。而生产者、消费者、分解者皆由各物种所组成，所以物种多样性和生态系统的稳定与恢复之间有着相关性。某些物种可能是关键种（key species），其存在与否影响群落的组成，从而进一步影响生态系统的功能。有些生态系统通常存在于另外一些生态系统之中。

四、景观多样性

景观多样性是指不同景观要素或生态系统构成的空间结构、功能机制和时间动态方面的多样化或变异性。景观是指一组以相似方式重复出现的、由相互作用的生态系统所组成的异质性和陆地区域，由斑块、廊道和基质构成。自然干扰、人类活动和植被的演替或波动是景观发生动态变化的主要原因。景观多样性原则上为生态系统多样性更高的等级单位，更为宏观。

第二节 生物多样性的价值

联合国环境规划署（UNEP）认为，生物多样性是一种资源，具多种多样的生态和环境服务功能。生物多样性为人类提供赖以生存的资源。生物多样性直接和间接地提供人类福祉的许多成分，包括安全、维持良好生活的基本原材料、健康、良好的社会关系及选择和行动自由等。资源生物的直接利用，如农业、渔业和林业等，常常构成很多国家发展战略的主导产业，所获得的收入不仅维持国民生活，而且可以投资于工业和其他行业的发展。关于生物多样性的价值，McNeely等将其分为直接价值和间接价值。直接价值包括产品用于自用的消耗性使用价值和产品用于市场销售的生产使用价值，间接价值与生态系统功能有关。目前生物多样性价值除了直接价值和间接价值外，其选择性使用价值、文化价值和伦理价值等方面也引起关注。

一、生物多样性的直接价值

生物多样性在人类生存发展中具有巨大的价值，各种资源生物为人类提供了多种多样的物质，无论是直接取自自然界还是经过市场，都是为了用于供给人类的生产和生活需要。人们从陆地植被中获得薪材、木材、蔬菜、粮食、水果和药材等，从生长于陆地的动物中获得食品、皮毛等，从海洋和河流中获得各种鱼类、贝类和藻类等，这些都是生物多样性直接价值的体现。此外自然界中的野生物种为人工驯养、培育提供了原料，进而提高了资源生物的价值。人类的生存与发展，归根结底，依赖于自然界中各种各样的生物。

二、生物多样性的间接价值

生物多样性的间接价值与生态系统的生态过程密切相关，体现其多种多样的生态和环境服务功能，生物多样性的生态功能价值巨大，它在自然界中维系能量的流动、净化环境、改良土壤、涵养水源及调节小气候等多方面发挥着重要的作用。丰富多彩的生物与它们的物理环境共同构成了人类所赖以生存的生物支撑系统,为全人类带来了难以估价的利益。丧失生物多样性必然引起人类生存与发展的根本危机。

生物多样性的直接价值往往来自于间接价值。生物多样性的间接价值也可以看作是环境资源的价值,具体表现在以下方面:

(一) 生态系统生产力的维持

在保持物种多样性的情况下生态系统保持最大的生产力。植物可以通过光合作用将太阳能固定并转化为化学能、并将无机物合成有机物储藏在植物体内,植物成为生态系统中食物链的起点,人类不仅从植物中获得薪材和各种产品,同时可以利用食物链环节中的动物产品。人类必须合理利用才能使生态系统生产力得以维持。

(二) 保护水资源

生态系统在抵御洪水、缓冲干旱以及保持良好水质上起着极其重要的作用,特别是森林生态系统的作用更为重要。生物群落内各组成部分成为保护水资源的集水区,发挥各自效能。

(三) 保护土壤

土壤要经过数百年,甚至数千年才能从母岩上形成。植物的根系和真菌的菌丝把土壤微粒结合起来,使土壤不易被冲走。生物群落能保持和保护土壤,肥沃的土壤又可以提高生物群落的生产力。土壤的适宜结构和组成对农业、畜牧业和林业都有巨大的价值。

(四) 调节气候

植物群落对调节地方的、区域的甚至全球的气候都是很重要的。夏季,森林可以通过反射、吸收等方式减少太阳辐射能,同时森林的蒸腾作用不断消耗热能,因此森林的存在降低了环境的温度。冬季,森林的遮挡可以减少热量的散失。森林不仅吸收CO_2释放O_2,同时,森林植物的蒸腾作用使雨水返回大气层中再次形成降雨。因此在整体水平上,当植被受到大面积破坏,植物减少导致植物吸收CO_2的量减少,使大气质量发生变化,而CO_2浓度升高将导致全球气温的变化。

(五) 物种关系

生态系统中的生物各组成部分之间以及生物与环境之间存在着密切的相互关系,食物链上的各物种体现了在营养物质需求上的依存关系。此外在生物物种之间还存在互生、共生、寄生等关系,许多植物的传粉与种子传播需要动物的参与。另外植物作为生产者,动物作为消费者,微生物作为分解者,在自然界的元素循环中发挥各自的作用。

(六) 废物处理

生物群落能分解、固定污染物质,如重金属、农药和污水,这些污染物质是由人类活动而制造并释放到环境中去的。真菌和细菌在这方面的作用特别重要,在土壤的生物修复和污水的生物处理中发挥重要的作用。

(七) 环境监测

一些生物由于其结构和生理生态特征对某些化学物质敏感,可以作为环境监测的指示生物,如地衣、苔藓等。

（八）生态旅游

到大自然中欣赏自然风光的同时，还可以呼吸新鲜空气，生态旅游是人们乐于选择的休闲方式，生态旅游作为第三产业备受重视。生态旅游的开发不仅需要具备良好的生态景观，而且往往具有独特的生物物种。在生态旅游中保护生态景观和物种十分重要，不能因为有了人类的干扰而破坏了自然生态系统。

三、生物多样性的选择性使用价值

选择性使用价值是某一物种潜在的为人类社会在将来可能提供的经济利益。生物多样性的选择性使用价值主要在人类还没利用过的动物或植物物种中去挖掘寻找。自然界中生物物种种类繁多，分布广泛，成分复杂。随着科学的发展、技术的进步和认识的深入，人们不仅可以将生物物种变无用为有用，也可以变一用为多用，提高资源生物的使用价值。如从植物中筛选抗癌药物，从嗜极微生物中提取酶类用于生物工程等，都是人类利用资源生物的努力目标。

四、生物多样性的文化价值

千姿百态的生物给人以美的享受，是艺术创造和科学发明的源泉。人类文化的多样性很大程度上起源于生物及其环境的多样性，并成为生物多样性的重要组成部分。地球上的各个地区往往由于气候等差异，生物物种的种类与分布存在区域性差异，此外由于地质变化和地理隔离等，一些地区存在特有的生物物种，如袋鼠类动物仅存在于大洋洲，许多孑遗物种仅存在于某一地区——如大熊猫。分布在特定地区的物种往往被人们作为区域或国家的象征，成为文化交流的纽带。

在人类认识生物体结构、功能和工作原理的同时，人们希望将获得的知识移植于工程技术之中，以发明性能优越的仪器、装置和机器，创造新技术，由此，在20世纪60年代诞生了一门新的边缘学科——仿生学（bionics），尽管到现在发展仅短短几十年，但研究成果已经非常可观。如苍蝇的眼睛是一种由3 000多只小眼组成的复眼，人们模仿它制成了一种新型光学元件，用几百或者几千块小透镜整齐排列组合而成的透镜——"蝇眼透镜"，用它做镜头可以制成"蝇眼照相机"，一次就能拍出千百张相同的相片。这种照相机已经用于印刷制版和大量复制电子计算机的微小电路，大大提高了工效和质量。从生物学的角度来说，仿生学属于"应用生物学"的一个分支，开辟了向生物界索取蓝图的道路，开阔了视野，具有极强的生命力，为人类提供最可靠、最灵活、最高效、最经济的接近于生物系统的技术系统。

五、生物多样性的伦理价值

伦理价值即存在价值。自然界中的存在的物种，无论其经济价值如何，都有生存的权利，所有物种都是相互依存的。人类像其他物种一样也生活在同一个生态系统之内，尊重人类生存多样性与尊重生物多样性是一致的。一个物种的丢失可以影响到其他物种的生存,因此人类在开发利用资源生物时,不能无休止索取,生物多样性的保护是人类的职责。

挪威奥斯陆大学(University of Oslo)哲学系的 Arne Naess 在 1974 年提出"深层生态学"(deep ecology)的概念。Naess 认为:"浅层生态学"的主要目的是对抗污染和资源耗竭,"深层生态学"则是以一个更整体的、非人类中心的观点,找出造成这些环境问题的深层原因。地球上不论人类或其他生物的生命本身就具有价值,而此生命价值,并不是以非人类世界对人类世界的贡献来决定。生命形式本身就具有价值;而且,生命形式的"丰富度"和"多样性",有助于这些生命价值的实现,人类没有权利减少这样的"丰富度"和"多样性",除非是为了维持生命的基本需求。

第三节 生物多样性的丧失

地球陆地上、水体中任一角落都有生物存在,甚至在数千米的高空亦飘浮着各种孢子,深度超过 4 000m 的海沟有细菌、无脊椎动物和偶尔光顾的大型脊椎动物。据粗略统计,已经命名的物种约为 150 万种,其中昆虫 751 000 种,动物 281 000 种,病毒 1 000 种,细菌 4 800 种,真菌 69 000 种,藻类 26 900 种,高等植物 248 400 种,原生生物 30 800 种。其中物种最丰富的地区是热带雨林。

在生物进化的历史长河中,新物种的诞生至少部分地与旧物种的绝灭有关。根据研究估计,历史上地球上曾经存活过 40 亿种动物和植物,然而生活在今天的生物物种仅有几百万种,地质时期中绝大多数生物种类都已经绝灭,新旧物种的交替更新使地球上的生物多样性不断向前演化和发展,同时地球上的生物多样性在漫长的时期中保持相对的稳定性。但是现代生物多样性的丧失速度已不是以百年计算,而是在几十年甚至几年内可能绝灭。过去 100 年中,已经绝灭的鸟类、哺乳类和两栖类动物的数量大约有 100 种,其绝灭的速度已经达到地史参考速度的 100 倍以上。根据国际自然保护联盟(IUCN)制定的绝灭危险度标准,高等生物类群中有 10%～50% 的种类面临绝灭危险,受到绝灭威胁的鸟类、哺乳类动物和针叶树种的比例,分别占该类群的 12%、23% 和 25%。在各种不同生物类群中,除了已经在保护地中受到保护的物种之外,多数物种的种群数量或分化类群均呈现减少趋势,这种现象的产生有自然的原因,如雪灾、洪涝、旱灾等,也有人为的原因,由于人们不顾及生物物种本身的特性,对其不合理地开发利用,从而导致生物多样性的大量丧失。

2004 年 4 月,《生物多样性公约》缔约国会议将生物多样性丧失定义为"在全球、地区和国家范围内,生物多样性组分及其提供的产品服务潜力,在质量和数量上长期或永久性降低或减少"。

一、生物多样性丧失的表现

近几百年中,由于自然和人为的作用,生物多样性不断下降。具体表现在:

(1) 生物绝灭的速度不断加快。根据统计，世界上的濒危物种数量中，植物约为19 078 种，无脊椎动物约为 1 355 种，鱼类约为 343 种，两栖类约为 50 种，爬行类约为 170 种，鸟类约为 1 037 种，哺乳类约为 497 种。

(2) 大量物种遭受绝灭的威胁。例如世界鸟类区系研究结果表明，在世界上的9 000 多种鸟类中，约 1 000 种（占 11%）不同程度地受到绝灭的威胁。而 1978 年才只有 290 种鸟类受到威胁。

(3) 家养动物和栽培作物的多样性也在下降。在美国，97% 的蔬菜品种已经消失。尽管不少家养动物和栽培作物品种还存在着，但是，由于品种的不断纯化，它们保存的遗传多样性只是几十年前的较小部分，难以产生适应性变化或满足新需求。

(4) 生态系统的大量退化和瓦解。热带雨林仅占地球陆地面积的 7%，估计世界上50% 的物种分布在其中。热带雨林的年平均消失速度为 1%（约 $1.217 \times 10^7 \, hm^2$）。由此将造成每年有 0.2%～0.3% 的物种消失。如果世界上的物种总数估计为 1 000 万种，那么，每年就有 20 000～30 000 种，或者每天 68 种，或者每小时有 3 种消失。

由于环境受到破坏，许多物种的种群数量缩小，一些物种将走向绝灭。物种的绝灭是不可逆的。最容易遭到绝灭的物种包括：

(1) 地理分布狭窄的物种，需要特殊生态位（小生境）的物种；

(2) 只有 1 个或少数几个种群，而且种群规模小，种群密度低的物种（例如分布区被人为切割）；

(3) 需要较大分布空间，个体较大的物种，在食物来源缺乏时容易发生绝灭；

(4) 种群个体增长速率低的物种，生活在稳定的生境中，倾向于年龄较大才开始繁殖，如银杏、苏铁（被称为"K-对策者"），比那些在生长早期就能产下许多后代、又能占据动荡不定生境的物种（称为"r-对策者"）更易于绝灭；

(5) 不能有效扩散的物种；

(6) 迁移性物种，如候鸟、大型哺乳动物的迁徙是根据对于食物、繁殖等需要而进行的，不同的生态环境是动物迁徙的基础，假如异地的环境被破坏或迁徙路线受到阻隔，这些物种就容易绝灭；

(7) 很少遗传变异的物种；

(8) 以稳定生态环境为特征的物种，环境破坏后，容易绝灭；

(9) 被人类过度收获的物种，如甘草、冬虫夏草，因收获野生植物，采收过度，会造成绝灭。

二、生物多样性丧失的原因

引起生物多样性减少的原因可以归结为生态环境严重破坏、人类的过度开发利用、外来物种的入侵、人口的快速增长、全球气候变化五个方面。

(一) 生态环境严重破坏

造成生态环境严重破坏与全球的工业化、城市化的进程以及化学农业的兴起密切相关。现代工业所排出的废气使大气中的 CO_2 含量迅速增高，导致全球性的"温室效应"。

气温的升高往往使陆地沙漠化扩大，生态系统失调，自然环境恶化，从而使一些物种失去原有的生存条件而绝灭。温度升高，许多物种因不能适应迅速的气温变化而趋于绝灭。一旦极地的冰帽融化，海岸上的生命群落将会由于海洋平面的升高而遭灭顶之灾。

工业废水、农药、化肥及生活污水未经过处理排入河流、进入海湾，造成水体污染。一方面有毒物质引起鱼类死亡，另一方面由于水体的富营养化（人类造成的氮、磷、硫和其他含有营养物的污染物的增长），导致藻类生长，形成水华或赤潮，鱼类因缺氧及藻类产生毒素而死亡。水体的富营养化已经成为陆地、淡水和沿海生态系统变化的最重要的驱动力之一。水体污染不仅导致水生生物种类的下降，而且水体释放的气体污染环境，依靠淡水作为生活用水的人或动物也受到威胁。此外，各种基本建设工程特别是对河流、江河阻隔建立水利水电工程，或围垦江、湖造田，改变了生物物种原有的生存环境，栖息地丧失，从而造成生物多样性的丧失。因此，为了保护野生生物应有的栖息环境，在进行修路、架桥等基本建设时必须对环境造成的影响进行评估，并采取相应的措施，以保证建设项目竣工后，对环境的破坏最小。如青藏铁路为了保护有迁徙习惯的藏羚羊，沿线专门修建了33处供藏羚羊、野牦牛等野生动物迁徙穿行的通道。

(二) 人类的过度开发利用

滥砍、滥猎、滥渔是典型的资源过度利用，森林、鱼类和野生动物资源由于过度开发而绝灭的案例更是不胜枚举。表面看来，过度开采资源使许多人在短期内致富，但这是一种"杀鸡取卵"、"竭泽而渔"的获取利益的方式。过度开采资源，降低生态系统保持养分、水分和表土的能力，从而破坏生态系统为人类服务的能力。过度收获往往造成地方性物种的绝灭，引起一连串的生态灾难。例如对鱼类资源的长期过度捕捞导致一些大型湖泊、海产鱼类资源趋于枯竭，鱼类种类多样性大幅度下降。人们采取集群捕杀鱼类和使用不合理的捕鱼技术(如炸鱼、人工纤维渔网等)造成鱼类种质资源的严重毁灭。

(三) 外来物种的入侵

外来物种的入侵可通过三种途径：一是引种，有意识地引进。引入用于农林牧渔生产、景观美化、生态环境改造与恢复、观赏等目的的物种，而后演变为入侵种。如1901年，凤眼莲（水葫芦）作为观赏植物引入，20世纪五六十年代被作为猪饲料推广。凤眼莲的适应力和繁殖力强，中国有近20个省份的河道、湖泊和池塘中，覆盖率可达100%，导致大量水生动植物死亡。二是无意识地引进。随着贸易、运输、旅行、旅游等活动而传入的物种。如毒麦传入中国便是随小麦引种带入，它与小麦的形态极为相似，很易混杂于引种的小麦中。中国海关1999—2000年从美国、日本等进口货物使用的木质包装上多次查获号称"松树癌症"的松材线虫。三是自然入侵。依靠自身传播力或借助于自然力量（可通过风力、水流自然传入，鸟类等动物还可传播杂草的种子）传入。如紫茎泽兰是从中缅、中越边境自然扩散入中国的，在中国云南、原产美洲的紫茎泽兰入侵成灾面积已达约 2.47×10^7 hm²。薇甘菊可能是通过气流从东南亚传入广东，稻水象甲也可能是借助气流迁飞到中国大陆。

人类引入外来物种以满足某种需求的同时，已造成局部地区物种绝灭、农业、林业品种单一化等问题。据中国履行《生物多样性公约》第四次国家报告显示，外来物种入侵凶猛，目前已有187种外来物种侵入中国。据专家对部分入侵物种造成损失的初步估算,每年中国遭受外来入侵物种经济损失就达 574 亿元人民币。中国目前已成为遭受外来入侵物种危害最严重的国家之一。松材线虫、湿地松粉蚧、松突圆蚧、美国白蛾、松干蚧等森林入侵虫害和美洲斑潜蝇、马铃薯甲虫等农作物入侵害虫,每年发生灾害面积约 $3.0×10^6$ hm²。入侵中国的豚草、薇甘菊、紫茎泽兰、飞机草、大米草等,已大肆蔓延,造成了生物多样性破坏、沿海红树林死亡、堵塞航道等极大的危害和损失。

外来物种入侵将造成某一物种"独霸天下"的局面,破坏食物网和生态链,使生态系统和生物多样性受到严重损害,对人与自然和谐发展极为不利。因此,要切实保护生物多样性,就必须防止外来物种入侵。事实上,外来物种入侵已是世界性问题,需要共同提高对外来入侵物种的防范意识。

(四)人口的快速增长

世界人口从 17 世纪的 5 亿增加到 19 世纪(1804 年)的 10 亿,历时约 200 年;再倍增到 1927 年的 20 亿,历时约 100 年;1960 年达到 30 亿,到 1974 年,又增加到 40 亿,历时约 50 年。而到 1999 年 10 月 12 日,世界人口满 60 亿。人类经历了数百万年,才在 1960 年累积到 30 亿人,但达到第二个 30 亿却只约 40 年的时间。这种人口增长的时间与数量的奇特比例关系,形成了"人口爆炸"。由于人口的膨胀,资源被过度利用,物种生境遭到破坏,由此而产生了资源危机和粮食危机,从而构成了人类生存危机。现在全世界人口已达到 69 亿。预计到 2022 年,世界人口又将增加到 80 亿,人类生存危机的阴影更加灰暗,迫使世界各国转变经济增长方式,寻求农业的新出路。世界上许多国家,原始生境都已被破坏,湿地生境如红树林、热带干旱林、草地的生境受到威胁,北方的草原、森林生态被破坏,发生沙漠化。

当 1987 年 7 月 11 日世界人口达到了 50 亿的时候,联合国人口基金会为了引起国际社会对人口问题更深切的关注,决定从 1988 年起将每年的 7 月 11 日定为"世界人口日(World Population Day)"。

中国从 1980 年开始全面推行"一胎化"政策,在控制人口增长方面做出了贡献。中国人口总数为 123626 万人(截至 1997 年,不包括台湾、香港和澳门),是世界上人口最多的国家。56 个民族中,汉族约占全国总人口的 91.02%,其余为少数民族。在少数民族中壮族人口最多,为 1555.6 万人,珞巴族人口最少,仅 2322 人。2005 年 1 月 6 日,中国人口总数达到 13 亿(不包括香港、澳门和台湾),约占世界总人口的 21%。由于实行计划生育,中国 13 亿人口日的到来推迟了 4 年。

(五)全球气候变化

当前主要的全球环境问题一般归纳为十个方面:大气污染、水体污染、植被破坏、土壤退化、垃圾泛滥、资源短缺、酸雨肆虐、臭氧损耗、全球变暖、生物绝灭。这十个方面被称为世界环境十大问题。当前最被关注的全球性问题是后四个问题,特别是全球变暖问题。造成全球变暖既有自然因素,也有人类活动的影响存在。据研究,在未来 100 年内全球气温将升高 1.5℃~6℃,海平面将升高 15~95 cm,沙漠将更干燥,气候将更恶劣,厄尔尼诺现象将更严重,全球变暖将直接或间接影响数以亿计的人们的生活。

2001 年 1 月联合国环境规划署(UNEP)《我们的星球》杂志发表的一份研究报告

指出，由于全球气候变暖引发的自然灾难正在日益增加，到 2050 年它每年给世界造成的损失将超过 3 000 亿美元。全球气候变暖造成的灾害损失包括更为频繁的热带龙卷风，海平面上升使土地减少和农业、渔业的经常性减产。

2009 年 7 月 8 日至 10 日，由美国、英国、法国、德国、意大利、加拿大、日本和俄罗斯组成的八国集团在意大利拉奎拉举行八国集团领导人会议（G8 峰会），其中气候变化为峰会的主要议题之一，他们在会后发表的一份声明中说，应对全球气候变暖需要全球性努力，八国集团成员愿意同所有国家一起，到 2050 年将全球温室气体排放量至少减少 50%，并且发达国家排放总量届时应减少 80% 以上。

三、人为因素对生物多样性的影响

尽管自然因素会导致生物多样性和生态系统服务功能的变化，但最近几千年中，其影响强度和广度远不及人类的活动。上述五个引起生物多样性减少的原因中，每一项都有人为的因素，人类对于生物多样性的威胁是巨大的。

（1）人类所造成的环境污染是生境破坏的主要因素。由于农药污染、水体污染、大气污染，造成生境退化与污染。例如有毒灰尘、酸雨，使生物群落内的许多物种在没有受到明显干扰的情况下走向绝灭。

（2）人类对资源生物掠夺式的利用造成物种的减少甚至绝灭。生境发生片断化，即大面积而连续的生境缩小并被分割为两个或更多的小块。片断化后的生境使物种的扩散以及群落的建立受到限制，对物种的正常散布和迁移活动产生直接障碍。

（3）人类的有意引入物种是生物入侵的因素之一。外来种的引入会抑制和排挤当地种，造成对当地物种的威胁。外来种不但包括大型的动、植物，也包括各种病害。外来种往往具有很强的侵入能力，使物种受到威胁的同时也危害了人类的健康。

（4）人口增长是对资源的利用压力加大，造成了人类对资源的过度开发，物种生境遭到破坏，对物种会造成毁灭性的打击。

（5）人类大量燃烧矿物燃料产生 CO_2 进入大气活动引起 CO_2 浓度升高是全球变暖的主要原因。目前，人类活动所造成的生物多样性丧失和物种的濒危引起了越来越广泛的关注，生物多样性科学已经成为当代生态学研究的三大热点（生物多样性、全球变化、可持续发展）之一。

造成物种绝灭的人为原因一方面是人为了生存而进行的生产活动，如狩猎、开垦荒地和各种原始的耕作方式，造成天然森林、草场日益减少，这是主要的因素；另一个方面是移民造成物种的绝灭，例如大规模向美洲、澳洲的移民促使 77%～88% 体重超过 44 kg 的哺乳动物走向绝灭。近代物种的绝灭主要是人类的干扰造成的。自然界，从化石记录推算，一个物种走向绝灭或演化为新种要持续 100 万～1000 万年，假定现在地球上有 1 000 万物种，每年有 1～10 个世界物种绝灭。这种绝灭称为"自然本底绝灭"。现在观察到的本底绝灭速度在哺乳动物是每个世纪绝灭 1% 或每年 0.01%，是"自然本底绝灭"估计数的 10～100 倍。1850—1950 年，约 100 种鸟和动物走向绝灭，但按自然绝灭速度预测最多也只有一个种绝灭，其余 99% 是人类活动所致。自公元 1600 年以来绝灭的，总计有 83 种哺乳动物及 113 种鸟，即相当于哺乳动物 2.1% 和鸟类 1.3% 已经绝灭，此外有爬行类 21 种，两栖类 2 种，鱼类 23 种，无脊椎动物 98 种，有花植物 384 种。物种生存受到威胁最严重的是那些特有种或稀有种，它们占有非常狭窄的地理分布区，或只生存于一个或少数几个特殊的生境。如大熊猫就是中国的特有种，同时也是稀有种，银杏、水杉、银杉和水松都是中国的特有种，但有些并不一定稀有。濒危种是稀有种，其生存受到威胁，面临绝灭的危险。

四、中国生物多样性现状

中国是世界上生物物种多样性最丰富的国家之一，不但具有丰富的野生资源生物，也有丰富的动物饲养和植物栽培品种。

（一）中国生物多样性的特点

中国国土辽阔，气候多样，地貌丰富，河流纵横，湖泊遍布，东部和南部有广阔的海域，复杂的自然地理条件为各种生物及生态系统类型的形成与发展提供了多种生境。森林、草原、荒漠、农田、湿地和海洋，是构成中国生态系统的主要种类。

(1) 生态系统多样性。中国的森林生态系统可分为寒湿带针叶林、温带针阔叶混交林、暖温带落叶阔叶林和针叶林、亚热带常绿阔叶林和针叶林、热带季雨林和雨林。中国的草原生态系统可分为温带草原、高寒草原和荒漠区山地草原三大类。荒漠是发育在降水稀少、强度蒸发、极度干旱生境下稀疏的生态系统类型，主要分布在中国的西北部，约占国土面积的 1/5。其中，沙漠与戈壁的面积约 $1.0 \times 10^6 \text{ km}^2$。农田生态系统主要分布于中国东南部，类型复杂，有 30 多种粮食作物，200 多种蔬菜，300 多种果树，茶园、桑园、橡胶园等也是重要的农田生态系统。湿地生态系统主要包括湖泊、河流和沼泽，湖泊很多，以面积在 50 km^2 以上的大中型湖泊为主，水生生物种类繁多，沼泽总面积约 $1.4 \times 10^7 \text{ hm}^2$，种类丰富的水禽在这些湿地上越冬、繁殖和栖息。中国的海域跨越了 3 个温度带，其海岸滩涂和大陆架面积广阔，有海岸滩涂、海岸湿地、河口、海岛和大洋等生态系统。

(2) 物种多样性。物种多样性与生态系统的多样性有直接关系。物种多样性高度丰富，物种特有性高、生物区系起源古老、经济物种多，是中国生物多样性的显著特点。据统计，中国已记录的主要生物类群的物种总数约 8.3 万种，其中不包括仍不甚了解的土壤生物和尚未充分认识的 10 万种以上的昆虫的大部分。中国拥有高等植物 30 000 多种，仅次于巴西和哥伦比亚，居世界第三位，其中裸子植物约 250 多种，被子植物近 30 000 种，许多古老种类为中国特有。中国海域已记录的海洋生物物种超过 1.3 万种，约占世界海洋生物总数的 1/4 以上。中国脊椎动物约 6 347 种，占世界脊椎动物的 13.97%；中国鸟类 1 244 种，占世界鸟类种数的 13.1%；鱼类 3 862 种，占世界鱼类种数的 20.3%，在 40 余个海洋生物门中，中国海几乎都有其组成种类。包括昆虫在内的无脊椎动物、低等植物和真菌、细菌、放线菌，其种类更为繁多。

中国拥有大量特有物种和孑遗物种，这些特有物种的分布往往局限在很小的特定生境中。这些特有现象的研究在了解动物区系和植物区系的特征和形成方面以及保护生物多样性和持续利用的优先领域方面具有特殊的意义。

中国的经济物种异常丰富,有 3 000 多种重要的野生经济植物和大量的经济动物及多种具有经济价值的微生物。这些资源生物对中国的经济发展和人民生活具有无法替代的作用。

中国生物区系的起源极为古老,成分复杂,含有大量古老或原始的科、属。中国的热带地区,特别是西南的亚热带山地,可能是许多植物的发源地和分布中心。

(3) 遗传多样性。由于中国拥有极为丰富的生物物种,因此也是世界上遗传多样性最丰富的国家之一。植物遗传多样性丰富:有各种野生经济植物、各种栽培农作物品种、野生和栽培的经济林木、野生和栽培药材与花卉植物等。动物遗传多样性丰富:有各种野生经济动物、家养动物、渔业生物等。微生物遗传多样性丰富:有各种农业、林业、工业、医药等微生物菌种以及大量栽培食用菌种。

(二) 中国生物多样性面临的问题

虽然中国具有高度丰富的物种多样性,但中国也是世界上生物物种多样性损失严重的国家之一。目前,中国自然生态环境形势相当严峻,中国生物多样性面临的主要威胁来自生物栖息地被破坏、资源生物被过度开发、外来物种入侵、环境污染、全球气候变化等方面。目前中国森林覆盖率仅有 14%(世界平均为 26.6%),且多为人工林,天然森林面积很小。草场超载过牧,质量下降、退化、沙化加剧,其中 1/4 严重退化。长江、黄河等大江大河源头生物多样性丰富地区的自然生态环境呈恶化趋势,沿江重要湖泊、湿地日趋萎缩;北方地区江河断流、湖泊干涸、地下水下降现象严重;全国主要江河湖泊水体受到污染。野生动物被滥捕、偷猎盗采现象屡禁不止,大气、水体和土壤等污染日益严重。

人为活动使生态系统不断破坏和恶化,已成为中国目前最严重的环境问题之一。生态受破坏的形式主要表现在森林减少,草原退化,农田土地沙化、退化、水土流失,沿海水质恶化,赤潮发生频繁,经济资源锐减和自然灾害加剧等方面。

中国森林资源长期受到乱砍滥伐、毁林开荒及森林病虫害的破坏,森林特别是天然森林面积大幅度下降。中国的天然森林 1971—1972 年为 $9.817 \times 10^7 \text{ hm}^2$,1981—1985 年下降为 $8.635 \times 10^7 \text{ hm}^2$;海南岛天然林面积 1956 年为 $2.316 \times 10^7 \text{ hm}^2$,1985 年降为 $1.238 \times 10^7 \text{ hm}^2$;云南省 1975 年天然林面积为 $9.12 \times 10^6 \text{ hm}^2$,1985 年则降到 $8.14 \times 10^6 \text{ hm}^2$。

中国占总面积 1/3 左右的草原地带,近 20 年来,产草量下降近半。尤其是北方半干旱地区的草场,产草量原本不高,加之干旱加剧、超载放牧、毁草开荒及鼠害的影响,退化极为严重,衰退局面突显。在草原破坏、风沙加强的威胁下,北方沙漠化进程已经加快,沙漠面积大幅度增加。在 20 世纪 50 年代,鄂尔多斯草原的沙化面积仅 2 000 万亩,80 年代初已达 6 000 多万亩,同时有 4000 多万亩水土流失非常严重的草原出现。

中国的水域生态系统也受到了相当严重的破坏。近 30 多年来,海岩湿地已被围垦约 $7.0 \times 10^6 \text{ hm}^2$ 以上,加上自然淤涨成陆和人工填海造陆,给垦区附近广大水域的海洋资源生物造成深远的不利影响。中国南部海岩的红树林在 20 世纪 50 年代初有 $5 \times 10^4 \text{ hm}^2$,由于几十年有大面积围垦毁林,目前仅剩 $2\times10^4 hm^2$,且部分已退化成半红树林和次生疏林。海南省 1 600km 的海岸曾有 1/4 岸段分布着珊瑚礁,礁区海洋资源生物丰富,但由于当地居民采礁烧制石灰和制作工艺品,导致全岛沿岸 80% 的珊瑚礁资源被破坏,在有些岸段濒临绝迹。

淡水生态系统由于兴建大型水利、电力工程及围湖造田而严重破坏。长江流域大量湖区湿地已转变为农田。据鄂、湘、赣、皖 4 省统计,共围垦 1 700 万亩湖区湿地,"千湖之省"的湖北,目前只有湖泊 326 个,湖面由 1 250 万亩锐减到 355 万亩。淡水生态系统的破坏,不仅缩小了湿地和水生物种生境,同时带来洪水调节能力下降,堵塞某些重要经济鱼类洄游通道等问题。

由于人口快速增长和经济高速发展,增大了对资源及生态环境的需求,致使许多动物和植物严重濒危。据统计,中国目前大约有 398 种脊椎动物濒危,占全球总数的 7.7%;高等植物濒危或临近濒危的物种数估计已达到 4 000~5 000 种,占全球总数的近 20%。

中国动物和植物绝灭情况按已有资料统计,犀牛、麋鹿、高鼻羚羊、白臀叶猴以及植物中的崖柏、雁荡润楠、喜雨草等,已经消失了几十年甚至几个世纪了,其中高鼻羚羊被普遍认为是在 20 世纪 50 年代后在新疆绝灭的。

中国目前濒危的主要物种有:东北虎、华南虎、云豹、大熊猫、叶猴类、多种长臂猿、白鳍豚以及无喙兰、双蕊兰、人参、天麻、牡丹等。许多水域中不仅某些经济价值高和敏感的物种在逐步缩减甚至消失,连对虾、海蟹、带鱼、大小黄鱼等主要经济鱼种的可捕捞量也迅速缩减。大量的水生生物处于濒危或受威胁的状态。

中国的栽培植物遗传资源也面临严重威胁。由于经济高速发展,各农业区的生态环境遭受了不同程度的破坏,许多古老名贵品种因优良品种的推广而绝迹。山东省的黄河三角洲和黑龙江省三江平原过去遍地野生大豆,现在只有零星分布;1959 年上海郊区有蔬菜品种 318 个,20 世纪 90 年代只剩下 178 个,其他城市也多有类似情况。在动物遗传资源方面,优良的九斤黄鸡、定县猪已经绝灭,北京油鸡数量锐减,特有的海南峰牛、上海荡脚牛也已很难找到。遗传基因的丧失,其后果是无法估量的。

第四节 生物多样性的保护措施

生物多样性丧失和生态环境恶化已经成为全球性问题,如何有效地保护生物多样性和生态环境也是当今世界所面临的重大课题。只有在世界范围内行动起来,保护生物多样性,才能实现保护生态环境、资源永续利用的目的。联合国环境规划署(UNEP)于 1988 年 11 月召开生物多样性特设专家工作组会议,探讨建立一项生物多样性国际公约的必要性。1989 年 5 月建立了技术和法律特设专家工作组,拟订一个保护和可持续利用生物多样性的国际法律文书。到 1991 年 2 月,该特设工作组被称为政府间谈判委员会。1992 年 5 月肯尼亚首都内罗毕会议通过了《生物多样性公约协议文本》。

一、《生物多样性公约》与国际生物多样性日

(一)《生物多样性公约》

1992年6月5日,联合国环境与发展大会(United Nations Conference on Environment and Development,UNCED)在巴西里约热内卢召开,178个国家代表,包括100多位国家元首与会,会后153个国家签署了《生物多样性公约》(Convention on Biodiversity)。《生物多样性公约》有三个目的:保护生物多样性、生物多样性的持续利用和分享用野生和驯养物种制造的新产品的利益。《生物多样性公约》于1993年12月29日生效,目前已有199个缔约国,是批准国家最多的环境公约之一,也是自1992年联合国环境与发展大会以来进展较快的国际环境公约。《生物多样性公约》不仅涉及生物多样性保护,而且已扩展到与生物多样性有关的环境与贸易、遗传资源保护与惠益分享以及知识产权保护等众多领域,许多焦点问题非常复杂。由于生物多样性是生物资源的基础,因此《生物多样性公约》明确指出,每一缔约国在生物多样性组成部分的可持续利用中,应该尽力实现:

(1) 在国家决策过程中考虑到生物资源的保护和可持续利用;

(2) 在生物资源使用过程中采取措施,以避免或者尽量减少对生物多样性的不利影响;

(3) 保障并鼓励符合保护或者可持续利用生物资源的传统文化和传统利用方式;

(4) 在生物多样性已经减少或退化的地区,支持地方居民规划和实施补救行动;

(5) 鼓励政府和私营部门合作制定生物资源可持续利用的方法。

2004年4月,《生物多样性公约》缔约国会议采纳了在世界可持续发展峰会《约翰内斯堡实施计划》中获得通过的一项目标,即"到2010年,大大减少在全球、地区和国家范围内的生物多样性丧失,为缓解贫穷和保护地球上的所有生命作出贡献"。

中国自1992年年底加入《生物多样性公约》以来,一直以认真负责的态度积极履行《生物多样性公约》。经国务院批准,建立了跨部门的履约协调机制,成立了由国家环保总局(现中华人民共和国环境保护部)牵头的国家履行《生物多样性公约》工作协调组,组织协调了一系列相关政策和规划的制定,最快制定出《中国生物多样性保护行动计划》。2003年国务院又批准建立由国家环保部牵头、17个部委组成的生物物种资源保护联席会议制度,以加强生物物种资源的保护与管理。在各有关部门和地方政府的支持和努力下,生物多样性保护从一个科学理念正逐步转化为诸多的具体行动,使中国生物多样性保护取得了显著的成效。

(二) 国际生物多样性日

缔约国第一次会议1994年11月在巴哈马召开,会议建议12月29日即《生物多样性公约》生效的日子为"国际生物多样性日(International Day for Biological Diversity)"。同时,联大敦促联合国秘书长和联合国环境规划署执行主任,从各个方面采取必要措施,以期确保国际生物多样性日活动的连续如期举行。2001年5月17日,根据第55届联合国大会第201号决议,国际生物多样性日改为每年的5月22日。从2001年

到 2009 年，国际生物多样性日活动已经连续进行了 9 年，并且每年都确立了一个主题，并越来越受到重视。2001—2009 年的国际生物多样性日主题见表 12-1。

表 12-1 国际生物多样性日历年主题

年份	英文	中文
2001	Biodiversity and Management of Invasive Alien Species	生物多样性与外来入侵物种管理
2002	Forest Biodiversity	林业生物多样性
2003	Biodiversity and Poverty Alleviation-Challenges for Sustainable Development	生物多样性和减贫——对可持续发展的挑战
2004	Biodiversity: food, water and health for all	生物多样性——全人类食物、水和健康的保障
2005	Biodiversity: Life Insurance for Our Changing World	生物多样性——变化世界的生命保障
2006	Protecting Biodiversity in Drylands	保护干旱地区的生物多样性
2007	Biodiversity and Climate Change	生物多样性与气候变化
2008	Biodiversity and Agriculture-Safeguarding Biodiversity and Securing Food for the world	生物多样性与农业——保护生物多样性，确保世界粮食安全
2009	Invasive Alien Species	外来入侵物种

（三）生物多样性的热点地区

用有限的财力、物力与人力对所有地区的生物多样性进行保护是不现实的。为了更有效地保护地球上的生物多样性，在现有条件下，必须首先确定生物多样性保护的优先地区或关键地区。

生物多样性的热点（hotspots）地区被认为是本地物种多样性最丰富的地区或是特有物种集中分布的地区，也是对人为干扰非常敏感的地区，这些地区的生物多样性具有不可替代性和不可恢复性，也是生物多样性保护的优先地区。

英国著名生态学家 Norman Myers（1988）首先在热带林中确定了 10 个生物多样性保护的热点地区。后来，他进一步将其研究结果推广到全球，提出了全球生物多样性保护的 25 个优先的热点地区，其中包括中国的西南地区。这 25 个热点地区只占全球陆地面积的 1.4%，却包括了地球上 44% 的维管束植物和 35% 的哺乳类、鸟类、爬行类和两栖类动物。在世界自然基金会（WWF）主持的"全球 200"计划中，打破了行政边界的限制，以生态区为基本单元，提出了全球 200 个优先保护的热点生态区。

成立于 1987 年保护国际（Conservation International，CI）的宗旨在于保护地球上尚存的自然遗产和全球的生物多样性。CI 在世界范围内确定了 34 个生物多样性最丰富、受威胁程度最高的地区，在这里生长的很多动植物是这些地区所特有的，为生物多样性热点地区，虽然它们只占有地球陆地面积的 3.4%，但是包含了超过 60% 的陆生物种。目前，这些热点地区正在受到严重的威胁，很多热点区的原生植被只剩下了不到原来的 10%。

二、生物多样性的保护措施

(一) 就地保护和迁地保护

生物多样性丧失已经成为全球关注的问题。要从根本上改变生物多样性不断损失的现状，需要对生物多样性丧失和生态系统服务退化的直接和间接驱动力采取积极有效的措施。生物多样性的保护主要采取两种措施：就地保护（in site）和迁地保护（ex site）。

1. 就地保护

就地保护是指为了保护生物多样性，通过立法，以保护区和国家公园的形式，将包含保护对象在内的一定面积的陆地或水体划分出来，进行保护和管理。即将有价值的自然生态系统和珍稀濒危野生动、植物集中分布的天然栖息地保护起来，限制人类活动的影响，确保保护区生态系统及其物种的演化和繁衍，维持系统内的物质循环和能量流动等生态过程。

就地保护的对象主要包括有代表性的自然生态系统和珍稀濒危动植物的天然集中分布区等。其主要方式就是建立自然保护区（natural protected areas），对野外的自然群落和生境进行保护。只有在自然群落中的种群才能确实达到足够防止遗传漂变，在自然群落中的物种能够延续其进化过程，以适应不断变化的环境。

就地保护是在原来生境中对濒危植物实施保护。由于自然选择的择优汰劣作用，能保持野生状态下物种的活力，所以就地保护是将物种作为生物圈中的一个有生存力的物种进行保护。同时，在自然选择过程中通过随机交配和遗传突变产生新的基因组合，为物种的进化提供了选择的材料。由于就地保护措施的实施，保护区中的其他物种也受到了相应的保护，不仅保护了生态系统的完整性，同时也为物种间的协同进化提供了条件。因此，就地保护是生物多样性保护的最有效的措施。

2. 迁地保护

迁地保护是指为了保护生物多样性，把因生存条件不复存在、物种数量极少或难以找到配偶等原因而生存和繁衍受到严重威胁的物种迁出原地，移入动物园、植物园、水族馆和濒危动物繁殖中心，进行特殊的保护和管理，即将濒危动植物迁移到人工环境中或异地实施保护。

对于许多稀有种，在人为破坏日益增加的情况下，就地保护不是可行的选择，原因很多，如遗传漂变、近亲繁殖、种群过小、环境变化、生境毁损、外来种的竞争、病虫害以及过度开发。保护物种免于绝灭的唯一有希望的方法就是迁地保护。因此，迁地保护为行将绝灭的生物提供了生存的最后机会。一般情况下，当物种的种群数量极低，或者物种原有生存环境被自然或者人为因素破坏甚至不复存在时，迁地保护成为保护物种的重要手段。通过迁地保护，可以深入认识被保护生物的形态学特征、系统和进化关系、生长发育等生物学规律，从而为就地保护的管理和检测提供依据。迁地保护的最高目标是建立野生群落。

与就地保护相比，迁地保护不是在自然生境中对濒危动植物实施保护。由于缺乏自然选择的择优汰劣作用,不能完全保持物种的自然活力。但是,当物种丧失在野生环境中生存的能力,在野生状态下即将绝灭时,迁地保护无疑提供了最后一套保护方案。目前,近 3000 种鸟兽类只有在迁地保护下才能生存。这些物种只有同时维持野生种群和人工保护的迁地种群,才能保证物种不会绝灭。如麋鹿、加州秃鹫、黑足鼬(曾分布在美国与加拿大交接地带)等都是迁地保护成功的实例。

动物园、植物园、水族馆和濒危动物繁殖中心不仅是展示、保存、繁育动植物的场所,也是濒危物种迁地保护的地方,并且是对公众进行生物多样性和自然保护教育的基地。

此外,还可以建立种质库,进行长期保存。编制动植物保护的红皮书,依其濒危程度进行分类,列出属于不同等级的受保护的动植物名单,建立相关的法律约束,对公众宣传保护生物多样性的意义,提高全民环境保护意识,也是不可忽视的途径。

(二) 自然保护区

1. 自然保护区的定义

按照国际自然保护联盟(IUCN)1994 年的定义,保护区是指"通过法律或其他有效途径,对某些特定陆地、海洋地区进行管理,维持其生物多样性,保护其自然资源和相关文化资源"。现在通常认为,自然保护区是国家为了保护珍稀和濒危动植物以及各种典型的生态系统,保护珍贵的地质剖面,为进行自然保护教育、科研和宣传活动提供场所,并在指定的区域内开展旅游和生产活动而划定的特殊区域的总称。保护对象还包括有特殊意义的文化遗迹等。

自然保护区往往是一些珍贵、稀有的动、植物种的集中分布区,候鸟繁殖、越冬或迁徙的停歇地以及某些饲养动物和栽培植物野生近缘种的集中产地,具有典型性或特殊性的生态系统,也常是风光绮丽的天然风景区,具有特殊保护价值的地质剖面、化石产地或冰川遗迹、岩溶、温泉、火山口以及陨石的所在地等。

自然保护区是各种生态研究的天然实验室,便于进行连续、系统的长期观测以及珍稀物种的繁殖、驯化的研究等。自然保护区是宣传教育活动的自然博物馆,保护区中的部分地域可以开展旅游活动。自然保护区能在涵养水源、保持水土、改善环境和保持生态平衡等方面发挥重要作用。

2. 自然保护区的类型

自然保护区是一个泛称。实际上,由于建立的目的、要求和本身所具备的条件不同,而有多种类型。

(1) 按照保护的主要对象来划分,自然保护区可以分为三类:①生态系统类型保护区;②生物物种保护区;③自然遗迹保护区。

(2) 按照保护区的性质来划分,自然保护区可以分为四类:①科研保护区;②国家公园;③管理区;④资源管理保护区。

(3) 对于国家乃至全球范围内的保护而言,需要从生态系统和生物群区的角度探讨保护区的管理,因而 IUCN 提出了一套保护区分类系统,将保护区分为六类:

类型Ⅰ:严格保护区。严格保护区包括两种:①严格意义的保护区,指拥有典型的和具有代表性的生态系统、地质或自然景观和物种的陆地或海域。严格意义的保护区以进行科学研究为主要目标。②荒野区,指拥有大面积未经破坏,并保留其自然特征和过程,没有永久的或成片的聚居地的陆地或海域。荒野区以保护荒野地为主要目标。

类型Ⅱ:国家公园。为当代和后代保护一个或多个生态系统的生态完整性,清除不利于实现该地区管理目的的开发利用和人类侵占。可作为陶冶情操、科学研究和从事教育的活动基地以及旅游目的地,但开展的各项活动必须与环境相协调。国家公园以生态系统的保护和娱乐为主要目标。

类型Ⅲ:自然纪念碑性保护区。含有一个或多个特殊的自然或自然、文化特征,并因其内在的稀有性、代表性、美学性或文化性而具有突出价值的区域。自然纪念碑性保护区以保护特殊的自然特征为主要目标。

类型Ⅳ:生境、物种管理区。为了达到管理目的而需要积极干预,以确保生境的维持和满足特殊物种需要的陆地或海域。生境、物种管理区以通过管理干预对生境和物种实施保护为目标。

类型Ⅴ:陆地、海洋景观保护区。人类与自然长期的相互作用形成的具有美学、生态和文化价值,并且常常拥有高度生物多样性的陆地及适当的海岸和海域。陆地、海洋景观保护区以陆地、海洋景观的保护和娱乐为目标,其重要的管理目标是保护这些传统的相互作用过程的完整性。

类型Ⅵ:自然生态系统可持续利用保护区。即资源管理区,该区域含有绝大部分未改变的自然生态系统,通过管理可确保生物多样性的长期维持,同时提供持续的自然产品和满足社区需要的服务。

每个类型适合于一种特定的需要,具有明确的管理目标。统一的分类有利于地区、国家或国际性组织为实现保护目标而共同努力。不同类型的保护区具有不同的保护目标和社会功能,因而也能够给国家带来不同的利益。自然保护区的类型和管理目标见表12-2。

表12-2 自然保护区的类型和管理目标

类型	名 称	管 理 目 标
Ⅰ	严格保护区——严格意义的保护区	1. 在无干扰的条件下,保存生境、生态系统和物种; 2. 使遗传资源维持在动态和进化状态; 3. 维持现有生态过程; 4. 保护景观结构特征和地质剖面; 5. 为科学研究、环境监测和教育提供自然环境样本; 6. 保证研究活动和其他允许活动的严密规划和实施,减少干扰; 7. 限制公众进入。
	严格保护区——荒野区	1. 保证后代有机会体验、了解和享受长期以来尚未遭到人类较大干扰的地区; 2. 长期维护该地区的自然特征和环境质量; 3. 为公众游乐提供方便,为当代和后代的利益维护地区的荒野质量; 4. 使当地社区人口密度保持在低水平,维护与当地资源相协调的生活方式。
Ⅱ	国家公园	1. 为了科学、教育、旅游等目的,保护具有国家和国际意义的自然区和风景区; 2. 尽可能以自然状态保留具有代表性的自然地理区域、生物群落、遗传资源和物种,以维持生态稳定性和生物多样性; 3. 在维护该地区保持自然和近自然状态的前提下,可为游人提供陶冶情操、教育、文化和游憩场所; 4. 禁止并预防与该区目的不一致的开发和侵占; 5. 维持保护区建立时原有的生态、地貌、宗教和美学特征; 6. 适当照顾当地居民为生存而进行资源利用的需要,避免对管理目标产生的不利影响。

续表

类型	名　称	管　理　目　标
Ⅲ	自然纪念碑性保护区	1. 永久保护或保存那些特殊而显著的自然特征； 2. 在与主要管理目标协调一致的条件下，为研究、教育、展览解说和公众欣赏提供机会； 3. 禁止并预防与该区建立目标不一致的开发和侵占； 4. 向任何居民提供与其管理目标一致的利益。
Ⅳ	生境、物种管理区	1. 采取一定的管理措施保证重要物种、种群、生物群落或环境的自然特点及其所需要的生境条件； 2. 以科学研究、环境监测和资源可持续利用为主要管理内容； 3. 开辟一定区域开展公众教育和生态旅游活动，对野生生物实施有效的保护性管理； 4. 禁止并预防与建区目的不一致的开发和侵占； 5. 向生活在保护区的居民提供与管理目标一致的利益。
Ⅴ	陆地、海洋景观保护区	1. 通过保护陆地和海洋景观以及传统土地利用、建筑、社会和文化，维持自然与文化作用的相互协调； 2. 扶持与自然协调一致的行为特征、经济活动、社区生活以及社会和文化结构； 3. 维持陆地景观、生境以及相关物种和生态系统的多样性； 4. 必要时禁止在规模上和性质上不适宜的土地利用活动； 5. 通过开展与保护区相适应的娱乐和旅游活动，为公众提供欣赏该区的多种机会； 6. 鼓励开展有助于长期增加当地居民福利和区域环境保护的科学和教育活动； 7. 通过提供自然产品（如森林与渔业产品）和其他效益（如清洁或来自持续型旅游的收入），为当地社区创造效益和提供福利。
Ⅵ	自然生态系统可持续利用保护区	1. 长期保护和维持该区域内的生物多样性和其他自然特征； 2. 促进可持续发展管理； 3. 保护自然资源的本底特征，防止对该区生物多样性有害的其他土地利用方式； 4. 有助于地区和国家的发展。

不管保护区的类型如何，其总体要求是以保护为主，在不影响保护的前提下，把科学研究、教育、生产和旅游等活动有机地结合起来，使它的生态、社会和经济效益都得到充分展示。以保护生物多样性为目的的自然保护区的目标包括：①保护生态系统功能；②保护生物多样性；③保护物种组成的特有性、旗舰种等；④保证资源的开发与可持续利用。

3. 自然保护区的功能区

一个典型的自然保护区可分为3个部分：核心区、缓冲区和试验区。

（1）核心区。核心区又称绝对保护区，以保护为主，要求保持其原始状态，把人类活动的影响减小到最低限度。核心保护区是未经或很少经人为干扰过的自然生态系统的所在，或者是虽然遭受过破坏，但有希望逐步恢复成自然生态系统的地区。该区以保护种源为主，又是取得自然本底信息的所在地，而且还是为保护和环境监测提供评价的来源地。核心区内严禁一切干扰。一般依据保护对象的分布及生存需求空间和自然环境状况，确定核心区的空间位置和范围，也可以根据关键种及其生境的分布情况确定核心区的范围。

对于森林生态系统类型的自然保护区，其核心区主要包括典型森林植被的集中分布区，或者森林群落多样性较高的区域。为维持核心区的完整性，一些次生林和灌丛也可以划入核心区。

对于荒漠生态系统类型的自然保护区，其核心区主要包括典型荒漠植被和重点保护野生动植物集中分布的区域，或者是作为重点保护野生动植物栖息地或迁徙通道的重要区域。

对于湿地生态系统类型的自然保护区，其核心区主要包括湿地类型最典型、重点保护野生动植物分布最集中的区域，特别是野生动物的集中繁育区、取食区或者洄游路线。根据野生动物的迁徙和洄游规律，在其集中分布的时段里，应将核心区以外重点保护对象相对集中的区域划为季节性核心区。

对于野生动物类型的自然保护区，其核心区主要包括重点保护野生动物及其栖息地分布最集中或野生动物多样性较高的区域，特别是野生动物的巢穴区、繁殖区、取食区或潜在活动区等比较集中的区域。

对于野生植物类型的自然保护区，其核心区主要包括重点保护野生植物及其生境分布最集中或野生植物多样性较高的区域。

(2) 缓冲区。缓冲区是对核心区周围起保护作用的过渡区，它使核心区同周围地区隔开，使其不受或少受人为影响。根据外界干扰因素的类型和强度确定缓冲区的空间位置和范围。自然保护区内存在的隔离网、隔离墙等物理隔离带也可以作为缓冲区。核心区边界如有悬崖、峭壁、河流等较好自然隔离的地段，可以不划分缓冲区。

对于森林生态系统类型的自然保护区，其缓冲区主要包括核心区外围典型森林植被的分布的区域，或者作为森林野生动物迁徙通道的区域，或者是主要森林野生动植物物种的潜在分布区域。

对于荒漠生态系统类型的自然保护区，其缓冲区主要包括核心区外围典型荒漠植被相对集中的区域，或者作为荒漠野生动物栖息或迁徙通道的一般区域，或者是主要荒漠野生动植物物种的潜在分布区域。

对于湿地生态系统类型的自然保护区，其缓冲区主要包括核心区外野生动植物分布相对集中的区域，或者是作为野生动物迁徙或洄游通道的区域。

对于野生动物类型的自然保护区，其缓冲区主要包括重点保护野生动物及其栖息地分布相对集中的区域，或者是保护对象的潜在栖息地。

对于野生植物类型的自然保护区，其缓冲区主要包括重点保护野生植物及其生境分布相对集中的区域，或者是植物多样性相对较高的区域。

(3) 试验区。试验区也称为外围区，处于缓冲区外围，是一个多用途的地区。除起到缓冲区作用外，主要进行科学试验和资源开发利用研究，如饲养、繁殖和发展本地特有生物，对各生态系统物质循环和能量流动等进行研究。此外试验区也是保护区的主要设施基地和教育基地，还可有少量居民点和旅游设施。

4. 世界自然保护区的发展

世界各国划出一定的范围来保护珍稀的动、植物及其栖息地已有很长的历史渊源，但国际上一般都把1872年经美国政府批准建立的第一个国家公园——黄石公园（Yellowstone National Park）看作是世界上最早的自然保护区，该公园面积约为 8.1×10^5 hm^2。建立黄石国家公园的主要目的就是保护当地丰富的野生动物资源，如鸣鹤、灰狼、秃鹰、灰熊、山猫以及独特的自然景观等。130多年来，黄石国家公园成功抵御了多次自然灾害的威胁，如今已经成为全世界最为著名的自然保护区之一。

20世纪以来自然保护区事业发展很快，特别是第二次世界大战后，在世界范围内成立了许多国际机构，从事自然保护区的宣传、协调和科研等工作，如"国际自然保护联盟（IUCN）"、"联合国教科文组织（United Nations Educational, Scientific and Cultural Organization, UNESCO）"发起的"人与生物圈计划（MAB）"等。

建立自然保护区已成为世界各国保护自然生态和野生动植物免于绝灭并得以繁衍的主要手段。中国的神农架、卧龙等自然保护区，对金丝猴、熊猫等珍稀、濒危物种的保护和繁殖起到了重要的作用。目前全世界自然保护区的数量和面积不断增加，并成为一个国家文明与进步的象征之一。

经过100多年的发展，人类在生物多样性和自然资源保护方面的工作进展迅速，探索形成了国家公园、禁猎区等多种资源保护形式，并取得了十分显著的成效。根据2003年联合国环境规划署、世界环境保护监测中心、国际自然保护联盟和世界保护委员会共同出版的《联合国自然保护区名录》统计，当时世界各地共建立10.2万处国家公园和自然保护区，面积达到$1.88\times10^7 km^2$，占地球总面积的12.65%。其中，陆地上保护面积达到$1.71\times10^7 km^2$，占陆地总面积的11.5%；海洋类型保护区$1.70\times10^6 km^2$，占海洋总面积的0.5%。并且，现有保护区中有90%是在近40年中建立的。

5. 中国自然保护区的发展

中国疆域辽阔，地形气候复杂，生态环境多样，孕育了丰富的物种资源，是世界上物种最为丰富的国家之一，也是世界上唯一具备所有生态系统类型的国家。同时中国生物特有属、特有种多，动植物区系起源古老，珍稀物种丰富，在世界生物多样性及保护中具有十分重要的地位。因此采取科学合理有效的措施对这些基因、物种和生态系统进行有效保护，对中国乃至世界范围内的生物多样性的保护都具有重大的意义。

（1）自然保护区的数量。1956年，中国建立了第一个具有现代意义的自然保护区——鼎湖山自然保护区。经过50多年的努力，中国自然保护区事业发展迅速，特别是2001年全面启动实施"全国野生动植物保护和自然保护区建设工程"以来，自然保护区建设开始全面提速。到2008年年底，全国（不含香港、澳门和台湾）共建立各种类型、不同级别的自然保护区2 538个，保护区总面积约为$1.49\times10^6 km^2$，其中陆域面积约为$1.43\times10^6 km^2$，海域面积约$6.0\times10^4 km^2$，陆地自然保护区面积约占国土面积的15.13%。到2008年年底中国各级别自然保护区的数量和面积见表12-3。

表12-3 中国各级别自然保护区的数量和面积

级别	数量（个）	占总数的比率（%）	面积（万 hm²）	占总面积的比率（%）
国家级	303	11.94	9 120	61.23
省级	806	31.76	4 240	28.47
地市级	432	17.02	497	3.34
县级	997	39.28	1 037	6.96
总数	2 538	—	14 894	—

(2) 自然保护区的分布。目前，中国已经建立国家级自然保护区分布于 6 个地区 31 个省、自治区和直辖市，分别为华北地区 48 个，东北地区 43 个，西北地区 51 个，华中地区 76+2 个，华南地区 46 个，西南地区 38+2 个，其中长江上游珍稀、特有鱼类国家级自然保护区跨越重庆、四川、贵州、云南 4 个地区分别统计，见表 12-4。与 1998 年相比，国家级自然保护区的数量和面积分别增加了 166 个和 $6.36 \times 10^7 hm^2$，增长率高达 121% 和 230%。因此，随着近年来国家加大了对自然保护区的投资力度以及公众环境保护意识的加强，国家级自然保护区发展迅速。

表 12-4 中国国家级自然保护区的分布

地区	总数	占总数的比率（%）	行政区	数量
东北地区	43	14	吉林	11
			辽宁	12
			黑龙江	20
华北地区	48	16	北京	2
			天津	3
			山西	5
			山东	7
			陕西	9
			河北	11
			河南	11
西北地区	51	17	宁夏	6
			新疆	9
			甘肃	13
			内蒙古	23
华中地区	76+2*	25	上海	2
			江苏	3
			重庆	4*
			安徽	6
			江西	9
			浙江	9
			湖北	9
			湖南	14
			四川	22*
华南地区	46	15	海南	9
			广东	11
			福建	11
			广西	15
西南地区	38+2*	13	青海	5
			西藏	9
			贵州	9*
			云南	17*
总数	302+4*	100		

*备注：长江上游珍稀、特有鱼类国家级自然保护区在重庆、四川、贵州、云南 4 个地区分别统计。

(3) 自然保护区的类型结构。根据自然保护区分类标准《自然保护区类型与级别划分原则》对自然保护区进行分类。结果表明，三大类别自然保护区中自然生态系统类自然保护区在数量和面积上均占主导地位，分别占自然保护区数量和总面积的68.12%和68.43%；野生生物类次之，分别占自然保护区数量和总面积的26.80%和30.42%；自然遗迹类所占比例最小，分别占自然保护区数量和总面积的5.08%和1.15%。中国自然保护区类型结构见表12-5。

表12-5 中国各类型自然保护区数量和面积

类别	类型	数量（个）	所占比率（%）	面积（万 hm²）	所占比率（%）
自然生态系统类	森林生态系统	1 316	51.85	2 991	20.08
	内陆湿地和水域生态系统	269	10.60	2 828	19.00
	海洋和海岸生态系统	72	2.84	101	0.69
	草原和草甸生态系统	41	1.62	219	1.47
	荒漠生态系统	31	1.22	4 054	2.72
野生生物类	野生动物	524	20.65	4 531	30.42
	野生植物	156	6.15	266	1.79
自然遗迹类	地质遗迹	99	3.90	121	0.81
	古生物遗迹	30	1.18	51	0.34
总数		2 538	—	14 894	—

（4）自然保护区的部门管理。从2008年年底全国自然保护区统计资料来看，目前中国建立自然保护区并管理自然保护区的部门有林业、环保、农业、国土资源、海洋、水利、建设、旅游和中医药等10多个部门。一些科研院所、高等院校、国家直属大型森工企业以及部分省的省属农垦企业也建立并管理了一些自然保护区，但环保、林业、农业、国土资源、海洋等部门管理的自然保护区数量占有绝大多数。自然保护区的部门管理分布见表12-6。

表12-6 自然保护区的部门管理分布

管理部门	数量（个）	所占比率（%）	面积（万 hm²）	所占比率（%）
林业部	1 862，国家级223个	73.36	11 508	77.26
环保部	261，国家级45个	10.28	2 255	15.14
农业部	86，国家级9个	3.28	258	1.19
海洋部门	101，国家级11个	3.98	531	3.56
国土资源部	74，国家级11个	2.92	131	0.88
水利部	44	1.73	129	0.87
建设部	11	0.43	10	0.06
其他部门	99，国家级1个	3.90	73	0.49

（5）与国际保护区网络的联系。近年来，随着中国自然保护区对外交流活动的开

展,加入相关国际保护网络的自然保护区呈现逐年增加趋势。到目前为止,列入联合国教科文组织"人与生物圈保护区网络"的有内蒙古锡林郭勒、赛罕乌拉等28个自然保护区。列入《湿地公约》"国际重要湿地名录"的有内蒙古达赉湖、鄂尔多斯遗鸥等34个自然保护区。作为世界自然遗产组成部分的有福建武夷山、湖南张家界等自然保护区。列入世界地质公园网络的有黑龙江五大连池、镜泊湖等自然保护区。此外,黑龙江扎龙、洪河等自然保护区还分别加入了东亚—澳大利亚迁徙禽保护区网络、东北亚鹤类保护区网络、雁鸭类保护区网络等国际保护区网络。

(6) 中国自然保护区建设中存在的问题。自然保护区事业的发展,有效保护了中国70%以上的自然生态类型、80%的野生动物和60%的高等植物种类以及重要自然遗迹,生态系统服务功能作用范围广泛,大熊猫、朱鹮、扬子鳄、珙桐、苏铁等一批珍稀濒危物种种群呈现了明显的恢复和发展趋势。中国已经初步形成了自然保护区的政策、法规和标准体系,形成了比较完整的自然保护区管理体系,初步建立了科研监测支撑体系,发挥了宣传教育作用。同时以自然保护区为载体,积极参与自然保护区的国际合作,树立了中国重视生物多样性和自然环境保护的良好国际形象。但是,中国自然保护区工作目前仍存在诸多问题,具体表现在:①重数量、轻质量。②类型单调,布局不合理。主要以天然森林生态系统,或以保护珍贵的野生动物为目的,草原、荒漠、沼泽和海洋等领域被忽视。③管理体制不完善,本底资料少。④旅游的破坏。⑤自然保护区建设和管理经费不足。

因此,加强自然保护区管理,完善自然保护区设立机制,规范自然保护区的管理机构,开展自然保护区的本底调查和进一步强化对自然保护区的评估检查,增加自然保护区建设和管理经费投入是解决现有问题的主要途径。此外加强自然保护区的旅游管理是不容忽视的问题。例如,武夷山国家级自然保护区和武夷山国家重点风景名胜区是武夷山"世界自然遗产"、"世界文化遗产"保护范围内的两大区域。其中,自然保护区总面积为$565km^2$,是中国东南大陆乃至地球同纬度现有面积最大、保存最为完整的中亚热带森林生态系统,是中国生物多样性保护的11个陆地关键区域之一。近年来,随着知名度的提高,不但许多人到武夷山国家重点风景名胜区旅游,而且进入自然保护区的游客也日渐增多,仅2008年就约有3万人次。游人的增加尽管带来可观的经济效益,但也给区内的生态环境保护带来压力。为加强保护,从2009年6月1日起,福建武夷山国家级自然保护区停止开展大众旅游活动,适度开展生态环境的科普考察,且进入保护区进行科考须提前办理审批手续。

(三) 自然保护区中野生动植物保护

为保护濒危物种,国际自然保护联盟(IUCN)根据所收集到的可用信息,并依据IUCN物种生存委员会的报告,编制全球范围的红皮书(Red Data Book)。IUCN自20世纪60年代开始发布濒危物种红皮书,该红皮书记载了全球的生存受威胁物种,包括"兽类"、"鸟类"、"两栖、爬行类"、"鱼类"及"植物"等分册。根据物种受威胁程度和绝灭风险将各物种列为不同的濒危等级。IUCN发布濒危物种红皮书有三个目的:

(1) 不定期地推出濒危物种红皮书以唤起世界对野生物种生存现状的关注;

(2) 提供数据供各国政府和立法机构参考;

（3）为全球的科学家提供有关物种濒危现状和生物多样性基础数据。

最初 IUCN 濒危物种红皮书仅包括陆生脊椎动物。后来，红皮书开始收录无脊椎动物和植物，内容逐年增加，逐步发展为 IUCN 濒危物种红色名录。一些国家也开始编制本国的国家濒危物种红皮书。中国在 1996 年开始出版中国濒危植物红皮书，1998 年出版了中国濒危鸟类红皮书、中国濒危两栖爬行类动物红皮书和中国濒危兽类红皮书。

20 世纪 90 年代以来，IUCN 颁布了关于濒危物种的分类等级标准，按照每次颁布的标准，相继发表了濒危物种的红色名录。

1. 物种濒危等级的确定

IUCN 早期使用的濒危物种等级系统包括绝灭、濒危、易危、稀有、未定和欠了解，该标准存在很大的主观性。1984 年 IUCN 物种生存委员会召开了题为"绝灭之路"的研讨会，分析了当时的濒危物种评价标准的不足之处，探讨了濒危物种评价标准的修订问题，但没有对如何修改达成一致的方案。1991 年，Mace 和 Lande 第一次提出了根据在一定时间内物种的绝灭概率来确定物种濒危等级的思想。随后，人们在一些生物类群中尝试应用了 Mace-Lande 物种濒危等级。1994 年 11 月 IUCN 第 40 次理事会会议正式通过了经过修订的 Mace-Lande 物种濒危等级作为新的 IUCN 濒危物种等级系统。1996 年 IUCN 濒危物种红色名录应用了 Mace-Lande 物种濒危等级作为物种濒危等级划分标准。Mace-Lande 物种濒危等级定义了 8 个等级：包括绝灭、野外绝灭、极危、濒危、易危、低危、数据不足和未评估。其中低危又分为 3 个亚等级：①依赖保护：该分类单元生存依赖对该分类类群的保护，若停止这种保护，将导致该分类单元数量下降，该分类单元 5 年内达到受威胁等级；②接近受危：该分类单元未达到依赖保护，但其种群量接近易危类群；③略需关注：该分类单元未达到依赖保护，但其种群数量接近受危类群。

2001 年公布了修订后的物种濒危等级，划分为 9 个等级，具体表述如下：

（1）绝灭（Extinct, EX）。如果一个生物分类单元的最后一个个体已经死亡，列为绝灭。在适当的时间，对已知和可能的栖息地进行彻底调查，如果没有发现任何一个个体，即认为该分类单元属于绝灭。

（2）野外绝灭（Extinct in the Wild, EW）。如果一个生物分类单元的个体仅生活在人工栽培和人工圈养状态下，列为野外绝灭。在适当的时间，对已知和可能的栖息地进行彻底调查，如果没有发现任何一个个体，即认为该分类单元属于野外绝灭。

（3）极危（Critically Endangered, CR）。野外状态下一个生物分类单元绝灭概率很高时，列为极危。

（4）濒危（Endangered, EN）。一个生物分类单元，虽未达到极危标准，但是其野生种群在不久的将来，面临绝灭的几率很高，列为濒危。

（5）易危（Vulnerable, VU）。一个生物分类单元虽未达到极危或濒危的标准，但在未来一段时间后，其野生种群面临绝灭的几率很高，列为易危。

（6）近危（Near Threatened, NT）。一个生物分类单元，经评估不符合列为极危、濒危或易危任一等级的标准，但是在未来一段时间后，接近符合或可能符合受威胁等级，列为近危。

(7) 无危（Least Concern，LC）。当一个生物分类单元被评估未达到极危、濒危、易危或近危标准，该分类单元列为无危。广泛分布和种类丰富的分类单元都属于该等级。

(8) 数据缺乏（Data Deficient，DD）。对于一个生物分类单元，若无足够的资料对其绝灭风险进行直接或间接的评估时，可列为数据缺乏。

(9) 未予评估（Not Evaluated，NE）。未应用有关 IUCN 濒危物种标准评估的分类单元列为未评估。

2. 濒危野生动植物国际贸易公约（CITES）

1973年3月，为了控制野生动植物国际贸易，在美国首都华盛顿签署了《濒危动植物物种国际贸易公约》（Convention on International Trade in Endangered Species of Wild Fauna and Flora，CITES）。CITES 是一个通过政府间的协议来控制濒危野生动植物贸易，以维护物种生存及其持续利用的国际法规，其所附录的物种是其重点管理对象。中国于1981年正式批准加入该公约，并成立了濒危物种进出口管理办公室。

CITES 管制的国际贸易野生动植物物种分别列入 CITES 附录1、附录2和附录3。相对 IUCN 濒危物种等级标准，CITES 附录标准相对宽松。列入附录1、附录2和附录3的濒危物种是根据其生物学现状和贸易现状决定的，称之为 Berne 标准。附录1的物种为若再进行国际贸易会导致绝灭的动植物，明文规定禁止其国际性的交易，列入附录1的濒危物种标准与 IUCN 濒危物种等级中的濒危等级标准相同。附录2的物种则为目前无绝灭危机，管制其国际贸易的物种，若仍面临贸易压力，种群量继续降低，则将其升级为附录1。列入附录2的濒危物种标准与 IUCN 濒危物种等级中易危等级标准相似。附录3是各国根据其国内需要，区域性管制国际贸易的物种。

目前，共有30 000多个动植物物种列入 CITES 的附录1、附录2和附录3中，其中列入附录1的有800多种，列入附录2的有29 000多种，列入附录3的有240多种。

3. 中国濒危物种红皮书

1966年 IUCN 首先出版了《哺乳动物红皮书》，随后相继出版了鸟类、两栖类和爬行类、鱼类、无脊椎动物、植物分册。此后，又出版了所有濒危动物的《红色名录》。红皮书和红色名录详细介绍了物种名称、野外种群估计数量及其发展趋势、生存威胁的主要因子、驯养情况、已经实行的保护措施和未来保护措施建议等。许多国家也相应出版了本国的红皮书。这些红皮书的出版，在相当程度上促进了濒危物种的保护行动，并作为立法或制定受法律保护的物种名录的依据。中国也出版了濒危动物红皮书，包括兽类、鸟类、两栖与爬行类、鱼类等四卷，并公布了《国家重点保护野生动物名录》和《国家重点保护野生植物名录》。

中国动物红皮书的物种等级划分参照1996年版 IUCN 濒危物种红色名录，根据中国的国情，使用了野生绝迹（Ex）、绝迹（Et）、濒危（En）、渐危（V）、稀有（R）和未定（I）6个级别：

(1) 野生绝迹（Ex）。野生种群已经消失，但人工放养或饲养的尚有残存。如麋鹿。

(2) 绝迹 (Et)。国内野生种群已经消失，但在国外尚有野生的种群。如高鼻羚羊。

(3) 濒危 (En)。野生种群已经降低到濒临绝灭或绝迹的临界程度，且致危因素仍然在继续。如朱鹮、华南虎、东北虎、白鳍豚等。

(4) 渐危 (V)。野生种群已经明显下降，如果不采取有效的保护措施，势必成为"濒危"物种，或者因为近似某"濒危"物种，必须予以保护以确保该"濒危"物种的生存。如金猫、云豹。

(5) 稀有 (R)。从分类定名以来，迄今总共只有为数有限的发现记录，其数量稀少的主要原因不是人为的因素。如沟牙鼯鼠、海南狓鼠等。

(6) 未定 (I)。情况不甚明了，但有迹象表明可能已经属于或疑为"濒危"或"渐危"者。如普氏原羚、假吸血蝠等。

中国植物红皮书参考 IUCN 红皮书等级制定，采用"濒危"、"渐危"和"稀有" 3 个等级：

(1) 濒危 (En)。物种在其分布的全部或显著范围内有随时绝灭的危险。这类植物通常生长稀疏，个体数和种群数低，且分布区域高度狭窄。由于栖息地丧失或破坏或过度开采等原因，其生存濒危。

(2) 渐危 (V)。物种的生存受到人类活动和自然原因的威胁，这类物种由于毁林、栖息地退化及过度开采等原因在不久的将来有可能被归入"濒危"等级。

(3) 稀有 (R)。物种虽无绝灭的直接危险，但其分布范围很窄或很分散或属于不常见的单种属或寡种属。

4. 中国国家重点保护野生动植物名录

根据中国野生动植物物种的数量、分布等情况，先后颁布了《国家重点保护野生动物名录》和《国家重点保护野生植物名录》，包括数量极少、分布范围较为狭窄的物种，具有重要经济、科研、文化价值的受到威胁的物种，重要作物的野生种群和有遗传价值的近缘种，或者有重要经济价值但因过度利用致使数量急剧减少的物种。

《国家重点保护野生动物名录》于 1988 年 12 月 10 日由国务院批准，1989 年 1 月 14 日林业部、农业部第 1 号令发布施行。《国家重点保护野生动物名录》使用了两个保护等级：

(1) 国家一级重点保护野生动物。中国特产、稀有或濒于绝灭的野生动物。一般情况下，对该类物种进行严格保护。因为科学研究、驯养繁殖、展览或者其他特殊原因，需要在自然保护区范围内捕捉、捕捞国家一级重点保护野生动物的，必须经过自然保护区主管部门同意，并向国务院野生动物行政主管部门批准。

(2) 国家二级重点保护野生动物。数量稀少或分布地域狭窄，若不采取保护措施将有绝灭危险的野生动物。因特殊情况需要在自然保护区范围内捕猎国家二级保护野生动物的，须经过自然保护区主管部门同意，并向自然保护区所在省、市、自治区政府野生动物主管部门申请特许捕猎证。

《国家重点保护野生植物名录》于 1999 年 8 月 4 日由国务院批准，1999 年 9 月 9 日由国家林业局、农业部第 4 号令发布实施。《国家重点保护野生植物名录》使用了两个保护等级：

(1) 国家一级重点保护野生植物。中国特有并具有极为重要的科研、经济、文化价值的濒危植物种类。自然保护区范围内的国家一级保护野生植物（包括根、茎、叶、花、果实和种子）严禁采摘或砍伐，如因科研、采种或其他特殊需要时，需经自然保护区行政主管部门同意，并报该种植物的国务院野生植物行政主管部门批准，且必须限制在自然保护区的试验区。

(2) 国家二级重点保护野生植物。在科学研究或经济上有重要意义的濒危或易危的植物种类。自然保护区内国家二级保护野生植物的植株禁止采摘或砍伐，特殊需要时须经自然保护区行政主管部门同意，报自然保护区所在省、市、自治区植物行政主管部门批准，且必须在自然保护区的试验区采集。

（四）生物多样性保护的法律保障

1. 国际公约

通过制定国际公约保护生物多样性是国际社会在生物多样性保护方面做出的共同努力，最近几十年中，国际公约在唤醒各个国家的生物多样性保护责任感以及防止或减少生物多样性跨境破坏问题方面发挥了积极作用。国际公约不仅考虑保护生物多样性的全球效益，而且考虑保护生物多样性的区域代价。对那些生物多样性资源丰富但又无力实施保护的发展中国家而言，国际公约有助于避免破坏性开发活动。从1902年第一次签署有关鸟类保护公约以来，至今已经签署了超过150项环境保护国际公约。对生物多样性保护具有重要影响的国际公约包括：

(1)《生物多样性公约》（CBD）。1992年6月5日签署于里约热内卢，1993年12月29日生效。该公约是联合国环境与发展大会《21世纪议程》框架下的三大环境公约之一。

(2)《〈生物多样性公约〉卡塔赫纳生物安全议定书》。2000年5月15日至26日在内罗毕开放签署，其后从2000年6月5日至2001年6月4日在纽约联合国总部开放签署。

(3)《濒危野生动植物物种国际贸易公约》。1973年3月签署于华盛顿，1975年7月1日生效。

(4)《保护野生动物迁徙物种公约》。1979年6月23日签署于波恩。

(5)《国际植物新品种保护公约》（UPOV公约）。1961年12月2日制定，1968年8月10日生效。

(6)《国际植物保护公约》。1951年12月6日签署于罗马。

(7)《粮食和农业植物遗传资源国际条约》。2001年6月完成订正，2004年6月29日生效。

(8)《关于特别是作为水禽栖息地的国际重要湿地公约》，简称《湿地公约》。1971年2月2日订于拉姆萨，经1982年3月12日修正，1975年12月21日生效。

(9)《保护世界文化和自然遗产公约》，简称《世界遗产公约》。1972年11月16日在巴黎通过本公约。

(10)《联合国气候变化框架公约》。1992年5月9日订于纽约。该公约是联合国环境与发展大会《21世纪议程》框架下的三大环境公约之一。

(11)《联合国气候变化框架公约的京都议定书》。是《联合国气候变化框架公约》的补充条款,1997年12月10日订于京都,2005年2月16日生效。

(12)《联合国防治荒漠化公约》。1994年6月17日订于巴黎。1996年12月26日正式生效。该公约是联合国环境与发展大会《21世纪议程》框架下的三大环境公约之一。

(13)《国际捕鲸管制公约》。1946年12月2日订于华盛顿,1948年11月10日生效。

(14)《联合国海洋法公约——有关养护和管理跨界鱼类种群和高度洄游鱼类种群的养护与管理协定》,简称《海洋法公约》。1995年12月4日通过。

2. 中国生物多样性保护现有立法体系

中国属于《生物多样性公约》的缔约国,也是与生物多样性保护相关的其他国际公约的缔约国,如《保护世界文化和自然遗产公约》、《濒危野生动植物物种国际贸易公约》、《国际捕鲸管制公约》、《关于特别是作为水禽栖息地的国际重要湿地公约》、《联合国气候变化框架公约》京都议定书和《联合国防治荒漠化公约》等。

在生物多样性保护方面,中国政府积极制定和实施相应的法律法规,目前已经基本形成一个生物多样性保护的立法体系。除了《中华人民共和国宪法》外,国家主要制定的相关法律规定有:

(1)《中华人民共和国环境保护法》。
(2)《中华人民共和国海洋环境保护法》。
(3)《中华人民共和国森林法》。
(4)《中华人民共和国草原法》。
(5)《中华人民共和国渔业法》。
(6)《中华人民共和国野生动物保护法》。
(7)《中华人民共和国水土保持法》。
(8)《中华人民共和国进出境动植物检疫法》。
(9)《中华人民共和国关于惩治捕杀国家重点保护的珍贵、濒危野生动物犯罪的补充规定》。
(10)《中华人民共和国自然保护区条例》。
(11)《中华人民共和国森林法实施细则》。
(12)《森林防火条例》。
(13)《森林病虫害防治条例》。
(14)《中华人民共和国野生植物保护条例》。
(15)《野生药材资源保护管理条例》。
(16)《国务院关于严格保护珍贵稀有野生动物的通令》。
(17)《中华人民共和国陆地野生动物保护实施条例》。
(18)《水产资源繁殖保护条例》。
(19)《中华人民共和国水生野生动物保护实施条例》。
(20)《中华人民共和国渔业法实施细则》。

(21)《中华人民共和国防治海岸工程建设项目污染损害海洋环境管理条例》。
(22)《风景名胜区管理暂行条例》。
(23)《城市绿化条例》。
(24)《中华人民共和国植物检疫条例》。

此外，中国也有地方性法规及规章，包括国务院有关主管部门制定的部门规章和省级人民政府制定的地方章程，对生物多样性保护具有积极的促进作用。如原林业部《森林和野生动物类型自然保护区管理办法》、国家海洋局《海洋自然保护区管理办法》和内蒙古自治区的《内蒙古自治区草原管理条例》等。

思考题

1. 简述生物多样性的基本含义和组成。
2. 简述生物多样性的价值。
3. 讨论生物多样性丧失中人为的因素。
4. 比较就地保护和迁地保护在保护珍稀濒危物种方面的作用。
5. 讨论建立自然保护区的必要性。
6. 讨论设立国际生物多样性日的意义。
7. 讨论制定国际公约保护生物多样性的必要性。

主要参考文献

1. 岑沛霖、蔡谨：《工业微生物学》，化学工业出版社，2001年版。
2. 昌西：《植物对干旱逆境的生理适应机制研究进展》，载《安徽农业科学》2008年第18期，第7549—7551页。
3. 陈灵芝、马克平：《生物多样性科学：原理与实践》，上海科学技术出版社，2001年版。
4. 成新跃、徐汝梅：《中国外来动物入侵概况》，载《生物学通报》2007年第9期，第1—5页。
5. 费世民、张旭东、杨灌英等：《国内外能源植物资源及其开发利用现状》，载《四川林业科技》2005年第3期，第20—26页。
6. 冯道俊：《植物水涝胁迫研究进展》，载《中国水运》2006年第10期，第253—255页。
7. 冯金朝、周宜君、石莎等：《国内外能源植物的开发利用》，载《中央民族大学学报》（自然科学版）2008年第3期，第26—31页。
8. 高培基、许平：《资源环境微生物技术》，化学工业出版社，2004年版。
9. 郭建英、万方浩、韩召军：《转基因植物的生态安全性风险》，载《中国生态农业学报》2008年第2期，第515—522页。
10. 郭巧生：《药用植物资源学》，高等教育出版社，2007年版。
11. 国家环境保护总局自然生态保护司：《生物多样性相关国际条约汇编》，中国环境科学出版社，2005年版。
12. 国家林业局野生动植物保护与自然保护区管理司：《国家级自然保护区工作手册》，中国林业出版社，2008年版。
13. 何涛、吴学明、贾敬芬：《青藏高原高山植物的形态和解剖结构及其对环境的适应性研究进展》，载《生态学报》2007年第6期，第2574—2583页。
14. 侯丙凯、夏光敏、陈正华：《植物基因工程表达载体的改进和优化策略》，载《遗传》2001年第5期，第492—497页。
15. 环境保护部自然生态保护司：《全国自然保护区名录》（2008），中国环境出版社，2009年版。
16. 江源、刘全儒、张文生等：《西部开发建设中生物多样性及植被资源保护与管理》，中国环境科学出版社，2008年版。
17. 姜成林、徐丽华：《微生物资源开发利用》，中国轻工业出版社，2001年版。
18. 姜汉侨、段昌群、杨树华等：《植物生态学》，高等教育出版社，2004年版。
19. 姜烛、张宝善、胡海霞：《霉菌吸附重金属离子的研究进展》，载《微生物学通报》2008年第7期，第1130—1131页。
20. 李博、杨持、林鹏：《生态学》，高等教育出版社，2000年版。
21. 李长波、赵国峥、张洪林等：《生物吸附剂处理含重金属废水研究进展》，载《化学与生物工程》2006年第2期，第12页。
22. 李阜棣、胡正嘉：《微生物学》，中国农业出版社，2000年版。
23. 李宏煦、王淀佐：《生物冶金中的微生物及其作用》，载《有色金属》2003年第2期，第58—63页。
24. 李洪强、刘成伦、徐龙君：《微生物吸附剂及其在重金属废水处理中的应用》，载《材料保护》2006年第11期，第51—52页。

25. 李静、李红芳、张换样等：《全球转基因作物的产业化发展》，载《山西农业科学》2009年第1期，第3—8页。
26. 李娜、张利平、刘京生：《微生物来源的抗肿瘤活性物质研究》，载《河北医药》2003年第9期，第685—686页。
27. 李铁民、马溪平、刘宏生等：《环境微生物资源原理与应用》，化学工业出版社，2005年版。
28. 李振宇、解焱：《中国外来入侵种》，中国林业出版社，2002年版。
29. 刘爱民：《微生物资源与应用》，东南大学出版社，2008年版。
30. 刘波、王海岩、赵静玫：《几株产氢微生物的产氢能力及协同作用》，载《食品与发酵工业》2003年第8期，第23—26页。
31. 刘凌云、郑光美：《普通动物学》，高等教育出版社，1997年版。
32. 刘永平、王方海、苏志坚等：《昆虫杆状病毒杀虫剂研制与应用进展》，载《中国生物防治》2006年第1期，第1—5页。
33. 刘仲敏、林兴兵、杨生玉：《现代应用生物技术》，化学工业出版社，2004年版。
34. 卢振举：《目前国内外能源植物研究的状况》，载《化学物理通讯》2006年第9期，第7—12页。
35. 陆建身：《中国生物资源》，上海科学教育出版社，1997年版。
36. 陆一：《抗肿瘤真菌药物的研究进展》，载《中国药业》2007年第11期，第64—66页。
37. 吕鹏梅、常杰、熊祖鸿等：《生物质废弃物制氢技术》，载《环境保护》2002年第8期，第43—45页。
38. 马骥、邓虹珠、晁志等：《中国种子植物特有属药用植物资源》，载《中国中药杂志》2004年第2期，第123—129页。
39. 倪斌：《植物无选择标记转基因技术的研究进展》，载《安徽农学通报》2007年第16期，第35—37页。
40. 潘瑞炽、董愚得：《植物生理学》，高等教育出版社，1995年版。
41. 齐艳红、赵映慧、殷秀琴：《中国生物入侵的生态分布》，载《生态环境》2004年第3期，第414—416页。
42. 强胜：《植物学》，科学出版社，2002年版。
43. 任南琪、王宝贞：《有机废水处理生物制氢技术》，载《中国环境科学》1994年第6期，第411—415页。
44. 沈萍、陈向东：《微生物学》，高等教育出版社，2006年版。
45. 施巧琴：《酶工程》，科学出版社，2005年版。
46. 石磊、蒋沁、李韶菁：《微生物来源的免疫抑制剂》，载《国外医药抗生素分册》2005年第5期，第233—237页。
47. 孙建峰、车瑞俊：《微生物技术在石油开采中的应用》，载《资源与产业》2006年第1期，第58—61页。
48. 孙莉：《植物引种的生物安全性分析》，载《吉林林业科技》2005年第1期，第34—37页。
49. 孙莉：《植物引种与外来物种入侵的探讨》，载《森林工程》2004年第6期，第6—8页。
50. 王家玲、李顺鹏、黄正：《环境微生物学》，高等教育出版社，2004年版。
51. 王俊丽：《细胞工程原理与技术》，中央民族大学出版社，2006年版。
52. 吴其濬：《植物名实图考校释》，中医古籍出版社，2008年版。
53. 吴庆余：《基础生命科学》，高等教育出版社，2002年版。
54. 吴相钰、陈守良、葛明德等：《普通生物学》，高等教育出版社，2005年版。
55. 吴祖林、刘静：《生物质燃料电池的研究进展》，载《电源技术》2005年第5期，第333—340页。
56. 武汉大学、南京大学、北京师范大学：《普通动物学》，人民教育出版社，1978年版。

57. 郗金标、张福锁、毛达如：《新疆药用盐生植物及其利用潜力分析》，载《中国农业科技导报》2003年第1期，第43—48页。
58. 郗金标、张福锁、田长彦：《新疆盐生植物》，科学出版社，2006年版。
59. 谢必峰：《能源微生物油脂的研究进展及产业化研究对策》，载《江苏食品与发酵》2008年第4期，第6—10页。
60. 薛达元：《中国生物遗传资源现状与保护》，中国环境科学出版社，2005年版。
61. 闫新甫：《转基因植物》，科学出版社，2003年版。
62. 杨好、许强芝、艾峰等：《东海药用微生物资源的初步调查研究》，载《第二军医大学学报》2006年第6期，第535—537页。
63. 杨素萍、赵春贵、曲音波等：《生物产氢研究与进展》，载《中国生物工程杂志》2002年第4期，第44—48页。
64. 叶创兴、周昌清、王金发：《生命科学基础教程》，高等教育出版社，2006年版。
65. 叶茜、李学亚：《微生物与清洁能源》，载《中国资源综合利用》2006年第5期，第15—17页。
66. 张根发：《好好芭资源生物学》，科学出版社，2008年版。
67. 张金屯、李素清：《应用生态学》，科学出版社，2003年版。
68. 张薇、李鱼、黄国和：《微生物与能源的可持续开发》，载《微生物学通报》2008年第9期，第1472—1478页。
69. 张卫明：《植物资源开发研究与应用》，东南大学出版社，2005年版。
70. 赵建成、吴跃峰：《生物资源学》，科学出版社，2002年版。
71. 赵可夫、范海：《盐生植物及其对盐渍生境的适应生理》，科学出版社，2005年版。
72. 赵宗保：《加快微生物油脂研究为生物柴油产业提供廉价原料》，载《生物工程杂志》2005年第2期，第8—11页。
73. 郑新利、陈书田：《农作物转基因技术研究进展及存在问题》，载《中国种业》2009年第3期，第14—15页。
74. 《中国经济真菌大全》，http：//db.39kf.com/jjzj
75. 中国药材公司：《中国中药资源》，科学出版社，1995年版。
76. 《中国植物志》电子版，http：//foc.lseb.cn/dzb.asp
77. 中国自然资源丛书编撰委员会：《中国自然资源丛书——野生动植物卷》，中国环境出版社，1995年版。
78. 种康、邓馨：《特殊生境植物资源的开发和利用》，载《生物产业技术》2008年第6期，第39—43页。
79. 周德庆：《微生物学教程》，高等教育出版社，2005年版。
80. 周云龙：《植物生物学》，高等教育出版社，1999年版。
81. 朱建良、何世颖：《活性污泥降解有机物制氢技术》，载《化工纵横》，2003年第4期，第5—8页。
82. 朱连奇、赵秉栋：《自然资源开发利用的理论与实践》，科学出版社，2004年版。
83. 朱太平、刘亮、朱明：《中国资源植物》，科学出版社，2007年版。
84. 朱玉贤、李毅：《现代分子生物学》，高等教育出版社，2002年版。
85. 壮青：《抗疾风傲冰雪的斗士——青藏高原垫状植物简介》，载《生命世界》1977年第2期，第21—23页。
86. CliveJames：《2008年全球生物技术/转基因作物商业化发展态势——第一个十三年》（1996—2008），载《中国生物工程杂志》2009年第2期，第1—10页。